U.-P. T ... .)

Mathematikunterricht in der Sekundarstufe II

Aus dem Programm
Didaktik der Mathematik

Grundfragen des Mathematikunterrichts
von E. Ch. Wittmann

Didaktische Probleme der elementaren Algebra
von G. Malle

DERIVE für den Mathematikunterricht
von W. Koepf

Pädagogik des Mathematikunterrichts
von L. Führer

Mathematikunterricht in der Sekundarstufe II
Bd. 1: Fachdidaktische Grundfragen –
Didaktik der Analysis
Bd. 2: Didaktik der Analytischen Geometrie
und Linearen Algebra
Bd. 3: Didaktik der Stochastik
von U.-P. Tietze, M. Klika und H. Wolpers (Hrsg.)

Leitfaden Arithmetik
von H.-J. Gorski, S. Müller-Philipp

Leitfaden Geometrie
von S. Müller-Philipp, H.-J. Gorski

vieweg

Uwe-Peter Tietze
Manfred Klika
Hans Wolpers
(Hrsg.)

Mathematikunterricht in der Sekundarstufe II

Band 3

Didaktik der Stochastik

verfasst von Hans Wolpers
unter Mitarbeit von Stefan Götz

Die Deutsche Bibliothek – CIP-Einheitsaufnahme
Ein Titeldatensatz für diese Publikation ist bei
der Deutschen Bibliothek erhältlich.

Prof. Dr. Uwe-Peter Tietze
TU Braunschweig, FB 9
Institut für Didaktik der Mathematik und Elementarmathematik
Pockelsstraße 11
38106 Braunschweig
E-Mail: u.tietze@tu-braunschweig.de

PD Dr. Manfred Klika und Dr. Hans Wolpers
Universität Hildesheim
Institut für Mathematik und Angewandte Informatik
Marienburger Platz 22
31141 Hildesheim
E-Mail: klika@informatik.uni-hildesheim.de
wolpers@informatik.uni-hildesheim.de

1. Auflage September 2002

Der Vieweg Verlag ist ein Unternehmen der Fachverlagsgruppe BertelsmannSpringer.
www.vieweg.de

Umschlaggestaltung: Ulrike Weigel, www.CorporateDesignGroup.de

Gedruckt auf säurefreiem und chlorfrei gebleichtem Papier.

ISBN-13:978-3-528-06999-5 e-ISBN-13:978-3-322-83144-6
DOI: 10.1007/978-3-322-83144-6

Vorwort der Herausgeber

Wir legen mit diesem Band zur Didaktik der Stochastik den Teil IV unseres dreibändigen Werkes zum Mathematikunterricht in der Sekundarstufe II vor. Ähnlich wie in Teil II zur Didaktik der Analysis und in Teil III zur Didaktik der Analytischen Geometrie und Linearen Algebra knüpfen wir auch hier an die Fachdidaktischen Grundfragen aus Teil I an. Zwar ist das vorherige Studium dieser Grundfragen sehr empfehlenswert, gleichwohl kann der vorliegende Band auch ohne diese Voraussetzung gelesen werden, denn wir haben darauf geachtet, dass dieser Band in sich geschlossen ist.

Weil nicht vorausgesetzt werden kann, dass die Themen der Stochastik so vertraut sind wie die der Analysis oder der linearen Algebra, ist der Buchtext nach den mehr fachlichen gesehenen Aufgaben der Stochastik, der Erhebung und Darstellung von Daten, der Entwicklung und Anwendung von Modellen und der Überprüfung und Interpretation organisiert. Dabei werden aber vier Grundtätigkeiten des Mathematikunterrichts einer genauen Analyse unterzogen: Lernen (von Begriffen und Regeln), Problemlösen, Anwenden und Modellbilden sowie Beweisen und Begründen. Es werden Grundlagen zum Verstehen von inhaltsbezogenen Lern- und Interaktionsprozessen behandelt und Konsequenzen für das Unterrichtsmanagement, insbesondere für die Auswahl von Lehrverfahren, abgeleitet. Mit der Diskussion eines problem- und anwendungsorientierten Mathematikunterrichts und der Frage nach Art, Ziel und Umfang des Rechnereinsatzes (Computer, grafikfähiger Taschenrechner, Schul- und Anwendersoftware) werden wesentlichen Gesichtspunkten der aktuellen Reformdiskussion um den Mathematikunterricht Rechnung getragen.

Wir knüpfen mit dieser dreibändigen Didaktik an das Buch „*Tietze/Klika/Wolpers*: Didaktik des Mathematikunterrichts in der Sekundarstufe II" von 1982 an. Die vielfältigen Veränderungen in der Schule, in den Fachwissenschaften und der Fachdidaktik haben uns veranlasst, ein neues Buch zu schreiben und nicht nur eine Neubearbeitung vorzulegen. Hervorzuheben sind insbesondere die sich verändernde gesellschaftliche Rolle des Gymnasiums, aktuelle und mögliche Veränderungen von Mathematikunterricht durch die neuen Informationstechnologien, die Neubewertung der Anwendungsorientierung (Betonung des Realitätsbezugs) und das stark gewachsene Wissen über fachspezifische Lehr-, Lern-, Verstehens- und Interaktionsprozesse.

Wichtiges Charakteristikum des gesamten Werkes ist es, dass die allgemeinen Gedanken und Theorien nicht abstrakt bleiben. Alle Teile dieser Didaktik sind mit zahlreichen Beispielen und Aufgaben versehen. Diese sollen das Verständnis des Textes erleichtern, zur Weiterarbeit anregen, als Übungsmaterial für didaktische Veranstaltungen in der ersten und zweiten Ausbildungsphase dienen und Anregungen für den konkreten Unterricht geben. Alle Kapitel sind in intensiven Diskussionen inhaltlich aufeinander abgestimmt worden.

Nach langer Diskussion über den Gebrauch weiblicher und männlicher Wortformen, wie Lehrerin, Lehrer und LehrerIn, haben wir uns für den traditionellen Weg der männlichen

Form entschieden. Wir bitten unsere Leser, Verständnis dafür zu haben. Auch befragte Frauen haben uns in dieser Entscheidung bestärkt.
Das Werk wendet sich an Fachdidaktiker, an Studenten des gymnasialen Lehramts, an Referendare und an Lehrer, die ihren Unterricht überdenken möchten, die nach neuen Formen des Unterrichts oder nach inhaltlichen Anregungen suchen.

Juli 2002

Prof. Dr. U.-P. Tietze; Akad. Oberrat PD Dr. M. Klika; Akad. Dir. i. R. Dr. H. Wolpers
TU Braunschweig und Universität Hildesheim

Vorwort der Verfasser dieses Bandes

Der Mathematikunterricht der Sekundarstufe II wird von drei Themenbereichen bestimmt: Analysis, Lineare Algebra und Analytische Geometrie sowie Stochastik. Dementsprechend besteht die Reihe „Mathematikunterricht in der Sekundarstufe II" aus drei Bänden, die ersten beiden sind 1997 (2., durchgesehene Auflage 2000) bzw. 2000 erschienen, der dritte zur Stochastik liegt nun vor. Die Reihenfolge des Auftretens ist nicht ganz unabhängig von der Bedeutung der jeweiligen Gebiete in der schulischen Praxis zu sehen. Kein Mathematikunterricht, der etwas auf sich hält, kommt um Fragen der Analysis herum, die fast schon berühmten Kurvendiskussionen sind oft die „Rettungsanker" beim Abitur für manche(n) Schülerin bzw. Schüler. Auch im Studium des Lehramts Mathematik ist die Analysis der dominierende Topos des ersten Studienabschnitts, dieser Eindruck wird noch verstärkt, wenn Physik als zweites Fach gewählt worden ist. Die Analytische Geometrie kann da nicht ganz mithalten, zumal ihre Anwendungen in außermathematischen Situationen in vielen Fällen weniger bekannt sind als jene der Analysis, und eine gewisse Anwendungsorientierung aber Kennzeichen jedes modernen Mathematikunterrichts ist.
Die Stochastik hat erst in den letzten Jahrzehnten Eingang in die Studienpläne der Lehramtsausbildung in Mathematik gefunden, ihre feste Verankerung im Mathematikunterricht selbst hat aber noch nicht stattgefunden. Es ist dabei interessant festzustellen, dass einerseits oft darüber geklagt wird, die an der Universität in der Lehramtsausbildung Mathematik angebotenen (mathematischen) Inhalte seien für die Schule zu wenig brauchbar, dass aber andererseits Stochastiklehrveranstaltungen im Studium zu wenig wahrgenommen werden. Tatsächlich zeigt sich an diesem Beispiel einmal mehr, wie wichtig das an der Universität gelehrte Wissen für den späteren Lehrberuf ist, um nämlich z. B. neue curriculare Inhalte angemessen in den bestehenden Lehrstoff einordnen zu können.
Die (stoff-)didaktische Forschung bietet ein ergänzendes Bild. Die Beiträge zu Themen der Geometrie und der Stochastik sind außerordentlich zahlreich. Den Schluss daraus zu ziehen, diese Gebiete seien im derzeitigen Mathematikunterricht sehr bedeutend, ist mindestens gewagt. Dabei sind von der Fachdidaktik sowohl allgemeine wie auch für die Stochastik spezifische Ergebnisse erzielt bzw. verifiziert worden, die es wert sind, beach-

tet zu werden. Allerdings ist das Panorama fachlicher Zusammenhänge und didaktisch–methodischer Diskussionen und Vorschläge so weitgespannt, dass es unmöglich ist, einen vollständigen und gleichzeitig ausführlichen Überblick über die fachdidaktische Forschung und ihre Ergebnisse in Bezug auf die Stochastik zu geben.

Zum Schluss bleibt noch die angenehme Pflicht, all jenen zu danken, die zur Entstehung dieses Buches beigetragen haben. Insbesondere danken wir den Professoren Joachim Bentz, Wilfried Herget und Michael Kolonko und den Studienräten Lutz Breidert, Joachim Haase und Gerd Hinrichs für ihre Durchsicht und wertvollen Hinweise. Für den „Wiener Teil" haben in kompetenter, engagierter und geduldiger Weise (der Zweitautor hat immer wieder etwas gefunden oder ändern wollen) Frau Gudrun Kretzschmar, Frau Cornelia Bauer, Frau Waltraud Lager vom Sekretariat des Institutes für Mathematik der Universität Wien, Frau Eva Kissler [jetzt: Erwin Schrödinger International Institute for Mathematical Physics (ESI)], Frau Erika Klejna und Frau Brigitte Wendelin (beide jetzt: Studienbeihilfenbehörde) die Schreibarbeit geleistet, was bei den Tücken, die hin und wieder bei dem zugrundeliegenden Textprogramm auftreten, keine einfache Aufgabe gewesen ist.

Juli 2002

Akad. Direktor i. R. Dr. H. Wolpers
Universität Hildesheim
Institut für Mathematik und
Angewandte Informatik

Univ.-Doz. Mag. Dr. Stefan Götz
Universität Wien
Institut für Mathematik

Einleitung

„Es gibt kein Stricken ohne Wolle" heißt es, und die im Vergleich zur analytischen oder algebraischen/geometrischen nicht so vertraute stochastische „Wolle" will sorgfältig abgewickelt werden, um bei dem Bild zu bleiben. Daher wird im *ersten* Kapitel der *fachsystematische Hintergrund* in sehr geraffter Form dargestellt. Selbstverständlich kann und will diese Schilderung kein einschlägiges Lehrbuch ersetzen, dennoch wurde auf eine gewisse Vollständigkeit, wie sie im Rahmen einer Einführung in die elementare Wahrscheinlichkeitstheorie und Statistik anzustreben ist, geachtet.

Dieser fachsystematische Hintergrund beginnt mit dem (mathematischen) Konzept des *Wahrscheinlichkeitsraums* und der Idee der *Zufallsvariablen* mit ihren Beschreibungsmöglichkeiten (Verteilungen). Die *Grenzwertsätze,* welche daran anschließen und eine Beziehung zwischen gewissen Verteilungen herstellen, sind i. Allg. schwierig zu beweisen, ihre Anwendung als Approximationssätze dagegen ist oft einfach.

Die wichtigste Konfrontation der Wahrscheinlichkeitstheorie mit der Realität passiert in der *Statistik,* die zugehörige *Modellbildung* basiert auf Begriffen der *beschreibenden* Statistik. Dabei erschöpfen sich die zugehörigen Aktivitäten natürlich nicht im Berechnen allein, bedeutend erscheint aus heutiger Sicht auch das Erstellen und Interpretieren von graphischen Darstellungen des zur Verfügung stehenden Datenmaterials.

Das Aufstellen von konkreten, quantitativen *Modellen* geschieht mit Hilfe der aus der Wahrscheinlichkeitstheorie bekannten Verteilungen von Zufallsvariablen. Eine – aus didaktischer Sicht – höchst diffizile Vereinigung der beiden Sichtweisen aus beschreibender Statistik und Wahrscheinlichkeitstheorie ergibt die *beurteilende Statistik*. Beim quantitativen Auswerten von Datensätzen und Überprüfen von Aussagen über sie wird im Wesentlichen zwischen dem Schätzen (von Parametern) und dem Testen (von Hypothesen) unterschieden. Neben dem *klassischen* Aufbau dieser Verfahren wird auch eine Alternative im Rahmen der *Bayes-Statistik* vorgestellt.
Durch die *Geschichte der Stochastik* zieht sich als „roter Faden" der Wahrscheinlichkeitsrechnung der Wandel des Wahrscheinlichkeitsbegriffs. Von seiner Entstehung aufgrund von Fragen, die sich im Zuge der Beschäftigung mit Glücksspielen ergeben haben bis zu seiner axiomatischen Formulierung ist es ein weiter Weg gewesen. Die Ursprünge der Statistik sind wohl in den Volkszählungen zu suchen, ihre Methoden haben sich bis heute derart verfeinert, dass sie aus kaum einer Wissenschaft, die in irgendeiner Form mit Empirie zu tun hat, mehr wegzudenken ist.
Der letzte Abschnitt des ersten Kapitels ist den Bemühungen gewidmet, mit Hilfe des Konzeptes der *Fundamentalen Ideen* ein Curriculum für den Stochastikunterricht zu strukturieren und zu entwickeln.
Das *zweite* Kapitel beginnt mit einem *historischen* Abriss über den Stochastikunterricht. Die verschiedenen Ansätze, die sich dabei ergeben haben, bestehen heute z. T. nebeneinander, allerdings sind ihre Auswirkungen auf den konkreten Stochastikunterricht sehr unterschiedlich.
Große Datenmengen, welche in stochastischen Situationen naturgemäß häufig vorkommen, rufen in natürlicher Weise zum *Einsatz des Computers* in jeder Phase der Bearbeitung auf, also von der Datenerfassung über die Strukturierung zur Modellbildung und schließlich zur Überprüfung. Routinen kommen in statistischen Verfahren viele vor, ihre Durchführung kann – im Gegensatz zur Interpretation der Ergebnisse oder dem Ziehen von Schlüssen daraus – der Computer übernehmen. Die Simulation von Zufallsexperimenten ist ebenfalls eine Indikation für den Computereinsatz im Stochastikunterricht, konkrete Hinweise auf Programm(paket)e beenden den zweiten Abschnitt dieses Kapitels.
Das *stochastische Denken* im dritten Abschnitt des zweiten Kapitels bringt uns auf die Frage zurück, warum die Stochastik im Mathematikunterricht der Sekundarstufe II keine größere – nämlich die ihr nach heutiger Auffassung zustehende – Rolle spielt. Die Schwierigkeiten, eine richtige Intuition bei der Erfassung von stochastischen Situationen zu entwickeln, sind mannigfach belegt (eine Ausformung davon sind die Paradoxa, die in gewisser Weise sogar typisch für dieses Teilgebiet der Mathematik sind, obwohl auch in anderen mathematischen Gebieten welche existieren), und haben die Entwicklung von Theorien des stochastischen Denkens provoziert. Die Intuitionen und Strategien werden an einzelnen konkreten Begriffen der Stochastik diskutiert, Folgerungen für den Stochastikunterricht schließen diesen Abschnitt ab.
Das *dritte* Kapitel konkretisiert vielfach anhand von Beispielen die Themen, die im ersten Kapitel angesprochen worden sind. Dabei bedeutet „Konkretisieren" das Heruntertransferieren mathematischer Inhalte auf *schulrelevante* Aspekte. Die Realisierung des Grund-

satzes „Vereinfachen, ohne zu verfälschen!“ ist, wie die Diskussion zeigt, gerade in der Stochastik mit ihrer starken Anwendungsorientierung nicht einfach. Es gibt keinen Königsweg, daher können nur einige Varianten aufgezeigt werden. Die Frage „Was möchte ich in dieser Stunde bzw. mit diesem Beispiel eigentlich mitteilen?“ kann nur mit Hilfe eines soliden Hintergrundwissens beantwortet werden. In diesem Sinne sind die angeführten Themen dieses Kapitels nur Hinweise, spätestens hier setzt eben die individuelle Arbeit jedes/r einzelnen Lehrers/in ein. Der gewählte Rahmen zeigt, was in einem Stochastikunterricht der Sekundarstufe II alles vorkommen kann (aber natürlich nicht zur Gänze muss!), mit ein wenig Ausblick, was es sonst noch so gibt.
Das *vierte* Kapitel schließlich bringt Themen, bei denen meist von konkreten Problemstellungen (außermathematischer Natur) ausgegangen wird und dann sukzessive Beschreibungsmöglichkeiten und mögliche Lösungswege entwickelt werden. Ein didaktischer Kommentar bzw. ein didaktisches Resümee als Hilfestellung zur Einordnung dieser nicht unbedingt gängigen Stoffgebiete beschließt jeden Abschnitt in diesem Kapitel. Neben der Problemorientierung ist der Anwendungscharakter ein weiteres Auswahlkriterium für die behandelten Themen dieses Kapitels gewesen, ganz in dem Sinne, wie sich die moderne Mathematik und ihre Vertreter bzw. Vertreterinnen heute vielfach präsentieren.
An einzelnen Stellen des in Rede stehenden Kapitels werden auch Vernetzungen der Stochastik mit der Analysis bzw. mit der Linearen Algebra deutlich, neben den spezifischen Gesichtspunkten des stochastischen Denkens gehört das Aufzeigen dieser Zusammenhänge unbedingt zu einem ergiebigen Stochastikunterricht (wobei diese Querverbindungen natürlich auch an ganz anderen Beispielen demonstriert werden können).

Inhaltverzeichnis

Teil IV DIDAKTIK DER STOCHASTIK

1 Fachlicher Hintergrund und historische Entwicklung

1.1 Fachlicher Hintergrund

Es gibt sicher nur wenige Gebiete der Mathematik, die so von ihren Anwendungen leben wie die Stochastik. In dieser Wechselwirkung hat sich die Stochastik zu einer außerordentlich komplexen und reichhaltigen Theorie mit den vielfältigsten Anwendungen in fast allen Wissenschaften, in Gesellschaft, Wirtschaft, Technik, im öffentlichen und privaten Leben entwickelt. Diese Anwendungen bestehen aus der Beschreibung stochastischer Situationen, der Modellbildung und schließlich der Entscheidungsfindung. Als Konzepte der Stochastik, die hierbei eine zentrale Rolle spielen, können Wahrscheinlichkeitsraum, Verteilungen von Zufallsvariablen (Zufallsgröße), Schätz- und Testverfahren angesehen werden.

1.1.1 Wahrscheinlichkeitsraum

Viele mathematische Theorien haben sich über eine formale Fassung von Abstraktionen der Erfahrungen mit der Realität entwickelt. So wie die üblichen Maße wie Strecken- oder Gewichtsmaß Funktionen auf bestimmten Mengensystemen sind (z. B. Länge als Maß bestimmter Punktmengen auf Geraden), hat es sich auch als zweckmäßig erwiesen, Wahrscheinlichkeiten zu messen mit Hilfe von Maßfunktionen auf bestimmten Mengensystemen $\mathfrak{A}$ von „zufälligen Ereignissen". Z. B. wird das zufällige Ereignis „Würfeln einer geraden Zahl" beschrieben durch die Menge $\{2,4,6\}$ und es gilt dann für einen regulären Würfel (*Laplace*-Würfel) $P(\{2,4,6\})=1/2$, wobei P das Wahrscheinlichkeits„maß" auf dem Mengensystem $\mathfrak{A}=\mathfrak{P}(\{1,2,3,4,5,6\})$ der Ereignisse ist, die beim Würfeln auftreten können ($\mathfrak{P}$ ist dabei die Potenzmenge). Während aber die Zuordnung von Maßzahlen zu geometrischen Größen der euklidischen Geometrie noch relativ einfach, weil in „natürlicher" Weise möglich ist, ist es sehr viel schwieriger, „zufällige Ereignisse" in der Realität zu identifizieren und mit Wahrscheinlichkeiten als „Messgrößen" zu bewerten. Eine formale Darstellung dieses Vorgangs erhält man nun dadurch, dass man zunächst die „zufälligen Ereignisse" in einer „stochastischen Situation" mit „passenden" Mengen eines „passenden" Mengensystems identifiziert und dann mit reellen Zahlen aus $[0;1]$ bewertet. Der Ausdruck „passend" steht dabei für folgende Aspekte: Es geht um

- das Anwendungsproblem, unter einem erkenntnisleitenden Gesichtspunkt „zufällige Ereignisse" zu identifizieren, zu beschreiben und zu bewerten, also für eine bestimmte stochastische Situation ein passendes Modell zu finden.

Beispiel 1: Versicherungen entwickeln Modelle für die Verteilung der Schadenshäufigkeiten bei Autoversicherungen bezogen auf den KW-Wert, die Versicherungsdauer, den Fahrzeugtyp usw. als Grundlage für die Berechnung der Prämien.

- das innermathematische Problem, mathematische Modelle, die sich auf stochastische Situationen anwenden lassen, zu konstruieren und Regeln für das formale Umgehen mit diesen Modellen zu entwickeln.

Beispiel 2: Entwicklung der Binomialverteilung mit Mitteln der Kombinatorik und Bestimmung von Eigenschaften der Verteilung wie Erwartungswert und Varianz.
Beispiel 3: Herleitung der Ungleichung von *Tschebyscheff.*

Im Folgenden geht es zunächst um endliche Modelle zur Beschreibung von stochastischen Situationen. Als solche werden im Folgenden vielfach Experimente mit Zufallsgeneratoren wie Würfel und Urne betrachtet, weil deren stochastische Struktur offener zu Tage liegt als die vieler Realsituationen und weil sie zugleich breite Anwendung bei der Modellierung solcher Situationen finden (vgl. *Beispiel 18*).

1.1.1.1 Ereignisalgebra

Beispiel 4: Von *Leibniz* gibt es die Bemerkung, dass „es ebenso leicht sei, mit zwei Würfeln die Augensumme 12 wie die Augensumme 11 zu erreichen, weil beide nur auf eine Art zustande kämen, dass die 7 hingegen dreimal leichter zu erreichen sei." (zit. nach *Barth/Haller* 1983). Eine ähnliche Aussage stammt von *de Méré* (s. u.). Das Argument für die angenommene Gleichwahrscheinlichkeit ist rein zahlentheoretischer Art, indem es allein die beim Würfeln möglichen Zerlegungen der Zahlen 12=6+6, 11=5+6 als Grundlage hat. Dieses Argument ist aber nicht hinreichend, es muss für eine korrekte Bewertung der gegebenen Situation noch hinzukommen, dass die Zerlegungen durch die Ergebnisse von Würfen *zweier unterscheidbarer* Würfel zustande kommen. Man erhält eine diese Situation übersichtlich beschreibende Darstellung als Menge der beim Doppelwurf möglichen Ergebnisse: $\Omega=\{11,...,56,...,65,66\}$. Daraus folgt dann, dass die Wahrscheinlichkeit für das Auftreten der Augensumme 11 doppelt so groß ist wie die für das Auftreten der Augensumme 12.

Ähnliche Fehleinschätzungen (zu denen man heute Simulationen mit dem Computer durchführen kann) hat es in der Geschichte der Stochastik häufig gegeben, erinnert sei z. B. an die Frage des Chevaliers *de Méré* an *Pascal* nach einer Begründung dafür, warum es wahrscheinlicher sei, mit vier Würfen eine „Sechs" zu werfen als mit 24 Würfen mit zwei Würfeln eine „Doppelsechs". Auch zur Lösung dieser Frage hilft eine Beschreibung der Menge aller Ergebnisse, die bei dem Zufallsexperiment auftreten. Als Verallgemeinerung dieser Beschreibung von Zufallsexperimenten erhält man das Konzept „Ereignisraum": Als „Zufallsexperiment" bezeichnet man eine (empirische) Situation, zu der es im Prinzip beliebig viele Realisierungen (z. B. Wiederholungen eines Wurfs mit einem Würfel) gibt, für die aber die Art einer bestimmten Realisierung (z. B. „Wurf einer Sechs") nicht vorhersehbar ist. Die einzelne Art der Realisierung wird dann als bestimmtes, „zufallsbedingtes Ergebnis" aus einer Menge von Ergebnissen bezeichnet. Die Menge Ω aller Ergebnisse ω wird „Grundraum", „Stichprobe(nmenge)" oder „Ergebnisraum" genannt. Der Zusammenhang zwischen den Begriffen „Ergebnis", „Grundraum" und „Ereignis" ist nun dadurch gegeben, dass man bei einem Zufallsexperiment ein „Ereignis A" dann als gegeben ansieht, wenn ein Ergebnis ω beobachtet wird, das „zu A gehört", „in A liegt", für das also gilt $\omega\in A$. Z. B. sieht man das Ereignis „gerade Zahl" $A=\{2,4,6\}$ beim Würfeln als gegeben an, wenn das Ergebnis „6" aufgetreten ist, weil $6\in\{2,4,6\}$. Es liegt daher nahe, Teilmengen des Grundraums $\Omega=\{1,2,3,4,5,6\}$ als Ereignisse anzusehen, also hier $\{2,4,6\}\subset\{1,2,3,4,5,6\}$. Die Menge aller Ereignisse bei einem Zufallsexperiment bildet den „Ereignisraum", d. h. alle Ereignisse werden durch Teilmengen $A\subseteq\Omega$ des zugehörigen Grundraumes dargestellt. Zum Ereignisraum gehören immer die leere Menge $\emptyset$ als Repräsentant für das „unmögliche" Ereignis und die den Ergebnis- oder Grundraum darstellende Menge Ω als Repräsentant für das „sichere" Ereignis. Das System der Teilmengen des Grundraums, die die Ereignisse beschreiben, wird als „Ereignisraum" mit $\mathfrak{A}$ bezeichnet. Für endliche Grundräume ist das in der Regel die Potenzmenge von Ω, also $\mathfrak{A}=\mathfrak{P}(\Omega)$.

Von besonderer Bedeutung ist, dass man mit Ereignissen operieren kann: Es lassen sich „und"- und „oder"-Verknüpfungen und auch Komplemente bilden, die formal durch die entsprechenden mengenalgebraischen Verknüpfungen dargestellt werden:

Beispiel 5: „Es fällt eine gerade Zahl, die größer als 3 ist" $\Leftrightarrow$ $\{2,4,6\}\cap\{4,5,6\}=\{4,6\}$. „Es fällt eine Zahl kleiner als 3 oder größer als 4" $\Leftrightarrow\{1,2\}\cup\{5,6\}=\{1,2,5,6\}$. „Es fällt keine 6" $\Leftrightarrow$ $\overline{\{6\}}=\{1,2,3,4,5\}$.

Die „Ereignissprache" stellt eine Brücke dar zwischen der umgangssprachlichen und der mengenalgebraisch-formalen Beschreibung:

Umgangssprache	Ereignissprache	formale Sprache
Beide Ereignisse A, B treten ein.	A und B treten ein: $A\wedge B$	$A\cap B$
Mindestens eines der Ereignisse,	A oder B tritt ein: $A\vee B$	$A\cup B$
genau eines von beiden Ereignissen tritt ein.	$(A\wedge\neg B)\vee(\neg A\wedge B)$	$(A\cap\bar{B})\cup(\bar{A}\cap B)$.

Die Menge der Ereignisse mit den Verknüpfungen *Durchschnitt* und *Vereinigung* und der *Komplementbildung* ergeben eine „Ereignisalgebra", von der verlangt wird, dass sie eine *Boole*sche Algebra bildet. Dies ist für den Würfelwurf $\mathfrak{A}=(\mathfrak{P}(\{1,...,6\}),\cup,\cap)$.

1.1.1.2 Wahrscheinlichkeitsmaß

Mit *Laplace* beginnt die systematische Mathematisierung von Erfahrungen mit stochastischen Situationen und damit die Entstehung der Wahrscheinlichkeitstheorie. Eine grundlegende Idee dieser Theoriebildung ist es, „zufällige Ereignisse" mit Hilfe von Zahlen als „Wahrscheinlichkeiten" zu bewerten, d. h. den entsprechenden Mengen des Ereignisraums $\mathfrak{A}$ reelle Zahlen aus dem Intervall $[0;1]$ zuzuordnen.

Beispiel 6: Das Problem des *de Méré* besteht u. a. in der Frage nach der Wahrscheinlichkeit für das Auftreten des Ereignisses „mindestens einer „6" bei vier Würfen mit einem Würfel". Hier besteht der Grundraum aus allen Quadrupeln mit Komponenten aus $\{1,...,6\}$: $\Omega=\{(\omega_1,...,\omega_4)|\omega_i\in\{1,...,6\}\}$, die Ereignisalgebra ist dann $\mathfrak{A}=\mathfrak{P}(\Omega)$. Die „günstigen" Fälle sind hier die, dass die „6" ein-, zwei-, drei-, viermal auftritt. Dies sind 6^4-5^4 Fälle. Sie ergeben sich als Differenz der Anzahlen aller Quadrupel und derjenigen Quadrupel, die nicht „6" als Komponente enthalten. Die Zahl aller möglichen Ergebnisse beim Würfeln mit vier Würfeln beträgt 6^4. Die Wahrscheinlichkeit, beim Vierfachwurf mindestens eine „6" zu werfen, ist also gegeben durch das Verhältnis der „günstigen" durch alle „möglichen" Ergebnisse, dies ergibt $671/1296>1/2$.

Sei $\Omega=\{\omega_1,...,\omega_n\}$ eine endliche Menge gleichmöglicher Ergebnisse (Elementarereignisse), dann heißt für jedes Ereignis $A\subseteq\Omega$ bzw. $A\in\mathfrak{A}=\mathfrak{P}(\Omega)$ mit $|\Omega|=n$ und $|A|=k$ der Quotient $P(A)=\frac{\textit{Anzahl der günstigen}}{\textit{Anz. aller Ergebnisse}}=\frac{|A|}{|\Omega|}=\frac{k}{n}$ *Laplace-Wahrscheinlichkeit* von A. $(\Omega,\mathfrak{A},P)$ ist der zugehörige *Laplace*-Raum.

Mit *Laplace*-Räumen lassen sich viele stochastische Situationen modellieren. Bekannte Beispiele sind Spiele wie Lotto, Toto, Skat, Roulette usw. Die Bestimmung von hierbei

auftretenden Ereignissen ist allerdings nicht immer ganz leicht (z. B. muss beim Lotto die Anzahl der sechselementigen Teilmengen aus einer 49-elementigen Menge berechnet werden). Solche Fälle lassen sich mit Mitteln der Kombinatorik lösen (vgl. 3.3). Eigenschaften des Wahrscheinlichkeitsmaßes ergeben sich induktiv z. B. durch die Betrachtung des Zufallsexperiments Würfelwurf: Es gilt hier für die Elementarereignisse $\{\omega\}\subset\Omega=\{1,...,6\}$: $P(\{\omega\})=1/6$, für das unmögliche Ereignis $\emptyset$: $P(\emptyset)=0$, für das sichere Ereignis Ω: $P(\Omega)=1$ und z. B. für $A\cup B$ mit $A=\{1,2\}$, $B=\{4,5,6\}$, und damit $A\cap B=\emptyset$: $P(A\cup B)=P(A)+P(B)=2/6+3/6=5/6$. Als Verallgemeinerung erhält man:
Für die Eigenschaften des *Laplace*-Wahrscheinlichkeitsmaßes P gilt mit $\Omega=\{\omega_1,...,\omega_n\}$, $A,B\subseteq\Omega$ mit $|\Omega|=n$, $|A|=k$, $|B|=l$, $0\leq k,l\leq n$:

(K1): $P(A)=\sum_{i=1}^{k}P(\{\omega_i\})=\frac{1}{n}+...+\frac{1}{n}=\frac{k}{n}\geq 0$; (K2): $P(\Omega)=1$

(K3): $P(A\cup B)=\sum_{i=1}^{k+l}P(\{\omega_i\})=\frac{k+l}{n}=\frac{k}{n}+\frac{l}{n}=P(A)+P(B)$ für $A\cap B=\emptyset$.

Nicht alle stochastischen Situationen lassen sich allerdings aufgrund der beschriebenen *Laplace*-Annahme modellieren:

Beispiel 7: Das Werfen einer Heftzwecke kann als Zufallsexperiment mit den Ergebnissen „Spitze nach oben" und „Spitze schräg nach unten" aufgefasst werden, für das die *Laplace*-Annahme nicht gemacht werden kann. *Henze* (1999) gibt für einen Versuch die dargestellte Abfolge der sich ergebenden relativen Häufigkeiten für das Verhältnis: „Anzahl der Fälle Spitze nach oben/ Anzahl aller Versuche" an: Man erkennt, dass sich die relativen Häufigkeiten auf einen Wert ungleich 1/2 stabilisieren. Dieses Phänomen der Stabilisierung relativer Häufigkeiten zeigt sich, wenn ein Zufallsexperiment unter gleichen Bedingungen oft wiederholt wird. Es lässt sich nicht logisch begründen und wird „empirisches Gesetz der großen Zahlen" genannt. Sein theoretisches Pendant ist das *Bernoulli*sche Gesetz der großen Zahlen (vgl. 1.1.4). Die Korrespondenz beider Gesetze begründet, dass für große n die relative Häufigkeit h_n als Schätzwert für die entsprechende Wahrscheinlichkeit verwendet werden kann.

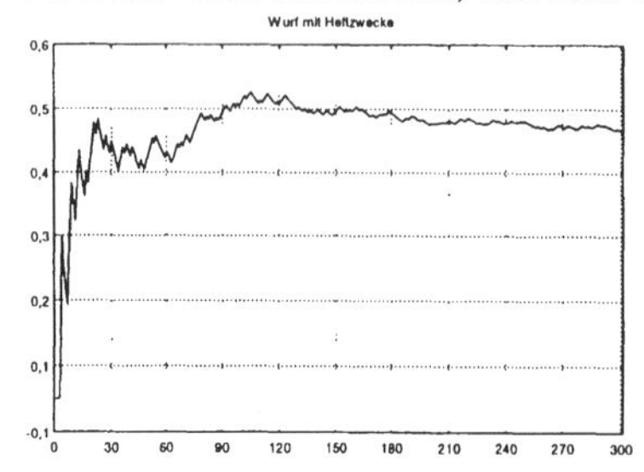

Tritt bei einem beliebig häufig wiederholbaren Zufallsexperiment bei n Versuchen ein Ereignis A mit einer absoluten Häufigkeit $H(A)$ auf, so ist der Quotient $h_n=H(A)/n$ ein Schätzwert für die Wahrscheinlichkeit $P(A)$, mit der das Ereignis A beim Einzelexperiment auftritt. Die Güte des Schätzwertes hängt offensichtlich in einer Art, die noch besprochen werden muss (vgl. 1.2.5.5.1), von n ab. Werden Wahrscheinlichkeiten als „Grenzwerte" relativer Häufigkeiten erklärt, so stellt dies die „frequentistische" Interpretation des Wahrscheinlichkeitsbegriffs dar.

Beispiel 8: Man kann jede Geburt eines Kindes als ein Zufallsexperiment mit dem Grundraum $\Omega=\{$Mädchen, Junge$\}$ auffassen. Die Statistik für die Bundesrepublik zeigt, dass die *Laplace*-Annahme P(„Mädchen")=P(„Junge") offensichtlich nicht gerechtfertigt ist:

Jahr	gesamt	männlich	Jahr	gesamt	männlich
1961	1012687	520590	1967	1019459	523637
1962	1018552	523801	1968	969825	498202
1963	1054123	541812	1969	903456	464430

Jahr	gesamt	männlich	Jahr	gesamt	männlich
1964	1065437	547979	1970	810808	41632
1965	1044328	536930	1971	778526	400423
1966	1050345	539492			

Die Werte für die relative Häufigkeit einer Jungengeburt liegen hier zwischen 0,5139 und 0,5142. Weiter erkennt man einen starken Abfall der Geburtenzahl im angegebenen Jahrzehnt. *Laplace* selbst hat bei einer eigenen Untersuchung für London, Petersburg, Berlin und ganz Frankreich ein Verhältnis von 22/43 festgestellt. Für das Stadtgebiet von Frankreich erhielt er 25/49<22/43. Dies war für ihn eine Überraschung, da er das „wahre" Verhältnis als „Naturkonstante" ansah (die Abweichung für Paris ließ sich dadurch erklären, dass die hier abgegebenen Findelkinder vorwiegend Mädchen waren). *Warmuth* (1991) untersucht die o. g. *Laplace*-Annahme unter den Gesichtspunkten der Geburtsgewichte von Jungen und Mädchen, des Alters der Mutter und dem Geschlecht des Kindes (vgl. auch *Ilbertz* 1995).

Die für die *Laplace*-Wahrscheinlichkeit angegebenen Eigenschaften lassen sich auch für das Operieren mit relativen Häufigkeiten anhand von Beispielen induktiv gewinnen:

Beispiel 9: Man würfelt 50 mal mit einem Würfel und erhält z. B. folgendes Ergebnis

Ereignis	{1}	{2}	{3}	{4}	{5}	{6}
relative Häufigkeit	11/50	7/50	9/50	6/50	8/50	9/50

Aus diesen Ergebnissen folgert man für die Eigenschaften der relativen Häufigkeit h_n:

(K1): $0 \leq h_n \leq 1$; (K2): $h_n(\Omega)=1$; (K3): $h_n(A \cup B)=h_n(A)+h_n(B)$ für $A \cap B=\emptyset$

und zwar unabhängig von der Länge n der Versuchsserie.

Eine andere Form der Interpretation des Begriffs Wahrscheinlichkeit wird von den *Bayes*ianern vorgenommen, für sie beschreibt die Wahrscheinlichkeit $P(A)$ die Stärke der subjektiven Überzeugung, dass ein unsicheres Ereignis A eintritt (vgl. 1.2.5.9, 1.3.1.3, 3.6).

Entsprechend den gemeinsamen Eigenschaften des *Laplace*schen und auch des *frequentistischen* Wahrscheinlichkeitsbegriffs sind von *Kolmogoroff* die grundlegenden Eigenschaften des Wahrscheinlichkeitsmaßes als Axiome festgelegt worden:

Unter einem endlichen Wahrscheinlichkeitsraum versteht man nach *Kolmogoroff* ein Tripel $(\Omega,\mathfrak{A},P)$, wobei gilt:

$\mathfrak{A}$ ist eine Ereignisalgebra über einer nichtleeren endlichen Menge Ω (Ergebnismenge) mit (A1) $\Omega \in \mathfrak{A}$ (A2) $A \in \mathfrak{A} \Rightarrow \bar{A} \in \mathfrak{A}$ mit $\bar{A} = \Omega \setminus A$ (A3) $A,B \in \mathfrak{A} \Rightarrow A \cup B \in \mathfrak{A}$.

Für die Funktion P: $\mathfrak{A} \rightarrow \mathbb{R}$ gilt:

(K1) $0 \leq P(A) \leq 1$; (K2) $P(\Omega)=1$; (K3) $P(A \cup B)=P(A)+P(B)$ für $A,B \in \mathfrak{A}$ mit $A \cap B=\emptyset$

(K3') $P(A_1 \cup A_2 \cup ...)=P(A_1)+P(A_2)+...$ mit $A_i \cap A_j=\emptyset$ $\forall i \neq j$.

Das Wahrscheinlichkeitsmaß ist also eine Funktion, die den Mengen einer Ereignisalgebra über einer Ergebnismenge Ω, die die Eigenschaften einer *Boole*schen Algebra besitzt, eine reelle Zahl des Intervalls [0;1] zuordnet. Eine solche Zuordnung ist immer möglich, wenn die Ereignisalgebra endlich ist. In diesem Fall wird in der Regel $\mathfrak{P}(\Omega)$ als Ereignisalgebra verwendet. (Ist die Menge Ω überabzählbar unendlich, so muss als Ereignisalgebra eine passende Menge „messbarer Mengen" genommen werden.) Die Eigenschaften des Wahrscheinlichkeitsmaßes entsprechen bis auf die Normierung denen, die für die geläufigen übrigen Maße, wie Strecken- oder Flächenmaß, gelten. Weitere Eigenschaften des Wahrscheinlichkeitsmaßes lassen sich dann ableiten. Die Konstruktion eines mathematischen Modells zu einer konkreten stochastischen Situation besteht also in der

Konstruktion eines „passenden“ Wahrscheinlichkeitsraums. Dies ist nicht immer einfach, da diese Festlegung als inhaltliche Interpretation immer nur hypothetischer Art sein kann. Dem entspricht, dass es je nach erkenntnisleitender Fragestellung für dieselbe stochastische Situation mehrere Modelle geben kann. Diese Offenheit bei der Konstruktion von stochastischen Modellen zu Realsituationen ist sicher größer als die bei der Modellierung von Situationen mit Mitteln der Analysis oder der linearen Algebra.

Beispiel 10: Würfeln mit zwei *Laplace*-Würfeln. Für die Modellierung ist entscheidend, ob man die Würfel als unterscheidbar oder als nicht unterscheidbar ansehen will.

Beispiel 11: Verteilung von k Teilchen auf n Zellen. Je nach angenommener Symmetrie lässt sich die Situation durch unterschiedliche Modelle beschreiben: *Maxwell-Boltzmann*-Modell: Sollen die Teilchen unterscheidbar sein und in beliebiger Zahl in den Zellen auftreten können, so gibt es n^k gleichmögliche Fälle. *Bose-Einstein*-Modell: Sollen die Teilchen nicht unterscheidbar sein und können beliebig viele pro Zelle auftreten, so gibt es $\binom{n+k-1}{k}$ gleichmögliche Fälle. *Fermi-Dirac*-Modell: Sollen die Teilchen nicht unterscheidbar sein und soll in einer Zelle höchstens ein Teilchen auftreten, dann gibt es $\binom{n}{k}$ gleichmögliche Fälle. *Schmidt* (1977) beschreibt einen statistischen Zugang zur Wärmelehre über die *Boltzmann*-Verteilung (vgl. auch 3.3 und *Borovcnik* 1992, *Krengel* 1991, *Scheid* 1986).

1.1.1.3 Verknüpfungen von Wahrscheinlichkeiten

Die Verknüpfung von Wahrscheinlichkeiten ist eine fundamentale Idee der Stochastik, weil sie es ermöglicht, Wahrscheinlichkeiten komplexer Ereignisse aus Wahrscheinlichkeiten einfacher Ereignisse zu bestimmen, von einfacheren zu komplexeren Modellen überzugehen.

1.1.1.3.1 Additionssätze

Für die Anwendungen der verschiedenen Maße wie Länge, Gewicht oder Zeitspanne ist die Additivität von besonderer Bedeutung. Das Axiom (K3) stellt die Gültigkeit dieser Eigenschaft auch für das Wahrscheinlichkeitsmaß sicher. Anders aber, als dies bei den gängigen Maßen wie z. B. Längen- oder Gewichtsmaß üblich ist, treten beim Wahrscheinlichkeitsmaß häufig Fälle auf, in denen die Schnittmenge zweier Ereignisse nicht leer ist.

Beispiel 12: Beim Würfeln werden die Ereignisse A: „Werfen einer geraden Zahl“, B: „Werfen einer Zahl <3“ betrachtet. Will man die Wahrscheinlichkeit dafür bestimmen, dass „A oder B“ auftritt, so muss man berücksichtigen, dass beide Ereignisse das Ergebnis „2“ als gemeinsames Element haben, dass also $A \cap B \neq \emptyset$. Damit ergibt sich:
$P(A \cup B) = P(A) + P(B) - P(A \cap B) = 3/6 + 2/6 - 1/6 = 4/6$.

Beispiel 13 (*Strick* 1997): Aus einer Urne mit von 1 bis n nummerierten Kugeln wird eine gezogen. Wie groß ist die Wahrscheinlichkeit, dass die gezogene Nummer durch 2 und 3 teilbar ist, dass sie zu n teilerfremd ist usw.?

Die Additionssätze beschreiben, wie bei der Berechnung von Gesamtwahrscheinlichkeiten die Wahrscheinlichkeiten von nichtleeren Durchschnitten zu berücksichtigen sind. Unter Anwendung der *Kolmogoroff*-Axiome lässt sich herleiten:

Für die Vereinigung von zwei beliebigen Ereignissen gilt: $P(A \cup B) = P(A) + P(B) - P(A \cap B)$. Für drei Ereignisse erhält man den Satz: $P(A \cup B \cup C) = P(A) + P(B) + P(C) - P(A \cap B) - P(A \cap C) - P(B \cap C) + P(A \cap B \cap C)$.
Als Verallgemeinerung ergibt sich die *Siebformel*, *Formel des Ein– und Ausschließens* bzw. Formel von *Sylvester* (vgl. *Barth/Haller* 1983, *Henze* 1999).
Die Berechnung von Wahrscheinlichkeiten für die Vereinigung von Ereignissen ist i. Allg. komplizierter als die Berechnung der Wahrscheinlichkeiten für Durchschnitte, wie man auch am Pfaddiagramm sehen kann:

Beispiel 14 (*Heigl/Feuerpfeil* 1981): Drei Personen *A, B, C* sollen sich eine der natürlichen Zahlen von 1 bis 4 merken. Mit welcher Wahrscheinlichkeit tritt das Ereignis *E* auf: „Mindestens zwei Personen merken sich die gleiche Zahl"? Diese Aufgabe stellt ein einfaches Beispiel zum sog. *Rencontre*-Problem dar (*Rencontre*=Zusammentreffen). Hier sind die Wahrscheinlichkeit dafür zu addieren, dass *A und B, A und C, B und C* oder *A und B und C* sich jeweils zufällig die gleiche Zahl gemerkt haben. Man kann sich zur Lösung vorstellen, dass man in drei Schubfächer unabhängig voneinander je eine Kugel mit den Zahlen „1" bis „4" legt. Die Lösung über den Additionssatz ist, wie man an einem nicht verkürzten Baumdiagramm feststellt, hier sehr aufwendig (das angegebene Baumdiagramm ist unvollständig). Eine einfachere Lösung erhält man über die Wahrscheinlichkeit für das Ereignis „Keine zwei Personen merken sich die gleiche Zahl": Man bestimmt zunächst die Wahrscheinlichkeit, dass in den Schubfächern keine Zahl mehrfach auftritt, also $P(\bar{E})$. Sie ergibt sich aus der Anzahl der Tripel mit verschiedenen Ziffern $4 \cdot 3 \cdot 2 = 24$ und den gesamten Möglichkeiten für die Verteilung der Kugeln $4 \cdot 4 \cdot 4 = 64$: $P(\bar{E}) = 24/64$.

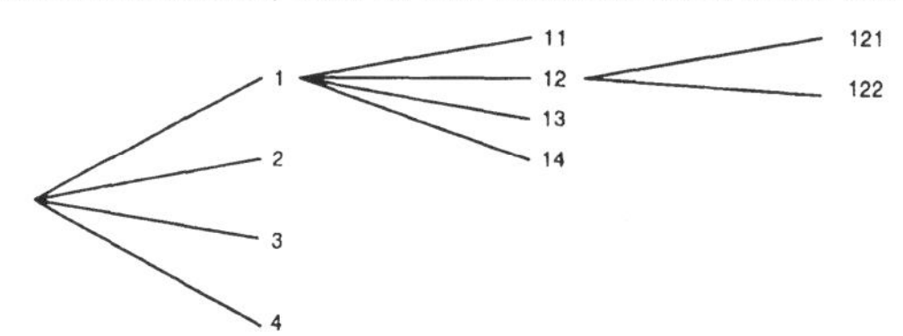

Damit ergibt sich für die gesuchte Wahrscheinlichkeit $P(E) = 1 - P(\bar{E}) = 40/64 = 0{,}625$. Entgegen der intuitiven Vorstellung kann bei *Rencontre*-Problemen die Wahrscheinlichkeit einer Vereinigung von vielen „unwahrscheinlichen" Ereignissen also durchaus groß sein. Nur bei kleinen Zahlen lässt sich das Baumdiagramm effektiv einsetzen. Bei größeren Zahlen wendet man entsprechende Formeln der Kombinatorik an. Ein weiteres bekanntes Beispiel dieser Art ist das der „vertauschten Briefe" (vgl. 3.3, 4.4 und *Strick* (1998) zur Simulation des *Rencontre*-Problems).

1.1.1.3.2 Bedingte Wahrscheinlichkeit

Von sehr großer Bedeutung für die Anwendungen sind die Vorstellungen und Ideen, die sich mit Hilfe der Begriffe *bedingte Wahrscheinlichkeit*, *Bayes-Regel*, *Unabhängigkeit* und *Multiplikationssatz* präzisieren lassen. Mit dem Begriff der bedingten Wahrscheinlichkeit modelliert man eine stochastische Situation, in der die Wahrscheinlichkeit eines Ereignisses *A* gefragt ist unter der Voraussetzung, dass ein Ereignis *B* eingetreten ist. Solche Situationen treten z. B. im Zusammenhang mit mehrstufigen Zufallsexperimenten auf.

Beispiel 15: Ziehen aus einer Urne ohne Zurücklegen: Eine Urne enthält zwei rote und drei weiße Kugeln. Es wird zweimal ohne Zurücklegen gezogen. Hier hängt die Wahrscheinlichkeit dafür, dass die zweite Kugel weiß ist, davon ab, welche Farbe die zuerst gezogene Kugel hat: $P(2.\ K.\ \text{weiß} \mid 1.\ K.\ \text{rot}) = 3/4$ und $P(2.\ K.\ \text{weiß} \mid 1.\ K.\ w.) = 2/4$.

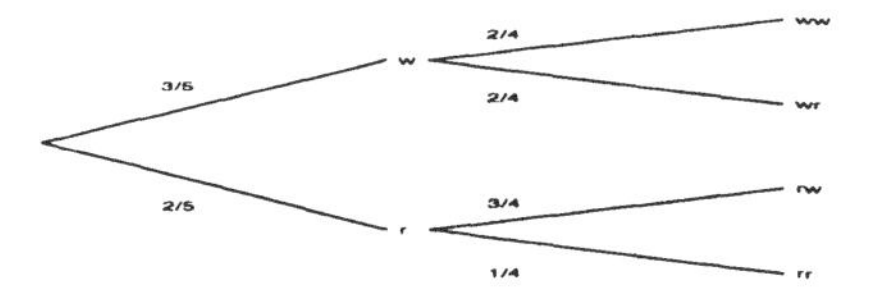

Sind z. B. bei einem zweistufigem Experiment Ω_1 und Ω_2 die Grundräume der Einzelexperimente, so ist $\Omega=\Omega_1 x \Omega_2$ der Grundraum des zusammengesetzten Experimentes mit den Elementen $\omega=(\omega_1,\omega_2)$. Dabei sind die ω_1 die möglichen Ausgänge des ersten Teilexperiments und es gilt $\sum_{\omega_1\in\Omega_1} P(\{\omega_1\})=1$. Für jedes ω_1 gibt es nun ein System von Übergangswahrscheinlichkeiten $P(\{\omega_2\}|\{\omega_1\})$ als „bedingte Wahrscheinlichkeiten" mit ω_2 als mögliche Ausgänge des zweiten Teilexperiments und es gilt $\sum_{\omega_2\in\Omega_2} P(\{\omega_2\}|\{\omega_1\})=1$.

Sind $B=\{\omega_1\}x\Omega_2$ und $A=\Omega_1 x\{\omega_2\}$, so ist $A\cap B=\{\omega\}=\{(\omega_1,\omega_2)\}$ und es gelten $P(\{\omega\})=P(\{\omega_1\})\cdot P(\{\omega_2\}|\{\omega_1\})$ bzw. $P(A\cap B)=P(B)\cdot P(A|B)$. Man bezeichnet diesen Zusammenhang als die *1. Pfadregel*. Im *Beispiel 15* ergibt sich z. B. P(1. Kugel weiß *und* 2. Kugel rot)=P(1. Kugel weiß)·P(2. Kugel rot|1. Kugel weiß)=3/5·2/4=0,3.

Führen zu einem Ereignis A mehrere Pfade, so berechnet sich $P(A)$ als Summe der Wahrscheinlichkeiten aller Pfade, die nach A führen. Dieser Zusammenhang wird als *2. Pfadregel* bezeichnet. Im *Beispiel 15* ergibt sich für das Ereignis „Die zweite Kugel ist weiß":
P(2. Kugel weiß)=P(1. Kugel weiß)·P(2. Kugel weiß|1. Kugel weiß)+
P(1. Kugel rot)·P(2. Kugel weiß|1. Kugel rot)=3/5·2/4+2/5·3/4=0,6.

Beispiel 16: Eine Firma bezieht Schalter von drei Zulieferern A, B, C. Die Tabelle gibt die Lieferanteile und die Prozentsätze der im Durchschnitt defekten Schalter wieder:

Firma	A	B	C
Anteil	0,5	0,3	0,2
Defekte	10%	5%	1%

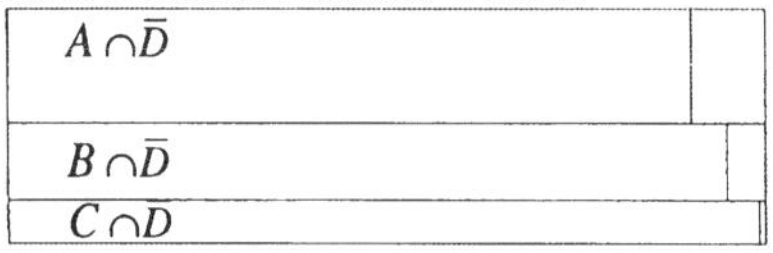

$A\cap\bar{D}$

$B\cap\bar{D}$

$C\cap\bar{D}$

Durch Beispiele dieser Art erhält man einen Zugang zum Begriff der bedingten Wahrscheinlichkeit unter anderer Perspektive: Die Grundmenge Ω aller Schalter wird einerseits durch die Mengen A,B,C und andererseits durch die Mengen der defekten bzw. nicht defekten Schalter D bzw. $\bar{D}$ zerlegt. Dadurch erhält man z. B. die „Einschränkung" $\mathfrak{A}_D=\{A\cap D|A\in\mathfrak{A}\}$ des gegebenen Wahrscheinlichkeitsraums $(\Omega,\mathfrak{A},P)$ mit einem neuen „bedingten" Wahrscheinlichkeitsmaß $P(\bullet|D)$.

Gegeben seien ein Wahrscheinlichkeitsraum $(\Omega,\mathfrak{A},P)$, das Ereignis $D\in\mathfrak{A}$ und $P(D)>0$, dann ist $P(\bullet|D)=\begin{cases}\mathfrak{A}\to[0;1]\\ A\to P(A|D)=\dfrac{P(A\cap D)}{P(D)}\end{cases}$ ein Wahrscheinlichkeitsmaß, das *bedingte Wahrscheinlichkeit* von A unter der Bedingung D heißt.

Der Begriff der bedingten Wahrscheinlichkeit wird im *Kolmogoroff*schen Aufbau der Wahrscheinlichkeitstheorie formal als uninterpretierter Begriff gebildet. Bei Anwendungen der Wahrscheinlichkeitstheorie hängt die Art seiner Verwendung von der Art seiner Interpretation ab:

Nach *objektivistischer* Auffassung sind Wahrscheinlichkeiten objektive, vom Subjekt unabhängige Daten. Seien gegeben eine Folge von n unabhängigen Durchführungen eines Zufallsexperimentes und $\dfrac{h(A\cap B)}{h(B)}$ als relative Häufigkeit eines Ereignisses A unter denjenigen Durchführungen, bei denen ein Ereignis B auftritt, dann unterscheidet sich nach objektivistischer Auffassung diese relative Häufigkeit nur sehr wenig von $P(A|B)$,

wenn nur n hinreichend groß ist. Wichtig ist auch bei der objektivistischen Auffassung, dass der Begriff der bedingten Wahrscheinlichkeit nicht notwendig einen zeitlichen oder kausalen Zusammenhang zwischen den Ereignissen A und B beinhaltet.
Eine besondere Bedeutung besitzt der Begriff der bedingten Wahrscheinlichkeit vor allem in der *Bayes*-Statistik unter Verwendung des subjektivistischen Wahrscheinlichkeitsbegriffs. Nach *subjektivistischer* Auffassung beschreibt $P(A|B)$, wie sich die subjektive Wahrscheinlichkeitsbewertung durch neue Informationen ändert: $P(A|B)$ ist die Sicherheit, mit der jemand das Eintreffen des Ereignisses A erwartet, wenn er schon weiß, dass B eingetroffen ist. Mit dieser Sprechweise wird nur über den Informationsstand des Beobachters eine Aussage gemacht, keineswegs soll z. B. eine Vorzeitigkeit des Eintreffens von B oder ein kausaler Zusammenhang von B und A zum Ausdruck gebracht werden. Diese Sichtweise spielt eine grundlegende Rolle für die *Bayes*-Statistik, die das „Lernen aus Erfahrung" modelliert (vgl. *Beispiel* 22, 1.2.5.9, 3.6).
Welche von der jeweiligen Interpretation des Wahrscheinlichkeitsbegriffs unabhängige Schwierigkeiten mit dem Begriff der bedingten Wahrscheinlichkeit verbunden sind, zeigt das folgende Beispiel:

Beispiel 17 (*Falk* 1983): Aus einer Urne mit zwei weißen und zwei schwarzen Kugeln werden zwei Kugeln nacheinander ohne Zurücklegen gezogen. Wie groß ist die Wahrscheinlichkeit, dass die erste Kugel weiß ist, wenn die Farbe der zweiten Kugel weiß ist und die Farbe der ersten Kugel nicht bekannt ist? Bei der falschen Lösung ½ wird die durch das zweite Ziehen erlangte Information deswegen nicht berücksichtigt, weil sie nach dem Ziehen der ersten Kugel erhalten wird und sie daher keine Bedeutung für das Ziehen der ersten Kugel haben kann. Hier wird also wegen der „Zeitgebundenheit" des Denkens die Bedingtheit der zu bestimmenden Wahrscheinlichkeit nicht beachtet. Die richtige Lösung folgt aus einer Symmetrieüberlegung: Wenn nur bekannt ist, dass die zweite gezogene Kugel weiß ist, so haben zwei von den drei unbekannten Kugeln eine schwarze Farbe und eine der Kugeln ist weiß. Dann ist die Wahrscheinlichkeit 1/3, dass die zuerst gezogene Kugel weiß ist (vgl. *Borovcnik* 1992 für eine ausführliche Diskussion).

1.1.1.3.3 Multiplikationssatz

In Anwendungen geht es häufig nicht um die Bestimmung einer bedingten Wahrscheinlichkeit $P(A|B)$, sondern um die Wahrscheinlichkeit $P(A \cap B)$ einer Konjunktion von Ereignissen. Durch Umformung erhält man aus der Definition für die bedingte Wahrscheinlichkeit den Multiplikationssatz $P(A \cap B)=P(A|B) \cdot P(B)$. Die Verallgemeinerung erhält man für $A_1,...,A_n \in \mathfrak{A}$ durch vollständige Induktion:
$P(A_1 \cap ... \cap A_n)=P(A_n|A_1 \cap ... \cap A_{n-1}) \cdot P(A_{n-1}|A_1 \cap ... \cap A_{n-2}) \cdot ... \cdot P(A_2|A_1) \cdot P(A_1)$. Für n unabhängige Ereignisse $A_1,...,A_n$ gilt: $P(A_1 \cap ... \cap A_n)=P(A_1) \cdot ... \cdot P(A_n)$.

Beispiel 18: Modell von *Polya* für die Ausbreitung einer Infektionskrankheit. Eine Menge von infizierten Personen bestehe aus n Personen, die immun, und m Personen, die erkrankt seien. Kommt eine von den $n+m$ Personen mit einer weiteren Person zusammen, so wird diese infiziert. Je nach Zustand ihres Immunsystems bricht die Krankheit aus oder nicht. *Polya* hat diese Situation wie folgt modelliert: In einer Urne befinden sich n weiße und m rote Kugeln. Eine Kugel wird gezogen und dann wird diese Kugel und eine weitere Kugel derselben Farbe in die Urne gelegt. Entsprechend der vorstehenden Idealisierung der Realsituation bedeuten: Weiße Kugel: „Krankheit bricht trotz Ansteckung wegen vorhandener Immunität nicht aus", rote Kugel: „Krankheit bricht aus". Aus dem jeweiligen Verhältnis der Anzahlen von weißen und roten Kugeln in der Urne ergibt sich die jeweils aktuelle Wahrscheinlichkeit für eine Ansteckung mit nachfolgendem Ausbruch der

Krankheit. Dem Urnenmodell entspricht ein Baumdiagramm, dem die Operationen im Modell zu entnehmen sind, das den Prozess der Ausbreitung der Krankheit beschreibt. Für n=2 und m=3 ergibt sich folgendes Baumdiagramm:

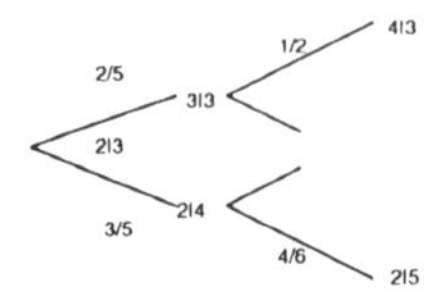

1.1.1.3.4 Satz von der totalen Wahrscheinlichkeit

Wie erwähnt, kann $P(A|B)$ formal gedeutet werden als Wahrscheinlichkeit eines Ereignisses $A\cap B$ hinsichtlich des „eingeschränkten Ereignisraumes" B. Häufig ergibt sich folgendes umgekehrte Problem: Man kennt Wahrscheinlichkeitsräume, die sich als Einschränkungen eines umfassenden Wahrscheinlichkeitsraumes auffassen lassen und sucht Wahrscheinlichkeiten für Ereignisse in diesem Wahrscheinlichkeitsraum. Dieser Fall tritt z. B. auf, wenn bei der Beschreibung einer stochastischen Situation Fallunterscheidungen gemacht werden.

Beispiel 19 (*Schmidt* 1984): Bei der Herstellung von Chips sei pro Siliziumträgerscheibe mit 200 zufällig verteilten Punktfehlern zu rechnen. Ferner sei die Wahrscheinlichkeit dafür, dass ein Chip der Größe x keinen Punktfehler besitzt, $P_{200}(x)=(1-x/8000)^{200}$. Es werden nun 20% Chips der Größe 10, 30% Chips der Größe 20 und 50% Chips der Größe 50 hergestellt. Wie groß ist die Wahrscheinlichkeit dafür, dass ein der Produktion zufällig entnommener Chip fehlerfrei ist? Als Ereignisse sind hier zunächst B_x: „Der Chip besitzt die Größe x" und A: „Der Chip ist fehlerfrei" des durch x eingeschränkten Wahrscheinlichkeitsraums gegeben. Aus den Wahrscheinlichkeiten $P_{200}(A|B_x)=P(x)$ und $P(B_x)$ lässt sich die die gesuchte Wahrscheinlichkeit $P(A)$ dafür bestimmen, dass ein Chip der Gesamtproduktion fehlerfrei ist:

$P(A)=P(x=10)\cdot P(B_{10})+P(x=20)\cdot P(B_{20})+P(x=50)\cdot P(B_{50})$.

In solchen Fällen lässt sich ein Wahrscheinlichkeitsraum mit Hilfe gegebener Unterwahrscheinlichkeitsräume zusammensetzen: Liegt eine Zerlegung eines Wahrscheinlichkeitsraumes $(\Omega,\mathfrak{A},P)$ in eine Reihe von „eingeschränkten" Wahrscheinlichkeitsräumen $(B_i,\mathfrak{A}_i,P)$ vor, so lassen sich die Wahrscheinlichkeiten für Ereignisse $A\in\mathfrak{A}$ aus den jeweils bedingten Wahrscheinlichkeiten $P(A|B_i)$ bestimmen:

Sei für den Wahrscheinlichkeitsraum $(\Omega,\mathfrak{A},P)$ die Zerlegung $\Omega=\bigcup_{i=1}^{n} B_i$ gegeben und sind die $P(\bullet|B_i)$ bedingte Wahrscheinlichkeitsmaße, so gilt für $A\in\mathfrak{A}$: $P(A\cap B_i)=P(A|B_i)\cdot P(B_i)$ und wegen (K3) der Satz von der totalen Wahrscheinlichkeit: $P(A)=\sum_{i=1}^{n} P(A\mid B_i)\cdot P(B_i)$.

1.1.1.3.5 Unabhängigkeit

Mit dem Begriff der bedingten Wahrscheinlichkeit hängt ein Begriff der Stochastik zusammen, der sowohl in erkenntnistheoretischer Hinsicht als auch bei Anwendungen in alltäglichen stochastischen Situationen von Bedeutung ist: der Begriff der *Unabhängigkeit*.

Beispiel 20: In den 50er Jahren wurde in den USA eine Untersuchung zum Rauchverhalten von 7456 Frauen in Abhängigkeit von ihrem Einkommen gemacht. Es ergaben sich u. a. folgende Ergebnisse:

Einkommen	Raucherin	Nichtraucherin	Σ
≤2000$	1698	4427	6125
>2000$	766	565	1331
Σ	2464	4992	7456

Hier legen die Zahlen eine Abhängigkeit zwischen Rauchverhalten und Einkommen nahe: Unter Frauen mit hohem Einkommen fand sich ein hoher Anteil von Raucherinnen. In der gesamten untersuchten Stichprobe ist die relative Häufigkeit der Raucherinnen $h(\text{Raucherin})=2464/7456=0{,}3305$. Schränkt man auf die Teilmenge der Frauen mit hohem Einkommen ein, so erhält man $h(\text{Raucherin}|>2000)=766/1331=0{,}5755$. Man erhält also $h(\text{Raucherin})<h(\text{Raucherin}|>2000)$. In den letzten Jahrzehnten scheinen sich Veränderungen ergeben zu haben. Nach einer an der Universität Graz durchgeführten Studie zum Zusammenhang von Ausbildungsstatus und Zigarettenaffinität sind 49,7% der Oberstufengymnasiasten, aber 64,5% der gleichaltrigen Lehrlinge als zigarettenaffin anzusehen (www.kfunigraz.ac.at, 2000).

Nach *Heitele* (1975) ist der Begriff der Unabhängigkeit einer der wichtigsten Begriffe der Stochastik überhaupt und *Schreiber* (1979) bezeichnet ihn als den „eigentlichen Angelpunkt der Wahrscheinlichkeitslehre". Im *Kolmogoroff*schen Aufbau tritt der Begriff der Unabhängigkeit nicht im Axiomensystem selbst, sondern als abgeleiteter Begriff auf. Die Motivation für diese Begriffsbildung wird dabei meist über den Begriff der bedingten Wahrscheinlichkeit gesucht: Gilt $P(A|B)=P(A)$, hat also eine Information über das Ereignis A unter Berücksichtigung von B keinen Einfluss auf die Wahrscheinlichkeit des Eintretens von A, dann spricht man von unabhängigen Ereignissen A und B:

Sei $(\Omega,\mathfrak{A},P)$ ein Wahrscheinlichkeitsraum, dann heißen die Ereignisse A, B mit $P(B),P(A)>0$ *unabhängig*, wenn $P(A|B)=P(A)$ (und damit auch $P(B|A)=P(B)$). Hierzu äquivalent ist die Definition: Die Ereignisse A, B heißen unabhängig, wenn $P(A\cap B)=P(A)\cdot P(B)$.

Der letztgenannte Sachverhalt wird i. Allg. als Multiplikationssatz für unabhängige Ereignisse angegeben. Die Verallgemeinerung der Definition der Unabhängigkeit geht von dieser Definition aus:

Sei $(\Omega,\mathfrak{A},P)$ ein Wahrscheinlichkeitsraum, dann heißen die Ereignisse A_i mit $i\in\{1,...,n\}$ unabhängig, wenn für jede Teilmenge $\{i_k,...,i_l\}\subseteq\{1,...,n\}$ gilt $P(A_{ik}\cap...\cap A_{il})=P(A_{ik})\cdot...\cdot P(A_{il})$.

Es folgt daraus der Multiplikationssatz für n unabhängige Ereignisse.

Sehr viele statistische Verfahren wie Umfragen, Qualitätskontrollen, Medikamententests usw. haben als Voraussetzung, dass ein Zufallsexperiment n-mal in gleicher Weise und unabhängig wiederholt wird. Ob aber diese Voraussetzungen im konkreten Fall erfüllt sind, ist nicht immer einfach festzustellen. Bemerkenswert ist, dass die rein rechnerische Handhabung der Definition und des Multiplikationssatzes für unabhängige Ereignisse relativ einfach ist und dass auch ihre Verbindung mit inhaltlichen Vorstellungen in speziellen übersichtlichen Fällen (mehrstufige, physikalisch unabhängige Zufallsexperimente) in der Regel leicht vollzogen wird, was sich daran zeigt, dass der Multiplikationssatz in Verbindung mit dem Baumdiagramm von Schülern als naheliegende Strategie zur Bestimmung von Wahrscheinlichkeiten in solchen Fällen gefunden und angewendet wird. Diese inhaltlichen Vorstellungen sind aber oft nicht ausreichend tragfähig. Das beweisen Gewohnheiten von Lotto- oder Roulettespielern, die z. B. glauben, dass sich nach einer längeren Serie „rot" die Wahrscheinlichkeit für „schwarz" erhöht hat, ebenso wie einschlägige Aussagen von *d'Alembert* (vgl. *Heitele* 1975). Auch ein anderer Aspekt der Beziehung des theoretisch gewonnenen Begriffs der Unabhängigkeit zur Realität ist zu beachten: Stochastische (Un-)Abhängigkeit ist zu trennen von realer (Nicht-) Beeinflussung, sie ist auch verschieden von der Disjunktheit von Ereignissen.

1.1.1.3.6 *Bayes*-Regel

Beispiel 21: Von 200 Vorschülern haben 160 Schüler den Schulreifetest bestanden. Alle Schüler werden eingeschult. Von denjenigen, die den Test bestanden haben (Ereignis B), erreichen 128 das Ziel des ersten Schuljahres (Ereignis E). Von denen, die den Test nicht bestanden haben (Ereignis A), sind zwölf Schüler erfolgreich. Gegeben ist also die Wahrscheinlichkeit $P(E|A)$ mit der ein Schüler, der den Test nicht bestanden hat, das Ziel der ersten Klasse erreicht hat. Es lässt sich nun die Frage stellen mit welcher Wahrscheinlichkeit $P(A|E)$ ein Schüler, der das Ziel der ersten Klasse erreicht hat, den Test nicht bestanden hat.

Gegeben seien $P(A)$ und $P(B)$ als „*A-priori*-Wahrscheinlichkeiten", wobei A und B eine Zerlegung eines Wahrscheinlichkeitsraumes bilden sollen, und die bedingten Wahrscheinlichkeiten $P(E|A)$ und $P(E|B)$. Die Wahrscheinlichkeit $P(A|E)$ nennt man *A-posteriori*-Wahrscheinlichkeit, weil dabei nach der Wahrscheinlichkeit $P(A|E)$ für das Auftreten von A unter der Bedingung des Auftretens von E gefragt wird, es wird also gesucht $P(A\cap E)/P(E)$. Nach Definition der bedingten Wahrscheinlichkeit und durch Anwendung des Satzes von der totalen Wahrscheinlichkeit ergibt sich der Satz oder die Regel von *Bayes*:

Bilden A und B eine Zerlegung von Ω, dann gilt mit $P(A)$, $P(B)>0$ für $E\in\mathfrak{A}$:

$$P(A|E)=\frac{P(A\cap E)}{P(E)}=\frac{P(E\mid A)\cdot P(A)}{P(E\mid A)\cdot P(A)+P(E\mid B)\cdot P(B)}.$$

Die Interpretation der *Bayes*-Regel hängt von dem Wahrscheinlichkeitsbegriff ab, der zugrunde gelegt wird. Allgemein akzeptiert wird etwa eine Formulierung wie: „Die *Bays*sche Formel zeigt, wie die bedingten Wahrscheinlichkeiten $P(A|E)$ und $P(E|A)$ zusammenhängen". Für Zerlegungen mit $A_i\in\mathfrak{A}$, $i\in I$, eines Wahrscheinlichkeitsraums $(\Omega,\mathfrak{A},P)$ lässt sich die *Bayes*-Regel entsprechend formulieren.

Die *Bayes*-Regel kann als wichtiges Mathematisierungsmuster für die anwendenden Wissenschaften angesehen werden: Aus der Wahrscheinlichkeit $P(H)$ für die Hypothese H und $P(D|H)$ für das Auftreten des Datums D unter der Hypothese H lässt sich nach Realisation von D über die *Bayes*-Regel eine Neubewertung $P(H|D)$ für die Hypothese H gewinnen. Damit ist die *Bayes*-Regel eine Methode zum quantitativen Abwägen von Hypothesen.

Beispiel 22 (*Riemer* 1985): Aus einer von zwei Urnen U_1 (8 rote, 4 weiße Kugeln), U_2 (4 rote, 6 weiße Kugeln) wird verdeckt gezogen. Man wird vor dem ersten Ziehen als A-priori-Wahrscheinlichkeit dafür, dass Urne U_1 gewählt wurde, $P(U_1)=1/2$ annehmen. Wenn nun eine rote Kugel gezogen wird, dann lässt sich unter Verwendung dieses Datums und der angenommenen A-priori-Wahrscheinlichkeit $P(U_1)$ über die *Bayes*-Formel die A-posteriori-Wahrscheinlichkeit für das Vorliegen der Urne U_1 zu bestimmen:

$P(U_1 \mid rot) = \dfrac{P(rot \mid U_1)}{P(rot \mid U_1) + P(rot \mid U_2)} = \dfrac{8/12}{8/12 + 4/10} = \dfrac{5}{8}$. Diese A-posteriori-Wahrscheinlichkeit gibt die unter der gemachten Erfahrung (Ziehen der roten Kugel) neue Einschätzung dafür wider, dass es sich bei der gewählten Urne um U_1 handelt: Man wird jetzt mit der Wahrscheinlichkeit $P(U_1)=5/8$ annehmen, dass es sich bei der Urne um U_1 handelt. Man kann nun wieder neu ziehen und die vorher gewonnene A-posteriori-Wahrscheinlichkeit als neue A-priori-Wahrscheinlichkeit verwenden. Durch weitere Iteration gewinnt man schließlich eine „objektive Wahrscheinlichkeit" dafür, ob Urne U_1 vorliegt.

Zur Gewinnung der A-priori-Annahmen gibt es verschiedene Verfahren (Annahme einer Gleichverteilung, subjektive Schätzung, experimentelle Bestimmung, Minimax-Prinzip), die auch korrespondieren mit grundlagentheoretischen Positionen (vgl. 1.3.1, 3.5, 3.6). Durch ein iteriertes Anwenden der *Bayes*-Regel lässt sich das „Lernen aus Erfahrung" modellieren, indem z. B. wie dargestellt von subjektiven A-priori-Annahmen ausgegangen wird und über die Erhebung von Daten A-posteriori-Wahrscheinlichkeiten gewonnen werden, die dann als neue A-priori-Annahmen verwendet werden usw. Es kann dann zu einer Konvergenz der A-posteriori-Wahrscheinlichkeiten kommen, womit dann die „subjektiven Wahrscheinlichkeiten objektiv werden", weil die Informationen aus den erhobenen Daten schließlich dominieren (vgl. *Henze* 1999, *Riemer* 1985).

Beispiel 23 (*Barth/Haller* 1983): Notiz in der Süddeutschen Zeitung vom 26.08.80: „Insgesamt war die Sonographie in 2118 Fällen angewandt und die Diagnose mit dem Ergebnis der feingeweblichen Untersuchung verglichen worden. Die mikroskopische Analyse hatte 1180mal Krebs ergeben, was zu 85% aus dem Ultraschall-Bild ablesbar war. Vor allem aber: Die Treffsicherheit für gutartige Veränderungen lag mit 83% fast ebenso hoch." Man deute die 85% und die 83% als bedingte Wahrscheinlichkeiten. Erfahrungsgemäß tritt bei 20% aller Frauen über 35 Jahren irgendwann Brustkrebs auf. Wie lässt sich ein positives, ein negatives Untersuchungsergebnis bewerten? Zur Visualisierung stellt man die gegebenen Größen für K: „Krank", DK: „Diagnose Krank", $\bar{K}$ und $D\bar{K}$ in einem als Einheitsquadrat konstruierten Diagramm dar. Aus den Flächenverhältnissen gewinnt man Abschätzungen für die gesuchten Wahrscheinlichkeiten. Die rechnerische Lösung ergibt sich aus der *Bayes*-Regel: $P(K \mid DK) = \dfrac{P(DK \mid K) \cdot P(K)}{P(DK \mid K) \cdot P(K) + P(DK \mid \bar{K}) \cdot P(\bar{K})}$.

Beispiel 24: Bei dem *ELISA*-Test zur Erkennung von Antikörpern gegen *HIV* wird eine kranke Person als krank (Sensitivität des Tests) und eine gesunde Person als gesund (Spezifität) erkannt mit jeweils 0,998. Wie ist der positive Befund bei einer Person zu bewerten?

Henze (1999) gibt den beistehenden Graph an für die Wahrscheinlichkeit einer *HIV*-Infektion bei Vorliegen eines positiven Befundes in Abhängigkeit vom individuellen A-priori-Krankheitsrisiko. Dieses kann durchaus sehr unterschiedlich sein und ist besonders groß bei Zugehörigkeit zu einer „Risikogruppe." (Für eine weitere Diskussion vgl. *Henze* 1999, *Bea* 1995).

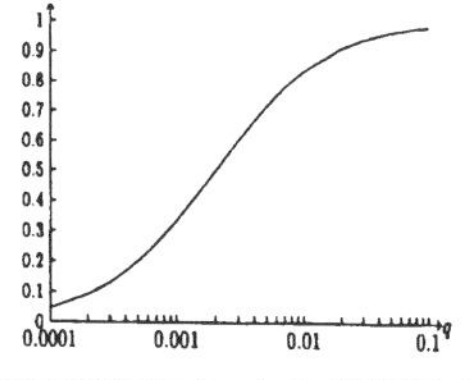

Wahrscheinlichkeit für eine vorhandene HIV-Infektion bei positivem Ergebnis des ELISA-Tests in Abhängigkeit vom subjektiven a priori-Krankheitsrisiko

Strick (2000) diskutiert anhand der Ergebnisse einer schwedischen Studie den Sinn von Vorsorgemaßnahmen zur Früherkennung von Brustkrebs.

Bedingte Wahrscheinlichkeiten treten bei Diagnoseproblemen auf. Diagnoseprobleme sind typisch für die Medizin, in der aus Symptomen auf zugrundeliegende Krankheiten geschlossen werden soll. Diagnoseprobleme treten aber auch in vielen anderen Bereichen auf. Z. B. schließt man aus der Körpersprache eines Menschen auf seine innere Verfassung oder aus einem ungewöhnlichen Verhalten von technischen Systemen auf mögliche Ursachen dafür. Weitere Situationen, in denen bedingte Wahrscheinlichkeiten eine Rolle spielen, sind die folgenden:

Beispiel 25 (*Henze* 1999): Eine Universität nimmt von je 1000 weiblichen und männlichen Bewerbern für zwei Fächer F1 und F2 folgende Anteile auf:

	Frauen		Männer	
	Bewerber	zugelassen	Bewerber	zugelassen
F1	900	720	200	180
F2	100	20	800	240
Summe	1000	740	1000	420

Es werden also von den 1000 Frauen 740 angenommen, von den 1000 Männern aber nur 420. Das Ergebnis weist scheinbar aus, dass entweder die Universität männerfeindlich ist oder dass die männlichen Bewerber allgemein dümmer waren. *Venn*-Diagramme machen die Verhältnisse anschaulich: F1 F2 F1 F2

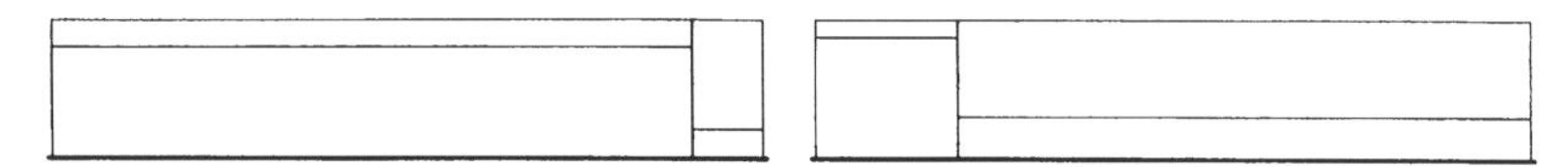

Man könnte aber auch so argumentieren: Im Fach F1 wurden 180/200=90% der Männer zugelassen, der entsprechende Anteil liegt bei den Frauen dagegen nur bei 720/900=80%, im Fach F2 zeigt sich ein ähnliches Bild: 240/800=30% der Männer versus 20/100=20% der Frauen. Es zeigt sich also, dass der Unterschied im Zulassungsverhältnis offenbar dadurch zustande kommt, dass sich im Unterschied zu den Frauen der größte Teil der Männer um eine Zulassung zum Fach F2 bemüht hat, für das eine Zulassung offenbar wesentlich schwerer zu erreichen war. Dieses Beispiel illustriert zugleich das „*Simpson*-Paradoxon". Das *Simpson*-Paradoxon liegt vor, wenn für einen endlichen Wahrscheinlichkeitsraum (Ω,P) mit der Zerlegung $K_1,\ldots,K_n$ für $A,B\subseteq\Omega$ neben den Ungleichungen $P(A\,|\,B\cap K_i)>P(A\,|\,\bar{B}\cap K_i)$ $(\forall i=1,\ldots,n)$ „paradoxerweise" die Ungleichung $P(A\,|\,B)<P(A\,|\,\bar{B})$ gilt. *Henze* (1999) diskutiert das *Simpson*-Paradoxon auch an dem realen Beispiel des Steueraufkommens der Jahre 1974 und 1978 in den USA, wo zwar der durchschnittliche Steueranteil in jeder Einkommenskategorie gesunken ist, sich gleichzeitig aber die durchschnittliche Steuerbelastung insgesamt erhöht hat, und weist darauf hin, dass dieses Paradoxon sowohl der Regierung wie auch der Opposition Argumente geliefert hat (vgl. auch *Künzel* 1991, *Getrost/Stein* 1994).

1.1.1.3 7 Produkträume

Bei zusammengesetzten Zufallsexperimenten treten Wahrscheinlichkeitsräume als Produkträume auf, gebildet aus den einzelnen Wahrscheinlichkeitsräumen.

Beispiel 26: Es wird mit einem *Laplace*-Würfel geworfen und dann mit einer *Laplace*-Münze.

Zur Modellbildung liegt folgender Weg nahe: Seien zwei Zufallsexperimente mit den beiden Wahrscheinlichkeitsräumen $(\Omega_1,\mathfrak{A}_1,P_1)$ und $(\Omega_2,\mathfrak{A}_2,P_2)$ gegeben, dann verwendet man als Grundraum („Ergebnismenge") des zusammengesetzten Experiments das kartesische Produkt der beiden Einzelräume: $\Omega=\Omega_1 x \Omega_2$. Sind nun $A_1\in\mathfrak{A}_1$ und $A_2\in\mathfrak{A}_2$ Ereignisse der einzelnen Wahrscheinlichkeitsräume (der Einzelexperimente), dann ist $A=A_1 x A_2$ ein Ereignis des zusammengesetzten Wahrscheinlichkeitsraumes (des zusammengesetzten Experiments), bei dem sowohl A_1 wie auch A_2 eingetreten sind. Im Falle, dass bei einem zweistufigen Zufallsexperiment die Teilexperimente mit den Wahrscheinlichkeitsräumen $(\Omega_1,\mathfrak{A}_1,P_1)$ und $(\Omega_2,\mathfrak{A}_2,P_2)$ unabhängig sind, definiert man $P(A_1 x A_2)=P_1(A_1)\cdot P_2(A_2)$. Es wird also die Gleichung $P(A_1 x A_2)=P_1(A_1)\cdot P_2(A_2)$ inhaltlich (nicht mathematisch-logisch) begründet durch den $P(A_2|A_1)=P(A_2)$ entsprechenden Sachverhalt, etwa der physikalischen Abgeschlossenheit. Für viele Anwendungen der Stochastik ist dieser Sachverhalt von grundlegender Bedeutung (vgl. *Schreiber* 1979).

1.1.2. Zufallsvariable, Verteilungen, Momente

1.1.2.1 Zufallsvariable, Verteilungen

Die Begriffe Zufallsvariable (Zufallsgröße) und Verteilung einer Zufallsvariablen sind von grundlegender Bedeutung für den Aufbau und die Anwendungen der Wahrscheinlichkeitstheorie, in den meisten Darstellungen der Wahrscheinlichkeitstheorie stehen sie deshalb im Mittelpunkt der Erörterungen. Sie ermöglichen nämlich oft wesentliche Vereinfachungen bei der Gewinnung, Darstellung und Anwendung von Modellen zur Beschreibung und Analyse stochastischer Situationen.

Beispiel 27: Körpergröße von 200 Neugeborenen in cm

Größe	Anzahl	Größe	Anzahl	Größe	Anzahl	Größe	Anzahl
40 bis <42	2	46 bis <48	40	52 bis <55	58	58 bis <61	1
42 bis <46	7	49 bis <52	87	55 bis <58	5		

Hier besteht also der Grundraum $\Omega=\{\omega_1,...,\omega_{200}\}$ aus den 200 Neugeborenen, die jeweils eine bestimmte Körpergröße $x_k\in\mathbb{R}$ besitzen: Jedem aus Ω zufällig herausgegriffenen Neugeborenen ω_k wird über eine Zufallsvariable X die reelle Zahl $x_k=X(\omega_k)$ zugeordnet. Man fasst nun die Größen in geeignet große Klassen (d. s. Intervalle aus $\mathbb{R}$) zusammen und erhält so die relativen Häufigkeiten für die einzelnen Klassen. Diese relativen Häufigkeiten sind Schätzgrößen für die Wahrscheinlichkeit $P(X=x)$, dass ein Neugeborenes die Größe x hat.

Beispiel 28: *Chuck-a-luck* ist ein in Amerika verbreitetes Spiel mit drei Würfeln, bei dem der Spieler nach einem Einsatz von 1$ und der Nennung einer Wunschzahl spielen darf. Als Gewinne erhält der Spieler für eine/zwei/drei geworfene Wunschzahlen 1$/2$/3$ und dazu den Einsatz.

Bei diesem Beispiel ist Ω die Menge aller möglichen Tripel aus den Augenzahlen und die Zufallsvariable X die Abbildung X: $\Omega\to\mathbb{R}$, die jedem Tripel eine der Zahlen –1 (Einsatz), 1, 2 oder 3 zuordnet. Wenn z. B. „6" die Wunschzahl ist, gilt $X((6,6,6))=3$ mit $P_X(X=3)=P(\{(6,6,6)\})=1/216$. Über die Abbildung X lässt sich also jeder der Zahlen -1, 1, 2, 3 die Wahrscheinlichkeit zuordnen, die sich aus der jeweiligen Menge Tripel ergibt, die dieser Zahl zugeordnet ist. Z. B. gilt für die Wahrscheinlichkeit, mit der ein Gewinn von 2DM erzielt wird, $P(X=2)=15/216$, weil bei 15 Tripeln unter insgesamt 216 Tripeln genau zweimal die „6" auftritt. Insgesamt erhält man folgende Tabelle:

Gewinn x	-1	1	2	3
$P_X(X=x)$	125/216	75/216	15/216	1/216

Eine Zufallsvariable X ist also eine Abbildung, die den Elementen ω eines Grundraums Ω jeweils eine reelle Zahl $X(\omega)$ zuordnet. Durch diese Abbildung werden Wahrscheinlichkeiten von dem ursprünglichen Wahrscheinlichkeitsraum $(\Omega,\mathfrak{A},P)$ auf die Bilder $X(\omega)$ übertragen. Der ursprüngliche Wahrscheinlichkeitsraum spielt dann keine Rolle mehr: Es kommt nur noch darauf an, mit welcher Wahrscheinlichkeit Werte einer Zufallsvariable auftreten bzw. in einem Intervall von $\mathbb{R}$ liegen. Durch diese „Projektion" von Wahrscheinlichkeitsräumen ist es möglich, das Studium von Wahrscheinlichkeitsmaßen auf Ereignisalgebren zurückzuführen auf analytisch besser handhabbare „Verteilungsfunktionen".

1.1.2.1.1 Diskrete Verteilungen

Diskrete Zufallsvariable und Verteilungen stehen hier zunächst im Vordergrund, weil

– sich die Begriffsbildung am besten anhand diskreter Zufallsvariablen durchführen lässt, denn hierbei treten maßtheoretische Probleme nicht auf
– diskrete Zufallsvariable aber auch von großer praktischer Bedeutung sind.

Sei $(\Omega,\mathfrak{A},P)$ eine Ereignisalgebra mit abzählbarer Grundmenge Ω, so heißt die Abbildung X: $\Omega\to\mathbb{R}$ diskrete Zufallsvariable auf Ω. Durch diese Abbildung werden über $P(X=x)=P(\{\omega\in\Omega|X(\omega)=x\})$ Wahrscheinlichkeiten auf die Werte x der Wertemenge $X(\Omega)$ übertragen.

Sei X eine diskrete Zufallsvariable, die die Werte x_1, x_2,...$\in\mathbb{R}$ annimmt, so heißt die Funktion $f: f(x)=\begin{cases} P(X=x_k) \text{ für } x=x_k \\ 0 \quad \text{sonst} \end{cases}$ mit x, $x_k\in\mathbb{R}$ Wahrscheinlichkeitsfunktion von X. Dabei heißen die x_k Sprungstellen und die $p_k=P(X=x_k)$ Sprunghöhen.

Eine diskrete Zufallsvariable X mit der Wahrscheinlichkeitsfunktion f besitzt eine Verteilungsfunktion F: $F(x)=P(X\le x)=\sum_{x_k\le x} f(x_k)$. Verteilungsfunktionen F haben folgende Eigenschaften: F ist monoton wachsend, F ist rechtsseitig stetig, $\lim_{x\to-\infty} F(x)=0$, $\lim_{x\to\infty} F(x)=1$ und es gilt $P((a,b])=F(b)-F(a)$.

Dieser Zusammenhang ermöglicht den Aufbau der Wahrscheinlichkeitstheorie als Theorie der Verteilungsfunktionen ohne den expliziten Rückgriff auf Wahrscheinlichkeitsräume $(\Omega,\mathfrak{A},P)$. Für das *Beispiel 28* ergeben sich folgende Graphen für die Wahrscheinlichkeitsfunktion f und die Funktion F der kumulierten Wahrscheinlichkeiten:

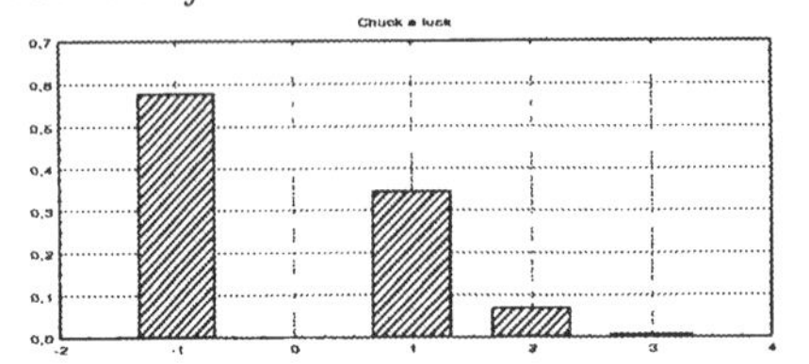

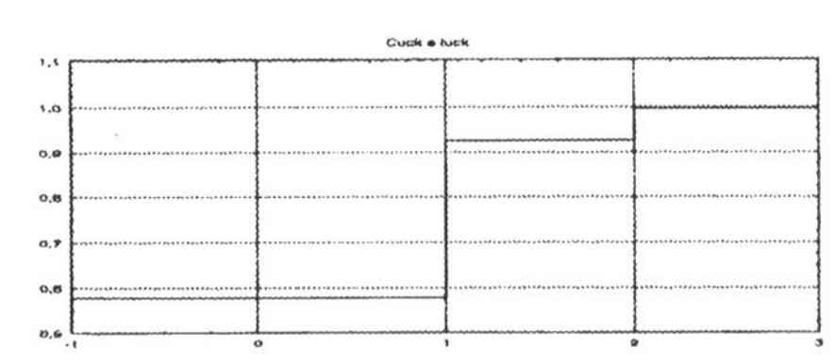

Wichtige diskrete Verteilungen sind *Gleichverteilung*, *hypergeometrische Verteilung*, *geometrische Verteilung*, *Bernoulli-Verteilung*, *Binomial-(Multinomial-)Verteilung*, *Poisson-Verteilung*.

1.1.2.1.2 Stetige Verteilungen

Im Falle überabzählbarer Grundmengen Ω wird die Wahrscheinlichkeitsfunktion identisch Null. Dies lässt sich am Beispiel des Glücksrades deutlich machen.

Beispiel 29: Ein Glücksrad ist eine Kreisscheibe, die in n gleichgroße Sektoren eingeteilt ist (Roulette). Beim Drehen des Glücksrades hängt der Gewinn davon ab, ob der Zeiger auf einen bestimmten Sektor zeigt, wofür die Wahrscheinlichkeit jeweils $1/n$ beträgt. Man stellt sich nun vor, dass die Zahl der Sektoren gegen Unendlich wächst. Dann ist plausibel, dass, wenn x einen Punkt auf dem Kreisumfang des Glücksrades bezeichnet, $P(X=x)=0$ gilt. Dies ist nun aber nicht so zu deuten, dass $X=x$ das unmögliche Ereignis ist, denn bei jedem Drehen wird ja genau einer der Punkte des Umfangs getroffen. Für die Gleichverteilung über $(0;2\pi]\subseteq\mathbb{R}$ ergeben sich: $P(X\le 0)=0$, $P(0<X\le 2\pi)=1$ und für die Verteilungsfunktion $F(x)=P(X\le x)$.

$$F: F(x) = \begin{cases} 0 \text{ für } x \leq 0 \\ \frac{x}{2\pi} \text{ für } 0 < x \leq 2\pi \\ 1 \text{ für } x > 2\pi \end{cases}, \text{ ihre Ableitung ist } f: f(x) = \begin{cases} \frac{1}{2\pi} \text{ für } 0 < x \leq 2\pi \\ 0 \text{ sonst} \end{cases}$$

F hat keine Sprünge, sondern ist eine stetige Funktion. In vielen wichtigen Fällen haben die Verteilungsfunktionen sog. Dichtefunktionen:
Sei F eine absolut stetige Verteilungsfunktion und ist die Funktion F eine Stammfunktion von f, so heißt f Dichtefunktion der durch F gegebenen Wahrscheinlichkeitsverteilung. Wichtige stetige Verteilungen sind die *Gleichverteilung* über einem Intervall, *Exponentialverteilung*, *Normalverteilung*.

1.1.2.2 Erwartungswert, Varianz (Standardabweichung)

Die Parameter Erwartungswert und Varianz bzw. Standardabweichung haben einmal eine große fachliche Bedeutung: Sie charakterisieren als Kenngrößen Verteilungen und gehen als solche ganz wesentlich in die wichtigen Grenzwertsätze ein. Im Zusammenhang mit ihren empirischen Entsprechungen arithmetisches Mittel und empirische Varianz sind sie nicht nur außerordentlich bedeutsam in professionellen Anwendungen, sie sind auch in Alltagssituationen von großer Bedeutung für Argumentationen, die auf Statistiken beruhen. Sehr viele solcher Argumentationen beziehen sich allerdings nur auf die Erwartungswerte bzw. Mittelwerte von Verteilungen, jedoch kaum auf deren Streuung. Ohne Angaben der Streuung und andere Eigenschaften einer Verteilung sind aber Angaben über Erwartungswert bzw. Mittelwert häufig wenig aussagekräftig.

Beispiel 30: Bei der Einschätzung von Leistungen interessiert oft die Spitzenleistung (Weltrekord im Sport, Höchstgeschwindigkeit eines PKW), sehr häufig aber auch die Durchschnittsleistung (Zensuren, Durchschnittsverbrauch eines PKW). Zeugniszensuren werden in der Regel durch Mittelwertbildung als „Durchschnittszensuren" gebildet. Solche Zensuren können aber nur ein unvollständiges Bild von der Leistung eines Schülers vermitteln, weil diese Zensuren den Trend und die Schwankungen (Streuungen) nicht wiedergeben.

Beispiel 31: In zwei verschiedenen Ländern können die verfügbaren Durchschnittsverdienste in etwa gleich sein, obwohl sie auf sehr unterschiedliche Weise zustande kommen: In dem einen Land haben die meisten Personen etwa das gleiche Nettoeinkommen (tendenziell in Skandinavien), in dem anderen ist die Spanne zwischen den verfügbaren Einkommen wesentlich größer (tendenziell in einigen Mittelmeerländern). Auch hier ist ein Bild erst vollständig, wenn die Streuungen mit angegeben werden. Steuersysteme können hier einen Ausgleich schaffen oder auch nicht.

1.1.2.2.1 Erwartungswert

Einen Zugang zum Erwartungswert erhält man etwa durch Beispiele zum „mittleren Gewinn" bei Glücksspielen:

Beispiel 32: Bei einem Würfelspiel bezahlt man für jeden Wurf 4 DM und erhält als Gewinn die geworfene Zahl in DM. Soll man dieses Spiel spielen?
Den durchschnittlichen Gewinn pro Spiel, d. i. der „Erwartungswert", erhält man, wenn man die möglichen Gewinne pro Spiel mit ihren jeweiligen Wahrscheinlichkeiten multipliziert und die Summe bildet: $G=(1-4)\cdot 1/6+...+(6-4)\cdot 1/6=-0{,}5$. Man würde also dieses Spiel nicht spielen.

Sei X eine diskrete Zufallsvariable mit endlicher Wertemenge $\{x_k | k \in I\}$ und der Wahrscheinlichkeitsfunktion f, dann heißt $E(X)=\mu=\sum_{k\in I} x_k f(x_k)$ Erwartungswert von X.

Eine äquivalente Definition ist die folgende: Sei X eine diskrete Zufallsvariable auf einer endlichen Grundmenge Ω, dann ist $E(X) = \sum_{\omega\in\Omega} X(\omega)P(\omega)$ der Erwartungswert von X.

Im stetigen Fall ist $E(X)=\mu= \int_{-\infty}^{\infty} xf(x)dx$, wobei f die Dichtefunktion von X ist, falls

$\int_{-\infty}^{\infty} |x| f(x)dx$ existiert.

Beispiel 33 (*Athen/Griesel* 1979): Eine Büromaschinenfirma bietet ihren Kunden einen Wartungsvertrag an. Vier Schäden T_1, T_2, T_3, T_4 fallen besonders ins Gewicht, treten aber erfahrungsgemäß höchstens einmal während der Wartungsfrist auf. Welchen Kostenansatz muss die Firma pro Wartungsvertrag vertreten, wenn folgende Schadenshäufigkeiten und Einzelkosten auftreten:

Schaden	T_1	T_2	T_3	T_4
Vorkommen	5%	8%	10%	11%
Kosten	250DM	200DM	300DM	280DM.

Pro Wartungsvertrag treten folgende durchschnittliche Kosten auf: K=250·0,05+200·0,08+300·0,10+280·0,11=89,30.

Historisch gesehen spielte der Begriff des Erwartungswertes mehr als der Begriff der Wahrscheinlichkeit eine grundlegende Rolle. Dies lag einmal daran, dass am Anfang der Untersuchung und mathematischen Modellierung von Problemen der Wahrscheinlichkeitsrechnung die Analyse von Glücksspielsituationen im Mittelpunkt stand und hier der Erwartungswert, etwa als „der bei einem Spiel im Mittel zu erwartende Gewinn", ein besonders naheliegender und zu untersuchender Begriff war. Zum anderen konnte sich der Wahrscheinlichkeitsbegriff als grundlegender Begriff erst mit der Entwicklung kombinatorischer Methoden durchsetzen, weil mit diesen erst der zunächst im Vordergrund stehende *Laplace*sche Wahrscheinlichkeitsbegriff effektiv einsetzbar war. Über die Stellung des Wahrscheinlichkeitsbegriffs und des Erwartungswertes in der Wahrscheinlichkeitsrechnung bemerken *v. Harten/Steinbring* (1984): „Das Konzept der Zufallsvariablen ist allgemeiner als das des Zufallsereignisses" und „Eine ähnliche „Verallgemeinerung" erfährt auch der Begriff der Wahrscheinlichkeit: er wird zum Begriff des Erwartungswertes einer Zufallsvariablen."
Eine besondere Rolle spielt der Erwartungswert in Anwendungen der Stochastik, wo man sich bei Entscheidungen unter Unsicherheit für diejenige Handlung entscheiden möchte, deren Erwartungswert den größten Gewinn verspricht. Von großer Bedeutung ist auch der Zusammenhang zwischen dem arithmetischen Mittel als Funktion aller Messwerte einer Stichprobe als statistischer Begriff und dem wahrscheinlichkeitstheoretischen Begriff Erwartungswert: Das arithmetische Mittel stellt bei geeigneten Voraussetzungen einen guten Schätzwert für den Erwartungswert der Verteilung des zugehörigen Modells dar und umgekehrt begründet der Erwartungswert Prognosen in Bezug auf das arithmetische Mittel. Diese Korrespondenz wird begründet durch die Grenzwertsätze. Der damit gegebene Zusammenhang von Empirie und Theorie begründet die herausgehobene Stellung von Mittelwert und dem Erwartungswert als wichtigem Parameter von Verteilungen zur Beschreibung zentraler Tendenzen solcher Verteilungen.

Beispiel 34: Konfektionsgrößen oder zulässige Gewichte in Aufzügen usw. orientieren sich an *Normal*größen, die als arithmetische Mittel von „*normal*verteilten" Größen ermittelt werden.

Für die mathematische Handhabung des Erwartungswertes wichtig ist die Eigenschaft, dass der Erwartungswert ein lineares Funktional auf dem Vektorraum der Zufallsvariablen ist: Seien X und Y Zufallsvariable mit den Erwartungswerten $E(X)$ und $E(Y)$, dann gilt

(1) $E(X+Y)=E(X)+E(Y)$; (2) $E(aX)=aE(X)$ für $a\in\mathbb{R}$

(3) $E(X\cdot Y)=E(X)\cdot E(Y)$ für unabhängige Zufallsvariablen X und Y.

Für die Beweise verwendet man die zweite der o. g. Definitionen (vgl. *Henze* 1999).

Die vorstehenden Eigenschaften des Erwartungswertes $E(X)$ vereinfachen in vielen Fällen einschlägige Berechnungen. Als Beispiel sei genannt die Berechnung des Erwartungswertes der Binomialverteilung.

1.1.2.2.2 Varianz, Standardabweichung

Eine charakteristische Eigenschaft von Zufallsvariablen ist die Variabilität ihrer Werte, denn ohne diese Variabilität hätte eine Zufallsvariable keine „Verteilung".

Beispiel 35: „Genaue" Berechnung des Flächeninhaltes eines Rechtecks aus vorgegebenen Seitenlängen. Hier ist der Flächeninhalt nicht Wert einer Zufallsvariablen.

Beispiel 36: Berechnung des Flächeninhaltes eines Rechtecks aus mehrfach gemessenen Seitenlängen. Um einen möglichst „realitätsnahen" Wert zu erhalten, wird man mehrmals messen und den Mittelwert der gemessenen Werte nehmen. Damit ist in diesem Fall der Flächeninhalt Wert einer Zufallsvariablen. Wie „gut" dieser Mittelwert ist, hängt von der Messgenauigkeit und der Anzahl der Messungen ab.

Die Art der Variabilität einer Verteilung kann recht unterschiedlich sein. Sie lässt sich beschreiben mit Hilfe von Streuungsparametern. Eine besondere Rolle spielen empirische und theoretische Varianz zur Beschreibung empirischer und theoretischer Verteilungen. Die Varianz selbst wird für diskrete Verteilungen als Summe der gewichteten Abweichungsquadrate der Werte der Zufallsvariablen vom Erwartungswert definiert:

Sei X eine diskrete Zufallsvariable mit Werten x_k, $k \in \mathrm{I}$, und mit der Wahrscheinlichkeitsfunktion f, dann heißt, wenn die Reihe konvergiert, $V(X) = D^2(X) = \sum_{k \in I} (x_k - \mu)^2 f(x_k)$ Varianz von X. Wenn X eine stetige Zufallsvariable ist mit der Dichtefunktion f, so ist mit μ als Erwartungswert von X $V(X)=D^2(X)= \int_{-\infty}^{\infty} (x-\mu)^2 f(x)dx$, falls das Integral existiert.

Bei der Wahl der Varianz zur Charakterisierung von Verteilungen spielen folgende Gründe eine Rolle: Alle Werte der Zufallsvariablen gehen in die Berechnung der Varianz ein, die algebraische Handhabung von quadratischen Ausdrücken ist einfacher als die von Beträgen, die Varianz spielt eine bedeutende Rolle in der Wahrscheinlichkeitstheorie. Für eine anschauliche Darstellung der Streuung von Verteilungen verwendet man die Standardabweichung $\sigma = \sqrt{V(X)}$. Sie besitzt dieselbe Dimension wie die Zufallsvariable X selbst und ist deshalb bei den üblichen Größen anschaulich. Ihre eigentliche Bedeutung erhält sie durch ihr Auftreten in der Wahrscheinlichkeitstheorie, z. B. bei der Beschreibung der Normalverteilung.

Verwendet wird auch eine Definition der Varianz, die die Varianz als Erwartungswert des Abweichungsquadrates erklärt. Dies ist die „prägnanteste Definition der Varianz" (*Scheid* 1986):

Sei X eine Zufallsvariable mit dem Erwartungswert $E(X)$. Dann heißt $V(X)=E((X-E(X))^2)$ Varianz der Zufallsvariablen X.

Der enge Zusammenhang von Erwartungswert und Varianz findet seinen Ausdruck auch in der Ungleichung von *Tschebyscheff* und den Grenzwertsätzen (vgl. auch *Borovcnik* (1992) für weitere Einzelheiten).

Beispiel 37: Die Varianz beim Würfeln mit einem *Laplace*-Würfel beträgt $V(X)=1/6\cdot[(1-3{,}5)^2+...+(6-3{,}5)^2]=2{,}9167$. (Der Erwartungswert ergibt sich nämlich zu $E(X)=1/6\cdot(1+...+6)=3{,}5$.)

Als Eigenschaften der Varianz lassen sich herleiten:
Seien X, Y Zufallsvariable mit existierenden Varianzen, dann gilt:
(1) $V(aX+b)=a^2 \cdot V(X)$, $a \in \mathbb{R}$; (2) $V(X+Y)=V(X)+V(Y)$ für unabhängige X, Y.
Für den Zusammenhang zwischen Erwartungswert und Varianz gilt der Verschiebungssatz: Sei X eine Zufallsvariable mit dem Erwartungswert $E(X)$ und der Varianz $V(X)$, dann gilt: $V(X)=E(X^2)-(E(X))^2$.

Die Beziehungen von Erwartungswert und Varianz zueinander entsprechen denen von Schwerpunkt und Trägheitsmoment einer auf einem Stab verteilten Masse. Betrachtet man Wahrscheinlichkeits- bzw. Dichtefunktion einer Zufallsvariablen X als die Funktion, die angibt, wie die gesamte Wahrscheinlichkeitsmasse „eins" auf die Werte der Zufallsvariablen X verteilt ist, so stellen der Erwartungswert $E(X)$ den Schwerpunkt und die Varianz $V(X)=E((X-E(X))^2)$ das Trägheitsmoment bezüglich einer Achse durch den Schwerpunkt dar.

1.1.3 Spezielle Verteilungen

1.1.3.1 Gleichverteilung

Das Modell der Gleichverteilung wird dann verwendet, wenn eine stochastische Situation eine starke Symmetrie aufweist. Eine solche Modellannahme wird man für viele Zufallsgeneratoren machen können, die zur Einführung von Begriffen und Methoden der Stochastik, zur Modellierung von stochastischen Realsituationen und für Simulationen Verwendung finden. Solche Zufallsgeneratoren sind Münze, Würfel (*Platon*ische Körper), die Urne und das Glücksrad als sehr flexible und vielseitig verwendbare Modelle, Zufallsgeneratoren in Taschenrechnern und Computern und Tabellen von Zufallszahlen.

Beispiel 38: Beim Roulette wird ein Glücksrad verwendet, das in 37 gleich große Sektoren mit den Nummerierungen von „0" bis „36" eingeteilt ist, von denen die „0" bei der Gewinnermittlung eine Sonderrolle spielt. Setzt man nur auf „Zahl", so verwendet man als Grundraum $\Omega=\{0,1,2,...,36\}$. Für alle Zahlen k gilt $P(X=k)=1/37$. Fällt die Zahl k, so erhält man das 36-Fache des Einsatzes (die ‚0' wird in diesem Fall für die Gewinnermittlung ausgelassen), anderenfalls ist der Einsatz verloren. Den durchschnittlichen Gewinn, das ist der Erwartungswert, erhält man zu
$E(X)=-1 \cdot 36/37+35 \cdot 1/37=-1/37$. Für die Varianz ergibt sich
$V(X)=(-1+1/37)^2 \cdot 36/37+(35+1/37)^2 \cdot 1/37=34{,}0804$ (vgl. *Bosch* 1994 für weitere Einzelheiten zur Stochastik der Glücksspiele).

Eine Zufallsvariable X über einem endlichen Wahrscheinlichkeitsraum $(\Omega,\mathfrak{A},P)$ mit $|X(\Omega)|=n$ heißt gleichverteilt, wenn gilt $P(X=x_k)=1/n$ $\forall x_k \in X(\Omega)$. Für Erwartungswert und Varianz ergeben sich: $E(X)=\mu=\frac{1}{n}\cdot\sum_{k=1}^{n} x_k$; $V(X)=\sigma^2=\frac{1}{n}\sum_{k=1}^{n}(x_k-\mu)^2$

Der Erwartungswert der Gleichverteilung ist gleich dem arithmetischem Mittel der Werte, die die Gleichverteilung annimmt.

1.1.3.2 Binomialverteilung

Die Binomialverteilung hat als Mathematisierungsmuster eine außerordentliche Bedeutung. Mit ihr lassen sich Zufallsexperimente beschreiben, die aus mehreren Stufen gleicher, aber unabhängiger Zufallsexperimente zusammengesetzt sind, bei denen das Eintreten eines bestimmten Ergebnisses („Treffer", „Erfolg") bzw. der Alternative („Niete", „Misserfolg") interessiert:

Beispiel 39: Die Wirksamkeit eines Medikaments wird an 100 Personen getestet. Hier lassen sich idealerweise als Ereignisse feststellen: „Das Medikament wirkt", „Das Medikament wirkt nicht".
Beispiel 40: Einer laufenden Produktion wird jedes tausendste Produkt entnommen und auf seine Qualität getestet. Als Ereignisse treten hier auf „Produkt (nicht) in Ordnung".
Beispiel 41: Werfen von „Zahl" beim Münzwurf; Werfen einer „6" beim Würfeln.

Experimente der beschriebenen Art werden *Bernoulli*-Experimente genannt. Man nennt eine Serie von n unabhängigen und gleichen *Bernoulli*-Experimenten eine *Bernoulli*-Kette. Das Zufallsexperiment auf der i-ten Stufe wird in stilisierender Schreibweise dargestellt durch den Grundraum $\Omega_i=\{1;0\}$, wenn ‚1' „Treffer" und ‚0' „Niete" bedeuten. Für die Wahrscheinlichkeit eines Treffers gelte $P(\{1\})=p$. Der Grundraum der *Bernoulli*-Kette ist der Produktraum $\Omega=\{1;0\}^n=\{\omega=(\omega_1,...,\omega_n)\}|\omega_i\in\{1;0\};1\leq i\leq n\}$. Ordnet man nun dem i-ten *Bernoulli*-Experiment die Zufallsvariable X_i mit dem Wertebereich $\{1;0\}$ zu, so erhält man zu der *Bernoulli*-Kette mit n unabhängigen *Bernoulli*-Experimenten die Zufallsvariable $X=\sum_{i=1}^{n} X_i$, die die Anzahl der Treffer in der Kette, also Werte aus $\{0,...,n\}$ angibt.

Beispiel 42: Bei einem Multiple-Choice-Test werden vier Fragen mit jeweils vier Auswahlantworten gestellt. Der Test ist bestanden, wenn man mindestens drei Fragen richtig beantwortet hat. Welche Chance zu bestehen hat man, wenn man nur rät? Als Wahrscheinlichkeit für viermal „Erfolg" („1") erhält man $(1/4)^4$ und für dreimal „Erfolg" und einmal „Misserfolg" („0") in der vierstufigen *Bernoulli*-Kette erhält man $(1/4)^3 \cdot 3/4$. Für die Wahrscheinlichkeit des Ereignisses B=„Test bestanden"=$\{1111,1110,1101,1011,0111\}$ ergibt sich damit:
$P(B)=(1/4)^4+4\cdot(1/4)^3\cdot 3/4=0{,}0508$. (Multiple-Choice-Tests werden auch in z. Z. beliebten Fernsehsendungen wie „Wer wird Millionär" verwendet.)

Für *Bernoulli*-Ketten gilt $P(\{\omega\})=p^k(1-p)^{n-k}$, wenn ω ein bestimmtes n-Tupel mit genau k Komponenten ‚1' bezeichnet. Betrachtet man nicht nur das Ereignis, dass ein *bestimmtes* n-Tupel mit k Treffern auftritt, sondern das Ereignis „In der *Bernoulli*-Kette treten k Treffer in beliebiger Folge auf", so nennt man die entsprechende Wahrscheinlichkeitsverteilung „Binomialverteilung":

Sei eine *Bernoulli*-Kette gegeben durch n unabhängige Wiederholungen eines *Bernoulli*-Experiments, dann ist die Verteilung der Zufallsvariablen X, die die Anzahl k des Ergebnisses „Treffer" bei den insgesamt n Wiederholungen angibt, gegeben durch $B(n;p;k)=P(X=k)=\binom{n}{k}p^k(1-p)^{n-k}=\binom{n}{k}p^kq^{n-k}$ für $k\in\{0,1,...,n\}$.

Die Herleitung erfolgt über die kombinatorische Bestimmung der Anzahl von k-elementigen Teilmengen einer n-elementigen Menge (vgl. 3.3).

Beispiel 43: Eine Therapie ist in 80% der Fälle wirksam. Wie groß ist die Wahrscheinlichkeit, dass von 10 Personen 8 Personen geheilt werden? Hier ergibt sich

$P(X=8)=\binom{10}{8}\cdot 0{,}8^8\cdot 0{,}2^2=0{,}3020$. In den Abbildungen sind Wahrscheinlichkeits- und Verteilungsfunktion dargestellt:

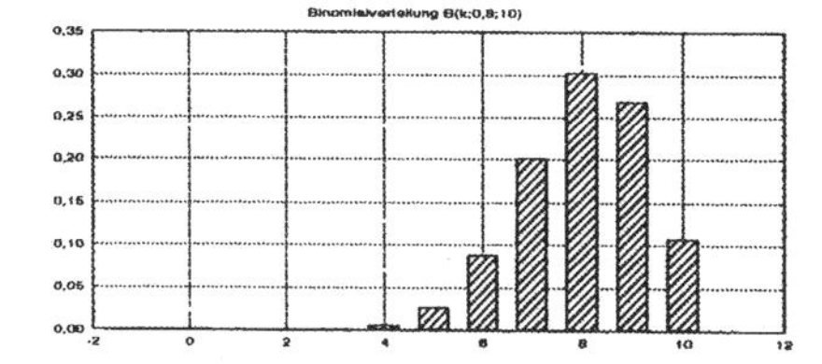

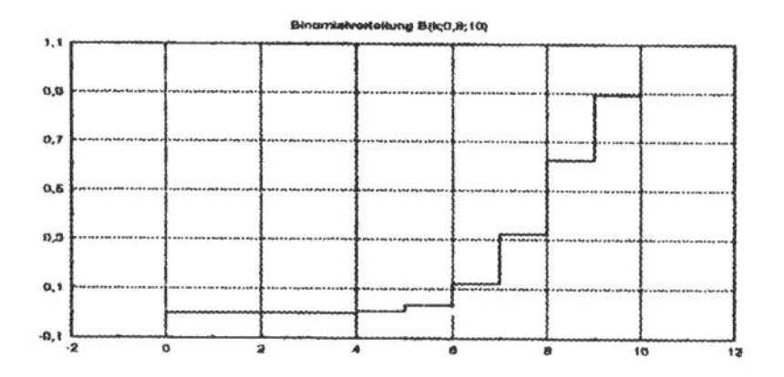

Zugänge zur Binomialverteilung erfolgen über
- die Mathematisierung des mehrmaligen Ziehens mit Zurücklegen aus einer Urne
- die Mathematisierung von *Bernoulli*-Prozessen unter Verwendung des rekursiven Schließens. Damit wird die Rekursion als Mathematisierungsmuster verdeutlicht, das dem spezifischen Prozesscharakter von mehrstufigen *Bernoulli*-Prozessen angemessen ist.

Für Erwartungswert und Varianz gelten: $E(X)=np$; $V(X)=np(1-p)$.

Man kann Erwartungswert und Varianz berechnen direkt über die Definitionsgleichung unter Verwendung der Rekursionseigenschaften des Binomialkoeffizienten, was aber aufwendig ist, oder etwa über den Erwartungswert einer Summe von Zufallsvariablen.

Paradigma für eine *Bernoulli*-Kette ist das Ziehen mit Zurücklegen aus einer Urne mit zwei Sorten farbiger Kugeln. Als Verallgemeinerung der Binomialverteilung ergibt sich die Multinomialverteilung für n unabhängige gleichartige Experimente mit mehr als zwei Ausgängen. Diese Verteilung spielt im Zusammenhang mit der χ^2-Verteilung eine Rolle (vgl. *Henze* 1999, *Krengel* 1991, *Scheid* 1986).

1.1.3.3 Geometrische Verteilung

In gewisser Weise stellt die Frage, die zur geometrischen Verteilung führt, eine Variation derjenigen Fragestellung dar, die zur Binomialverteilung führt: Fragt man bei der Binomialverteilung nach der Verteilung, mit der ein bestimmtes Ergebnis k-mal in einem n-stufigen *Bernoulli*-Experiment auftritt, also nach der Wahrscheinlichkeit von k „Treffern“, so beschreibt die geometrische Verteilung die Wahrscheinlichkeit, mit der ein bestimmtes Ergebnis, z. B. ein „Treffer“, in einer Folge von *Bernoulli*-Experimenten zum ersten Mal auftritt. Anders als bei der Binomialverteilung ist nun der Grundraum Ω für die Anzahl X der notwendigen Versuche nicht beschränkt, er ist abzählbar unendlich.

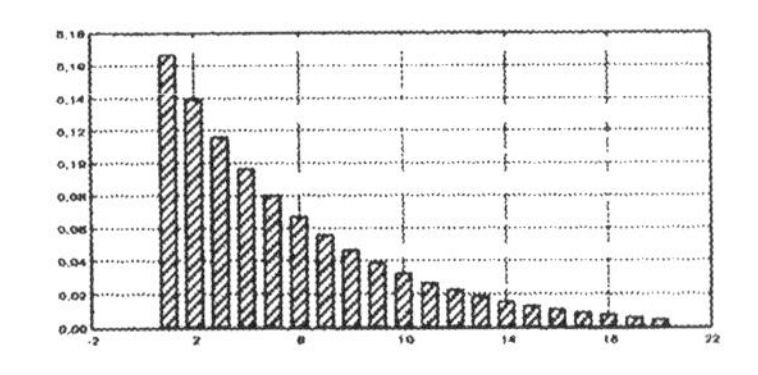

Beispiel 44: Man vereinbart beim „Mensch ärgere dich nicht“ am Anfang so lange zu würfeln, bis eine „6“ auftritt. Die Wahrscheinlichkeit, dass erst beim fünften Wurf eine „6“ erscheint, ist $P(X=5)=5/6\cdot 5/6\cdot 5/6\cdot 5/6\cdot 1/6$. Die Abbildung gibt die Wahrscheinlichkeitsfunktion an.

Beispiel 45 (*Kolonko* 1996): Ein bestimmtes Bauteil kann nur durch Überlastung zerstört werden (z. B. elektrische Sicherung). Aus Erfahrung weiß man, dass in 1000 Stunden 20 Überlastungssituationen auftreten. Wie groß ist die Wahrscheinlichkeit, dass das Bauteil 5 Stunden überlebt?

$$P(\text{„Bauteil überlebt 5 Stunden“})=P(X>5)=P(X=6)+P(X=7)+...=\sum_{i=5}^{\infty} 0{,}02\cdot 0{,}98^i = 0{,}98^5.$$

Man interessiert sich also hier für die „Wartezeit“ bis zum ersten „Treffer“:

Als geometrische Verteilung der Zufallsvariablen X wird die Verteilung mit der Wahrscheinlichkeitsfunktion $P(X=k)=p\cdot(1-p)^{k-1}=p\,q^{k-1}$, $k\in\{1,...,n\}$, bezeichnet.

Der vorstehende Ausdruck ergibt sich unmittelbar.

Es gilt $P(X=n+k|X\geq n)=P(X=k)$, d. h. geometrische Verteilungen sind „gedächtnislos“ („lack of memory property“).

Der Name „geometrische“ Verteilung rührt davon her, dass die Ausdrücke $p(1-p)^{k-1}$ Glieder einer geometrischen Reihe darstellen.

Für Erwartungswert und Varianz ergeben sich: $E(X)=1/p$; $V(X)=q/p^2$.

Dass für den Erwartungswert der geometrischen Verteilung, der ja eine Aussage über die mittlere Wartezeit macht, $E(X) \approx 1/p$ gilt, ist intuitiv klar. Die Herleitung des Erwartungswertes erfolgt über die Definition, wobei Kenntnisse aus dem Bereich „Reihen" verwendet werden müssen. Die Herleitung der Varianz erfolgt mit Hilfe des Verschiebungssatzes.

1.1.3.4 Hypergeometrische Verteilung

Die hypergeometrische Verteilung modelliert eine bestimmte Folge von abhängigen *Bernoulli*-Experimenten wie z. B. das mehrmalige Ziehen aus einer Urne mit zwei Sorten farbiger Kugeln ohne Zurücklegen.

Beispiel 46: Aus einer Urne mit N Kugeln, von denen M rot und die übrigen weiß sind, werden n Kugeln ohne Zurücklegen gezogen. Gesucht ist die Wahrscheinlichkeit, mit der k Kugeln rot sind.

Wie bei der Binomialverteilung geht es also um die Anzahl der Treffer in einer Folge von *Bernoulli*-Experimenten. Anders aber als bei der Binomialverteilung wird hier ohne Zurücklegen gezogen. Im Unterschied zur Binomialverteilung hängt deshalb hier die Wahrscheinlichkeit des Ereignisses „Treffer" in der Folge vom vorangegangenen Ergebnis ab, weil sich mit jedem Ziehen ohne Zurücklegen die Zusammensetzung der Urne ändert.

Die Verteilung der Zufallsvariable X mit

$$P(X=k)=H(N,M,n,k)=\frac{\binom{M}{k}\binom{N-M}{n-k}}{\binom{N}{n}} \text{ für } k\in\{0,1,\ldots,\min(n,M)\},\ 0 \text{ sonst},$$ mit $N\in\mathbb{N}$, $0\le n\le N$,

$M\le N$ heißt hypergeometrische Verteilung.

Die Herleitung erfolgt unter Annahme eines *Laplace*-Modells mit Hilfe kombinatorischer Überlegungen. Die Anzahl der „günstigen Fälle" ergibt sich so: Aus den M roten Kugeln lassen sich $\binom{M}{k}$ Teilmengen mit k roten Kugeln bilden. Die restlichen $(n\text{-}k)$ Kugeln lassen sich aus $(N\text{–}M)$ Kugeln auf $\binom{N-M}{n-k}$ Arten bilden. Die Anzahl aller Teilmengen von n Kugeln aus N Kugeln ergibt sich zu $\binom{N}{n}$.

Für großes N und $n \ll N$ lässt sich die hypergeometrische Verteilung durch das einfachere Binomialmodell ersetzen: Es leuchtet ein, dass sich bei sehr großer Gesamtkugelzahl das Herausnehmen einer Kugel aus einer Urne ohne Zurücklegen auf die folgende Ziehung praktisch nicht auswirkt.

Für Erwartungswert und Varianz gelten: $E(X)=n\cdot M/N$; $V(X)=n\frac{M}{N}(1-\frac{M}{N})\frac{N-n}{N-1}$.

Die Herleitung dieser Ausdrücke ist über die Definitionen von Erwartungswert und Varianz sehr aufwendig, „grauenhaft" nach Ansicht von *Scheid* (1986). Er empfiehlt daher die Ableitung unter Verwendung der o. a. Eigenschaften dieser Parameter. Er weist auch auf das Problem hin, dass bei der hypergeometrischen Verteilung oft Zweifel an der Gültigkeit von $E(\Sigma X_i)=\Sigma E(X_i)$ bestehen und verwendet zur Behebung der Zweifel neben der formalen Begründung das Argument, dass auf lange Sicht beim Lotto mit gleicher Häufigkeit eine bestimmte Zahl z. B. als dritte und fünfte gezogene Zahl auftreten wird.

Beispiel 47: Qualitätskontrolle mit Zerstörung des Prüfstücks.

Beispiel 48: *Capture-Recapture-Methode*: Um die Gesamtzahl N der Fische in einem Teich zu bestimmen, fängt man M Fische, markiert sie und setzt sie wieder aus. Nach guter Durchmischung fängt man n Fische und stellt fest, dass davon k markiert sind. Die Anzahl X der markierten Fische unter den neu gefangenen ist hypergeometrisch verteilt. Man gewinnt eine Abschätzung für N durch Bestimmung des Maximum-Likelihood-Schätzers für N über das Maximum von $h(N;M;n;k)$ bei festen k, n, M. Man erhält $N \approx nM/k$, was auch so zu deuten ist, dass die Verhältnisse M/N und k/n der markierten Fische im Teich und in der zweiten Stichprobe bei guter Durchmischung etwa gleich sind.

1.1.3.5 *Poisson*-Verteilung

Die *Poisson*-Verteilung ist häufig ein Modell für die zufällige Verteilung von Zeitpunkten (Ereignissen, Ankünften). Wesentliche Voraussetzungen, die die Anwendung der *Poisson*-Verteilung rechtfertigen, sind dabei

„(a) die Zeitpunkte (Ankünfte) beeinflussen einander nicht gegenseitig (z. B. die Verursacher wissen nichts voneinander);

(b) die Chancen für das Auftreten einer Ankunft sind gleichmäßig über das Zeitintervall verteilt (z. B. keine saisonalen Schwankungen);

(c) zwei Ankünfte können nicht zugleich eintreten.“ (*Kolonko* 1996).

Poisson-Verteilungen stellen auch Approximationen solcher Binomialverteilungen dar, bei denen die Anzahl der zugehörigen *Bernoulli*-Versuche sehr groß, die Wahrscheinlichkeit für das Eintreten von „Treffer“ aber sehr klein ist: Mit der *Poisson*-Verteilung lässt sich das Auftreten „seltener zufälliger Ereignisse“ beschreiben.

Beispiel 49: Ein vielzitiertes Beispiel ist die Verteilung der Anzahlen von Soldaten im preußischen Heer, die jährlich durch den Hufschlag eines Pferdes ums Leben gekommenen sind (vgl. *Sachs* 1983).

Beispiel 50: Die Anzahl der α-Teilchen, die in einer bestimmten Zeitspanne von einer bestimmten radioaktiven Substanz emittiert werden (vgl. 3.4.3).

Anders als die Binomialverteilung ist aber die *Poisson*-Verteilung über ein unendliches Spektrum verteilt. Es gilt:

Die *Poisson*-Verteilung ist gegeben durch: $P_{\lambda,k}=P(X=k)=\lim\limits_{\substack{n\to\infty \\ np=\lambda}} B(n,p,k)=\dfrac{\lambda^k}{k!}e^{-\lambda}$ mit $n,k\in\mathbb{N}$ und $\lambda\in\mathbb{R}^{+}$.

Die Herleitung ist möglich durch

– Approximation einer Binomialverteilung über die Abschätzung von Quotienten

– Modellierung eines *Poisson*-Prozesses (vgl. 3.4.3).

Für Erwartungswert und Varianz gelten: $E(X)=\lambda$; $V(X)=\lambda$.

Die Herleitung ist über die entsprechende Definition oder den Zusammenhang zwischen Binomialverteilung und *Poisson*-Verteilung möglich. Die Abbildung zeigt die von *Rutherford/Geiger* gefundene Verteilung der α-Zerfälle eines Poloniumpräparates zusammen mit der berechneten Verteilung.

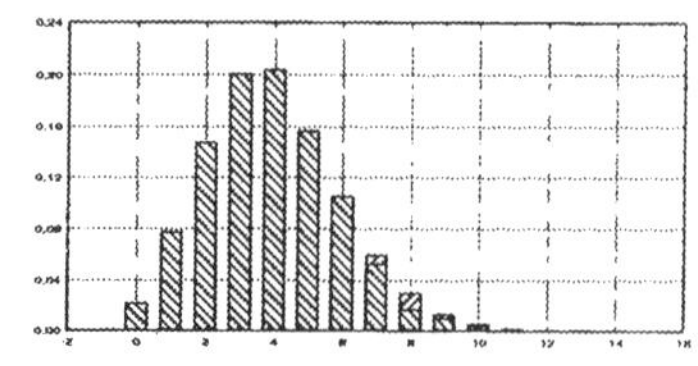

Vergleicht man die genannten diskreten Verteilungen, so lassen sich folgende Eigenschaften und Zusammenhänge feststellen:

Verteilung	Wertemenge	Vergleich
Binomialverteilung	$\{0,1,2,...,n\}$	
Hypergeom. Verteilung	$\{0,1,2,...,\min(n,M)\}$	$H(N;M;n;k) \approx B(n;p;k)$ für $N \gg n$
Geometr. Verteilung	$\mathbb{N}$	
Poisson-Verteilung	$\mathbb{N}_0$	$P_{\lambda,k} \approx B(n;p;k)$ für große n, kleine p, $np=\lambda$=konst.

1.1.3.6 Normalverteilung

Anders als die vorstehend angegebenen Verteilungen ist die Normalverteilung eine stetige Verteilung. Sie spielt eine herausragende Rolle

- innerhalb der Wahrscheinlichkeitstheorie selbst, z. B. als Grenzverteilung der Binomialverteilung als dem angemessenen Mathematisierungsmuster für viele stochastische Situationen. Die Begründung dafür liefern die Grenzwertsätze von *Moivre-Laplace*
- als mathematisches Modell für viele stochastische Situationen, in denen eine Zufallsvariable sich als Summe von vielen unabhängigen Zufallsvariablen ergibt, als „Natur-", „Fehler-" und „Rechengesetz" (*Ineichen* 1966). Die Begründung hierfür liefert der zentrale Grenzwertsatz (vgl. *Beispiel 52*).

Beispiel 51 (*Barth/Haller* 1983): Nach dem Deutschen Eichgesetz und der Fertigpackungverordnung dürfen höchstens 2% der 500g-Packungen weniger als 492,5g und keine Packung weniger als 485g enthalten. Weil das Gewicht von Zuckerpaketen als normalverteilt angesehen werden kann, ist die letzte Forderung nicht zu erfüllen. Nimmt man nun abweichend von der zweiten Bedingung an, dass höchstens $5^0/oo$ weniger als 485g enthalten dürfen, dann lässt sich der Erwartungswert μ der Verteilung bestimmen.

Die Verteilung einer stetigen Zufallsvariablen X mit $\mu, \sigma \in \mathbb{R}$ und $\sigma>0$ heißt Normalverteilung $N(\mu;\sigma^2)$, wenn sie die Dichtefunktion $\varphi_{\mu,\sigma^2}(x) = \frac{1}{\sqrt{2\pi}\cdot\sigma} e^{-\frac{1}{2}(\frac{x-\mu}{\sigma})^2}$ und die Verteilungsfunktion $\Phi_{\mu,\sigma^2}(x) = \frac{1}{\sqrt{2\pi}\cdot\sigma} \int_{-\infty}^{x} e^{-\frac{1}{2}(\frac{t-\mu}{\sigma})^2} dt$ besitzt.

Für Erwartungswert und Varianz gelten:
$E(X)=\mu$; $V(X)=\sigma^2$.
Der Graph von φ_{μ,σ^2} heißt *Gauß*sche Glocke(nfunktion).
Weitere Eigenschaften sind:

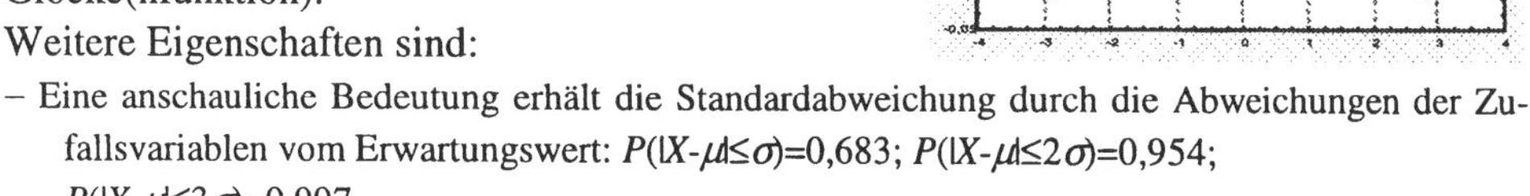

- Eine anschauliche Bedeutung erhält die Standardabweichung durch die Abweichungen der Zufallsvariablen vom Erwartungswert: $P(|X-\mu|\leq\sigma)=0{,}683$; $P(|X-\mu|\leq 2\sigma)=0{,}954$; $P(|X-\mu|\leq 3\sigma)=0{,}997$.
- Für konkrete Berechnungen verwendet man die tabellierte standardisierte Form $N(0;1)$ $\varphi(x) = \frac{1}{\sqrt{2\pi}} e^{-\frac{x^2}{2}}$ und $\Phi(x) = \frac{1}{\sqrt{2\pi}} \int_{-\infty}^{x} e^{-\frac{u^2}{2}} du$ mit dem Erwartungswert $\mu=0$ und der Varianz $\sigma^2=1$. Dabei wird die ursprüngliche Zufallsvariable X in die neue Zufallsvariable $U=(X-\mu)/\sigma$ transformiert.

– Hilfreich sind die Regeln $\Phi(x)=1-\Phi(-x)$ und $\Phi(x)-\Phi(-x)=2\Phi(x)-1$.
– φ ist eine positive, differenzierbare Funktion.
– φ ist symmetrisch zur y-Achse $x=0$.
– Die x-Achse $y=0$ ist Asymptote für $|x|\to\infty$.
– φ ist monoton wachsend (fallend) für $x\leq 0$ ($x\geq 0$) mit einem absoluten Maximum für $x=0$.
– φ hat Wendepunkte für $x=\pm 1$.
– Φ stellt den Flächeninhalt unter dem Graphen von φ bis zum Wert x dar.
– $\int_{-\infty}^{\infty}\varphi(x)dx=1$, woraus wegen der Symmetrie von $\varphi(x)$ folgt $\Phi(0)=0{,}5$.
– Φ hat bei (0;0,5) einen Wendepunkt.
– Die Normalverteilung ist „reproduktiv“: Ist X $N(\mu;\sigma^2)$-normalverteilt, so ist $aX+b$ $N(a\mu+b;a^2\sigma^2)$-normalverteilt. Die Summe X_1+X_2 zweier voneinander unabhängigen $N(\mu_1;\sigma_1^2)$- bzw. $N(\mu_2;\sigma_2^2)$-normalverteilten Verteilungen ist wieder $N(\mu_1+\mu_2;\sigma_1^2+\sigma_2^2)$-normalverteilt.

Beispiel 52: Eine *Laplace*-Münze wird 36 mal geworfen. Wie groß ist die Wahrscheinlichkeit, dass Zahl mindestens 16 mal und höchstens 20 mal fällt? Die Graphik zeigt hier schon für $npq=36\cdot 0{,}5\cdot 0{,}5=9$ eine (Binomial-)Verteilung, die sich durch eine Normalverteilung gut annähern lässt.

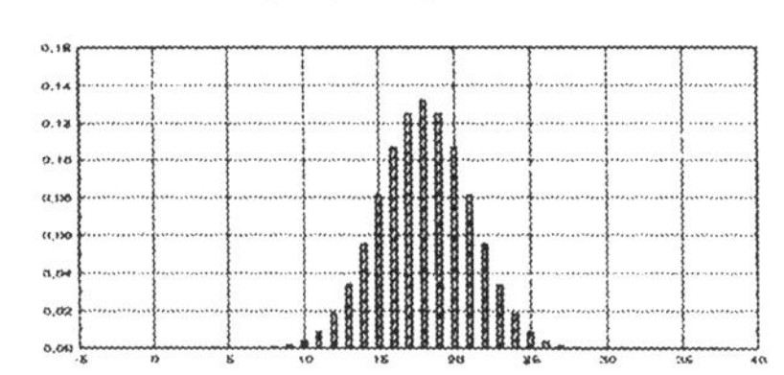

Beispiel 53 (*Krengel* 1991): Bei einer Umfrage unter n Wählern geben S_n Wähler an, die Partei A wählen zu wollen. Man verwendet dann den Quotienten S_n/n als Schätzer für die Wahrscheinlichkeit, dass ein zufällig herausgegriffener Wähle die Partei A wählt. Wie groß muss n sein, damit die Wahrscheinlichkeit eines Irrtums von mehr als 1% nicht größer ist als 0,05?

Aus $P(-0{,}01\leq S_n/n-p\leq 0{,}01)\approx 0{,}95$ folgt mit $\sigma_n=\sqrt{npq}$,

$$0{,}95\approx P\left(\frac{-0{,}01n}{\sigma_n}\leq S_n^*\leq\frac{0{,}01n}{\sigma_n}\right)\approx\Phi\left(\frac{0{,}01n}{\sigma_n}\right)-\Phi\left(\frac{-0{,}01n}{\sigma_n}\right),\qquad \Phi(0{,}01n/\sigma_n)=0{,}975,\qquad \Phi^{-1}(0{,}975)=1{,}96$$

schließlich $(0{,}01\sqrt{n})/\sqrt{pq}\approx 1{,}96$, woraus sich mit $pq\leq 1/4$ ergibt $n\approx 9600$.

1.1.3.7 Exponentialverteilung

In der Natur und Technik treten viele Vorgänge auf, bei denen die zeitliche Zunahme bzw. Abnahme proportional zum vorhandenen Bestand und die Anzahl der Ereignisse pro Zeiteinheit *Poisson*-verteilt ist. In diesen Fällen lässt sich die Wartezeit von einem festen Zeitpunkt an bis zum Auftreten eines Ereignisses durch eine Exponentialverteilung beschreiben:

Die Exponentialverteilung besitzt die Dichte $f(x)=\alpha e^{-\alpha x}$ mit $\alpha>0$, $0\leq x<\infty$ und die Verteilungsfunktion $F(x)=1-e^{-\alpha x}$ mit $0\leq x<\infty$.

Die Herleitung erfolgt über die Bestimmung der Wartezeit bis zum ersten Signal bei einem *Poisson*prozess.

Für Erwartungswert und Varianz gelten: $E(X)=1/\alpha$, $V(X)=1/\alpha^2$.

Die Dichte und die Verteilungsfunktion sind hier für α=0,5 dargestellt.

Beispiel 54: Die Lebensdauer von elektronischen Bauteilen wird häufig als exponentialverteilt angenommen.

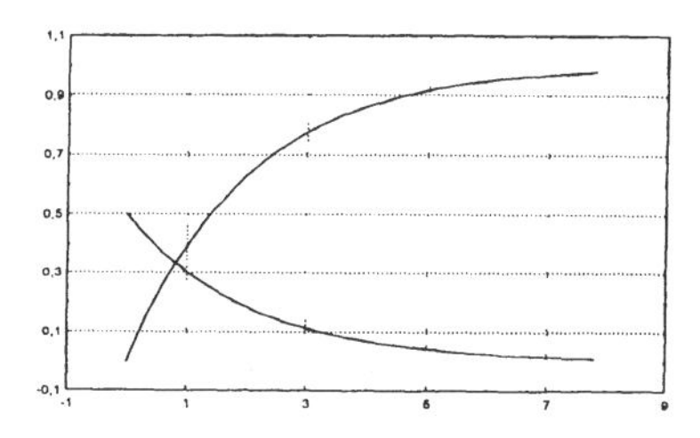

1.1.4 Gesetze der großen Zahlen und Grenzwertsätze

Die Gesetze der großen Zahlen und die Grenzwertsätze spielen für den Aufbau und die Anwendung der Wahrscheinlichkeitsrechnung eine zentrale Rolle:

- Die „Gesetze der großen Zahlen" stellen in der Wahrscheinlichkeitstheorie das Pendant zu den entsprechenden „empirischen Gesetzen der großen Zahlen" der Statistik dar. Diese Korrespondenz ist grundlegend für Interpretationen des Formalismus der Wahrscheinlichkeitstheorie und damit für die Modellierung von stochastischen Realsituationen.
- Die Grenzwertsätze hellen den Zusammenhang zwischen Verteilungen auf (Binomial-, *Poisson*-, Normalverteilung). In vielen praktischen Fällen erlauben es die Randbedingungen, diskrete Verteilungen durch stetige Verteilungen zu approximieren. Dadurch ist es möglich, analytische Methoden einzusetzen, was Problemlösungen vereinfachen kann. Im Mathematikunterricht spielt als stetige Verteilung vor allem die Normalverteilung eine wichtige Rolle.
- Insbesondere stellt der zentrale Grenzwertsatz einen der wichtigsten Sätze der Wahrscheinlichkeitsrechnung dar und zwar sowohl im Hinblick auf seine Bedeutung für die Theorie wie auch für die Anwendung.

1.1.4.1 Ungleichung von *Tschebyscheff*

Betrachtet man die Verteilung einer Zufallsvariablen X mit dem Erwartungswert $E(X)=\mu$ und der Varianz $V(X)=\sigma^2$, dann stellt sich die Frage nach der Wahrscheinlichkeit, mit der bei dem zugehörigen Zufallsexperiment auftretende Werte von X außerhalb eines Intervalls $(\mu-\varepsilon,\mu+\varepsilon)$ mit $\varepsilon>0$ liegen. Diese Wahrscheinlichkeit hängt offensichtlich von ε, aber auch von der Verteilung von X und deren Varianz ab. Eine von der jeweiligen Verteilung sogar unabhängige, allerdings u. U. grobe Abschätzung dieser Wahrscheinlichkeit liefert der Satz von *Tschebyscheff*:

Sei X eine Zufallsvariable mit dem Erwartungswert μ und der Varianz σ^2, dann gilt für die Wahrscheinlichkeit, dass ein Wert x der Zufallsvariablen X außerhalb des Intervalls $(\mu-\varepsilon,\mu+\varepsilon)$ liegt: $P(|X-\mu|\geq\varepsilon)\leq\frac{\sigma^2}{\varepsilon^2}$.

Eine weitere Form der Ungleichung ist $P(|\bar{X}_n-\mu|\geq\varepsilon)\leq\frac{\sigma^2}{n\varepsilon^2}$ mit $\bar{X}$ als arithmetischem Mittel n gleichverteilter, paarweise unabhängiger Zufallsvariablen X_i mit $E(X_i)=\mu$ und $V(X_i)=\sigma^2$. Wählt man zu der letztgenannten Form $\varepsilon=k\sigma/\sqrt{n}$, so erhält man eine

Beschreibung des Konvergenzprozesses zum $\sqrt{n}$-Gesetz $\sigma(\bar{X}) = \sigma(X)/\sqrt{n}$ (vgl. *Scheid* 1986).

Die Allgemeinheit der Voraussetzungen der Ungleichung korrespondiert damit, dass die Güte der jeweiligen Abschätzung sehr unterschiedlich sein kann: Sie kann genau, aber auch sehr ungenau sein. Nur für genügend großes ε, so dass die rechte Seite der Ungleichung <1 ist, erhält man eine nichttriviale Aussage. Die Ungleichung lässt auch die Bedeutung der Standardabweichung als Streuungsmaß einer Zufallsvariablen erkennen: Für $\varepsilon = k\sigma$ erhält man nämlich $P(|X-\mu|<k\sigma) \geq 1-1/k^2$ und damit die sog. $k\sigma$-Regeln. Z. B. besagt die 2σ-Regel $P(|X-\mu|<k\sigma) \geq 3/4 = 75\%$, dass die Werte einer Zufallsvariable mit einer Wahrscheinlichkeit von mindestens 75% innerhalb des 2σ-Bereichs um den Erwartungswert liegen.

Durch Anwendung der *Tschebyscheff*-Ungleichung auf binomialverteilte Zufallsvariable lässt sich eine Abschätzung der Wahrscheinlichkeit gewinnen, mit der bei einer *Bernoulli*-Kette von der Länge n die relative Häufigkeit h_n der Treffer von der Wahrscheinlichkeit p des einzelnen Treffers abweicht:

Geben sei die *Bernoulli*-Kette der Länge n einer binomialverteilten Zufallsvariablen X mit $H_n = X/n$ als relativer Häufigkeit von „Treffer" in der Kette und $p = P(\text{Treffer})$, dann gilt:

$$P(|H_n - p| \geq \varepsilon) \leq \frac{pq}{n\varepsilon^2}.$$

Wenn man über die Größe von p keine Kenntnis hat – und dies ist häufig der Fall – dann kann man pq wegen $pq \leq 1/4$ durch den Maximalwert ¼ abschätzen. Es folgt: $P(|H_n - p| \geq \varepsilon) \leq pq/n\varepsilon^2 \leq 1/4n\varepsilon^2$. Für $1/4n\varepsilon^2 \leq 0{,}01$ erhält man den sog. 99%–Trichter als Veranschaulichung des *Bernoulli*schen Gesetzes der großen Zahlen.

1.1.4.2 Schwaches Gesetz der großen Zahlen

Sind $X_1,\ldots,X_n$ unabhängige und identisch verteilte Zufallsvariable mit dem Erwartungswert μ und der Varianz σ^2, so gilt $\lim\limits_{n\to\infty} P\left(\left|\frac{1}{n}\sum_{i=1}^{n} X_i - \mu\right| \geq \varepsilon\right) = 0 \;\forall \varepsilon > 0$.

Dieses rein theoretisch begründete, aber für die Anwendungen wichtige Gesetz der großen Zahlen besagt, dass die Folge der arithmetischen Mittel von unabhängigen Zufallsvariablen mit gleichem Erwartungswert und gleicher Varianz stochastisch gegen den Erwartungswert konvergieren. Diese Konvergenz begründet aber z. B. beim Lottospiel nicht, eine bisher wenig gezogene Zahl beim Tippen zu bevorzugen. Als Spezialfall ergibt sich für *Bernoulli*-Ketten, dass die relativen Trefferhäufigkeiten mit wachsender Länge der Kette stochastisch gegen die Trefferwahrscheinlichkeit konvergieren. Damit lässt sich dieses aus dem „starken Gesetz der großen Zahlen" folgende „schwache Gesetz der großen Zahlen", das ja eine rein theoretische Fundierung hat, als Beschreibung des „empirischen Gesetzes der großen Zahlen" auffassen, das seinerseits die empirisch zu beobachtende „Konvergenz" der relativen Häufigkeiten von *Bernoulli*-Ketten beschreibt. Die relative Häufigkeit kann also für großes n als eine gute Schätzgröße für die Wahrscheinlichkeit angesehen werden. Wahrscheinlichkeiten können also unter den vorgenannten Bedingungen wie physikalische Größen „gemessen" werden.

1.1.4.3 Grenzwertsätze von *de Moivre* und *Laplace*

Die praktische Handhabung der Binomialverteilung ist sehr schwierig für große n, weil die Berechnung von Summen kombinatorisch gewonnener Formeln sehr umständlich ist, wenn die Wahrscheinlichkeitsmasse der einzelnen Summanden klein ist. Auswege sind hier die Verwendung von Tafeln, die Verwendung von Computern oder die approximative Verwendung der einfacher handabbaren Normalverteilung. Weiterhin treten bei der Bestimmung von Näherungsverteilungen zu Binomialverteilungen $B(n;p;k)$ für große n zwei Effekte auf, die man kompensieren möchte:
- der Erwartungswert der Verteilung wandert nach „Unendlich" ab
- die Varianz wird größer und damit „verschmieren" die Wahrscheinlichkeitsmassen immer stärker.

Beide Effekte werden aufgehoben, wenn man die Verteilung „standardisiert". Eine Zufallsvariable U heißt standardisiert, wenn ihr Erwartungswert den Wert 0 und ihre Standardabweichung den Wert 1 hat. Man kann nun jeder nicht konstanten Zufallsvariablen X mit dem Erwartungswert μ und der Standardabweichung $\sigma>0$ eine standardisierte Zufallsvariable U zuordnen: $U=(X-\mu)/\sigma$. Die Bestimmung der Wahrscheinlichkeit $P(|X-\mu|\geq k\sigma)$ wird besonders einfach für Zufallsvariablen X mit $\mu=0$ und $\sigma=1$, weil dann $P(|X-\mu|\geq k\sigma)\leq 1/k^2$ zu $P(|X|\geq k)\leq 1/k^2$ wird.

Grundlage für die approximative Verwendung der Normalverteilung sind die Grenzwertsätze von *Moivre-Laplace*. Lokaler Grenzwertsatz von *Moivre-Laplace*:

Die Wahrscheinlichkeitsfunktionen φ_n der standardisierten Binominalverteilungen $B(n;p)$ streben mit wachsendem n gegen die Grenzfunktion $\varphi: \varphi(x)=\frac{1}{\sqrt{2\pi}}e^{-\frac{1}{2}x^2}$. Für die nichtstandardisierte Binomialverteilung ergibt sich

$$B(n;p;k) \approx \frac{1}{\sigma}\varphi\left(\frac{k-\mu}{\sigma}\right) = \frac{1}{\sqrt{2\pi npq}}e^{\frac{-(k-np)^2}{2npq}} = \frac{1}{\sigma\sqrt{2\pi}}e^{-\frac{1}{2}\left(\frac{k-\mu}{\sigma}\right)^2}.$$

Faustregel : Für $\sigma^2=npq>9$ erhält man für Binomialverteilungen brauchbare Näherungswerte.

Der lokale Grenzwertsatz von *Moivre-Laplace* behandelt folgendes Problem: „Wie groß ist näherungsweise die Wahrscheinlichkeit dafür, dass eine binomialverteilte Zufallsvariable X einen bestimmten Wert x annimmt?" Wichtiger ist häufig eine Antwort auf folgende Frage: „Wie groß ist die Wahrscheinlichkeit dafür, dass eine binomialverteilte Zufallsvariable X Werte zwischen zwei vorgegebenen Grenzen a und b annimmt?" Es geht also um die Bestimmung von $P(\mu-\sigma\leq X\leq\mu+\sigma)= \sum_{\mu-\sigma\leq k\leq\mu+\sigma} B(n;p;k) =P(X\leq\mu+\sigma)-P(X<\mu-\sigma)$. Die Berechnung und Aufsummierung der einzelnen Summanden $B(n;p;k)=\binom{n}{k}p^k(1-p)^{n-k}$ ist relativ schwierig. Die Näherung der zu $B(n;p;k)$ gehörenden standardisierten Dichtefunktion φ_n durch die Grenzfunktion φ verwendet man nun, um die gesuchte Wahrscheinlichkeit über den entsprechenden Flächeninhalt der *Gauß*schen Glockenkurve zu berechnen. Die Begründung dafür liefert der Integralgrenzwertsatz von *Moivre-Laplace*:

Sei X eine nach $B(n;p)$ binomialverteilte Zufallsvariable, dann gilt:

$$\lim_{n\to\infty} P\left(\frac{X-\mu}{\sigma}\leq x\right)=\frac{1}{\sqrt{2\pi}}\int_{-\infty}^{x} e^{-\frac{1}{2}u^2}\,du.$$

Der Beweis der genannten Sätze erfordert einen größeren Aufwand an Mitteln aus der Analysis. Er wird deshalb in den einschlägigen Lehrgängen für die S II und oft auch in Einführungen für den tertiären Bereich unterdrückt. Für die Behandlung in der S II eignen sich mit jeweiligen Einschränkungen Begründungen durch Approximation eines Wahrscheinlichkeitspolygons, unter Verwendung der *Stirling*schen Formel, mit Hilfe von Faltungen, unter Verwendung von *Laplace*-Transformierten, durch Anwendung des zentralen Grenzwertsatzes (vgl. *Barth/Haller* 1983, *Heller* u. a. 1979, *Henze* 1999, *Krengel* 1991, *Riemer* 1984, *Scheid* 1986). Mit dem Computer lässt sich die Näherung sehr schön experimentell zeigen. Eine „Herleitung" des Satzes mit Hilfe von *DERIVE* findet sich bei *Grabinger* (1994). Die Bedeutung der Sätze von *Moivre-Laplace* liegt wegen der heute zur Verfügung stehenden Computerleistung weniger darin, die Berechnung von Wahrscheinlichkeiten zu vereinfachen, sie liegt vor allem in ihrer Bedeutung für den Aufbau der Theorie und damit für die Art der Beziehungen von stochastischen Modellen zueinander.

Wegen der großen Bedeutung der Integralfunktion $x \to \int_{-\infty}^{x} \varphi(u)du$ definiert man:

Die Funktion $\Phi: \Phi(x) = \int_{-\infty}^{x} \varphi(u)du = \frac{1}{\sqrt{2\pi}} \int_{-\infty}^{x} e^{-\frac{1}{2}u^2} du$ heißt *Gauß*sche Integralfunktion.

Entsprechend gilt $\Phi_{\mu\sigma}(x) = \Phi\left(\frac{x-\mu}{\sigma}\right) = \frac{1}{\sigma\sqrt{2\pi}} \int_{-\infty}^{x} e^{-\frac{1}{2}\left(\frac{u-\mu}{\sigma}\right)^2} du$.

1.1.4.4 Zentraler Grenzwertsatz

Der zentrale Grenzwertsatz macht die für die Anwendung wichtige Aussage, dass unter sehr allgemeinen Bedingungen die Verteilung einer normierten Summe von Zufallsvariablen im Grenzwert eine Normalverteilung ist. Damit ist die Normalverteilung ein Modell als

- *Naturgesetz*, das sich z. B. dadurch veranschaulichen lässt, indem man viele Blätter einer Pflanze nach Länge ordnet
- *Fehlergesetz*, das die Verteilung des Fehlers beschreibt, den man bei der Bestimmung einer Größe erhält, in die eine Vielzahl gemessener Werte eingeht
- *Rechengesetz*, das z. B. die Verteilung beschreibt, die man erhält, wenn man die Augenzahlen vieler Dreifachwürfe mit einem Würfel notiert (vgl. *Ineichen* 1966).

Ist eine Folge unabhängiger Zufallsvariablen X_i gegeben, die derselben Verteilung genügen und eine endliche Varianz besitzen, so ergibt sich:

$$\lim_{n\to\infty} P\left(\frac{\Sigma X_i - \Sigma E(X_i)}{\sqrt{\Sigma V(X_i)}} \le x\right) = \frac{1}{\sqrt{2\pi}} \int_{-\infty}^{x} e^{-\frac{1}{2}u^2} du.$$

Der zentrale Grenzwertsatz gehört zu den bedeutendsten Sätzen der Wahrscheinlichkeitstheorie und ihrer Anwendungen. Zwar ist ein Beweis selbst im Unterricht nicht möglich, es lässt sich aber unter Verwendung von geeigneten Annahmen und mit einigem Aufwand zeigen, dass sich „die Dichtefunktion der standardisierten Verteilung einer Summe von unabhängigen Zufallsvariablen immer durch eine Glockenkurve besonders gut approximieren lässt." Wenn man diesen Aufwand nicht treiben will, dann sollte aber auf jeden Fall die inhaltliche Aussage des zentralen Grenzwertsatzes an Beispielen veranschaulicht werden. Dies sollte geschehen anhand von verschiedenen, auch unsymmetrischen Verteilungen mit der Methode des Faltens von Verteilungen und auch unter Verwendung des Computers (vgl. *Scheid* 1986).

Beispiel 55 (*Ineichen* 1966): Das Wachstum eines Lebewesens sei bestimmt durch Ernährung X_1, Sauerstoffgehalt X_2, Belichtung X_3, Feuchtigkeit X_4 und Temperatur X_5. Diese Faktoren sollen das Wachstum um die Größen ±2, ±1, 0 mit der Wahrscheinlichkeit von jeweils 1/5 bewirken. Man erhält hier durch das Zusammenwirken der Faktoren die Verteilung

$\|x\|$	10	9	8	7	6	5	4	3	2	1	0
$P(X=x)$	.0003	.0016	.0048	.0099	.0211	.0374	.0579	.0803	.1024	.1168	.1219

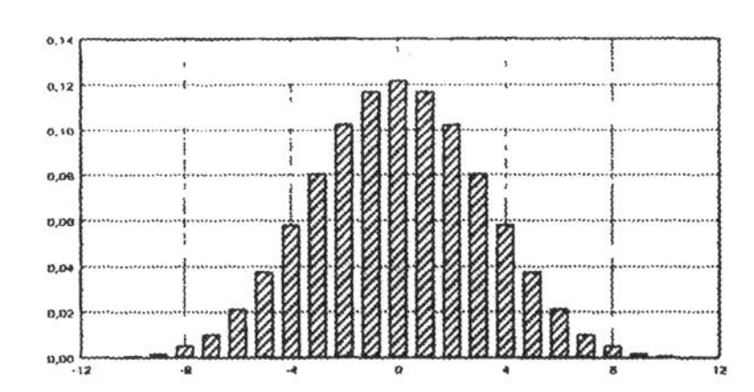

1.1.4.5 Überblick über die möglichen Approximationen

Hypergeometrische Verteilung

| ($N \to \infty$; $M/N=p$=konst; $N \geq 60$; $N>10n$)

Binomialverteilung

($n \to \infty$; $p \to 0$; $np=\mu$=konst
$n \geq 10$; $p \leq 0{,}05$)
Poisson-Verteilung

($n \to \infty$; $\sigma^2=npq \geq 9$)
Normalverteilung

1.2 Modellbildung in der Stochastik

Die Statistik dient im Wesentlichen folgenden Zwecken: der Beschreibung und Bestandsaufnahme von stochastischen Situationen (Deskription), der Verallgemeinerung und Erklärung, also der Modellbildung (Analyse), und schließlich der Entscheidung (operativer Zweck). Ein Abriss dieser drei Kernaufgaben der Statistik mit wesentlichen Lösungen, deren Behandlung für den Unterricht in Frage kommt, wird in den folgenden Abschnitten dargestellt.

1.2.1 Datenerfassung und -strukturierung

Die beschreibende Statistik leistet als „Lehre von den empirischen Verteilungen" die Charakterisierung realer stochastischer Situationen, indem sie Methoden bereithält zur Erhebung und Aufbereitung von Daten durch Verdichtung der Informationen mit dem Ziel, Muster zu erkennen. Dies geschieht nach Festlegung der Fragestellung und des Untersuchungsziels u. a. durch Festlegung und Auswahl von Grundgesamtheiten, von Merkmalen, durch Planung der Datenerhebung, Bildung von Häufigkeiten, Klassifizierung, Auswahl und Bestimmung von Kennzahlen und die verschiedenen Visualisierungen. Beispiele für die Anwendung der beschreibenden Statistik finden sich in vielen Bereichen des privaten, beruflichen und öffentlichen Lebens, der Wissenschaften, der Technik, der Wirtschaft usw. Schon ein flüchtiger Blick in die Medien zeigt, dass Politiker, Unternehmer, Gewerkschaftler, Sportler u. a. ihre Argumentationen sehr oft mit Statistiken zu „untermauern" pflegen, wobei gelegentlich sogar dieselbe Statistik als Beleg für gegensätzliche Behauptungen verwendet wird (vgl. 1.1.1.3.6 und *Henze* 1999 zum *Simpson*-Paradoxon). Eine bekannte Zigarettenfirma bemühte in Anzeigen die Statistik sogar für ihre Behauptung, der Verzehr von Keksen sei risikoreicher als Passivrauchen (FOCUS 27/1996).

1.2.2 Beschreibende Statistik

1.2.2.1 Datenerfassung

1.2.2.1.1 Statistische Einheiten, Massen, Merkmale

Als *Grundgesamtheit* wird eine vollständige *statistische Masse* bezeichnet, die aus *statistischen Einheiten* als Trägern von Merkmalen besteht. Als *Merkmal* wird eine operational definierbare Eigenschaft einer statistischen Einheit bezeichnet. Man unterscheidet u. a. *quantitative*, *qualitative*, *univariate* (eindimensionale) Merkmale, die nur eine Beobachtung pro Einheit (Merkmalsträger) erfassen, *multivariate* Merkmale, *häufbare* Merkmale (z. B. von einer Person als statistischer Einheit erlernte Sportarten) und *nichthäufbare* Merkmale (z. B. Religionszugehörigkeit). Eine *Merkmalsausprägung* ist dann die Realisation eines Merkmals bei einer statistischen Einheit. Mit *Stichprobe* bezeichnet man eine (zufällig) entnommene Teilmenge der Grundgesamtheit. Im Einzelnen kann die Abgrenzung von Grundgesamtheiten, Stichproben, statistischen Einheiten und Merkmalen durchaus schwierig sein. Beispiele: Was ist ein „Jugendlicher"? Wann liegt das Merkmal „gebildet" vor? Gleichwohl ist eine operationale Definition der genannten

Begriffe im Einzelfall notwendig, wenn eine diesbezügliche statistische Erhebung durchgeführt werden soll.

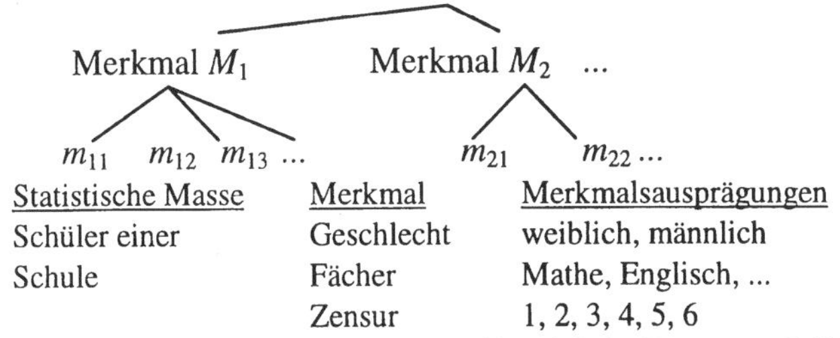

Statistische Masse	Merkmal	Merkmalsausprägungen
Schüler einer	Geschlecht	weiblich, männlich
Schule	Fächer	Mathe, Englisch, ...
	Zensur	1, 2, 3, 4, 5, 6

Bei statistischen Erhebungen ergibt sich in Bezug auf die Merkmalsfestlegung folgende Stufung: Fragestellung → Merkmal → Merkmalsausprägung → Skalentyp. Zu den Skalentypen lässt sich folgende Übersicht angeben:

Skala	**Eigenschaft**	**Aussagen**	**Transformation**
Nominalskala	Äquivalenzrelation	gleich-ungleich,...	ein-eindeutige
Ordinalskala	Ordnungsrelation	größer-kleiner,...	streng mon. steigend
Intervallskala	Maßeinheit, Nullpkt. willkürlich	Intervall-, Diff.-gleichheit	linear $y=ax+b$
Verhältnisskala	Maßeinheit, Nullpkt. natürlich	Summen-, Produkt-, gleichheit	$y=ax$

Skala	**Kenngröße**	**Beispiel**
Nominalskala	Frequenzstatistik Vierfelderkoeff.	Geschlecht, Beruf,...
Ordinalskala	Median, Quartil	Hausnummern, Beliebtheit, Windstärke,...
Intervallskala	arithmet. Mittel Standardabw.	Thermometerskala, Standardtestwerte,...
Verhältnisskala	geometr. Mittel arithm. Mittel Standardabw.	Länge, Gewicht, Häufigkeit,...

1.2.2.1.2 Datenerhebung

Einer Datenerhebung gehen Überlegungen voraus, durch die die Methode im Einzelnen dem jeweiligen Erkenntnisinteresse angepasst wird. So lassen sich bei Datenerhebungen die Daten durch eine Gesamterhebung oder eine Teilerhebung gewinnen. Teilerhebungen können wiederum als Zufallsauswahl oder als willkürliche (z. B. als bewusste, typische) Auswahl vorgenommen werden. Als Techniken von Datenerhebungen unterscheidet man Befragung, Beobachtung und Experiment. Datenquellen lassen sich heute besonders gut über das Internet erschließen.

Beispiel 1: In den 70er Jahren wurde in der Bundesrepublik Deutschland eine „Volkszählung" als Totalerhebung durchgeführt.

Beispiel 2: Wahlvorhersagen beruhen häufig auf Stichproben mit einem Umfang von 1000 bis 2000 Befragten aus der Gesamtgruppe der Wähler.

Beispiel 3: In der Medizin werden beim Testen der Wirkung und Verträglichkeit von Medikamenten Stichprobenumfänge von einigen Tausend Personen verwendet. Damit können aber nur mit geringer Wahrscheinlichkeit unerwünschte Nebenwirkungen erkannt werden, die möglicherweise nur in einem von 10000 Fällen auftreten. Hier ist man auch auf die Rückmeldungen aus der Praxis angewiesen.

Häufig erhält man bei einer Erhebung viele Ausprägungen eines Merkmals, deren absolute Häufigkeiten aber sehr klein sind. Dies gilt insbesondere für stetige Merkmale wie Länge, Gewicht oder Zeitspanne, die im Prinzip beliebig genau gemessen werden können, aber auch für quasistetige Merkmale wie den Geldbetrag. In solchen Fällen ist es sinnvoll, die erhobenen Merkmalsausprägungen zu klassieren, um die Gestalt der Verteilung besser erkennbar zu machen. Bedacht werden sollte dabei, dass solche Klassierungen immer mit einem Informationsverlust verbunden sind. So können z. B. die entsprechenden graphischen Muster oder die Mittelwerte von klassierten und nicht klassierten Daten durchaus recht verschieden sein. Für die Klassierung gibt es keine formalen Kriterien. Im Allgemeinen nimmt man 5 bis 20 Klassen, wobei je nach Art der Klassierung die Veranschaulichungen der jeweiligen Verteilungen unterschiedlich ausfallen können. So erhalten bei zu kleinen Klassen Messfehler in der Darstellung u. U. ein zu großes Gewicht, während bei zu großen Klassen charakteristische Eigenschaften der Verteilung u. U. nicht hervortreten. Bei der Klassierung sollte deshalb auch der Zweck der Darstellung, die Messgenauigkeit und Streuung der Merkmalswerte u. a. berücksichtigt werden.

1.2.2.1.3 Häufigkeitsverteilung

Bei Datenerhebungen erhält man in der Regel zunächst eine ungeordnete Urliste. Von einem Merkmal X mit den Merkmalsausprägungen $x_1,...,x_n$ misst man die Anzahl, mit welcher diese Ausprägungen auftreten. Man bezeichnet als

- *relative Häufigkeit* den Quotienten $h_i=n_i/n$ aus der absoluten Häufigkeit n_i und der Gesamthäufigkeit n.
- *relative kumulierte Häufigkeit* $H_i=H(x_i)=\sum_{j=1}^{i} h_j$ mit $x_j \leq x_i \ \forall j=1,...,i$.
- *relative Häufigkeitsverteilung* die Paarmenge $\{(x_1,h_1),...,(x_n,h_n)\}$
- *Verteilungsfunktion* $H(x)=\begin{cases} 0 \textit{ für } x<x_1 \\ H_j \textit{ für } x_j \leq x < x_{j+1} \\ 1 \textit{ für } x \geq x_n \end{cases}$.

Für das Sortieren, die Bestimmung der absoluten und relativen Häufigkeiten, die tabellarische und die graphische Darstellung lassen sich sehr gut die üblichen Tabellenkalkulationsprogramme einsetzen.

1.2.2.1.4 Visualisierungen

ermöglichen

- eine ganzheitliche Sicht auf die Datenmenge, die Beziehungen und Muster sichtbar macht. Eine solche ganzheitliche Sicht gibt z. B. erste Antworten auf Fragen nach der Symmetrie der vorliegenden Verteilung, dem häufigsten Wert usw.
- möglicherweise neue Perspektiven auf das Sachproblem und damit neue Fragestellungen
- eine konstruktive Handhabung des Datenmaterials durch die Verwendung konkurrierender oder sich ergänzenden Darstellungen (vgl. *Borovcnik/Ossimitz* 1987).

An graphischen Darstellungen werden verwendet für

- qualitative und Rangmerkmale: Kreis-, Block-, Säulendiagramm
- quantitative Merkmale: Stabdiagramm, Histogramm, Polygonzug.

Bei Stabdiagrammen geben die Höhen der Stäbe maßstabsgerecht die absoluten oder relativen Häufigkeiten der einzelnen Merkmalsausprägungen an. Bei Histogrammen sind dagegen die Flächengrößen maßstabsgetreu zu den Klassenhäufigkeiten (Flächentreue). Ein Stabdiagramm ist für eine Verteilung mit einer hohen Zahl von Merkmalsausprägungen und sehr kleinen Häufigkeiten ungeeignet, weil man die Charakteristika einer Verteilung nicht erkennt.
Es lassen sich Beispiele denken, bei denen man je nach Art der Datenaufbereitung und Visualisierung einen jeweils anderen Eindruck von der Verteilung erhält. Im Einzelnen sind besonders gut Manipulationen möglich u. a. durch Klassenbildung, gezielte Auswahl der dargestellten Daten, geeignete Auswahl der Skaleneinheiten, geeignete Auswahl der Skalenabschnitte. „Es gibt keine einzig richtige graphische Darstellung" (vgl. *Humenberger/Reichel* 1994, *Kröpfl* 1987, *Kütting* 1994, *Strehl* 1979, *Meadows* 1992, *Strick* 1996).

1.2.2.2 Lageparameter, Streuungsparameter

Ein weiterer Gewinn an Übersicht, insbesondere auch im Hinblick auf den Vergleich von Verteilungen, ist möglich durch (weitere) Datenreduktionen, die zu den verschiedenen Parametern (Kennzahlen) führen. Solche Parameter ermöglichen quantitative Fassungen von Eigenschaften von Verteilungen, die in graphischen Darstellungen eher nur qualitativ zum Ausdruck kommen. Dazu gehören Lageparameter und Streuungsparameter wegen ihrer inhaltlichen Bedeutung und weil, damit zusammenhängend, diese Parameter unter Verwendung von Methoden der beurteilenden Statistik quantitative Bewertungen und Vergleiche von Verteilungen ermöglichen. *Lageparameter* sind z. B. arithmetisches, harmonisches, geometrisches Mittel, Median. *Streuungsparameter* sind z. B. Varianz, Standardabweichung, Halbweite. Die Auswahl eines bestimmten Parameters zur Charakterisierung einer Verteilung ist bedingt durch Beurteilung des Sachzusammenhangs in Bezug auf die gewählten Fragestellungen und durch die Art der vorliegenden Verteilung (z. B. Schiefe).

1.2.2.1.1 Lageparameter

Arithmetisches Mittel

„Durchschnitte" spielen im Leben eine besondere Rolle, weil sie das „Normale" (Norm als „Richtmaß", „Regel") charakterisieren, an dem man sich in vieler Hinsicht orientieren kann („normaler" Sommer, „normales" Gewicht usw.). Durchschnitte werden sehr häufig gebildet etwa in Bezug auf das Gewicht (zulässige Personenzahl in Aufzügen, Flugzeugen usw.), die Größe von Menschen (Bevorratung von Kleidergrößen in Geschäften), auf die Temperatur, auf Zeitspannen für einen sich wiederholenden Vorgang, auf Einkommen, auf die Belegung von Parkplätzen, auf Zensuren (Rangmerkmal!) usw. Haben Merkmale metrisch quantifizierbare Merkmalsausprägungen und ist eine Verteilung unimodal symmetrisch („Glockenform"), so lässt sich dieses „Normale" mit Hilfe von Mittelwerten beschreiben. Der „mittlere Wert" ist der wichtigste Lageparameter bei solchen Verteilungen, weil die meisten Werte sich um dieses Mittel konzentrieren und dieser Mittelwert insofern typisch oder repräsentativ für die Verteilung ist. Der wohl am häufigsten gebrauchte Mittelwert ist das arithmetische Mittel. So verwendet die *Stiftung Warentest* das arithmetische Mittel zur Ermittlung des „Durchschnittspreises" von getesteten Produkten, ggf. nach Eliminierung der Ausreißer („trimmed mean").

Als *arithmetisches Mittel* der Merkmalsausprägungen $x_1,...,x_n$ eines quantitativen Merkmals wird die Funktion $\bar{x} = \frac{x_1 + ... + x_n}{n}$ dieser Werte bezeichnet.

Eigenschaften des arithmetischen Mittels

- Das arithmetische Mittel ist als „Durchschnitt" ein geeigneter Kennwert für schmale, symmetrische Verteilungen. Er ist schlecht geeignet bei breiten, schiefen, mehrgipfligen Verteilungen oder beim Auftreten von Ausreißern.
- Bei vielen Verteilungen und genügend großem n liefert das arithmetische Mittel eine gute Schätzung für den Erwartungswert.
- Das arithmetische Mittel besitzt die Abweichungsneutralität: $(x_1 - \bar{x}) + ... + (x_n - \bar{x}) = 0$. Diese „Ausgleichseigenschaft" des arithmetischen Mittels lässt sich in der graphischen Darstellung veranschaulichen (vgl. *Borovcnik* 1992).
- Das arithmetische Mittel ist linear: Werden die Werte x_i linear transformiert mit $y_i = ax_i + b$, so gilt für den Mittelwert der transformierten Werte $\bar{y} = a\bar{x} + b$.
- Das arithmetische Mittel besitzt eine Minimumseigenschaft in Bezug auf die empirische Varianz: $s^2(x) = \frac{(x - x_1)^2 + ... + (x - x_n)^2}{n}$ besitzt für $x = \bar{x}$ ein Minimum (Für einen „Beweis mit Hilfe der SI-Mathematik" vgl. *Winter* 1985.).
- Liegen die arithmetischen Mittel von mehreren Teilmessreihen vor, so lässt sich das arithmetische Mittel der Gesamtreihe aus diesen Mitteln bestimmen.
- Das arithmetische Mittel gehört selbst nicht notwendig zu den erhobenen Werten eines Merkmals.

Beispiel 4: Schulnah sind die Beispiele „Zensurenarithmetik", Körpergröße, Gewicht, Reaktionszeit (mit „Lineal", Computer messen, vgl. *Trauerstein* 1995), Schulweglänge, Länge des Fernsehkonsums, Zeitaufwand für Hausaufgaben, Taschengeld usw.

Grenzen der Bildung des arithmetische Mittels:

Dass der Mittelwert in vielen Fällen kein geeigneter Durchschnitt ist, lässt sich an geeigneten Beispielen zeigen. Solche Beispiele sind Verteilungen mit großer Schiefe (ggf. „Taschengeld"), mit mehreren Gipfeln, Ausreißern, sehr kleinem n. Ein Nachteil des arithmetischen Mittel ist, dass es von geringer Resistenz ist: Ein Ausreißer genügt, um den Wert des arithmetischen Mittels u. U. stark zu verändern. In manchen Fällen verwendet man als Lageparameter den sog. „trimmed mean", bei dem man das arithmetisch Mittel bildet, nachdem man die größten und kleinsten Beobachtungswerte weggelassen hat. In der Praxis wird dieses Verfahren teilweise angewendet bei Benotungen im Sport (Turniertanz, Eiskunstlauf) oder teilweise bei der Berechnung von Durchschnittspreisen für Gebrauchtwagen.

Median (Zentralwert)

Der Median ist ein universellerer Mittelwert als das arithmetische Mittel: Der Median ist auch sinnvoll interpretierbar beim Vorliegen von Rangmerkmalen, schiefen Verteilungen, Ausreißern. So verwendete z. B. die *Stiftung Warentest* zur Ermittlung des „mittleren Preises" von getesteten Waren früher in vielen Fällen den Median.

Als Median („Zentralwert") der geordneten Merkmalsausprägungen $x_1,...,x_n$ wird bezeichnet der Wert $\tilde{x} = x_{(n+1)/2}$ *für ungerades n* und $\tilde{x} = (x_{n/2} + x_{n/2+1})/2$ *für gerades n*.

Der Median teilt die Gesamtheit der Merkmalsausprägungen in zwei Hälften, die untere Hälfte enthält alle Merkmalsausprägungen, die kleiner oder gleich, die obere Hälfte enthält alle Merkmalsausprägungen die größer oder gleich dem Median sind. Zur Bestimmung des Medians ordnet man die Daten z. B. mit dem Stamm-Blatt-Diagramm und stellt dann die Mitte fest (vgl. *Beispiel 18*).

Eigenschaften des Medians

- Lage des Medians: Der Median teilt die geordnete Menge der Merkmalsausprägungen in zwei Hälften ein.
- Der Median ist bei asymmetrischen Verteilungen aussagekräftiger als das arithmetische Mittel.
- Der Median ist auch bei Rangmerkmalen anwendbar.
- Bei einer ungeraden Anzahl von Werten gehört der Median immer zu den beobachteten Werten selbst.
- Für alle streng monotonen Transformationen *f* gilt für den Median der transformierten Beobachtungswerte $x_i' = f(x_i)$: $\tilde{x}' = f(\tilde{x})$.
- Minimumseigenschaft: Die Funktion $s(x) = |x_1 - x| + ... + |x_n - x|$ besitzt ein Minimum bei $x = \tilde{x}$.
- Der Median ist relativ unempfindlich gegen Ausreißer.
- Im Allgemeinen ist es nicht möglich, den Median einer Gesamtheit aus den Medianen von Teilgesamtheiten zu bestimmen.
- Bei klassierten Daten verwendet man eine Näherungsformel.

Beispiel 5: Analysten des Gebrauchtwagenmarktes verfahren durchaus verschieden, z. T. verwenden sie zur Bestimmung von Durchschnittspreisen das arithmetische Mittel nach Eliminierung der Ausreißer, z. T. den Median.

Grenzen der Bildung des Medians:

Gelegentlich wird bei relativ kleinen Datenmengen das arithmetische Mittel zur Angabe eines „Durchschnitts" verwendet.

Weitere Lageparameter

Das *geometrische Mittel* wird z. B. zur Berechnung von durchschnittlichen Wachstumsraten verwendet, wenn relative Veränderungen in gleichen Zeitabständen vorliegen.

Beispiel 6: Durchschnittliche Zunahme des Bruttoinlandproduktes, der Spareinlagen, der Bevölkerung.

Das *harmonische Mittel* ist der inverse (arithmetische) Durchschnitt der Reziprokwerte von positiven Merkmalsausprägungen.

Beispiel 7: Berechnung einer Durchschnittsgeschwindigkeit aus den Geschwindigkeiten für Teilstrecken.

Zu weiteren Einzelheiten vgl. *v. d. Lippe* (1993).

1.2.2.1.2 Streuungsparameter

Lageparameter reichen zur Charakterisierung der Verteilung eines Merkmales i. Allg. nicht aus:

Beispiel 8: Die Einkommensverteilungen in verschiedenen Ländern können bei vergleichbaren durchschnittlichen Einkommen große Unterschiede hinsichtlich der Streuung aufweisen.

Beispiel 9: In der Bundesrepublik ist das auf Packungen aufgedruckte Nenngewicht nach gesetzlicher Vorschrift gleich dem arithmetischen Mittel der Packungsinhalte. Hier genügt dem Kunden tatsächlich die Angabe des Mittelwertes, weil über gesetzliche Vorschriften die Streuung der tatsächlich enthaltenen Gewichte in vorgegebenen Grenzen gehalten wird.

Beispiel 10: Von zwei Bauteilen *A* und *B* kann für die Verteilung eines wichtigen Maßes (z. B. die Lebensdauer) das Bauteil *A* einen etwas besseren Mittelwert als das Bauteil *B* besitzen. Wenn aber die Verteilung des Bauteils *A* eine wesentlich größere Streuung besitzt, so wird die Anzahl der Ausfälle bei Verwendung dieses Bauteils u. U. größer sein.

Streuungsparameter stellen ein Maß für die jeweilige „Homogenität" einer Verteilung und entsprechend für die Sicherheit dar, mit der im Einzelfall Lageparameter als repräsentative Beschreibungen eines Merkmals angesehen werden können. Kenntnisse über die Streuung einer Verteilung ermöglichen erst fundierte Einschätzungen der Güte und Zuverlässigkeit von Schätzungen und Prognosen der beurteilenden Statistik aufgrund von Stichproben. In diesem Zusammenhang hat die Kenntnis von Streuungen eine große wirtschaftliche Bedeutung etwa für die Qualitätssicherung (Maßhaltigkeit von Verpakkungsinhalten, mechanischen und elektronischen Bauteilen usw.) oder die Finanzmärkte (hier ermöglicht z. B. die Analyse von Streuungen bei Zeitreihen von Börsenwerten die Beurteilung von Chancen und Risiken). Für die formale Beschreibung der „Streuung" gibt es mehrere Konstruktionsprinzipien: Streuungsmaßzahlen werden definiert über

- Abstände der Merkmalsausprägungen von einem Lageparameter bei metrisch skalierten Merkmalen. Dies gilt z. B. für die Konstruktion der Varianz als Mittelwert der Quadrate der Abstände vom Mittelwert der Verteilung.
- Abstände in einer Ordnungsverteilung. Zu nennen sind hier Spannweite oder der mittlere Quartilsabstand.
- Abstände der Merkmalswerte untereinander. Ein Beispiel ist das *Ginis*-Maß. Dieses Maß ist resistent gegen Ausreißer und wird in der Explorativen Datenanalyse verwendet (vgl. *v. d. Lippe* 1993).

Empirische Standardabweichung, Varianz

Die am meisten gebrauchten Streumaße für metrische Verteilungen sind empirische Variation und Standardabweichung. Dies liegt im Wesentlichen

- an der wahrscheinlichkeitstheoretischen Bedeutung dieser Streumaße
- dass in diese Streumaße alle Werte der Verteilung eingehen
- dass diese Streumaße noch relativ einfach zu handhaben sind.

Varianz und Standardabweichung sind Streumaße, die sich auf Abweichungen von Mittelwerten beziehen:

Als *empirische Varianz* wird die mittlere quadratische Abweichung vom arithmetischen Mittel bezeichnet: $s^2 = \dfrac{(x_1 - \overline{x})^2 + \ldots + (x_n - \overline{x})^2}{n-1}$.

Als *empirische Standardabweichung* wird s bezeichnet. Sie hat dieselbe Dimension wie die Merkmalsausprägungen selbst.

Dass im Nenner des Ausdrucks (n-1) und nicht n steht, liegt daran, dass sich im Sinne der Schätztheorie der angegebene Ausdruck bei unbekanntem Erwartungswert als erwartungstreuer Schätzer für die theoretische Varianz σ^2 erweist. Die Varianz wird allerdings auch mit dem Nenner n verwendet, dann aber wird die Varianz σ^2 bei kleinem Stichprobenumfang systematisch unterschätzt. Muss dagegen der theoretische Erwartungswert μ nicht durch das arithmetische Mittel $\overline{x}$ geschätzt werden, weil er bekannt ist, so steht n im Nenner von s^2, um σ^2 erwartungstreu zu schätzen. Die Standardabweichung ist ein gutes und anschauliches Maß für die Streuung von symmetrischen Verteilungen. Hier gilt: Innerhalb des Intervalls [$\overline{x}$ -s, $\overline{x}$ +s] liegen ca. 66 % aller Werte, innerhalb [$\overline{x}$ -2s, $\overline{x}$ +2s] liegen 95 % und innerhalb [$\overline{x}$ -3s, $\overline{x}$ +3s] praktisch alle Werte.

Eigenschaften der Varianz

- Durch die Transformation $y=ax+b$ erhält man $s_y^2 = a^2 s^2$. Dies bedeutet, was auch anschaulich plausibel ist, dass die Varianz invariant ist gegenüber einer Translation.

- Die empirische Varianz und entsprechend die empirische Standardabweichung sind nicht resistente Streuungsmaßzahlen, sie reagieren empfindlich gegen Ausreißer. Deshalb werden in entsprechenden Fällen auch „getrimmte Varianzen" verwendet, die man erhält, wenn man extreme Werte weglässt.
- Eine wichtige Eigenschaft der Varianz ist die sog. „Streuungszerlegung". Man betrachtet hierbei die Varianzen der Teilmengen bei Zerlegungen der Menge aller Merkmalswerte und versucht dann, über die Beiträge der verschiedenen „Variationsquellen" zur Gesamtvarianz eine (Kausal-)Interpretation zu gewinnen.
- Durch Umformung erhält man als rechentechnisch günstigere Formel

$$s^2 = \frac{1}{n-1}\left(\sum_{i=1}^{n} x_i^2 - \frac{1}{n}\left(\sum_{i=1}^{n} x_i\right)^2\right).$$

Auch bei klassierten Daten verwendet man die o. g. Formel zur Berechnung der empirischen Varianz, wobei als Merkmalswerte x_i die einzelnen Klassenmitten genommen werden. Weil hier ein systematischer Fehler entsteht, der um so größer ist, je größer die Klassen sind, wendet man in solchen Fällen die Korrektur von *Sheppard* an (vgl. *v. d. Lippe* 1993).

Spannweite

Eine erste grobe Beschreibung der Streuung ist möglich durch Angabe der Differenz zwischen dem größten und dem kleinsten beobachteten Wert.

Als *Spannweite* der Merkmalsausprägungen $x_1,\ldots,x_n$ wird bezeichnet $R=x_{max}-x_{min}$.
Dieses Streumaß liefert eine Information über das Intervall aller Merkmalausprägungen. Man erhält damit Kenntnis über die Extremwerte eines Merkmals. Diese Empfindlichkeit gegen Extremwerte kann nützlich sein, wenn solche Extremwerte mit großem Risiko verbunden sind. Man erhält aber keine Information über weitere Eigenschaften der Verteilung. Bei gleicher Spannweite können Verteilungen nämlich durchaus sehr verschiedene Formen besitzen. Auch aus diesem Grunde verwendet man dieses Streuungsmaß nur bei kleinen Anzahlen von Merkmalsausprägungen.
Beispiel 11: Weiß man am Ende eines Jahres, dass bei allen in Englisch geschriebenen Klausuren die Punktwerte zwischen 2 und 13 liegen, so ist damit über die Art der Verteilung nur wenig bekannt.
Beispiel 12: Bei einer LKW-Kontrolle zeigt die Tachoscheibe an, ob die zulässige Höchstgeschwindigkeit überschritten wurde.

Quartilsabstand

Der Quartilsabstand wird verwendet, wenn man den Median als Maß für die Zentraltendenz einer Verteilung verwendet. Dies ist z. B. der Fall bei schiefen Verteilungen. Der Median teilt die Menge der Merkmalsausprägungen in zwei Hälften ein. Teilt man diese beiden Hälften nochmals in jeweils zwei Hälften ein, so erhält man vier Viertel der Merkmalsausprägungen, wobei die Spannweite der Daten zwischen dem unteren und dem oberen Viertel *Halbweite* genannt wird: Als *p-Quantil* x_p wird der Wert auf der Skala der Merkmalsausprägungen verstanden, unterhalb dem $p\cdot 100\%$ der Daten liegen. Man berechnet die p-Quantile wie folgt:

$$x_p = \begin{cases} x_{([np]+1)} & \textit{für np nicht ganzzahlig} \\ 1/2\cdot(x_{(np)} + x_{(np+1)}) & \textit{für np ganzzahlig} \end{cases}$$

, wobei $x_{0,25}$ erstes, $x_{0,5}$ zweites und $x_{0,75}$ drittes Quartil heißt. (Die eingeklammerten Indizes bedeuten die geordneten Daten $x_{(1)}<x_{(2)}<\ldots<x_{(n)}$.)
Ein Streuungsmaß ist in diesem Zusammenhang der *Quartilsabstand* $Q_{0,25}=x_{0,75}-x_{0,25}$. Dieser Abstand gibt die Länge des Bereichs an, in dem 50% aller Merkmalswerte liegen.

1.2.2.3 Korrelation, Regression

Häufig interessieren mehrere Merkmale an statistischen Einheiten einer Grundgesamtheit, z. B. interessieren bei Schülern die Leistungen in den verschiedenen Fächern. In vielen solchen Fällen geht es dann nicht nur darum, die Verteilung der Werte eines Merkmals für sich zu untersuchen, sondern den Zusammenhang von zwei oder mehreren Merkmalen. Bei zwei Merkmalen A und B lässt sich in vielen Fällen das Merkmal A als Indikator für das Merkmal B verwenden: Z. B. wird der Blutalkoholgehalt als Indiz für eine entsprechend eingeschränkte Reaktionsfähigkeit genommen. Auch im Alltag beachtet man solche Zusammenhänge zwischen Merkmalen, etwa bei der Einschätzung des sozialen Status einer Person aufgrund äußerer Merkmale wie Automarke, Kleidung („Kleider machen Leute") usw.

Beispiel 13: Beispiele für einen möglichen Zusammenhang zwischen Merkmalen sind: Zensuren in Mathematik – Deutsch; Größe – Gewicht; Körpergröße – Einkommen; Körpergröße – Lebenserwartung (vgl. TIME Oct. 14, 1996) Arbeitslosigkeit Männer – Frauen; Einkommen – Aufwand für Bekleidung; Rauchen – Lungenkrebs; Alter – Blutdruck.

Die Beschreibung des Zusammenhangs von Merkmalen ist unter folgenden Gesichtspunkten möglich:

- Die *Korrelation* zwischen Merkmalen beschreibt die Intensität eines Zusammenhangs zwischen den Merkmalen.
- Die *Regression* beschreibt einen Zusammenhang zwischen Merkmalen als funktionalen Zusammenhang so, dass von einem Merkmal auf das andere geschlossen werden kann.

Im weiteren soll angenommen werden, dass zweidimensionale, metrisch skalierte Merkmale vorliegen:

Unter einem *zweidimensionalen Merkmal (X,Y)* versteht man die Menge aller an den statistischen Einheiten einer statistischen Masse beobachteten Paare von verbundenen Merkmalsausprägungen (x_i, y_i).

Für solche zweidimensionale Merkmale lassen sich Häufigkeitstabellen für die Merkmalsausprägungen anlegen:

		Merkmal Y			Σ
		y_1	...	y_k	
Merkmal X	x_1	h_{11}	...	h_{1k}	h_{1*}
	...	...	...	...	...
	x_m	h_{m1}	...	h_{mk}	h_{m*}
Σ		h_{*1}	...	h_{*k}	

In der Tafel sind als Summen die jeweiligen Randhäufigkeiten eingetragen. Man wird die Einzelmerkmale X und Y für unabhängig voneinander halten, wenn für die relativen Häufigkeiten gilt: $h_{ij}=h_{i*} \cdot h_{*j}$. Liegt eine Tafel für die entsprechenden absoluten Häufigkeiten vor, so heißen X und Y voneinander unabhängig, wenn gilt: $n_{ij} = \frac{n_{i*} \cdot n_{*j}}{n}$. Daraus folgt, dass die Merkmale X und Y abhängig voneinander sind, wenn mindestens ein h_{ij} null ist.

Für empirisch gewonnene Daten sind diese Kriterien für die Unabhängigkeit bzw. Abhängigkeit zweier Merkmale X und Y auch dann nicht immer exakt erfüllt, wenn sich aus inhaltlichen Gründen Unabhängigkeit bzw. Abhängigkeit zwingend ergibt. Man wird aber

Merkmale X und Y z. B. als abhängig voneinander ansehen, wenn die Abweichungen von den genannten Kriterien so groß sind, dass sie nicht nur auf Inhomogenitäten der Daten durch zu kleine Stichprobe oder zu große Messfehler zurückgeführt werden können.

1.2.2.3.1 Korrelation

Über ein Kriterium hinaus, mit dem man zwischen Unabhängigkeit bzw. Abhängigkeit zweier Merkmale entscheiden kann, möchte man ein Kriterium haben, das im Falle von Abhängigkeit auch die Intensität dieser Abhängigkeit zu bewerten gestattet. Die Korrelationsstatistik liefert mit den verschiedenen Formen von Korrelationen Verfahren, die es gestatten, die Beziehungen zwischen Merkmalen näher zu beschreiben. Ziel dabei ist es, ein Modell gewinnen, das sich auch inhaltlich begründen lässt, indem sich z. B. die mit formalen Methoden gefundene Abhängigkeit eines Merkmals Y von einem Merkmal X kausal erklären lässt.

Beispiel 14: Rauchen → Krankheit; Blutalkoholgehalt → Verminderung der Reaktionsfähigkeit.

Es ist plausibel, dass die Formen der Korrelationen davon abhängen, welche Skalenniveaus der Merkmale X und Y vorliegen, weil sich danach entscheidet, welche Operationen angewendet werden können. Im Folgenden soll die Voraussetzung gemacht werden, dass die Merkmale X und Y metrisch skaliert sind. Einen heuristischen Zugang zu der Korrelation als Kenngröße für die lineare Abweichung zweier Merkmale X und Y voneinander erhält man über die Kovarianz dieser Merkmale: Seien X und Y verbundene (voneinander abhängige) metrische Merkmale mit den Messwerten (x_i,y_i), dann lassen sich diese Messwerte in einem Koordinatensystem als Streudiagramm darstellen (vgl. 1.2.3.3). Mit $\bar{x}$ und $\bar{y}$ als arithmetischen Mitteln der Werte von X bzw. Y bildet der Punkt $(\bar{x},\bar{y})$ den Mittelpunkt der Punkte des Streudiagramms (Schwerpunkt des Systems, wenn man die Punkte (x_i,y_i) als Massepunkte auffasst). Durch Verschiebung des Koordinatenursprungs zum Punkt $(\bar{x},\bar{y})$ erhalten alle Punkte des Systems die neuen Koordinaten $(x_i-\bar{x}, y_i-\bar{y})$. Betrachtet man nun das Produkt $(x_i-\bar{x})(y_i-\bar{y})$, so ist es positiv, wenn die Punkte (x_i,y_i) im ersten oder dritten Quadranten, und negativ, wenn diese Punkte im zweiten oder vierten Quadranten liegen. Entsprechendes gilt dann auch für die Summen dieser Produkte. Daraus folgt dann die Möglichkeit, einen Ausdruck zu entwickeln, mit dem sich der Zusammenhang der Merkmale X und Y beschreiben lässt:

Für Merkmale X und Y mit den Merkmalsausprägungen (x_i,y_i) heißt $s_{xy} = \operatorname{cov}(X,Y) = \frac{1}{n-1}\sum_{i=1}^{n}(x_i-\bar{x})(y_i-\bar{y}) = \frac{1}{n-1}\left[\sum_{i=1}^{n}(x_iy_i-\overline{xy})\right]$ empirische *Kovarianz* zwischen X und Y.

Aus dem Vorstehenden folgt, dass

- bei positivem Zusammenhang (negativem) der Merkmale X und Y gilt: $s_{xy}>0$ ($s_{xy}<0$)
- die Kovarianz empfindlich ist gegen Ausreißer, symmetrisch ist und nicht invariant ist gegenüber linearen Transformationen
- die Kovarianz betragsmäßig nicht beschränkt und damit als Maß für den Zusammenhang zwischen Merkmalen wenig geeignet ist
- die Varianz ein Spezialfall der Kovarianz ist wegen $s_{xx}=s_x^2$
- aus der Unabhängigkeit zweier Merkmale folgt $cov(X,Y)=0$. Die Umkehrung gilt aber nicht.

Sind die Punkte des Streudiagramms gleichmäßig über die Quadranten des Koordinatensystems verteilt, so besteht offensichtlich kein Zusammenhang zwischen den Merkmalen, und es gilt für die Kovarianz $s_{xy}=0$.

Die Kovarianz ist allerdings als Maß für den Zusammenhang von Merkmalen wenig geeignet, weil sie abhängig ist von den Maßstäben für die Werte x_i und y_i. Der Einfluss der Maßstäbe lässt sich eliminieren, wenn man die Kovarianz normiert. Man erhält dann:

Sind X und Y metrisch skalierte Merkmale mit den Mittelwerten $\bar{x}$ und $\bar{y}$, so heißt

$$r = \frac{\sum_{i=1}^{n}(x_i - \bar{x})(y_i - \bar{y})}{\sqrt{\sum_{i=1}^{n}(x_i - \bar{x})^2 \sum_{i=1}^{n}(y_i - \bar{y})^2}} = \frac{\left(\sum_{i=1}^{n} x_i y_i\right) - n\overline{xy}}{\sqrt{\left[\left(\sum_{i=1}^{n} x_i^2\right) - n\bar{x}^2\right]\left[\left(\sum_{i=1}^{n} y_i^2\right) - n\bar{y}^2\right]}}$$

empirischer *Korrelationskoeffizient* zwischen X und Y.

Voraussetzungen für eine tragfähige Interpretation des Korrelationskoeffizienten sind:

- Die Häufigkeitsverteilungen von X und Y sollten annähernd symmetrisch und normalverteilt sein.
- Der Zusammenhang zwischen den Merkmalen sollte linear sein. Der Korrelationskoeffizient erfasst nicht Zusammenhänge, die nicht linear sind.
- Es gilt $-1 \leq r \leq 1$, wobei $r<0$ einen gegensinnigen und $r>0$ einen gleichsinnigen Zusammenhang bedeutet.
- Der Korrelationskoeffizient ist wegen der Standardisierung unabhängig von linearen Transformationen der Ausgangsdaten (bis auf das Vorzeichen).
- Der Korrelationskoeffizient lässt sich so deuten: Man kann $y_i - \bar{y}$ wie folgt zerlegen: $y_i - \bar{y} = (y_i - \hat{y}(x_i)) + (\hat{y}(x_i) - \bar{y})$ mit $\hat{y}(x_i) = a_x + b_x x_i$ (a_x und b_x werden im nächsten Abschnitt „Regression" erklärt), wobei $\hat{y}(x_i)$ das „theoretische Modell" für den Zusammenhang von X und Y ist. Die beiden Summanden lassen sich dann so deuten: Der Summand $\hat{y}(x_i) - \bar{y}$ lässt sich als Abweichung des Mittelwertes $\bar{y}$ vom „theoretischen Wert" $\hat{y}(x_i)$ deuten, der Summand $y_i - \hat{y}(x_i)$ dagegen stellt einen „unerklärbaren" Fehleranteil dar.

Bildet man den Quotienten der Summen zweier dieser Abweichungsquadrate, so erhält man

$$Q = \frac{\sum_{i=1}^{n}(\hat{y}(x_i) - \bar{y})^2}{\sum_{i=1}^{n}(y_i - \bar{y})^2} = r^2.$$

Damit lässt sich der Korrelationskoeffizient so deuten, dass er den relativen Anteil der Summe der Abweichungsquadrate misst, der durch einen linearen Trend erklärbar ist. Auch auf der Grundlage dieser Deutung ergibt sich, dass die Werte $|r|=1$ des Korrelationskoeffizienten einen linearen und $r=0$ keinen linearen Zusammenhang der Merkmale X und Y anzeigen. Vielfach wird folgende Interpretation verwendet: $r=0$ kein Zusammenhang, $|r| \leq 0{,}4$ geringer Zusammenhang, $0{,}4 < |r| \leq 0{,}7$ mittlerer Zusammenhang, $0{,}7 < |r| < 1$ hoher Zusammenhang, $|r|=1$ vollständig linearer Zusammenhang.

Als *Ursachen von ermittelten Korrelationen* kommen in Frage

- eine einseitige Dependenz der Art $X \rightarrow Y$ oder $Y \rightarrow X$. Beispiel: Trainingsfleiß ist Ursache für Leistung. Häufig liegt eine solche asymmetrische Beziehung vor.
- Interdependenz. Beispiel: Sympathie.
- Drittseitige Dependenz. Beispiel: Intelligenz und Motorik hängen bei Kindern vom Alter ab.
- Komplexe Dependenz. Beispiel: Geistige Leistung ist das Ergebnis vieler komplexer Faktoren.

Ziel der Korrelationsstatistik ist es, einen inhaltlichen, kausalen Zusammenhang zwischen zwei gegebenen Merkmalen herauszufinden. Liegt eine Korrelation zwischen Merkmalen X und Y vor, so kann dies aber auch Ursachen haben, die nicht inhaltlicher Art sind und deswegen zu Missdeutungen führen. Daher ist die Deutung einer Korrelation immer auch auf der Grundlage des sachlogischen Zusammenhangs zu begründen, was im Einzelfall aber sehr schwierig sein kann.

Scheinkorrelationen sind solche Korrelationen, die sich rechnerisch ergeben, die aber keine inhaltliche Ursache haben, z. B. nicht kausal erklärt werden können. Ein bekanntes Beispiel ist die Korrelation zwischen den Anzahlen von Geburten und solchen von Störchen in einer bestimmten Gegend. *Ursachen für Scheinkorrelationen* können sein:

- Die Merkmale korrelieren zufällig in einer zu kleinen Stichprobe, in der Grundgesamtheit aber nicht.
- Messfehler.
- Das der statistischen Analyse zugrundeliegende Modell legt schon eine Korrelation fest. Dies ist etwa dann der Fall, wenn die Merkmalsausprägungen komplementäre Anteile an einer Einheit beschreiben.
- Die Inhomogenitätskorrelation wird durch Inhomogenitäten der statistischen Masse hervorgerufen. Beispiel ist die positive Korrelation zwischen dem Hämoglobingehalt des Blutes und der Oberflächengröße der Blutkörperchen in einer Blutcharge, die durch Blutanteile sehr verschiedener Personengruppen inhomogen zusammengesetzt ist.
- Bei der Gesamtheitskorrelation handelt es sich um eine Korrelation zweier Merkmale X und Y, die ihre Ursache darin hat, dass diese beiden Merkmale von einem dritten Merkmal abhängen. Als Beispiel sei genannt die Korrelation zwischen Größe und Gewicht bei Kindern. Diese Größen werden bei Kindern sehr stark vom Alter als einer dritten Größe beeinflusst. Gleichwohl besteht hier ein kausaler Zusammenhang zwischen Größe und Gewicht. Dagegen könnte ein möglicherweise vorhandener Zusammenhang zwischen psychosomatischen Störungen und Verkehrsunfällen vom zivilisationsbedingten „Stress“ als dritter Größe abhängen und nicht unbedingt kausaler Art sein.
- Scheinkorrelationen treten häufig bei Zeitreihen auf, die einen gemeinsamen Trend haben. Beispiele finden sich in der Wirtschaftsstatistik.
- Scheinkorrelationen treten auch bei Aggregation von Daten auf.

Beispiel 15: In der Gynäkologie werden seit einiger Zeit festgestellt: einerseits eine Zunahme der Anzahl von Männern, die bei der Geburt anwesend sind, andererseits eine Zunahme der Kaiserschnitte. Es wird diskutiert, ob hier ein kausaler Zusammenhang besteht.

Auch nicht-metrische Merkmale A und B lassen sich auf Zusammenhänge untersuchen.

Beispiel 16: Zehn Eiskunstläufer, die an einem Wettbewerb teilnehmen, werden durch zwei Punktrichter in jeweils eine Rangreihenfolge gebracht. Man möchte nun etwas über den Grad der Übereinstimmung der beiden Beurteilungen wissen.

Liegt ein zweidimensionales Merkmal (X,Y) vor, wobei die Merkmale X und Y mindestens äquidistant ordinalskaliert sind, so lassen sich Stärke und Richtung eines Zusammenhangs zwischen den Merkmalen mit dem Rangkorrelationskoeffizient nach *Spearman* angeben. Liegen geringere Voraussetzungen vor, so wird der Rangkorrelationskoeffizient nach *Kendall* angewendet (vgl. *v. d. Lippe*, 1993). *Schütze* (1993) plädiert für eine Behandlung dieses Koeffizienten, weil er mit graphischen Methode einfacher zu bestimmen und zu interpretieren sei.

1.2.2.3.2 Regression

Der Korrelationskoeffizient misst nur die Intensität des linearen Zusammenhangs zwischen zwei metrisch skalierten Merkmalen. Mit der Regressionsrechnung wird der funktionale Zusammenhang zwischen Merkmalen X und Y mit Hilfe von Regressionsgleichungen quantifiziert, wobei man einerseits unterscheidet zwischen einfachen und multiplen und andererseits zwischen linearen und nichtlinearen Regressionen. Lässt sich eine Regressionsgleichung angeben, so ist es möglich, eine Vorhersage für y zu machen, wenn x bekannt ist. Diese Vorhersage mit X als Prädikator- und Y als Kriteriumsvariable wird „Regression von Y auf X“

genannt. Durch die Festlegung von Prädikator- und Kriteriumsmerkmal wird gleichzeitig die Richtung einer Vorhersage festgelegt. Als Prädikatormerkmal wird häufig das Merkmal verwendet, das sich leichter oder kostengünstiger erheben lässt.

Beispiel 17: Nikotingehalt → Kondensatgehalt einer Zigarette; Trainingszeit → Leistung; Noten im Vordiplom → Noten im Abschlussdiplom; CO_2-Konzentration → Erhöhung der Durchschnittstemperatur; Familieneinkommen → Ausgaben für den gehobenen Bedarf.

Wie bei der Interpretation von Korrelationen ist auch hier Vorsicht geboten, es ist z. B. umstritten, inwiefern z. B. bestimmte psychologische Tests eine Vorhersage auf das Merkmal „Begabung" begründen.

Vor einer jeden Regressionsanalyse sollte ein Streudiagramm angefertigt werden, weil sich daraus schon erste Rückschlüsse ziehen lassen auf den Funktionstyp der Regression und die Höhe der Korrelation.

Nebenstehend seien typische Streudiagramme von „Punktwolken" zweidimensionaler Merkmale angegeben (vgl. *Henze* 1999). Liegt ein Streudiagramm zu den Merkmalen X und Y mit den Merkmalsausprägungen (x_i,y_i) vor und lässt sich aufgrund der Art des Streubildes ein linearer Zusammenhang vermuten, so wird man versuchen, lineare Regressionsgeraden $\hat{y} = a_x + b_x x$ und $\hat{x} = a_y + b_y y$ so zu bestimmen, dass sie sich den Daten (x_i,y_i) möglichst gut anpassen. Dabei sollen mit Hilfe der Regressionsgeraden $\hat{y} = a_x + b_x x$ aus den Werten von X Vorhersagen auf Y möglich sein. Die beiden Regressionsgeraden sind i. Allg. nicht identisch. Für eine Korrelation von r=0 stehen beide Geraden senkrecht aufeinander, nur bei $|r|$=1 sind beide Geraden identisch. Es gilt:

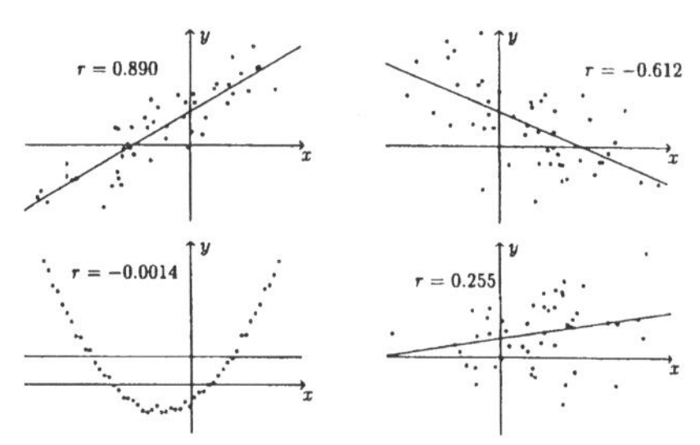

Punktwolken und Korrelationskoeffizienten

Für die lineare Regression von X auf Y mit $\bar{x}$, $\bar{y}$ als arithmetischen Mitteln und s_x, s_y als Standardabweichungen ergibt sich als *Regressionsgerade* $\hat{y} = a_x + b_x x$ mit

$$a_x = \bar{y} - b_x\bar{x} = \bar{y} - r\cdot(s_y/s_x)\cdot\bar{x} \text{ und } b_x = \frac{\sum_{i=1}^{n}(x_i-\bar{x})(y_i-\bar{y})}{\sum_{i=1}^{n}(x_i-\bar{x})^2} = r\cdot s_y/s_x .$$

Für die Herleitung nimmt man an, dass es zu jedem Datenpaar (x_i,y_i) ein Paar $(x_i, \hat{y}_i)$ gibt, wobei $\hat{y}_i = a_x + b_x x_i$ der Regresswert für x_i ist: Zur Bestimmung der Regresskoeffizienten a und b minimiert man die Summe der Quadrate der Abweichungen (parallel zur y-Achse), woraus sich die o. g. Koeffizienten ergeben. Es sei noch erwähnt, dass für Werte von X außerhalb des Intervalls $[x_1,x_n]$ der vorliegenden Daten keine Vorhersagen möglich sind (dabei ist x_1 der kleinste und x_n der größte Wert der Stichprobe).

1.2.3 Explorative Datenanalyse (*EDA*)

Zum Anwendungsproblem der Stochastik allgemein, insbesondere aber auch der Stochastik im Unterricht, stellt *Borovcnik* (1984) fest, dass es „in der Theorie vereinnahmt wird". Durch diesen „Primat der Mathematik" wird aber nach seiner Auffassung das

„Anwendungsproblem nicht ernst genommen", weil dabei die subjektiven Komponenten bei den Mathematisierungsprozessen in der Regel zu wenig abgeklärt würden. Er plädiert daher aus solchen mehr grundsätzlichen, wissenschaftstheoretischen Gründen dafür, zur Aufklärung entsprechender stochastischer Sachverhalte die *EDA* anzuwenden, weil die bewusste, kontrollierte Einbringung subjektiver Elemente konstitutiver Bestandteil dieses Verfahrens ist. Wie andere Autoren hält er die *EDA* für ein besonders geeignetes Instrument zur „Aufklärung von Sachen". Die *EDA* wird heute in vielen Bereichen eingesetzt. Beispiele sind Bereiche wie das Verkehrsgeschehen, wo Wegezeiten, Unfallhäufigkeiten, das Wetter, wo Temperaturverläufe (Klimaänderung), Niederschlagsverhalten, die Biologie, wo Wachstumsvorgänge (Größe, Gewicht,...) u. a. beobachtet und analysiert werden (vgl. *Biehler/Steinbring* 1991, *Borovcnik/Ossimitz* 1987, *Polasek* 1994, *Engel* 1999, 2000). Anders als viele andere, kanonisch und schematisch auf Anwendungssituationen anzuwendenden Verfahren der Mathematik ist die von *Tukey* (1977) begründete *EDA* ein Analyseinstrument, das

- offene, anschauliche Darstellungs- und Analyseverfahren verwendet
- reale Daten verwendet
- inhaltliche und formale Aspekte eng verbindet
- die Interpretation betont
- nicht den Formalismus der Wahrscheinlichkeitsrechnung und Statistik benötigt.

Im Einzelnen haben die in der *EDA* verwendeten graphischen Darstellungsmittel Funktionen in Bezug auf die folgenden zusammenhängenden Aspekte: Sie dienen

- einer flexiblen und vielseitigen Darstellung von Daten
- als Erkenntnismittel
- als Mittel der Kommunikation.

Kern der *EDA* ist die Verwendung graphischer Methoden als Erkenntnismittel in einem explorativen, nicht nur beschreibendem Sinn. Solche graphischen Darstellungsmittel der *EDA* sind u. a. *Stamm-Blatt-Diagramm, Boxplot, Streudiagramm*. Durch den Einsatz dieser verschiedenen graphischen Darstellungen von Daten und ggf. deren Transformationen lassen sich unter Einbeziehung des vorhandenen Wissens über Sachsituationen neue Erkenntnisse gewinnen. Typische Arbeitweisen dabei sind:

- interaktives, experimentelles, probierendes Vorgehen
- aktives Umgehen mit den verschiedensten Darstellungsformen und Transformierungen.

Diese einzelnen Darstellungsmittel besitzen z. T. verschiedene Eigenschaften, weshalb sie sich für jeweils verschiedene Aufgabenstellungen besonders eignen:

1.2.3.1 Stamm-Blatt-Diagramm

Das Stamm-Blatt-Diagramm (Stängel-Blätter-Diagramm) ist ein semigraphisches Verfahren zur Darstellung der Verteilung eines quantitativen Merkmals unter Verwendung einer Anordnung aller Daten in ein zweidimensionales Schema. Es dient zur Gewinnung einer (schnellen) Übersicht über quantitative Daten, indem jeder Merkmalswert getrennt wird in einen Stammteil und einen Blattteil. Das Diagramm

- enthält alle Daten in geordneter Form

– gibt die Struktur der Verteilung wieder wie Symmetrie und Schiefe und lässt Muster erkennen
– ermöglicht eine einfache Ermittlung von Mittelwert und Streuung in Form der robusten Begriffe Median und Quartilabstand durch Auszählen.

Beispiel 18 (*Polasek* 1994): Lebenserwartung bei der Geburt 1980.

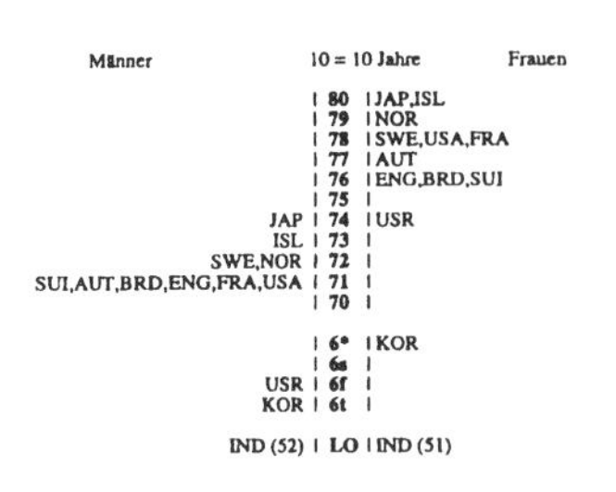

Beispiel 19 (*Polasek* 1994): Mittlere Januartemperaturen in °C für 47 US_Städte.

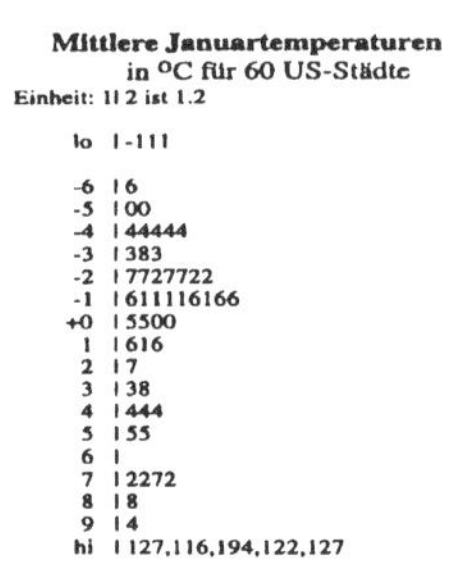

1.2.3.2 Box-Plot

Der Box-Plot (Kastenschaubild) setzt fünf Kennwerte von Verteilungen graphisch um („Pentagramm"): extreme Beobachtung, größte „normale Beobachtung, oberes Quartil, Median, unteres Quartil, kleinste „normale" Beobachtung, extreme Beobachtung. Dadurch ist er in vielen Fällen sehr gut zum Vergleich von Verteilungen geeignet.

Beispiel 20: Durchschnittliche Januartemperaturen einer norddeutschen Stadt in den Dekaden von 1953 bis 1983. Die Graphiken legen weitere Untersuchungen wie z. B. solche zum Generieren und Testen von Hypothesen nahe. Anregungen dazu finden sich bei Strick (1999).

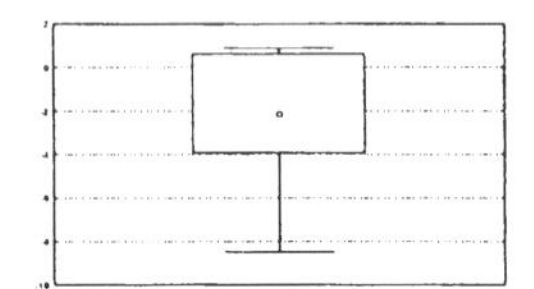 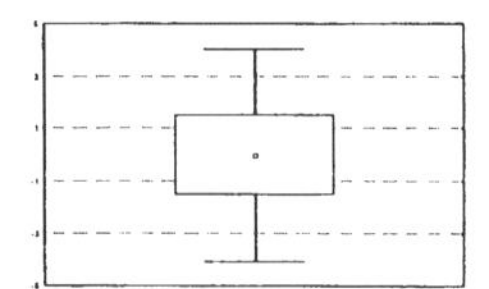 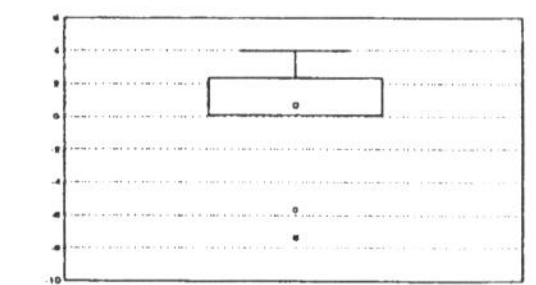

Ein Box-Plot setzt im Gegensatz zum Stamm-Blatt-Diagramm nicht alle Daten des Datensatzes graphisch um. Dafür ist der Box-Plot „graphischer" als das Stamm-Blatt-Diagramm. Der Box-Plot
– liefert eine graphische Zusammenfassung der Daten nach ihrer Gruppierung um den Median
– ermöglicht einen graphischen Vergleich zwischen verschiedenen Verteilungen
– veranschaulicht die Größe und Art der Streuung
– lässt die Schiefe von Verteilungen erkennen
– stellt die Lage eventueller Ausreißer dar
– ermöglicht ggf. einen anschaulichen Vergleich zwischen arithmetischem Mittel und Median und den entsprechenden Streumaßen.

1.2.3.3. Streudiagramm

Das Streudiagramm dient zur Darstellung zweidimensionaler quantitativer Merkmale und ermöglicht die Exploration von Zusammenhängen von Merkmalen. Es
– veranschaulicht durch Annahme eines Modells (z. B. Passgerade) Abhängigkeiten
– liefert einen Eindruck von der Beziehung zwischen Modell und Residuen und Ausreißern

– liefert u. U. Ansätze zu Vermutungen über die Art von Abhängigkeiten.

Beispiel 21: Ein- und Ausfuhrvolumen der BRD in den Jahren von 1965 bis 1977. Dem Streudiagramm entnimmt man, dass zwischen Ein- und Ausfuhr ein näherungsweiser linearer Zusammenhang besteht. Als Regressionsgerade erhält man y=3.74+1.14x, die eine „Vorhersagegerade" für die Ausfuhr darstellt.

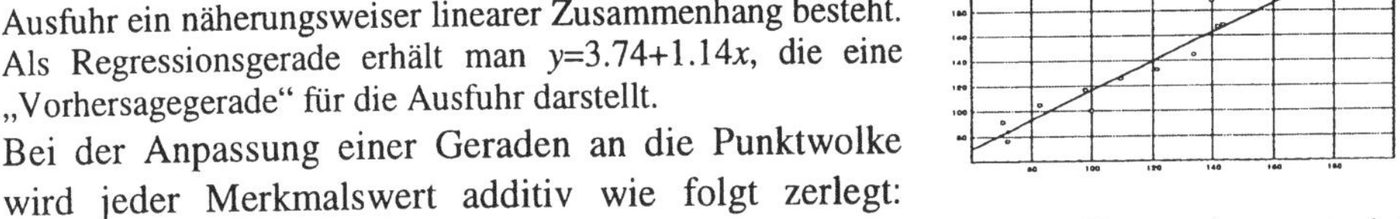

Bei der Anpassung einer Geraden an die Punktwolke wird jeder Merkmalswert additiv wie folgt zerlegt: *Datum=Fit(Anpassung)+Residuum(Rest)*. Bei sehr homogenen Daten ist es relativ einfach, eine „scharfe Skizze" der Geraden zu finden. Bei inhomogenen Daten wird eine Skizze naturgemäß unscharf, es sei denn, man kann aufgrund von sachgegebenen, inhaltlichen Erwägungen die Daten durch Selektion von Ausreißern homogener machen. Die Residuen stellen das statistische, zufallsbedingte Element der Daten dar. Ihre Analyse spielt eine wesentliche Rolle bei der Anpassung einer Geraden bzw. einer nichtlinearen Kurve an die Punktwolke und bei der Interpretation der Daten. Man sucht - ggf. durch Transformation - eine Anpassung, die den systematischen Zusammenhang zwischen den Zufallsvariablen modelliert, so dass die Residuen keinen Trend mehr aufweisen, sondern rein zufallsbedingt sind (vgl. *Polasek* 1994).

1.2.3.4 Datentransformationen

Man wendet Datentransformationen auf univariate und multivariate Verteilungen an. Der Grund dafür ist, dass man Darstellungen sucht, die einfacher zu interpretieren sind. Auf univariate Verteilungen wendet man Datentransformationen an, wenn diese schiefe Verteilungen sind. Solche Datentransformationen bei univariaten Verteilungen sind immer „symmetriesuchend", da symmetrische Verteilungen einfacher zu deuten sind. Dies hängt damit zusammen, dass bei symmetrischen Verteilungen Manipulationen von Lageparametern wie Mittelwert und Median nicht möglich sind. Bei den Transformationen können aber aus multimodalen keine unimodalen Verteilungen erzeugt werden oder umgekehrt. Um schiefe Verteilungen symmetrisch zu machen, werden in der *EDA* Transformationen der Form Trans(y_i)=y_i^p verwendet, wobei p ein Exponent der „Potenzleiter" ist.

Liegt z. B. eine linksschiefe Verteilung vor die symmetrisch gemacht werden soll, dann klettert man auf der Potenzleiter hinauf: $-\frac{1}{y^2} \to -\frac{1}{y} \to \log y \to \ldots \to y \to y^2 \to y^3$. Dieses Hinaufklettern bewirkt, dass die Unterschiede zwischen großen Zahlen verstärkt, die Unterschiede zwischen kleinen Zahlen dagegen verkleinert werden. Liegt dagegen eine rechtsschiefe Verteilung vor, die symmetrisch gemacht werden soll, so klettert man auf der Potenzleiter hinab. Dies bewirkt, dass Unterschiede zwischen großen Zahlen gedämpft und Unterschiede zwischen kleinen Zahlen betont werden.

Beispiel 22 (*Polasek* 1994): Einwohnertrend Österreichs von 1810 bis 1910.

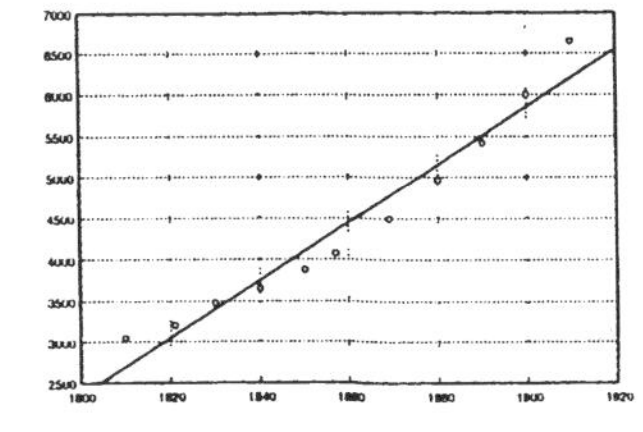

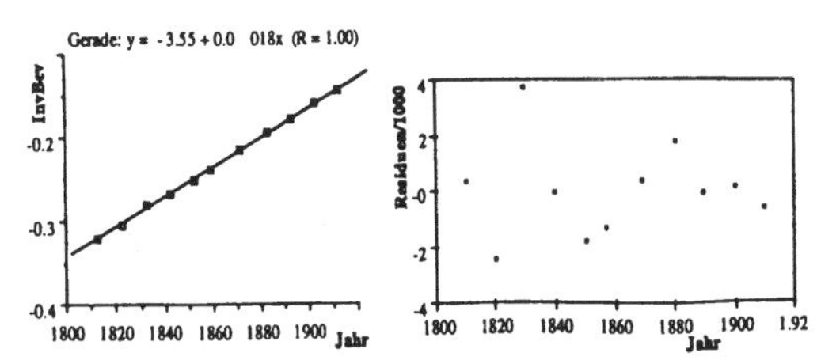

Die erste Abbildung zeigt das Streudiagramm der Originaldaten, die zweite die transformierten Daten, die dritte die zugehörigen Residuen, die offensichtlich keinen Trend aufweisen.

1.2.3.5 Verfahren der Modellierung in der *EDA*

Polasek (1994) gibt für das Verfahren der Modellierung einer stochastischen Situation mit der *EDA* folgende einschlägigen Prinzipien an:

1. *Wahl der Gesamheit*: Wird eine Verteilung nicht über die gesamte Grundgesamtheit erhoben, so hängt es auch von der Stichprobenerhebung ab, welche Schlüsse auf die Grundgesamtheit gezogen werden können.
2. *Wahl einer (geeigneten) EDA-Technik*: Es gibt in den meisten Fällen keine „beste" Technik, weshalb meistens eine heuristische stufenweise Anpassung notwendig ist.
3. *Wahl des Bruchpunkts* der statistischen Methode: Mit „Bruchpunkten" werden Extremwerte von Daten bezeichnet, deren Einbeziehung zu Modelländerungen führen. Die Entscheidung über den Einbezug extremer Daten ist deshalb nicht einfach, weil solche Daten eine Situation auch charakterisieren können.
4. *Vorläufige Skizze*: Eine erste Skizze dient einer ersten Analyse und der Entwicklung weiterer explorativer Darstellungen und Analysen.
5. *Diagnose des Bruchpunkts*: Hier geht es um die Bewertung des gewählten Bruchpunkts im Hinblick auf seine Einflüsse in Bezug auf die Genauigkeit und Verlässlichkeit des gebildeten Modells. In diese Bewertung sind inhaltliche Argumente einzubeziehen, mit denen zusätzlich die Bedeutung von extremen Werten beurteilt werden kann.
6. *Diagnose der Schärfe*: Bei dieser Diagnose geht es um die „Schärfe" einer Skizze als Ausdruck für die Erklärungsgüte eines Modells ohne Einbeziehung der extremen Werte. Es geht hier darum, ggf. ein gebildetes Modell zu verbessern.
7. *Kommunikationsform*: Hier geht es um die Darstellung der folgenden, für die Kommunikation über die Sachsituation wichtigen Punkte: *Fragestellung* mit den Vorinformationen, *Methoden zur Lösung* der Frage, *Darstellung der Resultate* und deren *kritische Würdigung*. Zu beachten ist dabei: „Eine gute Graphik sagt mehr als tausend Worte".
8. *Diagnose der Fragestellung*: Diese Diagnose betrifft die Frage, ob die erhobenen Daten eine den Umständen entsprechende optimale Bearbeitung der Fragestellung erlauben.

1.2.4 Konkrete Modelle

1.2.4.1 Binomialverteilung und hypergeometrische Verteilung

1.2.4.1.1 Modellierung einer *Bernoulli*kette

Während man in der beschreibenden Statistik und in der *EDA* von Anfang an auf Realsituationen zurückgreift, sind die Meinungen darüber geteilt, ob die Einführung in die Modellierung stochastischer Situationen mit Mitteln der Wahrscheinlichkeitsrechnung am besten anhand realer Anwendungssituationen, „künstlicher" Situationen oder anhand von Paradoxa erfolgen sollte. *Herget* (1997) stellt dazu fest: „Es sollte deutlich geworden sein, wie wertvoll „künstliche" Situationen für geeignet dargebotene Einstiegsprobleme sind: Zur Entwicklung von tragfähigen Grundvorstellungen plädiere ich bewusst für Münze, Würfel, Reißzwecke, Glücksrad, Roulette, Kartenspiele, Lotto und Strümpfe

(Urnen). Allein daraus ergibt sich bereits eine große Vielfalt an Standardmodellen, auf die auch in Anwendungssituationen zurückgegriffen werden kann."
Eine der wichtigsten Verteilungen ist die Binomialverteilung. Die stochastischen Situationen, die durch die Binomialverteilung modelliert werden können, haben eine gemeinsame Struktur:
- Es liegt eine Kette des gleichen Zufallsexperiments vor (*Bernoulli*-Kette).
- Die einzelnen Zufallsexperimente der Kette sind unabhängig voneinander.
- Das einzelne Zufallsexperiment hat zwei Ausfälle: „Treffer", „Erfolg" und „Niete" „Nichterfolg" (*Bernoulli*-Experiment).

Paradigma dieses Modells ist das Urnenmodell mit einer gegebenen Zusammensetzung von Kugeln zweier Farben und dem Ziehen mit Zurücklegen. Weitere konkrete Modelle sind der Münzwurf und der Würfelwurf, wenn es darauf ankommt, ob eine bestimmte Zahl fällt oder nicht. Realsituationen, für die die Binomialverteilung in besonderer Weise als Modell geeignet erscheint, sind Prozesse mit „Fließbandcharakter", also etwa Produktionen von Massenerzeugnissen, die ja immer mit Fehlern verbunden sind und wo als Ausfälle interessieren „Das Produkt ist in Ordnung", „Das Produkt ist nicht in Ordnung".

Beispiel 23: Bei einer Massenproduktion sind erfahrungsgemäß 5% der Stücke fehlerhaft. Ein Kunde will eine Sendung von 200 Stück zurückgehen lassen, wenn er darunter mehr als zehn fehlerhafte Stücke hat. Wie wahrscheinlich ist das? Es ist ein Modell gesucht, das beschreibt, mit welcher Wahrscheinlichkeit unter n Stücken k Stücke fehlerhaft sind, wenn ein Stück mit der Wahrscheinlichkeit p fehlerhaft ist. Man erhält das Modell als Produkt „Anzahl aller n-elementigen Teilmengen mit k fehlerhaften Stücken" mal „Wahrscheinlichkeit für das Auftreten einer solchen Teilmenge" (vgl. 1.1.3.2, 1.2.4.1, 3.3).

Beispiel 24: Bei einem Glücksspielautomat ist die Gewinnchance 1/3 pro Spiel. Wie groß ist die Wahrscheinlichkeit, bei fünf Spielen zweimal zu gewinnen?

Bei diesen beiden Beispielen liegen Zufallsexperimente mit zwei Ausgängen vor, von denen man annimmt, dass sie n-mal unabhängig voneinander wiederholt werden. Ob diese Annahmen der Gleichartigkeit und Unabhängigkeit der Einzelexperimente gerechtfertigt sind, ist nicht immer einfach zu entscheiden. Sie lassen sich nur durch außermathematisch-inhaltliche Argumente begründen. Z. B. können sich bei einer Maschine die Fertigungstoleranzen verändern oder ein Spielautomat kann so manipuliert sein, dass nicht mehrfach hintereinander hohe Gewinne auftreten können.

Beispiel 25 (*Richter* 1994): Der Verkehr auf einer Durchgangsstraße wird durch drei miteinander gekoppelte Ampeln geregelt. Bei der ersten Ampel ist das Verhältnis Rot:Grün wie 2:3. Zeigt eine Ampel beim Heranfahren Grün, dann die nachfolgende ebenfalls mit der Wahrscheinlichkeit 0,9; hat man dagegen Rot, dann zeigt die nachfolgende Ampel mit der Wahrscheinlichkeit 0,8 Grün.

Beispiel 26 (*Richter* 1994): Der Verkehr auf einer Durchgangsstraße wird durch drei Ampeln unabhängig voneinander geregelt. Jede stehe beim Heranfahren mit der Wahrscheinlichkeit 0,4 auf Rot.

Vergleicht man die Beispiele, dann erkennt man, dass im Gegensatz zum ersten Beispiel beim zweiten Beispiel das gleiche Zufallsexperiment als Kette auftritt, deren Teilexperimente unabhängig voneinander sind. Anhand von Baumdiagrammen lassen sich die Wahrscheinlichkeiten bestimmen, mit denen man z. B. nur Grünphasen hat.

Beispiel 27 (*Baczkowski* 1992): Unter bestimmten Annahmen lässt sich die Ausbreitung einer Seuche als *Bernoulli*kette modellieren. In einer Population gebe es $I(t)$ infizierte und $S(t)$ ansteckbare Personen. Mit $q^{I(t)}$ als Wahrscheinlichkeit, von einer der $I(t)$ Personen angesteckt zu werden, ist die Wahrscheinlichkeit für eine Nichtansteckung $1-q^{I(t)}$. Die Ansteckung der $S(t)$ Personen lässt sich als Bernoullikette modellieren mit $n=S(t)$ und $p=1-q^{I(t)}$. Zur Zeit $t+1$ gibt es dann $S(t+1)=S(t)-I(t+1)$ ansteckbare Personen. Man kann als Startwerte $S(0)=100$, $I(0)=1$ und $q=0{,}9$ wählen und eine Simulation mit dem Computer durchführen.

Beispiel 28: In einer durch Medien geprägten Gesellschaft spielen die Ergebnisse von Meinungsumfragen oft eine entscheidende Rolle bei wirtschaftlichen oder politischen Entscheidungen (Planung zu Verkehrswegen und Verkehrsträgern, Steuern, Art der Energieerzeugung usw.). Meinungsumfragen können ebenfalls „Fließbandcharakter" haben. Sie lassen sich dann auf das Urnenmodell des Ziehens ohne Zurücklegen abbilden und erfüllen damit aber nicht die genannte Forderung der Unabhängigkeit der Einzelexperimente: Bei einer Meinungsumfrage wird man ein und dieselbe Person nicht zweimal fragen. Liegt in der Grundgesamtheit ein bestimmtes Verhältnis alternativer Auffassungen zu einer bestimmten Frage vor, so ändert sich dieses Verhältnis, wenn eine Person befragt wird und damit aus der Gesamtheit der noch zu befragenden Personen ausscheidet. Gleichwohl lässt sich diese Situation durch eine Binomialverteilung modellieren, wenn die Grundgesamtheit im Verhältnis zu der gezogenen Stichprobe groß ist. Eine ausführliche Diskussion von Meinungsumfragen und Wahlprognosen, bei der auf das Politbarometer, die 5%-Hürde, absolute Mehrheiten und zeitliche Trends eingegangen wird, findet sich bei *Ulmer* (1987).

Weniger deutlich tritt die „Fließbandsituation" bei Situationen wie der folgenden hervor:

Beispiel 29 (*Henze* 1999): *Mendel* konnte mit den nach ihm benannten Gesetzen einen wesentlichen Beitrag zur Aufklärung der Gesetzmäßigkeiten leisten, die die Vererbung von genetischem Material bestimmen. Nach der zweiten *Mendel*schen Regel werden mischerbige (heterozygote) Genotypen so vererbt, dass die Gene zufallsbedingte Kombinationen bilden. Liegt z. B. der Genotyp Ss vor, so treten die Kombinationen *SS*, *Ss*, *sS*, *ss* jeweils mit der Wahrscheinlichkeit ¼ auf. Bei dominant-rezessiver Vererbung bedeutet dies, dass bei dominantem *S* der dominante Phänotyp mit der Wahrscheinlichkeit ¾ und der rezessive Phänotyp mit der Wahrscheinlichkeit ¼ auftritt. Damit ergibt sich die Anzahl einer Gensorte im Gentyp als binomialverteilt.

Zur Entwicklung der Binomialverteilung über die Modellierung von Fließbandsituationen mit den o. g. Eigenschaften als Bernoulliketten vergleiche 1.1.3.2.

1.2.4.1.2 Modellierung einer Irrfahrt

Dieser Zugang zur Binomialverteilung ergibt sich über die Modellierung von Irrfahrten als spezielle *Markoff*-Prozesse und benötigt keine Kombinatorik (vgl. *Engel* 1976, *Riemer* 1985, *v. Pape/Wirths* 1993). Ein effektives Werkzeug zur Simulation von diskreten Zufallsprozessen ist der von *Engel* (1974) entwickelte Wahrscheinlichkeitsabakus. Beispiele für seinen Einsatz behandelt auch *Noll* (1990).

Beispiel 30 (*Riemer* 1985): Die *Brown*sche Bewegung ist ein Diffusionsprozess, der sich durch eine Irrfahrt diskret approximieren lässt. Am einfachsten lässt sich die eindimensionale Irrfahrt einer Kugel auf der Zahlengeraden unter folgenden Annahmen modellieren:

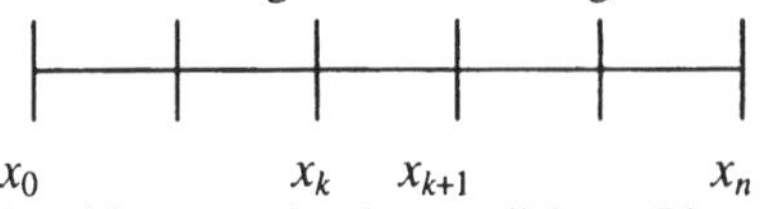

- Die Kugel kann nur bestimmte diskrete Plätze $x_k=k\delta$ mit $k=0,...,n$ der Zahlengeraden einnehmen.
- In jeder Zeiteinheit macht die Kugel einen Sprung um eine Längeneinheit δ. Befindet sie sich an der Stelle x_k, dann springt sie mit den Wahrscheinlichkeiten $l_k=l(x_k)$ bzw. $r_k=r(x_k)$ um eine Einheit nach links bzw. nach rechts. Weiter sollen gelten $l(x_0)=0$, $r(x_0)=1$, $l(x_n)=1$, $r(x_n)=0$.
- Wegen der von der Größe der Auslenkung linear abhängenden Rückstellkräfte sind die Wahrscheinlichkeiten für einen Sprung nach links bzw. nach rechts $l_k=k/n$ bzw. $r_k=(n-k)/n$.

– $s_k=s(x_k)$ mit $k=0,\dots,n$ sei die „stationäre“ Wahrscheinlichkeitsverteilung dafür, dass sich die Kugel an der Stelle $x_k=k\delta$ aufhält.

Aus der Annahme, dass die Kugel im Mittel genau so oft von einer Stelle x_k zur Stelle x_{k+1} springen wird wie zurück, folgt die Gleichung $s_{k+1}\cdot l_{k+1}=s_k\cdot r_k$. Wegen $r_k=(n-k)/n$ und $l_{k+1}=(k+1)/n$ folgt $s_{k+1}=\frac{n-k}{k+1}\cdot s_k$. Lösungen sind $s_1=\frac{n}{1}\cdot s_0,\dots,\ s_k=\frac{n-k+1}{k}\cdot s_{k-1}=\frac{n(n-1)\dots(n-k+1)}{1\cdot 2\cdot\dots\cdot k}\cdot s_0$. Aus der Bedingung $s_0+\dots+s_n=1$ folgt $s_0=(1/2)^n$ und aus allem schließlich als stationäre Verteilung die spezielle Binomialverteilung $s_k=s(x_k)=\binom{n}{k}\cdot\left(\frac{1}{2}\right)^n$.

Der Fall einer zweidimensionalen Irrfahrt wird von *Engel* (1992) und *v. Pape/Wirths* (1993) beschrieben. (*Engel* verwendet bei seiner Darstellung das mächtige Werkzeug der erzeugenden Funktion einer Verteilung.)

1.2.4.1.3 Modellierung am umgekehrten Wahrscheinlichkeitsbaum

Dieser Zugang zur Binomialverteilung lässt sich nach *Riemer* (1985) beziehungshaltig ausbauen, wobei die „strukturellen Gemeinsamkeiten zwischen Faltungen (Spezialfall: *Pascal*sches Dreieck) und der rekursiven Berechnung beliebiger *Markoff*ketten hervortreten.“ Die Binomialverteilung lässt sich mit dem üblichen Wahrscheinlichkeitsbaum und den entsprechenden Pfadregeln entwickeln, aber auch mit dem umgekehrten Wahrscheinlichkeitsbaum:

Beispiel 31 (*Riemer* 1985): Schüler schätzen, mit welcher Wahrscheinlichkeit bei einem Vierfach-Münzwurf die möglichen Anzahlen von „Kopf“ auftreten. Zur Frage nach der Wahrscheinlichkeit, mit der beim $(n+1)$-ten Wurf $(k+1)$-mal Wappen auftritt, erhält man aus dem umgekehrten Wahrscheinlichkeitsbaum die Rekursionsformel $P_{n+1}(k+1)=pP_n(k)+qP_n(k+1)$:

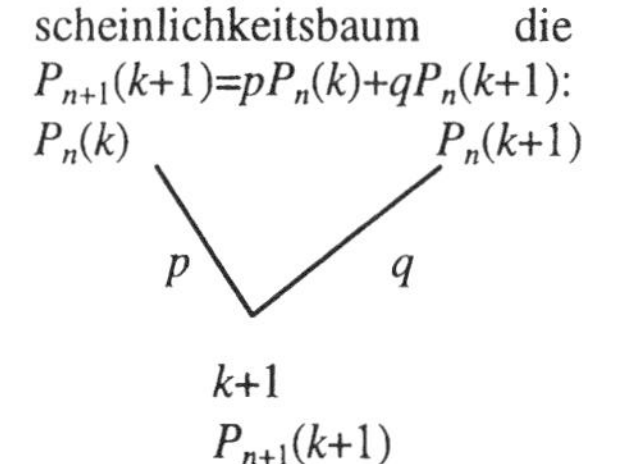

	0	1	2	3	4
$P_1(k)$	$1q$	$1p$			
$P_2(k)$	$1q^2$	$2qp$	$1p^2$		
$P_3(k)$	$1q^3$	$3q^2p$	$3qp^2$	$1p^3$	
$P_4(k)$	$1q^4$	$4q^3p$	$6q^2p^2$	$4qp^3$	$1p^4$

Die gesuchten Wahrscheinlichkeiten ergeben sich durch Faltung über die vorstehende Rekursionsformel. Stellt man die Wahrscheinlichkeiten tabellarisch dar, so ergibt sich als Verallgemeinerung das *Pascal*sche Dreieck mit den Binomialkoeffizienten. Ein Zusammenhang mit dem Irrfahrtenmodell lässt sich daraus gewinnen, dass man das rekursive Verfahren auf dieses Modell überträgt.

1.2.4.1.4 Grundaufgaben zu *Bernoulli*ketten

Zum Modell der *Bernoulli*kette gibt es viele Fragestellungen, die ihrer Struktur nach in wenige Klassen eingeteilt werden können.

1. Grundaufgabe: Warten auf den ersten Erfolg

Beispiel 32: Man muss beim „Mensch ärgere dich nicht“ eine „6“ würfeln, um ins Spiel zu kommen. Wie hoch ist die Wahrscheinlichkeit, dass man genau bis zum vierten Wurf warten muss?

Verallgemeinert liegt hier folgende Situation vor: In einer *Bernoulli*kette treten die Ereignisse A und $\bar{A}$ mit den Wahrscheinlichkeiten $P(A)=p$ und $P(\bar{A})=(1-p)$ auf. Wenn bei den ersten $(k-1)$ Versuchen zunächst $\bar{A}$ auftritt und erst beim k-ten Versuch das Ereignis A, dann folgt für die Wahrscheinlichkeit, dass in der Kette das Ereignis A beim k-ten Versuch zum ersten Mal auftritt: $P(\{(\bar{A}, \bar{A}, ..., \bar{A}, A)\})=(1-p)\cdot ...\cdot(1-p)\cdot p=(1-p)^{k-1}\cdot p$.

Für das genannte Beispiel ergibt sich als Wahrscheinlichkeit dafür, dass erst beim vierten Versuch die „6" auftritt: $P(\{(\bar{6},\bar{6},\bar{6},6)\}) = (1-\frac{1}{6})^{4-1}\cdot\frac{1}{6}$ =0,096.

2. Grundaufgabe: Wenigstens ein Erfolg

Beispiel 33: Ein Roulettespieler möchte wissen wie hoch die Wahrscheinlichkeit ist, dass unter fünf Versuchen wenigstens einmal „rot" auftritt?

Verallgemeinert liegt hier folgende Situation vor: Für eine *Bernoulli*kette aus n Versuchen mit den Ereignissen A und $\bar{A}$ und $P(A)=p$ und $P(\bar{A})=1-p$ gilt, wenn das Ereignis A keinmal auftritt, $P(\bar{A}, ..., \bar{A})=(1-p)^n$. Das Ereignis „Wenigstens einmal tritt A auf" ist das Gegenereignis zu „Keinmal tritt A auf". Damit erhält man die gesuchte Wahrscheinlichkeit als P(„Wenigstens einmal tritt A auf")$=1-P(\bar{A}, ..., \bar{A})=1-(1-p)^n$.

Für das Beispiel ergibt sich $P \approx 1-(1/2)^5$ =0,97.

3. Grundaufgabe: Genau *n* Erfolge

Bei dieser Grundaufgabe geht es um die Bestimmung der Wahrscheinlichkeit dafür, dass in einer *Bernoulli*kette der Länge n das Ereignis A mit $P(A)=p$ genau k-mal auftritt. Man erhält hier $B(n;p;k)= P(X=k)=\binom{n}{k}\cdot p^k\cdot(1-p)^{n-k}$.

Beispiel 34 (*Kolonko* 1996): In einem Rechnernetz werden durchschnittlich α% der verschickten Nachrichtenpakete durch Störungen verstümmelt. Dabei werde vorausgesetzt:

- Die Störungen erfolgen unabhängig voneinander. Dies ist in der Regel dann der Fall, wenn die Störungen viele Ursachen haben können. Dies ist z. B. nicht der Fall, wenn etwa ein schadhafter Anschluss alle Pakete stört.
- Jedes Datenpaket hat die Chance, gestört zu werden. Dies ist z. B. häufig dann der Fall, wenn das Netz bei Spitzenbelastung zu Störungen neigt.

Wie groß ist die Wahrscheinlichkeit, dass mit α=5% bei zwölf Beobachtungen höchstens drei Störungen auftreten? Als Lösung ergibt sich hier:

$$P(X\le 3)=\sum_{k=0}^{3}P(X=k)=\sum_{k=0}^{3}\binom{12}{k}\cdot 0{,}05^k\cdot 0{,}95^{12-k}=0{,}9978\,.$$

1.2.4.1.5 Eigenschaften der Binomialverteilung

Erwartungswert

Die Berechnung des Erwartungswertes für die Binomialverteilung ist auf mehreren Wegen möglich:

1. Der naheliegende Weg ist der, die Definition des Erwartungswertes zu verwenden. Hier ist zu bestimmen $E(X)=\sum_{k=0}^{n}k\cdot\binom{n}{k}\cdot p^k\cdot(1-p)^{n-k}$. Die Berechnung ist etwas für

„Liebhaber tüfteliger Umformungen", wie *Barth/Haller* (1983) bemerken. Sie sind z. B. ausgeführt in *Kütting* (1999). Man erhält durch Umformungen mit Anwendung der Rekursionseigenschaft des Binomialkoeffizienten nacheinander:

$$E(X)=\sum_{k=0}^{n} k\binom{n}{k}\cdot p^k\cdot(1-p)^{n-k}=n\cdot p\cdot\sum_{k=1}^{n}\binom{n-1}{k-1}\cdot p^{k-1}\cdot(1-p)^{n-k}=np.$$

2. Sehr viel eleganter ist der Weg, die Herleitung über die Linearität des Erwartungswertes zu gehen: Für das einzelne *Bernoulli*experiment in der Kette gilt: $E(X_i)=1\cdot p+0\cdot q=p$. Wegen der Linearität des Erwartungswertes folgt mit $X=X_1+...+X_n$ daraus: $E(X)=E(\sum_{i=1}^{n} X_i)=\sum_{i=1}^{n} E(X_i)=n\cdot p$.

Aus $E(X)=np$ folgt, dass der Erwartungswert mit n und p monoton wächst.

Varianz

Auch für die Berechnung der Varianz der Binomialverteilung gibt es mehrere Wege:

1. Auch hier ist es zunächst naheliegend, die Berechnung über die Definition der Varianz vorzunehmen. *Scheid* (1986) bezeichnet diesen Weg als „grauenhaft", man solle ihn „anständigerweise" nicht gehen.
2. Man verwendet zur Berechnung der Varianz den Verschiebungssatz: $V(X)=E(X^2)-(E(X))^2$. Für $E(X^2)$ ergibt sich: $E(X^2)=\sum_{k=0}^{n} k^2\cdot\binom{n}{k}\cdot p^k\cdot(1-p)^{n-k}=n^2p^2-np^2+np$ und damit $V(X)=np(1-p)=npq$.
3. Am elegantesten und ertragreichsten ist der Weg über die Eigenschaft der Additivität der Varianz für unabhängige Zufallsvariablen. Mit $X=X_1+...+X_n$ und $V(X_i)=(0-p)^2(1-p)+(1-p)^2p=p(1-p)$ ergibt sich $V(X)=V(\sum_{i=0}^{n} X_i)=\sum_{i=0}^{n} V(X_i)=np(1-p)=npq$.

Die Varianz wächst monoton mit der Länge n der *Bernoulli*kette. Aus $V(X)=np(1-p)$ folgt, dass der zu $p\rightarrow V(X)$ gehörige Graph eine nach unten geöffnete Parabel mit dem Maximum in $(1/2;1/4\cdot n)$ ist.

Beispiel 35: Bei der Herstellung elektronischer Bauteile gibt es einen Ausschussanteil von 4%. Es werden der Produktionsserie von 10000 Teilen 200 Teile entnommen. Wie groß sind Erwartungswert und Varianz? Genau genommen sind bei dieser stochastischen Situation die Voraussetzungen für das Vorliegen einer Binomialverteilung nicht gegeben, da die Teile ohne Zurücklegen entnommen werden. Bei dem vorliegenden Umfang der Stichprobe kann aber das Modell der hypergeometrischen Verteilung durch die Binomialverteilung als ausreichend gute Näherung ersetzt werden. Damit ergeben sich $E(X)=8$ und $V(X)=7{,}68$.

Weitere Eigenschaften

Betrachtet man Binomialverteilungen $B(n;p;k)$ mit verschiedenen n und p, so erkennt man eine von n unabhängige *Symmetrie* des Graphen der Verteilung für $p=1/2$. Symmetrieachse ist die Parallele zur P-Achse durch $k=n/2$. Für $p\neq q$ sind die Graphen der Binomialverteilung unsymmetrisch. Ist etwa $p_1=0{,}2$, so erhält man den Graphen der Binomialverteilung mit $(1-p_1)=p_2=0{,}8$ durch Spiegelung an der Parallelen durch $k=n/2$. Diesen Sachverhalt macht man sich zunutze bei der Tabellierung der Binomialverteilung.

Beispiel 36: Die Abbildungen zeigen $B(9;0{,}2;k)$, $B(14;0{,}5;k)$, $B(16;0{,}8;k)$, $B(100;0{,}2;k)$.

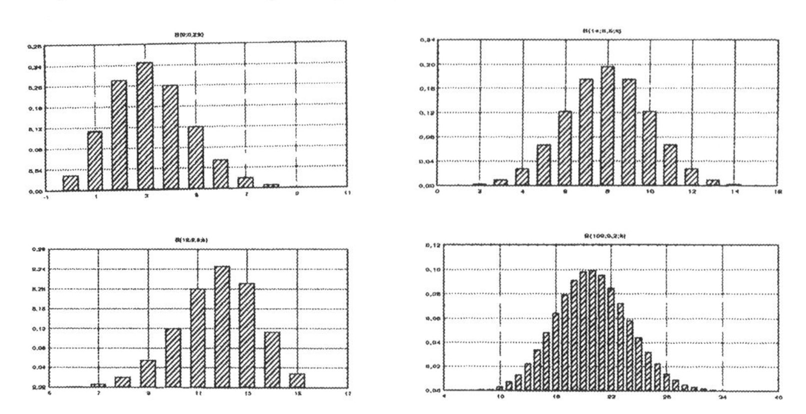

Zur Charakterisierung der *Unsymmetrie* verwendet man als Maß die sog. „Schiefe“:

$$Schiefe = \frac{E[(X-\mu)^3]}{\sigma^3} \text{ für } \sigma \neq 0.$$

Mit großem n wird der Graph symmetrischer. Zugleich aber wird der Graph flacher und wandert in Richtung großer x. Standardisiert man die Zufallsvariable, so erkennt man gut, dass für große n der Graph der Binomialverteilung durch die *Gauß*sche Glockenkurve angenähert wird. Zur Bestimmung des *Maximums* der Binomialverteilung verwendet man folgende Umformung der Rekursionsformel: $\frac{B(n;p;k)}{B(n;p;k-1)} = 1 + \frac{(n+1)p-k}{k(1-p)}$. Das Maximum liegt also bei $k=(n+1)p-1$ und $k=(n+1)p$ für $(n+1)p$ ganzzahlig und beim größten Wert von k kleiner als $(n+1)p$ für $(n+1)p$ nicht ganzzahlig. Die Maximumsstelle der Binomialverteilung ist zwar der wahrscheinlichste Wert der Zufallsvariablen X, sie ist aber nicht notwendig identisch mit dem Erwartungswert (vgl. *Barth/Haller* 1983).

1.2.4.1.6 Binomialverteilung – hypergeometrische Verteilung

Wichtig für die Anwendungen des Modells der Binomialverteilung sind auch ihre Zusammenhänge mit weiteren Modellen für stochastische Situationen. Es lohnt sich, im Unterricht auf diese Zusammenhänge einzugehen, weil damit deutlich wird, dass Modelle nicht identisch mit Strukturen der Realität sind sondern an sie „herangetragen“ werden. Die Binomialverteilung beschreibt die Modellsituation des fortgesetzten zufälligen und unabhängigen Ziehens mit Zurücklegen aus einer Urne. Bei sehr vielen in der Praxis vorkommenden Situationen, wie z. B. Qualitätskontrollen, bei Schätzungen der Anteile von Zuschauern eines bestimmten Fernsehprogramms, von Besitzern eines Mobiltelefons, von Personen mit einer bestimmten Blutgruppe usw. wird ein bestimmtes Element der Grundgesamtheit nur einmal auf das Vorliegen des in Frage stehenden Merkmals betrachtet. Das Urnenmodell für das Ziehen ohne Zurücklegen ist dann eine Abstraktion der Struktur der Situation. Als stochastisches Modell ergibt sich die hypergeometrische Verteilung. Unter häufig vorliegenden Randbedingungen lässt sich aber stattdessen als

Näherung die Binomialverteilung als Modell verwenden, indem man die im Experiment gewonnene relative Häufigkeit als Schätzwert für die Wahrscheinlichkeit p nimmt.
Die Näherung der hypergeometrischen Verteilung durch die Binomialverteilung hängt von den Werten der auftretenden Variablen ab. Für $n \ll \min\{N,M,N-M\}$ lässt sich die hypergeometrische Verteilung $H(N;M;n)$ gut durch die Binomialverteilung $B(n;M/N)$ annähern, so dass sich dann $\binom{M}{k}\cdot\binom{N-M}{n-k}\Big/\binom{N}{n} \approx \binom{n}{k}\cdot p^k\cdot(1-p)^{n-k}$ ergibt, wobei $p=M/N$ gesetzt wird.

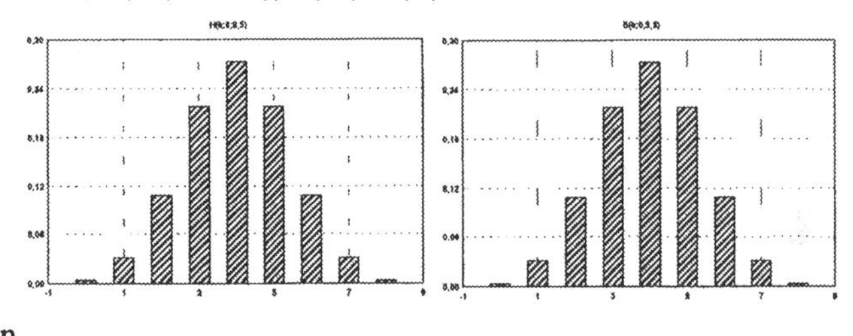

Binomialverteilung und hypergeometrische Verteilung unterscheiden sich bei gleichem Erwartungswert dadurch, dass die Werte der Binomialverteilung stärker um den Erwartungswert streuen.

Beispiel 37: In einer Urne befinden sich 80 rote und 20 weiße Kugeln. Man zieht 5 (10, 50) mal mit und ohne Zurücklegen. Mit welcher Wahrscheinlichkeit erhält man dabei fünf weiße Kugeln?

N	5	10	50
$B(n;0{,}2;5)$	0,0003	0,0264	0,0295
$H(100;20;n;5)$	0,0002	0,0215	0,0089

Die Annäherung ist für $n=5$ und $n=10$ brauchbar.

Beispiel 38: In einer wöchentlich erscheinenden Zeitschrift erscheint 26 mal beliebig verteilt in einem Jahr eine bestimmte Anzeige. Ein Käufer kauft in einem Jahr zufällig verteilt fünf Ausgaben der Zeitschrift. Wie groß ist die Wahrscheinlichkeit, dass er zweimal eine Zeitschrift mit der Anzeige erhält? Man erhält hier folgende Wahrscheinlichkeiten: $B(5;\,0{,}5;\,2)=0{,}3125$ bzw. $H(52;\,26;\,5;\,2)=0{,}3251$.

Beispiel 39 (*Kolonko* 1996): Ein Hersteller behauptet, in einer Lieferung von 150 Chips könne höchstens ein defektes Teil enthalten sein. Der Empfänger prüft zehn zufällig entnommene Chips aus der Lieferung, eins davon ist defekt. Spricht dieses Ergebnis gegen die Behauptung des Herstellers? Als Modell für die Anzahl X der defekten Teile kommt die hypergeometrische Verteilung $H(150;1;10)$ infrage. Man erhält dann als Wahrscheinlichkeit für das beobachtete Ereignis: $P(X=1)=\binom{1}{1}\cdot\binom{149}{9}\Big/\binom{150}{10}=0{,}067$. Werden immer wieder Stichproben von zehn Teilen aus einer Sendung von 150 Teilen entnommen, von denen ein Teil defekt ist, so wird man in 6,7% der Stichproben ein defektes Teil finden. Unter der Annahme, dass in der Lieferung nur ein defektes Teil enthalten ist, ist das Ereignis $(X=1)$ also relativ selten. Der Hersteller sieht möglicherweise die Qualität seines Produktes zu optimistisch.

1.2.4.2 Normalverteilung

1.2.4.2.1 Zentraler Grenzwertsatz

Die Normalverteilung hat eine herausragende Bedeutung sowohl für die Theorie der Wahrscheinlichkeitsrechnung und Statistik wie auch für deren Anwendung. Für das Modell Normalverteilung gibt es verschiedene Zugänge. Der wichtigste unter dem Gesichtspunkt der Modellbildung ist der über den Zentralen Grenzwertsatz. Dieser macht die Aussage, dass sich die Summe einer Folge unabhängiger Zufallsvariablen X_1, X_2, X_3,... unter sehr allgemeinen Bedingungen durch eine Normalverteilung approximieren lässt:

$\lim_{n\to\infty} P\left(\frac{\sum_{i=1}^{n}(X_i - E(X_i))}{\sqrt{\sum_{i=1}^{n} V(X_i)}} \le c\right) = \Phi(c)$. Entsprechend der sehr tiefliegenden und weitreichenden Aussage ist der Beweis, dass er auch in Texten für den tertiären Bereich nicht immer ausgeführt wird. Der Zentrale Grenzwertsatz gehört nach *Henze* (1999) „zu den schönsten und im Hinblick auf statistische Fragestellungen wichtigsten Resultaten der Wahrscheinlichkeitstheorie". Er modelliert Situationen, in denen viele Einflussfaktoren unabhängig voneinander auf eine Messgröße einwirken. Solche Messgrößen treten auf in den Naturwissenschaften, der Technik, den Wirtschafts- und Sozialwissenschaften, der Humanwissenschaft usw. Wenn man auf den Zentralen Grenzwertsatz eingehen will, dann ist es das wichtigste Ziel, dass die inhaltliche Aussagen dieses Satzes entdeckt und verstanden werden. Dies ist möglich, wenn eigene Erfahrungen dazu gewonnen werden können. So lässt sich die Aussage des Zentralen Grenzwertsatzes, dass die Summe von hinreichend vielen unabhängigen Zufallsvariablen normalverteilt ist, mit Hilfe von Faltungen experimentell demonstrieren:
Sind X_1 und X_2 unabhängige Zufallsvariablen auf demselben Wahrscheinlichkeitsraum (Ω,P), dann ergibt sich für die Verteilung der Summe X_1+X_2:

$P(X_1 + X_2 = k) = \sum_{i=1}^{k} P(X_1 = i) \cdot P(X_2 = k - i)$. Die Verteilung der Summe $X_1+X_2+X_3$ erhält man zu: $P(X_1 + X_2 + X_3 = k) = \sum_i \sum_j P(X_1 = i) \cdot P(X_2 = j) \cdot P(X_3 = k - (i + j))$ $(1 \le i+j \le k)$. Die Verteilung für $X_1+X_2+X_3+X_4$ erhält man entsprechend.

Beispiel 40 (*Scheid* 1986): Gegeben sind die folgenden Verteilungen, die sowohl verschieden wie auch unsymmetrisch sind:

	1	2	3	4	5		1	2	3	4	5
X_1	0,1	0,1	0,2	0,5	0,1	X_3	0,2	0,3	0,1	0,1	0,3
X_2	0,4	0,3	0,2	0,1	0,0	X_4	0,3	0,1	0,2	0,1	0,3

Man berechnet die Verteilung der Zufallsvariablen X_1+X_2, $X_1+X_2+X_3$, $X_1+X_2+X_3+X_4$ unter Anwendung der vorstehenden Ausdrucks. Für z. B. $x=4$ ist die Wahrscheinlichkeit dafür zu bestimmen, dass $X_1+X_2=4$. Diese Wahrscheinlichkeit ergibt sich unter Verwendung der vorstehenden Tabelle zu
$P(X_1+X_2=4)=P(X_1=1)\cdot P(X_2=3)+P(X_1=2)\cdot P(X_2=2)+P(X_1=3)\cdot P(X_2=1)=(8+2+3)/10^{-2}$. Entsprechend erhält man für die Verteilung von $X_1+X_2+X_3+X_4$:

	1	2	3	4	5	6	7	8	9	10	11	12	13	14
$X_1+X_2+X_3+X_4$				24	86	195	435	761	1007	1213	1419	1408	1200	915
	15	16	17	18	19	20								
$X_1+X_2+X_3+X_4$	681	391	187	69	9	0								

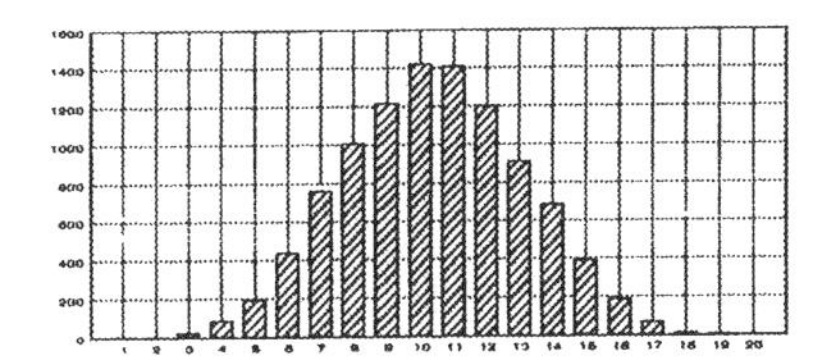

Man erkennt an der graphischen Darstellung, dass schon die Verteilung der Summe $X_1+X_2+X_3+X_4$ recht gut eine Glockenkurve darstellt, obwohl die Verteilungen der Zufallsvariablen X_1, X_2, X_3, X_4 selbst unsymmetrisch sind.

Liegt eine konkrete Normalverteilung aus der in 1.1.3.6 angegebenen Familie vor, so berechnet man Werte der Verteilungsfunktion $F(x)$ über die zugehörige Standardnormalverteilung. Eine wichtige Rolle spielt die Normalverteilung auch als Voraussetzung von einigen Testverfahren. Z. B. lassen sich mit dem t-Test Hypothesen über unbekannte Erwartungswerte prüfen, wenn eine Normalverteilung als Modell der gegebenen Verteilung angenommen werden kann.
Einen anderen Zugang zur Normalverteilung schlägt *Riemer* (1985) vor, indem die Binomialverteilung als diskretes Modell einer stationären Verteilung einer Irrfahrt zum kontinuierlichen Modell verfeinert wird.

1.2.4.2.2 Grenzwertsätze von *Moivre-Laplace*

Die graphische Darstellung von Binomialverteilungen lässt erkennen, dass für große n der Graph Glockenform annimmt. Der Zusammenhang von Binomial- und Normalverteilung wird theoretisch begründet durch den Zentralen Grenzwertsatz, von dem die Grenzwertsätze von *Moivre-Laplace* Sonderfälle sind. Diese machen die Aussage, dass die Binomialverteilung für große n durch die Normalverteilung approximiert wird. Von den verschiedenen Beweisen sei folgender skizziert (vgl. *Barth/Haller* 1983):

- Zunächst wird die Standardisierung von Verteilungen behandelt. Dies hat den Grund darin, dass die Approximation der Binomialverteilung durch die Normalverteilung für $n \to \infty$ erfolgt. Bei nicht standardisierten Binomialverteilungen wandert aber für $n \to \infty$ der Erwartungswert $E(X)$ nach Unendlich, außerdem wächst mit n auch die Varianz $V(X)$. Man „standardisiert" daher die Binomialverteilung durch die Transformation $U = \frac{X - E(X)}{\sqrt{V(X)}}$. Die so erhaltene Zufallsvariable U hat dann den Erwartungswert $E(U)=0$ und die Varianz $V(U)=1$. (Eine weitere Folge dieser Standardisierung ist z. B. die, dass die *Tschebyscheff*sche Ungleichung einfacher wird.)
- Es wird die Annahme gemacht, dass eine differenzierbare Grenzfunktion $\varphi(u)$ für die nachfolgend beschriebenen Wahrscheinlichkeitspolygone existiert.
- Man konstruiert durch Verbindung der Mitten der Histogrammrechtecke der Binomialverteilung Wahrscheinlichkeitspolygone $m_n(u)$ zu den standardisierten Wahrscheinlichkeitsfunktionen $\varphi_n(u)$ der Binomialverteilung und bestimmt deren Sekantensteigung.

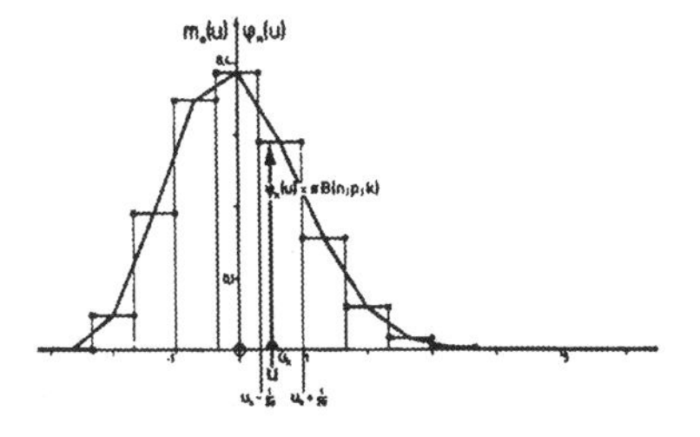

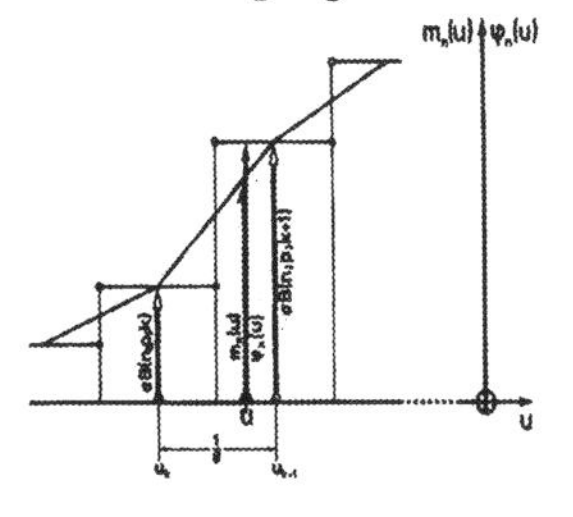

- Für $n \to \infty$ streben dann die Wahrscheinlichkeitspolygone gegen die Grenzfunktion φ und die Steigungen $\frac{\Delta m_n(u)}{\Delta u}$ gegen $\varphi'(u)$ und man erhält die Beziehung $\varphi'(u) = -u \cdot \varphi(u)$. Als Lösung dieser Differentialgleichung erhält man $\varphi(u) = C \cdot e^{-\frac{1}{2}u^2}$.
- Die Bestimmung von C erfolgt über die Bedingung $C \cdot \int_{-\infty}^{\infty} e^{-\frac{1}{2}u^2} du = 1$ dafür, dass der Flächeninhalt unter dem Graphen von φ gleich 1 ist. Man berechnet das Integral, indem man statt des Integrals $\int_{-\infty}^{\infty} e^{-x^2} dx$ das Doppelintegral $\int_{-\infty}^{\infty} e^{-x^2} dx \cdot \int_{-\infty}^{\infty} e^{-y^2} dy = \int_{-\infty}^{\infty}\int_{-\infty}^{\infty} e^{-(x^2+y^2)} dxdy$ löst, das als das Volumen eines hutförmigen Körpers gedeutet werden kann. Es ergibt sich schließlich $C = 1/\sqrt{2\pi}$.
- Als Ergebnis der vorstehenden Schritte erhält man den lokalen Grenzwertsatz von *Moivre-Laplace*: Seien φ_n die Wahrscheinlichkeitsfunktionen der standardisierten Binomialverteilungen $B(n;p)$, dann gilt: $\lim_{n \to \infty} \varphi_n(x) = \varphi(x) = \frac{1}{\sqrt{2\pi}} e^{-\frac{1}{2}x^2}$.
- Oft ist es wichtig zu wissen, mit welcher Wahrscheinlichkeit Werte einer binomialverteilten Zufallsvariable in einem bestimmten Intervall liegen. Darüber gibt Auskunft der Integralwertsatz von *Moivre-Laplace*: $\lim_{n \to \infty} P(\frac{X - \mu}{\sigma} \leq x) = \Phi(x) = \int_{-\infty}^{x} \varphi(u) du = \frac{1}{\sqrt{2\pi}} \int_{-\infty}^{x} e^{-\frac{1}{2}u^2} du$.

  Die Funktion $\Phi(x)$ gibt den Flächeninhalt unter der Glockenkurve bis zum Wert x an. Sie muss numerisch ausgewertet und tabellarisch dargestellt werden, da es keine elementare Stammfunktion von φ gibt.
- Zur Güte der Approximation geben *Barth/Haller* eine Tabelle an.

Trotz der gemachten starken Annahmen ist die Beweisführung im Einzelnen noch recht aufwendig. Ein Gewinn dieses oder ähnlicher Beweise könnte darin liegen, dass man in diesem Zusammenhang z. B. das Konzept der stochastischen Konvergenz oder das Problem der Lösung von Differentialgleichungen untersucht (vgl. z. B. *Heller* u. a. 1979). Einen ähnlichen Beweis führt *Strehl* (1974), der aber zunächst die Annäherung von $\ln(\varphi_n(x))$ an $\ln(\varphi(x))$ zeigt, wobei $\varphi_n(x)$ standardisierte Wahrscheinlichkeitsfunktion der Binomialverteilung ist. Ein weiterer Beweis unter Verwendung der Rekursionseigenschaft der Binomialkoeffizienten findet sich bei *Riemer* (1985).

1.2.5 Auswertung und Prüfung

1.2.5.1 Vorbemerkungen

Die Stochastik und die Geometrie sind sehr anwendungsreiche mathematische Disziplinen. Dies vor allem prägt ihre Rolle im Mathematikunterricht. Hinsichtlich des Umgehens mit den Wechselbeziehungen dieser Gebiete zu ihren Anwendungen im Unterricht zeigen sich aber gravierende Unterschiede:

- Während Erfahrungen zu den Anwendungen der Geometrie von der ersten Klasse ab gesammelt und reflektiert werden, bleiben die vielfältigen Erfahrungen mit stochastischen Vorgängen und Phänomenen meist unreflektiert.
- In der Geometrie werden die mathematischen Modelle durch Idealisierung realer geometrischer Phänomene wie ebener geometrischer Figuren gewonnen, sie werden in der Regel sogar mit diesen identifiziert (Kreis, Quadrat,...). Stochastische Modelle können dagegen oft nur durch komplizierte Überlegungen konstruiert werden.
- Während die Frage der Angemessenheit eines Modells im Geometrieunterricht praktisch nicht diskutiert wird (wegen der Identifikation von realer Figur u. a. mit dem mathematischen Modell), ist die Frage der Angemessenheit eines Modells im Stochastikunterricht ein im Zentrum stehendes Problem.

Beispiele 41: Es soll geprüft werden, ob ein konkreter Würfel ein *Laplace*-Würfel ist. Es soll aufgrund einer Stichprobe eine Wahlvorhersage gemacht werden. Für eine technische Anlage soll eine Risikoabschätzung gemacht werden.

Die zentrale Aufgabe der beurteilenden Statistik ist die Mathematisierung von konkreten stochastischen Situationen, d. h. ihre mathematische Modellierung. Dies bedeutet, dass aus empirischen Daten ein mathematisches Modell entwickelt werden soll, mit dem weitere Analysen der Situation und auch Prognosen möglich sein sollen. Weil die dazu erhobenen empirischen Daten immer nur Ausschnitte aus einer Gesamtheit darstellen, ist auch das Vorgehen der beurteilenden Statistik immer induktiv. Es ist klar, dass ein solches induktives Schließen von einem „Teil auf das Ganze" nicht mit absoluter Sicherheit erfolgen kann (außer für triviale Aussagen), dass also dabei immer mit Fehlern gerechnet werden muss. Als wesentliche Leistung der beurteilenden Statistik zu einer Rationalisierung dieses Induktionsprozesses muss hier angesehen werden, dass sie Methoden bereitstellt, mit denen Wahrscheinlichkeitsaussagen über die Größe der möglichen Fehler bei dem induktiven Schließen vom „Teil auf das Ganze" gemacht werden können. Die Beantwortung der Fragen nach der Konstruktion eines mathematischen Modells für eine konkrete stochastische Situation wie den genannten und ihrer Angemessenheit leisten die Wahrscheinlichkeitsrechnung, die beschreibende und die beurteilende Statistik mit Hilfe mannigfaltiger Testverfahren. Im Stochastikunterricht kann es nun nicht darum gehen, die Vielfalt der Problemstellungen und der angemessenen Testverfahren kennen zu lernen, es geht hier vielmehr darum, die fundamentale Idee der Entwicklung und des Überprüfens mathematischer Modelle auf ihre Angemessenheit und einige der grundlegenden Mathematisierungsmuster dazu kennen zu lernen.

1.2.5.2 Problemstellungen der beurteilenden Statistik

Stochastische Modelle haben ganz allgemein die Struktur $(\Omega,\mathfrak{A},P)$ mit Ω als Ergebnismenge, $\mathfrak{A}$ als Ereignisalgebra, P als Mengenfunktion auf $\mathfrak{A}$. Die Allgemeinheit dieser Struktur ermöglicht nun eine außerordentliche Fülle unterschiedlichster Interpretationen mit speziellen Wahlen von Ω, $\mathfrak{A}$, P. In der beurteilenden Statistik geht es nun darum, durch die Erhebung und Analyse realer Daten zu einer Modellierung von stochastischen Situationen, d. h. zu einem der jeweiligen Situation angemessenen Modell $(\Omega,\mathfrak{A},P)$ zu gelangen, wobei diese Modelle mit einer gewissen Sicherheit passend sein sollen. Im

Unterricht wird es in der Regel so sein, dass man aufgrund der Art der Situation begründete Vorstellungen davon hat, welche Verteilungsfamilie zu ihrer Beschreibung in Frage kommt. Häufig sind solche Verteilungen „parametrisiert", d. h. sie lassen sich durch wenige Zahlen charakterisieren. Beispiele sind die schon genannten Verteilungen Binomial-, *Poisson*-, Normalverteilung u. a. In diesen Fällen ist durch geeignete Verfahren zu beantworten, welches Modell im Einzelnen aus der Familie $(\Omega,\mathfrak{A},P_\theta|\theta\in\Theta)$ mit θ als Tupel von Parameterwerten und Θ als Parameterraum für eine konkrete stochastische Situation als passend erscheint. Gesucht sind dann also nach Annahme eines Modells Aussagen über den „wahren Wert" des Parameters θ, d. h. im konkreten Fall, man sucht den Parameterwert θ_W, der die Verteilung der Grundgesamtheit „gut" beschreibt. Mit Hilfe erhobener Daten lassen sich dann Aussagen über die „wahre" Verteilung gewinnen. Werden diese Aussagen auf der Grundlage von Stichproben realer Daten getroffen, so sind sie immer zufallsbeeinflusst und daher mit Unsicherheit verbunden. Wünschenswert sind daher Entscheidungsverfahren der beurteilenden Statistik, die auch quantitative Aussagen darüber ermöglichen, mit welcher Sicherheit solche Entscheidungen über die Angemessenheit eines statistischen Modells zu treffen sind. Diese Verfahren sollen im Folgenden zunächst im Rahmen der z. Z. dominierenden *klassischen* Theorie des *Schätzens* und *Testens* skizziert werden, die als Kern den objektivistischen Wahrscheinlichkeitsbegriff besitzt. Die Methoden des *Schätzens* und *Testens* haben jeweils etwas unterschiedliche Zielsetzungen:

- Mit dem Schätzen versucht man den Aufbau passender Modelle zu empirischen Daten, hier spricht man von einem „Bestimmungsproblem".
- Beim Testen geht es darum, zu prüfen, ob empirische Daten im Widerspruch zu einem gegebenen Modell stehen. Hier spricht man von einem „Beweisproblem".

Als Alternative zur klassischen Theorie ist die *Bayes*-Statistik anzusehen, für deren unterrichtliche Behandlung in letzter Zeit Vorschläge gemacht worden sind. Als exemplarische Beiträge zur Kontroverse zwischen klassischer und *Bayes*ianischer Statistik seien die von *Pfeifer* (1994) und *Diepgen* (1994) genannt.

1.2.5.3 Stichprobenerhebung

Wenn man etwas über die Verteilung einer Zufallsvariable als Modell einer stochastischen Situation wissen möchte, so kann man theoretisch eine Vollerhebung über die Grundgesamtheit machen. In der Praxis ist dies bei vielen Grundgesamtheit nicht möglich, weil dies

- theoretisch nicht möglich ist wie z. B. beim Test eines Würfels;
- praktisch nicht möglich ist wie bei Wahlvorhersagen, weil hier die Grundgesamtheit zu groß ist, bei der Untersuchung von Meeresfischen, weil hier die Grundgesamtheit nicht erfassbar ist, oder bei der Untersuchung der Nebenwirkung von Medikamenten, weil hier die Grundgesamtheit unbekannt ist;
- im Prinzip möglich, aber nicht sinnvoll oder zu teuer ist wie bei Prüfung der Qualität von Lebensmitteln durch Verzehr oder der Lebensdauern von Bauteilen usw.

Deswegen versucht man in diesen Fällen, das Modell für die jeweilige stochastische Situation aufgrund einer „Stichprobe" induktiv zu entwickeln und weiterhin Aussagen über die Güte der „Passung" zu gewinnen. Eine häufig vorkommende Standardsituation ist die, dass wegen der Art einer vorliegenden stochastischen Situation angenommen werden kann, dass für die Modellierung der Situation die Verteilung einer bestimmten Verteilungsfamilie mit der Verteilungsfunktion $F(x,\theta)$ in Frage kommt, wobei θ ein ein- oder mehrdimensionaler Parameter ist.

Beispiel 42: Man möchte bei der „Sonntagsumfrage" den Anteil derjenigen in der Wahlbevölkerung feststellen, die die Partei A wählen würden. Es geht hier also darum, den Wert p dieses Anteils zu schätzen. Als Modell dieser Situation stellt man sich eine Urne mit N durchnummerierten Kugeln vor, von denen die ersten K Kugeln weiß gefärbt sind (unterschiedlich zum Rest der Kugeln) im „wahren" Verhältnis der Anzahl Wähler der Partei A zur Anzahl der Gesamtwahlbevölkerung. Es sei angenommen, dass man n-mal mit Zurücklegen zieht und die gezogenen weißen Kugeln registriert. Damit ist die Verteilung der unter Beobachtung stehenden Zufallsvariable X eine Binomialverteilung mit dem Parameter p. Durch das Ziehen erhält man n Beobachtungswerte $\omega_1,...,\omega_n \in S=\{1,...,N\}$. Man kann diesen Beobachtungswerten ω_i Werte von Zufallsvariablen X_i zuordnen, indem man setzt $X_i(\omega_i)=x_i=1$, wenn $\omega_i \leq K$, 0 sonst. Diese Zufallsvariablen X_i sind alle unabhängig voneinander und es gilt: $\sum_{i=1}^{n} X_i = X$. Mit dem Stichprobenmittelwert $\bar{x}$ erhält man einen Schätzer für den Parameter p der Verteilung von X. Meinungsforschungsinstitute führen die Sonntagsumfrage regelmäßig durch und befragen dazu ca. 1000 zufällig ausgewählte Personen. Ist über die Größenordnung von p nichts bekannt, so benötigt man ca. 1500 Befragungen, wenn man mit einer Sicherheitswahrscheinlichkeit von 95% eine Genauigkeit des Ergebnisses von 2,5% erreichen will (vgl. *Krengel* 1991, *Strick* 1998).

Allgemein erklärt man:

In einer Grundgesamtheit habe die Zufallsvariable X die Verteilungsfunktion $F(x,\theta)$, wobei θ ein ein- oder mehrdimensionaler Parameter ist, dann heißt das Tupel $(X_1,...,X_n)$, wobei die X_i unabhängig voneinander sind und dieselbe Verteilung wie X besitzen, (einfache) Zufallsstichprobe.

Nach dem Zentralsatz der Statistik gilt, dass die mit Hilfe einer Zufallsstichprobe gewonnene empirische Verteilungsfunktion mit wachsendem Stichprobenumfang n gegen die Verteilung der Zufallsvariable X der Grundgesamtheit strebt und zwar unabhängig von der Größe der Grundgesamtheit. Dies bedeutet zunächst, dass die Passung eines Modells für eine stochastische Situation im Prinzip um so besser gelingt, je größer die Stichprobe ist. In vielen Fällen sind aber einer beliebigen Vergrößerung einer Stichprobe Grenzen gesetzt. In diesen Fällen muss durch geeignete Auswahl der Elemente der Stichprobe aus der Grundgesamtheit dafür gesorgt werden, dass aufgrund der Stichprobe ein möglichst gutes Modell der Grundgesamtheit gewonnen werden kann. Dies bedeutet im Idealfall, dass das Auswahlkriterium für die Stichprobenerhebung unabhängig von dem zu untersuchenden Merkmal ist. Reine Zufallsstichproben, etwa realisiert durch ein Losverfahren, erfüllen diese Forderung. Allerdings sind solche reinen Zufallsstichproben in vielen Fällen aus praktischen Gründen nicht möglich.

Beispiel 43: Die Einkommensentwicklung bei Bürgern eines Landes kann nicht durch eine Zufallsauswahl über Telefonbücher ermittelt werden: Da man annehmen kann, dass der Besitz eines Telefonanschlusses nicht gleichmäßig über alle Einkommensschichten verteilt ist, werden Folgerungen aus einer Analyse einer solchen Stichprobe nicht auf die Einkommensentwicklung aller

Bürger eines Landes übertragbar sein. Um die Einkommensentwicklung besser beurteilen zu können, teilt man die Einkommensbezieher in Selbständige, Lohnempfänger, Rentner, Arbeitslose usw. ein und zieht dann innerhalb dieser Schichten Stichproben.

In diesen Fällen wird häufig der Versuch gemacht, je nach Zielsetzung die Grundgesamtheit durch „geschichtete Stichproben" so abzubilden, dass die Stichprobe ein repräsentatives Bild der Grundgesamtheit ist. Man teilt dann die Grundgesamtheit in relativ homogene Kategorien („Schichten") ein und zieht aus diesen Schichten dann separat eine Zufallsstichprobe, deren Größe dem Anteil der betreffenden Schicht an der Grundgesamtheit entspricht. Voraussetzung für diese Vorgehensweise ist, dass man etwas über die Zusammensetzung der Grundgesamtheit in relativ homogene Teilgesamtheiten weiß. Bei der „Klumpenstichprobe" wird die Grundgesamtheit in (nicht notwendig umfanggleiche) Erhebungseinheiten („Klumpen", „Cluster") eingeteilt. Man wählt dann zufällig Klumpen aus und untersucht alle ihre Einheiten oder nimmt eine Zufallsstichprobe. (Für Einzelheiten vgl. *Kröpfl* 1994, *Sachs* 1992, *Stahel* 1995, *Strick* 1998, über eine Untersuchung zu Schülervorstellungen zur Grundidee des Stichprobenziehens berichtet *Hunt* 1996.)

Beispiel 44: Eine Meinungsumfrage kann in einer sehr großen Schule so durchgeführt werden:

- Aus der Liste aller Schüler werden Interviewpartner ausgelost (reine Zufallsstichprobe).
- Aus jeder Klasse werden entsprechend der Klassenstärke Schüler ausgelost (geschichtetes Stichprobenverfahren).
- Es werden einzelne Klassen ausgelost und aus diesen alle Schüler befragt (Klumpenstichprobe).

Eine eingehende Behandlung der einzelnen Verfahren zur Planung und Durchführung von Stichproben wird im Unterricht in der Regel nicht möglich sein. Wohl aber ist es angebracht, auf den Zusammenhang Stichprobenumfang und Größe der Wahrscheinlichkeiten 1. und 2. Art einzugehen (s. u.).

1.2.5.4 Schätzen und Testen

Im Einzelnen unterscheidet man folgende Arten von parametrischen Entscheidungsverfahren der beurteilenden Statistik:

Bei den *Schätzproblemen* handelt es sich darum, anhand empirischer Daten ein möglichst gut passendes Modell für eine stochastische Situation zu entwickeln.

Punktschätzen: Hier geht es um die Konstruktion eines Schätzwertes θ_0 für einen gesuchten Parameters.

Intervallschätzen: Hier geht es um die Findung eines Schätzintervalls $[\theta_1,\theta_2]$, das den Parameter θ_w der Verteilung der Grundgesamtheit mit vorgegebener Sicherheit überdeckt.

Beim *Testen von Hypothesen* wird anhand empirischer Daten überprüft, ob sich die Annahme eines bestimmten Modells für eine stochastische Situation als angemessen erweist. Dazu wird die Parametermenge in zwei Teilmengen zerlegt, denen die Null- bzw. Alternativhypothese(n) entsprechen. Dann wird anhand empirischer Daten eine Entscheidung darüber getroffen, welche der beiden Teilmengen von Parametern die stochastische Situation angemessener beschreibt.

In den Bereichen des Schätzens und Testens gibt es eine Fülle von Verfahren, die im Unterricht natürlich nicht im entferntesten behandelt werden können. Hier steht im Vordergrund, Grundideen der Entwicklung angemessener Modelle für stochastische Situationen deutlich zu machen. Dies bedeutet, anhand von Beispielen die Grundzüge der miteinander zusammenhängenden Konzepte des Schätzens und Testens herauszuarbeiten.

1.2.5.5 Punktschätzung

Häufig liegt das Problem vor, dass man aufgrund von Stichproben Parameter wie die Wahrscheinlichkeit p von „Erfolg“ bei einer Binomialverteilung, den Erwartungswert μ oder die Standardabweichung σ der Normalverteilung oder Parameter anderer Verteilungen schätzen möchte.

Beispiel 45: Wenn im *Beispiel 42* der unbekannte Parameter p der Anteil der A-Partei-Wähler ist, so ist die Wahrscheinlichkeit dafür, dass bei der gezogenen Stichprobe die Partei A k-mal gewählt wird, gleich $L(p)=\binom{n}{k}p^k(1-p)^{n-k}$. Die Idee für die Bestimmung eines Schätzers für die unbekannte Wahrscheinlichkeit p ist nun die, denjenigen Wert $\hat{p}$ als Schätzwert zu nehmen, für den $L(p)$ ein Maximum wird, also für den die Wahrscheinlichkeit maximal wird, dass man die gezogene Stichprobe erhält. Aus $\frac{dL(p)}{dp}=0$ ergibt sich als Lösung und damit als „Schätzer“ des gesuchte Anteils $\hat{p}=k/n$, also die relative Häufigkeit, mit der die Partei A in der Umfrage gewählt wird.

Zum Schätzen von Parametern verwendet man Schätzfunktionen:

Gegeben sei eine Zufallsvariable X mit einer vom Parametervektor θ abhängigen Verteilungsfunktion $F(x,\theta)$. θ ist eine k-dimensionaler Vektor, es gilt z. B. für die Normalverteilung $\theta=(\mu,\sigma^2)$, also $k=2$. Mit bestimmten reellwertigen „Schätzfunktionen“ („Schätzer“) $T_n(X_1,...,X_n)$, die man zu Stichproben $(X_1,...,X_n)$ erhält, versucht man nun, Parameter wie μ und σ bei der Normalverteilung, näherungsweise zu bestimmen. Die Erklärung des Begriffs Schätzfunktion liefert selbst noch kein Konstruktionsverfahren für Schätzer. Man verwendet im konkreten Fall spezielle Konstruktionsverfahren: das Maximum-Likelihood-Prinzip, die Momentenmethode und die Kleinst-Quadrate-Methode (vgl. *Heller* u. a. 1980). Das viel verwendete *Maximum-Likelihood-Prinzip* wurde im *Beispiel 45* angewendet und wird in 3.5.1 skizziert.

1.2.5.5.1 Beurteilungskriterien für Schätzfunktionen

Es gibt, wie erwähnt, mehrere Methoden zur Schätzung von Parametern. Diese führen nicht immer zu den gleichen Schätzfunktionen und Schätzwerten. Daher sind Kriterien nützlich, nach denen die Güte von Schätzfunktionen beurteilt werden kann. Solche Kriterien sind:

- *Erwartungstreue*: Eine Schätzfunktion T_n für einen Parameter θ heißt erwartungstreu, wenn gilt $E(T_n)=\theta$. Die Erwartungstreue einer Schätzgröße bedeutet, dass die Werte der Schätzgröße um den wahren Parameter streuen.
- *Konsistenz*: Dieses Kriterium beurteilt die Auswirkung des Stichprobenumfangs auf die Güte des Schätzfunktion: $\lim\limits_{n\to\infty} P(|T_n-\theta|\geq\varepsilon)=0 \quad \forall\varepsilon>0$.
- *Effizienz*: Eine Schätzfunktion wird effizient genannt, wenn es keine erwartungstreue Schätzfunktion mit kleinerer Varianz gibt.

– *Suffizienz*: Die Schätzfunktion hängt nicht von den einzelnen Daten, sondern z. B. nur von der Summe der Daten ab.

1.2.5.6 Intervallschätzung

Bei Punktschätzungen wird *ein* Schätzwert für den wahren Parameter einer Verteilung ermittelt. Damit weiß man noch immer nicht, welches der Wert des wahren Parameters ist und wie genau die Schätzung gemacht worden ist. Der Schätzwert einer Punktschätzung kann nämlich im ungünstigen Fall durchaus beträchtlich von dem Wert des wahren Parameters abweichen, ohne dass man aufgrund dieser Schätzung darüber eine Wahrscheinlichkeitsaussage machen kann. Bei der Intervallschätzung vermeidet man diesen Nachteil nun dadurch, dass eine Wahrscheinlichkeitsaussage über die Genauigkeit der Schätzung entwickelt wird: Man konstruiert ein Intervall, dessen Grenzen Werte von Zufallsvariablen sind und das den unbekannten Parameter mit einer gewählten Wahrscheinlichkeit überdeckt.

Beispiel 46: Ein Glücksrad enthält zehn gleich große Sektoren, die nicht sichtbar sind und von denen mindestens einer schwarz und mindestens einer weiß gefärbt ist. Man soll den Anteil der weißen Sektoren mit einer Sicherheit von mindestens 60% schätzen aufgrund eines Experiments, bei dem man zehnmal dreht und dann jeweils „Treffer" (weißer Sektor erscheint) bzw. „Niete" (sonst) angezeigt bekommt. Das einmalige Drehen des Glücksrades werde durch die Zufallsvariable X beschrieben. Dreht man zehnmal, so wird das Experiment durch die Zufallsvariable $T_{10} = X_1 + ... + X_{10}$ beschrieben, wobei die X_i Kopien von X sind. Sind z. B. drei der zehn Sektoren weiß, so ist die „wahre Trefferwahrscheinlichkeit" p=0,3. Dann erhält man mit B(10;0,3) z. B.: $P_{0,3}(\{2;3;4\})$=.2335+.2668+.2001=.7004. Dies bedeutet, dass {2,3,4} der „Annahmebereich" für die Hypothese p=0,3 unter der Sicherheitswahrscheinlichkeit 0,6 (sogar 0,7) ist. Hat man z. B. unter den zehn Drehungen insgesamt dreimal „weiß" erhalten, so erhält man als Konfidenzbereich [0,2;0,4] (vgl. die nachfolgende Tabelle). So kann man jedem Versuchsergebnis $0 \le k \le 10$ einen Annahmebereich A_p zu der gewählten Sicherheitswahrscheinlichkeit zuordnen. Das Schätzintervall zum beobachteten Ergebnis k ist dann das kleinste Intervall, das alle Parameterwerte p mit $k \in A_p$ enthält. Insgesamt erhält man für die sich je nach „wahrer Trefferwahrscheinlichkeit" ergebenden Konfidenzintervalle folgende Tabelle:

Hypothese p	Nichtablehnungsbereich A_p	Ablehnungsbereich K	k	Konfidenzbereich	P{...}
0	{0}	{1,2,3,4,5,6,7,8,9,10}	0	{0}	1
0,1	{0;1}	{2;3;4;5;6;7;8;9;10}	1	{0,1;0,2}	.7361
0,2	{1;2;3}	{0}∪{4;5;6;7;8;9;10}	2	{0,2;0,3}	.7718
0,3	{2;3;4}	{0;1}∪{5;6;7;8;9;10}	3	{0,2;0,3;0,4}	.7004
0,4	{3;4;5}	{0;1;2}∪{6;7;8;9;10}	4	{0,3;0,4;0,5}	.6665
0,5	{4;5;6}	{0;1;2;3}∪{7;8;9;10}	5	{0,4;0,5;0,6}	.6563
0,6	{5;6;7}	{0;1;2;3;4}∪{8;9;10}	6	{0,5;0,6;0,7}	.6665
0,7	{6;7;8}	{0;1;2;3;4;5}∪{9;10}	7	{0,6;0,7;0,8}	.7004
0,8	{7;8;9}	{0;1;2;3;4;5;6}∪{10}	8	{0,7;0,8}	.7718
0,9	{9;10}	{0;1;2;3;4;5;6;7;8}	9	{0,8;0,9}	.7361
1	{10}	{0;1;2;3;4;5;6;7;8;9}	10	{1}	1

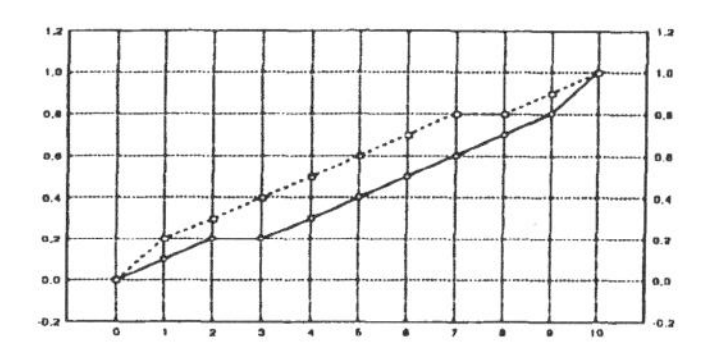

Der Tabelle und der graphischen Darstellung der Konfidenzintervalle (Konfidenzellipse) entnimmt man für jeden Wert von

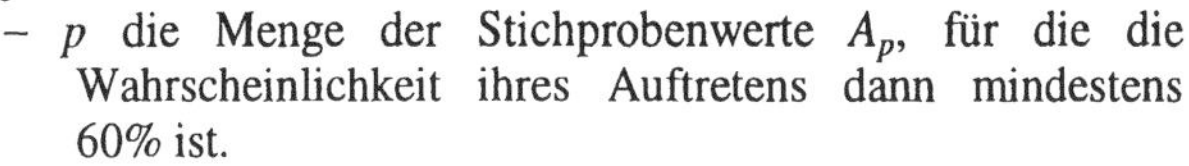

- p die Menge der Stichprobenwerte A_p, für die die Wahrscheinlichkeit ihres Auftretens dann mindestens 60% ist.

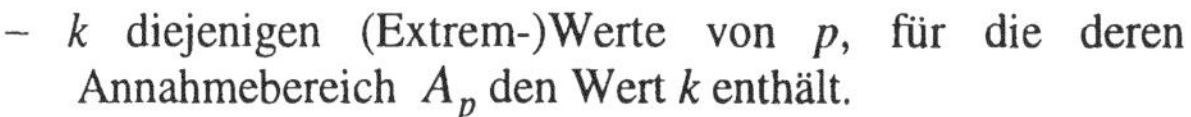

- k diejenigen (Extrem-)Werte von p, für die deren Annahmebereich A_p den Wert k enthält.

Beispiel 47: Eine Meinungsumfrage unter 1000 Wählern ergibt, dass am nächsten Sonntag 60 der Befragten die Partei A wählen würden. Man gebe ein Konfidenzintervall für die unbekannte Wahrscheinlichkeit $P(A)$ (i. e. der Anteil der A-Wähler an der Grundgesamtheit) mit einer Sicherheitswahrscheinlichkeit von 90% an.

Allgemein geht man so vor: Sei X eine Zufallsvariable mit dem unbekannten Parameter θ. Um den Wert von θ aufgrund einer Messreihe $x_1,...,x_n$ schätzen zu können, versucht man, ein Intervall $[u(x_1,...,x_n),o(x_1,...,x_n)]$ zu bestimmen, das mit hoher Wahrscheinlichkeit den wahren Wert von θ überdeckt. Dieses Intervall $[u(x_1,...,x_n),o(x_1,...,x_n)]$ stellt die Realisierung eines Zufallsintervalls $[U(X_1,...,X_n),O(X_1,...,X_n)]$ dar,

- dessen untere und obere „Konfidenzgrenze" durch Schätzgrößen $U(X_1,...,X_n)$ bzw. $O(X_1,...,X_n)$ gegeben sind
- das unter der Bedingung $P_\theta[U(X_1,...,X_n)\leq\theta\leq O(X_1,...,X_n)]\geq 1-\alpha$ (möglichst) minimal ist $[\alpha\in(0;1)]$.

Das gefundene Intervall $[U(X_1,...,X_n),O(X_1,...,X_n)]$ heißt Konfidenzintervall für den Parameter θ mit der Sicherheitswahrscheinlichkeit (Konfidenzniveau, Konfidenzzahl) $1-\alpha$. Für α wählt man in der Regel 0,05; 0,01 oder sogar 0,001. Hat man z. B. α=0,05 gewählt, so kann man erwarten, dass, wenn man sehr viele Stichproben entnimmt, etwa 95% aller daraus bestimmten Konfidenzintervalle den wahren Wert des Parameters θ enthalten. Die Schätzgrößen $U(X)$ und $O(X)$ für die Intervallgrenzen erhält man durch folgende Schritte:

- Man bestimmt zunächst eine Schätzgröße $T(X)$ für den Parameter θ.
- Man sucht dann nach einer Zufallsvariable $V=g(T)$, deren Verteilung bekannt ist.
- Dann bestimmt man Konstanten c_1 und c_2 mit $P(c_1\leq V\leq c_2)=1-\alpha$ und $|c_2-c_1|$=min.
- Lässt sich nun die Ungleichung $c_1\leq V\leq c_2$ wie folgt umformen: $c_1\leq V\leq c_2 \Leftrightarrow U(X_1,...,X_n)\leq\theta\leq O(X_1,...,X_n)$, so erhält man mit $U(X)$ und $O(X)$ die gesuchten Intervallgrenzen.

Will man nun Konfidenzintervalle für Parameter konkreter Verteilungen bestimmen, so ist es erforderlich, geeignete Schätzgrößen für die Intervallgrenzen zu finden. Dies kann im Einzelfall schwierig sein, z. B. ist das Problem, Schätzgrößen zu finden, so dass sich Konfidenzintervalle kleinster Länge ergeben, noch nicht allgemein gelöst.

1.2.5.7 Hypothesentest

In der *Schätztheorie* geht es um die optimale Konstruktion eines mathematischen Modells für eine stochastische Situation aufgrund empirischer Daten. Zu dieser Konstruktion gehören bei Annahme des Vorliegens einer bestimmten parametrischen Verteilungsfamilie je nach Struktur der Situation die Schätzung eines oder mehrerer Parameter und die Eingrenzung der Schätzfehler (s. o.). In der *Testtheorie* geht es um die Überprüfung eines A-priori-Modells für eine stochastische Situation aufgrund empirischer Daten. Zum Beispiel möchte man in den empirischen Wissenschaften wie den Human- oder Sozialwissenschaften Forschungshypothesen mit Hilfe von Signifikanztests „belegen", indem man empirisch gefundene Testergebnisse als „signifikant" interpretieren kann. Zur Konstruktion eines solchen Tests ist es erforderlich, ein A-priori-Modell der stochastischen Situation zu besitzen, dessen Angemessenheit man als Hypothese mit Hilfe empirisch erhobener Daten überprüfen kann. Dabei soll eine Entscheidung über die Annahme oder Ablehnung des Modells als Hypothese so getroffen werden können, dass eine quantitative Abschätzung der Wahrscheinlichkeit für das Treffen einer Fehlentscheidung möglich ist. *Heller* u. a. (1980) bemerken: „...Testtheorie ist eine Philosophie, die aus vielen Schulen und Richtungen besteht – wollen dies hier aber nicht tun. Wir halten es für sinnvoller, anhand ausführlicher Beispiele den Aufbau und die Arbeitsweise spezieller Tests kennen zu lernen ..." und weisen wie *Scheid* (1986) darauf hin, dass es im Unterricht nur um die Behandlung von Grundfragen und grundlegenden Lösungsverfahren zum Kennenlernen des dahinter steckenden Prinzips und nicht um die große Fülle möglicher Fragestellungen und ihrer Lösungen gehen kann, wobei beide im Einklang mit fast allen Lehrbuchwerken für den Unterricht in Schulen (und auch Hochschulen) als Grundlage die klassische Testtheorie nach *Neyman* und *Pearson* bzw. *Fisher* verwenden.

Beispiel 48: Durch Langzeitstudien möchte man untersuchen, ob die Anwendung gewisser Hormonpräparate gesundheitliche Risiken mit sich bringt.

Beispiel 49: Durch vergleichende Studien versucht man herauszufinden, ob bestimmte Unterrichtsverfahren erfolgreicher sind.

Beispiel 50: Zur Behandlung einer bestimmten Krankheit wird eine neue Therapie erprobt. Es werden damit 50 Personen behandelt.

Beispiel 51: Eine Urne enthält 40 Kugeln. Davon sind mindestens acht weiß, die übrigen sind schwarz. Jemand behauptet, die Urne enthielte *genau* acht weiße Kugeln.

Zur Lösung dieser und analoger Fragen werden im Prinzip folgende Stufen durchlaufen:

1. Man verschafft sich Klarheit über die Grundgesamtheit und stellt eine Hypothese über die Verteilung als Modell der zu beschreibenden stochastischen Situation auf.
2. Man entwirft einen Stichprobenplan.
3. Es wird die Stichprobe gezogen.
4. Es wird geprüft, ob die Verteilung der erhobenen Daten mit der entwickelten Hypothese übereinstimmt.

Im Einzelnen sind dabei folgende Punkte zu bearbeiten:

1.2.5.7.1 Beschreibung des Testproblems, des A-priori Modells

Beispiel 52 (*Heigl/Feuerpfeil* 1981): Ein Lieferant von Saatkartoffeln teilt seinem Abnehmer mit, seine Kartoffeln seien zu etwa 10% von einem Virus befallen. Er vereinbart einen Preisnachlass für den Fall, dass der Befall deutlich über 10% liegen würde. Wegen der hohen Laborkosten sollen nur 20 Kartoffeln aus der Sendung untersucht werden.

Zur Überprüfung von Behauptungen wie den genannten wird man eine Reihe von Ziehungen durchführen und dann aufgrund der enthaltenen Daten entscheiden, ob man die Behauptung für richtig hält oder nicht. Eine Entscheidung wird aufgrund von Daten getroffen, die selbst Realisationen geeigneter Stichprobenvariablen sind. Die Zufallsvariable X beschreibt die Verteilung der Grundgesamtheit der Kartoffellieferung hinsichtlich des Virusbefalls. Zieht man n-mal mit Zurücklegen und stellt jedes mal fest, ob das Ereignis „Virusbefall“ eingetreten ist oder nicht, so ist das n-Tupel $(X_1,...,X_n)$ eine Stichprobe der Länge n aus der Zufallsvariablen X, wobei gilt: Die X_i sind stochastisch unabhängig und jedes X_i hat dieselbe Verteilung wie X. Beim Testen von Hypothesen liegt ein Modell vor, von dem man wissen will, ob es sich mit der vorliegenden konkreten Situation verträgt. Dieses Modell kann eine Verteilungsfamilie sein, von der man weiß, dass sie für Situationen der vorliegenden Art in Frage kommt. Im Fall einer parametrischen Verteilungsfamilie liegt dann z. B. eine Hypothese über einen Parametervektor vor, die anhand zu erhebender Daten zu prüfen ist. Im Beispiel gilt p=0,1. „In vielen Fällen gibt es aber kein eindeutig richtiges Modell; die Wahl sollte dann auf Erfahrung, Argumentation und Datenanalyse beruhen“ (*Stahel* 1995). Die *Bayes*ianische Testtheorie besteht in Bezug auf die Hypothesenbildung darauf, alle Kenntnisse, auch solche informeller Art, zu berücksichtigen (s. u.). Bei einem statistischen Test geht es um einen Prozess induktiven Schließens. Dies bedeutet, dass man die absolute Gültigkeit eines Modells für eine stochastische Situation aus prinzipiellen Gründen nicht feststellen kann. Man führt daher eine Art Widerspruchsbeweis, indem man ein Modell nur dann ablehnt, wenn aufgrund empirischer Daten für das Modell nur eine geringe Wahrscheinlichkeit spricht. Das zu prüfende Modell ist die Nullhypothese H_0. Allgemein gilt, wenn als Modell eine parametrische Verteilung genommen wird:

H_0: $\theta \in \Theta_0$ mit $\Theta_0 \subset \Theta$ und Θ als Parameterraum

H_1: $\theta \in \Theta_1$mit $\Theta_1 \subset \Theta \backslash \Theta_0$.

In der Praxis sind Tests, bei denen die beiden Alternativen Punkthypothesen sind, relativ selten. Häufiger sind Tests, bei denen Punkthypothese gegen Intervallhypothese oder Intervallhypothese gegen Intervallhypothese getestet werden.

1.2.5.7.2 Wahl des Signifikanzniveaus

Weil das Testen von Hypothesen einen Prozess induktiven Schließens über die Eigenschaften stochastischer Situationen darstellt, sind Fehler unvermeidlich:

	H_0 wahr	H_1 wahr
Entscheidung f. H_0	Richtig	Fehler 2. Art
Entscheidung f. H_1	Fehler 1. Art	richtig

Die Tabelle veranschaulicht den Zusammenhang zwischen den vorkommenden Ereignissen. Daraus ergibt sich, dass die Fehlerwahrscheinlichkeiten 1. und 2. Art als bedingte Wahrscheinlichkeiten aufzufassen sind:

$\alpha=P$(Entscheidung gegen H_0| H_0 gilt); $\beta=P$(Entscheidung gegen H_1|H_1 gilt).

Als unbedingte Wahrscheinlichkeiten, Fehler 1. und 2. Art zu begehen, ergeben sich

$\alpha=P$(Entscheidung gegen H_0| H_0)$\cdot P(H_0)$; $\beta=P$(Entscheidung gegen H_1|H_1)$\cdot P(H_1)$

(vgl. *Wickmann*, 1990).

Beispiel 53: Von zwei Urnen enthält die eine weiße und rote Kugeln im Verhältnis 1:6 und die andere im Verhältnis 1:2. Man sucht eine Urne aus, zieht n-mal mit Zurücklegen und entscheidet sich dann dafür, eine bestimmte der beiden Urnen gewählt zu haben. Hier liegen zwei alternative Punkthypothesen vor und es gelte: H_0: $p=1/6$, H_1: $p=1/2$. Jede der beiden Hypothesen legt eine Wahrscheinlichkeitsverteilung der Stichprobenfunktion fest:

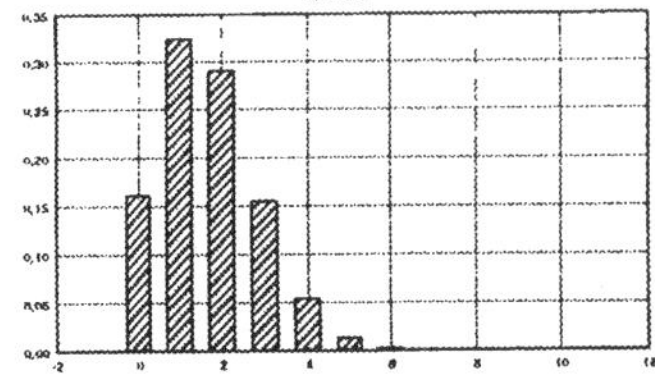

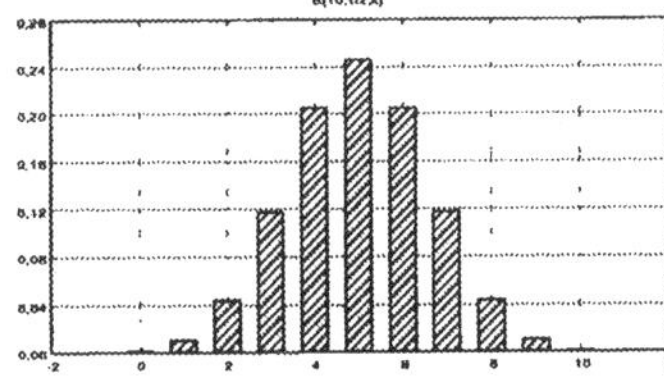

Man legt nun einen kritischen Bereich so fest, dass wenn die Anzahl x der gezogenen weißen Kugeln klein ist, etwa $x \leq k$, man sich dafür entscheidet, H_0 nicht abzulehnen. Man erhält die Entscheidungsregel δ_k:

$$\delta_k : \begin{cases} \text{Entscheidung für } H_0, \text{ wenn } x \leq k \\ \text{Entscheidung für } H_1, \text{ wenn } x > k \end{cases}$$

Für die Fehlerwahrscheinlichkeiten erhält man in Abhängigkeit von k:

$$\alpha(\delta_k) = \sum_{i=k+1}^{n} \binom{n}{i} \left(\frac{1}{6}\right)^i \left(\frac{5}{6}\right)^{n-i} ; \qquad \beta(\delta_k) = \sum_{i=0}^{k} \binom{n}{i} \left(\frac{1}{2}\right)^i \left(\frac{1}{2}\right)^{n-i} = \frac{1}{2^n} \sum_{i=0}^{k} \binom{n}{i}.$$

Hier ergibt sich z. B. für $n=6$ folgende Tabelle für α und β:

k	-1	0	1	2	3	4	5	6
$\alpha(\delta_k)$	1.000	.665	.263	.062	.009	.001	.000	.000
$\beta(\delta_k)$	.000	.016	.109	.344	.656	.891	.984	1.000

Man erkennt die Gegenläufigkeit der Fehlerwahrscheinlichkeiten.

Eine fundamentale Leistung der Testtheorie ist es, dass sie eine quantitative Abschätzung der Risiken leistet, die mit Entscheidungen beim Testen von Hypothesen verbunden sind. Diese quantitative Abschätzung wird geleistet durch die Berechnung von Wahrscheinlichkeiten für Fehler 1. und 2. Art. Die Wahrscheinlichkeit α für einen Fehler 1. Art ist die Wahrscheinlichkeit dafür, H_0 abzulehnen, obwohl H_0 richtig ist. Entsprechendes gilt für die Wahrscheinlichkeit für einen Fehler 2. Art. Es ist plausibel, dass die Qualität eines Tests von den Größen der Wahrscheinlichkeiten der Fehler 1. und 2. Art abhängt. Es wäre nun wünschenswert, den Hypothesentest so zu konzipieren, dass die Wahrscheinlichkeiten für Fehler 1. und 2. Art gleichzeitig möglichst gering gehalten werden. Dies ist aber bei gleichem Stichprobenumfang aus prinzipiellen Gründen nicht gleichzeitig möglich. Deshalb entscheidet man sich in der Regel dafür, als Nullhypothese diejenige zu wählen, bei der das Risiko einer Fehlentscheidung größer ist als das bei der Alternativhypothese. Man bezeichnet α auch als das Signifikanzniveau eines Tests. Nach Auffassung der klassischen Testtheorie bedeutet ein Signifikanzniveau α, dass man, wenn man den Test sehr häufig durchführen würde, in $\alpha \cdot 100\%$ der Fälle eine falsche Entscheidung und in $(1-\alpha) \cdot 100\%$ der Fälle eine richtige Entscheidung treffen würde, wenn H_0 der Fall ist. Muss die Hypothese H_0 auf dem Signifikanzniveau α abgelehnt werden, so spricht man auch von einem „überzufälligen" Testergebnis. Einige Beispiele sollen die Asymmetrie bei der Wahl von Null- bzw. Alternativhypothesen zeigen:

Beispiel 54: Man hat die Vermutung, dass eine neue Therapie möglicherweise erfolgreicher ist als die herkömmliche Therapie. Hier wird man als Hypothese H_0 wählen: „Die herkömmliche Therapie ist genau so erfolgreich.", weil die Entscheidung für eine falsche Forschungshypothese als schwerwiegend angesehen wird.

Beispiel 55: Will man einen zufallsbedingten Effekt nachweisen, so versucht man dies durch einen „Widerspruchsbeweis" in folgender Form: Man wählt als Nullhypothese: „Der Effekt tritt nicht auf", gibt sich eine kleine Wahrscheinlichkeit für den Fehler 1. Art vor und hofft dann, dass die erhobenen Daten zu einer Ablehnung der Nullhypothese unter der gewählten Irrtumswahrscheinlichkeit führen.

Beispiel 56: Eine kleine Partei will wissen, ob ihre Chancen gut sind, die 5%-Hürde zu überwinden. Liegen in diesem Fall die Hypothesen $p=0{,}05$ und $p>0{,}05$ vor, so ist durch den Test zwischen einer einfachen und einer zusammengesetzten Hypothese zu entscheiden. In den Fällen, wo sich von zwei Hypothesen eine präziser formulieren lässt, wählt man diese in der Regel als Nullhypothese.

Beispiel 57 (*Heller* u. a. 1980): Eine Fluggesellschaft möchte prüfen, ob sich das Durchschnittsgewicht der Fluggäste erhöht hat. Eine Erhöhung des Durchschnittsgewichtes der Fluggäste würde größere Kosten für die Gesellschaft bedeuten. Hier wäre es für die Gesellschaft besonders nachteilig, wenn sie zusätzliche Kosten tragen muss, obwohl es dafür in Wahrheit keinen Grund gibt. Man wird also als Hypothese H_0 wählen: „Das Durchschnittsgewicht hat sich nicht geändert."

Beispiel 58: Eine Firma möchte ein Produktverbesserung einführen. Sie hat die Wahl zwischen einer Verbesserung, bei der sie den Preis halten kann, und einer größeren Verbesserung, bei der sie den Preis erhöhen muss. Deswegen befragt sie 1000 Verbraucher, ob sie eine Preiserhöhung bei wesentlich verbesserter Produktqualität akzeptieren würden. Wenn man unterstellt, dass eine wesentliche Verbesserung der Produktqualität größere Investitionen erforderlich machen würden, dann wäre eine Fehlentscheidung der Art, dass man sich für diese Investitionen entscheidet, dass aber die damit verbundene Preiserhöhung nicht akzeptiert würde, schwerwiegend. Man würde also in diesem Fall als Nullhypothese wählen „Die Verbraucher akzeptieren keine Preiserhöhung". Der Fehler 1. Art wäre dann, dass man sich für eine größere Investition und für eine Erhöhung des Preises entscheidet, obwohl die Verbraucher keine Preiserhöhung akzeptieren würden. In diesem Fall würde man also eine Entscheidungsregel so festlegen, dass die Wahrscheinlichkeit für eine solche Fehlentscheidung möglichst gering ist.

Wegen dieser Asymmetrie der beiden Fehler gibt man also bei einem Test die Wahrscheinlichkeit α für den Fehler 1. Art vor. Es „hat sich mehr oder weniger eingebürgert, als Nullhypothese diejenige Hypothese zu wählen, bei der die Fehler 1. Art von größerer Bedeutung sind als die Fehler 2. Art." (*Neyman*, zit. nach *Barth/Haller* 1983). Üblicherweise wählt man für das Signifikanzniveau $\alpha=0{,}05$, $\alpha=0{,}01$ oder auch $\alpha=0{,}001$. Die Wahl gerade dieser Werte erfolgt aus „Konvention oder Aberglaube", sie lässt sich theoretisch nicht begründen. In den Sozialwissenschaften hält man Abweichungen über 5% häufig für zufällig, Abweichungen zwischen 5% und 1% werden als signifikant und solche zwischen 1% und 0,1% als hochsignifikant angesehen.

1.2.5.7.3 Testgröße, kritischer Bereich, Entscheidungsregel

Aus den zu erhebenden Daten (Beschreibung durch Zufallsvariablen $X_1,...,X_n$) ist eine Testgröße $T(X_1,...,X_n)$ (eine Stichprobenfunktion) zu bilden, die ebenfalls eine Zufallsvariable ist. Damit kann der sogenannte „kritische Bereich" (s. o.) festgelegt werden. Dieser kritische Bereich besteht aus möglichen extremen Werten der Testgröße T, für die man annimmt, dass ihr Auftreten unter der Hypothese H_0 sehr unwahrscheinlich ist, er ist vor der Datenerhebung festzulegen. Beispiele für diese Testgröße sind neben der Anzahl das Stichprobenmittel und die Stichprobenvarianz. Die Realisierungen der Testgrößen erhält man durch Auswertung von Stichproben der Länge n. Diese Realisierungen hängen von der Verteilung der Grundgesamtheit ab. Um nun über Annahme oder Ablehnung der Hypothese H_0 als A-priori-Modell eine Entscheidung treffen zu können, legt man entsprechend der Wahl des Signifikanzniveaus α einen kritischen Bereich K als Bereich von extremen Werten der Testvariablen $T(X_1,...,X_n)$ fest, für die man die Hypothese H_0 ablehnt: $P(T\in K)\leq\alpha$ unter H_0 und K maximal. Daraus ergibt sich dann als Entscheidungsregel δ_k: $T(X_1,...,X_n)\in K \Rightarrow H_0$ ablehnen bzw. $T(X_1,...,X_n)\notin K \Rightarrow H_0$ nicht ablehnen.

Fällt $T(X_1,...,X_n)$ in den kritischen Bereich, so ist der Ausfall der Stichprobe signifikant auf dem Niveau α, d. h. die Hypothese H_0 kann auf diesem Niveau abgelehnt werden. Je niedriger das Signifikanzniveau ist, desto „schärfer" ist der Test, desto seltener aber wird auch H_0 abgelehnt.

Bei der Wahl der Entscheidungsregel δ lassen sich verschiedene Gesichtspunkte berücksichtigen:

1. Eine Möglichkeit für die Wahl der Entscheidungsregel ist die folgende: Man gibt eine Schranke α für die Wahrscheinlichkeit des Fehlers 1. Art vor und wählt dann die Entscheidungsregel δ so, dass $\alpha(\delta)\leq\alpha$ und berechnet die Wahrscheinlichkeit β für den Fehler 2. Art.

Weitere alternative Gesichtspunkte für die Festlegung des kritischen Bereiches sind:

2. Man kann eine Entscheidungsregel δ_k auch so wählen, dass sie die Konsequenzen der zu treffenden Entscheidung berücksichtigt. Nach dem *Minimax-Prinzip* wird der kritische Bereich so festgelegt, dass das Risiko eines Schadens bei einer Fehlentscheidung möglichst klein wird: Entsteht bei einem Fehler 1. Art der Schaden s_α, so beträgt bei der Entscheidungsregel δ_k im Falle, dass die Hypothese H_0 zutrifft, der Erwartungswert des Schadens $s_\alpha\cdot\alpha(\delta_k)$. Entsteht umgekehrt bei einem Fehler 2. Art der Schaden s_β, so beträgt bei der Entscheidungsregel δ_k im Falle, dass die Hypothese H_1 zutrifft, der Erwartungswert des Schadens $s_\beta\cdot\beta(\delta_k)$. Man wird bei einer solchen Konstellation einen kritischen Wert k^* so wählen, dass der größere der beiden Erwartungswerte möglichst klein wird: Aus der Menge der Entscheidungsregeln δ wählt man eine Regel δ^* so aus, dass $\max(s_\alpha\cdot\alpha(\delta^*),s_\beta\cdot\beta(\delta^*))=\min\max(s_\alpha\cdot\alpha(\delta),s_\beta\cdot\beta(\delta))$.

3. Eine weitere Möglichkeit zur Wahl einer Entscheidungsregel besteht in der Anwendung des *Bayes*-Prinzips. Nach diesem Prinzip werden zur Festlegung des kritischen Bereiches auch Vorinformationen einbezogen. Bezeichnet man mit π_1 die Wahrscheinlichkeit, dass die Hypothese H_0 zutrifft und mit π_2 die Wahrscheinlichkeit, dass die Hypothese H_1 zutrifft, so erhält man für den Erwartungswert des Risikos einer Fehlentscheidung in Abhängigkeit von der Entscheidungsregel $R(\delta_k)=\pi_1\cdot s_1\cdot\alpha(\delta_k)+\pi_2\cdot s_2\cdot\beta(\delta_k)$. Man wählt also unter den möglichen Entscheidungsregeln δ_k diejenige aus, bei der das Risiko möglichst gering ist: $R(\delta^*)=\min R(\delta_k)$.

1.2.5.7.4 Berechnung der OC-Funktion

Die Fehler 1. und 2. Art hängen beim klassischen Testen in der Weise zusammen, dass sich unter Beibehaltung der Stichprobenlänge beide Fehler nicht gleichzeitig verringern lassen. Nur durch Vergrößerung der Stichprobe lassen sich die beiden Fehlerwahrschein-

lichkeiten gleichzeitig verringern. In vielen Fällen sind aber einer solchen Maßnahme Grenzen gesetzt (s. o.). Testet man nun eine Punkthypothese
H_0: $\theta_0 \in \Theta$ gegen eine zusammengesetzte Gegenhypothese H_1: $\theta \in \Theta \backslash \{\theta_0\}$, so ergibt sich für jedes $\theta \in \Theta \backslash \{\theta_0\}$ und jede Entscheidungsregel δ_k eine entsprechende Wahrscheinlichkeit für den Fehler 2. Art. Hier lassen sich die Wahrscheinlichkeiten für Fehler 2. Art nur als Funktion des „wahren" Parameters θ berechnen. Die Funktion der Annahmewahrscheinlichkeiten $\beta: \begin{cases} \Theta \to [0,1] \\ \theta \to \beta(\theta) = P_\theta((X_1,...,X_n) \notin K) \end{cases}$ heißt Operationscharakteristik des Testverfahrens.
Durch Einschränkung auf den Parameterbereich Θ_1 der Hypothese H_1 erhält man die möglichen Wahrscheinlichkeiten für einen Fehler 2. Art.
Den folgenden OC-Graphen lassen sich Eigenschaften von Tests entnehmen:
Beispiel 59 (*Barth/Haller* 1983): Für eine binomialverteilte Testgröße T mit Parametern n=50 und p und die Hypothesen H_0:$p \le 0{,}5$ und H_1:$p > 0{,}5$ ergibt sich $\sum_{k=31}^{50} \binom{50}{k} 0{,}5^{50} = 0{,}059 > 0{,}05$ und $\sum_{k=32}^{50} \binom{50}{k} 0{,}5^{50} = 0{,}03 < 0{,}05$ also $K = \{32,...,50\}$. Damit ist $\beta(p) = \sum_{k=0}^{31} \binom{50}{k} p^k (1-p)^{50-k}$.

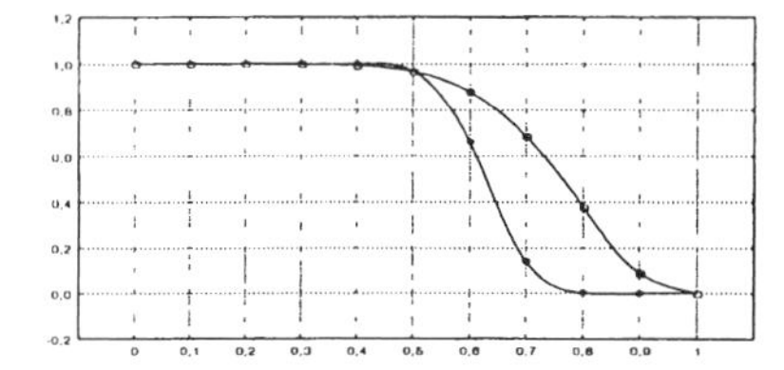
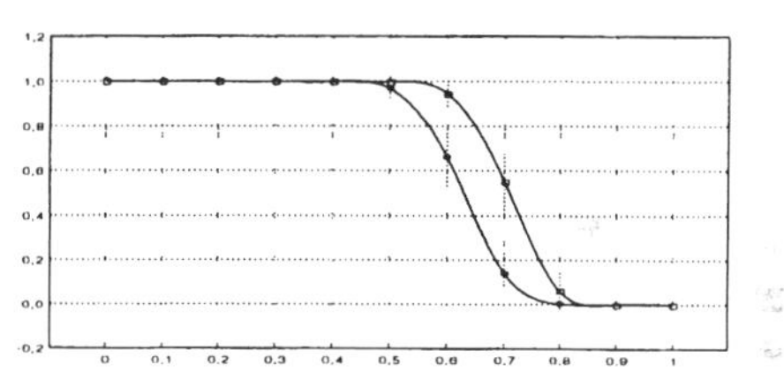

Die Abbildungen zeigen die zugehörigen OC-Kurven für n=50 und n=11 (links) bzw. α=0,03 und α=0,01 (rechts).
Damit ist die OC-Kurve Ausdruck für die Güte eines Tests. Sie lässt auch erkennen, ob ein Test verfälscht ist. Dies ist dann der Fall, wenn $\alpha(\theta)+\beta(\theta)>1$. Dies bedeutet, dass die Wahrscheinlichkeit für die Ablehnung der Nullhypothese größer ist, wenn sie zutrifft, als wenn sie nicht zutrifft: $\alpha(\theta) > 1 - \beta(\theta)$.

Beispiel 60 (*Barth/Haller* 1983): Von *Fisher*, einem der Begründer der modernen Statistik, stammt der sog. Teetassentest: Lady X. behauptet, sie könne am Geschmack des Tees erkennen, ob zuerst der Tee oder die Milch in die Tasse geschüttet worden ist. Lady X. probiert zehn Tassen Tee mit Milch und gibt acht mal eine richtige Antwort. Wählt man K={8}, wenn die zugrundeliegende Testverteilung als Binomialverteilung B(10;0,5;k), so ergibt sich folgende OC-Kurve: Aus ihr ergibt sich, dass für p>0,8 die Wahrscheinlichkeit für einen Fehler 2. Art wächst!

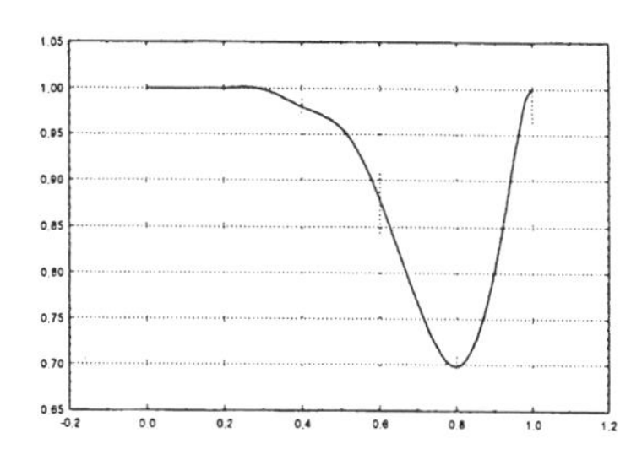

Für Signifikanztests mit der Nullhypothese p=0,5 zu $B(n;p)$ gibt es vier wichtige Typen von OC-Funktionen (vgl. *Barth/Haller* 1983, man überlege sich die Struktur des jeweiligen Tests):

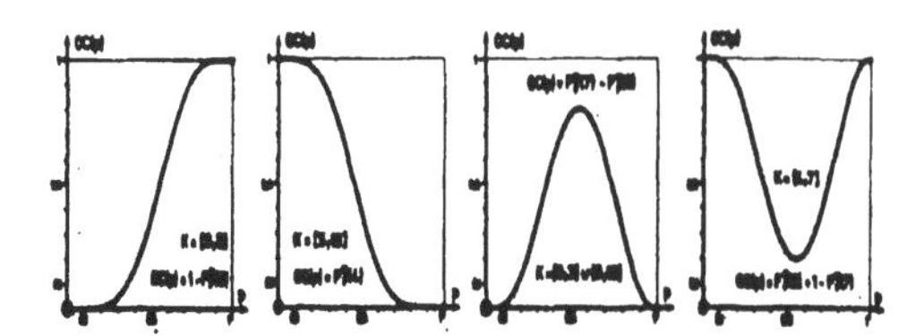

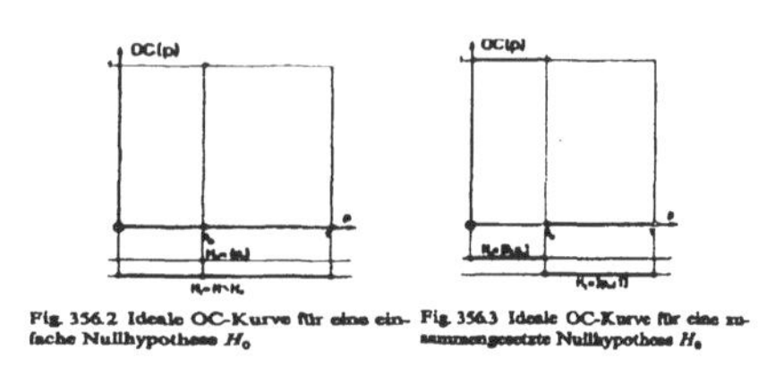

Fig. 356.2 Ideale OC-Kurve für eine einfache Nullhypothese H_0

Fig. 356.3 Ideale OC-Kurve für eine zusammengesetzte Nullhypothese H_0

Im Idealfall sehen die Operationscharakteristiken für einfache und zusammengesetzte Nullhypothesen wie vorstehend aus. Aus dem Vorstehenden ergibt sich weiter, dass es sinnvoll ist, bei der Testkonstruktion auch das Risiko für einen Fehler 2. Art zu berücksichtigen.

1.2.5.7.5 Bestimmung des Testwertes, Entscheidung, Interpretation

Für die tatsächliche Realisation t der Testvariablen T ist die Entscheidungsregel δ_k nun auszuwerten und demnach über die Hypothesen zu entscheiden. Bei einem Hypothesenest stehen also Datenerhebung und -auswertung am Ende. Kehrt man die notwendigen Schritte um, steht also kein definiertes Modell am Anfang der Untersuchung, so lässt sich die Untersuchung explorativ durchführen, man erhält aber keine Quantifizierung der Gültigkeit des Modells. Diese ergibt sich erst durch die Testkonstruktion mit Wahl des Signifikanzniveaus und Berechnung der Wahrscheinlichkeit für einen Fehler 2. Art. Bei der Interpretation eines Testergebnisses ist zu bedenken, dass jeder Hypothesentest ein induktives Verfahren darstellt. Es ist mit Hilfe solcher Tests prinzipiell nicht möglich, mit Sicherheit zwischen Hypothesen zu entscheiden. Führt z. B. der Test zu einer Verwerfung der Nullhypothese, so kann dies mehrere Ursachen haben, es kann sein, dass

- ein Fehler 1. Art vorliegt oder
- tatsächlich die Alternative richtig ist, dass also tatsächlich ein Effekt nachgewiesen werden konnte bzw.
- das A-priori-Modell nicht kompatibel ist mit dem verwendeten Testverfahren, weil z. B. die X_i nicht unabhängig sind, nicht normalverteilt sind usw.

Stahel (1995, S. 204) weist auch auf den Unterschied zwischen statistischer Signifikanz und praktischer Relevanz hin indem er bemerkt „In zu kleinen Stichproben können selbst große, praktisch bedeutungsvolle Effekte nicht nachgewiesen werden, da sie sich nicht klar von den großen möglichen zufälligen Fehlern abheben. Mit großen Stichproben kann man dagegen Bagatelleffekte, die eigentlich niemanden interessieren, stolz als „statistisch signifikant" nachweisen und publizieren." Andererseits begründet er, warum statistische Tests gleichwohl Sinn machen und zu recht vielfältige Anwendungen finden:

„– Die Idee eines Filters gegen wilde Spekulationen behält ihren Sinn, solange sie nicht auf die erwähnte Weise missbraucht wird. Auch losgelöst von Publikationen soll man sich über Effekte, die im Bereich der zufälligen Streuung liegen, nicht zu lange den Kopf zu zerbrechen.

– Das Prinzip des statistischen Tests bildet die Grundlage und den Prüfstein für das Verständnis der Beziehung zwischen Wahrscheinlichkeits-Modellen und empirischen Daten.

– Es ist bestimmt interessant, die Größe eines Effekts aus den Daten zu *schätzen*. Wir hätten aber gerne zu einer solchen geschätzten Größe auch eine Genauigkeitsangabe. Dazu führen wir nun den Begriff des Vertrauensintervalls ein, der auf dem Begriff des statistischen Tests aufbaut."

Weitere Beispiele für relevante und irrelevante statistische Test geben *Diepgen* u. a. (1993) an.

1.2.5.7.6 Übersicht über wichtige klassische Testverfahren und Testturm

Folgende klassische Testverfahren lassen sich ggf. auch im Unterricht behandeln (vgl. *Heller* u. a. 1980):

– Testen einer Hypothese bezüglich des unbekannten Erwartungswertes einer Modell-Zufallsvariablen X.
– Testen einer Hypothese bezüglich der unbekannten Differenz der Erwartungswerte von zwei unabhängigen Modell-Zufallsvariablen X und Y.
– Testen einer Hypothese bezüglich der unbekannten Differenz der Erwartungswerte von zwei abhängigen Modell-Zufallsvariablen X und Y.
– Testen einer Hypothese bezüglich der unbekannten Varianz einer normalverteilten Modell-Zufallsvariablen X.
– Testen einer Hypothese bezüglich des unbekannten Verhältnisses der Varianzen von zwei unabhängigen normalverteilten Modell-Zufallsvariablen X und Y.
– Testen einer Hypothese bezüglich der Verteilungsfunktion einer Modell-Zufallsvariablen X.
– Testen einer Hypothese über die Unabhängigkeit zweier Modell-Zufallsvariablen X und Y.

Bei der Durchführung eines Hypothesentests werden folgende Schritte durchlaufen („Testturm"): Verbale Beschreibung des vorliegenden Testproblems → Definition der Stichprobenvariablen $X_1,...,X_n$ → Beschreibung des A-priori-Modells → Formulierung der Hypothesen → Wahl des Signifikanzniveaus α → Definition des Testvariablen T → Bestimmung der Testverteilung → Berechnung des Ablehnungsbereichs → Testvorschrift → Gütefunktion → Erhebung der Daten, Bestimmung des Testwertes → Entscheidung, Bewertung.

1.2.5.8 Verteilungsfreie Testverfahren

Parametrische Tests werden angewendet, wenn als A-priori-Modell für eine stochastische Situation eine Verteilungsfunktion vorliegt deren Prüfung auf Angemessenheit über die Prüfung ihres Parametervektors erfolgen kann. Häufig liegen aber auch Fälle vor in denen verteilungsfreie (nichtparametrische) Testverfahren angewendet werden müssen. Dies ist dann der Fall , wenn

– die als A-priori-Modell verwendete Verteilung nicht den Bedingungen genügt, unter denen der entsprechende parametrische Testdurchgeführt werden müsste.
  Z. B. lässt sich der t-Test für unabhängige Stichproben anwenden, wenn
  – beide Messreihen unabhängig voneinander sind
  – beide Stichprobenergebnisse normalverteilt sind
  – die Varianzen gleich sind.
  liegen diese Voraussetzungen nicht vor , so kann der t-Test nicht angewendet werden.
– keine Verteilung vorliegt auf die ein parametrischer Test angewendet werden kann. Dies gilt z. B. beim Vorliegen einer nominal- oder rangskalierten Stichprobe. Dies gilt auch dann, wenn Anpassungstests (z. B. χ^2-Anpassungstest) mit denen Verteilungs-

annahmen überprüft werden können, wegen fehlender Voraussetzungen nicht durchgeführt werden können.

– wenn die Stichprobe so klein ist, dass die Grenzwertsätze nicht angewendet werden können, so dass Näherungsverteilungen nicht verwendet werden können. Dieser Bereich der kleinen Stichproben ist der Hauptwendungsbereich der verteilungsfreien Testverfahren. Hier sind nichtparametrische Verfahren auch relativ effizienter als parametrische Verfahren, d. h. die OC-Kurve liegt günstiger (vgl. *Heller* u. a. 1980).
Der älteste verteilungsfreie Test ist der Vorzeichentest, dessen Idee in 3.5.6 gezeigt wird (vgl. auch 4.6).

1.2.5.9 *Bayes*-Statistik

1.2.5.9.1 Testen von Hypothesen

Die grundlegende Idee des Testens von Hypothesen im *klassischen* Sinn ist die folgende: Über eine statistische Grundgesamtheit wird eine Vermutung ausgesprochen, z. B. den Wert eines das stochastische Modell charakterisierenden Parameters betreffend. Diese (Null-)Hypothese sollte das Modell vervollständigen. Um sie zu überprüfen, wird eine Testvariable T (eine Zufallsvariable) festgelegt, deren Realisation aus einer Stichprobe (von dieser Grundgesamtheit) gewonnen werden kann. Die Verteilung dieser Testvariablen, die Testverteilung, ist unter der Voraussetzung, dass H_0 richtig ist, bekannt. So kann nach Vorgabe einer (kleinen) Irrtumswahrscheinlichkeit für einen Fehler 1. Art α (d. h. H_0 zu Unrecht ablehnen) ein Ablehnungsbereich K für H_0 bestimmt werden, der alle möglichen extremen Stichprobenergebnisse enthält, die unter der Voraussetzung, dass H_0 gilt, sehr unwahrscheinlich sind (ihre Eintrittswahrscheinlichkeit beträgt höchstens α). D. h., Stichprobenergebnissen werden unter der Voraussetzung, dass H_0 gilt, Wahrscheinlichkeiten zugeordnet, dies führt zu einer Einteilung in „unwahrscheinliche" oder „wahrscheinliche" Stichprobenergebnisse. Wird eine Stichprobe gezogen, deren Ergebnis „unwahrscheinlich" ist, so wird H_0 abgelehnt, andernfalls nicht. Mathematisches Herzstück ist also Berechnung der *bedingten* Wahrscheinlichkeit $P(D|H_0)$, wobei D („Daten") das Stichprobenergebnis meint. Man kann die Sache aber auch anders sehen: Das Stichprobenergebnis (die Daten D) ist (sind) passiert und kann (können) dazu verwendet werden, umgekehrt der Nullhypothese eine Wahrscheinlichkeit zuzuordnen. Es ist dies die bedingte Wahrscheinlichkeit $P(H_0|D)$: „Die Welt ist, was der Fall ist.". Somit wird auch klar, wieso hier das *Bayessche Theorem* ins Spiel kommt und daher der Name „*Bayes*-Statistik" verwendet wird: Das *Bayes*sche Theorem beschreibt ja gerade die „Umkehrung" bedingter Wahrscheinlichkeiten.

Das *mathematische Modell* für diese *Bayes*ianische Vorgangsweise sieht so aus: Ist der in Frage stehende Parameter θ aus einem endlichen Parameterraum Θ, so ordnen wir jedem Element $\theta \in \Theta$ eine sogenannte *A-priori-Wahrscheinlichkeit* zu. Ist also $\Theta=\{\theta_1,...,\theta_N\}$, dann setzen wir $\forall i=1,...,N,\ 0\leq\pi(\theta_i)\leq 1$ mit $\sum_{i=1}^{N}\pi(\theta_i)=1$ an. Diese A-priori-Einschätzung erlaubt es, (subjektive) Vorinformationen in das Modell mit einfließen zu lassen. Nun erheben wir die Daten D und die Versuchsverteilung liefert die sogenannten *Vorwärtswahrscheinlichkeiten* $P(D|H_0)$, die wir auch als Likelihoodfunktion $L(D,\theta_i)$ interpretieren können. Jetzt kommt das *Bayes*sche Theorem ins Spiel: $\pi(\theta_i \mid D) = \frac{P(D \mid \theta_i) \cdot \pi(\theta_i)}{P(D)}$, i=1,...,N. Diese Wahrscheinlichkeiten bezeichnen wir als A-*posteriori-Wahrscheinlichkeiten*, sie beschreiben die Situation nach der Stichprobenentnahme. Mit Hilfe des *Bayes*schen Theorems gelingt es also, aus den Vorwärts- die sogenannten *Rückwärtswahrscheinlichkeiten* zu gewinnen. Der *Satz von der totalen Wahrscheinlichkeit* erlaubt eine Aufspaltung des Nenners: $\pi(\theta_i \mid D) = \frac{P(D \mid \theta_i) \cdot \pi(\theta_i)}{\sum_{j=1}^{N} P(D \mid \theta_j) \cdot \pi(\theta_j)}$, i=1,...,N. Damit ist die A-posteriori-Situation vollständig beschrieben (vgl. 3.6.2). Für *abzählbare* Parameterräume Θ gilt sinngemäß dasselbe.

Ist dagegen Θ *überabzählbar*, so müssen wir eine *A-priori-Dichte* $\pi(\theta)$ für $\tilde{\theta}$ (das ist die den gesuchten Parameter θ beschreibende Zufallsvariable) angeben, die wegen $\pi(\theta \mid D) = \frac{P(D \mid \theta) \cdot \pi(\theta)}{\int_\Theta P(D \mid \theta) \cdot \pi(\theta) d\theta}$ mit den erhobenen Daten D und der Versuchsverteilung P die *A-posteriori-Dichte* $\pi(\theta|D)$ bedingt (vgl. 3.6.3 und 3.6.4).

Ein Wort noch zu der *Likelihoodfunktion* $L(D,\theta_{(i)})$: Im (häufigen) Fall einer einfachen Stichprobe $(x_1,...,x_n)$ ist entweder $L(D,\theta_{(i)})=P(X=x_1|\theta_{(i)})\cdot...\cdot P(X=x_n|\theta_{(i)})$, wobei X die das Zufallsexperiment beschreibende diskrete Zufallsvariable ist, oder $L(D,\theta_{(i)})=f(x_1|\theta_{(i)})\cdot...\cdot f(x_n|\theta_{(i)})$, wobei f die Dichtefunktion von X (jetzt stetig) ist.

Zur *Entscheidungsfindung* wird nun die A-posteriori-Einschätzung der Situation herangezogen: Ist Θ diskret, können die A-posteriori-Wahrscheinlichkeiten $\pi(\theta_i|D)$, i=1,...,N, direkt miteinander verglichen werden. Stehen zusätzlich M mögliche Handlungen a_j mit entsprechenden Gewinnfunktionen g_j: $\Theta \to \mathbb{R}$, j=1,...,M, zur Wahl, so berechnen wir die Erwartungswerte $E(g_j) = \sum_{i=1}^{N} g_j(\theta_i) \cdot \pi(\theta_i \mid D)$, j=1,...,M. Nach dem *Bayesschen Prinzip* wird diejenige Handlung a_* gewählt, deren Gewinnfunktion g_* die Ungleichung $E(g_*) \geq E(g_j)$, j=1,...,M, erfüllt (vgl. 3.6.2). Im kontinuierlichen Fall von Θ ist $E(g_j) = \int_\Theta g_j(\theta) \cdot \pi(\theta \mid D) d\theta$, $\forall j$=1,...,M, auszuwerten und wieder nach dem *Bayes*schen Prinzip zu entscheiden (vgl. 3.6.3).

1.2.5.9.2 Punktschätzung

Auch hier ist die A-posteriori-Dichtefunktion $\pi(\theta|D)$ von entscheidender Bedeutung: Zum einen können wir analog zur klassischen Maximum-Likelihood-Methode analytisch die *Maximumsstelle* von $\pi(\theta|D)$ bestimmen: $\frac{d}{d\theta}\pi(\theta \mid D) = 0$. Zum anderen können wir den Erwartungswert von $\pi(\theta|D)$ berechnen: $E[\pi(\theta \mid D)] = \int_{\Theta} \theta \cdot \pi(\theta \mid D) d\theta$ (vgl. mit der klassischen Momentenmethode).

Diese beiden Methoden liefern im Allg. nicht dasselbe Ergebnis für einen bestimmten Parameter θ. Die Resultate können auf die klassischen Eigenschaften wie (asymptotische) Erwartungstreue oder Konsistenz hin untersucht werden (vgl. 3.6.3).

1.2.5.9.3 Bereichsschätzung

Wiederum ziehen wir die A-posteriori-Dichte $\pi(\theta|D)$ heran, um folgende Werte θ_1 und θ_2 zu finden: Für einen vorgegebenen Wert $\gamma \in (0,1)$ suchen wir das Intervall $[\theta_1, \theta_2]$ *minimaler* Länge mit $\int_{\theta_1}^{\theta_2} \pi(\theta \mid D) d\theta = \gamma$. Dieses Intervall $[\theta_1, \theta_2]$ heißt *Höchster-a-posteriori-Dichte-Bereich* (*HPD-Bereich*) für θ. Für „vernünftige" Dichtefunktionen ist dieser Bereich eindeutig (vgl. 3.6.3).

1.2.5.9.4 Prädiktivverteilungen

Mit Hilfe der A-posteriori-Einschätzung können auch stochastische Aussagen über zukünftige Datenerhebungen gemacht werden: Ist Θ endlich, so finden wir $P(X = x \mid D) = \sum_{\theta_i} P(X = x \mid \theta_i) \cdot \pi(\theta_i \mid D)$ nach dem Satz von der totalen Wahrscheinlichkeit. In diese Prognoseverteilung fließen also die A-priori-Einschätzung, die schon gewonnenen Daten und die Versuchsverteilung ein (die ihr zugrundeliegende Zufallsvariable X ist hier als diskret angenommen). Ist Θ überabzählbar, so erhalten wir $p(x \mid D) = \int_{\Theta} P(X = x \mid \theta) \cdot \pi(\theta \mid D) d\theta$ als Prognoseverteilung, wenn X diskret ist (vgl. 3.6.3), und $f(x \mid D) = \int_{\Theta} f(x \mid \theta) \cdot \pi(\theta \mid D) d\theta$ als Prognosedichte, wenn X eine stetige Zufallsvariable mit Dichtefunktion f ist.

1.3 Zur Geschichte der Stochastik

1.3.1 Wahrscheinlichkeitsrechnung

Der *Brockhaus* erklärt den „Zufall" als die „Unbestimmbarkeit eines Ereignisses bzw. seines Eintretens". Wegen der außerordentlichen Bedeutung, die solche zufallsgeprägten, stochastischen Situationen im praktischen Leben und in vielen Wissenschaften haben, hat die Diskussion über das Besondere der stochastischen Situationen eine lange Tradition. Von den Vertretern des klassischen Erkenntnisideals wie *Hobbes* (1588-1679), *Spinoza* (1632-1677), *Leibniz* (1646-1716), *Hume* (1711-1776), *Kant* (1724-1804) u. a. wurde die Auffassung vertreten, dass ein Wissen über stochastische Situationen, ein „wahrscheinliches Wissen" lediglich ein „vorläufiges, unvollständiges Wissen" sei, wobei die Ursache dieser Unvollständigkeit im Wesentlichen in der Unvollständigkeit der verfügbaren Informationen lägen. Die von den genannten und anderen Autoren vertretenen klassischen Erkenntnistheorien mit Prinzipien zur Erkenntnisgewinnung wie dem Kausalitätsprinzip, dem Prinzip eines durchgängigen Determinismus und dem Induktionsprinzip erwiesen sich in neuerer Zeit aber nicht als tragfähig genug, um Erklärungen für neuentdeckte Phänomene in der Natur fundieren zu können. So kam es zu wissenschaftstheoretischen Diskussionen um die Angemessenheit des klassischen Erkenntnisideals besonders im Zusammenhang mit Deutungen von Ergebnissen der Quantenphysik. Während z. B. *Einstein* (1879-1955) eine „quantenstatistische Erkenntnis" als unvollständige Erkenntnis ansah („Gott würfelt nicht"), waren z. B. *Bohr* (1885-1962), *Heisenberg* (1901-1976) und *Schrödinger* (1887-1961) der Meinung, dass „Unbestimmtheit gewissermaßen als physikalische Realität" angesehen werden müsse (*Heisenberg* 1969) und dass eine prinzipielle Trennung von Experiment und Experimentator nicht angenommen werden könne. *Leinfellner (1965)* macht als Erkenntnis- und Wissenschaftstheoretiker die Feststellung: „Man kann ruhig sagen, dass diese Entwicklung (der Anwendung statistischer Methoden in den Geisteswissenschaften (Zus. v. Verf.)) zusammen mit der immer mehr steigenden Anwendung statistischer (wahrscheinlichkeitstheoretischer) Methoden in der Physik (vor allem in der Quantenphysik) die traditionellen Ansichten über die Erkenntnis und das menschliche Wissen von Grund auf umgestaltet hat." *(Leinfellner 1965, 70).* Über die Bedeutung des Wahrscheinlichkeitsbegriffes vom Standpunkt der Psychologie schreibt *Oerter:* „Die richtige Einschätzung von Wahrscheinlichkeiten und zufälligen Ereignissen ist nicht nur für spezifische Ausbildungswege wichtig, sondern hat für die gesamte Lebenseinstellung und das Verständnis von frohen und traurigen Ereignissen größte Bedeutung. Das „Rechnen" mit adäquaten Wahrscheinlichkeiten für Krankheit, Tod, glückliches Zusammentreffen mehrerer günstiger Umstände u. a. m. ermöglicht die intellektuelle Meisterung von Geschehnissen, von denen man ansonsten affektiv überwältigt sein würde" *(Oerter* 1972). *Oerter* weist ferner darauf hin, dass man in Kulturen, in denen der Wahrscheinlichkeitsbegriff kaum verwendet wurde, für gewisse Ereignisse unangemessene Erklärungsversuche und Sinndeutungen wie Aberglaube, Wunderglaube, Lohn und Strafe für begangene Taten u. a. heranzog und bemerkt: „In der modernen Gesellschaft lässt sich ein radikaler Umschwung beobachten, der nicht zuletzt auf die

Verwendung des Wahrscheinlichkeitsbegriffes als Erklärung für Ereignisse anzusehen ist". Wie viele andere mathematische Disziplinen entwickelte sich auch die Stochastik in der Auseinandersetzung mit praktischen Problemen, wobei die Theoriebildung allmählich und in „Erfahrungsschichten" erfolgte (vgl. *Brieskorn* 1974). Nach ersten Darstellungen von Beispielen und Regeln der Stochastik und wichtigen Beiträgen von *Fermat* (1601-1665), *Pascal* (1623-1662), *Huygens* (1629-1695), *Bernoulli* (1655-1705), *de Moivre* (1667-1754), *Bayes* (1702-1761) u. a. faßte *Laplace* (1749-1827) diese zusammen und systematisierte sie unter Verwendung analytischer Methoden in einer Theorie: *Laplace* gilt als Begründer der Wahrscheinlichkeitstheorie. Der weitere Ausbau der Wahrscheinlichkeitstheorie erfolgte im Zusammenhang mit Anwendungen in vielen Wissenschaftsbereichen durch *Gauß* (1777-1855), *Poisson* (1781-1840), *Tschebysheff* (1821-1894), *Markoff* (1856-1922) u. a. Im 20. Jahrhundert wurde dann, wie in anderen Gebieten der Mathematik auch, der Versuch unternommen, die Grundlagen der Wahrscheinlichkeitstheorie zu klären. Hieran beteiligt waren u. a. *von Mises* (1883-1953) und *Kolmogoroff* (1903-1987). Dessen Darstellung der Wahrscheinlichkeitstheorie als axiomatisch-deduktive Theorie normierter Maße auf σ-Algebren hat sich weitgehend durchgesetzt. Durch diese „Trennung von Form und Inhalt", d. h. die methodologische Loslösung mathematischer Begriffe von inhaltlichen Begriffen aus der Realität („Ereignisse" werden als Mengen definiert und nicht z. B. als „Wurf einer „6" mit einem Würfel") wird allerdings besonders bei einer so anwendungsorientierten Theorie wie der Wahrscheinlichkeitstheorie die Frage aufgeworfen, in welchem Zusammenhang ihre formalen Begriffe zur Realität stehen. Bis heute gibt aber es trotz anhaltender Diskussionen keine einheitliche Auffassung über die Methodologie der Anwendung der Wahrscheinlichkeitstheorie, wobei Ziel dieser Anwendung eine Beschreibung von Ausschnitten der Realität und die Gewinnung von bewertbaren Aussagen über die Realität ist. In der grundlagentheoretischen Diskussion über die Methodologie der Anwendung der Wahrscheinlichkeitstheorie spielen heute vor allem eine Rolle: die objektivistische Richtung, vertreten u. a. durch *v. Mises*, *Fisher*, *Neyman*, *Pearson*, *Richter*, *Feller* und *Shafer* und die subjektivistische Richtung, vertreten u. a. durch *DeFinetti*, *Savage*, *Dinges* und *Wickmann.* Zu dieser Diskussion vgl. auch Diepgen (1992). Die genannten Richtungen ergeben sich aus möglichen Interpretationen der Grundbegriffe der formalen Theorie. Solche Interpretationen sind aus Gründen der Methodologie der Theorie und ihrer Anwendung notwendig und sinnvoll:

- Sie stellen einen wesentlichen Aspekt der Methodologie der Anwendung von - Mathematik - hier der Wahrscheinlichkeitstheorie - dar, weil rein mathematisch die Beziehungen zwischen Mathematik und Realität nicht zu beschreiben sind.
- Durch die Interpretation einer Theorie in Form eines widerspruchsfreien Modells ist die Widerspruchsfreiheit dieser Theorie nachweisbar.

Wissenschaftsgenetisch liegt dann folgende Stufung der Begriffsentwicklung vor: intuitiver Wahrscheinlichkeitsbegriff $\rightarrow$ axiomatischer Wahrscheinlichkeitsbegriff $\rightarrow$ - „Begründungsdefinition" als Verbindung formaler Aspekte mit inhaltlichen Deutungen des Wahrscheinlichkeitsbegriffs (vgl. Bd. 1, S. 152f).

In der Wahrscheinlichkeitstheorie geht es um die außerordentlich vielfältigen Wahrscheinlichkeitsräume als mathematische Modelle und ihre Eigenschaften. Solche Wahrscheinlichkeitsräume sind z. B. die, die mit Hilfe der Normalverteilung beschrieben werden. Die Entwicklung ihrer Eigenschaften erfolgt in einem (im Prinzip) rein mathematisch-theoretischen Kontext. Wahrscheinlichkeitsräume besitzen eine große Bedeutung zur Beschreibung von Realitätsausschnitten, weil sie im Prozess der Mathematisierung als Modelle für stochastische Realsituationen verwendet werden. In der Statistik geht es um diesen Mathematisierungsprozess, bei dem ein Zusammenhang zwischen empirischen Daten und diesen mathematischen Modellen hergestellt wird. Zu den einzelnen Schritten im Prozess des Modellbildens vgl. 1.2 und Bd. 1, Kap. 4.

1.3.1.1 *Laplace*scher und geometrischer Wahrscheinlichkeitsbegriff

Zufallsgeräte wie Astragali (bestimmte Knochen von Schafen oder Ziegen) und Würfel wurden schon seit prähistorischer Zeit für Orakel und zum Spielen verwendet. Das Reflektieren über Wahrscheinlichkeiten setzt entsprechend schon sehr früh ein. Überliefert sind z. B. aus der Antike erste Vorstellungen über Grade von Wahrscheinlichkeiten beim Würfeln und über die Stabilisierung von relativen Häufigkeiten (vgl. *Ineichen* 1995). Als das erste Buch zur Wahrscheinlichkeitsrechnung gilt das „Liber de ludo aleae" von *Cardano* (1501-1576). Sehr wichtige Beiträge liefern dann *Huygens, Jakob Bernoulli, de Moivre*, *Laplace*, *Poisson* und *Tschebyscheff. Huygens*' Buch „De rationciniis in ludo aleae" war lange Zeit das Standardwerk zur Wahrscheinlichkeitsrechnung, das eine Sammlung bekannter Probleme mit deren Lösungen und auch neue Probleme enthielt. Von *Bernoulli* stammt das Lehrbuch „Ars conjectandi" zur Wahrscheinlichkeitsrechnung mit Lösungen zu den von *Huygens* noch nicht gelösten Problemen und einer Herleitung des nach ihm benannten Gesetzes der großen Zahlen. Er erklärte die Wahrscheinlichkeit „als Grad der Gewissheit, welcher sich zur Gewissheit wie der Teil zum Ganzen verhält". *De Moivre* musste als Protestant nach England emigrieren, wo er sich als Privatlehrer und Experte für Glücksspiele seinen Lebensunterhalt verdiente. Sein Studium der Arbeiten von *Newton* zur Analysis setzte ihn instand, analytische Methoden bei der Behandlung wahrscheinlichkeitstheoretischer Probleme zu verwenden. Dazu gehörten die quantitative Fassung des *Bernoulli*schen Gesetzes der großen Zahlen, der nach ihm benannte Grenzwertsatz und in diesem Zusammenhang die Entdeckung der Normalverteilung. *Laplace* systematisierte in seiner „Théorie Analytique des Probabilités" die bereits bekannten Ergebnisse der Wahrscheinlichkeitsrechnung unter konsequenter Verwendung analytischer Methoden, entwickelte die Theorie der erzeugenden Funktionen, Hauptsätze der Wahrscheinlichkeitstheorie, die Methode der kleinsten Quadrate der Fehlerrechnung und wandte seine Ergebnisse auf Probleme der Physik, der Astronomie und der Bevölkerungswissenschaft an. Besonders bekannt ist die Diskussion zwischen dem *Chevalier de Méré*, einem ständigen Gast in Pariser Spielsalons, und *Pascal* und *Fermat* über das Problem, warum die Chance für eine „6" bei vier Würfen mit einem Würfel und die Chance für eine Doppelsechs bei 24 Würfen mit zwei Würfeln unterschiedlich sind. Die Analyse dieses und einiger ähnlicher Probleme wie z. B. dem, „Warum kommt die Augensumme 11 beim Würfeln mit drei Würfeln häufiger als die

Augensumme 12?", gab Anlass zu einer systematischen Beschäftigung mit stochastischen Problemen und gilt als die Geburtsstunde der Wahrscheinlichkeitsrechnung (vgl. 1.1.1.1). *Laplace* beschreibt die mathematische Struktur von stochastischen Situationen, wie sie z. B. bei Würfelspielen auftreten, wie folgt: „Die Theorie der Wahrscheinlichkeiten besteht darin, unter allen gleichmöglichen Ereignissen einer Situation die zu bestimmen, die günstig sind und deren Wahrscheinlichkeit man sucht. Die Wahrscheinlichkeit ist dann der Quotient aus der Anzahl der günstigen zur Anzahl aller möglichen Ereignisse." (Übers. v. Verf.). Die Berechnung von Wahrscheinlichkeiten in solchen „*Laplace*-Räumen" erfolgte mit Hilfe kombinatorischer Überlegungen. Von *Gauß* stammen eine wahrscheinlichkeitstheoretische Begründung der Methode der kleinsten Quadrate der Fehlerrechnung und Anwendungen der Wahrscheinlichkeitsrechnung, die insbesondere die große Bedeutung der Normalverteilung zeigten. Wesentliche Beiträge von *Poisson* zur Entwicklung der Wahrscheinlichkeitstheorie sind Verallgemeinerungen des Gesetzes der großen Zahlen und der Grenzwertsätze von *de Moivre-Laplace*, bei denen er die nach ihm benannte Verteilung entdeckte. *Tschebyscheff's* Einfluss auf die Entwicklung der Theorie war sehr groß, obwohl er selbst nur vier Arbeiten zur Wahrscheinlichkeitsrechnung veröffentlicht hat. Neben seinem wichtigen Beitrag zu den Grenzwertsätzen ist von Bedeutung, dass er die für die Theorie zentrale Rolle der Begriffe „Zufallsvariable" und „Erwartungswert" herausgestellt hat.
In vielen der Beiträge zur Entwicklung der Theorie und ihren Anwendungen spielte der *Laplace*sche Wahrscheinlichkeitsbegriff eine besondere Rolle. Angewendet wird die *Laplace*-Wahrscheinlichkeit, wenn es bei endlichen Ergebnismengen keinen Grund gegen die Annahme gibt, dass alle Ergebnisse des Zufallsversuchs gleichmöglich sind. Dieses Prinzip vom „unzureichenden Grunde" wird bei physikalischer, geometrischer o. a. Symmetrie angenommen. Exemplarische Beispiele für die Berechtigung einer solchen Annahme sind Zufallsgeneratoren wie nicht gezinkte Würfel, Münze, Urne, Kartenspiele u. a. Die dann aufgrund der Annahme von „Gleichwahrscheinlichkeit" ermittelten Wahrscheinlichkeiten sind Wahrscheinlichkeiten „a priori" und haben hypothetischen Charakter: Man weiß oder besser man unterstellt *vor* einem Zufallsversuch, mit welcher Wahrscheinlichkeit ein bestimmtes Ereignis eintreten wird. Während *Laplace* und andere bei der Entwicklung des Wahrscheinlichkeitsbegriffs noch davon ausgingen, dass Wahrscheinlichkeiten in dem Sinne objektiv sind, dass sie Eigenschaften jeweils konkreter Zufallsgeneratoren sind, ist man heute der Auffassung, dass auch die *Laplace*-Wahrscheinlichkeiten immer hypothetisch-theoretische Modellannahmen sind, deren Zutreffen aber mit Methoden der beurteilenden Statistik unter vorgegebenen Sicherheitswahrscheinlichkeiten überprüft werden kann. Auch bei der Modellierung von *Laplace*-Experimenten können subjektive Momente eine mehr oder weniger große Rolle spielen. Sollen z. B. n Kugeln auf N Urnen verteilt werden, so ergeben sich je nach Fragestellung, entsprechenden Festlegungen und Randbedingungen unterschiedliche Symmetrien, die das die Situation beschreibende Modell unterschiedlich prägen. Dieses Beispiel dafür, „dass es *verschiedene* Symmetrien in *einer* physikalischen Situation geben kann. Wahrscheinlichkeit kann daher nicht als eine Eigenschaft angesehen werden,

die realen Objekten innewohnt, sondern lediglich als Ergebnis unseres Bemühens, Realität zu modellieren" hat durchaus eine große Bedeutung zur Beschreibung wichtiger Verteilungsprobleme der Physik, bei denen es darum geht, Teilchen (Moleküle, Atome, Elektronen, Photonen,...) auf Zellen eines Phasenraumes zu verteilen: n Kugeln sollen auf N Urnen verteilt werden (vgl. 1.1.1.2).

Die *geometrische* Wahrscheinlichkeit stellt eine Erweiterung des Begriffs der *Laplace*-Wahrscheinlichkeit dar. Wahrscheinlichkeiten werden hier als Verhältnisse von Flächeninhalten oder Streckenlängen dargestellt. Als Beispiel dient in der Regel das Glücksrad. Hier gilt:

Die Wahrscheinlichkeit, beim Drehen des Glücksrades einen bestimmten Kreissektor (Ereignis A) zu treffen, ergibt sich zu:

$P(A)$=günstiger Flächeninhalt/gesamter Flächeninhalt.

Anders als bei den o. a. Beispielen treten hier als *Laplace*-Wahrscheinlichkeiten nicht nur rationale, sondern auch irrationale Zahlen auf. Auch an Beispielen für die geometrische Wahrscheinlichkeit lässt sich zeigen, dass die Modellierung einer stochastischen Situation nicht eindeutig durch „objektive" Bedingungen der Situation festgelegt ist, sondern auch durch subjektive Fragestellungen und Interpretationen mitbestimmt wird. Beispiele sind sogenannten Paradoxa der Stochastik. Auf den ersten Blick klare und übersichtliche Fragestellungen haben z. T. überraschende Lösungen, wobei die Beziehung Objekt - erkennendes Subjekt unter dem Gesichtspunkt von Bedingungen der Modellbildung in den Blick genommen werden kann. Ein bekanntes Beispiel ist das Paradoxon von *Bertrand* (1889):

Beispiel 1: In einem Kreis wird beliebig eine Sehne gezogen. Wie groß ist die Wahrscheinlichkeit dafür, dass diese Sehne länger ist als die Seite eines dem Kreis einbeschriebenen gleichseitigen Dreiecks?

Für dieses Beispiel geben *Heller* u. a. (1979) fünf Lösungen an, die für die jeweiligen Interpretationen der Aufgabenstellung korrekt sind.

Bertrand schlägt folgende Lösungen vor:

- Man betrachtet alle Sehnen, die von einem Eckpunkt des Dreiecks gezogen werden können und bildet das Verhältnis der Winkel. Man erhält für die Wahrscheinlichkeit den Wert 1/3.
- Man betrachtet alle Sehnen, die senkrecht zur Mittelsenkrechten des Dreiecks gelegt werden können und bildet das Verhältnis entsprechender Strecken. Man erhält für die Wahrscheinlichkeit den Wert 1/2.
- Man betrachtet die Sehnen, deren Mittelpunkte im Inkreis des Dreiecks liegen, und die Sehnen, die außerhalb des Inkreises liegen, und bildet dann das Verhältnis von Inkreisfläche zur Fläche des gesamten Kreises. Man erhält für die Wahrscheinlichkeit den Wert 1/4.

Für eine Diskussion dieses und anderer Beispiele vgl. auch *Bentz* (1990), *v. Harten/Steinbring* (1984), *Kütting* (1994), *Meyer* (1993).

Der klassische Wahrscheinlichkeitsbegriff nach *Laplace* ist vordergründig ein „einfacher" Wahrscheinlichkeitsbegriff, weil er als Kern die einfache Konzeption der Gleichwahrscheinlichkeit besitzt. Dieser „Einfachheit" des Konzeptes „Gleichwahrscheinlichkeit" und seiner Zugänglichkeit entspricht aber eine Reihe von Grenzen und Beschränkungen: Als Bedingungen, Grenzen und Probleme des klassischen Wahrscheinlichkeitsbegriffs werden angesehen:

- Der Begriff „Wahrscheinlichkeit" ist im Rahmen der axiomatisch aufgebauten Wahrscheinlichkeitstheorie ein zirkelfreier Begriff. Dies gilt auch für die rein formal-mathematische Fassung des *Laplace*-Wahrscheinlichkeitsbegriffs. Nach Auffassung einiger Autoren entsteht ein unauflösbarer Zirkel allerdings bei inhaltlichen Interpretationen. Will man z. B. die Stochastik des Würfelwurfs mathematisieren, so nimmt man bei einem regulär erscheinenden Würfel nach dem Prinzip vom unzureichenden Grunde, also bei Unwissenheit über die wahren Eigenschaften des Würfels, an, dass alle Ausfälle „1",...„6" „gleichmöglich" und damit „gleichwahrscheinlich" sind. „Gleichmöglich" und „gleichwahrscheinlich" seien also letzten Endes identisch. Der Versuch, die „Gleichwahrscheinlichkeit" inhaltlich zu begründen, müsste also zu einem Zirkel oder zu einem regressus ad infinitum führen. *Ineichen* (1995) bestreitet diese Auffassung und verweist auf das Analogon der Geometrie, wo ja die Länge einer Strecke nicht absolut festgelegt ist, sondern nur durch Festlegungen über eine Längeneinheit zum Vergleich von Längen. So wie man mit dem Zirkel in der Geometrie theoretisch und praktisch gleiche Längen konstruiere, so konstruiere man mit Würfel und Münze theoretisch und praktisch gleiche Wahrscheinlichkeiten.
- Die Anwendung des *Laplace*-Wahrscheinlichkeitsbegriffs erfolgt nach dem „Prinzip vom unzureichenden Grunde". Dieses Prinzip wird häufig akzeptiert bei Vorliegen von physikalischer oder anderer Symmetrie. Eine solche Annahme ist aber immer Folge der subjektiven Bewertung einer stochastischen Situation. Deswegen hat die Anwendung der *Laplace*-Wahrscheinlichkeit immer auch einen subjektiven und hypothetischen Charakter. „Objektivität" in dem Sinne, dass eine solche Modellannahme mit bestimmter Sicherheit gelten soll, lässt sich im konkreten Fall nur herstellen durch Überprüfung mit Hilfe eines stochastischen Experimentes.
- Der Begriff der *Laplace*-Wahrscheinlichkeit ist begrenzt auf endliche Ereignisräume. Der Begriff versagt oder muss wie im Fall der geometrischen Wahrscheinlichkeit erweitert werden, wenn die Ergebnismenge von der Mächtigkeit des Kontinums ist. Dies ist etwa der Fall bei Wahrscheinlichkeitsräumen, die der Normalverteilung zugrunde liegen.
- Mit Hilfe der *Laplace*-Wahrscheinlichkeit ist keine Modellbildung möglich in den Fällen, wo eine stochastische Situation keine Symmetrie aufweist. Dies ist z. B. schon der Fall für den Wurf einer Heftzwecke oder eines unsymmetrischen Würfels. Entsprechend können viele stochastische Anwendungssituationen nicht mit *Laplace*-Räumen modelliert werden. Beispiele sind Meinungsumfragen, die Lebenserwartung eines 20-jährigen, die Bewertung verschiedener Lebensrisiken (Rauchen, Alkohol, Teilnahme am Straßenverkehr, „Gifte" in Nahrungsmitteln usw.) usw.

1.3.1.2 Frequentistischer Wahrscheinlichkeitsbegriff

Wenn sich stochastische Situationen nicht mit Hilfe der *Laplace*-Wahrscheinlichkeit modellieren lassen, kann man in diesen Fällen versuchen, mit Hilfe statistischer Erhebungen zu aussagekräftigen Modellierungen zu kommen. So wurde schon zur Zeit von *Laplace* mit Erwartungswerten und relativen Häufigkeiten umgegangen, wie sie bei Massenerscheinungen etwa im Bereich der politischen und Sozialstatistik auftraten. Mit den

gewaltigen Fortschritten in den Naturwissenschaften und der Technik im 19. und 20. Jahrhundert, und zwar sowohl hinsichtlich der empirisch wie auch der theoretisch gewonnenen Erkenntnisse, stellte sich für die Stochastik das Problem, eine Begründung für das Messen von Wahrscheinlichkeiten bei Massenerscheinungen über relative Häufigkeiten zu gewinnen, weil eben in diesen Wissenschaften die Häufigkeitsdefinition eine sehr große Rolle spielte.
Schon im 18. Jahrhundert beschäftigte man sich mit der mathematischen Analyse des Phänomens der Stabilisierung relativer Häufigkeiten eines Ereignisses bei unabhängigen Wiederholungen eines Zufallsexperimentes unter gleichen Bedingungen. *Bernoulli* und *de Moivre* entwickelten erste Grenzwertaussagen über das Verhalten (theoretisch definierter) relativer Häufigkeiten. *Bernoulli* leitete im rein theoretischen Rahmen der Wahrscheinlichkeitstheorie das nach ihm benannte Gesetz der großen Zahlen her: $\lim_{n \to \infty} P(|H_n - p| < \varepsilon) = 1$, wobei die Wahrscheinlichkeiten P und p auf verschiedenen Ebenen liegen. Die hier formulierte Konvergenz ist eine stochastische Konvergenz. Sie bedeutet *nicht*, dass für ein beliebiges $\varepsilon > 0$ von einem gefundenen n_0 ab die Werte von H_n für $n > n_0$ im Intervall $]p-\varepsilon, p+\varepsilon[$ liegen, sie besagt nur, dass dies mit großer Wahrscheinlichkeit der Fall ist. Das allein aus der Theorie ableitbare *Bernoulli*sche Gesetz der großen Zahlen korrespondiert mit dem empirischen Gesetz der großen Zahlen, das die beobachtbare Stabilität empirisch ermittelter relativer Häufigkeiten beschreibt. Im 19. Jahrhundert entwickelten *Poisson* und *Gauß* mit nach ihnen benannten Verteilungen Modelle zur Beschreibung von Massenphänomenen. Anwendung fanden diese und andere Entwicklungen der Theorie bei der Beschreibung und Analyse von stochastischen Massenphänomenen, die mit dem Aufkommen der Industrie auftraten: In der industriellen Massenproduktion gab es einen neuen Typ von Wiederholungen eines Experiments, deren zufallsbedingte Eigenschaften z. B. in der Qualitätskontrolle eine Rolle spielten und zu untersuchen waren. Es lag in diesem Zusammenhang nahe, den Wahrscheinlichkeitsbegriff frequentistisch zu begründen und die Wahrscheinlichkeit eines Ereignisses A, das in einer Folge von Ausführungen des gleichen Zufallsexperimentes auftritt, zu definieren als den Grenzwert der relativen Häufigkeiten in einer (in der Realität nicht möglichen) unendlichen Folge von Wiederholungen des Experiments: $P(A) = \lim_{n \to \infty} h_n(A)$. Ein solcher Begründungsversuch wurde im 20. Jahrhundert durch *v. Mises* unternommen. Damit sollte insbesondere ein entscheidender Mangel der *Laplace*schen Theorie vermieden werden, der in ihrer beschränkten Anwendbarkeit bestand. *V. Mises* orientierte sich bei seiner Definition des Wahrscheinlichkeitsbegriffs in methodologischer Hinsicht an den Naturwissenschaften wie z. B. der Mechanik, die außerordentliche Erfolge in der Beschreibung von Realitätsauschnitten erzielt hatten. Er definierte Wahrscheinlichkeit als Grenzwert, der bei einem „Kollektiv", das ist „...eine Gesamtheit von Vorgängen oder Erscheinungen, die sich in einzelnen Merkmalen oder Beobachtungen unterscheiden...", auftreten kann: „Wir verlangen von einem Kollektiv, auf das die Wahrscheinlichkeitsrechnung anwendbar sein soll, die Erfüllung zweier Forderungen: Erstens muss die relative Häufigkeit, mit der eine bestimmte Merkmalsausprägung in der Folge auftritt, einen

Grenzwert besitzen, und zweitens: Dieser Grenzwert muss unverändert bleiben, wenn man aus der Gesamtfolge irgendeine Teilfolge willkürlich heraushebt und nur diese betrachtet." (*v. Mises* 1972). Gegen diese Definition ist besonders eingewandt worden, dass Art und Bedingungen der Grenzwertbildung methodologisch nicht haltbar seien. Spätere Untersuchungen haben aber nach Ansicht ihrer Vertreter gezeigt, dass eine frequentistische Begründung des Wahrscheinlichkeitsbegriffs durchaus möglich ist (*Schnorr* 1971). Unabhängig von der epistemologischen Frage nach der Gültigkeit einer solchen Begründung stellt *Bernoulli*s Gesetz der großen Zahlen die Grundlage zur praktischen „Messung" von Wahrscheinlichkeiten dar. *Borovcnik* (1992) stellt in Bezug auf dieses Verfahren fest: „Wahrscheinlichkeit ist bei diesem experimentellen Zugang eine physikalische Größe, die einem Gegenstand (einer Versuchsanordnung) zukommt. ... Folgende Eigenschaften kennzeichnen dieses Messverfahren:

- Wahrscheinlichkeit wird durch wiederholte Messung wie eine physikalische Größe gemessen.
- Die Ergebnisse der Messungen werden genauer je größer der Umfang der Messserie ist; dieses bereitet das *Bernoulli*-Gesetz der großen Zahlen intuitiv vor.
- Ist das Messverfahren in Ordnung, so kann man bei (fiktiver) Kenntnis des zu messenden Wertes die Messergebnisse in etwa voraussagen.
- Das Messverfahren muss bestimmten Bedingungen unterliegen; erst die stochastische Unabhängigkeit der einzelnen Versuche führt zu einer Binomialverteilung für die theoretischen absoluten Häufigkeiten."

Nach diesem Messverfahren werden Wahrscheinlichkeiten so gemessen:
Sei $h_n(A)$ die relative Häufigkeit, mit der ein Ereignis A bei n unabhängigen Wiederholungen eines Zufallsexperiments auftritt, dann gilt: Mit wachsendem n wird $h_n(A) \approx p$. Dieses p kann als Schätzwert der Wahrscheinlichkeit $P(A)$ angesehen werden (vgl. *Vansco* 1998).

Es muss aber nochmals festgehalten werden, dass dieses „empirische Gesetz" kein Gesetz der Stochastik ist in dem Sinne, dass es theoretisch hergeleitet werden kann, es stellt nur eine von der Theorie unabhängige Beschreibung der Beobachtungen dar, die bei Wiederholungen von Zufallsexperimenten gemacht werden können, und kann bei einer entsprechenden Modellbildung auch immer nur die Rolle einer Hypothese bilden. Weil sich diese Schätzung aufgrund einer Versuchsserie ergibt, liefert die Bestimmung der Wahrscheinlichkeit $P(A)$ aufgrund des empirischen Gesetzes der großen Zahlen eine A-posteriori-Wahrscheinlichkeit. So plausibel die A-posteriori-Bestimmung von Wahrscheinlichkeit mit Hilfe relativer Häufigkeiten auf den ersten Blick auch sein mag, so schwierig sind aber seine epistemologischen Begründungen und die Entwicklung von tieferem Verständnis für die Möglichkeiten dieser „A-posteriori"-Bestimmung von Wahrscheinlichkeiten über relative Häufigkeiten. Bei der Anwendung der entsprechenden Interpretationsregel sind unter anderem folgende Aspekte zu beachten:

- In den meisten Darstellungen der Wahrscheinlichkeitstheorie wird heute darauf verzichtet, den Wahrscheinlichkeitsbegriff mathematisch-logisch auf die stochastische Konvergenz von Häufigkeitsfolgen zu gründen, vielmehr betrachtet man ihn als einen

Grundbegriff einer axiomatisch-deduktiv aufgebauten Theorie. Gleichzeitig nimmt man aber an, dass es in der Realität objektive Wahrscheinlichkeiten gibt wie physikalische Größen und dass der intuitive Wahrscheinlichkeitsbegriff sich durch die Erfahrung dieser Realität herausgebildet hat. Über den Zusammenhang der mathematischen Theorie mit der Realität macht die Mathematik selbst keine Aussagen. Vielmehr benötigt man eine außermathematische Anwendungsvorschrift. Man sieht sie durch Annahmen über die Reproduzierbarkeit eines Zufallsexperimentes, die Unabhängigkeit der Ergebnisse jeweils (physikalisch) unabhängiger Experimente und vor allem das sog. *Cournot*sche Prinzip gegeben (*Richter* 1966, 52). Durch dieses Prinzip wird die Begründung des Wahrscheinlichkeitsbegriffs nicht als Definition aufgrund einer mathematisch-logischen Beziehung, sondern als Interpretation im Falle „praktischer Sicherheit" der Konvergenz einer Zufallsfolge vorgenommen. Damit ist klar, dass diese Interpretation im Einzelfall nicht mit mathematisch-logischer, sondern nur mit praktischer Sicherheit gilt. Allerdings sind sowohl die allgemeine Begründung des *Cournot*schen Prinzips als auch seine Anwendung im Einzelfall - wie plausibel sie hier auch sein mag - mit Schwierigkeiten verbunden, so dass auch die Häufigkeitsinterpretation nicht unproblematisch ist (vgl. *Schreiber* 1979).

– Die Konvergenz betrifft nicht empirische Folgen von relativen Häufigkeiten (die ja immer endlich sind!), sondern die Folgen von im Modell erklärten Zufallsvariablen H_n.
– Endliche empirische Folgen relativer Häufigkeiten haben keine Grenzwerte, die relativen Häufigkeiten stellen Schätzungen von Wahrscheinlichkeit dar.
– Unendliche Folgen von im Modell erklärten relativen Häufigkeiten als Zufallsvariablen können „konvergieren": Es ist so, dass unter Annahme der Gültigkeit des starken Gesetzes der großen Zahlen „fast alle" solche Häufigkeitsfolgen einen Grenzwert besitzen. Die Konvergenz in der Analysis ist *nicht* identisch mit der stochastischen Konvergenz. Hier bedeutet $P(|H_n-p|<\varepsilon)\geq 1-\eta$, dass sich bei gegebenem $\varepsilon>0$ und einer beliebigen Schranke η ein n_0 finden lässt, so dass für alle $n\geq n_0$ die Wahrscheinlichkeit dafür, dass $|H_n-p|<\varepsilon$, mindestens $1-\eta$ wird. Frequentistisch wird die Abweichungswahrscheinlichkeit P so interpretiert, dass bei sehr vielen *Bernoulli*-Ketten in etwa $(1-\eta)\cdot 100\%$ der Fälle solcher Ketten Werte h_n von H_n in das Intervall $]p-\varepsilon;p+\varepsilon[$ fallen. Die Art der Bewertung der Wahrscheinlichkeit p „ist mathematisch nicht beantwortbar. Im praktischen Leben kommt es auf die Wichtigkeit der Ereignisse an, mit denen man es zu tun hat." (*Heigl/Feuerpfeil* 1981).
– Die Möglichkeit, Wahrscheinlichkeiten als „Grenzwerte von Häufigkeitsfolgen" aufgrund von stochastischer Konvergenz zu definieren, wird heute kaum mehr bestritten (*Schnorr* 1971, vgl. auch *Kütting* 1994, *Schreiber* 1982, *v. Harten/Steinbring* 1984).
– Auch bei dieser frequentistischen Definition von Wahrscheinlichkeit lässt sich nach Auffassung einiger Autoren allerdings ein Zirkel nicht vermeiden: Die Beziehung zwischen der relativen Häufigkeit H_n und der unbekannten Wahrscheinlichkeit p wird selbst wieder mit Hilfe des Begriffs Wahrscheinlichkeit beschrieben. Der Wahr-

scheinlichkeitsbegriff ist also selbst Voraussetzung für die Formulierung des *Bernoulli*-Theorems.

1.3.1.3 Subjektivistischer Wahrscheinlichkeitsbegriff

Der frequentistische Wahrscheinlichkeitsbegriff besitzt ein weites Anwendungsfeld und stellt die Grundlage der klassischen Statistik dar. Auch dieser Wahrscheinlichkeitsbegriff besitzt aber Grenzen: Zu der Begrenztheit dieses Konzeptes merkt *Wickmann* (1990) an: „Die frequentistische Interpretation von Wahrscheinlichkeit ist eine objektivistische Interpretation, insofern sie von der Vorstellung einer objektiv existierenden Wahrscheinlichkeit p ausgeht, deren Wert durch lange Versuchsreihen $n \to \infty$ beliebig eng eingegrenzt werden kann. ... Die Schwäche dieses Konzepts liegt in seiner beschränkten Anwendbarkeit, denn tatsächlich ist n in der endlichen Welt, in wir leben, notwendigerweise endlich, meistens sogar recht klein, so dass von $n \to \infty$ in praxi nicht, meist nicht einmal in annehmbarer Näherung, die Rede sein kann, was viele der bereits behandelten Beispiele ausweisen (immer dann, wenn sich die Stichprobeninformation aus historischen, ethischen, finanziellen oder sonstigen Gründen nicht vermehren lässt; die „Fließbandsituation" ist selten gegeben)." *Wickmann* ist der Auffassung, dass die *Bayes*-Statistik auf der Grundlage des subjektiven Wahrscheinlichkeitsbegriffs eine bessere Lösung des Anwendungsproblems der Stochastik liefert als die klassische Statistik (vgl. 1.2.5.9 und 3.6). Die subjektivistische Interpretation des Wahrscheinlichkeitsbegriffs bezieht in die Modellierung einer stochastischen Situation alle Informationen ein, auch die informellen. Um die Rolle zu charakterisieren, die solche Informationen bei der Beurteilung eines Sachverhaltes spielen können, gibt *Wickmann* (1990) folgendes Beispiel an: Ein Betrunkener wird auf seine hellseherischen Fähigkeiten getestet. Er sagt alle zehn Münzwürfe richtig voraus. Bei einer Irrtumswahrscheinlichkeit von $\alpha=0{,}05$ wird die Hypothese „Der Mann hat hellseherische Fähigkeiten" nach den formalen Regeln der klassischen Statistik nicht verworfen. Ein *Bayes*-Statistiker würde sagen: „Die Testperson hat Glück gehabt." Dieses Beispiel übertreibt etwas, denn auch ein Vertreter der klassischen Statistik würde nicht anders urteilen. Er würde auch einräumen, dass auch in der klassischen Statistik subjektive Bewertungen unerlässlich sind, etwa bei der Wahl von Hypothesen, von Testverfahren, vom Signifikanzniveau, bei Interpretationen von Ergebnissen u. a. Für Subjektivisten sind „Wahrscheinlichkeiten" keine „objektiven" Eigenschaften von stochastischen Systemen, sondern Ausdruck für den Grad der Überzeugung, dass ein bestimmtes Modell für eine konkrete stochastische Situation gültig ist. Der Grad der Überzeugung ist dabei abhängig von den Informationen, die der Subjektivist von der Situation hat und von seiner Bewertung dieser Informationen. Erhält der Subjektivist neue Informationen, so wird sich u. U. seine Einschätzung der Situation ändern. Dieses stellt dann ein „Lernen aus Erfahrung" dar. Da die Bewertungen von stochastischen Situationen immer subjektiv sind, kann „Objektivität einer Wahrscheinlichkeitsbewertung" in einer intersubjektiven Übereinstimmung solcher Bewertungen bestehen oder darin, dass genügend viele „objektive" Informationen vorliegen.

1.3.1.4 Axiomatischer Wahrscheinlichkeitsbegriff

Trotz des bedeutenden Ausbaus der Theorie durch die genannten und andere Autoren blieb die Entwicklung der Grundlagen dieser Theorie hinter der anderer mathematischer Theorien zurück. Diese die Mathematik des ausgehenden 19. und vor allem die des 20. Jahrhunderts charakterisierende Entwicklung war der Versuch, mathematische Theorien von den ontologischen Bindungen zu lösen, die ihre jeweiligen Entstehungsgeschichten geprägt haben. Während *Hilbert* (1862-1943) dies aber schon um die Jahrhundertwende für die Geometrie leistete, indem er sie nun als axiomatische Theorie aufbaute, gelang dies für die Wahrscheinlichkeitstheorie erst 1933 durch *Kolmogoroff.* Er legte in seinen „Grundbegriffen der Wahrscheinlichkeitsrechnung" ein Axiomensystem vor, das sich als gemeinsamer formaler Unterbau bewährt und durchgesetzt hat: Es wird als formaler Rahmen von den verschiedenen Schulen der Stochastik wie der klassischen oder der *Bayes*ianischen verwendet. In diesem Aufbau wird die Wahrscheinlichkeit als bestimmte Mengenfunktion auf einer Ereignisalgebra definiert (vgl. 1.1.1.2) Das Wahrscheinlichkeitsmaß ist also eine Funktion, die den Mengen einer Ereignisalgebra über einer Ergebnismenge Ω, die die Eigenschaften einer *Boole*schen Algebra besitzt, eine reelle Zahl des Intervalls $[0;1]$ zuordnet. Eine solche Zuordnung ist immer möglich, wenn die Ereignisalgebra endlich ist. In diesem Fall wird in der Regel $\mathfrak{P}(\Omega)$ als Ereignisalgebra verwendet. Ist die Menge Ω unendlich, so ist dies nicht mehr ohne weiteres möglich. Man kann z. B. die Wahrscheinlichkeit dafür ermitteln, dass die Größe eines neugeborenen Kindes zwischen 46cm und 58cm beträgt (über 90% nach einer Untersuchung). Verwendet man als Modell der Größenverteilung eine stetige Verteilung (Normalverteilung), so gilt für die Wahrscheinlichkeit einer bestimmten Größe zwischen 46cm und 58cm, z. B. 50cm, $P(X\text{=50cm})=0$. Schon in unendlich-diskreten Wahrscheinlichkeitsräumen gibt es nicht unendlich viele unabhängige und gleichwahrscheinliche Ereignisse A_n mit $0<P(A_n)<1$. Dies bedeutet, dass für manche Wartezeitaufgaben der diskrete Rahmen nicht angemessen ist (*Pfeifer* 1992). Solche und andere Feststellungen folgen aus der Maßtheorie, nach der nicht allen beliebigen Teilmengen aus $\mathbb{R}$ eine reelle Zahl als Maß so zugeordnet werden kann, dass die Eigenschaften (K1)–(K3) gelten. Entsprechend stellt auch $\mathfrak{P}(\mathbb{R})$ keine Algebra dar, deren Elemente alle messbar sind, sie ist deshalb als Ereignisalgebra ungeeignet. Nach einem Satz von *Stone* ist es möglich und üblich, Ereignisalgebren darzustellen als Systeme von geeigneten Teilmengen aus Ω (σ-Algebra). $\mathfrak{P}(\mathbb{R})$ bildet keine σ-Algebra, wohl aber der von der Menge der halboffenen Intervalle von $\mathbb{R}$ erzeugte *Borel*sche Mengenkörper $\mathfrak{B}$. Eine „Veranschaulichung" dieser Problematik ist möglich durch das „Zielscheibenproblem" (vgl. *Bauer* 1968, *Renyi* 1971). Von besonderer Bedeutung sind die Messräume $(\mathbb{R}^n,\mathfrak{B}^n)$, weil man Wahrscheinlichkeitsräume mit Hilfe von Zufallsvariablen als Messbaren Abbildungen auf solche „projizieren" und damit das Studium von Maßfunktionen zurückführen kann auf solche, die auf *Borel*schen Mengenkörpern über $\mathbb{R}^n$ gegeben sind. Dies ist deswegen bedeutsam, weil dann als Mittel entsprechender Untersuchungen solche der Analysis bereitstehen. Sie werden angewendet bei Untersuchungen der Eigenschaften von Verteilungen von Zufallsvariablen, die eine sehr wichtige Rolle als Modelle von stochastischen Situationen spielen, und bei Anwendungen dieser Modelle in der Statistik. Beispiele sind Modelle, mit denen zufallsbedingte zeitliche oder räumliche Verläufe beschrieben werden:

Beispiel 2: (*Kolonko*, 1996, 95) Die Zufallsvariable X, die die Lebensdauer eines bestimmten elektrischen Bauelementes beschreibt, besitzt die Verteilungsfunktion $F(t)=e^{-at}$ und ist damit reellwertig. Dies bedeutet, dass das Ereignis „Die Lebensdauer ist größer als t (Stunden)" durch das Intervall $X>t$ beschrieben wird und es gilt: $P(X>t)=1-F(t)$. Ferner gilt $P(X=t)=0$ für alle $t\in\mathbb{R}$.

Eine besonders wichtige stetige Verteilung ist die Normalverteilung, die sowohl im Rahmen der Wahrscheinlichkeitstheorie wie auch für deren Anwendungen eine bedeutende Rolle spielt.

Gebiete der Wahrscheinlichkeitstheorie, die in den letzten Jahrzehnten eine große Bedeutung für Anwendung in den Natur- und Wirtschaftswissenschaften erlangt haben, sind die Theorien der stochastischen Prozesse und der stochastischen Optimierung:

- Die Theorie der stochastischen Prozesse liefert Modelle für Zufallsprozesse, bei denen sich die Zufallsvariablen zeitlich dynamisch verhalten. Ein bekanntes Beispiel ist die Modellierung von Warteschlangen bei Bediensystemen: Hier besteht der stochastische Prozess in den zufälligen zeitlichen Veränderungen der Anzahl der zu einem bestimmten Zeitpunkt wartenden Kunden.
- Die stochastische Optimierung kann in vielen Fällen eingesetzt werden, in denen die deterministischen Verfahren der klassischen Optimierung nicht oder nicht effektiv eingesetzt werden können. Dies z. B. der Fall, wenn zwar die Zielfunktion explizit gegeben ist, die Anzahl der Variablen aber sehr groß ist. Fälle dieser Art treten im naturwissenschaftlich-technischen Bereich auf. Auch wenn die Zielfunktion sehr komplex ist oder nicht explizit angebbar ist wie etwa bei der Produktionsplanung, der Bilderkennung oder *VLSI*-Entwürfen werden die Methoden der stochastischen Optimierung angewendet. Eine Unterrichtseinheit zur stochastischen Optimierung stellt *Meyer* (1998) vor.
- Stochastische Differentialgleichungen spielen eine wesentliche Rolle bei der mathematischen Modellierung von Bewertungen von Finanzderivaten. Als berühmtes Beispiel sei die Black-Scholes-Formel zur Bewertung von Optionen genannt (Nobelpreis 1997 für Wirtschaftswissenschaften).

1.3.2 Statistik

Die Statistik begründet und entwickelt als Wissenschaft Methoden zur Behandlung empirischer Daten. Dabei dienen die Methoden der beschreibenden Statistik der Beschreibung stochastischer Situationen, während die der beurteilenden Statistik begründete Schlüsse auf die Struktur stochastischer Situationen ermöglichen sollen. Sie beschäftigt sich also gerade mit dem Feld, das, wie oben ausgeführt, als wichtiges Aufgaben- und Zielgebiet des Mathematikunterrichts gilt: der Mathematisierung von Sachverhalten der Wirklichkeit, so wie sie in vielen Bereichen der Wissenschaften, der Wirtschaft, des öffentlichen und privaten Lebens auftreten. Wie im vorstehenden angedeutet, setzt aber die Statistik die Wahrscheinlichkeitsrechnung in ganz wesentlicher Weise voraus. Man gibt für die

Entwicklung der Statistik drei Wurzeln an: die *amtliche*, die *politische* und die *Universitäts*statistik.
Anfänge der *amtlichen* Statistik finden sich schon in alten Kulturen. Bekannt sind z. B. Statistiken, die in Ägypten um das Jahr 3000 v. Chr. erhoben worden sind im Zusammenhang mit der Organisation des Pyramidenbaus. Weitere Beispiele sind Volkszählungen, wie der auch in der Bibel erwähnte Römische Census, Landvermessungen oder Viehzählungen. *Kütting* (1994) zitiert eine Reihe von Quellen, in denen solche Statistiken beschrieben werden. Diese Erhebungen hatten häufig den Zweck, eine Grundlage für die Berechnung von Abgaben bereitzustellen. Statistiken solcher Art mit ähnlicher Zielsetzung sind auch im Mittelalter erhoben worden.
Der eigentliche Beginn der Statistik liegt aber im 17. Jahrhundert und erfolgt mit der Entwicklung der *politischen* Statistik, mit der man versuchte, stochastische Situationen im wirtschaftlichen und sozialen Bereich (Bevölkerungsentwicklung, Heereswesen, wirtschaftliche Entwicklung) einer genaueren Analyse zugänglich zu machen. Den Statistikern in dieser Zeit ging es nicht nur um praktisch verwertbare Erkenntnisse, sondern auch um Fragen nach Regelmäßigkeiten von Massenerscheinungen und den Ursachen dafür. Zu nennen sind hier zunächst *Graunt* (1620-1674) und *Petty* (1623-1687) mit Untersuchungen zur Bevölkerungsentwicklung. Der Astronom *Halley* (1656-1742, nach ihm wurde der gleichnamige Komet benannt) stellte 1693 aufgrund der Daten aus den Kirchenbüchern Breslaus erstmals eine Sterbetafel als Grundlage für eine Lebensversicherung zusammen. Die Tafel enthielt Angaben darüber, wie viele von 100000 Neugeborenen das 1.,2.,...,n-te Lebensjahr erreichten. In dieser Zeit lag auch der Beginn der beurteilenden Statistik, deren Weiterentwicklung mit den Fortschritten in der Wahrscheinlichkeitsrechnung zusammenhing.
Im 19. Jahrhundert kam es an den Universitäten zu einem raschen Aufschwung der Statistik unter Einbezug von Konzepten und Methoden der Wahrscheinlichkeitstheorie. Anwendungsorientierte Ziele waren Problemlösungen in vielen Anwendungsgebieten wie Biologie, Ökonomie, Physik. Erwähnt sei der Belgier *Quetelet* (1796-1874), der als Begründer der Sozialstatistik gilt und versucht hat, mit Hilfe der Statistik Gesetze menschlichen Zusammenlebens zu finden. So stellte er in seinem Buch „Über den Menschen und die Entwicklung seiner Fähigkeiten oder Versuch einer Physik der Gesellschaft" (1835) einen aus seinen Erhebungen errechneten „mittleren Menschen" vor. Wesentliche Beiträge zur Entwicklung der Statistik werden dann im Zusammenhang mit Untersuchungen biologischer Massenerscheinungen gemacht. Zu nennen ist hier *Galton* (1822-1911, Vetter von *Darwin*) mit Arbeiten zur Biostatistik, in denen er das *Galton*brett zur Demonstration der Binomialverteilung und die Korrelationsrechnung und weiter die χ^2-Verteilung zur Datenanalyse entwickelt. Standen weitgehend Methoden der Statistik zur Beschreibung und Analyse von Gesamterhebungen im Vordergrund, so kam es im 20. Jahrhundert unter Einbeziehung von Ergebnissen der schon weit entwickelten Wahrscheinlichkeitstheorie zur Begründung der induktiven Statistik, deren Methoden es möglich machten, mit vorgegebenen Sicherheiten von Daten aus repräsentativen Teilerhebungen auf Gesamtheiten zu schließen. Zu nennen sind hier *Fisher* (1890-1962), *Pearson*

(1895-1980) und *Neymann* (1894-1981). Sie haben die klassische induktive Statistik als Theorie aufgebaut und hatten sowohl einen herausragenden Anteil an der Entwicklung von Methoden der beurteilenden Statistik wie auch an der Systematisierung dieser Methoden durch Theoriebildung. Ihre Theorie der klassischen mathematischen Statistik liefert die mathematischen Verfahren, statistische Hypothesen zu überprüfen, indem nach einem Versuchsplan aufgrund von Stichproben mit Hilfe mathematischer Verfahren eine Entscheidung über Ablehnung oder Nichtablehnung einer Hypothese herbeigeführt wird (vgl. 1.2.5.7). Heute spielt die Statistik in vielen Anwendungsbereichen eine überragende Rolle, nicht zuletzt ermöglicht durch den heutigen Stand elektronischer Datenverarbeitung. Wie reichhaltig die Verfahren der Statistik heute sind erkennt man z. B. schon daran, dass die Handbücher zu dem professionellen Statistikpaket *STATISTICA* einen Umfang von ca. 4000 Seiten haben.
In neuerer Zeit spielt neben der klassischen schließenden Statistik eine andere Form der induktiven Datenanalyse eine Rolle, die Explorative Datenanalyse (*EDA*, vgl. 1.2.3). Bei dieser von *Tukey* (1977) wesentlich geprägten Form der Datenanalyse versucht man, Daten mit Hilfe graphischer und halbgraphischer Methoden sowohl heuristisch-probierend als auch systematisch so umzuformen, dass Hypothesen über strukturelle Zusammenhänge gewonnen werden können.

1.4 Fundamentale Ideen einer Stochastik für den Unterricht

1.4.1 Zum Konzept der fundamentalen Ideen in der Stochastik

Wie im ersten Band ausgeführt, kann es im Mathematikunterricht nicht darum gehen, die Fachwissenschaft oder Teile von ihr zwar elementarisiert, aber doch enzyklopädisch abzubilden. Ein solches Vorgehen wäre weder sinnvoll noch möglich. Es wird deshalb in der Didaktik seit längerer Zeit unter dem Stichwort „Fundamentale Ideen" versucht, Kriterien zur Auswahl und Aufbereitung von Inhalten und Methoden für den Unterricht zu entwickeln und damit Antworten auf Fragen wie

- Wie begegnet man der Stofffülle? Ist Exemplarität eine angemessene Antwort und wenn ja, wie lässt sich Exemplarität realisieren?
- Was ist Allgemeinbildung und wie lässt sie sich vermitteln? Ist Wissenschaftspropädeutik wesentliches Ziel der S II?
- Wie lässt sich eine Individualisierung von Vermittlungsprozessen bei gleichzeitiger Förderung von Teamfähigkeit erreichen?

zu finden. Durch Vorgabe und Analyse von Bezugsrahmen versucht man, Metagesichtspunkte zu gewinnen, nach denen Auswahl und Aufbereitung von Gebieten mit dem Ziel einer Vermittlung ihrer Fundamentalen Ideen möglich sein soll. Solche Bezugsrahmen können fachlicher, methodologischer, epistemologischer oder lehr-lerntheoretischer Art sein. *Borovcnik* (1999) spricht von einer „selbstorganisierenden Potenz" Fundamentaler Ideen im Sinne einer „offenen Mathematik" und davon, dass sich mit Hilfe von Fundamentalen Ideen eines Faches folgende Ziele besser verfolgen lassen: *Phänomene ordnen, Wissen transferieren, Wissen rekonstruieren, Wissen antizipieren.*
Diskussionen sind in diesem Zusammenhang zu grundlegenden Fragen des Stochastikunterrichts u. a. geführt worden von *Bentz, Borovcnik, Dinges, Engel, Falk, Fischbein, Freudenthal, Heitele, Kahneman, Kütting, Riemer, Schupp, Steinbring, v. Harten, Wickmann, Winter.* Die Diskussionen zeigen viele Gemeinsamkeiten. Eine wesentliche ist die, im Stochastikunterricht von angemessenen primären Intuitionen und Ideen ausgehend sekundäre Intuitionen und Ideen zu vermitteln, mit deren Hilfe Modelle konstruiert und angewendet werden können zur rationalen Beschreibung und Bewertung stochastischer Situationen. Neben den Gemeinsamkeiten zeigen die Diskussionen aber auch Verschiedenheiten hinsichtlich curricularer Zielsetzungen und deren Realisierung. Sie schlagen sich z. B. nieder in Unterschieden bezüglich der Interpretation und Verwendung des Wahrscheinlichkeitsbegriffs, der Betonung fachsystematischer Aspekte, der Balance zwischen Wahrscheinlichkeitsrechnung und Statistik. Im Rahmen dieser Diskussionen sind Kataloge Fundamentaler Ideen u. a. von *Schreiber* (1979, 1983), *Heymann* (1996) und für die Stochastik von *Heitele* (1975), *Borovcnik* (1999) und daran angelehnt von *Engel* (1999) vorgelegt worden. *Heitele* (1975) hält folgende Ideen der Stochastik für fundamental (Übersetzung vom Verfasser): *Messen von subjektiven Einschätzungen, Wahrscheinlichkeitsraum, Verknüpfung von Wahrscheinlichkeiten – Additionssatz, Verknüpfung von Wahrscheinlichkeiten – Unabhängigkeit, Gleichverteilung* und *Symmetrie, Kombinatorik, Urnenmodell* und *Simulation, Idee der Zufallsvariable, Gesetz der großen*

Zahlen, Idee der Stichprobe. Borovcnik wendet gegen diese Liste vor allem ein, dass sie nur „aus den Kapitelüberschriften eines mathematisch gehaltenen Stochastiklehrbuches" bestehe. Er selbst ist der Auffassung, dass folgende quer zur Fachsystematik liegenden „stochastikspezifischen Ideen ... den Kern der Sache umreißen": *Ausdruck von Informationen über eine unsichere Sache, Revidieren von Informationen unter neuen (unterstellten) Fakten, Offenlegen verwendeter Informationen, Verdichten von Informationen, Präzision von Information – Variabilität, Repräsentativität partieller Information, Verbesserung der Präzision. Borovcnik* begründet seine Ablehnung einer Orientierung an der Fachsystematik damit, dass fundamentale Ideen Metawissen bereitstellen sollen, mit dem sich zielgerichtet „Fragestellungen und Kriterien, die mathematische Begriffe bearbeiten lassen bzw. (diese) erfüllen... Fundamentale Ideen sollen didaktische und unterrichtliche Tätigkeit zielorientiert (im Sinne einer Offenen Mathematik) erscheinen lassen." Seine bewusste Abkehr von der Fachsystematik und die Forderung nach einer Metaebene für fundamentale Ideen oberhalb der Fachsystematik wirft u. a. folgende Fragen auf:

- Welchen der verschiedenen möglichen Bezugsrahmen hat die Metaebene?
- Wie lässt sich in einem solchen Rahmen methodologisch überzeugend eine Liste fundamentaler Ideen herleiten und begründen?
- Ist die Liste der dann entwickelten Ideen vollständig?
- Lassen sich die genannten fundamentalen Ideen hinreichend stringent operationalisieren?

Fragen wie die genannten – und dies gilt vor allem für die letztgenannte – lassen sich beim gegenwärtigen Diskussionsstand kaum schlüssig beantworten. Nach unserer Auffassung ist deswegen eine stärkere Orientierung des Bezugsrahmens für fundamentale Ideen am Fach sinnvoll, nicht zuletzt deswegen, weil ja die Konzepte des Faches Mathematik aufgrund seiner hierarchischen Ordnung in teilweise engem und nicht zu übergehendem inneren Zusammenhang stehen. Im Einzelnen stehen hier im Vordergrund Ideen, die die Fachsystematik prägen (Leitideen), dann solche, die grundlegend sind für die wesentlichen Methoden des Faches und seiner Anwendungen (bereichsspezifische Ideen) und nicht zuletzt solche, die grundlegend sind für die außermathematischen Anwendungen als Modelle (Mathematisierungsmuster).

1.4.2 Leitideen

Als Leitideen für den Stochastikunterricht kommen solche Konzepte infrage, die anwendungsorientierte Lehrgänge für die Stochastik prägen. Eine Orientierung an einer Stochastik als Maßtheorie oder an einer mathematischen Statistik erscheint nicht als sinnvoll. Danach spielen für einen Stochastikunterricht nach unserer Auffassung folgende tragenden fachlichen Konzepte als Leitideen eine Rolle:

- Die *Ereignisalgebra* als *Boole*sche Algebra. Die Beschreibung stochastischer Ereignisse und ihrer Verknüpfungen im Modell der *Boole*schen Algebra ist ein fachlicher Standard zur Beschreibung stochastischer Situationen, der in elementarer Form auch im Unterricht gut zugänglich ist. Besonders im endlichen Fall liefert die Ereignisalgebra einen guten Überblick über den Ereignisraum und ermöglicht ein effektives Operieren mit Ereignissen. Eine Thematisierung der Ereignisalgebra im

Sinne einer Verallgemeinerung als *Boole*sche Algebra würde sich aber nur lohnen unter dem strukturmathematischen Gesichtspunkt eines stückweisen Aufbaus dieser Algebra als mathematische Theorie mit den weiteren Modellen Aussagenalgebra und Schaltalgebra. Für das stochastische Denken würde ein solcher Aufbau keinen wesentlichen Beitrag leisten. Man kann um so mehr auf die angedeuteten strukturmathematischen Erörterungen verzichten, als die Definitionen und Sätze, die im Stochastikunterricht eine Rolle spielen, intuitiv über Beispiele zugänglich sind.

- Das *Wahrscheinlichkeitsmaß*. Hier hat sich die formale Fassung der Wahrscheinlichkeit als Maßfunktion über einer Ereignisalgebra (σ-Algebra) als fachlicher Standard durchgesetzt. Für den Unterricht gilt, dass die eigentliche Problematik der Definition von Maßfunktionen und der Behandlung ihrer Eigenschaften kaum zugänglich ist. Auch hier reicht es aus, anhand von Beispielen und dem Begriff und den Eigenschaften der relativen Häufigkeit die benötigten mathematischen Eigenschaften des Wahrscheinlichkeitsbegriffs zu entwickeln. Fachliche Grundlage dafür bilden die Gesetze der großen Zahlen. Schwieriger ist die explizite Behandlung der epistemologischen Probleme, die bei den verschiedenen Interpretationen des Wahrscheinlichkeitsbegriffs auftreten. Dies ist kein originär mathematisches Problem, es spielt aber für die Anwendungen des mathematischen Gebietes Stochastik eine bedeutende Rolle.
- Der *Wahrscheinlichkeitsraum*. Aus dem vorstehenden ergibt sich, dass das Konzept des Wahrscheinlichkeitsraums den heutigen fachlichen Standard darstellt für eine effektive Darstellung von Ereignissen, den Wahrscheinlichkeiten und den jeweiligen Verknüpfungen. Auf elementaren Niveau ist dieser Formalismus gut zugänglich und hat sich in Lehrgängen für den Stochastikunterricht auch durchgesetzt. Weil er im endlichen Fall in Verbindung mit geeigneten Veranschaulichungen Wahrscheinlichkeitsräume mit ihren konkreten Ereignissen, deren Zusammenhängen und deren Wahrscheinlichkeiten übersichtlich machen kann, befördert er so auch Fähigkeiten im Umgehen mit Wahrscheinlichkeiten und damit auch stochastisches Denken. Ein stückweiser Aufbau der axiomatischen Theorie auf elementarem Niveau nahm in vielen Lehrgängen der Neuen Mathematik einen geraumen Platz ein. Man sah darin auch eine Möglichkeit, exemplarisch das methodologische Konzept darzustellen, nach dem mathematische Theorien überhaupt aufgebaut sind. Nachdem man die strukturmathematische Sichtweise in der Didaktik weitgehend aufgegeben hat, sieht man eine an der Mathematik strukturorientierte Behandlung von Wahrscheinlichkeitsräumen nicht mehr als sinnvoll an.
- Die *Kombinatorik*. Sie ist ein unentbehrliches Werkzeug für die Beschreibung vieler komplexer endlicher Wahrscheinlichkeitsräume. Sie liefert nicht zuletzt die Wahrscheinlichkeitsverteilungen als Modelle für viele stochastische Situationen, die im Unterricht eine Rolle spielen.
- *Zufallsvariablen* und ihre *Verteilungen*. Dieses Konzept ist grundlegend für die Modellierung sehr vieler stochastischer Situationen, bei denen nicht das Ergebnis ω eines Zufallsexperiments interessiert, sondern eine zufallsbedingte Größe $X(\omega)$, die durch ω bestimmt ist. In der Theorie spielen Zufallsvariablen deshalb eine

entscheidende Rolle bei der Beschreibung von Verteilungen, der Formulierung der Grenzwertsätze, der Beschreibung von Begriffen und Verfahren der beschreibenden und beurteilenden Statistik. Eine entsprechend grundlegende Rolle spielen Zufallsvariablen und ihre Verteilungen daher auch für die Bildung von Modellen für stochastische Situationen in der Praxis. Der unterrichtliche Zugang zum Konzept der Zufallsvariablen und ihrer Verteilungen ist auf der anschaulich-intuitiven Ebene gut möglich. Eine formale Behandlung des mathematischen Kerns, Zufallsvariablen als messbare Abbildungen aufzufassen, kann im Unterricht nur auf der anschaulichen Ebene dargestellt werden.

- Die *Grenzwertsätze*. Diese Sätze spielen eine zentrale Rolle für die Entwicklung und Anwendungen von Modellen für stochastische Situationen. Relativ gut lässt sich der Satz von *Tschebyscheff* behandeln. Das sich daraus ergebende Gesetz der großen Zahlen sollte wegen seiner Bedeutung für die objektivistische Interpretation des Wahrscheinlichkeitsbegriffs auf jeden Fall erörtert werden. Die Grenzwertsätze von *Moivre-Laplace* und der Zentrale Grenzwertsatz lassen sich im Unterricht nur mit großem Aufwand bzw. überhaupt nicht beweisen. Die dabei erforderliche Analysis, z. B. zu Funktionen zweier Veränderlicher, liefert keinen wesentlichen Beitrag zum stochastischen Denken, so dass heute in fast allen Lehrgängen für den Unterricht an Sekundarstufen II auf die entsprechenden Beweise verzichtet wird. Gleichwohl lassen sich die Aussagen der Grenzwertsätze sehr gut mit Hilfe von Simulationen gewinnen und plausibel machen.
- Das *Schätzen* und *Testen* als Verfahren der beurteilenden Statistik. Diese beiden Konzepte spielen eine entscheidende Rolle für die Fundierung von „Entscheidungen unter Unsicherheit", indem sie Bewertungen der Angemessenheit von Modellen für stochastische Situationen ermöglichen. Die grundlegenden Ideen dieser Konzepte lassen sich für die im Unterricht verwendeten Verteilungen gut entwickeln.

1.4.3 Bereichsspezifische Strategien

Bereichspezifische Strategien spielen im Stochastikunterricht eine andere Rolle als in den übrigen Gebieten der Schulmathematik. Z. B. geht es in der Analysis oder der Linearen Algebra um einen zwar anwendungsbezogenen, aber doch zunächst fachlich orientierten Aufbau eines mathematischen Gebietes, bei dem hierarchische Gefüge von fachlichen Konzepten in Form von Definitionen und Sätzen mit ihren Beweisen entwickelt werden. Die Mathematik dieser Gebiete stellt sich so als ein jeweils verhältnismäßig eigenständiges und geschlossenes Gebilde dar, das im Prinzip im Unterricht auch ohne einen Anwendungsbezug aufgebaut werden kann und in der Phase der Neuen Mathematik auch so aufgebaut wurde. Etwas anders liegen die Dinge im Stochastikunterricht als einem „Mathematik"unterricht. Hier geht es nicht in erster Linie um den Aufbau der Mathematik als elementare Maßtheorie oder mathematische Statistik. Hier geht es vielmehr um eine *anwendungsorientierte* Einführung in die elementare Stochastik. Damit spielen im Stochastikunterricht so verschiedene Gebiete eine Rolle wie Mengenalgebra, Kombinatorik, Analysis und lineare Algebra. Sie erfüllen im Stochastikunterricht im Wesentlichen eine Hilfsfunktion. Deswegen werden ihre Begriffe und Methoden auch nur soweit entwickelt bzw. verwendet, wie dies für ihre Anwendung im stochastischen Kontext unbedingt erforderlich ist. Entsprechend wenig Raum wird in den verschiedenen Lehrgängen für den Unterricht den mathematischen Kontexten selbst gewidmet. Deren Entwicklung bleibt meist lokal und auf relativ elementaren Niveau. Als Beispiele seien genannt die Entwicklung der kombinatorischen Grundformeln, der Eigenschaften von Erwartungswert und Varianz, die Herleitung des Satzes von *Tschebyscheff*. Bezeichnend ist, dass einige Lehrgänge, wie z. B. der von *Strick* (1998), auf eine mathematisch-formale Herleitung dieser Zusammenhänge weitgehend verzichten. Dies ist Ausdruck davon, dass es im Stochastikunterricht weniger um die mathematische, sondern vor allem um die stochastische Argumentation geht. Diese lässt sich aber nur im handelnden Umgang mit der Modellierung stochastischer Situationen selbst entwickeln. Unter diesen Gesichtspunkten haben bereichsspezifischen Strategien im Stochastikunterricht eine andere Funktion: Sie dienen weniger der Entwicklung der Mathematik selbst, sondern in erster Linie der Modellierung stochastischer Situationen. Bereichsspezifische Strategien zur Modellierung stochastischer Situationen sind

- *Symmetrieüberlegungen.* Sie werden verwendet, wenn eine stochastische Situation eine symmetrische Struktur hinsichtlich der Wahrscheinlichkeiten der auftretenden Ereignisse aufweist. Dies gilt z. B. für die *Laplace*-Experimente mit den Zufallsgeneratoren Münze, Würfel, Urne, für die sie auch nahe liegen. Symmetrieüberlegungen werden formalisiert durch kombinatorische Methoden und finden ihren formalen Ausdruck im Zählprinzip mit den Pfadregeln und den Grundformeln der Kombinatorik.
- *Visualisierungen.* Sie unterstützen sowohl die Entwicklung von Modellen für stochastische Situationen wie auch das Folgern aus solchen Modellen. Hervorgehoben sei, dass Visualisierungen nicht nur „beschreibende", sondern auch „generierende" Funktionen haben können wie z. B. das Baumdiagramm, das Einheitsquadrat oder die verschiedenen Visualisierungen in der *EDA*, mit denen ja experimentell-konstruktiv umgegangen wird, um relevante stochastische Muster zu finden.
- *Verknüpfungen* von Ereignissen und ihren Wahrscheinlichkeiten. Sie ermöglichen in vielen Fällen auf formal einfache Weise die Bestimmung von Ereignissen und Wahrscheinlichkeiten aus vorgegebenen Ereignissen und Wahrscheinlichkeiten. Als besonders bedeutende Konzepte sind hier die bedingte Wahrscheinlichkeit und die Unabhängigkeit zu nennen. Insbesondere stellt die Regel von *Bayes* ein Verfahren zur Neubewertung von Ereignissen aufgrund von A-priori-Annahmen dar.
- *Messen* (Schätzen) von Wahrscheinlichkeiten. In vielen Fällen, wo ein Modell für eine stochastische Situation nicht mit Hilfe von Symmetrieüberlegungen gewonnen werden kann, versucht man, durch Messungen relativer Häufigkeiten Schätzwerte für Wahrscheinlichkeiten zu gewinnen. Grundlage dieses Verfahrens bildet das Gesetz der großen Zahlen. Es stellt die Beziehung her zwischen dem zufälligen Einzelereignis und der Regelhaftigkeit von Massenerscheinungen. Eine der entscheidenden Voraussetzungen dieses Gesetzes ist die Unabhängigkeit von Ereignissen, die in einer Folge von Zufallsexperimenten auftreten.

- *Approximationen.* Modelle sind immer Konstrukte, die an (Real-)Situationen herangetragen werden. Als können sie niemals „absolut richtig" sein, sondern nur immer richtig in dem Sinne, dass sie „brauchbare" Beschreibungen, Analysen und Prognosen ermöglichen. Was nun stochastische Modelle angeht, so ist es in vielen Fällen sinnvoll, Modelle, die sich z. B. aufgrund theoretischer Überlegungen auf „natürliche Weise" ergeben, durch Approximationen zu ersetzen, wenn diese besser handhabbar sind.
- *Schätzen, Testen.* Beide Verfahren spielen eine wichtige Rolle für das Modellbilden. Beim Schätzen geht es darum, von einer Stichprobe auf die Grundgesamtheit zu schließen. Beim Testen wird untersucht, ob ein vorgegebenes Modell als mit einer Stichprobe verträglich angesehen werden kann. Beiden Verfahren stellen Strategien dar, die Angemessenheit von Modellen mit einer vorgegebenen Sicherheit zu prüfen. Damit sind Prognosen mit einer angebbaren Sicherheit möglich, die Trennung zwischen Realität und Theorie ist aber prinzipiell nicht aufhebbar.
- *Simulationen.* Sie ermöglichen in Fällen, wo andere Verfahren nicht möglich oder sinnvoll sind, die Konstruktion von Modellen, in dem eine stochastische Situation mit Hilfe geeigneter Zufallsgeneratoren nachgespielt wird. Mit Hilfe von Simulationen lassen sich nicht zuletzt wichtige Erfahrungen zum Zufall und zu Zufallsexperimenten machen.

1.4.4 Mathematisierungsmuster

Mathematisierungsmuster sind mathematische Konzepte, die als Erklärungsmodelle für außermathematische Sachverhalte dienen. Als Erklärungsmodelle dienen in der Stochastik Verteilungen von zufälligen Ereignissen, die in stochastischen Situationen auftreten. Die Darstellung solcher Verteilungen kann auf verschiedenen Ebenen erfolgen:

- *Graphische* und *halbgraphische Muster.* Dazu gehören geordnete Tabellen, Tafeln, *Venn*-Diagramme, Baumdiagramme und graphische Darstellungen, wie sie die *EDA* verwendet. Viele dieser Darstellungen haben einen explorativen Charakter, sie unterstützen auch die Entwicklung von Modellen.
- *Verteilungen* von Zufallsvariablen. Sehr viele stochastische „Standardsituationen" lassen sich mit Hilfe der Muster Binomialverteilung, Normalverteilung und anderer Verteilungen modellieren. Momente wie Erwartungswert bzw. Mittelwert und Varianz bzw. empirische Varianz sind Begriffe, mit denen sich Verteilungen charakterisieren lassen.

2 Allgemeine didaktische Fragen zum Stochastikunterricht

2.1 Geschichte des Stochastikunterrichts und fachdidaktische Strömungen in Deutschland

2.1.1 Vorbemerkung

Lehren und Lernen in allgemeinbildenden Schulen stehen in einem gesellschaftlichen und geschichtlichen Kontext, der Vergangenheit und Gegenwart umfasst und in die Zukunft hinüberweist. Curricula und Formen ihrer Realisierung dienen in diesem Kontext der Tradierung von Wissen unter Berücksichtigung aktueller und in die Zukunft gerichteter individueller und gesellschaftlicher Ansprüche. Was den Mathematikunterricht angeht, so haben sich im Verlaufe von mehr als einem Jahrhundert Inhalt und Form des Lehrens und Lernens sehr stark verändert z. B. durch die

- Wandlung des Gymnasiums von einer auf klassische Bildungsinhalte ausgerichteten Eliteschule zu einer „Gesamtschule", die auf ein Leben in einer (post-)industriellen Gesellschaft vorbereiten soll
- Entwicklung technischer Möglichkeiten wie graphik- und *CAS*-fähigem Taschenrechner, Computer- und Internetnutzung, die neue Qualitäten des „Mathematiklernens und -machens" im Unterricht ermöglichen.

Gerade diese Möglichkeiten, die die Neuen Technologien jetzt schon bieten, verlangen neue Überlegungen über zukünftige Ziele, Inhalte und Formen des Lehrens und Lernens im Mathematikunterricht, wobei allerdings die stattgefundene Entwicklung der Mathematik und des Mathematikunterrichts berücksichtigt werden muss. Für die Mathematikdidaktik und hier insbesondere die des Stochastikunterrichts gibt es aber keine ähnlich breite Diskussion und Reflexion über die eigene geschichtliche Entwicklung wie dies z. B. für die Pädagogik der Fall ist. Im Folgenden kann daher nur auf zwei kurze Abrisse dieser Geschichte von *Heitele* (1977) und *Kütting* (1981) zurückgegriffen werden.

2.1.2 Zur Geschichte des Stochastikunterrichts

2.1.2.1 Stochastikunterricht vor und um 1900

Der nach der Gründung des Deutschen Reiches 1871 einsetzende rasche und anhaltende wirtschaftliche Aufschwung wurde begleitet und unterstützt durch ein Aufblühen der Naturwissenschaften in Deutschland, verbunden mit großen technologische Fortschritten wie z. B. der Nutzung der Elektrizität. Die sich in diesem Zusammenhang verbreitende Erkenntnis eines Zusammenhangs zwischen der Qualität des Bildungssystems und wirtschaftlichem Fortschritt führte ausgangs des 19. Jahrhunderts zu Schulreformen, deren wesentlicher Kern die Aufwertung einer auf die „Realien" ausgerichteten Bildung und Ausbildung war. Daraus folgte um die Jahrhundertwende als Zielsetzung für den Mathematikunterricht die Befähigung zu einem „mathematischen Umgang" mit lebensweltlichen

Problemen und Aufgaben zu vermitteln. Der Praxis- und Anwendungsbezug war damals - wie auch verstärkt heute wieder - ein wichtiges Leitprinzip. In der didaktischen Diskussion gegen Ende des 19. Jahrhunderts wurde unter diesem Gesichtspunkt des Anwendungsbezuges die Kombinatorik mit der Wahrscheinlichkeitsrechnung als einer ihrer „Verzweigungen" (!) zur Behandlung in der Oberstufe von Gymnasien vorgeschlagen, wobei als außermathematische Anwendungsfelder das Versicherungswesen, die Nationalökonomie und die Fehlerrechnung genannt wurden. Die im Zuge der Schulreform im Jahre 1901 erlassenen neuen Lehrpläne sahen eine Behandlung der „Grundlehren der Kombinatorik und ihre nächstliegenden Anwendungen auf die Wahrscheinlichkeitslehre, Binomischer Lehrsatz für ganze (beliebige) Exponenten" vor. Die Stellung der Wahrscheinlichkeitsrechnung als „Anwendung" oder „Verzweigung" der Kombinatorik zeigt aber, dass ein Motiv für die Aufnahme von Elementen der Stochastik in den Lehrplan sicher auch darin bestand, ein weiteres Anwendungsfeld für die Arithmetik und Algebra zu gewinnen.

2.1.2.2 Stochastikunterricht zwischen 1900 und 1933

Nach 1900 setzten die verschiedensten Seiten ihre Bemühungen um eine Schulreform fort. Unter anderem bildete die *Gesellschaft Deutscher Naturforscher und Ärzte* eine eigene Unterrichtskommission, die Vorschläge zu einer Reform des mathematisch-naturwissenschaftlichen Unterrichts an höheren Lehranstalten machen sollte. Diese wurden 1905 in *Meran* vorgelegt. Anders aber, als man dies aufgrund der Herkunft der Initiatoren vermuten könnte, orientierten sich die mit dem Namen *Felix Klein* verbundenen Vorschläge dann aber doch sehr stark am Bildungskanon des traditionellen humanistischen Gymnasiums. Kern der Vorschläge für die Reform des Mathematikunterrichts war die Ausrichtung dieses Unterrichts auf die Leitidee einer „Erziehung der Gewohnheit des funktionalen Denkens". Was die Stochastik betrifft, so sah der von der Kommission vorgelegte Lehrplan für den mathematischen Unterricht für die Oberstufe humanistischer Gymnasien lediglich die Behandlung „einfachster Sätze der Kombinatorik" vor. Immerhin wirkte die Initiative fort und so legte der Deutsche Ausschuss für den mathematischen naturwissenschaftlichen Unterricht (*DAMNU*) als Nachfolger der genannten Lehrplankommission im Jahre 1922 neue Lehrpläne auf der Basis der *Meraner* Reformvorschläge vor. In diesen Vorschlägen sollte aufgrund der „Überzeugung ..., dass der Mathematik ein hoher Wirklichkeitswert eigen ist, und dass sie unbedingt den realistischen Unterrichtsfächern zugezählt werden muss ... auf die Beziehung zur Wirklichkeit und die praktischen Anwendungen der Mathematik mehr Nachdruck als früher gelegt und auch das funktionale Denken in den Dienst dieser Aufgabe gestellt werden". Für den *DAMNU* bedeutete dies, dass er in seine „Revidierten *Meraner* Lehrpläne" nicht mehr die Kombinatorik, wohl aber die Wahrscheinlichkeitsrechnung aufnahm. Eine breite Umsetzung der Vorschläge war wegen der starken Differenzierung in verschiedene Schultypen innerhalb des höheren Schulwesens aber offensichtlich nicht möglich. Es gab das Gymnasium, das Realgymnasium, die Oberrealschule und die Deutsche Oberschule, von denen aber nur in der Oberrealschule eine intensive Beschäftigung mit der Mathematik und den Naturwissenschaften stattfand. Die von *Richert* für die Preußische Unterrichtsverwaltung in den Jah-

ren 1924 und 1925 herausgegebenen Richtlinien sahen entsprechend auch nur für die Oberrealschule und die Deutsche Oberschule den Themenkreis Wahrscheinlichkeitsrechnung mit Anwendungen aus der Versicherungsrechnung vor. Der Themenkreis Kombinatorik entfiel. Insgesamt lässt sich feststellen, dass es trotz mancher Initiativen für eine Modernisierung des Mathematikunterrichts im Sinne einer Öffnung für eine an Anwendungen aus Naturwissenschaft und Wirtschaft orientierten Mathematik nach 1900 eher zu einem Rückgang des Unterrichts in Stochastik gekommen ist.
Über die Praxis des Stochastikunterrichts jener Zeit ist wenig bekannt. Hinweise gibt allenfalls die „Methodik des Mathematikunterrichts" von *Lietzmann* (1924). Hier wird die Kombinatorik im Rahmen der Arithmetik dargestellt, woran sich dann die Wahrscheinlichkeitsrechnung mit folgenden Einzelthemen anschließt: *Laplace*scher Wahrscheinlichkeitsbegriff, Summen von Wahrscheinlichkeiten, Produkte von Wahrscheinlichkeiten, geometrische Wahrscheinlichkeit, Zufall im Einzelfall - Gesetzmäßigkeit bei Massenerscheinungen.

2.1.2.3 Stochastikunterricht zwischen 1933 und 1945

Während des 3. Reiches kam es zu einer tiefgreifenden Neuordnung des Schulwesens im Sinne der nationalsozialistischen Erziehung. Der Mathematikunterricht wurde einerseits gekürzt und andererseits unter dem leitendem Gesichtspunkt des Zweckutilitarismus auf technische Anwendungen und solche mit politisch-ideologischem Charakter hin ausgerichtet. Was die Stochastik angeht, so wurde die Wahrscheinlichkeitsrechnung gestrichen und dafür die Statistik mit Anwendungen in Biometrie, Volkswirtschaft, Demographie u. ä. Bereichen eingeführt.

2.1.2.4 Stochastikunterricht nach 1945

Nach 1945 kam es zu einer Neuordnung des Schulwesens, die inhaltlich mit einer Abkehr vom Utilitarismus verbunden war, der den Unterricht im 3. Reich geprägt hatte. Man knüpfte an den Stand vor 1933 an, der durch die *Richert*schen Richtlinien gegeben war. Für den Mathematikunterricht bedeutete dies eine starke Reduzierung der Stochastik. Die Statistik wurde gestrichen und die Wahrscheinlichkeitsrechnung war lediglich noch für Arbeitsgemeinschaften vorgesehen. Diese weitgehende Eliminierung der Stochastik aus dem Mathematikunterricht korrespondierte auch damit, dass die Stochastik in jener Zeit kein verpflichtender Anteil in der Ausbildung von Mathematiklehrern war. Beginnend in den 50er Jahren kam es auf nationaler und internationaler Ebene zu Diskussionen über grundlegende Fragen des Mathematikunterrichts, wobei auch die Stochastik als Gebiet für den Mathematikunterricht in den Blick genommen wurde. Im Verlaufe dieser Diskussionen, die auch heute noch nicht abgeschlossen sind, bildeten sich folgende Tendenzen in Bezug auf die Konzeption eines Stochastikunterrichts heraus:

- Die Stochastik ist wegen ihrer Bedeutung für die Umwelterschließung ein unverzichtbares Gebiet für den Mathematikunterricht.
- Wahrscheinlichkeitsrechnung und Statistik sind aufeinander zu beziehen und zu integrieren.

– Wesentliches Ziel des Stochastikunterrichts ist es, stochastisches Denken zu vermitteln. Dazu ist ein spiraliger Aufbau des Curriculums notwendig.

Zwar besteht in Bezug auf diese Rahmenziele ein breiter Konsens, hinsichtlich der curricularen und unterrichtlichen Konkretisierung gibt es aber bis heute recht unterschiedliche Auffassungen. Diese betreffen epistemologische und curriculare Schwerpunktsetzungen wie die Art und Verwendung des Wahrscheinlichkeitsbegriffs oder Art und Umfang der zu behandelnden Einzelthemen und die sich daraus ergebenden didaktisch methodischen Konsequenzen.

In der Bundesrepublik begann in den 50er Jahren, zunächst getragen von der *MNU*, eine Diskussion um die Reform des Mathematikunterrichts. Der *KMK*-Beschluss von 1958 brachte eine erste Neubewertung der Stellung der Stochastik innerhalb des Mathematikcurriculums. Danach wurde das Gebiet „Grundbegriffe der Statistik und Wahrscheinlichkeitsrechnung" eines von vier Gebieten, von denen mindestens eines im 12. und 13. Schuljahr behandelt werden musste. Welche didaktisch-methodischen Vorstellungen zu Anfang der 60er Jahre mit solchen Lehrgängen in Stochastik verbunden waren, darüber geben die von seinerzeit führenden Didaktikern verfassten Themenhefte zur Wahrscheinlichkeitsrechnung und Statistik in der Reihe „Der Mathematikunterricht" Auskunft. *Dreetz* (1960) gab hier in seinem Aufsatz „Eine Einführung in die Statistik und Wahrscheinlichkeitsrechnung", einen Überblick, der den seinerzeitigen Diskussionsstand gut erkennen lässt. Als Themenfolge für ein Stochastikcurriculum schlug er vor: *Wahrscheinlichkeit als relative Häufigkeit, Additionssatz, bedingte Wahrscheinlichkeit, Multiplikationssatz, Binominalverteilung, Normalverteilung, Poissonverteilung, Gesetz der großen Zahlen, Testverfahren, Anwendungen aus Physik, Biologie, Demographie.* Dieser Katalog enthält eine Folge von Themen, die auch heute noch zum Kernbestand von Stochastiklehrgängen für die SII gehören. Weiteren Einfluss auf die mathematik-didaktische Diskussion in der Bundesrepublik und die nachfolgenden *KMK*-Beschlüsse zum Mathematikunterricht nahm die internationale Diskussion zur Didaktik und Methodik des Mathematikunterrichts. Sie fand vor allem in einer Folge von durch die *OEEC/OECD* in den 50er und 60er Jahren initiierten Konferenzen statt. Auf diesen Konferenzen ging es um eine Modernisierung des Mathematikunterrichts und in diesem Zusammenhang auch um eine Neubewertung der Stochastik innerhalb des gesamten Mathematikunterrichts. Betrachtet man die Ergebnisse, die in einer Reihe von Veröffentlichungen dargestellt sind, so stellt man hinsichtlich des Katalogs zu behandelnder Themen nur geringe Unterschiede zu dem o. a. Katalog fest. Während Publikationen wie die in den genannten Themenheften eher der Stoffdidaktik zuzuordnen sind, ging es aber den Teilnehmern an den von der *OECD* initiierten Konferenzen um wesentlich mehr, sie strebten eine Modernisierung des Mathematikunterrichts mit dem Ziel an, mathematische Denkweisen im Sinne einer Strukturorientierung zu vermitteln, um dadurch auch gleichzeitig ein angemessenes Fundament für die Anwendungen zu legen. In der Bundesrepublik kam es in der Folge der von den *OECD*-Konferenzen angeregten intensiven Diskussionen über die notwendige Modernisierung des Mathematikunterrichts im Jahr 1968 zu einem *KMK*-Beschluss mit „Empfehlungen und Richtlinien zur Modernisierung des Mathematikunterrichts an den allgemeinbildenden Schulen". Diese Richtlinien enthielten Themenkreise für die Klassen 1 bis 13 als Rahmen für den Mathematikunterricht in diesen Klassen. Was die Stochastik angeht, so berücksichtigte nur der Themenkreis für die Klassen 11 bis 13 dieses Gebiet. Weitere Indizien dafür, dass die *KMK* dieses Gebiet nicht für gleich bedeutsam wie die Analysis oder die analytische Geometrie hielt, war die Beschränkung dieses Gebietes auf die Oberstufen bestimmter Schulformen, nämlich der mathematisch-naturwissenschaftlichen und der wirtschaftswissenschaftlichen Gymnasien. Auch wurde dieser Themenkreis nicht weiter inhaltlich erläutert. In den 70er Jahren kam es dann zu einer Aufarbeitung im Sinne der Strukturorientierung der „New Math". Entsprechend der seinerzeit weitgehend üblichen Identifizierung von Modernisierung mit Strukturorientierung waren die meisten seinerzeitigen Lehrgänge für den Stochastikunterricht sowohl inhaltlich wie auch formal ausgerichtet an entsprechend orientierten universitären Lehrgängen. Dieses bedeutete im Wesentlichen:

- Die Ereignisalgebra wird als *Boole*sche Algebra behandelt.
- Der Wahrscheinlichkeitsbegriff wird elementar maßtheoretisch und axiomatisch eingeführt. Als Interpretationen werden verwendet die *Laplace*- und die Häufigkeitsinterpretation.
- Zufallsvariablen und Verteilungen werden auch unter strukturmathematischen Gesichtspunkten behandelt.
- Die Behandlung der Grenzwertsätze erfolgt weitgehend unter mathematischen Aspekten.
- Entsprechendes gilt für die Behandlung des Schätzens und Testens als Methoden der beurteilenden Statistik.

Eine ganz andere Orientierung des Stochastikunterrichts war das Ziel von Vorschlägen, die *Fischbein* (1975), *Freudenthal* (1973), *Engel* (1973) u. a. schon ab den 60er Jahren vorlegten. In diesen Vorschlägen ging es vor allem um das Ziel der Entwicklung stochastischen Denkens, wobei anders als bei den erwähnten, mehr stoffdidaktisch orientierten Vorschlägen für ein Stochastikcurriculum hier die pädagogisch-lernpsychologische Diskussion aufgegriffen wurde und lernpsychologische Bedingungen starke Berücksichtigung fanden. Forderungen und Ziele dieser Vorschläge waren u. a. :

- Es sind die fundamentalen Ideen eines Gebietes zu vermitteln.
- Der Wahrscheinlichkeitsbegriff muss anhand geeigneter Aktivitäten schon von den ersten Klassen ab und auf zunächst intuitiver Ebene eingeführt werden.
- Die Präzisierung des Wahrscheinlichkeitsbegriffs und der Aufbau der Theorie erfolgt dann allmählich im Verlaufe eines Spiralcurriculums.
- Die Wahrscheinlichkeitsrechnung ist in den übrigen Unterricht soweit wie möglich zu integrieren.

Wie sinnvoll diese Forderungen und Ziele sind, hat sich im Verlauf eines Jahrzehntes Strukturorientierung des Mathematikunterrichts gezeigt: Stochastisches Denken lässt sich nicht durch einen einzigen und dazu noch strukturmathematisch orientierten Kurs in Stochastik vermitteln. In der Bundesrepublik griffen *Heitele* (1975), *Kütting* (1981), *Schmidt*

(1990), *Schupp* (1982), *Winter* (1976) u. a. Ideen wie die o. g. auf und entwickelten folgende Thesen:

- Stochastische Phänomene sind in unserer Welt allgegenwärtig. Ein angemessenes Weltverständnis wird daher nur von einer Bildung geleistet, die entsprechende Kenntnisse in der Stochastik umfasst. Erst eine solche Bildung kann mit Recht als Allgemeinbildung bezeichnet werden.
- Ein schulischer Stochastiklehrgang sollte nicht am axiomatisch-maßtheoretischen Konzept von Hochschullehrgängen orientiert werden, er sollte vielmehr als anwendungsorientierter Lehrgang unter Integration von Wahrscheinlichkeitsrechnung und Statistik Fragen der Modellbildung in den Mittelpunkt stellen.
- Von Anfang an sollten fundamentale Begriffe und Methoden wie „Zufallsvariable", „Erwartungswert", „Verteilung", „Simulation" usw. im Mittelpunkt stehen.
- Ebenso sollten von Anfang an die Erklärungskraft von Baum-, Wege-, Fluss-, *Venn*-Diagrammen genutzt werden. Didaktisch-methodisch wichtig ist, dass diese Darstellungsmittel „keine Veranschaulichungen a posteriori", sondern „Träger mathematischer Sachverhalte von Anfang an" sind (*Heitele* 1977).
- Die in der realen Welt vorhandenen vielfältigen Zufallsgeneratoren wie Münze, Würfel, Glücksrad, Zufallszahlen usw. sollten zum Aufbau reichhaltiger und beziehungshaltiger Erfahrungen mit stochastischen Situationen genutzt werden.
- Insbesondere Simulationen dienen dem Aufbau solcher Erfahrungen und der Entwicklung eines sicheren intuitiven Fundaments für die zentralen Begriffe und Verfahren der Stochastik.
- Die Einführung in das stochastische Denken muss schon sehr früh (in der Grundschule) anhand einfacher Beispiele und vielfältiger Erfahrungen erfolgen.
- Bei einer solchen Einführung müssen sichere Intuitionen vermittelt werden, so dass ein haltbares Fundament für die folgenden Phasen der Präzisierung und Formalisierung gegeben ist.
- Die Stochastik ist in den übrigen (Mathematik-) Unterricht zu integrieren.

2.1.3 Konzepte für Stochastik-Curricula für die Sekundarstufe II

Heute schreiben die Richtlinien der Bundesländer die Stochastik als eines der im Mathematikunterricht in der S II zu behandelnden Gebiete vor. In der Unterrichtspraxis wird auch entsprechend verfahren, nach unseren Erhebungen unter Studierenden allerdings häufig so, dass die Stochastik weitgehend reduziert wird auf eine Behandlung von endlichen *Laplace*-Räumen mit Mitteln der Kombinatorik. Als Beispiele stehen dabei im Vordergrund *Laplace*-Experimente mit Würfel, Münze, Urne usw. und entsprechende Anwendungen. Der Schwerpunkt liegt häufig auf mathematisch-kombinatorischen Fragestellungen und deren Lösungen. Eine solche Unterrichtspraxis nimmt wesentliche Ziele eines Stochastikunterrichts wie den Aufbau

- angemessener sekundärer Intuitionen (Zufall, Wahrscheinlichkeit, Modell $\leftrightarrow$ Realität, stochastische Aussagen, Bewertung stochastischer Aussagen, ...)

- einer angemessenen und weiterführenden Begrifflichkeit (Zufallsvariable, Verteilung, Grenzwertsätze, ...)
- von Verständnis und Kenntnissen zu den Methoden der Modellbildung wie Schätzen und Testen der beurteilenden Statistik

zu wenig in den Blick. Damit werden wesentliche Ziele eines Stochastikunterrichts in der S II nicht erreicht.
Betrachtet man den Markt an Publikationen zum Stochastikunterricht, so lassen sich vom Ansatz und der zugrundeliegenden didaktisch-methodischen Konzeption her idealtypisch vier unterschiedliche Wege zur Behandlung der Stochastik identifizieren: 1. der klassische Aufbau der Wahrscheinlichkeitsrechnung und Statistik, 2. ein anwendungsorientierter Aufbau der Stochastik, 3. ein an der *Bayes*-Statistik orientierter Aufbau der Stochastik, 4. eine datenorientierte Stochastik.

2.1.3.1 Klassischer Aufbau

Sichtet man die Publikationen zum Stochastikunterricht insgesamt und hier besonders die ausgearbeiteten Vorschläge in Form von Lehrbuchwerken, Didaktiken zur Stochastik u. a., so ergibt sich, dass die meisten dieser Publikationen den klassischen Aufbau einer Stochastik beschreiben. Exemplarisch seien hier genannt die Lehrgänge von *F. Barth, R. Haller, Stochastik,* 1983, *F. Heigl, J. Feuerpfeil, Stochastik,* 1981, *DIFF, Stochastik, MS*1-4, 1980, die älteren Datums sind und sich an einführenden universitären Lehrgängen für die anwendenden Wissenschaften orientieren. Im Folgenden soll diese Richtung charakterisiert werden. Dabei soll besonders eingegangen werden auf den jeweils „durchschnittlich“ angegebenen Stoffkanon, das Exaktifizierungsniveau in der Darstellung und die Anwendungsorientierung.
Der Stoffkanon umfasst die Themenbereiche Wahrscheinlichkeitsraum, Zufallsvariablen und ihre Verteilungen, Grenzwertsätze und das Schätzen und Testen. Die Behandlung von (endlichen *Laplace*-) Wahrscheinlichkeitsräumen beansprucht in den genannten Lehrgängen etwa 40% der Gesamtlänge. Es werden ausführlich die Themen Ereignisalgebra und Wahrscheinlichkeitsmaß behandelt, und weiter wird auf die Begriffe bedingte Wahrscheinlichkeit und Unabhängigkeit eingegangen. Ausführlich werden auch die verschiedenen Grundformeln der Kombinatorik entwickelt, die bei der Behandlung von Ereignisalgebra und Wahrscheinlichkeitsmaß und der vielen Modelle eingesetzt werden. Entsprechend der großen Bedeutung dieser Konzepte räumen die klassischen Lehrgänge dem Bereich Zufallsvariablen und ihre Verteilungen den größten Platz ein. Unterschiede gibt es hinsichtlich des Umfanges und der Tiefe der Behandlung von Einzelthemen. Dies gilt für die Beschreibung von Zufallsvariablen, das Eingehen auf die Unterschiede zwischen diskreten und stetigen Zufallsvariablen, die Thematisierung der Eigenschaften von Zufallsvariablen und die Behandlung spezieller Verteilungen. Im Vordergrund steht bei allen Lehrgängen zu Recht die Binominalverteilung. Auch die Normalverteilung wird in den meisten der genannten Lehrgängen mehr oder weniger ausführlich thematisiert. Weitere Verteilungen werden allenfalls in Lehrgängen für Leistungskurse behandelt. Das Gesetz der großen Zahlen wird thematisiert, weil es als Brücke zwischen mathematischer Theorie und ihren Anwendungen in der Realität anzusehen ist. Auch werden die

Zusammenhänge zwischen den genannten Verteilungen und hier besonders der Zusammenhang zwischen der Binomial- und der Normalverteilung behandelt. Die Verfahren des Schätzens und Testens sind die Kernelemente eines Prozesses, bei dem induktiv, aber durchaus strukturiert und mit der Quantifizierung von Unsicherheit, aus Erfahrungswissen neue Erkenntnisse gewonnen werden können. Hier geht es im Wesentlichen um die Anwendung des Modells Binomialverteilung. Teilweise wird ausführlich eingegangen auf die Themen Gütefunktion, Operationscharakteristik, Methoden der Parameterschätzung und Beurteilungskriterien für Schätzfunktionen. Im ganzen fragt sich aber, ob im Hinblick auf das eigentliche Ziel des Stochastikunterrichts, Fähigkeiten im Modellieren von vielfältigen stochastischen Situationen zu entwickeln, die Mathematik der Wahrscheinlichkeitsräume nicht überrepräsentiert ist.
Was das Exaktifizierungsnineau betrifft, so wird in den am klassischen Aufbau orientierten Lehrgängen klassische Formalismus extensiv verwendet. Zitat: „$(\Omega,\mathfrak{A},P)$ sei ein endlicher Wahrscheinlichkeitsraum. Eine Abbildung X, die jedem $\omega\in\Omega$ eine reelle Zahl zuordnet, in Zeichen X: $\omega\rightarrow X(\omega)\in\mathbb{R}$, heißt eine Zufallsvariable, wenn für jedes $x\in\mathbb{R}$ gilt $\{\omega|X(\omega)=x\}\in\mathfrak{A}$." (*Heigl/Feuerpfeil* 1981) Auch neuere Lehrbücher wie das von *R. Diepgen u. a.* (1993) stellen in ähnlicher, teilweise etwas „entschärfter" Weise die formalen Fassungen der Begriffe Wahrscheinlichkeit und Zufallsvariable dar. Sicher kann dieser Formalismus nicht Selbstzweck sein, zumal seine eigentliche Leistungsfähigkeit auf dem in der S II möglichen Abstraktionsniveau bei weitem nicht deutlich gemacht und genutzt werden kann. Andererseits bietet eine maßvolle Verwendung dieses Formalismus durchaus Vorteile bei der Darstellung und den Operationen von Ereignissen und deren Wahrscheinlichkeiten. Dies gilt z. B. für die Beschreibung von bedingten Ereignissen oder der Regel von *Bayes*. Ein Gesichtspunkt, der die frühere Dominanz dieses Aufbaus auch in den Lehrgängen für den Stochastikunterricht in der S II begründet hat, war sicher der, dass auf diese Weise eine auch in formaler Hinsicht passende Vorbereitung auf entsprechende Lehrgänge im tertiären Bereich vermittelt werden sollte. Ein weiterer Gesichtspunkt der für diesen Aufbau spricht, ist der, dass mit dem *Kolmogoroff*schen Axiomensystem ein nicht kategorisches Axiomensystem mit wenigen Axiomen vorliegt, das die Möglichkeit bietet anhand einfacher Folgerungen (Additionssatz usw.) das Prinzip der Vorgehensweise kennenzulernen, nach dem man von Axiomensystemen ausgehend mathematische Theorien aufbauen kann. Solche Gründe, die bei der Konzeption vieler Lehrbuchwerke für den Stochastikunterricht in der S II eine Rolle gespielt haben könnten, werden allerdings von Autoren wie *Riemer* (1985) und *Scheid* (1986) als wenig überzeugend angesehen. *Scheid* schreibt: „Die Struktur des Booleschen Verbandes und der Begriff des Maßes nehmen einen wichtigen Platz in der Mathematik ein; dies allein rechtfertigt aber nicht, sie als natürliche Zugänge zu einer modernen Behandlungsweise der Wahrscheinlichkeitsrechnung in der Schule anzusehen." Beide Autoren sehen die Gefahr, dass eine zu starke Beschäftigung mit (formal-) strukturellen Aspekten, deren weittragende Bedeutung doch nicht hinreichend klargemacht werden kann, die Entwicklung von „stochastischem Denken" be- oder gar verhindert, womit das eigentliche Ziel eines jeden Stochastikunterrichts verfehlt wäre. Was den Wahrscheinlichkeitsbegriff angeht, so findet

sich die objektivistische Auffassung des mainstreams der Stochastik auch in den meisten der hier in Rede stehenden Lehrgängen für die Stochastik in der S II wieder. Eine ausführliche Behandlung von Wahrscheinlichkeitsräumen, Zufallsvariablen und ihren Verteilungen stellt ein solides Fundament für die Behandlung von Anwendungen bereit, das an der klassischen Systematik der Bildung von Modellen für stochastische Situationen orientiert ist. Einführungs- und ausgeführte Übungsbeispiele ordnen sich diesem Ziel unter und betreffen häufig Experimente mit Münze, Würfel und Urne. Oft enthalten die Abschnitte anregende Übungsaufgaben aus verschiedensten Anwendungsbereichen, ihr eigentlicher Nutzen ergibt sich aber erst, wenn sie nicht als „Textaufgaben", sondern im Sinne einer Aufklärung von Sachverhalten behandelt werden.

2.1.3.2 Anwendungsorientierter Aufbau

Neben den mehr an der Mathematik orientierten klassischen Lehrgängen gibt es solche, die die Begriffs- und Methodenentwicklung problemorientiert an die Aufarbeitung von Sachsituationen der Statistik anhängen. Einer der wenigen Lehrgänge dieser Art ist die „*Einführung in die Beurteilende Statistik*" von *Strick* (1998). Der Autor beschreibt die Grundfragen der Mathematischen Statistik, deren Behandlung Gegenstand des Lehrgangs ist, so: „- Was lässt sich mit Hilfe von Daten aus Erhebungen tatsächlich beweisen?
- Wie genau sind die Angaben, die man aus Erhebungen erhalten kann?"

Die Behandlung dieser Grundfragen bestimmt den Aufbau entsprechender Lehrgänge. Was zunächst den Stoffkanon betrifft, so werden als Grundbegriffe der von stochastischen Problemsituationen aus den Bereichen Marktforschung, Versicherungsstatistik, Sport u. a. ausgehend Begriffe und Methoden entwickelt wie

- die relative Häufigkeit und die *Laplace*-Wahrscheinlichkeit mit ihren Eigenschaften
- Zufallsvariablen, Verteilungen mit Erwartungswert und Varianz
- die Pfadregeln und Grundaufgaben der Kombinatorik mit den entsprechenden Formeln
- Formen graphischer Darstellungen und Strukturierungen stochastischer Situationen.

Die Aufzählung der behandelten Themen zeigt eine gewisse Übereinstimmung mit den vorstehend beschriebenen klassischen Lehrgängen. Tatsächlich aber werden die formalmathematischen Ausführungen wegen der konsequenten Orientierung des gesamten Lehrgangs an einer anwendungsorientierten Stochastik sehr knapp gehalten. Begriffe und Methoden werden anhand interessanter Anwendungen induktiv eingeführt. Bei ihrer Darstellung wird dann aber auf eine formal vollständige Herleitung und Beschreibung verzichtet. Als Verteilungen von Zufallsvariablen werden die Binomialverteilung und sehr knapp die Normalverteilung behandelt. Ihre weitere Behandlung ist zugeschnitten auf die Anwendung zur Lösung von Problemen der beurteilenden Statistik. Die Methoden des Schätzens und Testens werden ebenfalls induktiv anhand von Beispielen eingeführt. Entsprechend dem bereitgestellten Fundament geht es bei den Aufgaben vor allem um das Schätzen von Anteilen und Testen von Hypothesen zu Anteilen, wobei versucht wird, mit einem Minimum an formalem Aufwand die Ideen des Schätzens und Testens zu vermitteln. Dem Konzept der Problem- und Anwendungsorientierung entsprechend wird versucht, anhand miteinander verbundener Beispiele und Übungsaufgaben die vorstehend beschriebenen Begriffe und Verfahren der Stochastik mit einem möglichst geringen Aufwand an formalen Mitteln induktiv, anwendungs- und handlungsorientiert zu entwickeln. Als Beispiel sei hier die Beschreibung des Begriffs Verteilung einer Zufallsvariable genannt: „Die Wahrscheinlichkeiten $P(X=k)$, mit denen die einzelnen Werte der Zufallsvariable auftreten, gibt man oft in Tabellenform an; eine solche Tabelle, die die Zuordnung $k \rightarrow P(X=k)$ enthält, heißt (Wahrscheinlichkeits-)Verteilung der Zufallsvariable X." (*Strick* 1998). Der Wahrscheinlichkeitsbegriff ist dem Konzept einer klassischen „angewandten Statistik" angepasst. *Strick* (1986) formuliert: „Bei langen Versuchsreihen stabilisieren sich die relativen Häufigkeiten eines Ergebnisses in der Nähe der Wahrscheinlichkeit des Ergebnisses." Entsprechend der Grundkonzeption des Lehrgangs wird versucht, die Anwendungsorientierung durch Systematisierung der Anwendungsbereiche zu strukturieren. Aufgabenbereiche sind z. B. bei *Strick* (1998) „Befragungen und Prognosen", „Probleme aus der Genetik", „Statistik der Geburten", „Glücksspiele" und „Sprache und Namen".

2.1.3.3 *Bayes*-Statistik

Die „induktive Logik" prägt den Prozess des Lernens aus Erfahrung in vielen Bereichen: Man besitzt ein Weltbild mit Hypothesen, die man mit gewissen Wahrscheinlichkeiten als zutreffend ansieht. Durch neue Informationen können sich diese Wahrscheinlichkeiten ändern, was dann zu einer Modifizierung des Weltbildes führt. Die Leistungen der Stochastik bestehen nun darin, auf induktivem Weg Erkenntnisse über den Bereich der Realität zu gewinnen, der durch ein Zufallsgeschehen geprägt ist. Dies geschieht u. a. dadurch, dass anhand empirischer Daten geprüft wird, inwiefern angenommene Modelle zu Realitätsausschnitten mit vorgegebener Sicherheit als gültig angenommen werden können. Weil die *Bayes*-Statistik dieses induktive Lernen aus Erfahrung modelliert, sind *Riemer* (1985, 1991) und *Wickmann* (1990) der Auffassung, das es eine der wichtigsten Aufgaben des Stochastikunterrichts ist, die Ideen, die diesem Modellierungsprozess unterliegen, und die grundsätzlichen Methoden zu seiner Realisierung zu vermitteln. Formaler Kern des Modellierungsprozesses ist die (iterierte) Anwendungen der *Bayes*-Regel. Sie modelliert die Informationsverarbeitung beim Lernen durch systematisch gewonnene Erfahrung und macht die fundamentale Idee der beurteilenden Statistik, aus empirischen Daten auf die Gültigkeit von Hypothesen zu schließen, durchsichtig. Typisch für die *klassische Statistik* ist eine Formulierung wie: *„Das Ereignis E tritt mit der Wahrscheinlichkeit p ein, wenn die Hypothese H zutrifft."* Dies ist eine *bedingte* Aussage, die nach *vorwärts* gerichtet ist. Die zu prüfenden Hypothesen bildet man in der klassischen Statistik nicht aufgrund informeller Kenntnisse, weil eben kein subjektiver Wahrscheinlichkeitsbegriff verwendet wird, sondern aufgrund empirischer Daten. Als Problem dieses Konzeptes wird eine gewisse Beschränkung seiner Anwendbarkeit genannt, weil die Informationen, die man allein aus empirischen Erhebungen gewinnen kann, nicht alle eventuell vorhandenen Vorkenntnisse berücksichtigen können. In der *Bayes-Statistik* werden dagegen Hypothesen aufgrund *aller* Kenntnisse gebildet, also aufgrund von Kenntnissen aus empirischen Erhebungen *und* aus Kenntnissen, die informeller Natur sind. Typisch für die *Bayes*-Statistik ist eine Formulierung wie *„Aufgrund des beobachteten Ereignisses E trifft die Hypothese H mit der Wahrscheinlichkeit p zu."* Dies ist eine Aussage über die Wahrscheinlichkeit einer Hypothese, sie ist nach *rückwärts* gerichtet. Während beim Vorgehen der klassischen Statistik der Blick auf die Richtung *Ursache* ⇒ *Wirkung* gerichtet ist, wird hier der Blick im Sinne der induktiven Sichtweise auf die Richtung *Wirkung* ⇒ *Ursache* gelenkt. Das Problem dieses Konzeptes ist, dass A-priori-Wahrscheinlichkeiten, die über die *Bayes*-Regel unter Bezug auf erhobene Daten in A-posteriori-Wahrscheinlichkeiten transformiert werden, oft nur schwer zu gewinnen sind. Sowohl die Bewertung von Hypothesen mit Wahrscheinlichkeiten wie auch die in der *Bayes*ianischen Stochastik übliche Zulassung von informellen Kenntnissen zur Festlegung von A-priori-Wahrscheinlichkeiten werden von Vertretern der klassischen Stochastik für nicht unproblematisch gehalten (vgl. *Krengel* 1991). *Riemer* und *Wickmann* plädieren gleichwohl für einen Stochastikunterricht, in dem die skizzierten Ideen der *Bayes*-Statistik vermittelt werden. Sie sind der Auffassung, dass dafür ein Stochastikunterricht ungeeignet ist, in dem der objektivistische Wahrscheinlichkeitsbegriff als einziger Wahrscheinlichkeitsbegriff verwendet wird und in dem „der *Laplace*sche Wahrscheinlichkeitsbegriff zusammen mit Kombinatorik und Mengenalgebra das Bild der Wahrscheinlichkeitsrechnung prägt." Auch sind sie der Auffassung, dass bei den üblichen klassischen Lehrgängen die strukurorientierte Behandlung des Formalismus ein zu großes Gewicht erhält und damit den Aufbau geeigneter sekundärer Intuitionen behindert werden kann. *Riemer* (1985) zitiert in diesem Zusammenhang *Bruner* „Leider hat der Formalismus im Schulunterricht die Intuition etwas abgewertet." Für einen „*Bayes*ianischen" Stochastikunterricht liegt noch kein geschlossener Lehrgang in Form eines Lehrbuchwerkes vor. Bei der Beschreibung eines Stoffkanons muss daher auf sonstige einschlägige Publikationen zurückgegriffen werden. Solche Publikationen sind insbesondere von *Götz* (1997), *Riemer* (1985, 1991) und *Wickmann* (1990) vorgelegt worden. In den als Vorlage für geschlossene Lehrgänge der Stochastik in der S II zu verwendenden Publikationen von *Götz* und *Wickmann* entspricht der Aufbau der Stochastik in formaler Hinsicht weitgehend dem genannten klassischen Aufbau. Behandelt werden von *Wickmann* z. B. Grundbegriffe (Zufallsversuch, Grundgesamtheit, Ereignis, Zufallsvariable) und deren formale Beschreibung, Rechnen mit Wahrscheinlichkeiten (Additionssatz, bedingte Wahrscheinlichkeit, Multiplikationssatz), Verteilungen (Binomial-, hypergeometrische, *Poisson*-, Beta-, Normalverteilung) und die beurteilende Statistik im *Bayes*-Rahmen (Schätzen, Testen). Als roter Faden ziehen sich durch die genannten Texte die Fragen nach den Voraussetzungen, Verfahren und der Relevanz von Ergebnissen des induktiven Schließens in stochastischen Situationen. Der mengentheoretische Formalismus wird von den Autoren, die die *Bayes*-Statistik als Kern des Stochastikunterrichts ansehen, nur insoweit verwendet, als er zur angemessenen Beschreibung des Prozesses des induktiven Schließens in der Stochastik unbedingt notwendig ist. Inhaltlich-strukturmathematische Gesichtspunkte spielen nur eine geringe Rolle. Herausgearbeitet wird aber die Struktur des induktiven Schließens beim Hypothesentest. Durchaus anspruchsvolle Mathematik wird verwendet bei der Behandlung von Grenzwertsätzen und von Testverfahren. Für die *Bayes*ianische Statistik ist der subjektive Wahrscheinlichkeitsbegriff konstitutiv. Er spielt eine Rolle für die Bestimmung von A-priori-Wahrscheinlichkeiten bei der Verwendung der *Bayes*-Regel, mit der der Revisionsprozess beim induktiven Lernen aus Erfahrung beschrieben wird. In den genannten Texten steht die Anwendungsorientierung mit Bezug zum induktiven Lernen aus Erfahrung im Vordergrund. Dem Anliegen der Autoren, angemessene sekundäre stochastische Intuitionen zu vermitteln, entspricht es, dass sie besonderen Wert auf die Handlungsorientierung des Stochastikunterrichts legen. Geschlossene Lehrgänge für eine *Bayes*ianische Stochastik im Unterricht und entsprechende breite Erfahrungen dazu liegen bisher nicht vor. Es ist deshalb schwierig, ein allgemeines Urteil abzugeben. Positiv festzuhalten ist jedoch, dass Ziele wie die Vermittlung angemessener sekundärer stochastischer Intuitionen oder von Einsicht in die Methoden und Möglichkeiten des Lernens aus Erfahrung mit Mitteln der Stochastik im Vordergrund stehen. Ziele wie diese werden auch von klassischen Lehrgängen verfolgt, werden dann aber verfehlt, wenn Formalismus und „Mechanik" des Rechnens im Vordergrund stehen. Bedenkenswert sind an den Vorschlägen folgende Aspekte:

- Den inhaltlichen Mittelpunkt bilden Fragen der beurteilenden Statistik. Es geht also vor allem um die Möglichkeiten und Grenzen einer Modellierung von stochastischen Situationen.
- Der Formalismus wird zugunsten einer Behandlung interessanter inhaltlicher Fragen auf ein Minimum beschränkt.
- Handlungsorientierung und Schüleraktivität sind wesentliche Elemente im Prozess der Vermittlung angemessener sekundärer Intuitionen.

Bei einer Bewertung sollte aber auch bedacht werden, dass trotz des Rufes „Das 21. Jahrhundert wird *Bayes*ianisch" diese Sicht der Stochastik nicht die Sicht des heutigen mainstreams dieser Wissenschaft ist, gleichwohl stellt sie eine sinnvolle Ergänzung der klassischen Sichtweise dar (vgl. *Götz* 1997).

2.1.3.4 Datenorientierte Statistik

Das Gemeinsame an den genannten didaktischen Konzepten, die in Deutschland Grundlage für die meisten Lehrgänge sind, ist, dass sie mehr oder weniger an entsprechenden Standardcurricula im universitären Bereich orientiert sind. Diese Curricula bestehen aus der Wahrscheinlichkeitstheorie, die stochastische Modelle bereitstellt, und der Statistik, in der diese Modelle angewendet werden. Es geht also bei diesen Konzepten im Prinzip zunächst um die Entwicklung und das Umgehen mit vielen Standardmodellen, bevor diese dann auf Realsituationen angewendet werden. Einem solchen Aufbau des Stochastikcurriculums für den Unterricht liegt die Annahme zugrunde, tragfähige stochastische Grundvorstellungen und Methoden könnten nur in dem klassischen mathematischen Rahmen entwickelt und präzisiert werden. Eine ganz andere Auffassung vertritt man im angelsächsischen Sprachraum mit dem Konzept des datenorientierten Zugangs zur Stochastik. Vorrangiges Ziel dieses Konzeptes ist es, im Stochastikunterricht „Datenkompetenz" zu vermitteln. Zur Realisierung dieses Ziels wird die Stufenfolge *Theorie* $\rightarrow$ *Praxis* umgekehrt: Man beginnt mit empirischen Daten und entwickelt Techniken, um in diesen Daten Muster und Strukturen zu finden. Dann erst werden die Theorieteile entwickelt, mit denen Muster und Strukturen formal beschrieben werden können. Im deutschsprachigen Raum plädieren vor allem *Biehler* (1982), *Borovcnik* (1987) und in letzter Zeit *Engel* (1999) dafür, den hier üblichen Stochastikunterricht entsprechend zu ergänzen oder überhaupt nach dem skizzierten Konzept aufzubauen. *Engel* (1999) hat in einer tabellarischen Darstellung beide Konzepte gegenübergestellt:

	Klassisch: Phänomen Zufall	Neu: Datenorientierung
Kerndisziplinen	Wahrscheinlichkeitstheorie, stochastische Prozesse, Entscheidungstheorie, Test-, Schätztheorie	Empirischer Wahrscheinlichkeitsbegriff, Explorative Datenanalyse, statistische Modellbildung Computersimulation
Maßgebliche Bezugsdisziplinen	Kombinatorik, Maßtheorie	Lineare Algebra, Informatik
Zufall	im Modell definiert	Versteckt in der Variabilität der Daten
Perspektive	Zuerst abstraktes Modell, dann Daten (wenn überhaupt)	Zuerst Daten, dann Modell

Während in den USA Lehrgänge zur Vermittlung von „Datenkompetenz" entwickelt worden sind, gibt es in Deutschland bisher keinen geschlossenen Lehrgang mit dieser besonderen Zielsetzung. Nur *Engel* (1999) hat bisher eine Vorlage für ein entsprechendes Stochastikcurriculum vorgelegt. Den einzelnen Vorschlägen gemeinsam ist, dass die Einzelthemen vorrangig datenorientiert sind. Dies bedeutet, dass der Stoffkanon i. w. Themen der beschreibenden Statistik und Explorativen Datenanalyse wie Planung und Methoden von Datenerhebungen, Ordnung von Daten, Darstellung von Daten in Tabellen und Diagrammen, Lage- und Streuungsparameter, Korrelation und Regression, Datentransformation, Kurvenanpassung enthält, aber auch Hypothesentests. Die Mathematik der Wahrscheinlichkeitsrechnung und Statistik steht nicht im Mittelpunkt eines datenorientierten Curriculums: im Mittelpunkt steht hier die Modellbildung mit Methoden der Datenexploration, die nicht vorab „auf Vorrat", sondern bei der Datenbearbeitung mit entwickelt werden. Mathematisch anspruchsvoll sind die Methoden der Kurvenanpassung. Welche dieser Methoden und auf welchem Niveau sie behandelt werden könnten, lässt sich aufgrund der vorliegenden Texte aber nur schwer erkennen. In einem datenorientierten Curriculum ist der Zufall in den „Daten versteckt". Zufallsbedingte Ereignisse selbst und deren Bewertung mit Wahrscheinlichkeiten werden nicht thematisiert. Es liegt nahe, dass in einem solchen Curriculum der objektivistische Wahrscheinlichkeitsbegriff und dieser zunächst intuitiv verwendet wird. Die Zielsetzung der Entwicklung von Datenkompetenz erfordert, dass Anwendungsorientierung im Mittelpunkt eines datenorientierten Curriculums stehen muss. Die problemorientierte Vermittlung von Datenkompetenz erfolgt dadurch, dass im Zuge der Problembearbeitung Methoden entwickelt werden, mit denen die Daten mit dem Ziel einer Exploration von Mustern experimentell bearbeitet werden. Handlungsorientierung ist also unverzichtbarer Bestandteil des Curriculums.

Positiv an dem Konzept eines datenorientierten Curriculums ist, dass die Vermittlung von Datenkompetenz angestrebt wird und diese konsequent über die Behandlung realitätsnaher Probleme gesucht wird. Problematisch ist, dass soweit erkennbar

– auch auf eine solche Behandlung der Wahrscheinlichkeitsrechnung verzichtet wird, in der
  - der Wahrscheinlichkeitsbegriff entwickelt und problematisiert wird
  - die wichtigsten Verteilungen als Modelle für stochastische Situationen entwickelt werden, denn sehr viele stochastische Situationen lassen sich gerade durch diese Modelle beschreiben.
– eine Systematik von Sachproblemen nicht vorliegt. Ein Curriculum, das an den „Sachen" und den Methoden zu ihrer Analyse orientiert ist, sollte auch eine Systematik der Typen wichtiger stochastischer Situationen darstellen.

2.1.3.5 Resumee

Die Abfolge der vorstehend beschriebenen didaktischen Positionen entspricht ganz grob der Entwicklung von Lehrgängen für den Stochastikunterricht. Diese Entwicklung hat allerdings weitgehend nicht in der Unterrichtspraxis niedergeschlagen. *Schmidt* (1990) beklagte eine zunehmend sich öffnende „Schere zwischen der didaktischen Diskussion um den Stochastikunterricht und dem realen Stochastikunterricht", die sich bis heute noch nicht wieder geschlossen zu haben scheint, obwohl unter dem meisten Beteiligten unbestritten ist, dass die Stochastik einen angemessenen Platz im Unterricht haben sollte: Einmal vermittelt sie eine neue Sicht auf die Mathematik, weil ihre – verglichen mit Analysis und linearer Algebra – „relative Armut an geschlossener Theorie kompensiert wird durch eine ungewöhnliche Vielfalt an theoretischen und anwendungsnahen Aufgabenstellungen, die das selbständige problemlösende Denken in besonderem Maße herausfordern" (*v. Pape/Wirths* 1993). Dann gehört die Fähigkeit zu einem verständigen Umgehen mit der Fülle stochastischer Situationen in privaten und öffentlichen Bereichen zur Allgemeinbildung und schließlich nützt eine solche Fähigkeit in vielen Studiengängen und Berufen. Für *Diepgen* (1992,1993) scheint gleichwohl „ein grundsätzlicheres Nachdenken über das Wozu dieses teuren Stochastikunterrichts angezeigt" jedenfalls „solange er sich als Teil des Mathematikunterrichts versteht. Denn Stochastik als „Kunst des vernünftigen Vermutens" profitiert doch offensichtlich nur begrenzt und eher wenig von ihrer Mathematisierung." Eine so grundsätzliche Diskussion des Legitimationsproblems mag nötig sein, sie wäre dann aber auch nötig für viele andere Unterrichtsfächer und –themen an allgemeinbildenden Schulen (vgl. auch die Replik von *Pfeifer* (1994), der die Legitimation der Stochastik als Unterrichtsgebiet vor allem durch ihren Beitrag für die Allgemeinbildung als gegeben sieht, und entsprechende Ausführungen von *Heymann* 1996). Bei der Vielfalt von Rahmenbedingungen für den Mathematikunterricht an den vielen unterschiedlichen Sekundarstufen, wozu die Zielsetzungen der einzelnen Schulen („das" Gymnasium gibt es heute nicht mehr), die einschlägigen Vorbildungen und Erfahrungen von Lehrern und Schülern der Sekundarstufen II, die personellen und sachlichen Ausstattungen von Schulen und manches mehr gehören, lassen sich nur globale Hinweise für die Gestaltung von Stochastikkursen geben. Wir schlagen folgende Rahmen vor:

Grundkurse

Zunächst sind stochastische Situationen zu analysieren und zu modellieren, bei denen Statistik und Wahrscheinlichkeitsrechnung integriert werden können. Dies ist möglich durch die Behandlung von Zufallsexperimenten mit Münze, Würfel, Urne usw. Bei der Entwicklung der vielen Modelle ergeben sich grundlegende Begriffe und Methoden der beschreibenden Statistik und Wahrscheinlichkeitsrechnung und ihre Rolle bei der Beschreibung und Analyse von realen stochastischen Situationen. Im Zentrum eines solchen Kurses stehen Zufallsvariablen und ihre Verteilungen und hier insbesondere die Binomialverteilung als Modell für eine Fülle von stochastischen Realsituationen. Zu einer Stochastik auf der S II gehört auch eine Behandlung der Frage nach der Aussagekraft von Modellen für konkrete Realsituationen. Dies bedeutet, dass die Grundideen des Schätzens und Testens entwickelt werden. Ganz wesentlich für den Lernerfolg sind eigene experimentelle Erfahrungen. Die formale Beschreibung sollte auf das unbedingt Notwendige reduziert werden.

Begriffe und Methoden im Einzelnen:

- Zufallsexperiment, Ergebnis, Ereignis, Verknüpfung von Ereignissen
- statistischer und Laplacescher Wahrscheinlichkeitsbegriff, Verknüpfung von Wahrscheinlichkeiten
- Baumdiagramme und Pfadregeln zu Darstellung und Berechnung von Wahrscheinlichkeiten
- Simulationen
- Verteilungen von Zufallsvariablen, insbes. Binomialverteilung mit Erwartungswert und Standardabweichung
- Schätzen und Testen einer Wahrscheinlichkeit

Leistungskurs

In einem Leistungskurs wird mehr Wert auf die Aufarbeitung der theoretischen Aspekte bei der Entwicklung und Anwendung der Modelle gelegt. Dies kann durch Schwerpunktsetzungen geschehen, wie sie *Kütting* (1990) vorgeschlagen hat:

- „Die Wahrscheinlichkeitsrechnung selbst ist eine ideenreiche und an substantiellen mathematischen Erkenntnissen reiche Theorie, die sich lohnt... zu erarbeiten." Möglichkeiten zur Verknüpfung der Stochastik mit Analysis ergeben sich bei der Entwicklung, Untersuchung und Anwendung von stetigen Verteilungen und der Behandlung der Grenzwertsätze. Nicht vergessen sei die Kombinatorik, die als eine sehr reichhaltige Theorie viele Verbindungen zur Stochastik besitzt. Bezüge zur linearen Algebra ergeben sich bei der Behandlung von *Markoff*-Ketten. Die Informationstheorie und Kryptologie benutzen ganz wesentlich Methoden der Stochastik.
- Die Geschichte der Wahrscheinlichkeitsrechnung ist eine reiche Quelle an epistemologischer Fragestellungen, die auch für den Unterricht geeignet sind. Solche betreffen den Wahrscheinlichkeitsbegriff mit seinen verschiedenen Interpretationen, den axiomatischen Aufbau mathematischer Theorien und Grundfragen der Modellbildung (vgl. *Ineichen* 1990).

- Anwendungen spielen in jedem Stochastikkurs eine zentrale Rolle. Neben Anwendungen der beschreibenden Statistik stellen auch solche der explorative Datenanalyse eine Bereicherung von Stochastikkursen dar (vgl. *Kütting* 1990, *Biehler* 1990). „Große Anwendungen" der beurteilenden Statistik lassen sich aber häufig nur als Projekte behandeln.

Begriffe und Methoden im Einzelnen:

- Zufallsexperiment, Ergebnis, Ereignis, Verknüpfung von Ereignissen
- statistischer und Laplacescher Wahrscheinlichkeitsbegriff, Verknüpfung von Wahrscheinlichkeiten, insbesondere bedingte Wahrscheinlichkeit, Regel von Bayes
- Baumdiagramme und Pfadregeln zu Darstellung und Berechnung von Wahrscheinlichkeiten
- Simulationen
- Verteilungen von Zufallsvariablen, Binomialverteilung, Normalverteilung mit Erwartungswert und Standardabweichung
- Gesetze der großen Zahlen
- Schätzen und Testen.

2.2 Computereinsatz im Stochastikunterricht

2.2.1 Allgemeine Gesichtspunkte

Glaubt man den Meinungen, die in manchen Medien vertreten werden: „Software statt Lehrer“ (FOCUS, 4/94), so scheint endlich die „Schöne neue Schule“ (DER SPIEGEL, 9/94) ins Haus zu stehen. Selbst wenn man solch weitgehende Auffassungen über die zukünftige Rolle des Computers im Unterricht nicht teilt, so werden doch auf mittlere Sicht in vielen Unterrichtsfächern die Möglichkeiten, die die Neuen Technologien bieten, genutzt werden. Die Stochastik ist ein Gebiet des Mathematikunterrichts, in dem der Computer auf das vielfältigste eingesetzt werden kann und es lässt sich wohl ohne Übertreibung sagen, dass der Stochastikunterricht durch Computernutzung bereichert werden kann. Er ermöglicht die Gewinnung vielfältigster Erfahrungen anhand geeigneter, selbst zu planender und durchzuführender stochastischer Experimente und bietet vielfältige Hilfen bei deren Modellierung. Mit Hilfe des Computers lassen sich besonders gut die *Rule of Four* im Modellierungsprozess realisieren und miteinander verbinden: „Where appropriate, topics should be presented geometrically, numerically, analytically and verbally“ (*Hughes-Hallet* 1998). Nach *Lenne* (1969) sind Begriffsbestimmtheit und Alternativenbeschränktheit charakteristisch Merkmale von Mathematik, die dem Lerner ein problemlösendes Vorgehen in diesem Gebiet und damit Erfolge erschweren. Hier kann der interaktive Gebrauch geeigneter Software Erfolgserlebnisse eher als der traditionelle Mathematikunterricht ermöglichen, weil

- interaktiv, heuristisch Lösungswege entwickelt werden können (Visualisierungen der verschiedensten Art, Hilfefunktionen)
- Möglichkeit besseren Verstehens durch experimentelles, konstruktives Umgehen mit stochastischen Situationen, Visualisierungen usw. gegeben sind
- mathematische Schwierigkeiten wie das Umgehen mit komplizierten Formeln oder rechnerische Schwierigkeiten verringert werden bzw. entfallen
- Bestätigungen interaktiv und damit sofort erfolgen.

Die Computernutzung ermöglicht auch die Behandlung neuer Inhalte. Damit ist sowohl gemeint, dass

- bekannte Inhalte unter neuen Aspekten behandelt werden
- bisher im Mathematikunterricht nicht vorkommende Inhalte neu eingeführt werden.

Vielleicht noch wichtiger als das Erlernen spezieller Inhalte ist der Erwerb von Methoden des „Mathematikmachens“. Hier ermöglicht der Computer den Einsatz neuer Methoden. Damit ist ein experimentelles, konstruktives, heuristisch-problemorientiertes Umgehen mit mathematischen und Anwendungsproblemen gemeint (wie z. B. bei der *EDA* oder Modellierung durch Simulation).

Für den Lernerfolg eines Schülers spielen Motivation und Interesse eine sehr wichtige Rolle. Sie initiieren die Lernbereitschaft und halten sie aufrecht. Motivation und Interesse werden bestimmt durch eine Vielfalt von Faktoren. Dazu gehören unter anderen:

2.2.1.1 Reiz eines Gegenstandes

Dieser kann darin liegen, dass der Gegenstand eine persönliche Bedeutung für den Lerner hat, dass es um eine offene, allgemein diskutierte Frage geht, dass der Gegenstand unter einer neuen überraschenden Perspektive dargeboten wird usw.

Beispiel 1: Geburtstagsproblem: Wie groß ist die Wahrscheinlichkeit dafür, dass unter n Personen mindestens zwei am gleichen Tag Geburtstag haben? Das Geburtstagsproblem ist ein Beispiel für das „Paradoxon der ersten Kollision". Damit wird im *Fächer-Kugel-Modell* folgende Situation beschrieben: Es werden n Kugeln zufällig auf m Fächer verteilt und gefragt wird nach der Wahrscheinlichkeit, mit der ein schon besetztes Fach noch einmal besetzt wird (vgl. *Henze* 1999 für weitere Einzelheiten). Nimmt man an, dass sich die Geburten eines Jahres gleichmäßig auf die 365 Tage verteilen – was nur näherungsweise gilt – so lässt sich die Situation mit dem Fächermodell beschreiben. (Die Evolutionsbiologie erklärt die aus Kirchenbüchern ersichtliche Häufung von Schwangerschaften in der Sommerzeit als Erbe aus grauer Vorzeit, in der der Mensch auf das natürliche Nahrungsangebot angewiesen war.) Man stellt sich 365 Fächer vor, in das n Kugeln zufällig gelegt werden. Zu berechnen ist nun die Wahrscheinlichkeit dafür, dass in mindestens ein Fach mehrere Kugeln geraten. Dieses Beispiel überrascht wegen der Ergebnisse. Man sollte daher vor der Lösung Schätzungen abgeben lassen, denen eine experimentelle Lösung durch Simulation folgt. Dazu stellt man sich eine größere Zahl von Gruppen von „n Personen" aus Zufallszahlen her und untersucht, ob sich darunter jeweils mindestens zweimal die gleiche Zufallszahl befindet. Die mathematische Lösung findet man über die Strategie, die Wahrscheinlichkeit für das komplementäre Ereignis $\overline{G}$: „Keine zwei Personen haben den gleichen Geburtstag" zu berechnen $P(G)=1-P(\overline{G})$: $P(G)=1-\frac{365\cdot\ldots\cdot(365-n+1)}{365^n}$. Es ergibt sich folgende Tabelle:

n	10	20	23	30	40	50	60	70
$P(G)$	.1170	.4114	.5073	.7063	.8912	.9704	.9941	.9992.

Untersuchungen zum Geburtstagsproblem mit *DERIVE* beschreibt *Kayser* (1994).

2.2.1.2 Entdeckendes, problemorientiertes Lernen

Dieses Lernen hat unter lernpsychologischen Gesichtspunkten einen hohen Stellenwert:

- Lernen mit Einsicht ist ökonomischer und wirkungsvoller.
- Entdeckendes Lernen ist mit positiven Emotionen verbunden.
- Mathematische Begriffe und Verfahren, die mit entdeckendem Lernen erworben sind, werden besser behalten (*Winter* 1989).

So erworbene Begriffe und Methoden lassen sich auch leichter anwenden und transferieren. Das Thema *Zufallszahlen* bietet eine Fülle von Möglichkeiten für selbsttätiges Entdecken von Zusammenhängen. So lässt sich dieses Thema einmal behandeln unter den Gesichtspunkten der Erzeugung und Prüfung von Zufalls- und Pseudozufallszahlen. Weiter lassen sich unter Verwendung von Zufallszahlen stochastische Situationen und Prozesse simulieren. Man ist auf diese Weise in der Lage, Modelle für solche Situationen zu gewinnen und zu studieren, in denen dies z. B. aus Sicherheits-, Zeit- oder Kostengründen sonst nicht möglich wäre. Beispiele sind der Verlauf von Epidemien (*Polya*-Modell für die Ausbreitung einer Epidemie, vgl. 1.1.1.3, 1.2) oder der Ablauf physikalischer Prozesse (*Brown*sche Molekularbewegung, vgl. *Riemer* 1985), die Funktion von Sicherheitseinrichtungen, das Verhalten von Bediensystemen (Warteschlangen, vgl. *Beispiel 30*). Wegen der großen Bedeutung von Simulationen für die Modellierung von stochastischen Situationen sind ab den 20er Jahren Versuche unternommen worden, Tabellen von Zufallszahlen mit Hilfe von Zufallsexperimenten zu erzeugen. Nach einer ersten Tafel mit 41600 Zufallsziffern, die von *Tippet* 1927 auf eine Anregung von *K. Pearson* erstellt wurde, und der Entwicklung weiterer Tafeln mit Hilfe von Glücksrädern hat die *Rand-Corporation* 1955 schließlich eine Tafel mit ca. einer Million Zufallsziffern hergestellt. Mit der Entwicklung von elektronischen Rechnern und dem Einsatz geeigneter Algorithmen sind heute Zufallsgeneratoren möglich, die sehr schnell große Mengen an Pseudozufallszahlen liefern können, wobei die Verteilung dieser Zufallszahlen über geeignete Transformationen auch noch der jeweils vorliegenden Problemlage angepasst werden kann. Der Problemkreis „Pseudozufallszahlen" bietet nun die Möglichkeit, handlungsorientiert und motivierend verschiedene Themen des Mathematikunterrichts miteinander zu verbinden: *Phänomen und Begriff des Zufalls, Simulation, Prüfungsverfahren auf Zufälligkeit, Zahlentheorie, Computernutzung*. Phasen einer entsprechenden Untersuchung sind *„Ausdenken" einer Folge von Zufallszahlen, Erzeugung einer Folge von Zufallszahlen mit Zufallsgeneratoren wie Würfel, Glücksrad, Urne usw., Erzeugung von Pseudozufallszahlen, die Beurteilung von Zufallgeneratoren mit Mitteln der beurteilenden Statistik und Anwendungen in Simulationen* (vgl. *DIFF SR2* 1983).

Beispiel 2: Eine starke Motivation zur näheren Beschäftigung mit dem Thema Zufallszahlen kann sich aus der Behauptung ergeben: „Ich kann erkennen, ob eine „zufällige Folge" der Ziffern „0" bzw. „1" ausgedacht ist" und einem entsprechend erfolgreichen Test. Folgende Elemente einer Motivation können nun wirksam werden: Überraschung, Ungewissheit, Konflikt, Provokation, Interesse an der Lösung dieses Konflikts. Die genannte Behauptung provoziert die Suche nach Kriterien, mit denen diese Behauptung begründet werden kann. Vergleicht man eine ausgedachte mit einer z. B. durch Münzwurf erzeugte Folge von „0" und „1", so lassen sich unterschiedliche Häufungen von bestimmten Ziffernfolgen wie: 01, 00, ... feststellen. Eine einfache Möglichkeit zur Unterscheidung nach Zufallsbedingtheit ist die, bei beiden Folgen nachzusehen, ob die Anzahlen der gleichwahrscheinlichen Zweierblöcke 00, 01, 10, 11 in etwa gleich sind. Eine weitere Möglichkeit besteht darin, die Anzahlen der Blöcke 11, 111, 1111,... zu vergleichen mit den erwarteten Werten. Bei ausgedachten Folgen werden die Anzahlen längerer Blöcke häufig zu gering geschätzt (vgl. *v. Harten/Steinbring* 1984, *Schwier* 1995, *Noether* 1996). *Ilbertz* (1995) stellt für eine reale Folge von 275 Geburten fest, dass „in 10% der Fälle der längste Jungen-Run die Länge 10 hat".

Beispiel 3 (*DIFF SR*2 1983): Taschenrechner und Computer enthalten Generatoren zur Erzeugung von Zufallszahlen. Die meisten dieser Generatoren sind *lineare Kongruenzgeneratoren*. Sie erzeugen Folgen von Pseudozufallszahlen $z_i \in [0;1)$ über die Rekursion $x_{n+1}=ax_n+c \mod m$ und $z_n=x_n/m$ mit x_0, a, c, m ganzzahlig und $0 \leq x_0,a,c<m$. Für die Folgenglieder x_n gilt $0 \leq x_n<m$, die Folgen (x_n) selbst sind periodisch, ggf. mit Vorperiode. Daraus folgt, dass man einen

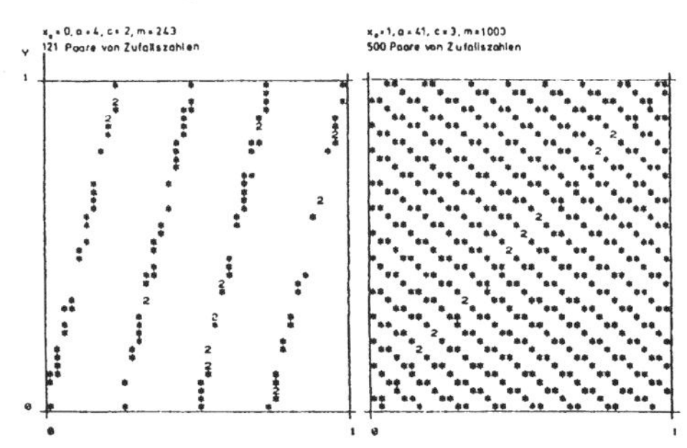

Kongruenzgenerator mit großem m wählen sollte, für den die Periodenlänge möglichst groß ist. Eine maximale Periodenlänge erhält man genau dann, wenn c und m teilerfremd sind, a-1 ein Vielfaches jedes Primteilers von m ist, und, wenn m ein Vielfaches von 4 ist, so auch a-1. Paare so erzeugter Zufallszahlen sollten gleichmäßig über das Einheitsquadrat verteilt sein. Abbildungen zeigen, dass die Paare (z_0,z_1), (z_2,z_3),... auf Parallelen liegen. Man wählt die Kongruenzgeneratoren so, dass die Punkte nicht nur auf wenigen Parallelen liegen. Häufig wird der Kongruenzgenerator m=147 gewählt.

Für die Überprüfung der Güte von Zufallsgeneratoren gibt es eine Reihe von Möglichkeiten, man kann die Ziffernhäufigkeit, das Maximum bei der mittleren der ersten drei Nachkommastellen, Zufallszahlen im Einheitsquadrat, lineare Kongruenzgeneratoren als die wichtigsten Z-Generatoren untersuchen. Bei der Untersuchung der Ziffernhäufigkeit kann man z. B. überprüfen, mit welcher relativen Häufigkeit Pseudozufallszahlen in Teilintervallen von [0;1) liegen: Die relativen Häufigkeiten sollten proportional zu den Teilintervalllängen sein, denn bei Gleichverteilung der Ziffern dürfen keine „ungewöhnlichen" Abweichungen der relativen Häufigkeiten einzelner Ziffern von ihren Erwartungswerten in Intervallen der Folge auftreten. Man kann auch überprüfen, mit welcher relativen Häufigkeit eine bestimmte der Ziffern 0,...,9 in der ersten Nachkommastelle einer Folge von n Zufallsziffern auftritt. Diese kann man dann vergleichen mit der Wahrscheinlichkeit $B(n;0,1)$, weil die Häufigkeit einer bestimmten Ziffer in einem Intervall einer Folge von echten Zufallsziffern (zum Beispiel 100 Ziffern) binominalverteilt ist. Man kann daher die Wahrscheinlichkeit angeben, mit der diese Anzahl einer Ziffer innerhalb des σ-beziehungsweise 2σ-Intervalls liegt. Auch lässt sich die empirisch ermittelte Häufigkeitsverteilung für das Auftreten einer bestimmten Ziffer in einer größeren Anzahl von Intervallen der Ziffernfolge mit Hilfe des χ^2-Tests vergleichen mit der Häufigkeitsverteilung der Binominalverteilung (Für weitere Einzelheiten, insbesondere zu Prüfverfahren, vgl. *DIFF SR2* 1983, *Hauptfleisch* 1999, *Malitte*, 2000).

2.2.1.3 Selbsttätigkeit, experimentell-konstruktives Umgehen mit Mathematik

Der Computer ermöglicht Selbsttätigkeit wie kein anderes Medium im Mathematikunterricht durch:

- die Möglichkeit interaktiven Arbeitens
- Unterstützung bei heuristischem Vorgehen (Variation von Parameterwerten, durch Datenmanipulation mit Methoden der *EDA*, ...)
- Abnahme von Rechenarbeit.

Beispiel 4: Am *Galton*brett lässt sich sehr schön der Zusammenhang zwischen dem einzelnen zufälligen Ereignis und der Gesetzmäßigkeit bei Massenerscheinungen herausarbeiten. Mit dem *Galton*brett wird zunächst enaktiv gearbeitet, wobei man sich die möglichen Wege der Kugel durch das Zapfenfeld überlegt. Den Zusammenhang von Zufall beim Einzelereignis (Auftreffen der Kugel auf einen Zapfen) und Gesetzmäßigkeit als Massenerscheinung (Verteilung bei großen Kugelzahlen) lässt sich besser erfassen, indem man anhand einer Computersimulation einzelne Läufe einer „Kugel" verfolgen und sehr schnell Verteilungen von großen Kugelzahlen erzeugen kann, so dass der Prozess des Entstehens der Verteilung besonders unter dem genannten Gesichtspunkt des Zusammenhangs von zufälliger Einzelerscheinung und gesetzmäßigem Massenphänomenen gut studiert werden kann. Ferner lassen sich erarbeiten:

- Lässt man sehr viele „Kugeln" durch das „*Galton*-Brett" laufen, so kann man den allmählichen Prozeß der Annäherung der Binominal- an die Normalverteilung als Grenzverteilung beobachten.
- Weiterhin lassen sich qualitative Feststellungen zur Lage des Erwartungswertes und der Streuung machen.

Programme wie *Winfunktion 2000* und das speziell für den Stochastikunterricht entwickelte Programm *Prosto* ermöglicht zusätzlich noch Veränderungen des Parameters p

– die zu unsymmetrischen Verteilungen führen
– unter Konstanthaltung des Produktes $\mu=n \cdot p$, wodurch man Verteilungen erhält, deren Grenzverteilungen *Poisson*-Verteilungen sind.

Mit einem Computerprogramm lassen sich Verteilungen mit ihren Eigenschaften simulieren und studieren, wo dies mit analytischen Methoden nicht sinnvoll oder möglich ist.

Beispiel 5 (*DIFF MS4/SR4*, 1981/1983): Im zweiten Weltkrieg haben die Alliierten auf verschiedene Weisen versucht, Informationen über die militärische Stärke Deutschlands zu gewinnen. Z. B. waren sie interessiert an der Zahl der Panzer, über die Deutschland verfügte. Entsprechende Schätzungen nahm man vor anhand festgestellter Fabrikationsnummern. Die dabei möglichen Vorgehensweisen lassen sich am „Taxiproblem" entwickeln. An einem Taxistand stehen n Taxen. Insgesamt gibt es in der Stadt M durchnummerierte Taxen. Die Anzahl M ist unbekannt. Man soll von den beobachteten n Nummern auf die Gesamtzahl M schließen. Die Zufallsvariablen X_i bezeichnen die gefundenen Nummern und die Zufallsvariablen $X_{(i)}$ die nach Größe geordneten Nummern. Man kann nun nach verschiedenen Verfahren suchen, mit denen die Anzahl M geschätzt werden kann:

a) Aus dem Doppelten des Medians erhält man als erwartungstreue Schätzgröße $X_{(n/2)}+X_{(n/2+1)}-1$ für gerades n und $2X_{(n+1)/2}-1$ für ungerades n.

b) Aus dem Doppelten des arithmetischen Mittels ergibt sich als erwartungstreue Schätzgröße $2\overline{X}-1$.

c) Das Maximum M weicht vom Maximum der gefundenen Nummern genauso weit ab wie das Minimum von der Nummer 1. Daraus erhält man als erwartungstreue Schätzgröße: $X_{(1)}+X_{(n)}-1$.

d) Aus der Summe gebildet aus dem Maximum und dem mittleren Abstand von zwei benachbarten beobachteten Nummern erhält man als erwartungstreue Schätzgröße: $\frac{n+1}{n}X_{(n)}-1$.

e) Eine nicht erwartungstreue Schätzgröße ist $X_{(n)}$.

Eine heuristische Bewertung der angegebenen Schätzgrößen ist dadurch möglich, dass man ihre jeweiligen Streuungen experimentell untersucht. *DIFF MS4* gibt für eine Simulation des Taxiproblems anhand von 20 Experimenten mit M=100 und n=20 folgende Graphen an. Man erkennt, dass die Werte der Schätzgrößen unterschiedlich streuen. Offensichtlich ist die unter d) genannte erwartungstreue Schätzgröße am besten geeignet zur Schätzung der maximalen Nummer. Eine Bestätigung dieser Vermutung erhält man durch die Bestimmung der zu den einzelnen Schätzgrößen gehörenden Varianzen (für weitere Einzelheiten vgl. *DIFF MS4* 1981).

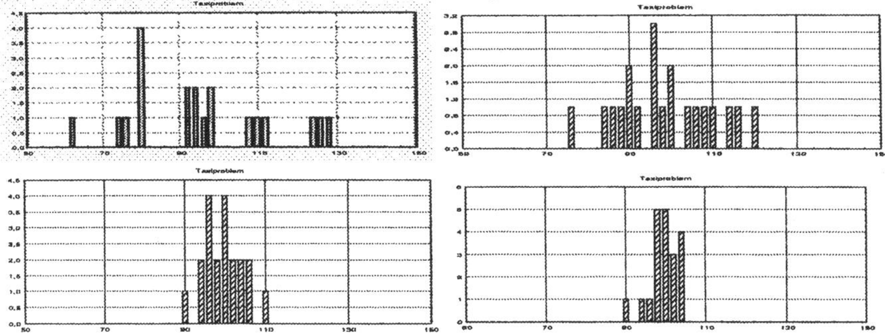

Nicht unerwähnt sei, dass nach den bisherigen Erfahrungen und entgegen vielen Befürchtungen die Verwendung des Computers im Mathematikunterricht das Sozialverhalten von Schülern eher positiv beeinflusst: Arbeiten Schüler in Kleingruppen am Computer, so beobachtet man vor allem in Problemphasen eine intensive Zusammenarbeit, so dass man hoffen kann, dass auch Ziele wie Kommunikations- und Teamfähigkeit auf Dauer gefördert werden.

2.2.1.4 Realistische Anwendungen

Sie stellen eines der Hauptmotive für eine aktive Auseinandersetzung mit der Mathematik dar. Daher gehört zu jedem Mathematikunterricht eine Anwendungsorientierung, in der die Leistungen der Mathematik für das Weltverstehen in Bezug auf die Entwicklung der (post-)industriellen Gesellschaft in einer technisch-wissenschaftlichen Welt vermittelt werden. Besonders die Stochastik „lebt" - wie auch die Geometrie - von den Anwendungen. *Henze* (2000) beklagt, dass sehr viele der in Unterrichtswerken zur Stochastik angegebenen Aufgaben zu Anwendungen in Wahrheit Textaufgaben seien, die ein unrealistisches Bild von stochastischen Realsituationen vermittelten und deren angegebene Modellierungen ebenfalls unangemessen seien. Ebenso richtig ist allerdings, dass die Realisierung des Ziels, im Unterricht ein zutreffendes Bild von Anwendungen der Stochastik und anderer Gebiete der Mathematik in verschiedenen Realitätsbereichen zu vermitteln, mit Schwierigkeiten verbunden ist. Sie liegen in der Komplexität und Schwierigkeit der Sachprobleme selbst, der Datenfülle und der Komplexität und Schwierigkeit der zu verwendenden mathematischen Theorie und Methoden. Die *Istron*-Bände zum realitätsbezogenen Mathematikunterricht vermitteln einen Eindruck davon und legen den Schluss nahe, dass viele solcher Anwendungen nur in einem Projektunterricht aufzuarbeiten sind. Zur Vermittlung von Routine im Umgang mit Begriffen und Methoden scheint es - und dies gilt für den gesamten Mathematikunterricht - notwendig zu sein, auch „Textaufgaben" mit sehr vereinfachten Darstellungen von Realsituationen zu stellen. Wünschenswert wäre allerdings, dass trotz solcher Vereinfachungen der Kern einer Problemsituation und die Lösungsidee deutlich werden. *Kütting* (1990, 1994) stellt zur Problematik des Realitätsbezugs fest, man müsse im Stochastikunterricht hinsichtlich des Anspruchs auf Realitätsnähe der Anwendungen bescheidener sein und gibt selbst einige Beispiele für Aufgaben, in denen auf „elementarem Niveau" ein Eindruck von realitätsnahen Problemstellungen und ihren Lösungen vermittelt wird. *Schneider/Stein* (1980) stellen in einer Darstellung „didaktischer Probleme von Stochastik-Grundkursen in der S II" sogar fest, „Der Modellbegriff, die Beschreibung des Verhältnisses zwischen Wirklichkeit und Wahrscheinlichkeitstheorie ist ein Thema für Mathematikstudenten im 4. Semester, nicht aber für Grundkursschüler". Auf jeden Fall sollte klar werden, dass Vereinfachungen von Problemsituationen in der Regel verbunden sind mit einer Verminderung von Relevanz für die Realität. Neben den erwähnten *Istron*-Bänden hat *Schmidt* (1984, 1989) „Anwendungen aus der modernen Technik und Arbeitswelt" mit Lösungen zusammengetragen, unter denen sich auch einige zur Stochastik befinden. Die üblichen Lehrgänge bieten Aufgaben aus vielen Anwendungsbereichen. Eine Untersuchung von *Damerow/Hentschke* (1982) listet Aufgaben auf, wie sie auch in später erschienen Texten vorkommen. Es sind Aufgaben aus Gebieten wie Technik (Auslastungsmodelle für Maschinen, Produktionskontrolle, Sicherheitseinrichtungen,...), Medizin (Häufigkeit von Blutgruppen, Warten auf Erfolg beim Blutspenden, Geburten,...), Physik (Messfehler, Verteilung von Teilchen auf Zellen, radioaktiver Zerfall,...), Biologie

(Wachstum, Vererbung,...), Wirtschaft (Bediensysteme, Versicherungen, Politik, Wahlen, Umfragen, Verkehr, Verkehrszählungen,...). Die meisten dieser Aufgaben sind als Textaufgaben formuliert, einige bieten aber durchaus Ansätze zu einer realitätsnahen Aufarbeitung der „Sache". Insbesondere bei der Lösung der beiden Schwierigkeiten *Datenfülle* und *Bereitstellung numerischer und analytischer Methoden* kann der Einsatz von geeigneten Computerprogrammen helfen: Was die Datenfülle betrifft, so können gerade bei realen Problemstellungen in der Statistik große Datenmengen anfallen. Die Bearbeitung großer Datenmengen hat schon früh dazu gezwungen, besondere Methoden wie solche elektromechanischer (*Hollerith*) und rechnerischer (vgl. die ältere Literatur zur Statistik) Art zu entwickeln, um Ordnung und Darstellung der Daten bzw. Modellbildung und Analyse überhaupt erst zu ermöglichen. Heutige Computerprogramme stellen sehr viele Funktionen bereit, mit denen aus Daten Informationen gewonnen werden können.

Beispiel 6: Mit einer Analyse von Wetterdaten mit Hilfe der *EDA* können zum Beispiel charakteristische Unterschiede im Wettergeschehen verschiedener Monate (z. B. solcher, in denen großräumige Wetterumstellungen stattfinden) und verschiedener Gebiete (z. B. Temperaturverläufe und Niederschläge im nordwestlichen und südöstlichen Vorland der Mittelgebirge) untersucht werden. Für zwei norddeutsche Städte nördlich bzw. südlich des Harzes ergaben sich für die Jahre 1963 bis 1984 folgende in der Abbildung dargestellten Mittelwerte der Januartemperaturen (zur Verbesserung der Übersichtlichkeit sind die Graphen nicht als Streudiagramme ausgeführt). Man erkennt die Unterschiede der Durchschnittstemperaturen, deren Ursachen (geographische, topographische Lage) man nachgehen kann. Man kann anhand weiterer Daten untersuchen, ob es in den letzten 30 Jahren in der betrachteten Region einen Trend zu größeren Schwankungen der Durchschnittstemperatur gegeben hat. Ferner kann man untersuchen, ob die verwendeten Daten den Trend zur Erwärmung enthalten, den das Umweltbundesamt für die letzten Jahrzehnte festgestellt hat (DER SPIEGEL Nr. 23, 2000). Datensätze zu Wettermerkmalen und für den Unterricht geeignete Analysen dieser Daten finden sich auch in *DIFF SR1* (1982). *Nordmeyer* (1989) und *Hilsberg* (1991) beschreiben entsprechende fachübergreifende Projekte zur Geographie und Stochastik.

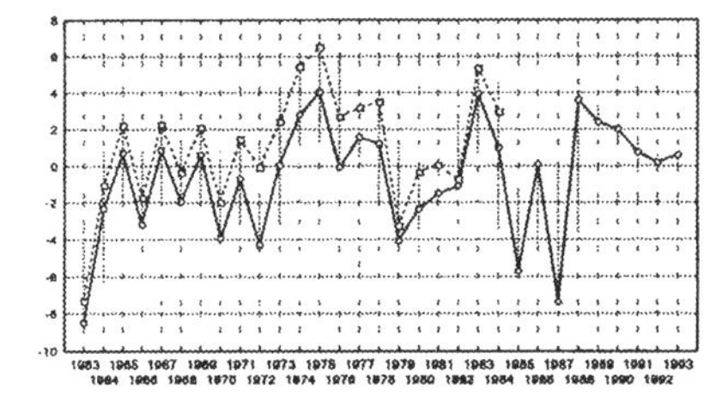

Beispiel 7 (*Bosch* 1997): Alter und Unfallbeteiligung

Alter	18-30	31-40	41-50	51-60	>60
Unfälle	114	95	79	87	72

Das Beispiel ist dem Bereich Verkehr entnommen, der unser Leben so stark prägt. In diesem Bereich lassen sich viele Fragestellungen finden, deren Modellierung mit Mitteln der Statistik entwickelt werden kann. Beispiele sind das Unfallgeschehen, Verkehrs- und Lärmbelastung, Verkehrsleistungen verschiedener Verkehrsträger, Kosten für die Autohaltung, Gebrauchtwagenmarkt usw. Die Daten zu Untersuchungen der Fragestellungen können weitgehend selbst erhoben werden. Zeichnet man ein Streubild zu der vorstehenden Aufgabe, so kann man eine Passgerade nach „Augenmaß" durch die Punktwolke legen um eine Aussage über den Zusammenhang der beiden Größen zu erhalten. Sind die Verfahren der Regressions- und Korrelationsanalyse entwickelt, so können entsprechende Funktionen von Computerprogrammen einge-

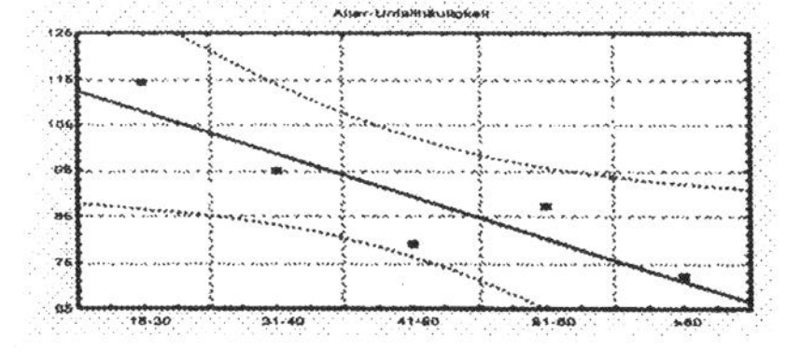

setzt werden. Mit Mitteln der beurteilenden Statistik lässt sich weiter die Hypothese überprüfen: „Alter und Unfallhäufigkeit sind unabhängig von einander." Man erhält mit *STATISTICA* die nebenstehende Regressionskurve in einem 95%-Konfidenzintervall (u. U. verfälschend ist die verwendete Klassenbildung). Eine solche Aufgabe lässt sich unter dem Gesichtspunkt von Realitätsnähe noch komplexer stellen und bearbeiten, indem man eine größere Population untersucht, nach Geschlecht, regionalen Besonderheiten, Ort und Art der Unfälle usw. differenziert.

2.2.2 Datenerfassung und -strukturierung

Werden Aufgaben aus der Realität behandelt, so sind häufig umfangreiche Datenmengen zu verwalten. Die Bearbeitung solcher Datenmengen kann aus folgenden Schritten bestehen: *Aufnahme von Daten, Sortieren, Klassifizieren, Bildung von Auswahlen und Zusammenfassungen, Darstellungen, insbes. Visualisierungen, Berechnungen.*

Eine besonders große Bedeutung hat der Computer im Unterricht als *Visualisierer.* Über die Rolle des Anschauung urteilt *Winter* (1989), dass die Anschauung nicht „unterhalb und außerhalb intellektueller Tätigkeiten liegt...", sondern dass es vielmehr darum geht „...die leibliche Anschauung, gerade auch im Mathematikunterricht zu fördern und zu kultivieren." Zur mathematikdidaktischen Rolle der „Anschauung als Quelle neuen Wissens" bemerkt *Bolkert* (1986, in *Winter* 1989), dass die Anschauung im Mathematikunterricht drei Funktionen hat:

„erkenntnisbegründete Funktion: Begriffe sind legitimiert, insofern sie sich letztlich anschaulich repräsentieren

erkenntnisbegrenzende Funktion: Der Geltungsbereich von Begriffen wird durch ihre anschauliche Reichweite bestimmt

erkenntnisfördernde Funktion: Begriffe werden aus anschaulichen Gegebenheiten heraus entwickelt."

Diese Funktionen der Anschauung sind besonders dann wirksam, wenn anschauliche Erfahrungen interaktiv erworben werden und verschiedene Seiten eines Untersuchungsgegenstandes sichtbar gemacht werden können. Visualisierungen der verschiedensten Art spielen im gesamten Mathematikunterricht eine herausragende Rolle. Dies gilt für Gebiete wie Geometrie, Sachrechnen, dies gilt besonders aber auch für die Stochastik. Für dieses Gebiet ist durch Computernutzung die Entwicklung vieler Begriffe und Verfahren wesentlich verbessert worden. Jede der folgenden Stufen im Modellierungsprozess kann durch Visualisierungen gut unterstützt werden:

Gewinnung eines Überblicks über die Daten, erste Schritte zur Strukturierung der Situation. Hier geht es um die Ordnung, Raffung und Darstellung der Daten, um die Entwicklung einer operationalisierbaren Fragestellung usw.

Beispiel 8 (*Polasek* 1994): Zinssätze und Inflationsraten (ohne Jahresangabe).

Kanada	9,5	4,2	GB	9,9	3,4	Dänemark	10,8	3,7
USA	8,7	1,9	Schweiz	4,3	0,8	Portugal	20,8	11,8
Japan	4,9	0,6	Italien	10,5	5,9	Schweden	10,3	4,2
Australien	16,4	9,1	Irland	11,1	3.8	Österreich	7,3	1,7
Frankreich	8,7	3,5	Belgien	8,9	1,3	Neuseeland	16,5	10,0

Hier legen die Tabelle und die graphische Darstellung die Vermutung nahe, dass die beiden Zufallsvariablen gleichsinnig zusammenhängen. Die Vermutung kann weiter untersucht werden durch eine Regressionsanalyse. Weitere Untersuchungen lassen sich anstellen, etwa über einen Vergleich von Erste-, Zweite- und Dritte-Welt-Länder oder über langjährige Veränderungen usw.

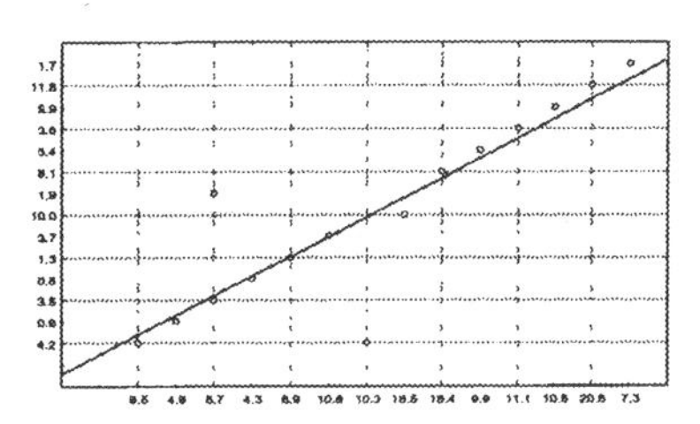

Beispiel 9: Man stellt aus Gebrauchtwagenanzeigen entnommene Fahrleistungen von Autos eines Jahrgangs mit unterschiedlichem *KW*-Werten dar und gewinnt ggf. Aussagen über die entsprechenden Verteilungen, die man aus Zahlentabellen nur mit Mühe gewinnen kann. In den Abbildungen sind die jährlichen Fahrleistungen von Golf-PKWs mit 37KW bzw. 66KW dargestellt.

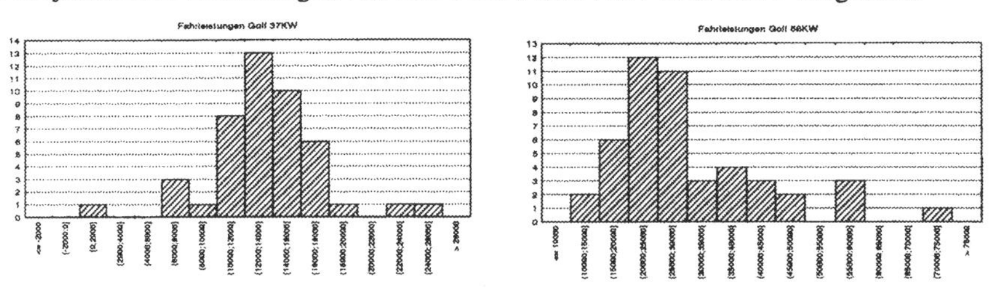

Finden von Zusammenhängen, zur (heuristischen) Entwicklung und Anwendung von Lösungsstrategien zur Gewinnung eines Modells mit dem Ziel der Beantwortung von aufgeworfenen Fragestellungen usw. Mit den speziellen Visualisierungsverfahren der *EDA* lassen sich z. B. auf eine nicht klassische Art und Weise statistische Analysen durchführen, bei denen diese vielfältigen Verfahren zur Visualisierung von Daten heuristisch und flexibel eingesetzt werden, um in den Daten enthaltene Informationen zu gewinnen (vgl. 1.2.3).

Auch bei der *Entwicklung analytischer Methoden* kann der Computer hilfreich sein. Wenig behandelt wird im (Stochastik-)Unterricht das Thema Korrelation und Regression, obwohl der Zusammenhang von zwei Größen im täglichen Leben oft (unbewusst) zur sozialen Orientierung benutzt: Aus Merkmal A (Kleidung, Sprache, Auto,...) wird auf Merkmal B (gesellschaftliche Stellung, Bildung, Einkommen,...) geschlossen. Beschränkt man sich auf die Behandlung des Zusammenhangs zweier Größen, so nimmt entdeckendes Lernen hier seinen Ausgang bei einer graphischen Darstellung der Daten. Liegt eine Punktwolke vor, die einen linearen Zusammenhang zwischen zwei gegebenen Größen vermuten lässt, so versucht man, durch diese Punktwolke eine Gerade passend zu legen. Diese Gerade stellt dann ein Modell dar für den Zusammenhang der beiden Größen. Die Wahl der Lage der Passgeraden erfolgt zunächst über die Visualisierung der Daten und eine inhaltlichen Diskussion der Daten und ihres möglichen Zusammenhangs. Den Übergang von der Passgeraden zur Bestimmung einer Regressionsgeraden über die Beachtung von Minimalitätskriterien kann experimentell mit Hilfe von Computerprogrammen erfolgen, mit denen solche Minimalitätskriterien und deren Auswirkungen auf die Modellbildung dargestellt werden können. Das Programm *Prosto* erlaubt es, eine Punktwolke punktweise und beliebig einzugeben und dann zu beobachten, wie sich nach jeder

Eingabe die Regressionsgerade verändert. Daraus lassen sich Kriterien entwickeln, mit denen die Gleichung für die Regressionsgerade entwickelt werden kann. Ist dies geschehen, so sind entsprechende Funktionen von Programmen hilfreich, die auf die Dateneingabe die graphische Darstellung und die Geradengleichung liefern (vgl. *Prosto*, 1992, ferner applets im Internet). Mit Mitteln der linearen Algebra können dann erklärt werden

- die Rolle der Regressionsgeraden als Ausgleichsgerade und damit z. B. die Wahl der Minimierung der Quadratsumme der vertikalen Abstände der Punkte von der Geraden als Kriterium für die Lage der Geraden
- die Lage des „Schwerpunktes" der Punktwolke auf der Regressionsgeraden
- die Rolle des Korrelationskoeffizienten (vgl. *Scheid* 1986).

Beispiel 10: Zur Charakterisierungen von Verteilungen spielen „Mittelwerte" und „Streuungen" eine sehr wichtige Rolle. Für manche Verteilungen (Normalverteilung) reicht die Kenntnis dieser Parameter sogar aus, um sie vollständig beschreiben zu können. Hat man die verschiedenen Möglichkeiten für die Definition eines „mittleren Wertes" herausgearbeitet, so kann man computergestützt diese Mittel auf ihre Eigenschaften hin untersuchen, die schließlich für die Wahl des im Einzelfall angemessenen Mittels entscheidend sind. Z. B. kann man zum Begriff des „arithmetischen Mittels" mit einem entsprechenden Computerprogramm wie z. B. *Prosto* oder *Statistik interaktiv* experimentell Eigenschaften wie das Verhalten dieser Parameter bei (linearen) Transformationen oder in Bezug auf Ausreißer behandeln. Man stellt etwa fest, dass das arithmetische Mittel im Gegensatz zum Median empfindlich gegen Ausreißer ist. Diese Tatsache spielt eine Rolle bei der Auswahl der Methode, mit der z. B. die Stiftung Warentest oder Analysten des Gebrauchtwagenmarktes Durchschnittspreise ermitteln.

Beispiel 11: Für das *Beispiel 8* vermutet man aufgrund der graphischen Darstellung eine hohe Korrelation zwischen Inflationsrate und Zinssatz. Die Berechnung liefert als Korrelationskoeffizient 0,96.

Interpretation von Lösungen. Hier geht es um die Beziehung zwischen der jeweiligen stochastischen Situation und dem entwickelten Modell. Ist die stochastische Situation von der Art, dass das Modell aufgrund theoretischer Überlegungen (z. B. aufgrund des Symmetrieprinzips) gefunden werden kann, so lässt sich durch Simulationen prüfen, inwieweit das Modell „passt". In anderen Fällen muss man versuchen, über eine Sachanalyse in Verbindung mit Methoden der beurteilenden Statistik ein Urteil über die Passung des Modells zu gewinnen. Die Relevanz der Schlüsse, die mit den Verfahren der *EDA* gewonnen werden, kann im Einzelfall weniger zwingend sein als die solcher Schlüsse, die mit Hilfe der klassischen Verfahren gezogen werden können.

Die bei den genannten Schritten im Einzelnen erforderlichen Tätigkeiten können so umfangreich sein, dass in der „Vor-Computerzeit" spezielle Verfahren ersonnen worden sind, um die Bearbeitung einigermaßen effektiv durchführen zu können. Der Computer ist als Datenverwalter besonders erforderlich und nützlich in der beschreibenden Statistik, der *EDA* und der beurteilenden Statistik.

Beispiel 12: Die Analyse von Wetterdaten kann sehr interessante Aufschlüsse über regionale Wetterverläufe wie ortstypische Wetterumstellungen usw. erbringen. Die bei Wetteraufzeichnungen anfallenden und zu analysierenden Datensätze sind allerdings in der Regel so umfangreich, dass sie nur rechnerunterstützt bearbeitet werden können. Allein die monatlichen Durchschnittstemperaturen zwischen 1963 und 1984 für zwei norddeutsche Städte stellen zwei Datensätze mit jeweils 372 Einzeldaten dar (vgl. *Beispiel 6*).

Beispiel 13 (*DIFF SR1* 1982): Auswertung einer Urliste mit Daten von 120 Neugeborenen zum Tag und Monat der Geburt, zum Geschlecht, zum Geburts- und Entlassungsgewicht, zur Größe, zum Kopfumfang und der Aufenthaltsdauer in der Klinik. Es wurde z. B. untersucht, ob es Zusammenhänge zwischen Geburts- und Entlassungsgewicht und zwischen Kopfumfang und Größe gibt. Die entsprechenden Analysen der angegebenen Daten sind wegen der „Sachen“ selbst interessant, aber auch deswegen, weil sie auf die Probleme aufmerksam machen, die mit den Analysen verbunden sind. So lässt sich für die letztgenannten Größen zeigen, dass sich je nach Auswahl der Daten verschiedene Regressionsgeraden angeben lassen. Ferner wird durch Betrachtung der in den erhobenen Daten auftretenden Ziffern herausgearbeitet, dass die in der Klinik erhobenen Daten nicht korrekt ermittelt worden sind.

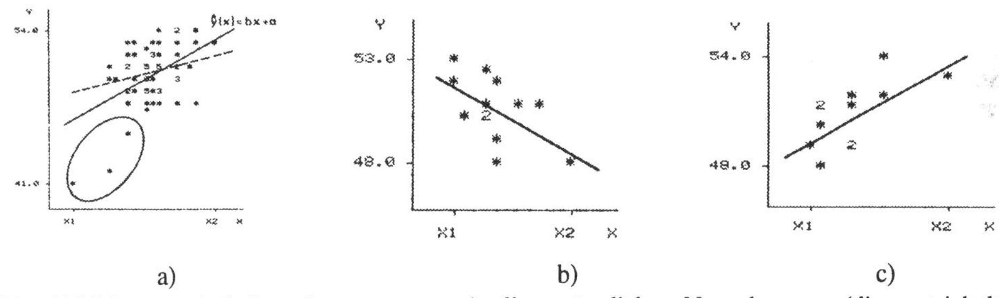

a) b) c)

Die Abbildungen sind Streudiagramme zu a) allen männlichen Neugeborenen (die gestrichelte Gerade gehört zu den Neugeborenen mit einem Kopfumfang >2510g), b) den im Februar Geborenen, c) den im März Geborenen.

In der Stochastik treten *Rechnungen* der verschiedensten Art auf, die z. T. so umfangreich sind, dass sie in vielen Fällen nur dadurch effektiv durchgeführt werden konnten, wenn spezielle Hilfsmittel wie Tafeln oder spezielle Verfahren eingesetzt wurden. Solche Rechnungen sind heute mit dem Computer ohne großen Aufwand schnell durchzuführen. Gebiete, in denen besonders rechenintensive Aufgaben anfallen, sind

- die beschreibende Statistik mit der Ordnung von Daten, der Bestimmung von Parametern, von Korrelation, Regression usw. Insbesondere in einem handlungsorientierten Unterricht lässt sich hier Zeit gewinnen für planerische Tätigkeit.

Beispiel 14: Wenn man bei der statistischen Auswertung von Gebrauchtwagenanzeigen nur die Merkmale *Baujahr*, *km-Leistung*, *Preis*, *Ausstattung* beachtet und auch nur 100 Anzeigen auswertet, so hat man es schon mit 400 Einzeldaten zu tun. Hier erleichtert der Einsatz eines Computerprogramms die Auswertung sehr. Bei einer Untersuchung von ca. 450 Anzeigen für Gebrauchtwagen des Typs Golf wurden die Daten zunächst in Klassen nach *Alter* der Fahrzeuge sortiert. Innerhalb der Altersintervalle lassen sich dann die Daten in Klassen nach *km-Leistung* und *Preis* ordnen. Eine Auswahl von günstigen Angeboten innerhalb eines interessierenden Altersintervalls bekommt man, indem man z. B. die Produkte *km-Leistung* x *Preis* bildet. Man hat auf diese Weise die Möglichkeit, systematisch nach „Schnäppchen“ zu suchen.

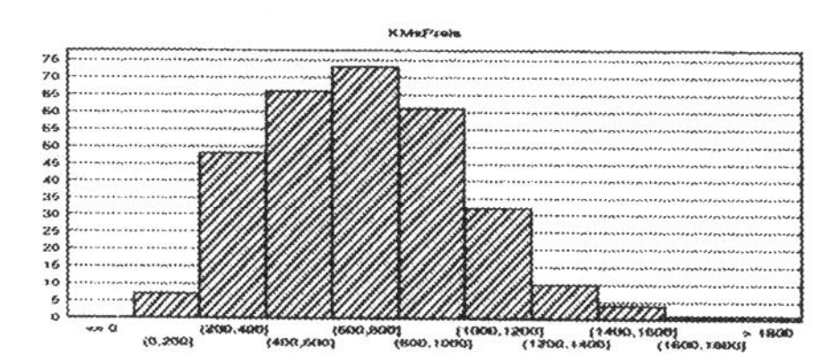

DER SPIEGEL (53/1998) berichtet, dass die Aus- und Verwertung von Gebrauchtwagenanzeigen so gewinnbringend sein kann, dass Händler mit kriminellen Methoden versuchen, Anzeigenblätter vor der Auslieferung zu ergattern: „Wenn so ein Gebrauchtwagenhändler gut ist, dann macht er mit einer Zeitung 20000 Mark Gewinn.“ Bei der o. g. Untersuchung ergab sich für Wagen des eines bestimmten Baujahrs die dargestellte Verteilung für die Zufallsvariable „*km-Leistung* x *Preis*“, die ein Indiz darstellt für ein günstiges Angebot.

Beispiel 15 (*Engel* 2000): Bei vielen Untersuchungen in empirischen Wissenschaften fallen Sätze von Datenpaaren an. Bei der Modellierung verwendet man als Modell häufig eine Funktion f mit $y_i=f(x_i)+e_i$, wobei f eine lineare, aber auch eine nichtlineare Funktion wie z. B. eine Polynom-, logistische oder Exponentialfunktion sein kann und e_i als Residuum den zufallsbedingten Anteil am Messwert y_i („Rauschen“) darstellt. *Engel* stellt am Beispiel der Wachstumsgeschwindigkeit von Menschen dar, dass es in diesem und vergleichbaren Fällen sinnvoller ist, statt der Modellierung durch parametrische Funktionen wie die genannten, gleitende Mittelwertkurven zu verwenden. Bei diesem Verfahren wird zur Schätzung der Funktion f an einer Stelle x um diese Stelle ein Fenster mit der Breite h gelegt. Man ermittelt nun den Mittelwert aus den in dem Streifen liegenden y-Werten und ordnet diesen Mittelwert (ggf. mit Gewichtung) dem x-Wert zu. Diese Arbeit ist rechenintensiv und bei größeren Datenmengen sinnvollerweise mit einem Computer zu erledigen. *Engel* zeigt am Beispiel der Wachstumsgeschwindigkeit einer Person die Überlegenheit dieser gegenüber anderen Methoden der Datenanalyse.

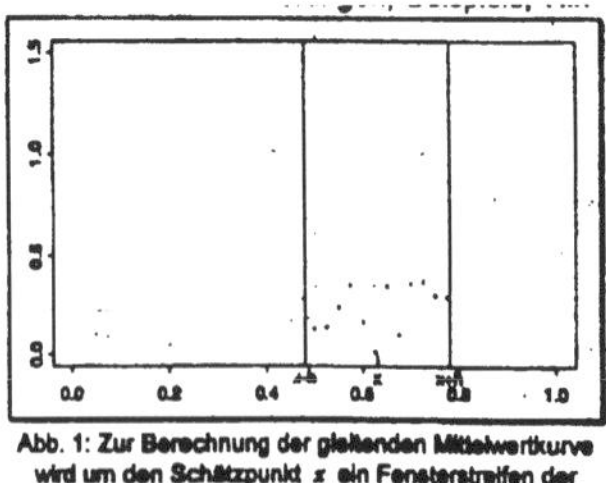

Abb. 1: Zur Berechnung der gleitenden Mittelwertkurve wird um den Schätzpunkt x ein Fensterstreifen der Breite $2h$ gelegt und dann über die Beobachtungen im Fenster (fette Punkte) gemittelt.

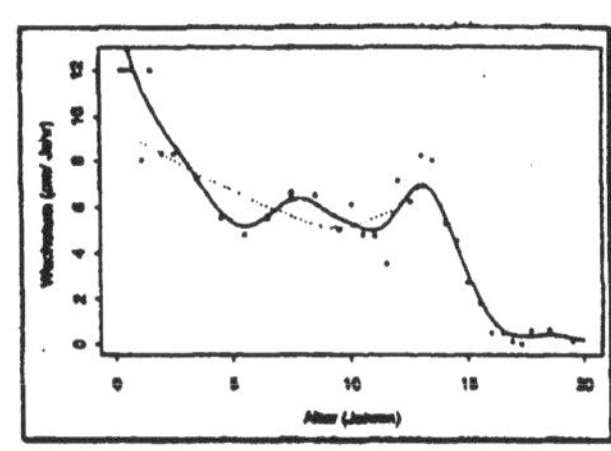

Abb. 2: Streudiagramm, gewichtete gleitende Mittelwertkurve (durchgezogen) sowie parametrisches Preece-Baines-Modell für die Wachstumsgeschwindigkeit der Körpergröße eines Mädchens.

- die Wahrscheinlichkeitsrechnung, die Kombinatorik, Berechnungen zur Binomial- und anderen Verteilungen (vgl. *Wirths* 1998)
- die beurteilende Statistik mit der Bestimmung von Schätzwerten oder Schätzintervallen
- *Markoff*-Ketten mit umfangreichen Matrizenoperationen.

2.2.3 Modellbildung

2.2.3.1 Funktionen im Prozess der Modellbildung

Heuristische Funktion: Computernutzung kann die Entwicklung von Modellen durch Strukturierung der Daten und Visualisierungen fördern. Z. B. können in der Statistik aus der (graphischen) Darstellung von Daten Vermutungen über die Art der Verteilung entwickelt werden. Dies gilt besonders für die *EDA*, aber auch bei der klassischen Vorgehensweise geben Visualisierungen zu näheren Untersuchungen Anlass:

Beispiel 16 (*Stahel* 1995): Im letzten Jahrhundert ist bei n=53680 Familien mit acht Kindern die Anzahl der Mädchen unter den acht Kindern festgestellt worden:

Mädchenzahl k	0	1	2	3	4	5	6	7	8
rel. H.	.0064	.0390	.1244	.2222	.2787	.1984	.0993	.0277	.0040
$B(n,0,5)$	.0039	.0313	.1094	.2188	.2738	.2188	.1094	.0313	.0039

Üblicherweise macht man die Modellannahme „Die Wahrscheinlichkeiten für eine Mädchen- und eine Jungengeburt sind gleich.“ und legt als Modell eine Binomialverteilung mit p=0,5 zugrunde. Tabelle und graphische Darstellung zeigen aber für kleine k größere und für große k kleinere Werte der relativen Häufigkeiten als die errechneten Wahrscheinlichkeiten. Zur Prüfung der Annahme, es liege die Binomialverteilung $B(8;0,5)$ vor, wird der χ^2-Test verwendet, der auf dem 5%-Niveau zu dem Ergebnis führt, die Nullhypothese abzulehnen.

Funktionen bei der Durchführung von Rechnungen: Die heute durch Taschenrechner und Computer verfügbare Rechenleistung ermöglicht

- nicht nur die Lösung von Aufgaben, die wegen des erforderlichen Rechenaufwandes früher nicht oder nur mit großem Aufwand gelöst werden konnten
- sondern auch den Einsatz neuer Methoden zur Lösung inner- und außermathematischer Anwendungen.

Beispiel 17 (*Prosto* 1992): Die Ermittlung des bestimmten Integrals einer über einem abgeschlossenen Intervall integrierbaren Funktion ist mit Hilfe der *Monte-Carlo*-Methode möglich, bei der die entsprechende Fläche „beregnet" wird. Dieses Verfahren ist dann unentbehrlich, wenn z. B. die Inhalte von dreidimensionalen Körpern anders nicht bestimmt werden können.

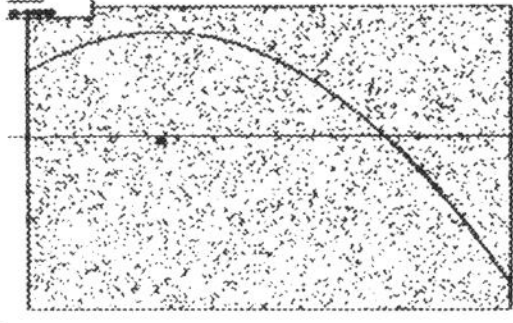

Überprüfung von Modellanahmen: Bei der Überprüfung von Modellannahmen kann der Computereinsatz nützlich sein, wenn geeignete Software zur Verfügung steht, die sich als „black-box" einsetzen lässt. Hier ist allerdings Vorsicht geboten: Die Idee eines Testverfahrens muss mindestens deutlich gemacht werden, wenn sie schon nicht formal vollständig entwickelt wird. Die Einfachheit des technischen Ablaufs, bei dem sich eine „Lösung" auf Knopfdruck ergibt, kann nämlich die inhaltliche Problematik verdecken: der „Knopfdruck" kann nur am Ende von inhaltlichen Überlegungen stehen, mit denen z. B. der „Testturm" entwickelt wird.

2.2.3.2 Rechnereinsatz in verschiedenen Bereichen

Dadurch, dass der Computer viel Arbeit abnimmt, als Rechner insbesondere auch solche, deren Ausführung nur zeitraubend und wenig gewinnbringend ist, wird Zeit frei für die grundlegenderen Probleme der Modellierung und Interpretation. Zum Rechnereinsatz in der Stochastik gibt es eine Fülle von Literatur, in der Rechnereinsatz unter diesem Gesichtspunkt behandelt wird. Unterrichtsnah und zusammenfassend sind z. B. die Texte des *Deutschen Instituts für Fernstudien* (*DIFF*), der Reihe *Computer-Praxis Mathematik* (*Dümmler* Verlag).

Kombinatorik: *Laplace*-Räume spielen im Stochastikunterricht (implizit) eine große Rolle wegen der für die Anwendungen wichtigen diskreten Verteilungen wie Binomial- oder hypergeometrische Verteilung. Bei ihrer Entwicklung ist es notwendig, auf die vier Grundaufgaben der Kombinatorik einzugehen (vgl. 3.3). Hier kann es sinnvoll sein, zur Unterscheidung der einzelnen Fälle und Entwicklung der Formeln die Grundaufgaben am Urnenmodell nachzuspielen. Wenn man dies computergestützt macht, so lassen sich in einer heuristischen Phase experimentell die Unterschiede z. B. für das Ziehen mit oder ohne Zurücklegen herausarbeiten. Programme wie *Prosto*, die anschauliche Simulationen mit dem Urnenmodell ermöglichen, lassen sich auch gut für die Simulation entsprechender Anwendungen einsetzen.

Beispiel 18: Durch das Ziehen einer Stichprobe von *n* Elementen mit Zurücklegen aus einer Urne, bestehend aus Elementen von zwei Sorten, lässt sich experimentell die Binomialverteilung gewinnen. Man kann zum Vergleich auch ohne Zurücklegen ziehen und erhält damit einen experimentellen Vergleich der Binomial- mit der hypergeometrischen Verteilung. Das Urnenmodell stellt wegen seiner größeren Flexibilität somit eine sinnvolle Ergänzung zum *Galton*brett dar.

Verteilungen: Der Computer kann wichtige Dienste leisten bei der *Entwicklung und Darstellung von Verteilungen*, bei der *Herleitung ihrer Eigenschaften*, bei der *Analyse von Beziehungen zwischen Verteilungen* und schließlich bei ihren *Anwendungen* und den dabei anfallenden *Rechnungen*.

Die Binomial-, die hypergeometrische und die geometrische Verteilung lassen sich gestützt durch Urnenexperimente gewinnen, die man in der schnell in der notwendigen Anzahl nur durch Computersimulationen realisieren kann. Auch für die Verarbeitung der dabei anfallenden Daten und die Darstellung der Verteilungen sind Computer fast unentbehrlich. Für die Herleitung der Eigenschaften stetiger Funktionen wie der Dichtefunktion der Normal- oder der Exponentialverteilung sind die Methoden der Analysis besonders angemessen. Die Eigenschaften der diskreten Verteilungen lassen sich dagegen am schnellsten und anschaulichsten anhand der Graphen der Wahrscheinlichkeitsfunktionen studieren. Für die Binomialverteilung $B(n;p)$ sind das z. B. die Abhängigkeit von Symmetrie bzw. Schiefe vom Parameter p, die Lage des Maximums, die Lage des Erwartungswertes und die Größe der Streuung und ihr Zusammenhang mit den Parametern.

Beispiel 19 (*DIFF SR2* 1983): *Newton* und *Pepys* diskutierten die Frage, welches der folgenden Ergebnisse wahrscheinlicher sei, das Werfen von einer oder mehr Sechsen in sechs Würfen mit einem Würfen, das Werfen von mehr als einer Sechs bei 12 Würfen und das Werfen von mehr als zwei Sechsen bei 18 Würfen.

Häufig wird die *Poisson*-Verteilung über die Binomialverteilung eingeführt. Für großes n, kleines p und $\lambda=np$ gilt die Näherung $\binom{n}{k}\cdot p^k\cdot(1-p)^{n-k}\approx\frac{\lambda^k}{k!}e^{-\lambda}$. Diese Näherung lässt sich mit dem Computer sehr schön nachvollziehen. Weiter kann computerunterstützt auf den Zusammenhang zwischen der *Poisson*verteilung und der Exponentialverteilung eingegangen werden. Ist die Anzahl X der Erfolge auf der Zeitachse bis zum Zeitpunkt t *poisson*verteilt mit dem Parameter λt, so erhält man für die Zufallsvariable Y, die die Wartezeit bis zum ersten Erfolg bezeichne, die Verteilungsfunktion der Exponentialfunktion für $t\geq0$: $P(Y\leq t)=P(X\geq1)=1-P(X=0)=1-e^{-\lambda t}$. Ihre Dichte $f(t)=\lambda e^{-\lambda t}$ erhält man durch Ableitung. Der Zusammenhang zwischen der *Poisson*- und der Exponentialverteilung entspricht dem Zusammenhang zwischen Binomial- und geometrischer Verteilung, die ja die Wartezeit bis zum ersten Erfolg in einer *Bernoulli*kette beschreibt. Dieser Analogie entsprechend lassen sich mit dem Computer Vergleiche der Binomial- mit der *Poisson*verteilung und der geometrischen mit der Exponentialverteilung darstellen (vgl. *DIFF SR3* 1983).

Es sei hier noch darauf hingewiesen, dass für Wartezeitprobleme mit einer Folge „unendlich vieler unabhängiger gleichwahrscheinlicher Ereignisse“ der diskrete Rahmen nicht angemessen ist. *Pfeifer* (1992) schlägt folgende Alternativen vor: Verzicht auf die Behandlung unabhängiger Experimente mit potentiell unbegrenztem Versuchsumfang und Betrachtung unendlich diskreter

Verteilungen nur als praktisch brauchbare Approximation. Hinweis auf die Nichtmodellierbarkeit solcher Experimente im diskreten Rahmen mit Eingehen auf die maßtheoretische Problematik.

Beispiel 20 (*Barth/Haller* 1983): London wurde während des 2. Weltkriegs mit 537 V1-Raketen beschossen. Zur Überprüfung der Frage, ob die Einschüsse regellos waren, teilte *R.D. Clarke* ein 144 km^2 großes Gebiet in Teilflächen von 0,25 km^2 ein und registrierte die Anzahl der Einschüsse. Es ergab sich

k	0	1	2	3	4	≥5
N_k	229	211	93	35	7	1 (gemessen)
N_{kb}	227	211	99	31	7	1 (berechnet).

Die Graphik zeigt eine gute Übereinstimmung mit der Annahme, dass die Einschüsse regellos und *poisson*verteilt erfolgten.

Beispiel 21 (*Barth/Haller* 1983): Für einen Text von *Astrid Lindgren* aus Pipi Langstrumpf ergab sich folgende Tabelle der Anzahlen der Wortlängen, gemessen in Silbenzahl:

k	1	2	3	4	5	6
N_k	1983	1557	303	86	11	9 (gemessen)
N_{kb}	2091	1330	423	90	14	2 (berechnet).

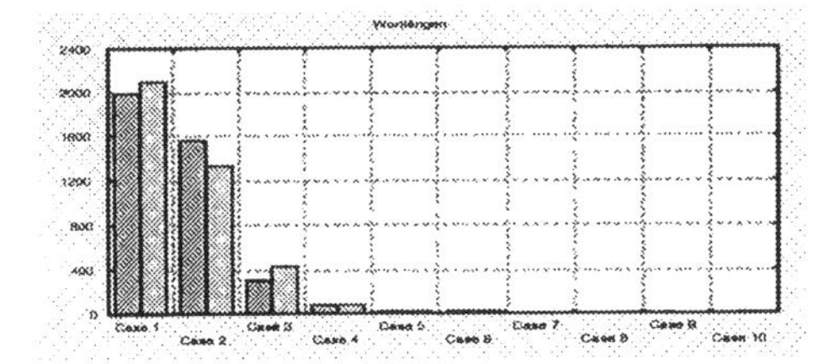

Die Graphik zeigt keine gute Übereinstimmung der gemessenen zu den mit Hilfe der *Poisson*-Verteilung berechneten Werte. Hier kann mit dem χ^2-Test untersucht werden, ob eine gleiche Verteilung unterstellt werden kann.

2.2.3.3 Zentraler Grenzwertsatz

Die praktische Bedeutung des Satzes von *Moivre-Laplace* als Spezialfall des zentralen Grenzwertsatzes lag im Unterricht früher vor allem darin, dass er die Rechtfertigung dafür abgab, statt der Binomialverteilung die Normalverteilung als einfacher handhabbares Modell zu verwenden. Dieser Grund ist mit der Möglichkeit entfallen, mit dem Computer Binomialwahrscheinlichkeiten leicht berechnen zu können. Gleichwohl sollte der Satz von *Moivre-Laplace* im Unterricht mindestens plausibel gemacht werden, weil er die älteste und zugleich einfachste Version des zentralen Grenzwertsatzes ist und außerdem den Ansatz zu einer auch auf dem Computer simulierbaren Verallgemeinerung liefert. Für eine „Herleitung" mit Hilfe von *DERIVE* vgl. *Grabinger* (1994).

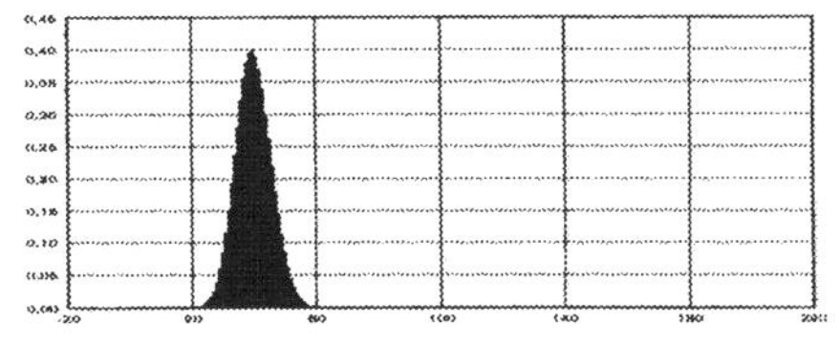

Beispiel 22: Für B(200;0,2) erhält man den angegebenen Graphen.

2.2.3.4 *Markoff*-Ketten

Der Computereinsatz bietet sich auch bei der Behandlung von *Markoff*-Ketten mit ggf. umfangreichen Matrizenoperationen an.

Beispiel 23 (*Schupp* 1992): Die Behandlung von *Markoff*-Ketten ist mit entsprechenden Programmen effektiv durchzuführen. Die Gasdiffusion lässt sich durch folgendes Modell als *Markoff*-Kette beschreiben: Es gibt zwei Urnen, von denen die erste Urne n schwarze und die andere n weiße Kugeln enthält. Bei jedem Zug wird jeder Urne eine Kugel zufällig entnommen und in die jeweils andere Urne gelegt. Der Zustand von Urne 1 gegeben durch i schwarze und $(n-i)$ weiße Kugeln. Für den Zustand von Urne 2 gilt entsprechendes, so dass sie nicht weiter betrachtet wird. Wird nun aus der Urne 1 eine Kugel gezogen, so gibt es drei Fälle:

1. Es wird eine schwarze Kugel aus Urne 1 und eine weiße aus Urne 2 gezogen. Dies führt mit der Wahrscheinlichkeit $(i/n)^2$ zu $i-1$ schwarzen Kugeln in Urne 1.
2. Es wird aus Urne 1 eine weiße und aus Urne 2 eine schwarze Kugel gezogen. Dies führt mit der Wahrscheinlichkeit $((n-i)/n)^2$ zu $i+1$ schwarzen Kugeln in Urne 1.
3. Es werden zwei gleichfarbige Kugeln gezogen. In diesem Fall ändert sich die Zusammensetzung von Urne 1 nicht. Dieser Fall tritt mit der Wahrscheinlichkeit $2 \cdot i \cdot (n-i)/n^2$ auf.

Die Wahrscheinlichkeiten für die möglichen Übergänge von einem Zustand zum nächsten hängen also von den jeweiligen Zuständen ab. Zieht man nun von einem Anfangszustand ausgehend sehr oft, so erhält man schließlich Zustände großer Durchmischung. Dieser rechenintensive Prozess lässt sich unter Verwendung des Programms in *Prosto* verfolgen.

2.2.4 Überprüfung

Zum Schätzen und Testen gibt es eine Reihe von Programmen und auch applets im Internet.

Beispiel 24: Nach einer Untersuchung sollen ca. 10% der an Kassen von Supermärkten ausgestellten Rechnungen falsche Gesamtbeträge ausweisen. Bei einem bestimmten Supermarkt sind unter 50 Rechnungen acht nicht korrekt ausgestellt. Ist diese Abweichung vom Durchschnitt als zufällig anzusehen? Bei solchen Aufgaben ist die Hypothesenprüfung mit Hilfe von Statistiksoftware möglich. Diese Programme sollten nicht nur ein Ergebnis der Art „Die Nullhypothese kann bei einem Signifikanzniveau von 5% nicht abgelehnt werden" angeben, sondern auch den kritischen Bereich darstellen, z. B. beim Binomialtest in einem Diagramm (zum Hypothesentest finden sich auch applets im Internet).

Beispiel 25: Durch die Verwendung von Computerprogrammen lassen sich Grafiken zu den Wahrscheinlichkeiten für Fehler 1. Art und 2. Art (*OC*-Funktion) erstellen, aus denen auf anschauliche Weise die Zusammenhänge von

- Fehlerwahrscheinlichkeit 2. Art und Stichprobengröße
- Fehlerwahrscheinlichkeit 2. Art und Größe der Abweichungen von der Nullhypothese
- Fehlerwahrscheinlichkeit 2. Art und Signifikanzniveau

abgelesen werden können:

In Freiburg wurden zwischen dem 29.06.81 und 27.09.81 406 Kinder an folgenden Wochentagen geboren (*DIFF SR4*, 1983):

Wochentag	Mo	Di	Mi	Do	Fr	Sa	So
Anzahl	63	58	64	55	65	56	45

Die Zahlen scheinen die vielfach geäußerte Vermutung zu belegen, dass an Sonntagen im Allgemeinen weniger Kinder geboren werden als an anderen Wochentagen. Zur Überprüfung wird man die Hypothese H_0: „Die Abweichung der Anzahl 45 der Sonntagsgeburten von der Gleichverteilung ist zufällig" überprüfen. Dazu macht man einen Binomialtest $B(n;p)$ mit X als Zufallsvariable für die Anzahlen der Sonntagsgeburten, n=406 und p=1/7. Für die Anzahlen zwischen 30 und 80 Sonntagsgeburten erhält man die dargestellte Verteilung. Für das Signifikanzniveau 5%

ergibt sich als kritischer Bereich $K=\{0,...,46\}$. Da hier $x=45$, wird die Hypothese H_0 nicht angenommen. Die Gütefunktion, an der sich die Wahrscheinlichkeiten für Fehlentscheidungen ablesen lassen, kann mit
einem entsprechenden Programm leicht hergestellt werden (vgl. *Diepgen* u. a. 1993, *Schupp* 1992).

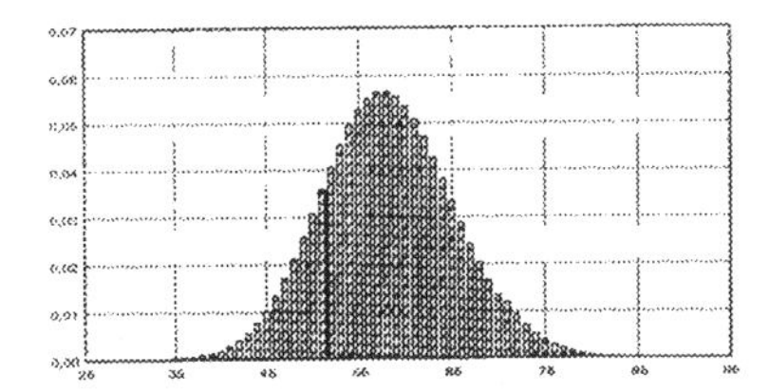

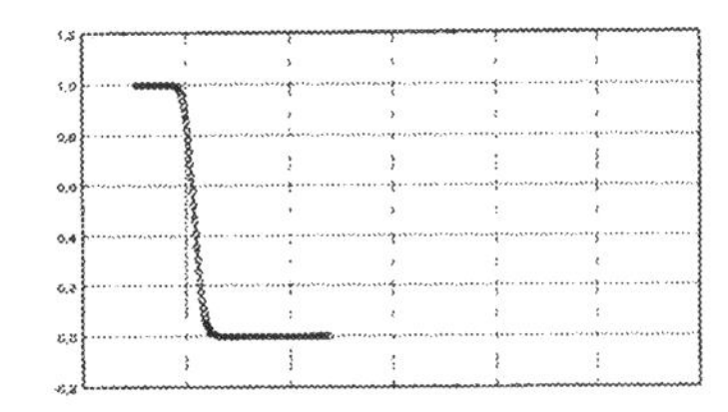

Über eine ähnliche Situation berichtet die Nachrichtenagentur *Reuters*: Nach einer im „*British Medical Journal*" veröffentlichten Studie starben bei der Fußballeuropameisterschaft 1996 während der Niederlage der Niederlande gegen Frankreich 50% mehr niederländische Männer an Herzinfarkt oder Schlaganfall als an einem gewöhnlichen Tag. Für Frauen gab es kein erhöhtes Risiko.

Beispiel 26 (*Ziemer* 1994): Das zweite *Mendel*sche Gesetz besagt, dass bei der Kreuzung zweier Pflanzen mit rosa Blütenfarbe Pflanzen entstehen, deren Blütenfarben rot, rosa oder weiß sind, und zwar mit den Wahrscheinlichkeiten $p(\text{rot}):p(\text{rosa}):p(\text{weiß})=1:2:1$. Bei 500 Kreuzungsversuchen ergab sich

Merkmal	rot	rosa	weiß
Häufigkeit	128	255	117

Der Test ergibt, dass die Annahme des *Mendel*schen Gesetzes zum Niveau 5% nicht verworfen werden kann. Mit dem Programm *STATISTCA* ergibt sich für Observed vs. Expected Frequencies: $0{,}6840000<0{,}710351=\chi^2_{0,95}$

	observed	expected		(O-E)**2
	VAR1	VAR2	O–E	/E
C: 1	128	125	3,0000	,0720
C: 2	255	250	5,0000	,1000
C: 3	117	125	-8,0000	,5120
Sum	500	500	0,0000	,6840

(zu Problemstellungen aus der Genetik vgl. auch *Karigl* u. a. 1980, *Scheid* 1986, *Timischl* 1991).

Beispiel 27: Bei der Behandlung von Konfidenzintervallen zur Schätzung eines Anteils verwendet man häufig das Modell Binomialverteilung (vgl. 1.1.3.2, 1.2.4.1, 3.5.3.1, *Beispiel 46* in 1.2.5.6). Mit dem Programm *Prosto* lassen Untersuchungen anstellen zum Zusammenhang zwischen Anzahl der Versuche, Trefferzahl, Sicherheitswahrscheinlichkeit und Intervalllänge. Das Programm liefert als Veranschaulichung eine Konfidenzellipse, an der man die Auswirkungen von Änderungen der genannten Größen verfolgen kann. Es lässt sich so z. B. der Antagonismus zwischen „Genauigkeit und Sicherheit als typisch für alle statistischen Verfahren" veranschaulichen: „Die Länge des Konfidenzintervalls nimmt zu, wenn man die Vertrauenswahrscheinlichkeit vergrößert" (*Heigl/Feuerpfeil* 1981).

2.2.5 Simulation

Unter Simulation versteht man in der Stochastik Verfahren, mit Hilfe von geeigneten Zufallsgeneratoren eine stochastische Situation „nachzuspielen", um so ein Modell für diese Situation zu erhalten, das dann zur weiteren Analyse und zur Prognose eingesetzt werden kann. Simulationen spielen in der Praxis eine große Rolle. Sie sind z. B. unentbehrlich, um das Verhalten technischer Geräte und Anlagen oder das Langzeitverhalten von Naturvorgängen zu studieren. Schon wegen der großen allgemeinen praktischen Bedeutung des Verfahrens der Simulation für die Modellbildung in vielen Wissenschafts- und Anwendungsbereichen ist es sinnvoll, dieses Verfahren im Unterricht zu behandeln. Die Behandlung von Simulationen sollte aus folgenden Gründen fester Bestandteil des gesamten Stochastikunterrichts sein:

- Die Simulation ist ein wichtiges Verfahren zur Modellbildung in Theorie und Praxis.

Beispiel 28: Ein vollständiger Beweis des zentralen Grenzwertsatzes ist im Unterricht nicht möglich. Es ist aber sehr gut möglich, durch Simulationen den Inhalt dieses Satzes zu veranschaulichen. Dies kann geschehen, indem die Verteilung von Summen von Verteilungen über Faltungen berechnet werden. Man stellt fest, dass sich auch für verschiedene und unsymmetrische Verteilungen die Glockenkurve ergibt. Eine Einkleidung dieser Aufgabe stellt das stilisierte Beispiel des Pflanzenwachstums dar (vgl. 1.1.4.4, *Beispiel 55*). Ein Spezialfall ist die Summenverteilung (binomialverteilter) Zufallsvariablen.

- Die Modellkonstruktion durch Simulation vermittelt epistemologische Einsichten in die Rolle von Modellen bei der Mathematisierung von Ausschnitten der Realität, indem mit Hilfe von Simulationen Erfahrungen und Einsichten in den Zusammenhang von stochastischer Theorie und den empirischen Entsprechungen gewonnen werden können. Für die Aufhellung der Wechselbeziehungen zwischen Empirie und Theorie sind insbesondere solche Probleme geeignet, deren Lösung analytisch *und* empirisch-experimentell möglich ist.
- Simulationen fördern Fähigkeiten im Modellbilden.
- Simulationen sind wichtig für den Erwerb stochastischen Denkens: Dies gilt z. B. für den Erwerb und die Einschätzung zentraler probabilistischer Begriffe wie Zufall, Wahrscheinlichkeit, Erwartungswert, Signifikanzintervall usw.
- Durch Simulationen lassen sich auch dann Probleme lösen, deren vollständige analytische Lösung im Unterricht nicht möglich oder zu aufwendig wäre.
- Simulationen verlangen planerische, ausführende und beurteilende Tätigkeiten, also Projektarbeit. Eigentätigkeit hat positive Auswirkungen auf das Lernverhalten, weil die aktive Auseinandersetzung mit den Begriffen und Verfahren der Stochastik eine bessere Einbettung von deklarativem oder operativem Wissen in die kognitive Struktur ermöglichen. Insbesondere sind positive Auswirkungen auf die Veränderung falscher primärer Intuitionen und die Entwicklung angemessener sekundärer Intuitionen zu erwarten.
- Simulationen fördern die Motivation. Dies gilt besonders, wenn Probleme bearbeitet werden, deren Lösung ungewiss (z. B. Paradoxa der Stochastik) oder überraschend ist (z. B. Geburtstagsproblem).

Als Zufallsgeneratoren zur Durchführung von Simulationen sollten zunächst Münze, Würfel, Urne, Glücksrad, *Galton*-Brett, Zufallszahlen (aus Tabellen) verwendet werden. Große Folgen einzelner Durchläufe lassen sich so aber nur sehr schwer herstellen. Deswegen ist der Einsatz geeigneter Computerprogramme zur effektiven Durchführung von Simulationen häufig unerlässlich. Als Aufgaben, die durch Simulation im Stochastikunterricht bearbeitet werden können, eignen sich solche zum Verhalten von technischen Anlagen und Geräten, zum Verhalten von Bediensystemen, zum dynamische Verhalten ökologischer und biologischer Systeme, zum Ablauf ökonomischer Prozesse u. a., zur Berechnung von bestimmten Integralen, zu Irrfahrten, zu kombinatorischen Fragestellungen usw. (vgl. z. B. *Schaefer* u. a. 1976, *Trommer* u.a. 1978, *Schmidt* 1984, 1989, *Riemer* 1985, 1991, *Meadows* 1992, *Kütting* 1994).

Für den Unterricht aufgearbeitete Beispiele zu Anwendungen von Zufallszahlen in Simulationen finden sich insbesondere in den *DIFF*-Heften *MS* und *SR* (1980–1981) und bei *Strick* (1998).

Bei der Simulation von Problemen treten Tätigkeiten in folgenden Phasen auf:

- Vorüberlegungen und Vermutungen über die stochastische Struktur des Problems
- Aufstellen eines vorläufigen Modells
- Auswahl eines geeigneten Zufallsgenerators
- Durchführung der Simulation
- Auswertung der Ergebnisse, Schätzungen von Parametern usw.
- Interpretation der Schätzwerte in Bezug auf die Lösung des Problems.

Beispiel 29 (*Riemer* 1997): Schüler testen, ob sie vier Schokoladensorten unterscheiden können. Das Testergebnis wird mit dem „Nullschmeckermodell" (Treffer sind zufallsbedingt) verglichen, zu dem Simulationen durchgeführt werden. Mit Hilfe eines Hypothesentests lässt sich feststellen, ob das *Laplace*-Nullschmeckermodell als Modell für den Schülergeschmack angemessen ist.

Beispiel 30 (*DIFF SR*3 1984): Simulation einer Warteschlange mit Hilfe von Zufallszahlen. Warteschlangen treten in verschiedenen Situationen auf:

Warteschlangensystem	Art der Forderung	Schalter
Flughafen	Start-, Landeerlaubnis	Start-, Landebahn
Produktion	Verarbeitung	Maschine
Ampelanlage	freie Fahrt	Ampel
Telefonzentrale	Vermittlung	Leitungen
Post	Abfertigung	Schalter

Für die Simulation der Wartezeiten in einem solchen System kann man folgende Annahmen machen: Die Ankünfte der Kunden bilden einen *Poisson*-Prozess und die Zeiten zwischen zwei Ankünften sind exponentialverteilt, die Bediendauer ist für alle Kunden gleich, es wird in der Reihenfolge der Ankünfte bedient. Paradigma für einen *Poisson*-Prozess ist auch der Kernzerfall (vgl. 3.4.3):

Beispiel 31 (*Warmuth* 1996): Die Lebensdauer X eines einzelnen Kerns beim Kernzerfall ist zufällig und exponentialverteilt. Ist $N(0)=N$ die sehr große Anzahl der zum Zeitpunkt $t=0$ vorhandenen Kerne, so gilt für die Intervalle $[0,t)$ und $[s,t)$ $\frac{N(0)-N(t)}{N(0)} \approx \frac{N(s)-N(s+t)}{N(s)}$ und $N(t)/N(0) \approx N(t+s)/N(s)$, wobei $N(t)/N(0)$ eine Schätzung für $P(X \geq t)$ darstellt. Es ergibt sich $P(X \geq t) = \frac{P(X \geq t+s)}{P(X \geq s)}$ oder $P(X \geq t) \cdot P(X \geq s) = P(X \geq t+s)$. Diese Gleichung wird zusammen mit der Annahme $P(X \geq 0)=1$ erfüllt von $P(X \geq t)=e^{-\lambda t}$. *Warmuth* gibt für die Modellierung als Grundlage für die Simulation folgende Tabelle an:

Kernzerfall	Modell	Münzwurf
Kernzerfall od. kein Kernzerfall im Zeitraum $t_{0,5}$	Ergebnismenge $\Omega=\{0;1\}$ Zerfall: 0; kein Z.: 1	Zahl, Wappen
Zerfallswahrscheinlichkeit 0,5	$P(0)=P(1)=0{,}5$	ideale Münze
N Kerne zerfallen unabhängig voneinander	N unabhängige *Bernoulli*-experimente	Zahl, Wappen fallen unabhängig voneinander

Ein bekanntes klassisches Problem, das sich als Beispiel für eine Simulation eignet, ist das „Sammlerproblem", das in der Literatur zuerst von *Cardano* (1501-1576) erwähnt wird.

Beispiel 32 (*Engel* 1976): Beliebt sind bei Kindern Sammelbilder, die z. B. Waren beigelegt sind. Es stellt sich dann die Frage, wie lange man sammeln muss, um alle n Bilder einer Reihe zu bekommen. Man kann die Situation als *Markoff*-Kette modellieren. In der folgenden Abbildung sind die einzelnen Zustände des Sammelprozesses bis zum Ende mit den jeweiligen Übergangswahrscheinlichkeiten dargestellt.

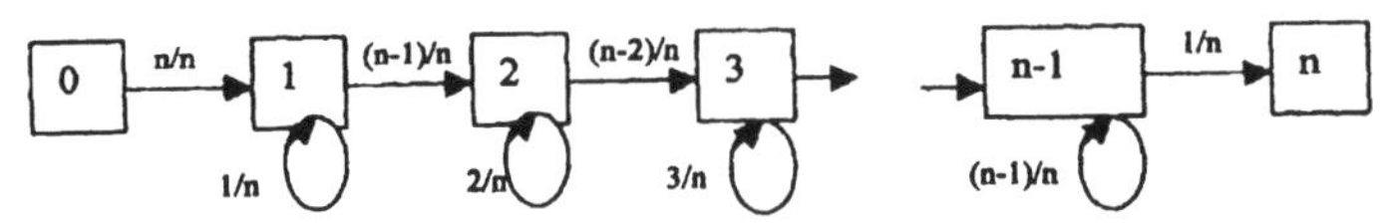

Die Wartezeit X_i, um vom Zustand i-1 zum Zustand i zu gelangen, ist geometrisch verteilt mit $p_i=(n+1-i)/n$. Damit ergeben sich $E(X_i)=1/p_i=n/(n+1-i)$ und $V(X_i)=q_i/(p_i)^2=(1-p_i)/(p_i)^2$. Die X_i sind unabhängige Zufallsvariable und die Wartezeit auf r Sammelbilder ist gegeben durch $Y_r=X_1+...+X_r$.

Man erhält damit $E(Y_r)=\sum_{i=1}^{r}\frac{1}{p_i}=n\left(\frac{1}{n}+\frac{1}{n-1}+...+\frac{1}{n-r+1}\right)$ und

$$V(Y_r)=\sum_{i=1}^{r}\frac{1}{p_i^2}-\sum_{i=1}^{r}\frac{1}{p_i}=n^2\left(\frac{1}{n^2}+\frac{1}{(n-1)^2}+...+\frac{1}{(n-r+1)^2}\right)-n\left(\frac{1}{n}+\frac{1}{n-1}+...+\frac{1}{n-r+1}\right).$$

Für $r=n$ erhält man $E(Y_n)=n(1+1/2+...+1/n)$ und $V(Y_n)=n^2(1+1/4+...+1/n^2)-n(1+1/2+...+1/n)$.

Mit einem *Pascal*-Programm wurde für das Würfeln die durchschnittliche Anzahl der Würfe simuliert bis jede Augenzahl mindestens einmal gefallen ist. Es ergab sich bei 20 Durchläufen ein Wert von $\bar{x}=14{,}6$ bei einem errechneten Wert $E(X)=14{,}7$.

Beispiel 33 (*DIFF SR2* 1983): Während des Weltkrieges wurde in den USA das Problem, an sehr vielen Wehrpflichtigen Blutuntersuchungen durchführen zu müssen, dadurch gelöst, dass man ein „Gruppen-Screening" durchführte: Man teilt n Personen in m gleichgroße Gruppen mit je k Personen, ggf. mit einem Rest von r Personen, und mischt deren Blutproben und untersucht diese Mischung. Fällt der Test für eine Gruppe positiv aus, so wird jede Person der Gruppe einzeln untersucht. Es sind also je nach Ausfall des Tests 1 oder k+1 Untersuchungen notwendig. Eine sich ergebende Frage ist die nach der Gruppengröße k, für die die zu erwartende Anzahl der notwendigen Tests minimal ist. Für die $n=mk+r$ Personen seien $X_1,...,X_m$ (X_{m+1} ggf. für die Restgruppe) die Zufallsvariablen, die die Anzahl der notwendigen Tests angeben. Die Zufallsvariablen $X_1,...,X_m$ nehmen die Werte 1 bzw. k+1 mit den Wahrscheinlichkeiten $(1-p)^k=q^k$ bzw. $1-(1-p)^k$ an, wenn p die Wahrscheinlichkeit ist, dass der Befund bei einer beliebigen Person positiv ist. (Entsprechendes gilt für X_{m+1}.) Als Erwartungswert für die Gesamtzahl der notwendigen Tests erhält man damit für r>1: $E\left(\sum_{i=1}^{m+1}X_i\right)=m(1+k-kq^k)+1+r-rq^r$. Gesucht ist nun für festes n und p (das man ggf. aus Schätzungen gewinnt) diejenige Gruppengröße k, für die der Erwartungswert minimal wird. Eine Simulation mit n=50 und p=0,05 ergab für die Abhängigkeit der mittleren Anzahl a der Tests von der Gruppengröße k:

k	2	3	4	5	6	7	8	9	10	15
a	29,9	23,9	21,8	21,5	21,5	22,6	23,8	24,2	25,0	29,2

(für weitere Einzelheiten vgl. *Henn/Jock* 2000).

2.2.6 Programme zur Stochastik

2.2.6.1 Professionelle Anwenderprogramme

Solche Programme sind z. B. *STATISTCA*, *SPSS*, *SYSTAT*, *STATVIEW* und andere, die teilweise auch als Schulversionen preiswert zu haben sind. Diese Programme haben einen Funktionsumfang, der im Stochastikunterricht bei weitem nicht genutzt werden kann. Dem immensen Funktionsumfang entsprechen eine Fülle von Menüs und Untermenüs mit denen problemgemäß umgegangen werden muss. War dies bei früheren Statistikpaketen nicht immer einfach, so sind die heutigen professionellen Statistikpakete so bedienerfreundlich, dass sie unter dem Gesichtspunkt der Bedienbarkeit auch im Stochastikunterricht der Sekundarstufe II einigermaßen problemlos eingesetzt werden können. Die Fülle der Möglichkeiten, die diese Programme bieten, reizt zum Experimentieren, was sowohl nützlich (Variationen beim Modellbildungsprozess) wie auch schädlich sein kann (Verfahren werden unverstanden als „black-box“ verwendet, Ergebnisse werden falsch interpretiert).

2.2.6.2 Programmiersprachen

Mit Hilfe von Programmiersprachen wie *C++*, *Java*, *Pascal*, *Delphi*, *Visual Basic* oder den z. B. in professionellen Statistikprogrammen wie *STATISTICA* implementierten Programmiersprachen lassen sich Programme zu speziellen Fragestellungen entwickeln, die im Stochastikunterricht eingesetzt werden können. Die Programmierung ist mit den genannten oder ähnlichen Programmierwerkzeugen heute zwar recht einfach, trotzdem lohnt sich der Aufwand nur, wenn die Programmierung im Rahmen eines begleitenden Informatikkurses geleistet wird.

2.2.6.3 Mathematikprogramme

Zur rechnerischen und graphischen Behandlung von Problemen in der Stochastik lassen sich sehr gut auch „universelle“ Mathematikprogramme einsetzen. Solche sind z. B.

- *Mathcad* oder *Maple*, die als professionelle Mathematikprogramme Statistikpakete enthalten, die recht gut handhabbar sind
- *Mathematica*, das ebenfalls ein professionelles Mathematikprogramm mit einem umfangreichen Statistikpaket ist, zu dem es allerdings die Zusatzmodule *Maths&Fun* und *Maths Help* gibt, mit denen sich wesentliche Gebiete der S I- und S II- Mathematik erarbeiten lassen und die ebenfalls einen Abschnitt zur Stochastik mit Lern- und Übungsteilen enthalten. *Math&Fun* gehört zu den wenigen Programmen für den Mathematikunterricht, mit denen versucht wurde, neuere Konzepte der Lehr- Lerntheorie wie *Verankerung von Lerninhalten an anregenden Situationen*, *Multiperspektivität* und *Interaktivität* systematisch und mediengerecht umzusetzen.
- *DERIVE*, das ein Mathematikprogramm ist, welches recht verbreitet im Mathematikunterricht angewendet wird. Zum Einsatz dieses Programmes im Stochastikunterricht sind spezielle Publikationen erschienen (z. B. *Grabinger* 1994, *Klingen* 1995).

2.2.6.4 Tabellenkalkulationsprogramme

Diese Programme wurden im Wesentlichen für die Lösung von Problemen aus dem Bereich Wirtschaft entwickelt. Heutige Programme wie *EXCEL* sind aufgrund ihres großen

Funktionsumfangs weitgehend universell einsetzbar, ohne dass die Bedienerfreundlichkeit zu stark gelitten hat. *Monka/Voss* (1996) stellen fest, dass *EXCEL* sehr effektiv auch im Gebiet Stochastik eingesetzt werden kann und mit diesem Programm „die wichtigsten Standardverfahren der Statistik ohne Probleme bewältigt werden können". Sie demonstrieren dies an Beispielen aus den Gebieten
Beschreibende Statistik: Bestimmung von Parametern, Zeitreihen, Lorenzkurve, Korrelation;
Wahrscheinlichkeitsrechnung: Kombinatorik, Verknüpfung von Wahrscheinlichkeiten, Wahrscheinlichkeitsverteilungen, Grenzwertsätze;
Beurteilende Statistik: Schätzverfahren, Testverfahren.
Über den vorhandenen Funktionsumfang hinaus lassen sich bei dem genannten und bei vergleichbaren Programmen noch besondere Anpassungen mit Hilfe der implementierten Makrosprache vornehmen. Wie vielfältig und effektiv Tabellenkalkulationsprogramme wie EXCEL im Stochastikunterricht eingesetzt werden können, zeigen *Ruprecht/Schupp* (1994) und *Wurm* (1996).

2.2.6.5 Programme, die für den Einsatz im Stochastikunterricht konzipiert sind

Programme dieser Art sind z. B. *Prosto*, *EDA*. Diese Programme sind direkt auf die wesentlichen Erfordernisse des Stochastikunterrichts hin entwickelt. Sie können daher problemlos im Unterricht eingesetzt werden und sind zudem kostengünstig. Die genannten Programme eignen sich besonders auch für einen Unterricht, in dem theoretische Reflexion und experimentelle Erfahrung eng miteinander verbunden werden. Allerdings ist ihr Funktionsumfang je nach Zielsetzung eingeschränkt, so dass ein Teil von Fragestellungen, die sich im Stochastikunterricht ergeben können, nicht bearbeitet werden kann. Das an der *Freien Universität Berlin* entwickelte Programm *Statistik interaktiv* ist zwar mehr für den Einsatz im tertiären Bereich gedacht, es lässt sich aber ausschnittweise auch in der S II verwenden. Das Programm zeichnet sich dadurch aus, dass Begriffe und Methoden der beschreibenden Statistik auf anschauliche und interaktive Weise erarbeitet werden können. Implementierte Beispiele lassen sich bearbeiten oder durch Videosequenzen illustrieren, man kann Simulationen durchführen, ferner gibt es Links zu Internetadressen usw. Z. B. lässt sich beobachten, welchen Einfluss Veränderungen von Werten einer Verteilung auf Parameter wie Mittelwert, Streuung, Median und Quartile haben.

2.2.6.6 Internet

Im Internet gibt es eine große Fülle an Adressen zu *Datenquellen*, *Statistikkursen*, *Ausarbeitungen zu einzelnen Themen*, *Hilfen*, *Applets*. Wegen der Wechsel im Bereich der Internetadressen wird hier auf die Angabe einschlägiger Adressen verzichtet. Man findet solche Adressen über deutsche und amerikanische Bildungsserver und Suchmaschinen.

2.3 Stochastisches Denken

2.3.1 Zum Begriff des stochastischen Denkens

Menschliches Denken ist, soweit es bewusst abläuft, weithin ein logisches und kausales Denken. Häufig sind aber die dafür notwendigen Rahmenbedingungen nicht gegeben. Dies gilt z. B. dann, wenn Entscheidungen unter Unsicherheit getroffen werden sollen. Mit „stochastischem Denken" wird eine Denkform bezeichnet, die für das Beurteilen von und Entscheiden in solchen Situationen notwendig ist. Solche Situationen treten in vielen Bereichen des Alltags- und Berufslebens auf. Dabei wird induktiv geschlossen, d. h. es werden Wahrscheinlichkeiten für Ereignisse aufgrund von Erfahrungsdaten beibehalten oder revidiert. Als Beispiel sei genannt das Verhalten im Straßenverkehr, also etwa das Verhalten beim Überholen, bei dem ja Entscheidungen unter Unsicherheit getroffen werden, für die sich aber durch Erfahrungen individuelle Verhaltensregeln ausbilden. Weitere Entscheidungssituationen unter Unsicherheit im Alltag betreffen die Bewertung bestimmter Risiken z. B. die Wahl von Verkehrsmitteln, die Einnahme von Medikamenten, das Betreiben bestimmter Sportarten, den Umgang mit Suchtmitteln („no risk – no fun").

Für das Entscheidungsverhalten in beruflichen Situationen seien exemplarisch genannt Entscheidungen

- in der Medizin, wo aufgrund von Symptomen Diagnosen erstellt werden, zwischen Therapien mit spezifischen Risiken abzuwägen ist.

Beispiel 1: Jemand hat Hals- und Gliederschmerzen und ist müde. Für diese Symptome kommen viele Ursachen in Frage. In vielen solcher Fälle wird aufgrund weiterer Umstände die Diagnose „viraler Infekt" gestellt. Die verwendete Schlussfigur ist dann mit A_i als Ursachen und D als vorgefundenen bzw. ermittelten Daten $(A_1 \to D) \wedge (A_2 \to D) \wedge \ldots \wedge (A_n \to D) \wedge D \Rightarrow (D \to A_u)$. Man sieht einen solchen Schluss als sinnvoll an, wenn unter alternativen Prämissen (Ursachen) A_i eine, hier A_u, besonders wahrscheinlich ist.

- im juristischen Bereich, wo ebenfalls häufig aufgrund von Indizien Entscheidungen zu treffen sind. Einen Fall von Fehleinschätzungen in einem Mordprozess aufgrund unzureichender Bewertungen von Indizien diskutiert *Schrage* (1980) (vgl. *Beispiel 38*).
- in der Wirtschaft, wo häufig unter Unsicherheit entschieden werden muss und viele spezielle Techniken entwickelt worden sind, Entscheidungen sicherer zu machen. Erwähnt seien hier die Charttechnik bei der Bewertung von Aktien oder auch Programme, die Entscheidungen über eine Kreditvergabe durch den Einbezug von Bewertungen der Kreditwürdigkeit sicherer machen sollen. Welche Anforderungen dabei an das stochastische Denken von Entscheidern gestellt werden und welche Schwierigkeiten sich dabei ergeben, hat *Scholz* (1992) analysiert (vgl. *Beispiel 37*).

Viele Untersuchungen zeigen nun, dass im Gegensatz zu Anforderungen wie den genannten ein angemessenes stochastisches Denken bei Erwachsenen häufig nicht im erforderlichen Maß ausgebildet ist. Sie treffen deshalb aufgrund fehlerhafter Intuitionen und Heuristiken dann falsche Bewertungen und Entscheidungen. Das Adjektiv „stochastisch" zur Charakterisierung von Denken steht für eine Betrachtungsweise, die sich seit längerer Zeit in der Mathematikdidaktik durchgesetzt hat: Man geht nicht mehr von der Existenz rein formaler operativer Denkschemata aus, die, nachdem sie einmal aufgebaut sind, in allen möglichen Bereichen und auf alle möglichen Probleme angewandt werden können. Die Rolle formaler Denkschemata ist vielmehr auf zweierlei Weise eingeschränkt:

– Einmal entsteht subjektives individuelles Wissen durch individuelle Rekonstruktion, woraus sich individuelle „Färbungen" des Wissens ergeben. Mit solchen individuellen Abweichungen von den normativen Vorstellungen zu Konzepten muss besonders in der Stochastik gerechnet werden.
– Dann aber sind Denkschemata auch bereichsgebunden, für formale Denkstrukturen kann ein genereller Transfer nicht angenommen werden. Für den Mathematikunterricht bedeutet dies, dass je nach zu erarbeitendem Gebiet verschiedene bereichsspezifische Denkstrukturen aufgebaut werden müssen, die sich allerdings überlappen. Für den Mathematikunterricht ist festzuhalten, dass sich die verschiedenen Bereiche dabei durchaus sehr unterscheiden in Bezug auf
  - die Enge ihres Bezugs zur Realität
  - das Fundament an Erfahrungen in dem jeweiligen Bereich (Arithmetik, Algebra, Analysis, Geometrie, Stochastik, ...)
  - das Ausmaß und die Tiefe von Reflexionen dieser Erfahrungen
  - die inhaltlich-anschauliche Zugänglichkeit von Begriffen und Methoden
  - den Sprachgebrauch
  - den Umfang und die Strenge des im Unterricht zu entwickelnden Formalismus
  - den Umfang und die Strenge der Begründungen des Formalismus.

Wegen dieser Bereichsgebundenheit der formalen Denkstrukturen ist es sinnvoll, stochastisches Denken als „wichtige Ergänzung zu den in der Analysis und Analytischen Geometrie vorherrschenden Denkweisen" zu vermitteln (*Schmidt* 1990). Ziel dabei muss sein, Fähigkeiten zum verständigen und rationalen Umgang mit und in stochastischen Situationen zu vermitteln. Dazu genügt die Vermittlung des formalen Methodenapparates allein nicht. Dies zeigen die Erfahrungen mit den Ergebnissen der strukturmathematischen Behandlung der Mathematik im Unterricht, aber auch die Tatsache, dass z. B. Studenten, die ja eine lange formale Schulung durchlaufen haben, sogar nach einem Stochastik-Kurs (!) bei der Lösung stochastischer Aufgaben häufig nicht-formale Verfahren wie Visualisierungen oder Probieren als Lösungsansatz verwenden und dabei Fehler machen, die auf fehlerhaften Intuitionen beruhen (vgl. *Bogun* u. a. 1983, *Sill* 1993). Im Stochastikunterricht geht es deshalb darum, bereichsspezifische Denkstrukturen aufzubauen, mit denen sehr vielfältige stochastische Phänomene analysiert und geordnet werden können. Im Einzelnen soll stochastisches Denken leisten (vgl. *Henning/Janka* 1993):
– die Identifizierung von zufälligen Vorgängen in Natur, Technik, Gesellschaft und anderen Bereichen
– die Analyse der Bedingungen solcher Vorgänge und dann die Ableitung von geeigneten Modellannahmen
– die Konstruktion mathematischer Modelle zu stochastischen Situationen
– die Anwendung mathematischer Methoden und Verfahren der Wahrscheinlichkeitsrechnung und Statistik
– die Interpretation von Ergebnissen.

Nicht zuletzt soll ein Verständnis für die induktive Logik entwickelt werden, die ja unser Schließen in vielen Bereichen bestimmt. Dies ist nach *Riemer* (1985) und *Wickmann*

(1990) in angemessener Weise möglich durch die Herausarbeitung der *Bayes*ianischen Sichtweise bei der Modellierung stochastischer Situationen, wobei die Mathematik auch als „offene" Mathematik erlebt werden kann.
Anders aber als z. B. für die Geometrie gilt für die Stochastik, dass
- außerunterrichtliche Erfahrungen mit den bereichsspezifischen Phänomenen kaum reflektiert sind („Lotto", „Zufall", „Wahrscheinlichkeit",...)
- Probleme der Darstellung durch Sprache (Umgangssprache – Fachsprache) oder Visualisierungen größer sind als in der Geometrie („Zufall", „Wahrscheinlichkeit",... vs. „Dreieck", „Schnittpunkt",...)
- stochastische Phänomene im Allgemeinen schwerer zu erfassen, zu ordnen und zu strukturieren sind, ggf. nur über geeignete Repräsentationen („bedingte Wahrscheinlichkeit",...)
- die geeigneten mathematische Strukturen (ggf. für die gleiche stochastische Situation wie z. B. bei den Paradoxien) häufig schwerer zu identifizieren bzw. zu konstruieren sind
- sich Intuitionen entwickeln, die Begriffsentwicklungen oder Problemlösungen blockieren können („stochastische Abhängigkeit" – „Kausalität",...)
- sich „urwüchsig" entwickelnde heuristische Strategien ungeeignet sein können.

In der zwei- und dreidimensionalen Euklidischen Geometrie (nicht in höherdimensionalen oder nichteuklidischen Geometrien) können geometrische Objekte (Punkte, Strecken, Flächen,...) und ihre Beziehungen (Inzidenzen,...) direkt und unmittelbar gesehen werden. In diesem Bereich kommt es daher leicht zu einer Identifizierung von „Gegenstand" – „Zeichen" – „Begriff". Dagegen hat man das „Stochastische" an einer Situation nicht unmittelbar „vor Augen", es kann nur mittelbar aus den Umständen der Situation geschlossen werden: „In der nächsten Ampelphase kommen wahrscheinlich vier Autos an." „Übermorgen ist das Wetter wahrscheinlich schön." Weil stochastische Situationen aber alltäglich sind und ein Umgehen mit ihnen häufig notwendig ist (Glücksspiele, Lebensrisiken,...), bilden sich bei jedem Menschen Intuitionen zur Erfassung des Zufälligen und des Umgehens mit zufallgeprägten Situationen aus.
Zum stochastischen Denken sind in den letzten Jahrzehnten viele Untersuchungen durchgeführt worden. Sie sind in der Regel so angelegt, dass zu Begriffen und Methoden der Stochastik gezielt Problemaufgaben gestellt werden, deren „richtige", „normative" Lösungen mit den Lösungen durch die Versuchspersonen verglichen werden. Dadurch erhält man dann gewisse Aufschlüsse über Vorgehensweisen und Vorstellungen der Probanden. *Bentz/Borovcnik* (1985) machen aber darauf aufmerksam, dass Rückschlüsse, die allein aufgrund schriftlich vorliegender Problemlösungen gezogen werden, durchaus in die Irre gehen können. Eine umfassend angelegte Untersuchung zum stochastischen Denken verbunden mit einer Synopse weiterer Untersuchungen hat *Bea* (1995) zu folgenden Problemfeldern vorgelegt:

1. *Erkennen stochastischer Situationen*
- Erkennen von stochastischen Einflüssen
- Erkennen von Regressionseffekten

2. *Schätzen von subjektiven Wahrscheinlichkeiten*
- Fehlschlüsse aufgrund unzuverlässiger Informationen
- Ungenügendes Anpassen
- Verletzen der Konjunktionsregel
- weitere Fehlschlüsse

3. *Ermitteln objektiver Wahrscheinlichkeiten*
- Konjunktive und disjunktive Ereignisse
- Fehleinschätzung des Zufalls
- Insensitivität gegenüber Stichprobenumfang
- Nichterkennen von Einflußfaktoren auf die Variabilität
- Festhalten an Kausalzusammenhängen
- Basisraten-Problem
- weitere Fehlschlüsse.

Wegen der außerordentlichen Komplexität des gesamten zu untersuchenden Feldes „stochastisches Denken" und der Verschiedenheit der Forschungsansätze selber ist es aber bisher noch nicht zu einer einigermaßen geschlossenen Darstellung des stochastischen Denkens gekommen, aus der sich stringent ein System von Folgerungen für den Stochastikunterricht ableiten ließe. Trotz der Lücken, die die didaktische Forschung zum stochastischen Denken also noch aufweist, können aber einige Folgerungen für den Unterricht in Stochastik auch schon heute gezogen werden. Die Berücksichtigung solcher Folgerungen sollte mindestens dazu führen, dass Fehlvorstellungen, wie sie *Sill* (1993) bei Studenten auch nach deren Teilnahme an Stochastikkursen noch gefunden hat, in der gefundenen Häufung nicht mehr auftreten.

2.3.2 Schwierigkeiten bei der Entwicklung stochastischen Denkens, primäre und sekundäre stochastische Intuitionen

Mit „Intuitionen" (intueri = anschauen) bezeichnet man das unmittelbare Gewahrwerden, die unmittelbare „Anschauung" des Wesens eines Sachverhaltes. Intuitionen stellen unmittelbares Wissen dar, das Verstehensprozesse und Handlungen steuert. Sie werden aufgrund von Alltagserfahrungen erworben und besitzen wegen ihrer anschaulichen Komponente in der Regel eine große Evidenz. Ihr Nutzen besteht darin, dass sie Menschen instand setzen, sich auch in solchen Alltagssituationen angemessen zu verhalten, für die sie nicht speziell ausgebildet sind. Obwohl sie sich individuell entwickeln und ausgeprägt sind, gibt es gleichwohl Übereinstimmungen bei den stochastischen Primärintuitionen von Kindern und Erwachsenen. Diese (Primär-) Intuitionen sind aber oft keine geeignete Grundlage für ein rationales Handeln in stochastischen Situationen. Dazu kommt, dass unser Planen und Handeln sehr stark geprägt ist von einem logisch-kausalen Denken, das sich von frühester Kindheit an entwickelt und im Gegensatz zum stochastischen Denken auch immer wieder reflektiert wird („Wenn... dann...."). Diese Ausgangslage lässt vermuten, dass die Entwicklung stochastischen Denkens mit besonderen Schwierigkeiten verbunden ist. Starke Intuitionen können die Rekonstruktion von Begriffen und Konzepten sehr fördern, sie können aber, wenn sie falsch sind, diese Rekonstruktion auch behindern oder gar verhindern. So kommt es durch die Verfolgung von fehlerhaften Intuitionen zu Ersatzstrategien, die z. B. im Stochastikunterricht zu unangemessenen Mathematisierungen führen können. Für didaktische Analysen wird unterschieden in

– primäre Intuitionen. Das sind Vorstellungen, die sich ohne systematische Behandlung eines Begriffs oder Konzepts entwickeln
– sekundäre Intuitionen. Dies sind Vorstellungen, die sich aufgrund einer systematischen Behandlung und der Verbindung von Intuitionen mit Konzepten der Theorie herausbilden. Sekundäre Intuitionen werden benötigt, um stochastische Probleme (formal-)normativ, d. h. richtig im Sinne der stochastischen Theorie, lösen zu können.

Viele Autoren, die sich zu Begründungen und Zielsetzungen eines Unterrichts in Stochastik und den Möglichkeiten seiner Realisierung äußern, weisen auf die besonderen Schwierigkeiten hin, die mit dem Erlernen gerade dieses Gebietes verbunden sind. Diese Schwierigkeiten scheinen sich nun leider mit zunehmenden Alter der Lerner nicht unbedingt zu reduzieren, wie das für das Erarbeiten vieler anderer Gebiete in der Regel angenommen werden kann. Im Gegenteil: Stochastikkurse im Sekundarstufen II- bzw. tertiären Bereich, in denen nicht auf einem Fundament reflektierter und geordneter Erfahrungen aufgebaut werden kann, erweisen sich häufig als ineffektiv und für die Lerner als frustrierend. So bemerkt *Brown* (1977): „Wahrscheinlich hat kein Gebiet des Grundstudiums dem Hauptfachstudenten mehr Frustration und Sorge eingetragen als die Kurse in Statistik und Methodologie." *Beattie* (1995) konstatiert lapidar: „Man stellt immer wieder fest, dass Einführungskurse im tertiären Bereich wenig erfolgreich sind." *Kütting* (1994) weist auf die Bedeutung eines soliden Fundamentes an Vorerfahrungen für den Stochastikunterricht in der S II hin und bemerkt: „Beginnt der Stochastikunterricht erst in der Sekundarstufe II, so fehlen dem Schüler der intuitive Hintergrund und elementare Vorerfahrungen. Ein Nachholen dieser Versäumnisse kann aber auf der Sekundarstufe II schnell eine nicht mehr interessierende Unterforderung sein." Auch *Winter* (1976) ist „äußerst skeptisch" in Bezug auf die Effektivität von Stochastikkursen in der Sekundarstufe II, wenn kaum geordnete Erfahrungen aus dem Primärbereich und der Sekundarstufe I vorliegen.

Die Ursachen für diese besonderen Schwierigkeiten, denen sich der Stochastikunterricht gegenübersieht, liegen in den Besonderheiten der Eigenschaften stochastischer Phänomene und denen des Denkens begründet, mit dem diese stochastischen Phänomene adäquat erfasst werden können. Von frühester Kindheit an machen Menschen Erfahrungen mit kausal-deterministischen und auch mit stochastischen Phänomenen. Kausal-deterministische Phänomene alltäglicher Art sind z. B. Wirkungen von Kräften (freier Fall,...), vom Strom (Licht,...), Ursache-Wirkungszusammenhänge im wirtschaftlichen Handeln (Angebot – Nachfrage,...), im sozialen Handeln (Reaktion auf Verhalten,...), bei biologischen Abläufen (*Pawlow*scher Reflex,...) usw. Erfahrungen zu Ursache-Wirkung-Zusammenhängen, die solchen kausal-deterministischen Phänomenen zugrunde liegen, werden schon sehr früh und ständig reflektiert: „Wenn man einen Gegenstand loslässt, fällt er zu Boden", „Wenn man einen bestimmten Schalter betätigt, brennt eine Glühlampe" usw. Kinder lernen also schon sehr früh und ständig, vielfältigste Erfahrungen mit Hilfe des Ursache-Wirkung-Denkmusters zu ordnen. Kausale Informationen werden deshalb auch besonders gut gespeichert und häufig auch dann in eine Lösung mit einbezogen, wenn sie dafür irrelevant sind. Andererseits werden stochastische Informationen gelegentlich dann nicht beachtet, wenn

sie nicht in ein kausales Schema passen. Im Zusammenhang mit dem Gebrauch dieses kausalen Denkmusters lernen Kinder auch, logische Operationen mit Aussagen durchzuführen und logische Schlüsse zu ziehen. So kommt es schließlich dazu, dass unser Denken vor allem vom logisch-kausalen Denkmuster geprägt ist.
Auch zu stochastischen Phänomenen wird eine Fülle von Alltagserfahrungen gesammelt. Stochastische Phänomene alltäglicher Art sind z. B. Ereignisse bei Glücksspielen, solche des Wettergeschehens, die Streuung von Zeiten beim 100m-Lauf, die Verteilungen von Unfallzahlen. Ganz anders aber als bei der gedanklichen Aufarbeitung von kausal-deterministischen Phänomenen verhält es sich mit der gedanklichen Ordnung stochastischer Phänomene. Kinder entwickeln zwar durch ihre Erfahrungen mit und in stochastischen Situationen „primäre Intuitionen" für deren Erklärung und kognitive Einordnung. Diese primären Intuitionen werden aber in der Regel nicht reflektiert und aufgearbeitet, so dass Fehlschlüsse und sogar Aberglaube die Deutungen von Phänomenen und Handlungen in stochastischen Situationen prägen können. Nach *Bentz/Borovcnik* (1991) gibt es eine „Hierarchie in der Akzeptanz von Denkmustern", mit denen Beziehungen, die in verschiedensten Bereichen auftreten, erfasst und abgesichert werden. Nach ihrer Auffassung ist diese nach Schwierigkeit geordnete Hierarchie im „Erfassen und Absichern von Beziehungen" gegeben „durch *konkrete Fälle, logische Schlüsse, kausale Denkmuster, stochastische Denkweisen*", wobei auch noch unangemessene Interferenzen zwischen den Denkmustern zu Fehlinterpretationen und Fehlschlüssen führen können.
Deklaratives und operatives Wissen findet seinen Niederschlag in Konzepten. Sofern es sich um mathematische Konzepte handelt, erfolgt ihre Darstellung und konkrete Handhabung in der Regel auf der symbolisch-formalen Ebene. Die dabei erforderliche Abstraktion stellt für den Lerner oft eine besondere Schwierigkeit dar. Dies gilt um so mehr, wenn zentrale inhaltliche Konzepte eines Bereichs im zugehörigen Formalismus einen weniger zentralen Platz erhalten, wie dies z. B. in der Stochastik für das Konzept der Unabhängigkeit der Fall ist. Das Erlernen von Konzepten ist ferner nicht durch eine Art von „Überreichen" möglich, Konzepte müssen vielmehr vom Lerner durch Interaktion „rekonstruiert" werden. Diese Rekonstruktion kann aber besonders für Konzepte der Stochastik nicht allein über den Formalismus geschehen, denn stochastische Konzepte sind, sofern sie auch in außermathematischen Kontexten gebraucht werden sollen, nicht rein innermathematisch erfahrbar. Deshalb sollte bei entsprechenden Rekonstruktionen auf außermathematisch gewonnene Intuitionen zurückgegriffen werden, weil diese den Lernprozess initiieren und stützen können. Die Entwicklung angemessener sekundärer Intuitionen erfolgt dann in einem Prozess einer systematischen Aufarbeitung, bei dem die primären Intuitionen mit der Theorie und seinem Formalismus verbunden werden. Dieser Prozess kann allerdings gestört sein durch falsche primäre stochastische Intuitionen, die sich z. T. sehr hartnäckig halten. Einige häufig auftretende falsche primäre Intuitionen sind:

– Die Symmetrie einer stochastischen Situation wird nicht erkannt:
  Weil beim Würfelspiel die „6" wichtig ist, glaubt man, dass sie im Verhältnis weniger oft auftritt als die anderen Zahlen.

Man glaubt, dass es beim Ausfüllen eines Lottoscheins besser ist, die Zahlen über das ganze Feld zu verteilen, als z. B. eine Folge wie „2, 3, 4, 5, 6, 7“ anzukreuzen (vgl. zur Wahl von Mustern beim Lotto auch DER SPIEGEL 16/18/1999, *Bosch* 1994).

- Man verwendet das Argument der Kausalität zur Begründung des „Gesetzes der kleinen Zahl“: Je länger beim Roulette eine Serie „rot“ ist, desto größer ist die Wahrscheinlichkeit dafür, dass jetzt „schwarz“ fällt.

Eine Offenlegung dieses Spannungsverhältnisses zwischen primären Intuitionen und der Theorie ist z. B. möglich durch selbst durchgeführte Simulationen zu den vielen Paradoxa der Stochastik oder auch zu der Unabhängigkeit als einem zentralen Konzept der Stochastik.

Nicht unerwähnt sei, dass auch die Sprache der Stochastik eine Quelle von Mißverständnissen sein kann. Darauf macht neben *Sill* (1993) und *v. Harten/Steinbring* (1984) auch *Borovcnik* (1992) aufmerksam, der feststellt, dass „unscheinbare, kleine Veränderungen in der Formulierung unvorhergesehene Auswirkungen haben können“ und dass die daraus resultierenden Missverständnisse sich im Unterrichtsgespräch, in das ja jeder Beteiligte seine eigenen individuellen Vorstellungen mitbringt, häufen können. Von der Möglichkeit, von vornherein nur die normative Sprache der Stochastik zu verwenden, wie dies von der Strukturmathematik versucht wurde, raten aber *v. Harten/Steinbring* ab. Sie sind der Auffassung, dass Präzision in der Darstellung der Begrifflichkeit erst am Ende des Lernprozesses stehen kann.

Im ganzen lässt sich aus den vielen Untersuchungen zum stochastischen Denken als ein lapidares Ergebnis Folgendes festhalten: Die Entwicklung angemessener primärer und sekundärer stochastischer Intuitionen ist mit großen Schwierigkeiten verbunden, für deren Behebung es aber kaum „Rezepte“ gibt. Haben sich erst einmal Fehlvorstellungen gebildet und verfestigt, so sind diese nur schwer wieder zu korrigieren. Die Entwicklung stochastischen Denkens sollte daher schon mit Beginn der Schulzeit durch gezielte Maßnahmen gefördert werden. Vorschläge für einen entsprechenden Unterricht in der S I machen z. B. *Kütting* (1994) und *v. Harten/Steinbring* (1984, 1986). Später, etwa erst in der S II einsetzende Maßnahmen erfordern u. U. einen erheblichen Aufwand, wobei ein Erfolg durchaus nicht sicher ist. Andererseits gibt es aber Hinweise auf Maßnahmen, die die Erfolgsaussichten eines entsprechenden Trainings erhöhen können. Bei solchen Fördermaßnahmen sollte aber nicht allein auf den analytischen Denkmodus abgezielt werden, wichtig ist auch die Förderung des intuitiven Denkmodus.

2.3.3 Theorien zum stochastischen Denken

Die Besonderheiten des kognitiven Umgehens in und mit stochastischen Situationen, nämlich einerseits die Bereichsgebundenheit dieses Denkens und andererseits die besonderen Schwierigkeiten bei der Entwicklung angemessener Intuitionen, haben schon früh Untersuchungen ausgelöst, um Ursachen von Fehlschlüssen zu stochastischen Problemstellungen auf die Spur zu kommen. Zwei Forschungsansätze dominieren z. Z. die Arbeiten zur Analyse des stochastischen Denkens. Es sind dies der *Heuristik-Ansatz* und der *kognitive Ansatz*, die *Bea* (1995) in seinem Buch „Stochastisches Denken – Analysen aus kognitionspsychologischer und didaktischer Perspektive“ ausführlich darstellt und diskutiert.

2.3.3.1 Heuristik-Ansatz

Paradigma dieses von *Kahneman/Tversky* (1982) begründeten Forschungs- und Erklärungsansatzes ist die Untersuchung von Fehlschlüssen (fallacies) bei den verschiedensten Typen von stochastischen Problemaufgaben, um daraus eine Systematik von Heuristiken zu gewinnen, die als Ursachen für die Fehlschlüsse in Frage kommen. Die methodische Vorgehensweise dabei ist die, die Lösungen von Probanden zu vergleichen mit den richtigen, normativen Lösungen. Aus ihren sehr umfangreichen empirischen Studien haben *Kahneman/Tversky* die folgenden Heuristiken als Fehlerursachen ermittelt: *Repräsentativitätsheuristik* (representativeness), *Verfügbarkeitsheuristik* (availability), *Heuristik des Verankerns und Anpassens* (anchoring and adjustement), *Anwenden des Kausalschemas.*

2.3.3.1.1 Repräsentativitätsheuristik

Diese kann in Bezug auf stochastische Phänomene zweierlei bedeuten:

– Aus den Eigenschaften einer Stichprobe wird auf die Wahrscheinlichkeit geschlossen, mit der die Stichprobe zu einer bestimmten Grundgesamtheit gehört.

Beispiel 2 (*Kahneman/Tversky* 1982): In einer Stadt gibt es 72 Familien mit sechs Kindern. Man soll die Anzahl von Familien schätzen, bei denen die Reihenfolge der Jungen- und Mädchengeburten MJMJJM bzw. JMJJJJ ist. Hier wurde von den befragten Schülern die zweite Folge für weniger wahrscheinlich gehalten. Sie begründeten dies damit, dass die erste Folge eher die globale Verteilung von Jungen- und Mädchengeburten repräsentiert.

Beispiel 3: Aus einer Personenbeschreibung („fährt ein großes Auto", „trägt einen Anzug",...) wird auf den sozialen Status der Person geschlossen.

– Liegt ein bestimmtes stochastisches Ereignis vor, so wird häufig von diesem Ereignis auf den zugrundeliegenden Zufallsprozess geschlossen.

Beispiel 4: Nach dem „Gesetz der kleinen Zahl" setzt man beim Roulette nach einer längeren Folge von „schwarz" auf die Farbe „rot". Andererseits gibt es auch die entgegengesetzte Vorstellung: Nach dem „Gesetz der Serie" „kommt ein Unglück selten allein": „Wenn ich Pech habe, dann immer dreimal hintereinander".

Die Beispiele stehen für eine *unangemessene* Anwendung der Repräsentativität als heuristische Strategie zur Modellierung einer stochastischen Situation, um damit eine einleuchtende Deutung der Situation mit einer entsprechend sinnvollen Handlungskonzeption zu gewinnen. Häufig wird aber diese Strategie des Schlusses von einer Stichprobe auf die Gesamtpopulation auch erfolgreich angewendet. Deswegen kann diese Strategie nicht generell als ungeeignet angesehen werden, um eine stochastische Situation zu modellieren. *Bentz/Borovcnik* sind sogar der Auffassung, dass die Repräsentativität als „fundamentale statistische Strategie" beim Erstellen von Stichprobenmodellen verwendet werden kann (*Bentz/Borovcnik* 1986, *Borovcnik* 1992). Wieder andere Autoren halten die Repräsentativität überhaupt nicht für sehr erklärungskräftig, weil sie „fast beliebig zur Erklärung menschlichen Verhaltens verwendet werden" kann (*Wallsten* 1980, nach *Bea* 1995).

2.3.3.1.2 Verfügbarkeitsheuristik

Diese Heuristik wird bei der Schätzung von relativen Häufigkeiten bzw. von Wahrscheinlichkeiten angewendet. Die Heuristik ergibt sich daraus, dass die Einschätzung der Häufigkeit von Ereignissen auch davon abhängt, wie gut „verfügbar" diese Ereignisse im Gedächtnis verankert sind. Die Verfügbarkeit ihrerseits hängt aber von verschiedenen

Faktoren ab, so z. B. von der *Häufigkeit*, mit der das Ereignis wahrgenommen wurde, den *Emotionen*, die mit dem Ereignis verbunden sind oder von der *Anschaulichkeit* des Ereignisses.

Beispiel 5: Lassen sich aus einer Gruppe von zehn Personen mehr Zweier- oder mehr Achterausschüsse bilden? Die überwiegende Anzahl der von *Kahneman* und *Tversky* befragten Schüler war der Auffassung, es ließen sich mehr Zweier- als Achterausschüsse bilden. *Kahneman* und *Tversky* deuten dieses Ergebnis so: Die Schüler können sich die Bildung von Zweierauschüssen gut vorstellen, während ihnen die Bildung von Achterausschüssen als sehr unübersichtlich erscheint.

Beispiel 6: Wenn man die Fahrzeugmarke gewechselt hat, dann schätzt man die Häufigkeit von Fahrzeugen der neuen Marke höher ein als vor dem Kauf. Dieses liegt daran, dass sich nach dem Autokauf die Wahrnehmung in Bezug auf Automarken verändert hat, nicht zuletzt auch deshalb, weil ein Autokauf häufig auch mit vielen Emotionen verbunden ist.

Beispiel 7: Wird über ein Ereignis sehr häufig berichtet, dann wird die Häufigkeit des Eintretens dieses Ereignisses überschätzt. Als Beispiel sei genannt die Einschätzung der Wahrscheinlichkeit, Opfer eines Straßenraubes o. ä. zu werden. Als Ursache für die Überschätzung der Wahrscheinlichkeit, Opfer zu werden, nimmt man die Häufigkeit und die Heraushebung entsprechender Berichterstattungen in den Medien an.

Die Ursachen der Verfügbarkeitsheuristik lassen es als plausibel erscheinen, dass bei Anwendung dieser Heuristik Häufigkeiten und Wahrscheinlichkeiten in der Regel systematisch überschätzt werden.

2.3.3.1.3 Heuristik des Verankerns und Anpassens

Bei dieser Heuristik setzt der Denkprozess an einem „Anker" an, der z. B. als Basis für das Schätzen einer Wahrscheinlichkeit verwendet wird. Durch das Einbeziehen weiterer Informationen wird dann eine endgültige Schätzung für die Wahrscheinlichkeit gewonnen.

Beispiel 8 (*Bea* 1995): Von fünf vergleichbaren Niederlassungen einer Kaufhauskette sind die einzelnen Umsatzzahlen für das Jahr 1991 bekannt. Sie liegen zwischen 8000E und 12000E. Daraus und aus einer zuverlässigen Schätzung des Gesamtumsatzes für 1993 sollen die Umsätze der einzelnen Niederlassungen für 1993 geschätzt werden. Bei Umsatzentwicklungen der beschriebenen Art (oder bei analogen Entwicklungen) ist eine Regression zur Mitte hin zu erwarten. Ein großer Teil der von *Bea* befragten Versuchspersonen hat bei der Antwort diesen Regressionseffekt nicht berücksichtigt. *Bea* gibt als eine Erklärung dafür die Heuristik des Verankerns und Anpassens an: Die Befragten haben als Anker die Umsatzzahlen von 1991 genommen und dann eine ungenügende, d. h. hier keine Anpassung vorgenommen.

Nach *Bea* können aber als Erklärungen für die Antworten der Versuchspersonen zum vorstehenden Beispiel auch noch die Heuristik der Repräsentativität und das Kausalschema herangezogen werden. Dies zeigt nach *Bea* (1995), dass „keine der Heuristiken für sich einen geschlossenen und validen Ansatz zur Erklärung der beobachteten Effekte liefert."

2.3.3.1.4 Kausalschema als Heuristik

Das Kausalschema ist das wichtigste Schema zur Deutung von Situationen in unserer Umwelt, es prägt sehr stark die Erfassung und Deutung von Beziehungen. Nach diesem Schema werden Situationen mit Hilfe von Ursache-Wirkungs-Zusammenhängen modelliert und gedeutet. *Bea* (1995) bemerkt: „Bezogen auf die Lösung stochastischer Probleme bzw. auf die Bestimmung von Wahrscheinlichkeiten bedeutet das Anwenden des Kausalschemas zweierlei:

1. Kausale Informationen, die aus normativer Sicht für den Lösungsprozess irrelevant sind, werden vom Problemlöser miteinbezogen.
2. Aus normativer Sicht für den Lösungsprozess relevante Informationen bleiben vom Problemlöser unbeachtet, da er sie nicht in kausalen Zusammenhang mit der Fragestellung oder anderen Informationen bringt."

Beispiel 9: Aus einer Urne mit einer unbekannten Zusammensetzung von blauen und gelben Perlen wurden drei Perlen gezogen. Schüler wurden dann nach der Farbe einer noch zu ziehenden Perle gefragt. Der weit überwiegende Teil der befragten Schüler wählte die nicht vorherrschende Farbe. Eine Deutung dieses Vorgehens ist die, dass diese Schüler eine Abhängigkeit unterstellen zwischen der gegebenen Farbfolge und der Farbe der zu ziehenden Perle.

Das Kausalschema spielt bei der Modellierung vieler stochastischer Situationen eine wichtige Rolle und ist damit Quelle für viele Fehldeutungen. Bekannt sind solche Fehldeutungen im Zusammenhang mit der *bedingten Wahrscheinlichkeit*, wo das „bedingende Ereignis" als Ursache für das bedingte Ereignis angesehen wird, oder mit der *Korrelation*, wo eine hohe Korrelation auf einen kausalen Zusammenhang zurückgeführt wird. *Borovcnik* (1992) führt die starke Überlagerung stochastischen Denkens durch kausales Denken auf die oben genannte Hierarchie in der Akzeptanz von Denkmustern zurück.

2.3.3.1.5 Kritik am Heuristikkonzept

Das Heuristikkonzept ist als Ansatz zur Erklärung für Fehler beim stochastischen Denken nicht unumstritten. Einwände sind u. a. (vgl. *Bea* 1995):

- Die gestellten Aufgaben sind nicht unbedingt repräsentativ für reale stochastische Probleme. Die Problemlösungsleistungen können aber je nach Realitätsnähe durchaus unterschiedlich sein.
- Die sich bei den Versuchspersonen ergebenden Defizite im stochastischen Denken werden als Abweichungen von den normativen Lösungen festgestellt. Diese sind aber selbst für eine vorgelegte stochastische Situation nicht immer eindeutig.
- Unterschiede oder Übereinstimmungen im Fehlverhalten zwischen einer mehr intuitiven Vorgehensweise, die von dem Heuristikansatz unterstellt wird, und einer mehr analytischen Denkweise werden nicht herausgearbeitet.
- Das Fehlverhalten beim Lösen stochastischer Probleme soll allein auf nur vier Heuristiken zurückgeführt werden. Dies ist nicht schlüssig, weil für manche Fehler mehrere Heuristiken als Ursachen in Frage kommen. Auch ist auf der Grundlage dieses Konzeptes kaum erklärbar, warum Versuchspersonen zum gleichen stochastischen Problem konträre Antworten geben.

2.3.3.2 Der kognitive Ansatz

Mit dem kognitiven Ansatz wird versucht, unter Einbezug von Ergebnissen der Kognitionspsychologie ein Modell für das stochastische Denken zu entwickeln, indem stochastische Denkprozesse mit Gedächtnisstrukturen verbunden werden. Ein solches Modell ist von *Scholz* (1987) entwickelt worden und besitzt folgende Elemente (vgl. *Bea* 1995):

- In einer Wissensbasis ist das langzeitige Fakten- und Begriffswissen gespeichert.
- Die heuristische Struktur enthält die auf die Wissensbasis anwendbaren Operatoren.
- Ein Zielsystem dient der Zielfindung.

- Eine Evaluationsstruktur dient der Qualitäts- und Plausibilitätsbewertung der eigenen kognitiven Prozesse im Hinblick auf bestimmte Ziele.

Im Rahmen dieses Modells konnte *Scholz* vielfältige Strategien erklären, die Versuchspersonen zur Lösung stochastischer Probleme verwandten. Es war in diesem Rahmen auch möglich, sowohl den intuitiven wie auch den analytischen Denkmodus bei der Lösung stochastischer Probleme zu verstehen. Nach *Scholz* lassen sich beide Denkmodi so beschreiben (vgl. *Bea* 1995):

- Beim intuitiven Denkmodus werden „ohne große systematische Suche in der Wissensbasis kognitive Elemente des „Direct Accessible Knowledge" sowie „Simple Everyday Heuristics" aktiviert ... Die Zielsteuerung und Bewertung der kognitiven Prozesse ist dabei nur schwach ausgeprägt."
- Beim analytischen Denkmodus werden „über die zentrale Steuereinheit überwiegend Elemente des „Higher Ordered Knowledge" sowie „Higher Ordered Heuristics" aktiviert und systematisch nach geeigneten Operanden und Operatoren durchsucht." Vergleiche von aufgenommenem mit gespeichertem Wissen verbunden mit einer starken Zielsteuerung und Evaluationstätigkeit bewirken eine bessere Steuerung der kognitiven Prozesse als Metakontrolle.

Der intuitive Denkmodus ist nicht als „minderer" Denkmodus anzusehen, er ist vielmehr der „Normalzustand" und ist hierarchisch gleichgestellt dem analytischen Denkmodus. Das von *Scholz* entwickelte Modell der kognitiven Struktur stochastischen Denkens ist allerdings noch nicht soweit ausgebaut, dass sich daraus ein System konkreter didaktisch-methodischer Maßnahmen für die Gestaltung des Stochastikunterrichts ableiten ließe.

2.3.3.3 Folgerungen

Als Fazit aus seinen Untersuchungen zu den kognitionspsychologischen Grundlagen stochastischen Denkens hält *Bea* (1995) fest:

„1. Die menschlichen Fähigkeiten bei der Bewältigung stochastischer Problemstellungen, insbesondere der Bestimmung von Wahrscheinlichkeiten, sind beschränkt.
2. Die kognitiven Strategien, die bei der Lösung stochastischer Probleme angewendet werden, sind nur bedingt generalisierbar. Bei vielen Problemstellungen treten bedeutende interpersonale, bei geringen Veränderungen der Aufgabenrahmung zum Teil auch intrapersonale Unterschiede des Problemlösungsverhaltens auf.
3. Das stochastische Problemlösungsverhalten ist aufgrund seiner Komplexität bislang nur in sehr abstrakter Form modellierbar. Insbesondere prognostische Aussagen sind nur eingeschränkt möglich."

2.3.4 Intuitionen und Strategien zu einzelnen Begriffen und Konzepten der Stochastik

In der Literatur finden sich viele Beispiele für Vorstellungen, die Personen verschiedenen Alters und verschiedener Vorbildung zu wichtigen Konzepten der Stochastik haben, und zu Fehlinterpretationen und Fehlschlüssen, die sich aus solchen Vorstellungen ergeben. Im Folgenden wird auf Vorstellungen und Fehlvorstellungen zu einigen wichtigen Konzepten der Stochastik eingegangen und ferner auf Möglichkeiten, diese Konzepte im Unterricht angemessen zu vermitteln. Dabei soll die Vielfalt der Schwierigkeiten illustriert werden, denen ein Stochastikunterricht in der S II unter Umständen begegnet.

2.3.4.1 Konzept des Zufalls

Das Konzept „Zufall" besitzt eine Fülle von interessanten Facetten, wie die schöne Zitatensammlung von *Kütting* (1981, 1994) zeigt. Adäquate Vorstellungen vom Zufall sind beim Erlernen der Stochastik deswegen unerlässlich, weil das Konzept des Zufalls grundlegend für andere Konzepte der Wahrscheinlichkeitsrechnung und Statistik ist, wie z. B. für die Wahrscheinlichkeit, die Zufallsvariable usw. So selbstverständlich es ist, dass stochastische Situationen als „stochastisch" erkannt werden müssen, wenn man mit ihnen verständig umgehen will, so wenig selbstverständlich ist es aber auch, dass Kinder und Erwachsene die dazu erforderlichen Fähigkeiten haben. Dies liegt ganz wesentlich daran, dass zwar der Zufall die prägende Eigenschaft einer stochastischen Situation ist, dass er sich aber nicht unmittelbar erkennen lässt. So lässt sich aufgrund des Auftretens eines bestimmten Ereignisses nicht immer sagen, ob es zufallsbedingt ist oder nicht.

Beispiel 10: *Sill* (1993) zitiert eine Untersuchung, in der Schüler dasselbe Ereignis „Autounfall" „einmal als zufällig (aus der Sicht des Unschuldigen) und einmal als nicht zufällig (aus der Sicht des Schuldigen)" bezeichneten. Hier spielt die persönliche Perspektive auf Aspekte von Ereignissen eine Rolle.

Beispiel 11: Die Wahrscheinlichkeit, beim Austeilen eines Skatspiels zwei Buben auf die Hand zu bekommen, hängt entscheidend davon ab, wie gut gemischt wurde. Wenn man die Karten nach einem vorangegangenen Spiel geschickt zusammenlegt, ist es durchaus möglich, die Karten so zu mischen, dass die Erhöhung der Wahrscheinlichkeit, „gute Karten" zu bekommen, kein Zufall ist.

Erst die nähere Analyse der Bedingungen des Auftretens eines zufallsbedingten Ereignisses, also eine Analyse der gesamten Situation, in der das Ereignis aufgetreten ist, lässt ggf. entsprechende Schlüsse zu. Angemessene Vorstellungen vom Zufall lassen sich daher auch nicht allein durch begriffliche Beschreibungen vermitteln, Erfahrungen mit vielen zufälligen Ereignissen sind vielmehr unerlässlich. Solche Erfahrungen werden zwar vielfältig im Alltag gemacht und entsprechend entwickelt sich auch ein intuitives Vorverständnis für das Konzept Zufall schon etwa ab dem vierten Lebensjahr (*Goldberg* 1966). Allerdings werden diese Erfahrungen und die sich daraus entwickelnden Intuitionen und Vorstellungen in der Regel nicht reflektiert. Die Folge sind häufig unangemessene primäre Vorstellungen und Intuitionen. Wie unangemessen solche Vorstellungen oft sind, zeigen Einstellungen von Personen zu Lebensrisiken. Dramatische „zufällige" Ereignisse wie Flugzeugabstürze, Bahnunglücke, Raubüberfälle scheinen bedrohlicher zu sein, als sie es in Wirklichkeit sind. Andererseits werden diejenigen u. U. auch zufallsbedingte Risiken, die mit eigenem Verhalten zusammenhängen (z. B. Teilnahme am Straßenverkehr), häufig als geringer angesehen als solche, auf die man durch eigenes Verhalten keinen Einfluss hat wie z. B. die Risiken durch Atomkraftwerke, „Gifte" in Nahrungsmitteln (vgl. *Boer* 1987, *GEO* 1/1992). Weitere Aspekte des Alltagsverstehens des Konzepts „Zufall" zeigen sich darin, dass mit „zufällig" auch Ereignisse bezeichnet werden, die „selten auftreten", die „nicht verstehbar" sind, „willkürlich" sind, deren „Auftreten *außer*gewöhnlich" ist. Solche Ereignisse erscheinen deshalb als „zufällig", weil sie „nicht berechenbar", „nicht vorhersagbar" sind. Tritt ein solches Ereignis ein, dann „hat man Glück oder Pech gehabt". In diesem

Zusammenhang sei erwähnt, dass sich solche Vorstellungen auch in der Sprache niederschlagen können, z. B. bedeutet in der französischen Sprache das Wort „accident" zugleich „Zufall" wie auch „Unfall". Im Folgenden seien einige Ergebnisse von Untersuchungen angegeben, die gezielt zu Vorstellungen vom Zufall angestellt worden sind:

Beispiel 12: *Sill* (1993) zitiert *Bethge* (1978), der eine Befragung von Studenten technischer Studienrichtungen nach der Zufälligkeit von alltäglichen Erscheinungen durchführte. Die Studenten, die an einem Kurs über Stochastik teilgenommen hatten (!), urteilten wie folgt (die Prozentzahlen geben den Anteil der Studenten an, die diese Erscheinungen für zufällig hielten):

a) Ein Fünfer im Lotto (47%) b) An einem Wintertag liegt Schnee (14%)

c) Ein Bus ist pünktlich (18%) d) Eine Glühlampe ist nach 100 Std. Brennzeit defekt (30%).

Sill bemerkt: „Die Befragungen von Studenten *nach* Abschluss des Faches Wahrscheinlichkeitsrechnung zeigen, dass sich die fehlenden Reflexionen über den Zufallsbegriff in unsicheren und oft auch falschen Vorstellungen zu den Begriffen zufälliges Ereignis bzw. Zufallsvariable niederschlagen."

In einer der ersten großen empirischen Arbeiten zum stochastischen Denken untersuchten *Piaget/Inhelder* (1975) die Entwicklung des Zufalls- und Wahrscheinlichkeitsbegriffs bei Kindern im Alter von vier bis zwölf Jahren. Sie interviewten die Kinder in Bezug auf Voraussagen und Deutungen zu verschiedenen Zufallsexperimenten. Der von ihnen dabei nachgefragte Wahrscheinlichkeitsbegriff war der klassische Begriff nach *Laplace*. Eines der Experimente sei kurz beschrieben:

Beispiel 13: Auf eine mit Quadraten parkettierte Fläche fallen Perlen, die Regentropfen symbolisieren sollen. Die Kinder sollen Voraussagen machen über die Verteilungen der „Regentropfen", die sich nach und nach ergeben.

Piaget/Inhelder ordneten die Ergebnisse ihrer Untersuchungen in ihre Phasentheorie von der kognitiven Entwicklung von Kindern ein. Sie stellten fest, dass

- Zufalls- und Wahrscheinlichkeitsbegriff zunächst nicht vorhanden sind, sich aber mit und entsprechend den einzelnen Phasen entwickeln
- von Kindern in der Phase der formalen Operationen die sich bei einer großen Zahl von „Glasperlentropfen" herausbildende Verteilung korrekt erläutert werden kann. Dabei argumentieren sie über die relativen Differenzen von Tropfen in den einzelnen Feldern, was auf ein korrektes intuitives Verstehen des „Gesetzes der großen Zahl" hinweist.

Piaget/Inhelder sind insgesamt der Auffassung, dass

- sich intuitive Vorstellungen vom Zufall schon ab der präoperativen Phase entwickeln
- aber der quantitative Wahrscheinlichkeitsbegriff sich erst mit dem Erreichen der Phase der formalen Operationen ausbilden kann.

Fischbein u. a. (1991) stellten in einer Untersuchung 9- bis 14-jährigen Schülern die Aufgabe, zufällige Ereignisse zu bewerten:

Beispiel 14: Eine Urne enthält Zettel, die von 1 bis 90 nummeriert sind und von denen einer gezogen werden soll. Die Probanden wurden aufgefordert, Ereignisse wie z. B. „Zahl kleiner als 91" oder „Zahl ist 31" mit den Begriffen „sicher", „möglich" oder „unmöglich" zu bewerten.

Aus einer Analyse der unkorrekten Antworten, deren Anteil je nach Frage zwischen 2% und 42% lag, ziehen *Fischbein* u. a. den Schluss, dass ein unangemessenes Verständnis der Begriffe „sicher", „möglich", „unmöglich" wesentliche Ursache für die unkorrekten

Antworten ist und mit Kindern zunächst entsprechende Begriffserklärungen an geeigneten Beispielen erarbeitet werden müssten. In diesem Zusammenhang sieht *Sill* eine Ursache für falsche Vorstellungen zum Zufall darin, dass beim Umgehen mit zufälligen Ereignissen ein ungeeigneter Sprachgebrauch verwendet wird. Er plädiert z. B. dafür, statt des Wortes „Zufallsexperiment" das Wort „zufälliger Vorgang" zu verwenden, weil *Zufallsexperimente* keine Experimente im eigentlichen Sinn seien. Mit welcher Vorsicht aber solche Untersuchungen, deren Ergebnisse und deren Interpretationen zu betrachten sind, zeigen die verschiedenen Nachuntersuchungen durch *Green* (1989) und die Diskussion solcher Untersuchungen durch *Borovcnik* (1992). *Green* setzt bei seinen Untersuchungen zum Verstehen des Zufalls bei den Forschungen von *Piaget/Inhelder* zum gleichen Problemkreis an. Er stellte 2930 Schülern im Alter zwischen 7 und 16 Jahren u. a. Variationen der „Schneeflocken-" bzw. „Regentropfenaufgabe" von *Piaget/Inhelder.* Bei diesen Aufgaben werden in Quadrate eingeteilte Felder gezeigt, auf denen Regentropfen nach bestimmten Mustern verteilt sind. Die Probanden sollten nun die „Zufallsmuster" darunter erkennen. Als Ergebnis ergab sich überraschenderweise, dass jüngere Schüler Zufallsmuster besser erkannten als ältere Schüler. Eine Untersuchung mit einer anderen Variation der „Regentropfenaufgabe" ergab dagegen, dass Zufallsmuster mit höherem Alter und höherer Begabung besser erkannt wurden. Insgesamt stellte *Green* fest, dass

- die Anteile korrekter Antworten unbefriedigend sind (bei einigen Aufgaben liegen diese Anteile zwischen 38% und 53%)
- der Anteil korrekter Antworten nicht bei allen Aufgaben mit dem Alter wächst
- ein Teil der falschen Antworten von dem Denkmuster eines „Gesetzes der kleinen Zahl" geleitet war
- es auch Einflüsse der Aufgabenstellung selbst auf die Antworten gibt (reale Situation vs. künstliche Situation)
- das Konzept „Zufall" facettenreich ist und sein Verstehen hohe intellektuelle Anforderungen stellt
- Deutungen stochastischer Situationen von ihren Darstellungen durch Sprache und Visualisierungen abhängen können: So wird dieselbe stochastische Situation je nach Einkleidung u. U. verschieden modelliert
- Deutungen von lokalen und globalen Häufigkeitsverteilungen mit Visualisierungen zusammenhängen
- nur durch einen gezielten Unterricht, der Raum für Eigentätigkeit lässt, angemessene Vorstellungen vom Zufall vermittelt werden können.

Er resumiert: „Die große Variationsbreite der Ergebnisse zu der Schneeflocken- und der Regentropfenaufgabe und weiterer Aufgaben weisen hin auf die besondere Bedeutung des Kontextes, in dem die Fragen gestellt werden und weiter auf die Notwendigkeit, bei der Interpretation der Ergebnisse besonders vorsichtig zu sein."

Die Vermittlung von adäquaten Vorstellungen zum Konzept „Zufall" ist schon wegen eines möglichen Vorhandenseins der skizzierten unangemessenen primären Vorstellungen schwierig. Als zusätzliches Hindernis kommt hinzu, dass sich das Konzept „Zufall" nicht durch rein verbale Erklärung im Sinne einer Definition vermitteln lässt. Dies liegt schon daran, dass es eine Fülle verschiedener Erklärungen des Begriffs „Zufall" gibt. *Sill* (1993), der die wissenschaftliche Literatur über den Zufallsbegriff ausgewertet hat, kommt wie viele Schulbuchautoren zu dem Schluss und Vorschlag, ein Ereignis dann „zufällig" zu nennen, wenn es eintreten kann, aber nicht eintreten muss. Diese Begriffserklärung ist aber so weit, dass ihre Anwendung im Einzelfall schwierig sein kann. Es wird auf jeden Fall notwendig sein, sie mit einer Fülle inhaltlicher Erfahrungen zu füllen. Im ganzen lässt sich feststellen, dass die didaktisch-methodische Aufgabe der Vermittlung einer adäquaten Vorstellung vom Zufall noch schwieriger ist als die Aufgabe der Vermittlung von anderen nicht definierbaren Grundbegriffen der Mathematik wie z. B. dem der „Geraden" in der Geometrie. Ein Aufbau von Vorstellungen zum Zufall, die für die weitere Entwicklung der Stochastik tragfähig sind, scheint nur möglich zu sein, wenn der Lerner selbst operative Erfahrungen mit zufälligen Ereignissen anhand von Zufallsexperimenten macht und diese reflektiert. Auf keinen Fall kann man erwarten, dass sich allein schon durch die formale Behandlung der Gesetze der Stochastik tragfähige stochastische Intuitionen herausbilden. Am Anfang eines Stochastikunterrichts sollten daher eigene Aktivitäten mit Zufallsexperimenten stehen. Dies ist nach *Green* am besten anhand von Experimenten mit künstlichen stochastischen Situationen (Urne, Würfel,...) möglich, die aber auch Simulationen realer Situationen darstellen können. Eine ähnliche Auffassung vertritt auch *Herget* (1997). Reale Situationen selbst, wie z. B. die Regentropfenaufgabe, hält *Green* nach seinen Untersuchungen dagegen für ungeeignet, um daran das Konzept von Zufall zu entwickeln. *Riemer* (1984) weist in diesem Zusammenhang aber andererseits darauf hin, dass die „Beschränkung auf klassische Zufallsobjekte wie Münze, Würfel, Glücksrad und Reißnagel fatal" ist, denn

- „entweder endet man wegen totaler Symmetrie sofort bei *Laplace*, es verschwindet der Gedanke, dass es verschiedene gleichberechtigte Hypothesen gibt,
- oder man endet wegen vollständiger Asymmetrie bei der Definition von Wahrscheinlichkeiten als Grenzwert relativer Häufigkeiten. Es verschwindet der Gedanke, dass Wahrscheinlichkeiten Vorhersagen machen und von relativen Häufigkeiten prinzipiell verschieden sind."

In diesem Sinne sind als Gegenstand von Aktivitäten zum Zufallsbegriff insbesondere offene Fragestellungen geeignet, bei denen nicht aus Symmetriegründen sofort Intuitionen zum Zufall mit kombinatorisch-rechnerischen Vorstellungen verbunden werden können. Zur Entwicklung des Zufalls- und Wahrscheinlichkeitsbegriffs sollten daher Beispiele diskutiert werden, an denen sich die verschiedenen Aspekte dieser Begriffe deutlich machen lassen.

Beispiel 15 (*Jepson* 1983, nach *Bea* 1995): In den USA werden die Footballendspiele („Super Bowl") und die Baseballendspiele („World Series") nach unterschiedlichen Modi ausgetragen. Beim Football gibt es ein Endspiel auf neutralem Platz. Super Bowl-Gewinner ist somit der Sieger dieses Spiels. Beim Baseball gibt es sieben Endspiele, die abwechselnd in den Heimatstädten der Endspielteilnehmer durchgeführt werden. World Series-Gewinner ist somit die Mannschaft, die bei mindestens vier dieser Endspiele siegreich ist. Bei dieser Aufgabe geht es darum, zu erkennen, ob ein Ereignis mehr oder weniger stark zufallsbedingt ist. Wenn man das Gewinnen eines Spiels als ein Ereignis ansieht, dass *auch* zufallsbedingt ist, so wirkt dieser Zufall stärker bei dem Modus, in dem das Footballendspiel ausgetragen wird. Dies haben die meisten der von *Jepson* und *Bea* Befragten auch erkannt. Unterschiedliche Austragungsmodi gibt es auch bei Tennisturnieren. So wird bei Mannschaftswettbewerben (Davis- oder Nations-Cup) zunächst in Gruppen gespielt, wobei jede

Mannschaft gegen jede Mannschaft spielt und eine Rangfolge nach Punkten aufgestellt wird. Die meisten übrigen Tennisturniere werden dagegen nach dem k. o.-Modus ausgetragen.

Beispiel 16 (*Strick* 1986): Begründe, warum die folgenden Vorgänge als Zufallsversuche aufgefasst werden können! Nenne Beispiele für die möglichen Ausgänge! Ist die Zahl der möglichen Ausgänge endlich oder unendlich?

a) Fußballspiel der Bundesliga

b) Geburtstage der Schüler einer Klasse

c) Körpergewicht von männlichen Neugeborenen

d) Ziehung der Lottozahlen

e) Monatseinkommen der Bewohner eines Ortes.

Beispiel 17 (*Strick* 1997): Stellen Sie sich vor, Sie würden 24mal eine Münze werfen. Wie könnte z. B. das Protokoll Ihres Zufallsversuchs aussehen? Die Beantwortung dieser Frage erfordert Überlegungen dazu, wie eine Zufallsfolge aussehen kann, wie der Zufall die Folge von „Kopf" und „Zahl" prägen kann (vgl. 2.2, *Beispiele 2, 3*).

Anhand einer „erfundenen" Zufallsfolge kann man mit einfachen Methoden eine solche Folge auf „Zufälligkeit" prüfen (vgl. *v. Harten/Steinbring* 1984). Damit erhält man z. B. eine bessere Vorstellung von der Länge und Verteilung der „runs" in einer solchen Zufallsfolge.

Gut geeignet sind auch Beispiele, für die mehrere Lösungen plausibel sind:

Beispiel 18: Zwei Personen betreten einen Raum, in dem drei Sitzbänke A, B, C mit je zwei Plätzen stehen. Sie setzen sich zufällig hin. Wie groß ist die Wahrscheinlichkeit, dass sie sich auf die gleiche Bank setzen? Für die Lösung dieser Aufgabe entscheidend ist, wie der Begriff „zufällig" hier interpretiert wird. Es sind folgende Argumentationen möglich:

1. Es sind die neun Kombinationen (A,A), (A,B),...,(C,C) möglich, von denen die drei Kombinationen (A,A), (B,B), (C,C) günstig sind. Die gesuchte Wahrscheinlichkeit ist also 1/3.
2. Die sechs Sitze lassen sich nummerieren und man erhält die Kombinationen (1,2),(1,3)...,(6,5). Von diesen sind die sechs Kombinationen (1,2),...,(6,5) günstig. Die gesuchte Wahrscheinlichkeit ist also 1/5.

Eine Bewertungen der Argumentationen erfordert hier eine Klärung davon, was „zufällig" bedeuten soll. Es kann gemeint sein, dass die Personen erstens eine Bank, zweitens Plätze zufällig auswählen.

Beispiel 19 (*Strick* 1998): In einem Gefäß sind zehn Kugeln, neun schwarze und eine weiße. Sie und Ihr Partner dürfen sich abwechselnd eine Kugel herausnehmen. Wer die weiße Kugel zieht, hat gewonnen. Möchten Sie als Erster mit dem Ziehen anfangen? Hier geht es um die Frage, in welchem der beiden Fälle eher mit dem Eintreten des zufälligen Ereignisses „Ziehen der weißen Kugel" zu rechnen ist. Für eine Beantwortung dieser Frage ist eine Simulation hilfreich, deren Ergebnis diskutiert werden kann.

Beispiel 20 (*Riemer* 1984): Eine einseitig mit einem Metallplättchen beschwerte Holzscheibe und eine Münze werden verdeckt geworfen. Aus den Ergebnissen einer Folge von Würfen sollen Hypothesen über den jeweils verwendeten Zufallsgenerator aufgestellt werden. Bei dieser Aufgabe geht es darum, eine Hypothese über ein zufälliges Ereignis aufzustellen und diese in der Folge der Würfe je nach Ausfall beizubehalten oder zu verändern. Bei dieser Aufgabe wird auch deutlich, dass Wahrscheinlichkeiten Hypothesen über zufällige Ereignisse sind.

Beispiel 21: 100 Rosinen werden in einen Teig getan und gut untergemischt. Aus dem Teig werden dann 100 Brötchen geformt. Wie können sich die Rosinen auf die Brötchen verteilen? Wie kann man die Situation simulieren und modellieren? Diese Aufgabe fordert dazu auf, sich eine anschauliche Vorstellung von der stochastischen Situation zu machen und diese darzustellen. Ein anschauliches Modell besteht darin, 100 Zufallszahlen von 1 bis 100 einer Tabelle von Zufallszahlen zu entnehmen und diese dann auf eine 100er-Tafel zu verteilen.

Beispiel 22: Glücksspieler glaubten früher, man erhielte beim 4maligen Würfeln eines Würfels ebenso leicht mindestens eine Sechs wie beim 24maligen Würfeln mit zwei Würfeln eine Doppelsechs (vgl. 1.1.1.1).

Beispiel 23: An Zufallsgeneratoren wird die Anforderung gestellt, dass diese „echte zufällige" Ereignisse liefern oder mindestens doch „pseudozufällige" Ereignisse. *Palm* (1983) erwähnt neben solchen Zufallsgeneratoren auch „willkürliche" Zufallsgeneratoren, bei denen Ereignisse aufgrund willkürlicher Entscheidungen auftreten. Ein Beispiel für einen solchen Fall ist das Glücksspiel „Papier, Schere, Stein (Brunnen,...)", bei dem zwei Personen gleichzeitig eines der drei Objekte wählen. Je nach Wahl gewinnt eine der Personen („Papier" gewinnt über „Stein" usw.) oder es gibt ein Patt. Die Wahl der Objekte wird bei der Durchführung des Spiels aufgrund der willkürlichen Entscheidungen von den beiden Spielern getroffen, sie kann subjektiv zufällig sein, ihr kann aber auch eine Strategie unterliegen.

Auch die verschiedenen Aufgaben zu Paradoxa der Wahrscheinlichkeitsrechnung verlangen eine Auseinandersetzung mit dem Begriff des Zufalls (vgl. 1.3.1.1, *Beispiel 1*). Bei allen Aufgaben der vorstehenden Art geht es darum, das Phänomen des Zufalls anhand seiner Wirkungen zu erkennen und die Bedingungen seines Auftretens aufzuklären. Dies ist bei den angegebenen Aufgaben noch relativ einfach, weil sie als konstruierte „künstliche" Aufgaben und durch die Formulierung einer Frage gezielt auf das Erkennen von stochastischen Ereignissen und die Bedingungen ihres Auftretens hinweisen. Diese „künstlichen" Aufgaben haben gegenüber realitätsnahen Aufgaben den Vorteil, dass bei ihnen Intuitionen und Vorstellungen über den Zufall und Bedingungen seines Auftretens durch eigene operative Erfahrungen gefestigt - oder auch verändert werden können. Diese für die Entwicklung von angemessenen Vorstellungen über den Zufall notwendigen eigenen operativen Erfahrungen sind bei diesen Aufgaben möglich durch Simulationen, die hier in der Regel einfach durchzuführen sind. Sehr viel schwieriger ist es dagegen, den Zufall und die Bedingungen seines Auftretens in Realsituationen zu identifizieren.

Beispiel 24 (*Strick* 1986): Nach einer Umfrage unter 385 Frauen würden 59% der Befragten das Geschlecht eines Kindes beeinflussen, wenn dies möglich wäre. Warum ist eine Befragung ein Zufallsversuch? Eine Umfrage ist jedenfalls dann kein Zufallsversuch, wenn es sich um eine Vollerhebung bei einem ganz bestimmten Personenkreis handelt. In einer marktwirtschaftlich ausgerichteten Demokratie werden Meinungsumfragen besonders auch zu Prognosezwecken erhoben. Hier könnte diskutiert werden, welche Anforderungen an die Rolle des Zufalls bei den Umfragemethoden gestellt werden müssen, damit sich ein „repräsentatives" Umfrageergebnis ergeben kann.

Bei der Betrachtung von Realsituationen sollte beachtet werden, dass nicht der Eindruck vermittelt wird, es gäbe grundsätzlich einen Gegensatz zwischen deterministischen und stochastischen Situationen. Je nach Situation und Fragestellung kann ein Modell deterministisch oder stochastisch sein.

Beispiel 25: Bei physikalischen Messungen (*Ohm*sches Gesetz, Fallgesetz,...) kann es um den deterministischen Zusammenhang „Fallgesetz" gehen oder auch um die Frage der systematischen oder zufallsbedingten Messfehler.

Eine Erörterung von weiterführenden erkenntnistheoretischen Fragen, wie sie bei *Sill* (1993) skizziert sind, kann ggf. zur Abrundung der Einführung des Konzepts Zufall angeschlossen werden.

2.3.4.2 Wahrscheinlichkeiten als Bewertungen von zufälligen Ereignissen

Aussagen über Wahrscheinlichkeiten zufälliger Ereignisse geben ihrer Natur nach nur indirekt, hypothetisch Auskunft über ein spezielles Ereignis: Über den Ausgang beim nächsten Wurf einer Münze kann keine sichere Aussage gemacht werden. Obwohl eine solche Feststellung allgemein akzeptiert wird, nimmt man es aber häufig als wahrscheinlicher an, dass z. B. nach „zehnmal Kopf" die Serie abreißt, als dass nochmals „Kopf" geworfen wird. Gleich, ob man diese falsche Intuition besitzt oder nicht, was den nächsten Ausgang des Experiments angeht, man wird bei diesem Experiment aus Gründen der (u. U. vermeintlichen) Symmetrie die Hypothese haben, dass $P(Kopf)=P(Zahl)$. *Bentz/Borovcnik* (1991) bemerken: „Unterrichtliche Eingriffe sollten den Lernenden dazu verhelfen, unterscheiden zu können zwischen den intuitiven Vorstellungen von „vollständiger Unkenntnis", „vollständiger Indifferenz" und „gewichteter Indifferenz". Vollständiges Unwissen über Resultate einzelner Versuche ist keineswegs dasselbe wie Symmetrie, ersteres mag simpel ein intuitiver Ausdruck für den stochastischen Gehalt einer Situation sein, letzterer drückt eine fehlende Präferenz für das Auftreten eines Ereignisses aufgrund des Wissens um die (physikalische) Symmetrie des Experimentes aus." Einführende Experimente sollten daher solche sein, bei denen intuitive Vorstellungen vom Zufall und der Bewertung von zufälligen Ereignissen dahingehend weiterentwickelt werden, dass Wahrscheinlichkeiten immer (in inhaltlicher Hinsicht) Hypothesen sind und dass es damit für stochastische Situationen prinzipiell immer verschiedene Modelle geben kann.

Die Konzepte Zufall und Wahrscheinlichkeit bedingen sich gegenseitig. Sie sind grundlegend für das stochastische Denken und sollten nach übereinstimmender Auffassung schon ab der Primarstufe im Unterricht behandelt werden. Kinder lernen ja ohnehin schon sehr früh, ungewisse Ereignisse zu bewerten. Sie sagen z. B. „Der 1. FC Bayern gewinnt wahrscheinlich" und meinen damit, dass es unsicher ist, ob der 1. FC Bayern gewinnt, dass er aber eine größere Chance als die gegnerische Mannschaft hat, zu gewinnen. Solche Aussagen deuten auf eine adäquate Auffassung von „Wahrscheinlichkeit" hin. Bei näherer Nachfrage stellt sich aber oft heraus, dass die vorhandenen Intuitionen zum Konzept Wahrscheinlichkeit nicht tragfähig genug sind. *Marino* (1991) untersuchte die Fähigkeit, Wahrscheinlichkeiten schätzen und vergleichen zu können.

Beispiel 26: *Marino* stellte die Aufgabe, die Wahrscheinlichkeit für das Auftreten des Ereignisses $\{(5, 5, 5)\}$ beim *dreimaligen* Wurf mit *einem* Würfel bzw. beim *einmaligen* Würfeln mit *drei* Würfeln zu vergleichen. Als Ursache für die unkorrekten Antworten, deren Anteil zwischen 12% und 38% lag, sah *Marino* u. a. falsche Intuitionen an wie etwa: „Beim mehrmaligen Werfen hat man eine höhere Chance, das erwartete Ereignis zu erhalten" und als Folge davon die Unfähigkeit, zu der konkreten stochastischen Situation durch Abstraktion das passende mathematische Modell zu gewinnen. Zum Testen der Fähigkeiten von Kindern, Wahrscheinlichkeiten schätzen und vergleichen zu können, stellten sie weiter folgende Aufgabe:

Beispiel 27: Kinder sollen vergleichen, ob es wahrscheinlicher ist, beim Würfeln mit zwei Würfeln
- eine „5" und eine „6" oder zweimal eine „6" zu werfen
- zwei verschiedene Zahlen oder zweimal die gleiche Zahl zu werfen.

Hier hatten die falschen Antworten bei der ersten, noch konkreten Aufgabenstellung einen Anteil zwischen 62% und 78%. Bei der zweitgenannten allgemeineren Fragestellung war der Anteil unkorrekter Antworten niedriger, er lag hier zwischen 43% und 55%.

Die Analyse der von den Kindern gegebenen Antworten zeigen nach *Marino*, dass
- unkorrekte Antworten im Wesentlichen durch eine unangemessene Anwendung des Konzeptes „Unabhängigkeit" verursacht werden („Weil jeweils beide Zahlen „5" und „6" bei demselben Würfel mit gleicher Wahrscheinlichkeit auftreten, treten auch die Kombinationen gebildet aus „5" und „6" bzw. „6" und „6" mit der gleichen Wahrscheinlichkeit auf.")
- die Weite der Aufgabenstellung (lokale, globale Fragestellung) Einfluss auf die Möglichkeit zur Herausarbeitung einer geeigneten mathematischen Struktur und damit auf den Lösungserfolg hat
- gleichwohl Kinder eine Intuition für die Größe und Struktur der hier auftretenden Wahrscheinlichkeitsräume besitzen. Diese Intuition wird aber angemessener eingesetzt bei allgemeinen, globalen Fragestellungen (!)
- sprachliche Missdeutungen zu Fehlschlüssen führen können
- auch mangelnde logische Fähigkeiten eine Lösung verhindern können.

Eine weitere Ursache für die falsche Einschätzung von Wahrscheinlichkeiten könnte darin liegen, dass die Fähigkeit zum proportionalen Denken eine Voraussetzung zum Verstehen des Wahrscheinlichkeitsbegriffs ist. Das proportionale Denken bereitet vielen Schülern aber z. T. große Schwierigkeiten und entwickelt sich erst im Laufe der S I (vgl. *Andelfinger* 1982, *Steinbring* 1984, *Jahnke/Seeger* 1986, *Strick* 1994, *Jolliffe/Sharples* 1994). Weiterhin sind neben dem proportionalen Denken experimentelle Erfahrungen notwendige Voraussetzungen für die Entwicklung des Wahrscheinlichkeitsbegriffs: Ein Wahrscheinlichkeitsbegriff, mit dem Umwelterfahrungen geordnet werden können, ist nicht rein innermathematisch-formal aufzubauen. Es genügt also nicht, Wahrscheinlichkeitsrechnung als angewandte Kombinatorik zu betreiben. Um die vielen Aspekte des Wahrscheinlichkeitsbegriffs verstehen zu lernen und um mit diesen operativ umgehen zu können, muss die Entwicklung des Wahrscheinlichkeitsgriffs bei eigenen, vielfältigen experimentellen Erfahrungen zu stochastischen Situationen ansetzen. Eine Aufarbeitung dieser Erfahrungen kann folgende Schritte enthalten: *Beschreibung der Situation* (zufällige Ergebnisse, Ereignisse, Ereignisraum), *Veranschaulichungen* (Baum-, *Venn*diagramm,...), *Modellierung* (enaktive, ikonische, symbolische Darstellung), *Berechnungen, Interpretation* (Wahrscheinlichkeiten als Prognosen,...), *Variationen der Situation.*

Beispiel 28: Man wirft siebenmal mit einer Münze. Welche Folge ist wahrscheinlicher (0,1,1,0,1,1,1) oder (0,1,0,0,1,0,1,0)? Bei Untersuchungen zu solchen Aufgaben werden Folgen wie die zweitgenannte häufig als wahrscheinlicher angesehen. Insbesondere gibt es die Schwierigkeit zu verstehen, dass die einzelnen Teilexperimente der *Bernoulli*-Kette unabhängig voneinander sind. Es besteht nämlich oft eine starke Intuition, dass sich z. B. nach einer langen Folge des Ereignisses „1" die Wahrscheinlichkeit für das Auftreten des Ereignisses „0" erhöht. Diese Intuition ist Ursache für die falsche Auffassung über das Auftreten und die Länge von runs (Gesetz der kleinen Zahl). Um solche falschen Vorstellungen aufzubrechen, sind Diskussionen notwendig über das Wirken des Zufalls in dieser stochastischen Situation, Simulationen, graphische Darstellungen wie Baumdiagramme und Berechnungen.

Empirische Untersuchungen der genannten Autoren zeigen, dass ein Verständnis für die Problemstruktur der stochastischen Situation Voraussetzung zur Einführung des Begriffs der Wahrscheinlichkeit und seiner Eigenschaften ist. Ein solches Verständnis ist am ehesten gegeben, wenn die Bedingungen für und das Wirken des Zufalls klar erkannt wird und der Wahrscheinlichkeitsraum übersichtlich ist. Als einführende Experimente geeignet sind solche, bei denen der Wechselbezug zwischen Wahrscheinlichkeit und relativen Häufigkeiten herausgearbeitet werden kann. In diesem Sinne eignen sich „partiell symmetrische Objekte“ wie die „*Riemer*schen Würfel“ für einführende Experimente (vgl. *Riemer* 1991). An ihnen lässt sich der wichtige Zusammenhang zwischen Wahrscheinlichkeit und relativer Häufigkeit, aber auch die prinzipielle Differenz zum Wahrscheinlichkeitsbegriff aufgrund von Symmetrien erarbeiten. *Riemer* schlägt ein Experiment mit folgenden Teilen vor:

- Schätzen der Wahrscheinlichkeitsverteilungen für die verschiedenen teilsymmetrischen Würfel
- Ermittlung der relativen Häufigkeiten zur Gewinnung eines Modells, das auf statistischen Daten beruht
- eventuelle Revision der ursprünglichen Modellannahmen.
- Nachdem die Modelle für die verschiedenen Würfel gefunden worden sind, wird mit einem der Würfel verdeckt gewürfelt. Aufgrund des Ergebnisses soll von den übrigen Versuchsteilnehmern eine Hypothese darüber aufgestellt werden, um welchen Würfel es sich handelt. Ein nächster Versuch führt durch Anwendung der *Bayes*-Regel und ihrer Darstellung am umgekehrten Wahrscheinlichkeitsbaum zu einer Bestätigung oder Revision der Anfangshypothese. Wiederholungen dieses Schrittes führen schließlich zu einer zunehmend sichereren Vermutung über die Art des bei dem Experiment verwendeten Würfels.

Um einsichtig zu machen, dass die *Laplace*-Annahme als mathematisches Modell nur eine Annahme ist, schlägt *Riemer* (1985) eine Variation des Experiments vor, bei der aus einer Urne mit unbekannter Zusammensetzung von roten und weißen Kugeln gezogen wird. Es wird dabei die Verteilung der Anzahl von weißen Kugeln in einer 50er Serie von je sechs Zügen aus der Urne ermittelt. Daraus ergeben sich Schätzungen der wahren Zusammensetzung der Urne als Modellannahmen. Aufgrund weiterer Serien von Ziehungen lassen sich diese Modelle revidieren.

Beispiel 29 (*Shaughnessy* 1977): Die Verteilung von „Kopf“ bei einem Sechsfach-Wurf mit einer Münze wird geschätzt. Die Schätzungen fallen im Allgemeinen sehr unterschiedlich aus und entsprechen verschiedenen Modellvorstellungen. Nach *Shaughnessy* weichen über 50 % der Schätzungen stark von den in einem anschließenden Versuch erhaltenen Ergebnisse ab. Revisionen der Modellvorstellungen erfolgen durch das Experiment *Sechsfach-Wurf* und durch die Entwicklung eines mathematischen Modells mit Hilfe eines Baumdiagramms.

Einfache und übersichtliche Wahrscheinlichkeitsräume sind für die Einführung des Wahrscheinlichkeitsbegriffs auch deshalb besonders geeignet, weil sie einfache graphische Darstellungen als Brücken bei der Bildung eines Modells für die Situation ermöglichen. Eine Aufgabe, die diesen Anforderungen genügt, zugleich aber wegen ihrer Offenheit zu Überlegungen und Diskussionen reizt, ist die folgende:

Beispiel 30 (*Schmidt* 1990): Ein Glücksspiel ist nach folgenden Regeln aufgebaut: Es wird mit zwei Würfeln gleichzeitig geworfen. Einsatz pro Spiel: 10Pf. Bei der Augensumme 7 beträgt der Gewinn 70Pf, bei einer Augensumme $\neq 7$ gibt es keinen Gewinn.

Diese Aufgabe ermöglicht folgende Argumentationen:

A. Die Augensumme kann nur eine der 11 Zahlen von 2 bis 12 sein. Nur eine der Zahlen ist aber günstig. Also sollte man das Spiel nicht machen.

B. Die einzelnen Augensummen sind nicht gleichwahrscheinlich. Dies müsste berücksichtigt werden.

C. Man macht eine Simulation und erhält u. U. ein Ergebnis, welches das Argument A nicht stützt.

Zur Lösung der Frage wird man den Ereignisraum graphisch darstellen als Tabelle oder als Baumdiagramm. Man erhält damit die Darstellung des Modells, aus der sich die Antwort auf die Frage ergibt.

In vielen Lehrgängen für den Stochastikunterricht wird der Behandlung von *Laplace*-schen Wahrscheinlichkeitsräumen mit Mitteln der Kombinatorik ein großer Raum gegeben. Hier kann es passieren, dass die *Laplace*-Interpretation kaum mehr hinterfragt wird, sie gilt dann schlechthin als *die* Interpretation der Wahrscheinlichkeit. Unbedingt notwendig ist die Ergänzung durch die Häufigkeitsinterpretation des Wahrscheinlichkeitsbegriffs. Zur Einführung *dieses* Aspekts eignen sich sowohl Zufallsgeneratoren, zu denen man ein Modell aufgrund von Symmetrieüberlegungen erhalten kann, wie auch solche, bei denen der Ereignisraum übersichtlich ist, für die aber ein Modell nicht durch Symmetrieüberlegungen gewonnen werden kann.

Beispiel 31: Von einem Würfel weiß man nicht, ob er „echt" ist oder nicht. Indizien für eine Antwort erhält man durch eine große Serie von Würfen, nach der man die relative Häufigkeit z. B. der „6" als Schätzwert der entsprechenden Wahrscheinlichkeit bestimmen kann. Über den Zusammenhang von Länge der Serie und Genauigkeit der Schätzung lassen sich Aussagen mit der *Tschebyscheff*-Ungleichung gewinnen. Ist der Würfel symmetrisch, so erhält man einen Zusammenhang zwischen *Laplace*- und Häufigkeitsinterpretation der Wahrscheinlichkeit.

Aufgaben, bei denen es fraglich ist, ob eine *Laplace*-Wahrscheinlichkeit vorliegt, sind die folgenden:

Beispiel 32: Man stellt sich einen Quader mit quadratischem Querschnitt her, dessen Länge in bestimmter Weise von seiner Breite abweicht. Bei einem solchen „Würfel" hat man folgende Modellvorstellung:

- Für die vier Längsseiten gilt jeweils die gleiche Wahrscheinlichkeit.
- Für die beiden Kopfseite gilt die gleiche Wahrscheinlichkeit.
- Die Wahrscheinlichkeit, dass der Quader auf eine der Längsseiten fällt, ist größer als die Wahrscheinlichkeit, auf eine der Kopfseiten zu fallen. Der Unterschied dieser Wahrscheinlichkeiten hängt vom jeweiligen Längenunterschied ab. Man kann durch Experimente versuchen, näherungsweise einen funktionalen Zusammenhang zu ermitteln.

Bei diesem Experiment können Symmetriegesichtspunkte in die Modellierung eingebracht werden, sie reichen aber nicht aus, um ein Modell zu gewinnen, dass das Würfeln mit diesem Quader vollständig beschreibt.

Beispiel 33: In 2.2, *Beispiel 16*, werden die Anzahlen von Mädchen in 53680 Familien mit je acht Kindern angegeben. Auch bei dieser Aufgabe liegt zunächst die Annahme der Symmetrie nahe. Bei näherem Hinsehen aber kommen Zweifel, ob die Abweichungen der Ergebnisse aus der Symmetrieannahme von den empirischen Befunden zufälliger oder systematischer Art sind.

Madsen (1996), *Hunt* (1996), *Strick* (1997) berichten über eine umfangreiche Untersuchung zu Vorstellungen von Schülern über Zufallsvorgänge. Die Auswertung der Antworten zu Fragen, die zu verschiedenen Aspekten der Konzepte Zufall und Wahrscheinlichkeit gestellt wurden, zeigen deutlich die genannten Probleme im Bereich der Vorstellungen zu diesen Konzepten. Zur Behebung dieser Schwierigkeiten sollten zu Aufgaben, wie sie *Strick* (1997) gestellt hat, experimentelle Erfahrungen gesammelt werden, deren Diskussion dann zu angemessenen Vorstellungen führen kann.

2.3.4.3 Konjunktive und disjunktive Verknüpfungen von Wahrscheinlichkeiten

Sehr häufig treten in der Stochastik Probleme auf, bei denen Ereignisse zu verknüpfen und für deren Verknüpfungsergebnis Wahrscheinlichkeiten zu bestimmen sind.

Beispiel 34: Bei einer Buslinie findet nur bei jeder 30. Fahrt eine Fahrkartenkontrolle statt. Jemand nutzt dies aus und fährt „schwarz". Mit welcher Wahrscheinlichkeit muss er bei zehn Fahrten mit einer Kontrolle rechnen? Bei Aufgaben wie dieser wird der Lösungsansatz häufig zunächst über die Disjunktion, d. h. die „oder"-Verknüpfung der Einzelereignisse, und die Anwendung des Additionssatzes gesucht, indem die gesuchte Wahrscheinlichkeit mit 10/30 berechnet wird. Zweifel an der Richtigkeit dieses Ansatzes treten oft dann erst auf, wenn man die Aufgabe umformuliert („30 Fahrten", „60 Fahrten", „Mit welcher Wahrscheinlichkeit wird er *nicht* kontrolliert" usw.).

Untersuchungen zur Schätzung konjunktiver und disjunktiver Wahrscheinlichkeiten sind von *Bar-Hillel* (1973) durchgeführt und von *Scholz* (1987) fortgeführt worden. *Scholz* stellte in Anlehnung an *Bar-Hillel* folgende Aufgabe:

Beispiel 35: Bei welchem der folgenden Spiele hat man die größte, zweitgrößte und die geringste Gewinnchance? 1. Ziehen einer roten Kugel aus einer Urne mit 50% roten Kugeln, 2. Ziehen (mit Zurücklegen) von 7 roten Kugeln in Folge aus einer Urne, in der 10% weiße und 90% rote Kugeln sind, 3. Ziehen von mindestens einer weißen Kugel bei siebenmaligem Ziehen (mit Zurücklegen) aus einer Urne, in der 10% weiße und 90% rote Kugeln sind. Bei dieser Aufgabe tritt in der 2. Teilaufgabe eine konjunktive („und") und in der 3. Teilaufgabe eine disjunktive („oder") Verknüpfung von Ereignissen auf. Die normative Lösung lautet hier $P(3.)>P(1.)>P(2.)$.

Während *Bar-Hillel* bei dieser und anderen Aufgaben feststellt, dass die Wahrscheinlichkeiten konjunktiver Ereignisse systematisch über- und die Wahrscheinlichkeiten disjunktiver Ereignisse systematisch unterschätzt wurden, fand *Scholz* keinen so ausgeprägten Trend in den Lösungsergebnissen. Er entdeckte vielmehr eine größere Heterogenität der Lösungsansätze, etwa viele numerische und auch solche, die völliges Unverständnis für die Problemstruktur zeigten. Weiter führt *Bar-Hillel* die gefundenen Lösungsstrategien auf die Heuristik des Verankerns und Anpassens zurück, *Bea* dagegen hält diese Erklärung aufgrund der Art der Vorgehensweise und der Ergebnisse bei den Nachuntersuchungen nicht für hinreichend.

2.3.4.4 Konzept der bedingten Wahrscheinlichkeit und der Unabhängigkeit

Beide Konzepte spielen sowohl in epistemologischer Hinsicht wie auch für die praktische Anwendung eine bedeutende Rolle. Die *bedingte Wahrscheinlichkeit* spielt eine Rolle

- bei der Einführung des zentralen Begriffes der Unabhängigkeit in vielen Lehrgängen der Stochastik
- als zentrales Konzept in der *Bayes*-Statistik
- bei Anwendungen sowohl der klassischen wie der *Bayes*-Statistik.

Die *Unabhängigkeit* spielt eine wichtige Rolle als

- Modellannahme
- zu untersuchende Eigenschaft von Ereignissen.

Beide Konzepte sind daher auch Gegenstand aller Stochastiklehrgänge für den Unterricht. Dabei wird der Begriff der Unabhängigkeit meist über den Begriff der bedingten Wahrscheinlichkeit hergeleitet.

Mit dem Konzept der *bedingten Wahrscheinlichkeit* lassen sich die Verwertung von Teilinformationen über stochastische Situationen und damit das „Lernen aus Erfahrung" formal beschreiben. Durch den Satz von *Bayes* wird nämlich ein Zusammenhang hergestellt zwischen einer A-priori-Wahrscheinlichkeit als einer anfänglichen Einschätzung bzw. Beschreibung einer stochastischen Situation, einem beobachtetem Datum bzw. Indiz und einer A-posteriori-Wahrscheinlichkeit, die als Revision der A-priori-Wahrscheinlichkeit die aufgrund des Datums neugewonnene Erfahrung darstellt. Man vergleiche dazu 1.1.1.3, *Beispiel 22*. Eine bekannte Aufgabe, bei der die Frage einer „vernünftige" Verwertung von Teilinformationen sogar zu Kontroversen in Leserbriefspalten angesehener Zeitschriften geführt hat, ist das „Drei-Türen-" oder „Ziegenproblem" aus der amerikanischen Spielshow „Let's make a deal":

Beispiel 36: Drei-Türen- bzw. Ziegenproblem: In der amerikanischen Spielshow „Let's make a deal" befindet sich hinter einer von drei Türen ein Auto als Hauptpreis und hinter den beiden anderen Türen jeweils eine Ziege. Der Kandidat sucht sich eine Tür aus, die aber nicht geöffnet wird. Sodann öffnet der Showmaster eine der beiden übrigen Türen, aus der natürlich eine der beiden Ziegen herausschaut. Er fordert nun den Kandidaten auf, seine Wahl nochmals zu überdenken und ggf. die andere noch geschlossene Tür zu wählen. Wie soll der Kandidat sich verhalten? Lohnt es sich zu wechseln? Es gibt folgende Argumente:

- Durch das Öffnen der einen Tür hat sich nichts an der ursprünglichen Wahrscheinlichkeit geändert, dass der Kandidat mit der Wahrscheinlichkeit 1/3 die Tür mit dem Hauptgewinn gewählt hat.
- Der Kandidat weiß nun, dass sich der Hauptgewinn hinter den beiden noch verschlossenen Türen befindet. Damit hat sich die Wahrscheinlichkeit für einen Gewinn auf ½ erhöht. Also wirft der Kandidat eine Münze als Entscheidungshilfe.
- Die Wahrscheinlichkeit, dass sich das Auto hinter der zunächst gewählten Tür befindet, ist 1/3. Also ist die Wahrscheinlichkeit 2/3, dass das Auto hinter einer der beiden übrigen Türen zu finden ist. Öffnet der Spielleiter eine der beiden Türen, aus der dann die Ziege herausschaut, so befindet sich das Auto mit der Wahrscheinlichkeit 2/3 hinter der anderen Tür. Es lohnt sich also zu wechseln.

Auch hier kann die Intuition in die Irre führen. Deshalb ist es sinnvoll, nach Schätzungen erst eine Simulation durchzuführen, die hier mit einfachen Mitteln möglich ist. Applets zum Ziegenproblem finden sich im Internet. Eine Diskussion dieses Problems unter dem epistemologischen Aspekt einer objektivistischen bzw. subjektivistischen Interpretation des Wahrscheinlichkeitsbegriffs führt *Diepgen* (1993) (vgl. auch *v. Randow* 1992, *Jahnke* 1998).

Wie man an diesem Beispiel selbst und anhand der Fülle von veröffentlichen Meinungen dazu sehen kann, liegen angemessene primäre Intuitionen zum Konzept der bedingten Wahrscheinlichkeit und damit zusammenhängend auch zum Konzept der Unabhängigkeit häufig nicht vor. Im Gegenteil: Es entwickeln und halten sich zählebige falsche Vorstellungen zu beiden Konzepten. Dies gilt nun nicht allein für das Umgehen mit Alltagssituationen, sondern auch für das professionelle Umgehen mit stochastischen Situationen. Was solche professionelle Anwendungen betrifft, so untersuchten *Scholz/Weber* (1995) Probleme beim Einsatz eines rechnergestützten Entscheidungshilfesystems im Bankenbereich und ermittelten als eine wesentliche Problemursache Schwierigkeiten bei der Schätzung von bedingten Wahrscheinlichkeiten, die bei der Anwendung des Entscheidungshilfesystems eine entscheidende Rolle spielen:

Beispiel 37 (*Scholz* 1990): In Bankhäusern wird z. T. das Expertensystem *STATBIL* benutzt, um die Kreditwürdigkeit von Kunden beurteilen zu können. Als Grundlage werden von dem System die Bilanzkennzahlen der um Kredit nachsuchenden Unternehmen bewertet. Bei der Interpretation der Ergebnisse durch die Kreditprüfer kann es zu Fehleinschätzungen der Wahrscheinlichkeiten kommen, die für die praktische Anwendung des Programms wichtig sind:

- *P*(Kreditwürdigkeit ist schlecht|Kreditwürdigkeit wird von *STATBIL* als gut bewertet)
- *P*(Kreditwürdigkeit ist gut|Kreditwürdigkeit wird von *STATBIL* als schlecht bewertet).

Scholz stellt als Ergebnis seiner empirischen Untersuchungen zu den Ursachen für Fehler bei der Anwendung des Programms *STATBIL* fest: „... diese Fehler sind in erster Linie auf ein mangelndes Grundverständnis über bedingte Wahrscheinlichkeit zurückzuführen. Das Hauptproblem liegt in der mangelnden Unterscheidungsfähigkeit von Diagnostizität (z. B. *P*(gut|Gut)) und a posteriori- bzw. Trefferwahrscheinlichkeit (z. B. *P*(Gut|gut))." Ein weiteres Beispiel für die praktische Relevanz von Fähigkeiten im stochastischen Denken und hier im Umgang mit der bedingten Wahrscheinlichkeit hat *Schrage* (1980) beschrieben:

Beispiel 38: Im Fall des Mordes an der Frau eines Ehepaares sprechen folgende Indizien gegen den Angeklagten: Spuren von der Blutformel der Frau an den Kleidern des Angeklagten und Blutspuren des Angeklagten unter den Nägeln des Opfers werden gefunden. Der Sachverständige argumentiert so: Die Wahrscheinlichkeiten für das Vorkommen der beiden Blutformeln sind 0,173 bzw. 0,157. Also ist die Wahrscheinlichkeit für das Zusammentreffen der beiden Blutformeln $0{,}173 \cdot 0{,}157$. Damit spricht eine Wahrscheinlichkeit von 0,973 gegen den Angeklagten. Kritiker dieser Schlussfolgerung argumentieren dagegen unter Zugrundelegung folgender Annahmen (vgl. *Wickmann* 1990):

- Die A-priori-Wahrscheinlichkeit $P(T)$, dass der Angeklagte der Täter ist, ergibt sich daraus, dass jeder nicht zu alte männliche erwachsene Bundesbürger diese Tat begangen haben könnte. Also gilt etwa $P(T)=10^{-7}$.
- Für die Wahrscheinlichkeit $P(I|T)$, dass die Indizien I auftreten, wenn der Angeklagte der Täter ist, soll gelten $P(I|T)=0{,}5$.
- Für die Wahrscheinlichkeit $P(I\,|\,\bar{T})$, dass die Indizien auch dann auftreten, wenn der Angeklagte nicht der Täter ist, gelte $P(I\,|\,\bar{T}) = 2{,}72 \cdot 10^{-5}$.

Daraus folgt dann mit dem Satz von *Bayes* für die Wahrscheinlichkeit, dass der Angeklagte unter den angenommenen Umständen wirklich der Täter war: $P(T\,|\,I) \approx 0{,}0018$.

Man sieht an diesem Beispiel, das von seiner Struktur her durchaus typisch ist für den weiten Bereich der juristischen Wirklichkeit, in dem Urteile aufgrund von Indizien getroffen werden müssen, wie sehr hier ein Grundverständnis für bedingte Wahrscheinlichkeiten vonnöten ist. Dies gilt auch für die Medizin als einem Gebiet, in dem diagnostische Urteile und therapeutische Entscheidungen getroffen werden, von denen ein jeder Zeit seines Lebens mehr oder weniger betroffen ist. Diese Urteile und Entscheidungen werden nämlich in der Regel aufgrund von Indizien (Symptomen) getroffen. Damit beruhen diese Urteile und Entscheidungen auf der Einschätzung von Wahrscheinlichkeiten für das Auftreten von Indizien und die Verknüpfung von Indizien mit Ursachen, also auch auf dem Einschätzen bedingter Wahrscheinlichkeiten. *Bea* (1995) und *Bea/Scholz* (1995) haben insbesondere die Probleme untersucht, die sich in Bezug auf das Verstehen und Anwenden des Konzeptes der bedingten Wahrscheinlichkeit ergeben. Sie stellen fest, dass die auftretenden Probleme zwar auch das Umgehen mit dem Kalkül betreffen, dass es vor allem aber an einem grundlegenden Verstehen des Konzeptes der bedingten Wahrscheinlichkeit fehlt. Im Einzelnen treten folgende Schwierigkeiten auf:

- Es werden verwechselt Konditionalität und Kausalität, und zwar besonders bei zeitlich aufeinanderfolgenden Ereignissen.
- Es werden verwechselt bedingte und konjunktive Ereignisse und damit deren Wahrscheinlichkeiten.
- Es werden verwechselt die Konditionalitäten $A|B$ und $B|A$ und damit $P(A|B)$ und $P(B|A)$.
- Das bedingende Ereignis kann nicht identifiziert werden.
- Eine Aufgabe wird nicht verstanden, weil

- das Grundverständnis für die bedingte Wahrscheinlichkeit fehlt
- die Formulierungen zu kompliziert sind
- die Aufgabenstellung ungewohnt ist
- die auftretenden Ereignisse ungewöhnlich sind.

Die oben genannten Beispiele und die vorstehenden Bemerkungen deuten darauf hin, dass die Ausbildung korrekter Sekundärintuitionen, die normative Lösungen ermöglichen, sicher nicht über eine Behandlung des Formalismus allein möglich ist. Denn es gibt es keine primäre Intuition der bedingten Wahrscheinlichkeit, die unmittelbar zum Quotienten $P(A \cap B)/P(B)$ führt. Bei der Einführung des Konzeptes der bedingten Wahrscheinlichkeit muss also ein Weg gesucht werden, der einen intuitiven Zugang zu diesem Konzept ermöglicht. Bei einem solchen Weg sollten geeignete Vorstellungen entwickelt werden durch Simulationen und graphische Darstellungen geeigneter Situationen, die verbunden werden mit intensiven Reflexionen. *Fischbein* (1987), *Bea/Scholz* (1995) u. a. sind der Auffassung, dass die in diesem Zusammenhang verwendeten graphischen Modelle umfassende Eigenschaften haben müssten. Sie müssten

- die Struktur der stochastischen Situation wiedergeben, also den Ereignisraum mit den Verknüpfungen der Ereignisse und deren Wahrscheinlichkeiten
- insbesondere die qualitativen Zusammenhänge zur Bestimmung der bedingten Wahrscheinlichkeiten darstellen
- kognitiv leicht zugänglich sein.

Als graphische Darstellungen von Wahrscheinlichkeitsräumen und hier zur Darstellung von bedingten Wahrscheinlichkeiten und der Unabhängigkeit werden vor allem das Baum- und das *Venn*-Diagramm verwendet. Ihre Leistung für das Verstehen stellen *Tomlinson/Quinn* (1998) an Beispielen dar. *Kütting* (1981, 1994) zeigt am Beispiel des Doppelwurfs mit einem Würfel, wie anhand einer graphischen Darstellung ein inhaltlicher Zugang zum Konzept der bedingten Wahrscheinlichkeit gefunden werden kann:

Beispiel 39: Man wirft verdeckt mit zwei unterscheidbaren Würfel, einem roten und einem grünen. Wie groß ist die Wahrscheinlichkeit, dass die Augensumme größer als 9 ist, wenn man schon weiß, dass der grüne Würfel eine Augenzahl größer als 3 zeigt?

	1	2	3	4	5	6	
1							Ω
2							
3							
4						10	Ω'=B
5					10	11	
6				10	11	12	

Das Mengendiagramm liefert die Idee, dass man die gesuchte Wahrscheinlichkeit über eine Reduzierung Ω'=B des ursprünglichen Wahrscheinlichkeitsraums erhält. Daraus ergibt sich die gesuchte Wahrscheinlichkeit als Verhältnis

$\frac{P(A \cap B)}{P(B)} = \frac{6}{36} : \frac{18}{36} = \frac{6}{18} = P(A \mid B)$. *Band* (1995) hält eine Formulierung wie „Die bedingte Wahrscheinlichkeit $P(A|B)$ des Ereignisses A unter der Bedingung, dass das Ereignis B schon eingetreten ist,..." für „blödsinnig" und plädiert dafür, $P(A|B)$ als Anteil (Prozentsatz) von A, bezogen auf die Gesamtheit B zu betrachten. Das Einheitsquadrat leistet eine Visualisierung dieser Interpretation.

Beispiel 40: Jemand sieht ein Kind einer ihm unbekannten Familie mit zwei Kindern. Es ist ein Junge. Mit welcher Wahrscheinlichkeit ist das andere Kind auch ein Junge? *Chu/Chu* (1992) diskutieren dieses Beispiel und stellen dabei die Leistungen von Einheitsquadrat und Baumdiagramm heraus.

Beispiel 41: Zwei altersbedingte Krankheiten K_1 und K_2 treten mit den Wahrscheinlichkeiten 0,6 bzw. 0,4 auf. Beim Vorliegen von K_1 tritt das Symptom S mit der Wahrscheinlichkeit 0,8 und beim Vorliegen von K_2 tritt S mit der Wahrscheinlichkeit 0,6 auf. Bei einer Person zeigt sich das Symptom S. Mit welcher Wahrscheinlichkeit hat sie die Krankheit K_1? Die Lösung lässt sich über folgende graphische Darstellungen finden:

Baumdiagramm *umgekehrter Baum*

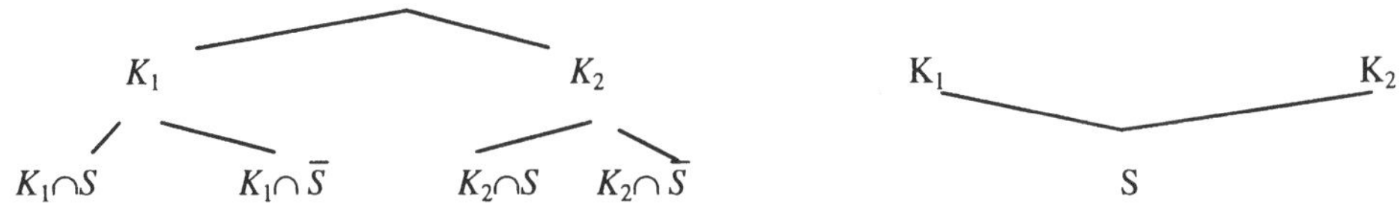

Zum Symptom S gelangt man auf zwei Wegen, einmal von K_1 und dann von K_2. Für die Wahrscheinlichkeit, dass S durch K_1 verursacht wurde, gilt

$$P(K_1 \mid S) = \frac{P(K_1 \cap S)}{P(S)} = \frac{P(S \mid K_1) \cdot P(K_1)}{P(S \mid K_1) \cdot P(K_1) + P(S \mid K_2) \cdot P(K_2)} = \frac{0{,}8 \cdot 0{,}6}{0{,}8 \cdot 0{,}6 + 0{,}6 \cdot 0{,}4} \approx 0{,}67.$$

Einheitsquadrat

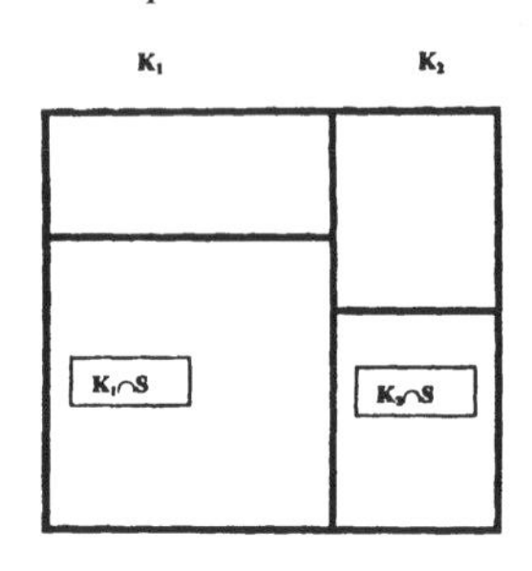

Kriterium	Wahrscheinlichkeitsbaum	Umgekehrter W.baum	Einheitsquadrat
Strukturelle Übereinstimmung mit dem Original			
- Aufstellung des Modells	++	+	+
- Repräsentation des Ereignisraumes	+	+	++
- Problemlösung (Rechenregeln)	+	++	+++
- Qualitative Zusammenhänge	+	++	+++
Berücksichtigung von Aspekten der menschlichen Informationsverarbeitung	+	+	++
Autonomie vom Original	+	+	+
Generelle Einsetzbarkeit			
- in der Wahrscheinlichkeitsrechnung	+	+	+ (?)
- in anderen Bereichen	+	+	+ (?)

Bea/Scholz (1995) haben die Darstellungen in Form des Wahrscheinlichkeitsbaums, des umgekehrten Wahrscheinlichkeitsbaums und des Einheitsquadrats untersucht auf ihre didaktische Effektivität in Bezug auf die Vermittlung von besserem Verstehen des Konzeptes der bedingten Wahrscheinlichkeit und damit auch in Bezug auf eine Verbesserung des stochastischen Denkens im Allgemeinen. Die Ergebnisse haben sie in der vorstehenden Tabelle zusammengefasst.

Das Konzept der *Unabhängigkeit* spielt in zweierlei Hinsicht eine zentrale Rolle in der Stochastik: Die Unabhängigkeit

– ist wesentliche Voraussetzung
  - wichtiger Sätze der Wahrscheinlichkeitstheorie
  - von Anwendungen der Stochastik
– ist selbst Untersuchungsgegenstand, wenn festgestellt werden soll, ob zwei Ereignisse unabhängig sind oder nicht.

Die Definition der Unabhängigkeit zweier Ereignisse A und B ist formal recht einfach:
A, B unabhängig $\Leftrightarrow P(A \cap B) = P(A) \cdot P(B) \Leftrightarrow P(A|B) = P(A) \Leftrightarrow P(B|A) = P(B)$.
Inhaltlich bedeutet dies, dass die Informationen „*A* tritt ein" und „*B* tritt ein" keinen Einfluss auf die Wahrscheinlichkeit des jeweils anderen Ereignisses haben. Die formale Definition der Unabhängigkeit ist einfach, gleichwohl ist dieser Begriff ein Schlüsselbegriff der Wahrscheinlichkeitstheorie selbst. Das Konzept der Unabhängigkeit ist aber auch von großer Bedeutung für die Anwendungen der Wahrscheinlichkeitstheorie in Bezug auf die Modellierung stochastischer Situationen, und zwar als

– Annahme, Vorschrift zur Konstruktion eines Modells

Beispiel 42: Es wird zehnmal mit einem *Laplace*-Würfel gewürfelt. Wie groß ist die Wahrscheinlichkeit, mehr als viermal eine „6" zu werfen? Für diese stochastische Situation wird als Modell die Binomialverteilung $B(10;1/6)$ verwendet. Dieses Modell beschreibt aber die Situation nur angemessen, wenn man annehmen kann, dass die einzelnen Würfe unabhängig voneinander erfolgen.

Beispiel 43: Es wird eine Wahlumfrage unter 2000 Personen gemacht. Dazu wird unter der gesamten Wahlbevölkerung eine Zufallsauswahl getroffen. Diese entspricht dem Ziehen aus einer Urne ohne Zurücklegen. Damit sind die einzelnen Auswahlen der zu Befragenden nicht mehr unabhängig voneinander, denn mit jeder Auswahl ändert sich der Wahrscheinlichkeitsraum. Als Modell für diese stochastische Situation kommt damit die hypergeometrische Verteilung infrage. Handelt es sich aber wie bei den üblichen Umfragen um große Grundgesamtheiten, aus denen eine relativ kleine Zufallsstichprobe genommen wird, so kann praktisch Unabhängigkeit angenommen werden und entsprechend die Binomial- bzw. die Normalverteilung als Modell verwendet werden.

– zu untersuchende Eigenschaft.

Beispiel 44 (*Stahel* 1995): Das *EMNID*-Institut hat eine Umfrage durchgeführt zu der Frage, ob es einen Zusammenhang gibt zwischen der Zufallsvariable „Schulbildung einer Person" mit den Stufen von „ungelernt" (1) bis „Hochschulabschluss" (5) und der Zufallsvariable „Gefühl einer Beeinträchtigung durch Schadstoffe" mit den Stufen „überhaupt nicht beeinträchtigt" (1) bis „sehr beeinträchtigt" (4). 2004 Personen antworteten wie angegeben:

	B			
S	1	2	3	4
1	212	85	38	20
2	434	245	85	35
3	169	146	74	30
4	79	93	56	21
5	45	69	48	20

Ob es einen Zusammenhang zwischen der „Schulbildung (S) einer Person" und einem „Gefühl der Beeinträchtigung (B)" gibt, kann hier durch einen χ^2-Test zur Nullhypothese „Es gibt keinen Zusammenhang" überprüft werden. Im vorliegenden Fall kann diese Nullhypothese abgelehnt werden. Die Interpretation dieses Ergebnisses erfordert weitere Untersuchungen, es kann jedenfalls nicht ohne weiteres auf eine Kausalität der einen Zufallsvariable auf die andere oder umgekehrt geschlossen werden.

Trotz vielfältiger Alltagserfahrungen entwickeln sich häufig bei Kindern falsche Primärintuitionen, die oft auch später nicht durch angemessene Sekundärintuitionen abgelöst werden. Als globale Ursache für die Schwierigkeiten im Umgang mit der stochastischen Unabhängigkeit wird die Dominanz des logisch-kausalen Denkens angesehen: *Borovcnik* diskutiert ausführlich Untersuchungen zum Wirken der entsprechenden Intuitionen und stellt an einer Reihe von Beispielen dar, wie das Konzept der Unabhängigkeit stochastischer Ereignisse vor allem durch unangemessene Anwendung kausaler und zeitgebundener Denkmuster fehlgedeutet wird. Ein Beispiel dafür, wie schwer es ist, das ganze komplexe Feld der Intuitionen zum Konzept der Unabhängigkeit und ihrer Beziehungen zu

Reflexionen und Strategien zu analysieren und die genauen Ursachen für Fehlvorstellungen und Fehlerstrategien zu identifizieren, ist das von *Falk* (1989) untersuchte Beispiel:

Beispiel 45: Aus einer Urne mit zwei weißen und zwei schwarzen Bällen werden nacheinander zwei Bälle ohne Zurücklegen gezogen. Wie groß ist die Wahrscheinlichkeit, dass
- der zweite Ball weiß ist, wenn der erste weiß ist
- der erste Ball weiß ist, wenn der zweite weiß ist und die Farbe des ersten nicht bekannt ist?

Die erste Testaufgabe wurde von den meisten Studenten gelöst, bei der zweiten Testaufgabe gaben aber nur 50% der Testteilnehmer eine korrekte Antwort. Die Begründung der Testpersonen für die falsche Antwort lautete im Allgemeinen so: „Unabhängig vom Ergebnis des zweiten Zuges hat zu Beginn des ersten Zuges die Urne folgende Zusammensetzung: zwei weiße Bälle und zwei schwarze Bälle. Nur von dieser Zusammensetzung ist die Wahrscheinlichkeit für das Ereignis „weißer Ball beim ersten Zug" abhängig."

Borovcnik diskutiert die möglichen Strategien zur Lösung des vorgelegten Problems und arbeitet insbesondere heraus, dass fehlerhafte Strategien beim Umgehen mit stochastischer Unabhängigkeit bzw. Abhängigkeit darauf beruhen, dass kausale und auf Zeitabläufe gerichtete Denkmuster diese Strategien prägen. Er diskutiert weiter das Ergebnis des folgenden Versuchs von *Cohen/Hansel* (1956):

Beispiel 46: Zwölf Becher enthalten in jeweils unterschiedlicher Zusammensetzung blaue und gelbe Perlen. Aus jedem Becher werden jeweils vier Perlen nacheinander ohne Zurücklegen und verdeckt gezogen. Nach Aufdecken der ersten drei Perlen sollen nun die Kinder die Farbe der vierten Perle raten. Von den befragten Kindern wählten 68% fälschlich die nicht vorherrschende Farbe. *Borovcnik* erörtert drei mögliche Strategien, die den Wahlen der Kinder zugrunde gelegen haben könnten:
- *Auswirkung von Mogeln*: Das Ziehen war in der Weise manipuliert, dass 3-Tupel mit drei gleichen Farben nicht auftraten, die Ziehungen waren also nicht unabhängig voneinander. Die Kinder könnten dies bemerkt haben und dadurch irritiert worden sein.
- *Symmetrie- und Ausgleichsstrategien.*
- *Konflikte zwischen Reflexion und Handlungen*: Die Kinder könnten zwar sehr wohl eine intuitive Vorstellung von der stochastischen Unabhängigkeit haben, die sie mit „Es macht nichts aus" beschreiben würden. Sie müssen aber „blau" oder „gelb" sagen, was sie irritiert und weshalb sie dann einer Ausgleichstrategie folgen.

Es lassen sich offensichtlich mehrere in sich schlüssige Deutungen für die fehlerhaften Antworten der Schüler geben. Dies ist ein weiterer Hinweis auf die Probleme, denen sich die Ursachenforschung zu fehlerhaften Intuitionen und Lösungsstrategien in der Stochastik gegenübersieht. Im Einzelnen können in Bezug auf das Verstehen des Konzepts der Unabhängigkeit und das Umgehen mit diesem Konzept folgende Schwierigkeiten auftreten:
- Stochastische Unabhängigkeit wird mit physikalischer Unabhängigkeit gleichgesetzt. Dies ist nicht verwunderlich, denn bei vielen Zufallsexperimenten ist ja die physikalische Unabhängigkeit tatsächlich Ursache für die Annahme stochastischer Unabhängigkeit. Die Unabhängigkeit ist aber ein umfassenderes Konzept, sie ist nicht beschränkt auf Fälle physikalischer Unabhängigkeit. Trotz der Gefahr von Missdeutungen durch ein prinzipielles Vermischen von deterministischem und stochastischem Denkmuster, also hier durch Gleichsetzung von physikalischer mit stochastischer Abhängigkeit bzw. Unabhängigkeit, sollten aber deterministische und stochastische Prinzipien und Situationen nicht als sich gegenseitig ausschließend angesehen werden. Man kann vielmehr an ausgewählten Beispielen das Zusammen-

wirken von deterministischen und stochastischen Beziehungen untersuchen. Solche Beispiele sind das Kippen des *Galton*-Bretts oder die *Riemer*schen Würfel (vgl. *v. Harten/Steinbring* 1984, *Riemer* 1991).

- Die Unabhängigkeit zweier stochastischer Ereignisse wird mit deren Unvereinbarkeit gleichgesetzt. Sind aber zwei Ereignisse A und B mit $A \cap B = \emptyset$ und $P(A)$, $P(B) > 0$ gegeben, so gilt gerade $0 = P(A \cap B) \neq P(A) \cdot P(B) > 0$, die Ereignisse sind also nicht unabhängig voneinander. Auch an diesem Beispiel erkennt man, dass ein Verstehen des Konzeptes der Unabhängigkeit nicht allein über den Formalismus gewonnen werden kann.
- Die Unabhängigkeit wird mit der paarweisen Unabhängigkeit von Ereignissen gleichgesetzt, es wird z. B. die oft tatsächlich gültige Beziehung $P(A \cap B \cap C) = P(A) \cdot P(B) \cdot P(C)$ verallgemeinert. Beispiele dafür, dass paarweise unabhängige Ereignisse nicht insgesamt unabhängig sein müssen, finden sich in *Henze* (1999), *DIFF-Grundkurs* (1976) oder *Kütting* (1999) (vgl. *Beispiel 55*).
- Es werden stochastische Unabhängigkeit und reale Nichtbeeinflussung gleichgesetzt. Es schließen sich aber stochastische Unabhängigkeit und reale Beeinflussung nicht aus: Bei einem Doppelwurf mit einem Würfel sind die Ereignisse „ungerade Augenzahl" und „der erste Wurf zeigt eine gerade Augenzahl" unabhängige Ereignisse, wie man nachrechnet, gleichwohl hängen die Ereignisse real voneinander ab.
- Die Abhängigkeit von Ereignissen ist nicht einfach die Negation der Unabhängigkeit, da es viele verschiedene Formen der Abhängigkeit gibt. So ist Abhängigkeit auch nicht immer gleichzusetzen mit einer Kausalitätsbeziehung (*Borovcnik* 1992).

Eine Aufgabe des Stochastikunterrichts in Bezug auf die Entwicklung des stochastischen Denkens ist es, eine tragfähige Verbindung herzustellen zwischen intuitiven Vorstellungen aufgrund von Erfahrungen und der formal-mathematischen Definition. Nach *v. Harten/Steinbring* (1984) ist „das Problem, mathematische Definition und intuitive Vorstellung von Unabhängigkeit miteinander zu verbinden,... zentral für das Verständnis dieses Begriffs". Sie diskutieren ein Beispiel, mit dem *Feller* (1968) zeigt, dass nicht zu jeder formal ermittelbaren Unabhängigkeit von Ereignissen auch eine entsprechende intuitive Vorstellung von der Unabhängigkeit dieser Ereignisse entwickelbar ist, und stellen fest: „Die formale Definition, so könnte man sagen, ist „umfassender" als die intuitive Vorstellung. ... Der intuitive Begriff der Unabhängigkeit führt zur formalen Definition der Multiplikation von Wahrscheinlichkeiten, jedoch ist der umgekehrte Schluss nicht möglich."

Es gibt sicher keinen Königsweg für den Zugang zur Unabhängigkeit bei dem angemessene sekundäre Intuitionen für dieses grundlegende und sehr komplexe Konzept erworben werden können. Im üblichen axiomatischen Aufbau der Wahrscheinlichkeitsrechnung tritt der Begriff Unabhängigkeit als abgeleiteter Begriff auf, er wird über den Begriff der bedingten Wahrscheinlichkeit definiert. Die bedingte Wahrscheinlichkeit ist aber in der Regel nicht mit sicheren primären Intuitionen verbunden, so dass über diesen Begriff nicht unmittelbar und einfach eine tragfähige sekundäre Intuition zum Konzept der Unabhängigkeit entwickelt werden kann. Im Gegenteil: Da das Konzept der bedingten Wahrscheinlichkeit selbst nur schwer kognitiv zugänglich ist, kann von hier her nicht unmittelbar ein sicheres inhaltliches Verstehen für das Konzept der Unabhängigkeit gewonnen werden (vgl. *Scholz* 1995). Für den Stochastikunterricht kann aus den Untersuchungsergebnissen gefolgert werden, die Formalisierung des Konzepts der Unabhängigkeit von intuitiven Vorstellungen her anzugehen und die Spannung zwischen intuitiver Vorstellung und formaler Begriffsbildung durch entsprechende Beispiele offenzulegen. In den Lehrgängen für den Stochastikunterricht werden folgende Wege gegangen:

- Die Unabhängigkeit wird über die bedingte Wahrscheinlichkeit definiert, indem zwei Ereignisse A und B als unabhängig erklärt werden, wenn $P(A|B)=P(A)$ und $P(B|A)=P(B)$. Entscheidend für das Verstehen ist nun die Interpretation dieser Beziehung. Eine Interpretation wie „Das Eintreten von A beeinflusst nicht die Wahrscheinlichkeit von B" folgt der objektivistischen Auffassung vom Wahrscheinlichkeitsbegriff und kann hier durch die Verwendung des Wortes „beeinflusst" zu dem Missverständnis führen, allein auf das Kriterium „Kausalität" zu achten. Eine bessere - wenngleich nicht einfachere - Interpretation ist z. B. die: „Die stochastische Bewertung des Ereignisses B ändert sich nicht durch eine neue Information über A." Man sieht leicht ein, dass die Ergebnisse beim Ziehen aus einer Urne mit Zurücklegen unabhängig sind und beim Ziehen ohne Zurücklegen abhängig. Geeignete Beispiele aber, die die angegebene formale Definition intuitiv nahe legen, sind nicht leicht zu finden.

Beispiel 47: Dass beim Würfeln die Ereignisse $A=\{1,3\}$ und $B=\{2,4\}$ nicht unabhängig sind, lässt sich leichter einsehen als die Unabhängigkeit der Ereignisse $A=\{2,4,6\}$ und $B=\{1,2\}$, die sich über $P(B)=P(B|A)=1/3$ ergibt.

Eine Variante des vorstehenden Zugangs erhält man über die Beziehung $P(A\cap B)=P(A)\cdot P(B)$. *Scheid* (1986) macht durch Verweis auf die Sätze $P(A\cup B)=P(A)+P(B)-P(A\cap B)$ und $P(A\setminus B)=P(A)-P(A\cap B)$ auf die umfassende Bedeutung dieser Beziehung aufmerksam und diskutiert folgendes Beispiel:

Beispiel 48 (*Scheid* 1986): Es werden für das Roulette-Spiel folgende Ereignisse betrachtet (ohne *ZERO*): $A=\{1,3,...,9,12,14,...,18,19,21,...27,30,32,...,36\}$, $B=\{1,4,7,...,34\}$, $C=\{2,5,8,...,35\}$, $D=\{3,6,9,...,36\}$ und die Wahrscheinlichkeiten der Produkte $P(A\cap X)$. Im Falle $P(A\cap D)>P(A)\cdot P(D)$ begünstigt das Auftreten von D das Auftreten von A, d. h. die Ereignisse A und D hängen voneinander ab. Dies gilt in umgekehrter Weise auch für den Fall $P(A\cap C)<P(A)\cdot P(C)$. Für A und B gilt $P(A\cap B)=P(A)\cdot P(B)$, d. h. weder begünstigt noch erschwert B das Auftreten von A, A und B sind voneinander unabhängig.

- Ein weitere Zugang ist über die relative Häufigkeit möglich. Dieser Zugang kann mit inhaltlichen Vorstellungen verbunden werden, insbesondere dann, wenn die Situation mit einem Diagramm wie im *Beispiel 41* veranschaulicht wird. *Kosswig* (1983) schlägt vor, dass Schüler selbst Daten zu folgenden Ereignissen erheben A: Augenfehler (Brille), B: blondes Haar, diese in einer Vierfeldertafel darstellen und dann diese Ereignisse auf Unabhängigkeit untersuchen.

Beispiel 49: Man führt eine Simulation zum *Beispiel 45* durch.

Beispiel 50 (*Glaser* u. a. 1982): Ein Marktforschungsunternehmen stellt bei einer Umfrage unter 1536 Urlaubern (U) hinsichtlich der Merkmale „Nordseeurlauber" (N), „Auto ist Reisemittel" (A), „aus Bayern stammend" (B), „mit Kindern" (K) Folgendes fest:

$H(N)/H(U)=556/1536=36{,}2\%$, $H(N\cap A)/H(A)=332/907=36{,}6\%$, $H(N\cap B)/H(B)=93/336=27{,}7\%$, $H(N\cap K)/H(K)=413/848=48{,}7\%$. Es gilt also $P(N\cap A)\approx P(N)P(A)$, aber $P(N\cap B)<P(N)P(B)$ und $P(N\cap K)>P(N)P(K)$, so dass offensichtlich N und A unabhängig voneinander sind , aber nicht N und B bzw. N und K.

Beispiel 51 (*Stat. Jahrbuch* 1977): Für Personen über 18 Jahre ergaben sich zu den Ereignissen „Person ist männlich“ und „Vergehen im Straßenverkehr“ bzw. „Vergehen und Verbrechen ohne Straßenverkehr“ folgende Häufigkeiten:

	männl.	weibl.
Verg. im Straßenv.	281427	280061
Verg. ohne Straßenv.	271311	71320

Man erkennt, dass hier die Ereignisse nicht unabhängig sind: Männliche Personen waren mit rund 50% an Vergehen im Straßenverkehr, aber mit etwa 79% ohne Berücksichtigung des Straßenverkehrs an Vergehen und Verbrechen beteiligt. Die Wahrscheinlichkeit, dass eine Person, die ein Vergehen begangen hat, männlich ist, ist nicht unabhängig von der Art des Vergehens.

Beide vorgenannte Wege lassen sich miteinander verbinden. Entscheidend für das Verstehen des Konzepts der Unabhängigkeit sind aber vor allem stochastische Tätigkeiten und Reflexionen über Beispiele und Simulationen, durch die die o. g. falschen Vorstellungen vermieden werden. Hilfreich Brücken zwischen den Erfahrungen und den Formalisierungen sind hierbei Baumdiagramme und das Einheitsquadrat. Weitere Beispiele finden sich bei *Feller* (1968), *Dinges* (1982) u. a.

Beispiel 52: Wurf mit zwei Würfeln, Doppelwurf mit einem Würfel. Das Experiment kann auf verschiedenen Weise modelliert werden. Die Annahmen der Symmetrie und der Unabhängigkeit führen auf Wahrscheinlichkeiten von Ereignissen eines Produktraumes, die mit dem Multiplikationssatz berechnet werden können. Durch eine Simulation erhält man im Falle regulärer Würfel relative Häufigkeiten als Näherungswerte der z. B. anhand eines Wahrscheinlichkeitsbaums errechneten Wahrscheinlichkeiten.

Beispiel 53: Man berechne für eine Familie mit $3,4,\dots,n$ Kindern die Wahrscheinlichkeiten $P(A)$, $P(B)$, $P(A\cap B)$ der Ereignisse A: Es gibt höchstens ein Mädchen, B: Die Familie hat Kinder beiderlei Geschlechts. Hier ergibt sich für $n=3$ die Unabhängigkeit von A und B und für $n\neq 3$ die Abhängigkeit der Ereignisse A und B. Eine intuitive Vorstellung, die beide Fälle im Zusammenhang verständlich macht, gibt es offensichtlich nicht.

Beispiel 54 (*v. Harten/Steinbring* 1984): Es werden 1000 Buchstaben ausgezählt und die Reihenfolge in einer Kombination von je zwei Buchstaben in einer Tabelle festgehalten. Man stellt z. B. fest, dass in der Kombination „*ch*“ das Ereignis „*h*“ abhängig ist von dem Ereignis „*c*“.

Beispiel 55 (*Kütting* 1999): Bei einem Tetraeder sind die Flächen verschieden gefärbt mit „rot“ (R), „blau“ (B), „grün“ (G) und eine Fläche trägt alle drei Farben. Man stellt hier fest, dass die Ereignisse R, B, G paarweise unabhängig sind, dass aber $P(R\cap B\cap G)\neq P(R)\cdot P(B)\cdot P(G)$. Dieses Beispiel zeigt, dass aus der paarweise Unabhängigkeit nicht unbedingt die Unabhängigkeit aller Ereignisse folgt.

2.3.4.5 Verteilungen

Während zum Erwerb von Konzepten der elementaren Wahrscheinlichkeitstheorie viele Untersuchungen durchgeführt worden sind, ist dies für Konzepte der Statistik nicht der Fall. Eine Synopse von bisher vorliegenden Untersuchungsergebnissen wurde von *Batanero* u. a. (1994) erstellt. Sie merken zunächst an, dass Untersuchungen zu Lernschwierigkeiten in der Stochastik bisher vornehmlich durch Psychologen in Experimentiergruppen und weniger durch Stochastiklehrer in realen Klassensituationen durchgeführt worden sind. Als allgemeine Ursachen für Lernschwierigkeiten nennen die

Autoren die fachlichen Schwierigkeiten der Konzepte selbst (z. B. bedingte Wahrscheinlichkeit), das Vorwissen und die Fähigkeiten der Lerner (z. B. proportionales Denken) und die dem Unterricht zugrunde liegenden didaktisch-methodischen Konzepte. *Batanero* u. a. unterscheiden prozedurale und konzeptuelle Schwierigkeiten und stellen im Einzelnen fest:

Tabellen, Tafeln, graphische Darstellungen: Miteinander zusammenhängende Schwierigkeiten bestehen in der korrekten Darstellung und Interpretation von Daten. Im Einzelnen können solche auftreten bei der Klassifizierung von Daten, bei der Anpassung von Koordinatensystemen, beim rechnerischen Umgehen mit Größen und ihren Dimensionen usw.

Maßzahlen: Mittelwerte gehören zu den wichtigsten Konzepten der Statistik und zwar sowohl für das fachliche wie auch das alltägliche Umgehen mit Statistik. Schüler identifizieren zunächst den „mittleren Wert" mit dem arithmetischen Mittel. Ihre Vertrautheit mit dem Berechnungsverfahren, das sie schon früh lernen, garantiert aber nicht eine entsprechende Vertrautheit mit den Eigenschaften des arithmetischen Mittels. Dies gilt z. B. für Aussagekraft dieses Mittels in Abhängigkeit von der Verteilungsform, seine Empfindlichkeit gegen Ausreißer oder gar seine Rolle als Schätzwert für den Erwartungswert. Noch größere Schwierigkeiten haben Schüler mit einer Verallgemeinerung des Konzepts „Mittel". Sie erfordert grundlegende Überlegungen zur Frage, was „Mittel" bei speziellen Problemstellungen leisten sollen und können. Eine solche Verallgemeinerung wird in der EDA vorgenommen, in der der Median eine große Rolle spielt. *Batanero* u. a. stellen fest, dass es bei seiner Ermittlung zusätzliche rechnerische Probleme gibt (Ordnung der Daten, Bestimmung der Quantile). Noch größere prozedurale und konzeptuelle Probleme bereitet die Entwicklung und formale Fassung der Streuung (vgl. 1.2.2.2.2).

Regression, Korrelation: Diese Konzepte sollen Aussagen über Beziehungen von Zufallsvariablen ermöglichen. Viele interessante Beziehungen finden sich im Erfahrungsraum von Schülern und eignen sich zur (fachübergreifenden) Behandlung im Unterricht. Schwierigkeiten haben Schüler zunächst einmal damit, die Schemata von Kontingenztafeln zu verstehen und aus einem Vergleich von passenden Zellen ggf. eine Vermutung über einen Zusammenhang der Zufallsvariablen zu gewinnen. Voraussetzung dafür sind u. a. eine Vertrautheit mit dem Begriff Wahrscheinlichkeit und proportionales Denken.

Beispiel 56 (*Battanero* u. a. 1994): 25 ältere Personen wurden gefragt, ob eine bestimmte Medizin (M) bei ihnen Magenprobleme (P) verursachen würde. Es zeigte sich, dass Schüler Schwierigkeiten hatten, die in der Tabelle wiedergegebenen Ergebnisse zu interpretieren. Die meisten Schüler gründeten ihre Aussage ausschließlich auf einer Betrachtung der Zellen | M | 9 | 8 |, während eine richtige Strategie in einem Vergleich von 9/17 mit 7/8 bestanden hätte.

	P	$\bar{P}$	
M	9	8	17
$\bar{M}$	7	1	8
	16	9	25

Batanero u. a. geben in diesem Zusammenhang als weitere Schwierigkeit an, dass auch Vorurteile über einen Zusammenhang von Zufallsvariablen Vermutungen über die Art des Zusammenhangs fehlleiten könnten.

2.3.4.6 Beurteilende Statistik

Die meisten Absolventen der S II werden es mit stochastischen Alltagssituationen, vielleicht mit beschreibender Statistik, weniger aber mit der professionellen Modellierung von stochastischen Situationen zu tun haben. Bei diesem professionellen Umgang mit der Stochastik geht es im Wesentlichen darum, Modelle aufgrund empirischer Daten mit Mitteln der Wahrscheinlichkeitsrechnung und Statistik zu konstruieren und zu bewerten, ggf. um damit Prognosen zu gewinnen. Im Stochastikunterricht kann es selbstverständlich nicht Ziel sein, die vielen Verfahren zu behandeln, die zu diesem Zweck entwickelt worden sind. Es wäre auch nicht angemessen, den Eindruck zu vermitteln, man könne mit stochastischen Situationen rational nur unter expliziter Verwendung des formalen Apparates der Wahrscheinlichkeitsrechnung und Statistik umgehen. Auch Stochastiker werden schließlich in stochastischen Alltagssituationen Argumentationen in der Regel nicht formal, sondern aufgrund ihrer Erfahrungen und Intuitionen begründen. Es sollte aber im Unterricht der Modellbildungsprozess exemplarisch studiert werden, um angemessene sekundäre Intuitionen aufzubauen, mit denen Modelle zu wichtigen, möglichst realitätsnahen stochastischen Situationen gebildet und bewertet werden können. Dabei kann auch die Rolle der Modellierung stochastischer Situationen für das induktive Schließen aufgrund von Erfahrungsdaten exemplarisch einsichtig gemacht werden. Die Modellierung einer stochastischen Situation ist zunächst am ehesten dann gut möglich, wenn die Situation übersichtlich ist, wenn ihre Struktur erkannt werden kann. Dies ist dies bei einfachen *Laplace*-Räumen der Fall. Stochastisches Denken sollte aber über die Fähigkeiten zur Modellierung solcher *Laplace*-Zufallsgeneratoren hinausgehen, weil dabei Wahrscheinlichkeiten ausschließlich und als nicht zu hinterfragen identifiziert werden könnten mit objektiv vorhandenen physikalischen Eigenschaften. Die wesentliche Eigenschaft von Wahrscheinlichkeiten, dass sie für reale Situationen immer Hypothesen sind, wird dann u. U. nicht gesehen. Die Herausarbeitung des Aspektes von Wahrscheinlichkeiten, Hypothesen zu sein, begründet Intuitionen, die dem Testen von Hypothesen zugrunde liegen: „Die Hypothese H_1 ist glaubwürdiger als die Hypothese H_2 ...“. Damit wird auch verständlich, dass Modellbildung immer ein offener Prozess ist, es gibt nur relativ beste, nicht absolut beste Modelle, weil ein bestimmtes Modell immer abhängig ist von der Fragestellung an die Realsituation, von den Mitteln der Modellbildung, von den zur Verfügung stehenden Daten usw. An Beispielen sollte deutlich werden das dialektische Verhältnis von Realsituation und Modell. Eine große Rolle für die Entwicklung und das Verstehen der Zusammenhänge spielt dabei die Selbsttätigkeit auf den verschiedenen Darstellungsebenen. Eine fundamentale Idee der beurteilenden Statistik ist es, aus experimentellen Daten auf die Gültigkeit von Hypothesen zu schließen und vice versa. Im Rahmen der *Bayes*-Statistik ist es möglich, geeignete sekundäre Intuitionen für das Testen von Hypothesen und die dabei auftretenden Wahrscheinlichkeiten zu entwickeln (vgl. *Beispiel 38*). Phasen der Modellbildung, in denen geeignete Intuitionen und stochastisches Denken entwickelt werden kann sind:

– Identifizieren der zufälligen Ereignisse, des Ereignisraumes

– Identifizieren der Wahrscheinlichkeiten von Ereignissen (und ihren Zusammenhängen), des Wahrscheinlichkeitsraums als Hypothese
– Bewertung von Modellen.

In Bezug auf die Bewertung von Modellen sind die beiden verschiedenen Sichtweisen der klassischen und der *Bayes*-Statistik deutlich zu machen, die solchen Bewertungen zugrunde liegen. Beide Sichtweisen unterscheiden sich durch unterschiedliche epistemologische Positionen:

– Die klassische Statistik unterstellt, dass Modelle „objektiv Wahres" beschreiben. Sie macht Aussagen wie: „Das Ereignis oder Datum D tritt mit einer gewissen Wahrscheinlichkeit ein, wenn die Hypothese H_0 zutrifft". Hier wird also $P(D|H_0)$ bestimmt.
– Für die *Bayes*-Statistik geht in Aussagen über Modelle mehr oder weniger stark der jeweilige subjektive Informationsstand über die zu modellierende Situation ein. Charakteristisch sind Aussagen wie: „Aufgrund dessen, dass das Ereignis D beobachtet wurde, trifft die Hypothese H_0 mit einer gewissen Wahrscheinlichkeit zu". Hier wird $P(H_0|D)$ bestimmt.

Unter beiden Sichtweisen stellen stochastische Modelle Konstrukte dar, die an die Realität „herangetragen" werden. Unterschiedlich ist jedoch, dass nach der klassischen Auffassung bei der Modellbildung subjektive Einschätzungen eine andere Rolle spielen. Modelle sollen nicht subjektiv geprägt sein, z. B. sollen Hypothesen aufgrund objektiver Daten gebildet werden. Allerdings sind auch bei der klassischen Vorgehensweise subjektive Vorgaben nicht vermeidbar, sie gehen in die Wahl der zu verwendenden Verfahren, des Signifikanzniveaus, der Interpretation usw. mit ein. Die *Bayes*-Statistik bezieht dagegen den subjektiven Informationsstand durchaus in die Hypothesenbildung mit ein. Entsprechend prägen diese unterschiedlichen epistemologischen Sichtweisen das jeweilige stochastische Denken. In dem einen Fall besteht an das stochastische Denken der Anspruch, Modelle zu entwickeln, die Realsituation objektiv beschreiben. Aus der Sichtweise der *Bayes*-Statistik geht es letztlich um ein intersubjektives Beschreiben der Welt. Hier wird der Akzent also darauf gesetzt, dass stochastisches Denken als „Denken in Informationen" den subjektiven Informationsstand, die subjektiven Einschätzungen über die Welt bei der Modellbildung ausdrücklich mit einbezieht. Für den Unterricht ergeben sich u. a. folgende Möglichkeiten bzw. Konsequenzen: Das für unser Denken wichtige Paradigma des induktiven Denkens kann durch entsprechende Interpretation und Verwendung der *Bayes*-Regel herausgearbeitet werden, weil ja diese Regel das Lernen aus Erfahrung modelliert. Auch schafft der *Bayes*-Rahmen nach Auffassung der Autoren, die diesen Rahmen für den Unterricht empfehlen, erst eine tragfähige intuitive Grundlage für das Verstehen der Testtheorie.

Nach *Batanero* u. a. bereitet Schülern von allen Konzepten der Statistik das Testen von Hypothesen die größten Schwierigkeiten. Dies liegt nicht zuletzt an der Komplexität der Testverfahren. Es treten vor allem die folgenden Missverständnisse auf:

– Zunächst ist es häufig schwierig, aus einem vorliegenden Sachzusammenhang Hypothesen zu gewinnen. Schüler sehen diese Hypothesen häufig nicht als komplementär an. Sie haben auch Schwierigkeiten, die in 1.2.3.7.6 angegebene Reihenfolge als notwendig anzusehen. Dies gilt um so mehr, als bei der Formulierung von Aufgaben die Daten in der Regel mit angegeben werden.

– Das Signifikanzniveau $\alpha = P$(Entscheidung gegen $H_0 | H_0$ gilt) wird missverstanden zu $\alpha = P(H_0$ gilt|Entscheidung gegen $H_0)$. Schüler glauben auch, dass der Wechsel des Signifikanzniveaus keinen Einfluss auf das Risiko eines Fehlers zweiter Art hat.
– Die Fehler 1. und 2. Art werden nicht als bedingte Wahrscheinlichkeiten gesehen.
– Nicht zu unterschätzen sind auch die Schwierigkeiten, die vorgenannten epistemologischen Positionen zu verstehen.

2.3.5 Folgerungen für den Stochastikunterricht

Obwohl es eine Fülle von psychologischen Untersuchungen zum „mathematischen Denken" und speziell zum „stochastischen Denken" gibt, ist man z. Z. doch noch weit von einer geschlossenen Theorie des stochastischen Denkens entfernt, aus der ein System von Folgerungen für die Gestaltung des Stochastikunterrichts abgeleitet werden kann. Dies liegt einmal daran, dass nicht zu allen der vielen offenen Fragen zum „stochastischen Denken" empirische Untersuchungen durchgeführt sind, zum anderen aber auch daran, dass zu Untersuchungszielen, Untersuchungsdesigns und Interpretationen von Untersuchungsergebnissen unterschiedliche Auffassungen bestehen. Immerhin aber lassen aber die vielen Untersuchungen zum „stochastischen Denken" folgende Feststellungen zu:

– Der für die Entwicklung stochastischen Denkens unverzichtbare Kommunikationsprozess zwischen Lehrer und Schülern kann nach Auffassung von *Bentz/Borovcnik* an „folgenden stochastikspezifischen Problempunkten scheitern", wodurch die Entwicklung von angemessenem stochastischen Denken be- oder gar verhindert werden kann:
  - Zielrichtung stochastischer Aussagen: Hier geht es um das, was stochastische Aussagen leisten können (Prognosen) und was nicht (Prognose eines konkreten Ereignisses).
  - Art des Wissens, das in stochastischen Aussagen steckt: „stochastisches Wissen" ist indirektes Wissen.
  - Besonderheit stochastischer Begründungen, die weder kausaler noch rein logischer Art sind.
  - Interferenz mit kausalen Denkmustern
  - Konflikt zwischen theoretischen Konzepten und heuristischen Problemlösestrategien
  - Integration von Information
  - Artifizielle Kontexte wie Urne, Münze usw. stehen als Bilder der abstrakten Theorie und stützen in ihrer Wechselwirkung mit der Theorie und ihrer Verbindung mit Intuitionen das Verstehen nicht immer in der gewünschten Weise.
  - (Pseudo-)reale Kontexte, die sehr häufig im Stochastikunterricht verwendet werden, müssen zur Analyse meist in einen artifiziellen Kontext übersetzt werden, zu dem u. U. keine Intuitionen verfügbar sind.
– Verbales Verständnis ist deswegen ein Problem, weil zentrale Begriffe der Stochastik Abstraktes bezeichnen („Zufall", „Wahrscheinlichkeit",...).

– Ein langfristig angelegtes Training des stochastischen Denkens kann gleichwohl durchaus erfolgreich sein (vgl. *Bea* 1995).
– Es gibt eine Reihe von Hinweisen zur Konzeption und der unterrichtlichen Umsetzung von Curricula zur Stochastik.

Solche Hinweise zu Schwierigkeiten, die Schüler mit einzelnen Begriffen und Verfahren der Stochastik haben können und den Möglichkeiten, diesen Schwierigkeiten zu begegnen, sind im vorangehenden skizziert worden. Sehr hilfreich zur Gewinnung von Hinweisen über die stochastischen Vorstellungen ist der Fragebogen von *Strick* (1997) mit Fragen zum Ziehen mit und ohne Zurücklegen, zu Größenvorstellungen bei Wahrscheinlichkeiten, zu Serien, zum Erwartungswert und zu Rencontreproblemen. Mehr globale Hinweise sind die folgenden:

– Der Stochastikunterricht in der Sekundarstufe II muss auf einer sicheren intuitiven Grundlage aufbauen. Diese Grundlage sollte unbedingt in Primar- und Sekundarstufe I gelegt werden.
– Der Aufbau angemessener Intuitionen sollte an den Erfahrungen der Schüler ansetzen und praxis- und alltagsorientiert erfolgen.
– Über den geeigneten epistemologischen Rahmen gibt es unterschiedliche Auffassungen: Während die meisten Lehrgänge den objektivistischen Rahmen für die Entwicklung sekundärer Intuitionen zugrunde legen, halten *Riemer* und *Wickmann* dagegen den *Bayes*-Rahmen als den am besten geeigneten Rahmen.
– Alle Autoren betonen nachdrücklich, dass eigene Erfahrungen bei der Planung und Durchführung von Experimenten zum (zirkulären) Prozess der Bildung von Modellen und der Interpretation von Ergebnissen der Modellbildung unerlässlich sind für den Aufbau sicherer sekundärer Konzepte.
– Von entscheidendem Einfluss auf den Lernerfolg und die angemessene Entwicklung von Konzepten, die tragen, ist ein passendes System von Tätigkeiten. Dazu gehören die
  - Planung und Durchführung von Experimenten
  - Konstruktion von Modellen
  - Interpretation und der Rückbezug.

  Befragungen von Studenten nach Gründen für ihren Lernerfolg brachten übereinstimmend als ein Ergebnis, dass die Eigentätigkeit als entscheidend für diesen Lernerfolg angesehen wurde (vgl. *Shaugnessy* 1982, *Bogun* 1983 u. a.). In diesem Zusammenhang sei betont, dass sich mit Computerprogrammen, mit denen sich realitätsnahe Situationen interaktiv bearbeiten und lösen lassen, der Unterrichtserfolg verbessern lässt (vgl. *Bea* 1995).
– Wichtig sind hierbei gemeinsame Reflexionen und Diskussionen über die einzelnen Schritte des Mathematisierungsprozesses.
– Besonders geeignete Aufgaben, an denen die Bildung stochastischer Modelle trainiert werden kann, sind solche zu manchen Paradoxa der Stochastik. Es lässt sich nämlich hierbei erfahren, dass es je nach Deutung der gleichen (stochastischen) Problemsituation verschiedene Modelle für diese Situation geben kann. *Stein* (1994) warnt

allerdings vor der Behandlung von Paradoxien, weil damit eher „Verwirrung“ und „Unsicherheit“ als Verstehen erreicht würde.

- Auch anhand von Simulationen kann die Bildung stochastischer Modelle sehr ertragreich geübt werden. Sie sollten vielfältig bei Modellbildungsprozessen eingesetzt werden. Simulationen lassen sich mit Computerunterstützung besonders effektiv durchführen.
- Beim Prozess des Analysierens von stochastischen Situationen sind Visualisierungen notwendig, weil stochastische Konzepte als Abstrakta der Veranschaulichung bedürfen. *Fischbein* (1975) hält „generative Modelle“ zur Konstruktion sekundärer Intuitionen für besonders geeignet, also Modelle die heuristische und explorative Eigenschaften haben. Das Baumdiagramm und das umgekehrte Baumdiagramm sind solche vielseitig einsetzbaren Modelle. Es ist mit ihnen möglich, stochastische Konzepte zu entwickeln bzw. verstehbar zu machen.
- Wahrscheinlichkeitsrechnung und Statistik müssen miteinander verbunden werden.

3 Behandlung von Einzelthemen im Unterricht

3.1 Beschreibende Statistik und Explorative Datenanalyse im Unterricht

3.1.1 Didaktische Positionen

In der gegenwärtigen Praxis des Mathematikunterrichts wird die beschreibende Statistik häufig nicht als geschlossenes Gebiet behandelt, ist es weithin üblich, Begriffe und Methoden dieses Gebietes mehr oder weniger unsystematisch und fallweise in den Unterricht einzubringen. Dieser unbefriedigende Zustand entspricht allerdings nicht Positionen, die in der Didaktik vertreten werden:

- Verbreitet ist die Auffassung, die beschreibende Statistik sei auch im Sinne einer Vorbereitung auf die Wahrscheinlichkeitsrechnung als Teil eines Spiralcurriculums Stochastik zu behandeln (*Ineichen* 1980, *Kosswig* 1980, 1982). *Jäger/Schupp* (1983) sehen die Korrespondenz statistischer zu wahrscheinlichkeitstheoretischen Begriffen sogar als Kernpunkt für die Entwicklung stochastischen Denkens an. Nach *Borovcnik* (1992) können ganz allgemein „Analogien zum besseren Verständnis von Stochastik" führen. Als geeignete Analogien sieht er an: Mittelwert – Schwerpunkt einer Massenverteilung, Mittelwert – Erwartungswert, Varianz – Quadrat des Trägheitsradius, relative Häufigkeit – Wahrscheinlichkeit, Wettchancen – Wahrscheinlichkeiten, Signifikanztest – indirekter Beweis.
- Über die beschreibende Statistik kann auch direkt der Weg zur beurteilenden Statistik gegangen werden, indem der Zusammenhang von Eigenschaften von Stichproben zu denen der Grundgesamtheit thematisiert wird (vgl. *Strick* 1998). In diesem Rahmen spielen Themen der Wahrscheinlichkeitstheorie wie die Verknüpfung von Wahrscheinlichkeiten, Elemente der Kombinatorik, Verteilungen und ihre Maßzahlen (insbes. Normalverteilung) und die Grenzwertsätze nur eine dienende Rolle.
- *Borovcnik* (1984) weist der beschreibenden Statistik zusammen mit der *EDA* eine neue Rolle im Rahmen des Stochastikunterrichts zu, indem er neue Sichtweisen und Zielsetzungen heraushebt, die eine größere Eigenständigkeit der beschreibenden Statistik begründen. Diese neuen Ideen der beschreibenden Statistik sind:
  - Die *Explorative Datenanalyse* (*EDA*), die mit ihrem Ansatz, die Beziehung zwischen Realität und mathematischem Modell zu beschreiben und mit ihrer Vorgehensweise: *Daten* $\rightarrow$ *Datenmanipulator* $\rightarrow$ *modellhafte Beschreibung der Ausgangssituation* eher eine Umkehrung des in der klassischen Statistik üblichen Vorgehens darstellt.
  - In einer *offenen Mathematik* können die Vieldeutigkeiten von Mathematisierungen zum Thema gemacht werden.
  - Mit *Darstellungen* auf der ikonisch-analogen, der schematischen und der symbolischen Ebene können Beziehungen und Operationen sichtbar und fokussierbar werden.

Borovcnik ist der Auffassung, dass diese und weitere Ideen der beschreibenden Statistik wie *Einfügen einzelner Daten in ein sinnvolles Ganzes, Raffung von Informationen, Quantifizierung von Sachverhalten, relationales Verständnis von quantifizierenden Konzepten, Umgang mit Variabilität, Suche nach statistischen Mustern und Besonderheiten* in der beschreibenden Statistik erworben werden können, wenn hier experimentell, konstruktiv vorgegangen wird. Er ist außerdem der Meinung, dass gerade in der beschreibenden Statistik wegen der geringeren mathematische Schwierigkeiten Freiraum gegeben ist für eine ausführliche Behandlung der Beziehung zwischen Sachsituation und mathematischem Modell und besonders hier auch der durch den „Datenmanipulator" eingeführten subjektiven Komponenten.

- Eine ähnliche, vielleicht noch radikalere Auffassung vertritt *Engel* (1999) mit seinem „datenorientierten Zugang" zur Stochastik (vgl. 2.1.3.4). Nach *Engel* sollte im Mittelpunkt des Stochastikunterrichts die Behandlung von realen Daten mit Hilfe eines gleichzeitig aufzubauenden mathematischen Instrumentariums stehen, das neben klassischen Methoden vor allem aus den Methoden der *EDA* besteht (vgl. 1.2.3)

3.1.2 Begründungen im Einzelnen

Die Statistik dient im Wesentlichen folgenden Zwecken: der Beschreibung und Bestandsaufnahme von stochastischen Situationen (Deskription), der Verallgemeinerung und Erklärung, also der Modellbildung (Analyse) und schließlich der Entscheidung (operativer Zweck). In diesem Zusammenhang spielt die beschreibende Statistik eine wichtige Rolle: „Wir schlagen morgens die Zeitung auf und ehe das Frühstück beendet ist, haben wir bei der Morgenlektüre schon mehr Statistiken konsumiert als etwa Goethe und Schiller zu ihren Lebzeiten: Die Krebsgefahr und das Ozonloch nehmen zu, die Arbeitslosenzahl ist so hoch wie nie zuvor,..." (*Engel* 1999, vgl. auch *Strick* 1999 für „Stochastik aus der Zeitung"). Als Gründe für eine eigenständige Behandlung der beschreibenden Statistik lassen sich nennen:

3.1.2.1 Anwendungsbezug

Die beschreibende Statistik lebt wie kaum ein anderes Gebiet der Schulmathematik vom *Anwendungsbezug*. Alle Modellierungen von Realsituationen, die auf empirischen Daten beruhen, benötigen Konzepte der beschreibenden Statistik. Ein Blick in die im Alltag benutzten Medien zeigt, wie vielfältig und umfassend die beschreibende Statistik zur Beschreibung und Analyse von Sachverhalten und zur Untermauerung von Argumenten eingesetzt wird. Die beschreibende Statistik bietet ferner besonders gute Möglichkeiten, Alltagserfahrungen mit mathematischem Wissen zu verbinden. Deshalb ist es sicher nicht übertrieben, Grundkenntnisse der beschreibenden Statistik als unverzichtbaren Bestandteil einer Allgemeinbildung anzusehen. *Jäger* stellte schon 1979 aufgrund einer empirischen Untersuchung fest, dass in auch sehr vielen Berufen stochastische Kenntnisse nützlich sind. Publikationen zur beschreibenden Statistik wie die von *Kütting* (1994), *Kröpfl* u. a. (1994), *Borovcnik/Ossimitz* (1987), *Humenberger/Reichel* (1995) unterstreichen dies anhand einer Fülle von Beispielen aus vielen Bereichen, die in naturwissenschaftlichen, sprachlichen und anderen Unterrichtsfächern eingesetzt werden können. Durch ihre Datenorientierung dient die beschreibende Statistik der Realisierung von Zielsetzungen, wie sie von Autoren wie *Fischer/Malle/Bürger* (1985), *Blum/Niss* (1989) und *Kaiser-Messmer* (1995) dargestellt werden. Zur Bedeutung der Anwendungsorientierung für den Mathematikunterricht nennen *Blum/Niss* folgende Gründe (vgl. auch *Humenberger/Reichel* 1995):

- *Bildung* von explorativen, kreativen Problemlösefähigkeiten
- *kritische Kompetenz* in Bezug auf viele Entwicklungen in der Gesellschaft, die zunehmend auch mit mathematischen Mitteln begründet und vorangetrieben werden
- *Nützlichkeit* und Unentbehrlichkeit der Mathematik für die Weiterentwicklung unserer (post-) industriellen Gesellschaft
- *Bild vom Wesen der Mathematik*, deren Entwicklung ganz allgemein, besonders auch in der Stochastik, durch Anwendungsprobleme vorangetrieben wurde
- *Motivation* für das Erlernen von Mathematik dadurch, dass der Sinn von Mathematik erfahren werden kann, der in der Bereitstellung von Mitteln zur Bewältigung von Problemen in Realsituationen besteht.

Damerow/Hentschke (1982) haben in einer größeren Untersuchung ermittelt, wie in Lehrbuchwerken für den Stochastikunterricht dieser Anwendungsbezug umgesetzt wird. Sie stellen fest, dass folgende Anforderungen an die Anwendungen in Bezug auf ihre Funktionen für die Begriffs- und Methodenentwicklung und die Aufklärung von Sachsituationen erfüllt sein sollten: sie müssten einerseits einen *exemplarischen Charakter* haben und eine übergreifende Perspektive bieten, andererseits aber auch spezielle, eigenständige Aspekte einer stochastischen Situation aufweisen. Diese Forderungen würden aber von den untersuchten Lehrbuchwerken kaum erfüllt. Dies liege im Wesentlichen daran, dass die Anwendungen nach Art der Aufgabendidaktik dienend in die Systematik des Stoffaufbaus eingebunden seien. Die Erfüllung der genannten Forderungen ist allerdings im Rahmen einer relativ rigiden Lehrgangsplanung nicht einfach. Grund dafür ist nicht zuletzt, dass die Entwicklung stochastischer Begriffe und Methoden anhand übersichtlicher, künstlicher Situationen einfacher ist als anhand von Realsituationen, wenn deren Struktur nur mit Mühe herausgearbeitet werden kann. Vor zu hoch gesteckten Erwartungen warnt denn auch *Kütting* (1990). Sollen die genannten Forderungen erfüllt werden, dann eignen sich dazu vor allem Projekte, die exemplarisch stehen für Konzepte und Anwendungsfelder der Stochastik. Solche Projekte können durchgeführt werden zu dem für die meisten Produktionsvorgänge wichtigen Problem der *Qualitätskontrolle*, zu *Messungen des Benzinverbrauchs von Autos nach der Europa-Norm*, zum *Bremsweg* (vgl. *DIFF AS2*), zu *Schulstatistiken* (vgl. *DIFF MS1*), zu *Aspekten der Verstädterung* gesehen unter den Aspekten Bevölkerung, Bildung, Umwelt usw. (vgl. *Drew/Steyne* 1996), zur *Sicherheit von technischen Einrichtungen* mit den Aspekten Ausfallsicherheit, Lebensdauer von technischen Systemen, Maßnahmen zur Verbesserung der Sicherheit usw., zur *Energieerzeugung und –verbrauch* unter technischen, finanziellen und ökologischen Aspekten, zu *ökologische Themen* wie Rohstoffverbrauch, Verkehr, Ökobilanzen von Ge- und Verbrauchsgütern usw., zum *Bruttosozialprodukt*, zu *Arbeitslosenzahlen*, zu *Wetterstatistiken*, zur *Verkehrsstatistik* (Unfallstatistik, Verkehrsleistung) als Themen aus Naturwissenschaften, Technik, zum *Krankenstand, Kosten, Krankheitsrisiken* als Themen aus dem Bereich Gesundheit, zu *Leistungsstatistiken* aus dem Bereich Sport, zum *Lotto* (vgl. *DIFF AS1*, *Bosch* (1994) und 4.5), zu *Einnahmen- und Ausgabenstatistiken* im privaten und öffentlichen Bereich. Insbesondere die *ISTRON*–Publikationen sind dem anwendungsorientierten Mathematikunterricht gewidmet. Die dort vorgestellten Projekte lassen aber auch erkennen, welche mathematischen und sachlichen Schwierigkeiten mit einer befriedigenden Modellierung von Realsituationen verbunden sind.

Beispiel 1 (*Kröpfl* u. a. 1994): Zur anschaulichen Darstellung von Konzentrationsverhältnissen in einer Häufigkeitsverteilung verwendet man *Lorenzkurven*. Von einer Gleichverteilung abweichende Verteilungen sind z. B. Einkommens- oder Vermögensverteilungen, wo sich große Einkommen oder Vermögen auf einen kleinen Teil einer Bevölkerung verteilen. Ein anderes Beispiel ist die Darstellung des Energieverbrauchs nach Kontinenten:

Kontinent	kumul. Bevölkerungsanteil in % (x_i)	Anteil am Energieverbrauch in % (y_i)
Afrika	12,0	2,5
Asien, Aus., Oz.	71,5	27,5
Lateinam.	80,0	32,5
Europa	89,5	54,0
UDSSR	95,0	72,5
Nordam.	100,0	100,0

Die unterschiedliche Konzentration des Energieverbrauchs kommt in der Flächengröße zwischen der angegebenen Kurve und der Diagonalen, der Lorenzfläche, zum Ausdruck. Als Konzentrationsmaß wird der *G*-Koeffizient verwendet:

$$G = \frac{\textit{Lorenzfläche}}{\textit{größtmögl. Konzentrationsfläche}} = \frac{1/2 - 1/2\sum_{i=1}^{k}(x_i - x_{i-1})\cdot(y_i + y_{i-1})}{1/2}$$

. Hier ergibt sich $G \approx 53\%$.

3.1.2.2 Modellbildungsprozess

In *Modellbildungsprozessen*, die ihren Ausgang bei empirischen Daten nehmen, sind Methoden der beschreibenden Statistik unentbehrlich. Besonders die *EDA* ergänzt die klassischen Verfahren der Modellierung stochastischer Situationen, in dem sie mit Hilfe von visuellen und analytischen Methoden auf heuristische Weise versucht, die prägenden stochastischen Strukturen herauszuarbeiten. So ist es möglich, manche Alltagserfahrungen durchschaubar zu machen.

Beispiel 2: Viele in den Medien wiedergegebene Statistiken sind solche zu *Zeitreihen*. Es handelt sich hierbei um Folgen von Werten einer Zufallsvariable, die in gleichen Zeitabständen erhoben werden. Besonders bekannt sind die *Indexzahlen*, etwa die für die Lebenshaltung. Indexzahlen stellen das Verhältnis von Werten einer (Zeit-)Reihe zu einem gewählten Basiswert dieser Reihe dar. Bei dem Index für die Lebenshaltung ermittelt man jährlich mit Hilfe von in der Bundesrepublik verteilten Testhaushalten den Durchschnittspreis für einen festgelegten Warenkorb. Diesen Warenkorb passt man in längeren Zeitabständen den inzwischen veränderten Verbrauchsgewohnheiten an. Als Basisjahr galt bisher das Jahr 1985, als neues Basisjahr ist das Jahr 1995 festgelegt worden. Beispiele für Preisindizes (*Kahle*/*Lörcher* 1996):

	1985	1986	1987	1988	1989	1990	1991	1992	1993
Lebenshaltung	100	100	100	101	104	107	111	115	119
Benzin	100	75,9	72,0	70,1	82,3	86,4	95,8	100,4	101,1
km-Preis Eisenbahn	100	103,0	103,6	105,8	108,8	111,6	114,2	119,4	124,5

Die Differenzen von zwei Indexzahlen geben die jeweiligen Änderungen in Prozentpunkten an. Insbesondere wenn Zeitreihen ein zyklisches Muster mit bestimmter Periodizität zeigen, „glättet" man die Zeitreihe durch die Methode der gleitenden Durchschnitte. Dabei bildet man „Fenster", deren Länge gleich der Periodenlänge ist. Man berechnet dann das arithmetischen Mittel für die Werte eines jeden Fensters und ordnet diesen der Mitte des Fensters zu. Eine ausführliche Zeitreihenanalyse am Beispiel von Lufttemperaturen stellt *Nordmeyer* (1993, 1994) vor.

Durch eine modellsuchende datenorientierte Stochastik lässt sich auch ein Eindruck von den Schwierigkeiten gewinnen, eine „distanzierten Rationalität" zu entwickeln, die das Verhältnis von Modell und Realität prägen sollte. Als Beispiel sei hier genannt das Problem, den „mittleren Wert" situations- und problem-„gerecht" zu definieren: nicht immer nämlich lässt sich durch das arithmetische Mittel eine stochastische Situation angemessen modellieren. Hier sind die Entwicklung, Verwendung und Bewertung von Konzepten und ihre Beziehungen zueinander nicht immer einfach wegen konkurrierender Begriffe (Mittelwerte, Streuungen,...) oder Darstellungen (Transformationen in der *EDA*,...). Grundkenntnisse in der beschreibenden Statistik verbunden mit distanzierter Rationalität sind insbesondere notwendig, um Manipulationen bei der Modellbildung bzw. bei entsprechenden Darstellungen erkennen zu können. *Kütting* (1994) hat folgende Manipulationsmöglichkeiten zusammengestellt und ausführlich diskutiert:

„– Fehlende Sachinformationen bei Tabellen und Graphiken, um sachgerechte Interpretationen durchführen zu können.
– Unkritisches formales Anwenden von Rechenoperationen auf Daten von Rangmerkmalen.
– „Falsche" Wahl des Mittelwertes hinsichtlich der Merkmalsart oder hinsichtlich des Sachproblems.
– Angabe eines Lageparameters ohne gleichzeitige Angabe eines Streuungsparameters.
– Nichtberücksichtigung von „Ausreißern", ohne dieses anzumerken oder zu begründen.
– Erstellen falscher Graphiken.
– Einteilung der Daten in nicht geeignete, d. h. nicht sachorientierte Klassen.
– Fehlinterpretation der Daten und ihrer Kennzahlen.
– Fehlinterpretation des Zusammenhangs von bivariaten Daten."

Kütting illustriert diese Manipulationsmöglichkeiten an vielen Beispielen. Am Beispiel des Vergleichs von Löhnen mit den Einkommen aus Unternehmertätigkeit und Vermögen im Zeitraum 1969 bis 1976 stellt er die Manipulationsmöglichkeiten im Einzelnen dar, mit denen je nach Interessenlage auch unterschiedliche Positionen gestützt werden können. Irreführende Darstellungen findet man in den Medien häufig zu Anstiegen oder Abfällen bei Zeitreihen, etwa zur Entwicklung von Arbeitslosenzahlen, der Lebenshaltungskosten, von Börsenkursen usw. *V. Randow* (2001) berichtet über mathematisch unkorrekte Darstellungen von Regressionen in medizinischen Fachzeitschriften und bezeichnet diese Darstellungen als „womöglich gefährlich, wenn Ärzte darauf Therapien gründen."

Beispiel 3 (*Reichel* u. a. 1987): In einem Land X habe in den Jahren 1982 bis 1985 die Ware A ihren Preis verdoppelt, der Preis für B sei hingegen auf die Hälfte gesunken. Die Darstellung (und der Schluss auf den allgemeinen Preisverlauf) zweier großer Parteien liest sich möglicherweise wie in den Abbildungen angegeben. Obzwar beide Darstellungen im mathematischen Sinn korrekt sind, geben sie offenbar zu verschiedenen Schlüssen Anlass, etwa zur Frage, welche (z. B. gesetzliche)

Voraussetzungen getroffen werden müssen, um Preisverläufe (etwa wie hier in Prozenten) einheitlich und einigermaßen „gerecht" vergleichen zu können.

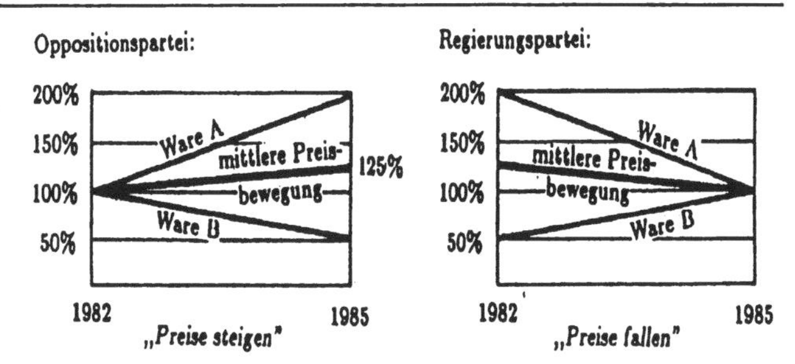

3.1.2.3 Handlungsorientierung

Viele Schwierigkeiten, die Schüler mit dem Lernen und Anwenden von Mathematik haben, hängen damit zusammen, dass ihr Umgang mit Mathematik eher durch Rezeption als durch (selbstbestimmte) Aktivität geprägt ist. Für den Unterricht wird *Handlungsorientierung* immer wieder gefordert, weil durch das aktiv handelnde Vorantreiben von Modellbildungsprozessen, insbesondere zu Realsituationen aus dem eigenen Erfahrungsbereich, Motivation und Nachhaltigkeit des Lernens positiv beeinflusst wird. Wie kaum ein anders Gebiet der Schulmathematik bietet die beschreibende Statistik Gelegenheit zu solchen Aktivitäten. Solche sind:

- Das Planen von Projekten: Auswahl von Problemfeldern, Entwicklung von Fragestellungen
- Auswahl von Datenquellen, Auswahl und Entwicklung von Arbeitsmitteln (Fragebögen, Computer,...)
- Sammeln von Daten
- Numerische und graphische Aufbereitung
- Modellbildung, Interpretation und Bewertung.

Es können Untersuchungen zum Schulleben, zum Freizeitverhalten (Sport, Fernsehen,...) zum Konsumverhalten (Rauchen,...) u. a. geplant, durchgeführt und ausgewertet werden. Tätigkeiten dieser Art sind über den Mathematikunterricht hinaus von großer Bedeutung.

Beispiel 4: *Kauf eines Gebrauchtwagens*: Hier geht es um ein Problemfeld, mit dem es Schüler schon in der S II oder danach zu tun haben. Vorzüge eines entsprechenden Projektes sind:

Motivation: Mobilität ist für Jugendliche sehr wichtig, sie lässt sich heute noch am besten durch Individualverkehr realisieren. Für Schüler dürfte es daher interessant sein, Strategien für ein geeignetes Vorgehen beim Gebrauchtwagenkauf kennen zu lernen.

Entwicklung von Begriffen und Methoden der beschreibenden Statistik: Die Ausarbeitung des Projektes lässt sich sehr gut auf natürliche Weise mit der Entwicklung von Begriffen und Methoden der beschreibenden Statistik verbinden: ein Lernen auf Vorrat entfällt. Interessant ist es, die eigenen Ergebnisse mit denen zu vergleichen, die von Institutionen und Firmen wie *Stiftung Warentest*, *DEKRA* oder *Schwacke* mit zum Teil unterschiedlichen Methoden erhoben werden.

Weitere Fragestellungen: Wichtig im Zusammenhang mit einem Autokauf sind die sehr verschiedenen Kosten für die Autohaltung und deren einzelne Veränderungen mit der Nutzungsdauer (Steuer, Versicherung, Verbrauch, Reparaturen, Abschreibungen). Weitere Fragen rund um das Auto betreffen die Verkehrsleistungen der einzelnen Verkehrsträger (Fußgänger, Rad, Auto, Bus, Bahn, Flugzeug) im Bezug zu den Streckenlängen (Stadt, Land, Einkaufen, Arbeit, Freizeit, Reisen), den Transportkapazitäten und den transportierten Gütern auch im Zusammenhang mit dem ökologischen Aspekt.

Abschnitte eines solchen Projektes, die von Schülern weitgehend selbständig erarbeitet werden können, sind:

Klärung der Problemstellung: „Welche Eigenschaften soll der gewünschte Gebrauchtwagen haben?" Die Diskussion dieser Fragestellung führt unmittelbar zum Begriff des statistischen Merkmals und zu den einzelnen Arten von Merkmalen.

Merkmale: Autoverkaufsanzeigen enthalten in der Regel folgende den Käufer interessierende Angaben: Baujahr (Alter), KW-Leistung, Ausstattung, Pflegezustand, Preis. Man erkennt, dass verschiedene Kategorien von Merkmalen auftreten: *quantitative Merkmale*, die sich auf einer Intervallskala mit relativem Nullpunkt (Baujahr) oder auf einer Verhältnisskala mit absoluten Nullpunkt (Alter, KW-Leistung, KM-Leistung, Preis) darstellen lassen, für die sich Vielfache oder Verhältnisse sinnvoll interpretieren lassen, *Rangmerkmale*, die auf einer Rangskala (Pflegezustand) und *qualitative Merkmale*, die auf einer Nominalskala (Farbe) dargestellt werden.

Datenerhebung: Ein besonders großes und übersichtliches Gebrauchtwagenangebot findet sich in Tageszeitungen, Anzeigenblättern und vor allem im Internet.

Ordnung der Daten und Darstellung: Sie ermöglichen einen „ganzheitlichen Blick auf eine Zahlenmenge, bei dem jede einzelne Zahl ihre Bedeutung erst aus ihrer Beziehung zur Gesamtheit erhält." (*Borovcnik* 1987). „Die Raffung von Informationen durch Klassifizierung" bedeutet einerseits einen Informationsverlust, kann aber auch zu einem Informationsgewinn durch größere Übersichtlichkeit führen. Das Erstellen der Urliste bei umfangreicheren Datenmengen kann mit Computerhilfe erfolgen. Preiswerte Software bietet hier die Möglichkeit zum Sortieren, Klassifizieren, Auszählen von Häufigkeiten, Bilden relativer Häufigkeiten, Anfertigen von Tabellen, Anfertigen von Graphiken, Berechnen statistischer Parameter.

Visualisierungen: ermöglichen eine ganzheitliche Sicht auf die Datenmenge, die Beziehungen und Muster sichtbar macht. Diese können zu Hypothesen oder Bewertungen unter der gewählten Fragestellung führen. Visualisierungen geben z. B. erste Antworten auf Fragen nach der Symmetrie der vorliegenden Verteilung, dem häufigsten Wert, zur Streuung usw. Sie ermöglichen damit u. U. neue Perspektiven auf das Sachproblem, neue Fragestellungen und eine konstruktive Handhabung des Datenmaterials durch die Verwendung konkurrierender oder sich ergänzenden Darstellungen. Bei einer Analyse von Gebrauchtwagenanzeigen für Golf-PKW's nach Baujahr ergab sich, dass gehäuft Wagen angeboten wurden, die etwa ein Jahr alt bzw. etwa elf Jahre alt waren. Antworten auf die Fragen nach den Ursachen für das erhaltene Muster können vielfältiger Art sein: Modellwechsel, etwa bei Jahreswagen das Angebot von Werksangehörigen, bei etwas älteren Wagen die Abschreibungsmöglichkeiten für Geschäftswagen (was bei Wagen des Typs Golf in der Regel nicht zutrifft), das Zusammenwirken von Wertminderung und Zuwachs an Reparaturanfälligkeit, bei etwa zehn Jahre alten Wagen das Zusammenwirken von zu erwartender Lebensdauer und Reparaturanfälligkeit usw. Auch eine Visualisierung der verlangten Verkaufspreise lässt Muster erkennen, die Aufschlüsse über die Sachsituation zulassen: Man erkennt, in welchen Baujahren man nach Angeboten mit dem gewünschten Preis suchen kann, dass der Preisverfall durchaus ungleichmäßig ist usw. Will man den Kauf eines Gebrauchtwagens optimieren, so kann eine nähere Untersuchung der Art des Verlaufs der Durchschnittspreise in Abhängigkeit vom Wagenalter nützlich sein.

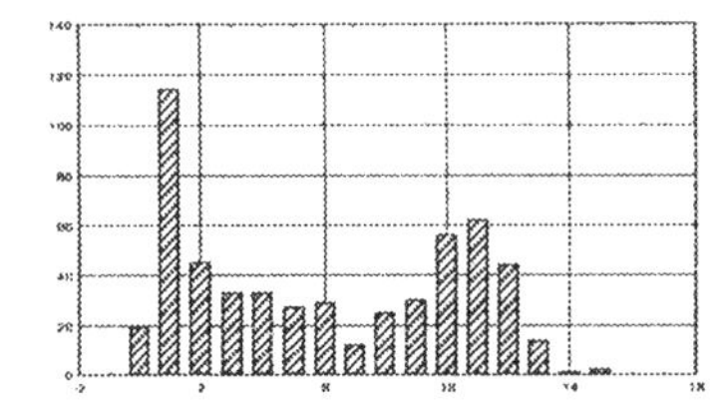

Explorationen: am Datenmaterial und der Darstellung können vielfältigster Art sein. Man kann z. B. das Produkt *km-Leistung* x *Preis* für ein bestimmtes Baujahr untersuchen und so einen Hinweis auf ein günstiges Angebot finden (vgl. 2.2.2, *Beispiel 14*).

Lageparameter, Streuungsparameter: Ein weiterer Gewinn an Übersicht und Information, insbesondere auch im Hinblick auf den Vergleich von Verteilungen, ist möglich durch (weitere) Datenreduktionen, die zu den verschiedenen Parametern führen. Diese ermöglichen quantitative Fassun-

gen von Aspekten von Verteilungen, die in graphischen Darstellungen enthalten sind. Die wichtigsten Parameter sind *Mittelwert* und *Streuung*. Die Auswahl eines bestimmten Parameters, z. B. eines bestimmten Mittelwertes, zur Charakterisierung einer Verteilung ist bedingt durch inhaltliche und formale Kriterien wie die Beurteilung des Sachzusammenhangs in Bezug auf die gewählten Fragestellungen und Art der vorliegenden Verteilung (z. B. Schiefe). Für die Bedeutung und Behandlung der verschiedenen Mittelwerte vgl. *math. lehren* 9/1985.
Während bei Schülern die Vorstellung von einem „durchschnittlichen Wert" aufgrund vieler Vorerfahrungen mit dem Konzept des arithmetischen Mittels verbunden ist, liegen zum Konzept der „Streuung" weniger konkrete Vorstellungen vor. Die grobe Vorstellung „Abweichung vom Mittelwert" versuchen Schüler am ehesten als „Differenz zum Mittelwert" zu modellieren. Hier ist es notwendig, durch konkrete Anwendung einer entsprechenden Definition zu zeigen, dass eine solche Begriffsbildung zu keinem Informationsgewinn führt. Es leuchtet auch ein, dass der Ansatz über die absoluten Abweichungen zu einem möglichen Kennwert führt, dass das Umgehen mit einem solchen Kennwert mit erheblichen rechnerischen Problemen verbunden ist (vgl. 1.2.2.2.2). *Jäger/Schupp* (1983) behandeln mit ihrem Projekt *Abfüllen von Fertigpackungen* ein Problemfeld aus dem Alltagsbereich, bei dem die Bedeutung von Streuungen im Mittelpunkt steht: Bei allen Einkäufen nach Gewicht (Fertigpackungen, Obst,...), Volumen (Benzin,...), Flächeninhalt (Grundstück,...), Länge (Kabel,...) erwartet man, dass die Warenmenge korrekt gemessen wird. Alle Messvorgänge sind aber als stochastische Vorgänge mit zufallsbedingten Messfehlern verbunden. Das von den Autoren vorgestellte Projekt behandelt folgende Fragen: *Messen von Gewichten*, *Verteilung der Messgrößen*, *Modelle*, nach denen des Abfüllen von Fertigpackungen erfolgen kann, *Vergleich der Modelle* und *Bewertung einer genommenen Stichprobe*.

3.1.2.4 Beschreibende Statistik – Wahrscheinlichkeitsrechnung

Die Mathematik der beschreibenden Statistik gilt als nicht sehr anspruchsvoll. Dies ist nur bedingt richtig. Es gilt für den in der S I verwendeten Begriffs- und Methodenapparat der elementaren beschreibenden Statistik, weshalb gerade dieses Gebiet Schülern einen Neueinstieg in die Mathematik ohne großen Vorlauf ermöglicht. Es gilt aber nicht für die darauf aufbauende Mathematik der beschreibenden Statistik und *EDA*, wie sie in der datenorientierten Stochastik verwendet wird. Diese kann durchaus sehr anspruchvoll gestaltet werden (vgl. *Engel* 2000, *v. d. Lippe* 1993, *Winter* 1981). Die beschreibende Statistik bietet zudem vielfältige Verbindungen zu anderen Gebieten der Schulmathematik wie Größenbereiche, Funktionenlehre, lineare Algebra, Geometrie usw. Insbesondere besitzt die beschreibende Statistik neben ihrem eigenen Wert als einer datenorientierten Stochastik einen Wert als Gebiet, durch dessen Behandlung auf Begriffe und Methoden der Wahrscheinlichkeitsrechnung als Quelle stochastischer Modelle vorbereitet wird, wobei zudem die volle Bedeutung einiger Begriffe wie relative Häufigkeit, arithmetisches Mittel, Standardabweichung im Kontext der Wahrscheinlichkeitstheorie und ihrer Interpretationen erfahren werden kann (vgl. *Borovcnik*, *Engel*, *Henze*, *Kosswig*, *Kütting* und insbesondere *Scheid* (1986) für eine Reihe von Anregungen). Allerdings darf dabei nicht übersehen werden, dass die korrespondierenden Begriffe aus beschreibender Statistik und Wahrscheinlichkeitstheorie durchaus auch unterschiedliche Aspekte mit sich bringen. Diese klar voneinander zu trennen erweist sich für den Lernenden oft als schwierig.

3.1.2.4.1 Relative Häufigkeit – Wahrscheinlichkeit

V. Harten/Steinbring weisen darauf hin, dass es für die Entwicklung stochastischen Denkens wichtig ist, zwei Aspekte der Interpretation des Wahrscheinlichkeitsbegriffs miteinander in Beziehung zu setzen, nämlich *Laplace*-Wahrscheinlichkeiten, die aufgrund theoretischer Überlegungen zur Symmetrie gewonnen werden können und Wahrscheinlichkeiten, die sich als Schätzungen von relativen Häufigkeiten ergeben. Hier ergibt sich auch ein Ansatzpunkt zur Entwicklung von Begriffen und Methoden der beurteilenden Statistik. Zwar ist eine ausführliche Behandlung der wissenschaftlichen Diskussionen um die Versuche einer Begründung des Wahrscheinlichkeitsbegriffs im Stochastikunterricht kaum möglich, auf jeden Fall sollte aber die Korrespondenz zwischen dem „empirischen Gesetz der großen Zahl“ und dem aus der Theorie ableitbaren „*Bernoulli*schen Gesetz der großen Zahl“ thematisiert werden (vgl. 1.1.4.2).

3.1.2.4.2 Operationen mit relativen Häufigkeiten – mit Wahrscheinlichkeiten

Operationen mit Wahrscheinlichkeiten erfolgen nach Axiomen von *Kolmogoroff* und Folgerungen daraus. Für deren Motivierung und Einführung gibt es dem Vorstehenden entsprechend zwei Wege:

- Man formalisiert die Eigenschaften des Wahrscheinlichkeitsbegriffs nach *Laplace*, die sich zwanglos bei der Betrachtung von *Laplace*-Ereignissen, deren Verknüpfungen und deren Wahrscheinlichkeiten ergeben.
- Man formalisiert die Eigenschaften der Verknüpfungen relativer Häufigkeiten. Entsprechend ergibt sich der Additionssatz für beliebige Ereignisse.

Beispiel 5: Man zieht aus einer Urne mit 20 nummerierten Zetteln mit Zurücklegen und betrachtet die relativen Häufigkeiten der Ereignisse E: „Die Zahl ist durch 2 teilbar“, F: „Die Zahl ist durch 3 teilbar“, G: „Die Zahl ist durch 7 teilbar“. Hier lassen sich zu den einzelnen Ereignissen und weiter zu ihren Vereinigungen und Durchschnitten deren relative Häufigkeiten bilden. Diese werden dann verglichen mit den entsprechenden Wahrscheinlichkeiten, die sich aus Symmetriegründen errechnen lassen. Definierende Eigenschaften (*Kolmogoroff*-Axiome) können so motiviert werden.

Die Begriffe Abhängigkeit, Unabhängigkeit und bedingte relative Häufigkeit lassen sich gut anhand von Vier- oder Mehrfeldertafeln entwickeln.

Beispiel 6 (*Heigl/Feuerpfeil* 1981): Die spinale Kinderlähmung tritt in der spinalen (B) und der wesentlich gefährlicheren bulbären Form auf. Es wird vermutet, dass die Entfernung der Mandeln (A) das Auftreten der bulbären Form begünstigt. Eine Untersuchung bei 10-jährigen ergab:

	B	$\overline{B}$	
A	.0909	.0455	.1364
$\overline{A}$	.2727	.5909	.8636
	.3636	.6364	1

Hier ergibt sich $h(B \cap A) \neq h(A)$. Dies motiviert zur Definition der bedingten relativen Häufigkeit $h(B \mid A) = \dfrac{h(B \cap A)}{h(A)}$.

	B	$\overline{B}$	
A	$h(A \cap B)$	$h(A \cap \overline{B})$	$h(A)$
$\overline{A}$	$h(\overline{A} \cap B)$	$h(\overline{A} \cap \overline{B}$	$h(\overline{A})$
	$h(B)$	$h(\overline{B})$	$h(\Omega$

Setzt man für die entsprechenden absoluten Häufigkeiten $H(A)=a$, $H(B)=b$, $H(\Omega)=n$, $H(\overline{A})=\overline{a}$, $H(\overline{B})=\overline{b}$, so gilt bei Unabhängigkeit $H(A \cap B)=ab/n$, $H(A \cap \overline{B}) = a\overline{b}/n$, $H(\overline{A} \cap B) = \overline{a}\, b/n$, $H(\overline{A} \cap \overline{B}) = \overline{a}\ \overline{b}$. Für die entsprechenden beobachteten absoluten Häufigkeiten wird r, s, u und v gesetzt. Als ein Abhängigkeitsmaß bietet sich der Ausdruck $\hat{X}^2 = \frac{(r - ab/n)^2}{ab/n} + \frac{(s - a\bar{b}/n)^2}{a\bar{b}/n} + \frac{(u - \bar{a}b/n)^2}{\bar{a}b/n} + \frac{(v - \bar{a}\bar{b}/n)^2}{\bar{a}\bar{b}/n}$ an, womit ein heuristischer Einstieg in den χ^2-Unabhängigkeitstest gegeben ist (vgl. *Scheid* 1986, *Sahai/Reesal* 1992).

3.1.2.4.3 Verteilungen von Zufallsvariablen

Die Begriffe Zufallsvariablen und ihre Verteilungen sind zentrale Konzepte der Stochastik. Sie ergeben sich auf natürliche Weise bei der Messung zufallsbedingter Größen. Empirische Verteilungen ergeben sich bei der Ermittlung von (relativen) Häufigkeiten zu Ausprägungen eines Merkmals in einer Stichprobe.

Beispiel 7 (*Bosch* 1997): Körpergröße von 50 Schülern:

Größe	rel. H.	Größe	rel. H.	Größe	rel. H.	Größe	rel. H.	Größe	rel. H.
116	0,02	120	0,06	124	0,14	128	0,04	132	0
117	0,04	121	0,08	125	0,10	129	0,02	133	0
118	0	122	0,12	126	0,06	130	0,04		
119	0,04	123	0,16	127	0,02	131	0,04		

Bei diesem Beispiel ist es wie bei vielen anderen Zufallsvariablen notwendig, die Merkmalsausprägungen zu klassieren, indem man die Abszissenachse in gleichgroße halboffene Intervalle einteilt, die zu einer Klassierung der vorgelegten Daten führen. Für diese Klassierung gibt es gewisse „Faustregeln", die sich als zweckmäßig erwiesen haben, z. B. $s \approx \sqrt{n}$ für die Anzahl der Klassen bei n Werten (vgl. z. B. *Sachs* 1992). Man erhält nach Klassifizierung zunächst eine Verteilung der relativen Häufigkeiten. Die angegebene Verteilung lässt sich offensichtlich durch eine Normalverteilung modellieren. Diese Vermutung lässt mit einem χ^2-Test überprüfen.

Anhand empirischer Verteilungen lassen sich die verschiedenen Möglichkeiten für die Definition von „Durchschnittswerten" diskutieren. Diese Möglichkeiten für die Bildung von Durchschnittswerten hängen ab von der Art der Merkmalsausprägung einer Zufallsvariable, sie hängen aber auch ab von der Art der Verteilung, z. B. ist das arithmetische Mittel nicht immer das beste „Mittel", was man an geeigneten Beispielen zeigen kann (vgl. *v.d.Lippe* 1993, *Scheid* 1986). Weil dieses Mittel so gut bekannt ist, geht es im Stochastikunterricht nicht um seine Einführung. Hier geht es einmal darum, die Leistungen des arithmetischen Mittels zu vergleichen mit denen anderer Mittel. Zum anderen kann die tiefere Bedeutung des arithmetischen Mittels thematisiert werden, die sie erhält durch die Korrespondenz zum Erwartungswert theoretischer Verteilungen. Wie bei der Korrespondenz von relativer Häufigkeit und Wahrscheinlichkeit lassen sich auch hier geeignete Simulationen zum Begriffspaar arithmetisches Mittel – Erwartungswert durchführen, mit denen die Entsprechung des statistischen zum wahrscheinlichkeitstheoretischen Begriff gezeigt werden kann. *Scheid* (1986) weist darauf hin, dass der Zugang zum arithmetischen Mittel auch noch über die Lösung eines Extremalproblems möglich ist (vgl. 1.2.2.2.1). Damit hat das arithmetische Mittel die Eigenschaft des Massenschwerpunktes in der Physik.

Welche Bedeutung Streuungen für die Charakterisierung einer Verteilung haben, zeigen die o. g. Projekte: Eine aufwendige Suche nach dem „günstigsten Gebrauchtwagenangebot" ist nur dann sinnvoll, wenn eine Variabilität für die Werte dieses (zu operationalisierenden) Merkmals vorliegt. Ebenso ist eine gesetzliche Regelung für Fertigverpackungen nur sinnvoll, wenn es bei den Füllvorgängen zwangsläufig zu unterschiedlichen Füllmengen kommt. So wie auf die Frage nach dem „besten Durchschnittswert", so gibt es auch auf die Frage nach dem „besten Maß für die Variabilität" einer Verteilung verschiedene Antworten. Durch eine Diskussion dieser Möglichkeiten lässt sich herausarbeiten, welche davon jeweils sinnvoll oder problemangemessen sind. Für den Zusammenhang von statistischen zu wahrscheinlichkeitstheoretischen Begriffen besonders ergiebig ist die Diskussion der Standardabweichung als „natürlichem Streumaß" zum arithmetischen Mittel (vgl. 1.2.2.2). An diesem Punkt zeigt sich, dass ein datenorientiertes Vorgehen, bei dem es nur um die Entwicklung von Begriffen und Methoden der beschreibenden Statistik und der Explorativen Datenanalyse geht, nicht genügt, um wesentliche Aspekte dieser Begriffe kennenzulernen und zu verstehen, dies ist erst möglich im Rahmen der Wahrscheinlichkeitstheorie.

3.1.3 Regression, Korrelation

Regression und Korrelation gehören i. Allg. nicht zu den Kernstoffen des Stochastikcurriculums. Neben Stimmen, die dies auch für richtig halten, weil sowohl die mathematischen wie auch die stochastischen Probleme (stochastische Begriffe und Methoden, Entwicklung und Bewertung von Modellen) zu schwierig seien, gibt es auch solche, die die Behandlung dieses Gebietes für sinnvoll halten (vgl. *Heilmannn* 1982, *Scheid* 1985, *Borovcnik* 1994, *Engel* 2000). Obwohl dabei zunächst an die „einfachere" lineare Regression gedacht wird, ist auch die Behandlung dieses Modells nicht einfach, wenn Fragen der Voraussetzungen für die Anwendung und der Bewertung dieses Modells im konkreten Einzelfall thematisiert werden sollen (vgl. *Engel* 1999). Für eine Behandlung von Regression und Korrelation spricht die große Anwendungsorientierung dieses Gebietes, so findet sich in fast jeder Tageszeitung geeignetes Material und auch im Unterricht selbst fallen z. B. bei Messungen im naturwissenschaftlichen Unterricht entsprechende Daten an. Wie sich anhand von Beispielen zu Messdaten die Methode der kleinsten Quadrate zur Kurvenanpassung und ein Vergleich mit anderen denkbaren Verfahren entwickeln lassen, stellen *Athen* (1981), *Kosswig* (1983) und *Kütting* (1994) dar. *Wirths* (1991) macht Vorschläge für die Behandlung von Korrelation und Regression wobei er ausführlich auf „Prognosewerte und Beurteilungen von Residuen" eingeht. *Kosswig* stellt einen elementaren Zugang zur Regressionsrechnung dar, bei dem die Steigung der Regressionsgeraden nach Kriterien festgelegt werden kann, „die sich im Unterricht mit Grundkenntnissen der beschreibenden Statistik ohne weiteres motivieren lassen":

Soll z. B. die gesuchte Gerade durch O(0;0) gehen, so folgt aus dem Kriterium „Die Summe der Residuen („Vorhersagefehler") ist null" mit den beobachteten Werten y_i, den berechneten Werten $\hat{y}_i$ und $y=mx$ als Geradengleichung aus $\sum(y_i - \hat{y}_i) = \sum(y_i - mx_i) = 0$ für die Steigung der Geraden $m = \sum y_i / \sum x_i$, also $m = \overline{y}/\overline{x}$: Die gesuchte Gerade geht durch den Schwerpunkt $S(\overline{x};\overline{y})$.

Beispiel 8 (*Athen* u. a. 1981): Bremsweg (B) und Geschwindigkeit (G)

G	B	G	B
6,43	0,61	39,28	28,35
32,16	14,64	16,13	10,37
30,50	20,74	20,97	7,93
12,85	4,88	11,32	6,71
25,71	9,76	20,95	10,35

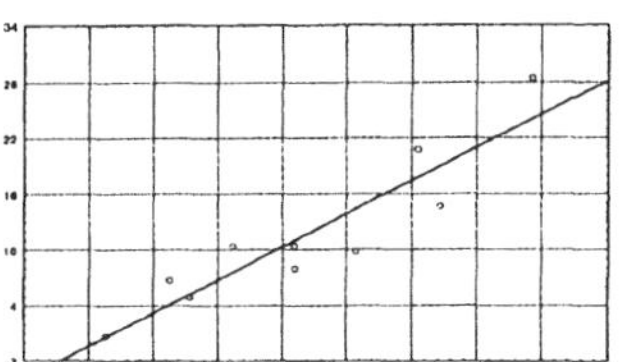

Beispiel 9 (*Strick* 2000): diskutiert anhand der zugehörigen Daten den Hintergrund zu Pressemeldungen über Zusammenhänge zwischen Arbeitslosenquote (A) und Krankenstand (K).

Jahr	75	76	77	78	79	80	81	82	83	84	85	86	87	88	89	90	91
A	4,7	4,6	4,5	4,2	3,8	3,8	5,5	7,5	9,1	9,1	9,3	9,0	8,9	8,7	7,9	7,2	6,3
K	6,6	6,9	6,8	7,2	7,4	7,3	6,8	5,7	5,7	5,9	6,0	6,3	6,4	6,4	6,6	6,8	6,8

Jahr	92	93	94	95	96	97
A	6,6	8,2	9,2	9,3	10,1	11,0
K	6,5	5,7	5,7	5,8	5,2	4,6

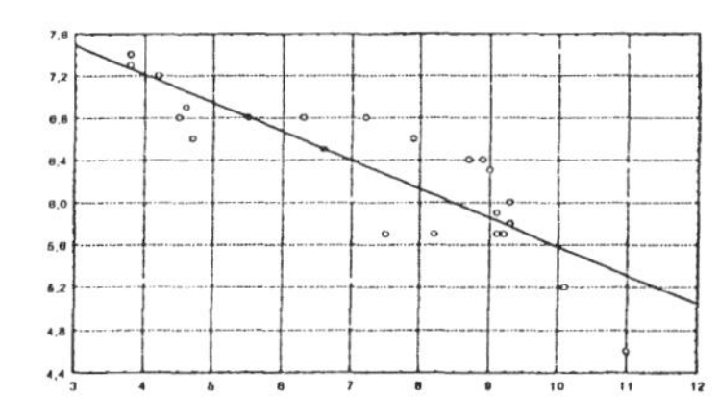

Die Berechnung des Korrelationskoeffizienten ergibt $r=-0{,}87$, es besteht also eine hohe Korrelation zwischen den Merkmalen Krankenstand und Arbeitslosenquote. Damit ist nichts über die Ursachen für den offensichtlichen Zusammenhang gesagt. Nur weitere Untersuchungen können hier eine Klärung bringen.

Ergänzend zur Behandlung der linearen Regression lässt sich die Korrelation behandeln. Eine Entwicklung des Korrelationskoeffizienten durch Mathematisierung dieser Idee, die für den Unterricht geeignet ist, liefern z. B. *Kütting* (1994) oder *Wiedling* (1980). *Bosch* (1976) diskutiert die Bedeutung des Korrelationskoeffizienten am Beispiel einer Risikolebensversicherung. *Coes* (1995) schlägt vom Beispiel der weltweiten Fahrradproduktion in den Dekaden von 1960 bis 1990 ausgehend vor, die in den Korrelationskoeffizienten eingehenden Daten systematisch zu verändern, um so mehr Einblick in die Bedeutung des Korrelationskoeffizienten zu gewinnen. Die Interpretation von Korrelationen ist i. Allg. schwierig, insbesondere wenn es sich nicht um naturwissenschaftlich-technische, sondern um human- oder sozialwissenschaftliche Zusammenhänge handelt. Auf Schwierigkeiten und Probleme im Umgang mit Regression und Korrelation machen *Getrost/Stein* (1994) und *Engel* (1999) aufmerksam (vgl. auch 2.2.2 *Beispiel 15*):

Beispiel 10: In der folgenden Tabelle seien die Ergebnisse von Intelligenztests angegeben, die bei 1781 Kindern im Alter von fünf und acht Jahren durchgeführt worden sind.

		5 Jahre							
8	IQ	55	70	85	100	115	130	145	Summe
J	145	0	0	0	0	1	4	5	10
a	130	0	0	0	12	20	64	4	100
h	115	0	0	23	56	300	20	1	400
r	100	0	12	56	625	56	12	0	761
e	85	1	20	300	56	23	0	0	400
	70	4	64	20	12	0	0	0	100
	55	5	4	1	0	0	0	0	10
Summe		10	100	400	761	400	100	10	

An einem Beispiel wie diesem lässt sich die „Regressionsfalle" zeigen, nach der anhand der Daten sowohl die These „Die Schule hemmt die Intelligenzentwicklung der weniger Intelligenten und fördert die Intelligenteren." wie auch deren Gegenteil „bewiesen" werden kann. Die Veranschaulichung der beiden Regressionsgeraden verdeutlicht die „Regression zur Mitte".

3.1.4 Explorative Datenanalyse (*EDA*)

Im Rahmen einer Statistik im Unterricht kann der *EDA* eine besondere Rolle zukommen: Bei ihr steht „ Die praktische Arbeit mit Daten mit vorwiegend graphischen Mitteln unter dem Leitbild der *Detektivarbeit mit Daten* ... im Vordergrund." (*Biehler* 1991). Im Unterricht haben die angesprochenen Aspekte der *EDA* eine vielfältige didaktisch-methodische Bedeutung:

- Die Exploration von Strukturen in Daten erfordert ein offenes, experimentelles, interaktives Umgehen mit den Daten.
- Wesentliche Methoden der EDA sind graphischer Art. Sie müssen zwar auch gelernt werden, die fachlichen Probleme sind aber zunächst geringer als bei dem Erlernen anderer Methoden der Stochastik.
- Die Daten selber können, müssen aber nicht zufallsbedingt sein. Mit den Methoden der *EDA* lassen sich auch mehrdimensionale Daten graphisch explorieren.

Nach *Biehler/Steinbring* (1991) sind folgende Arbeitsweisen und Funktionen für die graphischen Methoden überhaupt charakteristisch:

- Sie sind explorative und kommunikative Mittel.
- Sie sind Wertespeicher und Darstellungen von Relationen.
- Sie besitzen durch ihren Abbildungs-, Auswahl- und intentionalen Aspekt Modellcharakter.
- Sie ermöglichen durch ihre Vielfalt eine Vielfalt von Perspektiven auf eine Sache.

Die Möglichkeiten der *EDA* lassen sich am besten in einem Projektunterricht nutzen. Hier lassen sich auch am leichtesten die Schwierigkeiten auffangen, auf die *Biehler/Steinbring* (1991) hinweisen: Die numerischen und graphischen Verfahren der *EDA* müssen nicht, wie dies sonst im Mathematikunterricht möglich und z. T. auch üblich ist, im Rahmen einer hierarchisch und systematisch aufgebauten Theorie entwickelt werden. Ihre Entwicklung erfolgt im Rahmen der Behandlung des Sachproblems. Weil ferner das Explorieren einer Sache im Vordergrund steht, ist mit der *EDA* auch immer eine intensive Sachanalyse verbunden. Geeignete Themenbereiche sind das Wetter- und Klimageschehen, das Verkehrsgeschehen, die Geographie, die Demographie, Wirtschaft und Technik usw. Statistiken zum Verkehrsgeschehen haben *Biehler/Rach* (1990) mit Mitteln der *EDA* bearbeitet. Die Ergebnisse geben interessante Aufschlüsse über die Risiken, unterschiedliche Straßenarten an unterschiedlichen Wochentagen zu benutzen. Interessante Untersuchungen lassen sich auch zu Zeitreihen bei Sportergebnissen machen, wo die Leistungssteigerungen über die Jahrzehnte unterschiedliche Verläufe haben.

Beispiel 11 (*Nordmeyer* 1989): Seit längerer Zeit spielt die Klimatologie in der öffentlichen Diskussion eine Rolle. Es gibt seit 1992 das *UNO*-Klimaschutzabkommen von *Rio*, nach dem die CO_2-Emissionen weltweit drastisch vermindert werden sollen. Ergänzend zu solchen mehr globalen Themen könnten im Stochastikunterricht klimatologische Themen von mehr lokaler Bedeutung eine Rolle spielen. Anhand von Datensätzen zu den Tageshöchsttemperaturen und zu Sonnenscheindauern in Osnabrück und zu Windrichtungen in Nordwestdeutschland an den Tagen vom 23.03. bis 08.04 jeweils der Jahre 1980 bis 1989 lassen sich unter dem Thema „Erstfrühling und Aprilwetter" mit Mitteln der *EDA* Aussagen dazu gewinnen, welche Datenstrukturen die sich die um diese Zeit häufig stattfindende Umstellung der Großwetterlage charakterisieren.

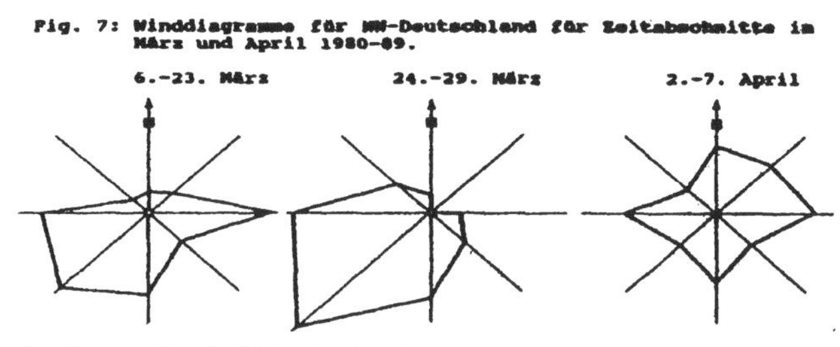

Fig. 7: Winddiagramme für NW-Deutschland für Zeitabschnitte im März und April 1980-89.

3.2 Wahrscheinlichkeitsraum

3.2.1 Didaktische Positionen

Zur Behandlung des Wahrscheinlichkeitsraums im Stochastikunterricht gibt es verschiedene Positionen: In den 70er Jahren wurde die Schulmathematik, soweit wie dies möglich war, an einführenden Lehrgängen im tertiären Bereich orientiert. Für die Stochastik bedeutete dies, dass in entsprechenden Lehrgängen eine elementare mengen- und maßtheoretische Behandlung des Wahrscheinlichkeitsraums einen großen Umfang annahm. Z. B. beträgt im *Heigl/Feuerpfeil* (1981), der Anteil des Kapitels Wahrscheinlichkeitsraum 51 von insgesamt 230 Seiten. Sehr früh schon erhob *Freudenthal* (1973) Widerspruch zu einer solchen Schwerpunktsetzung des Stochastikunterrichts. Er schreibt: „Aber abgesehen von dieser Terminologie ist es bezeichnend, dass die *Kolmogoroff*ianer, wenn sie einmal den Ansatz mit Wahrscheinlichkeiten für Mengen hinter sich haben, bewusst oder unbewusst zur klassischen Auffassung der Wahrscheinlichkeiten von Ereignissen (oder Aussagen) zurückkehren. So erhebt sich die Frage, ob etwas und was dann beim Aufbau von den Mengen her nicht stimmt, und wie es verbessert werden kann." Solchen Vorstellungen folgend sind im Laufe der Zeit dann auch zwar entsprechende Vorschläge für eine „grundraumfreie Behandlung der Stochastik" gemacht worden (vgl. z. B. *Bentz/Palm* 1980), diese haben sich allerdings auf dem Lehrbuchmarkt bisher nicht durchgesetzt. Zu beobachten ist, dass in der neueren Schulbuchliteratur für den Stochastikunterricht die an Mengen- und Maßtheorie orientierte Beschreibung von Ereignissen, deren Wahrscheinlichkeiten und den entsprechenden Verknüpfungen sehr zurückgenommen worden ist zugunsten einer ausführlichen Behandlung von Zufallsvariablen und deren Verteilungen. Damit entspricht ihre Konzeption der von Lehrgängen zur angewandten Stochastik für den tertiären Bereich, die weitgehend ohne eine mengen- und maßtheoretische Einführung aufgebaut sind. Dies liegt daran, dass bei praktischen Anwendungen solche Methoden der beschreibenden und beurteilenden Statistik eine Rolle spielen, für die die Begriffe Zufallsvariablen und ihre Verteilungen grundlegend sind.

3.2.2 Grundraumfreie Behandlung der Stochastik

Eine Konzeption für eine grundraumfreie Behandlung der Stochastik haben *Bentz/Palm* (1980) vorgelegt. Nach ihrer Auffassung „handelt die Wahrscheinlichkeitstheorie von Zufallsvariablen und deren Erwartungswert... Das Ziel der Wahrscheinlichkeitsrechnung ist es, das Schätzen von Erwartungswerten von Zufallsvariablen zu erleichtern." Dies geschieht nach ihrer Auffassung in zwei Schritten:

1. Man schätzt zunächst Erwartungswerte „einfacher" Zufallsvariablen, ggf. mit Mitteln der Kombinatorik.
2. Man behandelt kompliziertere Zufallsvariablen, indem man diese auf einfachere zurückführt.

Grundlegende Idee ist das Konzept des „Zufallsraums" mit Axiomen für das Umgehen mit Zufallsvariablen und deren Erwartungswerten. Eine besondere Rolle spielen dabei „einfache Zufallsvariablen", deren Wertebereich $\{0;1\}$ ist, weil sie den „Angelpunkt zur praktischen Anwendung der Axiomatik“ bilden. Die unterrichtliche Realisierung dieser Konzeption einer grundraumfreien Stochastik kann nach *Bentz/Palm* so erfolgen: Eine zentrale Rolle für die Begriffsbildung spielt das „Glücksrad“ als ein Medium, das einen anschaulichen und intuitiven Zugang zu den grundlegenden Begriffen ermöglicht und zugleich eine Brücke zur formalen Ebene darstellt. Das Spiel mit dem Glücksrad lässt sich als Zufallsvariable auffassen. Man erhält z. B. so viel an Gewinn, wie die beim Drehen erhaltene Zahl zeigt. Man kann das Spiel mit dem ersten Glücksrad ersetzen durch ein Summenspiel. Die Schüler entdecken als Eigenschaften des Erwartungswertes eines Spiels die Beziehungen $E(aX)=aE(X)$ und $E(X)+E(Y)$, also die Linearität des Erwartungswertes $E(aX+bY)=aE(X)+bE(Y)$. Ein Spiel heißt „einfach“, wenn sein Wertebereich in $\{0;1\}$enthalten ist. Schreibt man für ein einfaches Spiel $\mathbf{1}_{[\text{Bedingung}]}$, so nimmt $\mathbf{1}$ den Wert 1 an, wenn die Bedingung erfüllt ist und anderenfalls den Wert 0. (Diese Zufallsvariable ist das Pendant zur üblichen Indikatorfunktion.) Damit lässt sich die Wahrscheinlichkeit einer Bedingung oder eines Ereignisses A als Erwartungswert des zugehörigen einfachen Spiels definieren: $P(A)=E(\mathbf{1}_{[A]})$. Mit Hilfe der Regeln $\mathbf{1}_{[A]}=1-\mathbf{1}_{[\neg A]}$, $\mathbf{1}_{[A\wedge B]}=\mathbf{1}_{[A]}\cdot\mathbf{1}_{[B]}$ und $\mathbf{1}_{[A\vee B]}=\mathbf{1}_{[A]}+\mathbf{1}_{[B]}-\mathbf{1}_{[A\wedge B]}$ lassen sich z. B auf einfache Weise Erwartungswert und Varianz der Binomialverteilung berechnen, bei der die Ereignisse A und $\neg A$ mit den Wahrscheinlichkeiten p und $q=1-p$ auftreten: Aus

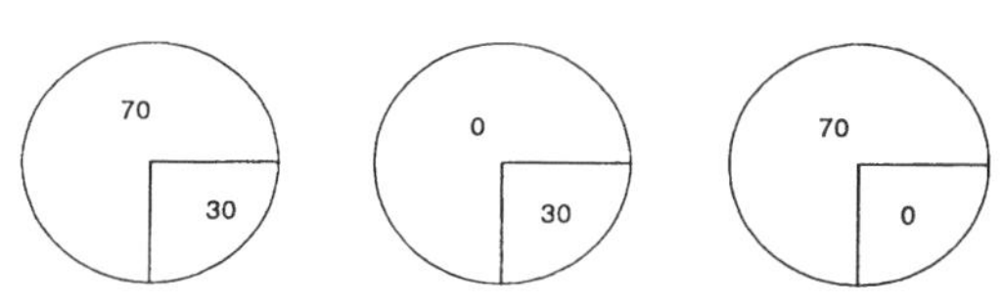

$X=\mathbf{1}_{[A\text{ beim 1. Versuch}]}+\mathbf{1}_{[A\text{ beim 2. Versuch}]}+\ldots+\mathbf{1}_{[A\text{ beim n. Versuch}]}$ folgt $E(X)=p+p+\ldots+p=np$ und aus $Var(\mathbf{1}_{[A\text{ beim } i\text{-ten Versuch}]})=E(\mathbf{1}^2_{[„i“]})-E^2(\mathbf{1}_{[„i“]})=p-p^2=pq$ folgt $Var(X)=pq+pq+\ldots+pq=npq$. Auf der vorstehenden Grundlage lassen sich dann die weiteren Begriffe und Verfahren der Stochastik aufbauen.

Die vorstehenden Skizze zeigt, dass der Aufbau der Wahrscheinlichkeitstheorie auch ohne die Darstellung von Ereignissen als Mengen möglich ist und dass man diese Theorie auf den grundlegenden Begriffen der Zufallsvariable und des Erwartungswertes aufzubauen kann. Als sehr variables Mittel der Veranschaulichung wird dabei das Glücksrad eingesetzt. Die der Konzeption von *Bentz/Palm* zugrundeliegende Idee, beim Aufbau der Stochastik das Schwergewicht auf die Behandlung von Zufallsvariablen, ihren Verteilungen und den Anwendungen zu legen, wird heute allgemein geteilt. Nicht geteilt werden offenbar die Ideen, die Stochastik grundraumfrei aufzubauen, statt der Wahrscheinlichkeit als grundlegenden Begriff den Erwartungswert zu verwenden und den Zugang zu den Begriffen und Methoden der Stochastik vor allem über Zufallsexperimente mit dem Glücksrad zu suchen. Abschließende Bewertungen dieser Konzeption sind zum jetzigen Zeitpunkt allerdings nicht möglich, da breite unterrichtliche Erfahrungen noch fehlen.

3.2.3 Zur Behandlung des Wahrscheinlichkeitsraums

Sichtet man die ausgearbeiteten Lehrgänge zum Stochastikunterricht, so stellt man fest, dass diese Lehrgänge durchweg nicht grundraumfrei aufgebaut sind, sondern dass sie alle eine mehr oder weniger kurze Einführung in die mengentheoretische Darstellung des Wahrscheinlichkeitsraums geben. Man sieht es im Sinne eines angemessenen Umgangs mit der Begrifflichkeit der Stochastik und zur Entwicklung von stochastischem Denkens offensichtlich als notwendig an, Grundbegriffe der Stochastik wie „Zufall", „Ereignis", „Wahrscheinlichkeit", „Operationen mit Ereignissen und Wahrscheinlichkeiten, „Zufallsvariable" u. a. an einfachen Beispielen vorzustellen, verstehbar zu machen, sie symbolisch dazustellen und mit ihnen auch formal umzugehen. *Bender* (1997) bemerkt: „Das Aufstellen des Wahrscheinlichkeitsraums ist ein Scharnier zwischen einem realen... Kontext und der mathematischen Begrifflichkeit. Die möglichen Ausfälle des Experiments werden als mathematische Objekte modelliert. Dies geschieht nicht nur, damit dann der Apparat der mathematischen Stochastik angewandt werden kann, sondern es geht um die (durchaus auch alltags-) begriffliche Schärfung des Experiments, um die Herausschälung der relevanten Merkmale, sowie nicht zuletzt um die Bereitstellung eines abgeschlossenen, vertrauten Raums für das Denken... Es stellt regelmäßig keine Erleichterung für den Lernenden dar, wenn ihm, etwa im Zuge einer durchaus löblichen Konzentration auf die Anwendungen, diese Begriffe vorenthalten oder verwaschen und damit letztlich unverständlich dargeboten werden" (vgl. auch *Herget* 1997).

3.2.3.1 Ereignisraum

Ein rationelles Umgehen mit stochastischen Situationen erfordert eine symbolische Darstellung der Modelle, die diesen entsprechenden. Solche symbolischen Darstellungen sind möglich mit Hilfe von Tafeln, Diagrammen und formal-symbolischen Darstellungen. Für diese formal-symbolische Darstellung von Wahrscheinlichkeitsräumen mit Angabe der Ereignisse als zu messenden Objekten, des Maßes und seiner Eigenschaften hat sich die Darstellung durch das Tupel $(\Omega,\mathfrak{A},P)$ mit den durch die *Kolmogoroff*-Axiome gegebenen Eigenschaften durchgesetzt. Wahrscheinlichkeitsräume spielen eine Rolle beim axiomatischen Aufbau der Theorie und als universelle Darstellungsformen von stochastischen Modellen. In der Praxis werden die jeweils verwendeten Wahrscheinlichkeitsräume in der Regel nicht explizit in der Form $(\Omega,\mathfrak{A},P)$ dargestellt, hier verwendet man sie in der Form von Verteilungen von Zufallsvariablen. Autoren wie *Kütting* (1985), *Scheid* (1986), *Ziezold* (1982) u. a. plädieren dafür, (endliche) Wahrscheinlichkeitsräume im Stochastikunterricht auch formal in der Form $(\Omega,\mathfrak{A},P)$ darzustellen. *Scheid* (1986) bemerkt z. B.: „Eine eingehende Beschäftigung mit der Ereignisalgebra, welche jedoch nicht zum Selbstzweck ausarten sollte, macht sich bei der Behandlung der bedingten Wahrscheinlichkeit bezahlt." Weil anhand der formalen Darstellung von Wahrscheinlichkeitsräumen die strukturellen Zusammenhänge deutlich gemacht werden können, haben die meisten Stochastiklehrgänge für die SII diesen Formalismus für die Behandlung von endlichen und abzählbaren Wahrscheinlichkeitsräumen übernommen und benutzen ihn für die formale Darstellung von Modellen von Anfang an. Die Konstruktion endlicher Wahrscheinlichkeitsräume ist für viele Zufallsexperimente mit Zufallsgeneratoren wie *Laplace*-Würfel, Urne u. a. naheliegend und sollte auch durchgeführt werden. Als Gründe werden angegeben:

- Das Tupel $(\Omega,\mathfrak{A},P)$ stellt ein universell verwendbares Schema zu Darstellung von Wahrscheinlichkeitsräumen dar. Es bildet den standardisierten Rahmen für die Grundbegriffe der Wahrscheinlichkeitstheorie und deren Kontext in fast allen wissenschaftlichen Darstellungen der Wahrscheinlichkeitstheorie und auch in Lehrbüchern für den Stochastikunterricht.

- Strukturelle Gesichtspunkte sollten zwar nicht den Schwerpunkt einer Stochastik in der S II bilden, sie können aber in angemessener Form aufgegriffen werden, um den mathematischen Aspekt des Wahrscheinlichkeitsbegriffs klar zu machen. Dabei kann auf Analogien aus anderen Größenbereichen zurückgegriffen werden: Das „Messen" von Ereignissen erfolgt weitgehend nach den Regeln des Messens von Strecken, Flächen usw.
- Der „Umfang" des Wahrscheinlichkeitsraumes und seine Struktur werden deutlich, es wird klar, welche Ereignisse im konkreten Fall auftreten können und wie sie ggf. zusammenhängen. Dies ist besonders sinnvoll, wenn eine stochastische Situation auf verschiedene Weise modelliert werden kann.
- Den umgangssprachlichen Verknüpfungen von Ereignissen entsprechen mengenalgebraische, die in der Regel aus der SI geläufig sind.

Beispiel 1: Wurf mit einem *Laplace*-Würfel. Ergebnismenge. $\Omega=\{1,2,3,4,5,6\}$, Ereignisraum: $\mathfrak{P}(\Omega)=\{\emptyset,\{1\},\{2\},...,\Omega\}$, *Laplace*-Wahrscheinlichkeit: $P(\{i\})=1/6$ für $i\in\Omega$.

Neben endlichen Wahrscheinlichkeitsräumen können bei der Einführung des Formalismus auch unendliche Wahrscheinlichkeitsräume zu abzählbaren Ergebnismengen behandelt werden. Damit ist eine erste Stufe der Verallgemeinerung des Formalismus möglich.

Beispiel 2: Eine Münze wird so lange geworfen, bis Zahl erscheint. $\Omega=\{1,2,3,...\}$, $P(\{i\})=1/2$, $\mathfrak{A}=\mathfrak{P}(\Omega)$, $P(A)=\Sigma P(\{k\})$.

Eine ausführlichere, präzise Ausweitung der Begriffsbildung auf stetige Ergebnismengen wird im Unterricht nicht möglich sein. Gegebenenfalls lässt sich aber die Problematik der Verallgemeinerung am Beispiel des Glücksrades ohne Sektoren aufzeigen. Nimmt man aus Symmetriegründen an, dass alle Punkte ω des Randes Ω mit gleicher Wahrscheinlichkeit getroffen werden können, so lässt sich kein Wahrscheinlichkeitsmaß angeben, dessen Werte für die einelementigen Mengen $\{\omega\}$ verschieden von Null sind.

Beispiel 3:

Umgangssprache	Ereignissprache	formale Sprache
Genau eines von beiden	$(A\wedge\neg B)\vee(\neg A\wedge B)$	$(A\cap\bar{B})\cup(\bar{A}\cap B)$

Da die Schreibweise die Ereignissprache direkt wiedergibt und das Umgehen mit Mengen und ihren Operationen vom Mathematikunterricht der S I her vertraut ist, sollte die Darstellung von Ereignissen durch Mengen keine Probleme bereiten.

- Im Stochastikunterricht ist es durchaus zweckmäßig, bei der Konstruktion mathematischer Modelle zu stochastischen Situationen auf das Problem der Wahl eines geeigneten (d. h. endlichen) Ereignisraumes einzugehen. Die Untersuchungen von *Maroni* (1991) zeigen, dass für das Umgehen mit Wahrscheinlichkeiten die Kenntnis des zugrunde liegenden Ereignisraumes wichtig sein kann.
- Mit Hilfe mengenalgebraischer Gesetze wie dem Satz über die Vereinigung nicht disjunkter Mengen oder der Bildung von Komplementen lassen sich Wahrscheinlichkeit häufig einfacher berechnen. Insbesondere die Komplementbildung kann oft als heuristische Strategie eingesetzt werden (vgl. 2.2.1.1, *Beispiel 1* und 3.7.3).
- Mengendiagramme sind bei einer Behandlung der bedingten Wahrscheinlichkeit sehr hilfreich (vgl. 2.3.4.4).

Gegen den mengenalgebraischen Formalismus spricht

- die umständliche Schreibweise:

Beispiel 4: Die Wahrscheinlichkeit, dass beim zweimaligen Würfeln das Paar (2,5) geworfen wird, wird mit Mitteln der Mengenalgebra so ausgedrückt: $P(\{(2,5)\})=1/36$.

- dass eine zu ausführliche Beschäftigung mit dem Formalismus das eigentliche Ziel, nämlich das dialektische Verhältnis von konkreter stochastischer Situation und dem mathematischen Modell aufzuhellen, behindert werden kann
- dass in der Praxis die den jeweils verwendeten Modellen zugrundeliegenden Wahrscheinlichkeitsräume in der Regel nicht explizit dargestellt werden.

Ein Kompromiss wird darin gesehen, nicht die Sprache der Mengenalgebra, sondern die Sprache der Aussagenlogik zur Beschreibung von Ereignissen und deren Verknüpfungen zu verwenden, weil diese weniger umständlich sei und näher an der Umgangssprache liege (vgl. *Borovcnik* 1992). Dieser Kompromiß bringt aber nur wenig an prinzipieller Vereinfachung. Vertreter einer subjektivistischen Auffassung des Wahrscheinlichkeitsbegriffs sehen die Verwendung des o. g. Formalismus ohnehin als weitgehend überflüssig an. *Riemer* (1985, 1991) als ein Vertreter dieser Richtung behandelt in einem Lehrgang, der bis zur Behandlung der Grenzwertsätze und wesentlicher Methoden der beurteilenden Statistik führt, i. w. Verteilungen von Zufallsvariablen und kann so auf den dargestellten Formalismus weitgehend verzichten.

3.2.3.2 Wahrscheinlichkeit als Maß

Für die Anwendungen der verschiedenen Größenmaße ist die Additivität von besonderer Bedeutung. Anders aber als bei den üblichen Maßen treten beim Wahrscheinlichkeitsmaß häufig Fälle auf, in denen die Schnittmenge zweier Repräsentanten des Maßes nicht leer ist. Die sog. *Additionssätze* beschreiben, wie bei der Berechnung von Gesamtwahrscheinlichkeiten die Wahrscheinlichkeiten von nichtleeren Durchschnitten zu berücksichtigen sind. Anhand dieser Sätze lässt sich exemplarisch zeigen, wie auf der Grundlage eines Axiomensystems Sätze der darauf beruhenden Theorie abgeleitet werden können. Formen einer Begründung:

- Eine Plausibilitätsbetrachtung anhand von Beispielen und einer graphisch dargestellten Zerlegung eines Ereignisses verdeutlicht noch einmal den stochastischen Aspekt der in Rede stehenden Eigenschaft des Wahrscheinlichkeitsmaßes.
- Für die Fälle der Vereinigung von zwei, drei und vier beliebigen Ereignissen lässt sich eine plausible Begründung anhand von Beispielen und graphischen Darstellungen heuristisch-induktiv gewinnen. Auch hier steht der entsprechende stochastische Aspekt des Wahrscheinlichkeitsmaßes im Vordergrund. Durch den Beweis mit Hilfe vollständiger Induktion wird eher der mathematische Aspekt des Begründens von Sätzen betont. Dieser Beweis ist aber so aufwendig, dass sich seine Behandlung i. Allg. nicht lohnt.

Noch von größerer Bedeutung als die additive Verknüpfung von Ereignissen sind die Vorstellungen und Ideen, die sich mit Hilfe der Begriffe *bedingte Wahrscheinlichkeit, Bayes-Regel, Unabhängigkeit, Multiplikationssatz, Satz von der totalen Wahrscheinlichkeit* präzisieren lassen. Der formale Begriff der bedingten Wahrscheinlichkeit lässt sich im *Kolmogoroff*schen Aufbau der Wahrscheinlichkeitstheorie als uninterpretierter Begriff bilden. Sowohl die objektivistische wie auch die subjektivistische Interpretation sind nach *Dinges* mit Schwierigkeiten verbunden, wobei die Auffassung der Objektivisten aber aus prinzipiellen Gründen problematisch sei. Er befürchtet allerdings, „dass man sich in elementaren Kursen damit zufrieden geben muss, dass bedingte Wahrscheinlichkeiten als Quotienten von Wahrscheinlichkeiten ausgerechnet und dass man nur ganz gelegentlich eine Interpretation versuchen kann“ (*Dinges* 1978). Wie solche Interpretationen in konkreten Fällen aussehen können, dafür liefert er eine Reihe instruktiver Beispiele. *Riemer* (1985) und *Wickmann* (1990) teilen diese Skepsis nicht. Sie sind im Gegenteil der Auffassung, dass die subjektivistische Auffassung vom Wahrscheinlichkeitsbegriff mit einer entsprechenden Interpretation der bedingten Wahrscheinlichkeit Grundlage eines Stochastiklehrgangs im Unterricht sein müsste: vgl. 2.1.3.3 und 2.3.4. Auch *Dinges* plädiert dafür, den Stochastikunterricht so anzulegen, dass er in diesem Sinne fortsetzbar ist. Auf die spezifischen Schwierigkeiten einer Quantifizierung des Lernens aus Erfahrung weisen er und *Borovcnik* (1992) hin. Bedingte Wahrscheinlichkeiten treten oft im Zusammenhang mit mehrstufigen Experimenten auf, entsprechend lässt sich über die Mathematisierung solcher Experimente ein Zugang zum Begriff der bedingten Wahrscheinlichkeit finden. Dabei betrachtet man etwa das Baumdiagramm eines zweistufigen Zufallsexperimentes, es führt als Ikonisierung der Mathematisierung zur Definition. Wählt man diesen Zugang, dann sollte er ergänzt werden durch Betrachtungen von solchen Beispielen, in denen die entsprechenden Zufallsexperimente einstufig sind, damit der Begriff der bedingten Wahrscheinlichkeit nicht nur mit mehrstufigen Experimenten verbunden wird. Ein solches Beispiel ist das folgende, dessen Mathematisierung ferner zu den weiteren Begriffen totale Wahrscheinlichkeit und *Bayes*-Regel führt.

Beispiel 5 (*Strick*, 1998): 37% aller 10- bis 16-jährigen besuchen derzeit das Gymnasium. Jedoch nur 35% dieser Jugendlichen haben Eltern, die selbst zum Gymnasium gingen. Umgekehrt findet man unter den Schülern die eine Haupt- oder Realschule besuchen, nur 8%, deren Eltern ein Gymnasium absolvierten.

	G	$\bar{G}$	
E_G	13	5	18
$\bar{E}_G$	24	58	82
	37	63	100

Man kann nun nach folgenden Wahrscheinlichkeiten fragen:

- nach den Wahrscheinlichkeiten $P(G)$ und $P(\bar{G})$, mit denen die Ereignisse G und $\bar{G}$ auftreten. Es gilt: $P(G)=|G|/|G\cup\bar{G}|$ und $P(\bar{G})=|\bar{G}|/|G\cup\bar{G}|$.
- nach der Wahrscheinlichkeit von G unter der Bedingung, dass die Eigenschaft E_G vorliegt. Hier ergibt sich $P(G|E_G)=|G\cap E_G|/|E_G|$.

Eine Verallgemeinerung führt zur o. g. Definition. Man erhält aus ihr den allgemeinen Multiplikationssatz für zwei Ereignisse durch Umformung.

Die Verbindung des Begriffs *Unabhängigkeit* mit inhaltlichen Vorstellungen wird in speziellen übersichtlichen Fällen (mehrstufige, physikalisch unabhängige Zufallsexperimente) in der Regel leicht vollzogen, in diesen Fällen finden Schüler über das Baumdiagramm den Multiplikationssatz als naheliegende Strategie zur Bestimmung der entsprechenden Wahrscheinlichkeiten Diese inhaltlichen Vorstellungen sind aber oft nicht ausreichend tragfähig. Der Versuch, den Begriff der Unabhängigkeit zweier Ereignisse A, $B\in\mathfrak{A}$ direkt über eine Interpretation der Gleichung $P(A\cap B)=P(A)\cdot P(B)$ zu gewinnen, wird aber i. Allg. für weniger sinnvoll gehalten (vgl. *DIFF MS2* 1979, *Freudenthal* 1973, *Schreiber* 1979). So wird im Studienbrief *Stochastik MS 2* bemerkt: „Es ist jedoch eher befremdlich, wenn man durch diese Beziehung zwischen den Wahrscheinlichkeiten $P(A)$, $P(B)$, $P(A\cap B)$ die Unabhängigkeit der Ereignisse A und B definieren will. Ein solches Multiplikationsgesetz erscheint mehr als Folgerung aus der wenig genauen Unabhängigkeitsvorstellung, denn als deren Präzisierung.“ Es könnte überdies die Beziehung zwischen mathematischem Begriff und außermathematischer Begründung verwischt werden. Üblich ist daher, den Begriff der Unabhängigkeit als Präzisierung intuitiver Vorstellungen über den Begriff der bedingten Wahrscheinlichkeit zu gewinnen. Solche Vorstellungen lassen sich bei der Analyse von Vierfeldertafeln über dort feststellbare „statistische“ Abhängigkeiten oder Unabhängigkeiten gewinnen (vgl. 3.1.2.4.2, 4.3 und *Kosswig* 1983).

Beispiel 6: Mehrmaliges Ziehen aus einer Urne mit Zurücklegen. Hier liegt physikalische Unabhängigkeit vor, die hier stochastische Unabhängigkeit begründet.
Beispiel 7: Mehrmaliges Ziehen ohne Zurücklegen (Lotto, Qualitätskontrolle, Meinungsumfragen,...). Hier ändern sich die Wahrscheinlichkeiten für das Ziehen einer Kugel bei jedem Ziehen.

Probleme ergeben sich auch bei der Deutung der Gleichung $P(A_1 \cap A_2)=P(A_1) \cdot P(A_2)$, wenn A_1, A_2 Ereignisse eines Feldes sind, denen nicht im obigen Sinne Ereignisse in einem zweistufigen Zufallsexperiment entsprechen. *Schreiber* bezweifelt, „ob eine künstliche Stufung des Experimentes die Schwierigkeiten beheben kann“, weil in solchen Fällen intuitive Vorstellungen inadäquat sein können. Gerade für den Begriff der Unabhängigkeit gilt, wie Untersuchungen und das bekannte Verhalten von Erwachsenen etwa beim Ausfüllen eines Lottoscheines zeigen, dass seine Entwicklung weniger von seiner formalen Behandlung, sondern wesentlich von entsprechenden Erfahrungen in stochastischen Situationen abhängt. Die Diskussion entsprechender stochastischer Situationen sollte daher im Unterricht einen angemessenen Raum finden. Dabei können Ikonisierungen durch Baum- oder *Venn*-Diagramme sehr nützlich sein. Beispiele finden sich im *DIFF*-Grundkurs Wahrscheinlichkeitsrechnung (1976), bei *Dinges* (1978), *Heitele* (1975) u. a. Sie sind auch hilfreich bei der „Zusammensetzung“ eines Wahrscheinlichkeitsraums aus gegebenen Unterwahrscheinlichkeitsräumen.

Beispiel 8 (*Barth* 1983): Eine Fabrik bezieht von der Firma *A* die Hälfte, von *B* ein Drittel, und von *C* den Rest der benötigten Schalter. Von den *A*-Schaltern sind 10%, von den *B*-Schaltern 5% und von den *C*-Schaltern 1% defekt. Mit welcher Wahrscheinlichkeit enthält ein Gerät, in das einer der Schalter eingebaut wird, einen defekten Schalter? Die angegebene Situation lässt sich mit einem Mengendiagramm darstellen, aus dem der Lösungsansatz entnommen werden kann. Hier ergibt sich $P(D)=P(A)P(D|A)+P(B)P(D|B)+P(C)P(D|C)=41/600$. Mit welcher Wahrscheinlichkeit stammt ein defektes Gerät von der Firma *A*? Diese Frage führt zu der Regel von *Bayes*.

Zwar gibt es vereinzelt Vorschläge zur Behandlung des epistemologischen Aspektes solcher Mathematisierungen, die Gesamtproblematik der *Bayes*-Regel kann aber im Unterricht kaum eingehend thematisiert werden (*Ferschel* 1973). Es können Beispiele diskutiert werden, „wo der Schüler eine Situation oder eine gewonnene Information vernünftig beurteilen muss“ wie *Dinges* (1978) bemerkt. Er selbst und auch *Schrage* geben eine Reihe sehr instruktiver Beispiele an (vgl. auch *Chung* 1978, *Engel* 1973, *Goetz* 1999, *Wiedling* 1979).

3.2.3.3 *Laplace*-Wahrscheinlichkeitsräume

Wenn Wahrscheinlichkeitsräume explizit behandelt werden sollen, dann spielen die *Laplace*-Wahrscheinlichkeitsräume eine besondere Rolle:

- *Laplace*-Räume spielen als Modelle für viele Anwendungen eine große Rolle.
- Über die Darstellungen mit dem Urnenmodell oder dem Baumdiagramm lässt sich die Struktur von *Laplace*-Räumen übersehen, was nach Ansicht von *Maroni* förderlich für ein verständiges Umgehen mit dem Zufall und der Wahrscheinlichkeit ist.
- Kombinatorisches Denken ist in vielen Gebieten der Mathematik wie Geometrie, Arithmetik und nicht zuletzt in der Stochastik, etwa beim Umgehen mit verteilungsfreien Tests, notwendig. Es lässt sich beim Umgehen mit *Laplace*-Räumen entwickeln.

Nach *Herget* (1997) ist gerade die Behandlung von geeigneten *Laplace*-Räumen hilfreich für die Entwicklung von grundlegenden Begriffen, Methoden und Modellen der Stochastik.

3.3 Elementare Kombinatorik

Die elementare Kombinatorik ist der Teil der finiten Mathematik, in dem es unter anderem um die Bestimmung von Anzahlen von Auswahlen oder Gruppierungen geht. Kombinatorische Methoden haben im Verlaufe der Geschichte der Mathematik immer schon eine große Rolle gespielt. So hoffte schon Leibniz im 17. Jahrhundert, mit Hilfe solcher Methoden sämtliche wahren Sätze der Philosophie aus einer Menge von vorliegenden wahren Sätze ableiten zu können. In den letzten Jahrzehnten hat die gesamte finite Mathematik nicht zuletzt wegen der nun zur Verfügung stehenden immensen Rechenleistung enorm an Bedeutung für die Anwendungen gewonnen. Als Gebiete, in denen Methoden der finiten Mathematik zur Anwendung kommen, seien genannt:

- Mit Methoden des *Operations-Research* lassen sich quantifizierbare Entscheidungsprobleme lösen, wie sie z. B. in der Wirtschaft häufig auftreten. Ein solches Problem ist das sog. „Rucksackproblem", das exemplarisch für eine Klasse von Transportproblemen steht und das mit Mitteln der kombinatorischen Optimierung gelöst werden kann:

Beispiel 1: Ein Wanderer kann in seinen Rucksack verschiedene Ausrüstungsgegenstände packen, deren Gewichte und Nutzen jeweils unterschiedlich und bewertbar sind und wobei ein vorgegebenes Gesamtgewicht nicht überschritten werden darf.

- In der *Informatik* lässt sich in bestimmten Fällen die Entropie als Informationsmaß mit Mitteln der Kombinatorik bestimmen. Betrachtet man einen fairen Würfel mit der Wahrscheinlichkeitsfunktion $P(X=x_i)=1/6$ für $x_i=1,...,6$ und einen gefälschten Würfel mit $P(X=x_i)=1/10$ für $x_i=1,...,5$ und $P(X=6)=0{,}95$, so ist die Unbestimmtheit über den Ausgang eines Zufallsexperimentes beim fairen Würfel größer als beim gefälschten. Umgekehrt verhält es sich mit der Größe der Information, die man bei einem konkreten Zufallsexperiment erhält. Als Maß für die Unbestimmtheit bzw. für die Information verwendet man die Entropie eines Wahrscheinlichkeitsraumes:

Beispiel 2: Man betrachtet einen Text der Länge *n*, in dem *k* Buchstaben eines Alphabets mit den Häufigkeiten $n_1,...,n_k$ vorkommen. Dann ergibt sich die Information des Textes zu $I_n \approx -n\sum_{i=1}^{k}\frac{n_i}{n}\log_2\frac{n_i}{n}$. Bei dieser Modellierung wird Information als rein syntaktisch aufgefasst, die inhaltliche Bedeutung von Zeichen wird ausgeklammert.

- In der *Kryptologie* geht es darum, Verfahren für die Ver- und Entschlüsselung von Nachrichten zu entwickeln und anzuwenden. Dabei wird in bestimmten Fällen der *Friedman*-Test angewendet.

Beispiel 3: Der *Friedman*-Test wird dazu verwendet, die Wahrscheinlichkeit dafür zu berechnen, dass ein aus einem Klartext der Länge *n* beliebig herausgegriffenes Buchstabenpaar aus gleichen Buchstaben besteht.

- In der *Stochastik* hat die Kombinatorik von Anfang an eine große Rolle gespielt. Hier dient sie u. a. dazu, Wahrscheinlichkeitsverteilungen für diskrete Wahrscheinlichkeitsräume zu bestimmen.

Beispiel 4: Für die Verteilung von Elementarteilchen auf Zellen eines Phasenraumes gibt es je nach den unterschiedlichen Annahmen verschiedene Modelle, das *Maxwell-Boltzmann*-, das *Bose-Einstein*- und das *Fermi-Dirac*-Modell (vgl. 1.1.1.2).

Endliche Wahrscheinlichkeitsräume spielen bei der Einführung in die Stochastik eine wichtige Rolle, weil sich an ihnen besonders gut Erfahrungen zu zufälligen Ereignissen und deren Wahrscheinlichkeiten gewinnen lassen. Darüber hinaus stellen endliche Wahrscheinlichkeitsräume wie z. B. Binomialverteilungen Modelle für viele Anwendungen dar. Bei der Bestimmung der entsprechenden Wahrscheinlichkeitsverteilungen werden Verfahren der Kombinatorik eingesetzt. Es sind dies die *Summen-* und die *Produktregel*, *Permutationen mit und ohne Wiederholung* („Reihenfolgeprobleme") und *Kombinationen mit und ohne Wiederholung* („Auswahlprobleme"). In der Schulbuchliteratur zur Stochastik werden im Wesentlichen die Formeln für diese Abzählverfahren angegeben.

3.3.1 Das Allgemeine Zählprinzip

Die Bestimmung der Wahrscheinlichkeiten von Ereignissen in *Laplace*-Räumen erfolgt über die Bestimmung des Quotienten der „günstigen" zu „allen möglichen" Fällen. Dies bedeutet, dass Anzahlen von endlichen Mengen bestimmt werden müssen. Beispiele für die Bestimmung solcher Anzahlen sind:

Beispiel 5: Wie viele verschiedene Tips gibt es beim Lotto „6 aus 49"? Wie hoch ist die Wahrscheinlichkeit für einen Gewinn? Wie viele Rechenschritte braucht ein Algorithmus? Wie viele Sitzordnungen gibt es in einer Klasse?

In unübersichtlichen Fällen wie dem letztgenannten kommt man ohne eine Systematik des Abzählens nicht aus.

Beispiel 6: „*Chicago*-Problem": In einem Tanzsaal sind genau n Paare. Sie setzen sich zufällig auf $2n$ Stühle, die paarweise an n Tischen stehen. Mit welcher Wahrscheinlichkeit sitzt jeder Mann mit seiner Partnerin an einem Tisch? Hier kann man für kleine n eine Lösung leicht finden, für große n wird man auf die „passende" „Grundaufgabe" der Kombinatorik zurückgreifen. Dazu muss aber zunächst die Klasse von Grundaufgaben identifiziert werden, zu der das gestellte Problem gehört.

Glücklicherweise lassen sich viele solcher Abzählprobleme wenigen Klassen zuordnen, für die es einfache Lösungsverfahren gibt. Zwei sehr allgemeine Regeln sind die *Summen-* bzw. die *Produktregel.*

Beispiel 7: Wählt man eine Schokoladentafel aus drei Sorten *oder* einen Schokoriegel aus zwei Sorten, so ist dies auf 3+2 Arten möglich.

Summenregel: Liegen eine m-elementige Menge A und eine n-elementige Menge B vor, so lässt sich daraus *ein* Element auf genau $m+n$ Arten wählen.

Beispiel 8: Der Gesetzgeber schrieb für Lenkradschlösser von Autos mindestens 1000 verschiedene Schließungen vor. Hat ein Schlüssel z. B. 4 Einkerbungen und 3 verschiedene Vertiefungen, so gibt es insgesamt $3 \cdot 3 \cdot 3 \cdot 3$ Kombinationen.

Produktregel („Allgemeines Zählprinzip"): Liegen eine m-elementige Menge A und eine n-elementige Menge B vor, so lässt sich daraus ein Element aus A *und* ein Element aus B auf genau $m \cdot n$ Arten wählen.

Eine auf stochastische Experimente bezogene Formulierung des allgemeinen Zählprinzips lautet:

Besteht ein Experiment aus n unabhängigen Teilexperimenten mit $j_1, \ldots, j_n$ Ausfällen, so hat das zusammengesetzte Experiment $j_1 \cdot \ldots \cdot j_n$ mögliche Ausfälle.

Beispiel 9: Auf wie viele Arten kann man 2 Bücher in verschiedenen Sprachen aus 8 englischen, 5 französischen und 6 italienischen Büchern auswählen? Nach der Produktregel ergeben sich folgende Kombinationen: englisch-französisch: 5·8, englisch-italienisch: 6·8, französisch-italienisch: 6·5. Nach der Summenregel ergibt sich als Gesamtzahl: 5·8+6·8+6·5=118.

3.3.2 Reihenfolgeprobleme

Permutationen P(n,k) ohne Wiederholung: Bei vielen Auswahlsituationen wie z. B. der „Besetzung eines Vereinsvorstandes", dessen Mitglieder alle verschiedene Funktionen haben, tritt das Problem auf, aus den Elementen einer n-elementigen Menge M k-Tupel $(a_1,...,a_k)$ ohne Wiederholung zu bilden.

Beispiel 10: Aus 20 Personen soll ein vierköpfiger Vorstand bestehend aus einem 1., einem 2. Vorsitzenden, einem Schriftführer und einem Kassenwart gebildet werden. Hier gibt es für die Wahl des 1. Vorsitzenden 20 Möglichkeiten, für die Wahl des 2. Vorsitzenden 19 Möglichkeiten usw. Insgesamt gibt es 20·19·18·17 Möglichkeiten.

Die Anzahl $P(n,k)$ der k-Permutationen ohne Wiederholung einer n-elementigen Menge ist $P(n,k) = n(n-1)...(n-k+1) = \frac{n!}{(n-k)!}$.

Der Beweis des Satzes ergibt sich unmittelbar durch Anwendung der Produktregel. Als Folgerung lässt sich festhalten: Die Anzahl der verschiedenen Anordnungen von n Elementen ist $P(n,n)=n!$

Permutationen $\overline{P}(n,k)$ mit Wiederholung: In vielen Fällen entfällt bei der Bildung von Tupeln aus Elementen einer vorgegebenen Menge die Einschränkung, dass Wiederholungen nicht zugelassen sind.

Beispiel 11: Wie viele Verteilungen auf Jungen und Mädchen gibt es bei einer Familie von vier Kindern? Hier gibt es für jedes der vier Kinder zwei Möglichkeiten, also gibt es insgesamt $2 \cdot 2 \cdot 2 \cdot 2=2^4$ Möglichkeiten.

Beispiel 12: Fußballtoto: Bei der „11er-Wette" wird eine Tippreihe von 11 Zahlen aus den Zahlen „1", „0", „2" gebildet. Beispiel für eine Tippreihe: (1,1,0,2,1,1,1,2,0,0,1). Hier gibt es für jede Komponente des Tupels drei Möglichkeiten, also gibt es insgesamt 3^{11} verschiedene Tippreihen.

Die Anzahl $\overline{P}(n,k)$ der k-Permutationen mit Wiederholung einer n-elementigen Menge ist $\overline{P}(n,k) = n^k$.

Der Beweis folgt unmittelbar aus der Anwendung der Produktregel.

3.3.3 Auswahlprobleme

k-Kombination C(n,k) ohne Wiederholung: Beim Lotto kommt es nicht auf die Reihenfolge bei der Ziehung der Gewinnzahlen an, wichtig ist, welche Teilmenge von Zahlen gezogen worden ist. Mit $C(n,k)$ bezeichnet man die Anzahl der k-elementigen Teilmengen einer vorgegebenen n-elementigen Menge.

Beispiel 13: Beim Lotto „6 aus 49" werden mit einem Zufallsmechanismus 6 Zahlen aus 49 Zahlen gezogen. Hierbei spielt die Reihenfolge, in der die Zahlen gezogen wurden, keine Rolle (vgl. 4.5).

Beispiel 14: Wie viele 3-elementige Teilmengen besitzt die Menge der Buchstaben $M=\{A,B,C,D\}$? Betrachtet man die Tupel (X_1,X_2,X_3) mit $X_i \in M$ ohne Wiederholung, so sieht man, dass es zunächst 4·3·2=24 solche Tupel gibt. Wenn man die Tupel mit gleichen Komponenten herausgreift, so gibt es von diesen Tupeln jeweils 3! Tupel als Permutationen. Um die Anzahl der Teilmengen zu erhalten, bei deren Darstellung die Reihenfolge der Elemente ja keine Rolle spielt, muss also das Produkt 4·3·2 noch durch 3! dividiert werden und man erhält dann 4 als die Anzahl der 3-elementigen Teilmengen. Es sind dies $\{A,B,C\}$, $\{A,B,D\}$, $\{A,C,D\}$, $\{B,C,D\}$.

Die Anzahl $C(n,k)$ der k-Kombinationen einer n-elementigen Menge ist $C(n,k) = \frac{n!}{k!(n-k)!} = \binom{n}{k}$.

Der Beweis der Formel beruht auf dem im Beispiel genannten Argument. Weitere Beweise zur Gültigkeit dieser Formel, in denen jeweils auf verschiedene Weise „gezählt" wird, gibt *Scheid* (1986) an. Die Binomialkoeffizienten spielen nicht nur im Zusammenhang mit dem Modell Binomialverteilung eine wichtige Rolle in der Stochastik, sie werden auch in der Algebra und Analysis verwendet und sollten daher eingehender behandelt werden.

Kombinationen $\bar{C}(n,k)$ *mit Wiederholung*: Lässt man die vorgenannte Einschränkung weg, so erhält man Auswahlsituationen von folgender Art:

Beispiel 15 (*Barth/Haller* 1983): Für Christen war das Würfelspiel eine Erfindung des Teufels. Bischof *Wibold* von *Cambrai* (um 960) stellte es jedoch folgendermaßen in den Dienst der Kirche: Jeder Kombination, die man mit drei Würfeln erzielen konnte, ordnete er eine christliche Tugend zu. Der Würfler verpflichtete sich, für eine gewisse Zeit sich der erwürfelten Tugend zu befleißigen. Wie viele Tugenden gab es? Um die Anzahl der Möglichkeiten zu erhalten, kann man folgende Überlegung anstellen: Man teilt die 6 Zahlen durch (6-1) Teilstriche in 6 Felder: $S_1|S_2|S_3|S_4|S_5|S_6$. Zieht man nun beim Auswahlverfahren das Element S_i , so schreibt man in das Feld S_i ein „+". Wenn man dies dreimal macht, dann erhält man eine Folge von 6+3-1 Zeichen, nämlich (6-1) Teilstriche und 3 mal „+". Damit entstehen Zeichenfolgen wie: +| | |++| | oder +|+| | |+|. Man erhält alle Möglichkeiten für solche Folgen, wenn man sich überlegt, auf wie viele Arten man die 3 „+" auf die 6+3-1 Zeichenstellen verteilen kann. Dies geht offensichtlich auf $\binom{6+3-1}{3}$ Arten.

Für die Anzahl der k-Kombinationen $\bar{C}(n,k)$ mit Wiederholungen aus einer n-elementigen Menge gilt $\bar{C}(n,k) = \binom{n+k-1}{k}$.

3.3.4 Übersicht

Modelle, die eine Brücke zwischen einer stochastischen Realsituation und dem formalen Modell darstellen können und daher eine wichtige heuristische Funktion besitzen, sind das *Urnen*- und das *Teilchen-Fächer*-Modell. *Strick* (1994) stellt diese Brückenfunktion an einer Vielzahl „klassischer" Probleme wie dem Geburtstags-, Rosinen-, Sammelbilderproblem mit ihren verschiedenen Einkleidungen und Verallgemeinerungen dar. Für das Urnenmodell erhält man folgenden Überblick über die kombinatorischen Grundaufgaben für das Ziehen von k Kugeln aus einer Urne mit n Kugeln (vgl. *Kütting* 1999):

Ziehen	ohne Zurücklegen	mit Zurücklegen
mit Berücksichtig.	geordnete Stichprobe	geordnete Stichprobe
der Reihenfolge	$P(n,k)=\frac{n!}{(n-k)!}$	$\bar{P}(n,k)=n^k$
ohne Berücksichtig.	ungeordnete Stichprobe	ungeordnete Stichprobe
der Reihenfolge	$C(n,k)=\binom{n}{k}$	$\bar{C}(n,k)=\binom{n+k-1}{k}$

Beim Fächer-Teilchenmodell sollen k Teilchen auf n Fächer verteilt werden. Es treten die folgenden Fälle auf (vgl. *Henze* 1999):
- unterscheidbare Teilchen, Mehrfachbesetzungen zugelassen: $\bar{P}(n,k)$
- unterscheidbare Teilchen, keine Mehrfachbesetzungen: $P(n,k)$
- nichtunterscheidbare Teilchen, Mehrfachbesetzung zugelassen: $\bar{C}(n,k)$
- nichtunterscheidbare Teilchen, keine Mehrfachbesetzungen $C(n,k)$.

Man kann die vorstehenden Sätze auch unter Verwendung des Abbildungsbegriffs als Modellvorstellung herleiten. Z. B. lassen sich die Permutationen $P(n,k)$ ohne Wiederholung als injektive Abbildungen der Menge $A=\{a_1,...,a_k\}$ in die Menge $B=\{b_1,...,b_n\}$ aufzufassen und der Beweis der Formel kann dann unter dieser Sichtweise geführt werden. Dann gilt z. B. für die Menge der Bijektionen einer n-elementigen Menge auf eine n-elementige Menge, dass ihre Anzahl $n!$ ist. Diese Vorgehensweise lässt sich verallgemeinern: Man kann die Formeln der elementaren Kombinatorik auch unter dem Abbildungsgesichtspunkt entwickeln, indem man die verschiedenen Klassen von Anwendungssituationen mit Hilfe spezieller Abbildungen modelliert. Wenn man diesen Weg konsequent beschreiten will, so wird man eine gründliche Behandlung des Themas Abbildungen und Relationen vorschalten müssen. Eine solche Schwerpunktsetzung ist aber sicher nur sinnvoll, wenn man die elementare Kombinatorik unter strukturmathematischem Gesichtspunkt behandeln will. Im Rahmen einer anwendungsorientierten Stochastik wird man eher das Paradigma des „Abzählens" verwenden. Unter Verwendung des Abbildungsbegriffs als Modellvorstellung erhält man folgende Übersicht über die kombinatorischen Grundaufgaben bei Abbildungen der Mengen $A=\{a_1,...,a_k\}$ und $B=\{b_1,...,b_n\}$ (vgl. *DIFF Grundkurs I2* 1970, *Kütting* 1994):
- $P(n,k)$ kann aufgefasst werden als die Anzahl der injektiven Abbildungen der Menge A in die Menge B.
- $\bar{P}(n,k)$ kann aufgefasst werden als Anzahl der Abbildungen von A in B.
- $C(n,k)$ kann aufgefasst werden als Anzahl der Wertemengen aller Injektionen von A in B.
- $\bar{C}(n,k)$ lässt sich nicht mehr so einfach deuten. Dieser Fall kann aber durch Ergänzung der Menge B auf den vorstehenden Fall zurückgeführt werden.

3.3.5 Folgerungen für den Stochastikunterricht

Im Mathematikunterricht spielt die Kombinatorik als eigenes Gebiet keine Rolle, obwohl immer wieder kombinatorische Fragestellungen auftreten.

Beispiel 16: In der Primarstufe wird die Multiplikation von natürlichen Zahlen ergänzend über das kartesische Produkt eingeführt. Dabei werden kombinatorische Überlegungen angestellt.

Beispiel 17: Im Stochastikunterricht der SI werden die Gewinnchancen für die verschiedensten Glücksspiele behandelt. Auch hier spielen kombinatorische Überlegungen eine entscheidende Rolle.

Wohl wegen der großen theoretischen und praktischen Bedeutung solcher *Laplace*-Modelle wie z. B. der Binomialverteilung hat *Freudenthal* (1973) bemerkt, dass die elementare Kombinatorik das „Rückgrat" der elementaren Wahrscheinlichkeitsrechnung sei. Auch *Herget* (1997) hält die „Würfelbudenmathematik" durchaus für sinnvoll, weil sie auf eine Vielfalt von Standardmodellen mit einer Fülle von Anwendungen führt. Vor allem aber ist er mit Bender (1997) der Auffassung, dass bei der Behandlung überschaubarer stochastischer Situationen, wobei kombinatorische Methoden nützlich sind, die Begriffsbildung gefördert werden kann. Neben der Entwicklung von *Laplace*-Modellen in der Wahrscheinlichkeitsrechnung spielen kombinatorische Überlegungen eine bedeutende Rolle bei der Anwendung nichtparametrischer Tests in der beurteilenden Statistik. Auch im Stochastikunterricht in der S II können exemplarisch solche in der Praxis viel verwendete Testverfahren behandelt werden (vgl. 4.6). Dementsprechend und verwendete Testverfahren behandelt werden (vgl. 4.6). Dementsprechend und vielleicht auch aus Gründen wie dem, dass sich dieses Gebiet kalkülorientiert behandeln lässt, sich also Aufgaben stellen lassen, die mit wenigen Lösungsverfahren relativ sicher gelöst werden können, nimmt die Kombinatorik in manchen Lehrgängen für den Stochastikunterricht und nicht selten auch in der Unterrichtspraxis einen bedeutenden Platz ein. Dies birgt aber die Gefahr, dass wesentliche Ziele eines anwendungsorientierten Stochastikunterrichts wie die Entwicklung eines angemessenen Wahrscheinlichkeitsbegriffs und die Modellbildung mit Datenerfassung und -strukturierung sowie Auswertung und Überprüfung zu kurz kommen (vgl. *Schneider/Stein* 1980). Auch ohne den Zusammenhang mit der Wahrscheinlichkeitsrechnung hat die Kombinatorik nach Auffassung einiger Didaktiker einen eigenen Wert als Unterrichtsgegenstand. *Scheid* (1986) zitiert *Jeger* (1973), der bemerkt: „Didaktisch besonders relevant ist nun aber die Tatsache, dass die Kombinatorik in reichem Maße Möglichkeiten zur Motivation und zur Anwendung der grundlegenden Begriffe in der modernen Mathematik anbietet." Auch *Getrost* (1993) ist der Auffassung, dass es für die Behandlung der Kombinatorik „als ein Gebiet mit eigenständigen Zielsetzungen... viele gute Gründe gibt." Detaillierte Gründe für die Behandlung der Kombinatorik im Unterricht gibt *Kapur* (1970) nach *Scheid* (1973) an: Es können behandelt/entwickelt werden

- motivierende und herausfordernde kombinatorische Probleme über die gesamte Schulzeit hinweg
- kombinatorisches Denken
- moderne Anwendungen aus vielen Gebieten wie Physik, Chemie, Biologie u. a.
- die Art und Weise von Argumentationen in der Mathematik, so wie Plausibilitätsbetrachtungen und strenge Beweise
- Motivationen für einen Computereinsatz, bei dem Möglichkeiten und Grenzen eines solchen Einsatzes erfahren werden können
- Konzepte, die in Gebieten der Mathematik wie Relationen, Funktionen u. a. eine Rolle spielen.

3.4 Verteilungen von Zufallsvariablen

3.4.1 Zufallsvariable

3.4.1.1 Begriff der Zufallsvariable

Es gibt verschiedene Möglichkeiten, Zufallsvariablen und deren Verteilungen im Unterricht einzuführen. Eine Möglichkeit ist die, diese Begriffe nicht explizit zu behandeln, sondern auf die Begrifflichkeit und deren formale Fassung nur insoweit einzugehen, wie das bei jeweiligen Problemstellungen unbedingt erforderlich ist. So plädiert *Riemer* (1985) dafür, die Stochastik in der S II an wesentlichen Problemstellungen dieses Gebietes orientiert, aber ohne Aufbau des üblichen Formalismus zu behandeln. Entsprechend sehen seine Vorschläge zur Behandlung der Themen beurteilenden Statistik, Normalverteilung, Grenzwertsätze keine explizite Erörterung des Begriffs Zufallsvariable vor. In den meisten Lehrbuchwerken für den Stochastikunterricht in der S II haben solche Vorstellungen (noch) keinen Niederschlag gefunden. Dies liegt daran, dass man hier den im tertiären Bereich üblichen Aufbau nachvollzieht, um damit ein Bild der Stochastik zu vermitteln, das grundlegende Begriffe und Methoden in der üblichen Darstellungsweise wiedergibt. So wird in diesen Lehrgängen das Konzept Zufallsvariablen und ihre Verteilungen in der Regel mit dem Ziel behandelt, die Idee der Zufallsvariable als „messbare Abbildung" an Beispielen vorzustellen. Wegen der damit verbundenen Schwierigkeiten beschränkt man sich aber bei der Einführung auf den diskreten Fall. Erweiterungen sind dann möglich im Hinblick auf

- stetige Zufallsvariablen, die im Unterricht vor allem im Zusammenhang mit der Behandlung der Normalverteilung eine Rolle spielen
- zweidimensionale Zufallsvariablen, die im Unterricht verwendet werden bei der Behandlung von Korrelation und Regression.

Wenn man das Konzept Zufallsvariablen und ihre Verteilungen mit dem Mechanismus der Übertragung von Wahrscheinlichkeiten herausarbeiten will, dann sind solche Beispiele geeignet, bei denen der zugrundeliegende Wahrscheinlichkeitsraum und eine geeignete Zufallsvariable als messbare Abbildung eine einfache und durchschaubare Struktur haben. Entsprechend werden in fast allen Lehrgängen Beispiele aus dem Bereich der Glücksspiele verwendet, bei denen die zugrundeliegenden Wahrscheinlichkeitsräume *Laplace*-Räume sind.

Beispiel 1: Modellierung des Glücksspiels *Chuck-a-luck* (vgl. 1.1.2.1).

Ein nicht strukturorientierter, sondern anwendungsorientierter Zugang zu den Konzepten Zufallsvariable und Verteilungen ist von der beschreibenden Statistik aus möglich.

Beispiel 2: Von den 78 Schülern der 6. Klassen einer Schule wird das Gewicht festgestellt. Mit $\Omega=\{\omega_1,...,\omega_{78}\}$ erhält man als Ergebnisse des Zufallexperiments „Messen des Gewichts von ω_i" reelle Zahlen $X(\omega_1),...,X(\omega_{78})$ als Werte der „Zufallsvariable" X, die als reellwertige Funktion auf Ω aufzufassen ist.

Für die weitere Behandlung von Zufallsvariablen ist entscheidend, ob man sich i. w. auf die Binomialverteilung beschränken will, oder ob weitere Verteilungen als Modelle behandelt werden sollen. In diesem Fall ist es ökonomisch, Lage- und Streuungsparameter mit ihren Eigenschaften eigens zu thematisieren, bevor man sie auf die einzelnen Modelle anwendet. Es ergeben sich nämlich so elegantere und wesentlich kürzere Wege zur Entwicklung der einzelnen Parameter (vgl. 1.1.2.2, 1.2.2.2).

3.4.1.2 Erwartungswert

Sehr häufig interessieren von einer Zufallsvariable nicht die Wahrscheinlichkeiten ihrer einzelnen Werte, sondern charakteristische Größen, in denen wesentliche Informationen über eine Verteilung kondensiert sind. Dies sind in der Regel Lageparameter, die die zentrale Tendenz einer Verteilung und dann Streuungsparameter, die die Variabilität der Werte einer Zufallsvariable beschreiben. Das arithmetische Mittel wird von Schülern schon ab der Grundschule verstanden und angewendet, so dass die Übertragung (nicht ihre Konsequenzen) dieser Idee auf Verteilungen von Zufallsvariablen im Prinzip unproblematisch ist. Dies gilt insbesondere dann, wenn dieser Begriff in der beschreibenden Statistik schon behandelt worden ist, so dass der Erwartungswert als Analogon zum arithmetischen Mittel eingeführt werden kann. Der Begriff Erwartungswert lässt sich bei Glücksspielen intuitiv finden: Bei Glücksspielen interessiert der Wert des nach einer längeren Serie zu erwartenden Gewinns. Die Suche nach diesem „Erwartungs"wert war ja auch ein Ausgangspunkt der Wahrscheinlichkeitsrechnung (vgl. 1.1.2.2.1, *Beispiel 32*). Es hängt vom konkret vorliegenden Problem ab, welche der beiden Formen des Erwartungswertes $E(X)=\sum_{\omega\in\Omega} X(\omega)\cdot P(\{\omega\})=\sum_{x\in X(\Omega)} x\cdot P(X=x)$ bei Berechnungen günstiger ist. Der Erwartungswert ergibt sich also als ein „Durchschnittswert", der dadurch entsteht, dass die Werte der Zufallsvariable mit ihren Wahrscheinlichkeiten gewichtet werden. Insofern stellt er auch eine „Verallgemeinerung" des Wahrscheinlichkeitsbegriffs dar. Wie das arithmetische Mittel ist der Erwartungswert eine besonders aussagekräftige Kenngröße, wenn die Verteilung symmetrisch und möglichst schmal ist. Er charakterisiert die „zentrale Tendenz" der Verteilung. Auch die historische Entwicklung der Stochastik zeigt, wie grundlegend der Begriff des Erwartungswertes ist: *Huygens*, der den Erwartungswert intuitiv über den zu erwartenden Gewinn in einer Spielserie gewinnt, verwendet den Erwartungswert und nicht den Begriff der Wahrscheinlichkeit als grundlegenden Begriff zur Lösung stochastischer Probleme (vgl. *Borovcnik* 1992). An Beispielen sieht man, dass der Erwartungswert nicht selbst Wert der Zufallsvariable sein muss. Er muss auch nicht der wahrscheinlichste Wert der Zufallsvariable sein. Interpretiert man die möglichen Werte x_i der Zufallsvariable X als „Massepunkte" mit dem Massen $P(X=x_i)$, so ergibt sich aus der „Gleichgewichtsbedingung" $\sum_{x\in X(\Omega)} (x-E(X))\cdot P(X=x)=E(X-E(X))=0$, dass $E(X)$ als „Schwerpunkt" der Gesamtmasse gedeutet werden kann. Für den Erwartungswert $E(X)$ einer Zufallsvariable X gilt der Satz, dass $E(X)$ ein lineares Funktional ist. Diese wichtige Eigenschaft kann im Unterricht aus folgenden Gründen behandelt werden:

– Lineare Funktionale spielen in vielen Bereichen der Mathematik eine wichtige Rolle.

- Diese Eigenschaft des Erwartungswertes ermöglicht in vielen Fällen eine einfachere Berechnung des Erwartungswertes von Verteilungen. Dies gilt z. B. für die Binomialverteilung.

Obwohl der Beweis für den Satz nicht sehr schwierig ist, werden Satz und Beweis nur in wenigen Lehrbuchwerken für den Stochastikunterricht thematisiert. Für eine unterrichtliche Behandlung eignen sich Beispiele aus den Wirtschaftswissenschaften wie die Bestimmung von Durchschnittspreisen, einer durchschnittlichen Gesamtnachfrage oder eines durchschnittlichen Gewinns (vgl. *Kosswig* 1977). Für stetige Verteilungen ist zu bestimmen $E(X) = \int_{-\infty}^{\infty} f(x)dx$. *Wirths* (1995) schlägt vor, diese für Schüler wenig durchsichtige Definition über die Deutung als Flächeninhalt zu veranschaulichen und anzuwenden.

3.4.1.3 Varianz, Standardabweichung

Die „Variabilität" von Verteilungen, d. h. die zufälligen Schwankungen, Streuungen der einzelnen Werte einer Zufallsvariable, ist die grundlegende Eigenschaft von Verteilungen. Während der Begriff eines „im Mittel zu erwartenden Wertes" naheliegt und intuitiv gut zugänglich ist, lässt sich das von der „Streuung" der Werte einer Zufallsvariable und ihrer formalen Fassung nicht sagen. Besonders naheliegend ist es, die Größe der Streuung durch die Summe der Differenzen der Werte der Zufallsvariable von ihrem Erwartungswert zu beschreiben. Wegen der „Schwerpunkteigenschaft" von $E(X)$ ist dieser Ansatz ungeeignet. Ein weiter naheliegender Ansatz ist der, die Streuung durch $E(|X-E(X)|)$ zu beschreiben. Als Problem ergibt sich hier, dass das rechnerische Umgehen mit Beträgen recht unangenehm ist. Häufig diskutiert man in der beschreibenden Statistik die verschiedene Möglichkeiten zur formalen Beschreibung der „Streuung" und gewinnt von hier die Motivation und den Weg für die übliche Begriffsbildung. Die übliche Definition der Varianz erfährt später eine neue Bedeutung im Zusammenhang mit dem Ausbau der Wahrscheinlichkeitstheorie, denn der eigentliche Grund für die Verwendung dieser Beschreibung der Streuung ist theoretischer Natur. Ein Beispiel ist der Satz von *Tschebyscheff*. Für die Varianz gelten ähnliche Eigenschaften wie für den Erwartungswert. Auch diese Eigenschaften werden allerdings in kaum einem Lehrgang für den Stochastikunterricht thematisiert.

3.4.2 Behandlung der Binomialverteilung

Die Binomial- und die Normalverteilung sind die wichtigsten im Unterricht zu behandelnden stochastischen Modelle. Die stochastischen Situationen, die durch die Binomialverteilung modelliert werden können, haben eine gemeinsame Struktur:

- Es liegt eine Kette des gleichen Zufallsexperiments vor.
- Das einzelne Zufallsexperiment hat zwei Ausfälle „Erfolg", „Nichterfolg".
- Die einzelnen Zufallsexperimente der Kette sind unabhängig voneinander.

Zur Einführung der Binomialverteilung betrachtet man Folgen von Zufallsexperimenten, die diese Bedingungen erfüllen. Ob im Einzelfall die Annahmen der Gleichartigkeit und der Unabhängigkeit der Versuchsbedingungen im konkreten Fall gerechtfertigt sind, ist nicht immer einfach zu entscheiden. Sie lassen sich nur durch außermathematisch-inhaltliche Argumente begründen. Keine Unabhängigkeit besteht z. B., wenn eine Stichprobe aus einer kleinen Grundgesamtheit „ohne Zurücklegen" genommen wird. Geeignete Beispiele sind solche, bei denen man aus einer Grundgesamtheit mit einem bekannten Anteil von Elementen, die ein bestimmtes Merkmal besitzen, eine Stichprobe mit Zurücklegen zieht und wissen möchte, mit welcher Wahrscheinlichkeit eine bestimmte Anzahl der gezogenen Elemente das Merkmal besitzen. Bei sehr vielen praktischen Anwendungen der Statistik liegt die umgekehrte Fragestellung zugrunde, die Größe eines Anteils in einer Grundgesamtheit zu schätzen. Beispiele sind Schätzungen der Anteile von Lesern einer bestimmten Tageszeitung oder Zeitschrift, von Zuschauern eines bestimmten Fernsehprogramms, von Besitzern eines Mobiltelefons, von Personen mit einer bestimmten Blutgruppe usw. oder Qualitätstests, Tests in Naturwissenschaften und Technik usw.

Beispiel 3 (*Strick* 1998): Nach Angaben der *Telekom* kommen etwa 70% aller Telefongespräche beim ersten Wählen zustande. Wie groß ist die Wahrscheinlichkeit, bei fünf Telefonaten dreimal sofort einen Anschluss zu bekommen? Formal stellt man den Ergebnisraum für einen Wählvorgang so dar: $\Omega=\{0,1\}$. Es gilt dann $P(Treffer)=P(\{1\})=p=0{,}7$. Beim n-maligen unabhängigen Ziehen erhält man eine *Bernoulli*kette von *Bernoulli*-Experimenten mit Ereignissen $\{(a_1,...,a_n)\}\in\Omega^n$, wobei gilt $a_i\in\{0,1\}$. Man erhält also Ereignisse wie $\{(1,0,1,...,1,1)\}\in\Omega^n$. Liegt allgemein eine Kette von n gleichartigen und unabhängigen *Bernoulli*experimenten mit dem Wahrscheinlichkeitsraum $(\Omega_i,\mathfrak{A}_i,P)$ für das i-te Experiment mit $\Omega_i=\{0,1\}$ und $P(„1")=p$ vor, so ist das stochastische Modell der *Bernoulli*kette der Produktraum mit $\Omega=\{0,1\}^n=\{(a_1,...,a_n)$ mit $a_i\in\{0,1\}\}$. Die Anzahl k der *Treffer* in einem Tupel $(a_1,...,a_n)$ erhält man durch $a_1+...+a_n=k$. Jedes Tupel mit k Treffern hat dann die gleiche Wahrscheinlichkeit $P(\{(a_1,...,a_n)\})=p^k\cdot(1-p)^{n-k}$. Bezeichnet die Zufallsvariable X die Anzahl der *Treffer* in einer *Bernoulli*-Kette, so besteht das Ereignis $\{X=k\}$ aus *allen* Tupeln $(a_1,...,a_n)$, für die gilt: $a_1+...+a_n=k$ mit $k\in\{0,1,...,n\}$. Es gibt $\binom{n}{k}$ Tupel mit k-mal *Treffer* und $(n-k)$-mal *Niete*.

Also folgt für die Wahrscheinlichkeit, dass man beim n-maligen Telefonieren k-mal sofort einen Anschluss bekommt: $P(X=k)=\binom{n}{k}\cdot p^k\cdot(1-p)^{n-k}$. Für das Beispiel ergibt sich: $P(X=3)=\binom{5}{3}\cdot 0{,}7^3\cdot 0{,}3^{5-3}=0{,}3$.

Hat man die Grundaufgaben der Kombinatorik behandelt und die entsprechenden Formeln entwickelt, so lässt sich die Problemstruktur der Aufgabe den Kombinationen ohne Wiederholung zuordnen, woraus sich die angegebene Formel für die Verteilung ergibt. Entwickelt man die Formel am Baumdiagramm, so entnimmt man mit Hilfe der Pfadregel z. B. für die zweite Stufe: $P(X=2)=0{,}7^2=p^2$; $P(X=1)=2\cdot 0{,}7\cdot 0{,}3=2pq$; $P(X=0)=0{,}3^2=q^2$. Für die dritte Stufe erhält man allgemein $P(X=3)=p^3$; $P(X=2)=3p^2q$; $P(X=1)=3pq^2$; $P(X=0)=q^3$. Ermittelt man die Wahrscheinlichkeiten für weitere Stufen, so erkennt man, dass sich diese als Knoten im *Pascal*schen Dreieck darstellen lassen, das sich ergibt, wenn man den Ausdruck $(p+q)^n$ ausrechnet.

Beispiel 4: Für Zeitschriften kann es in Bezug auf die Vermarktung von Anzeigen interessant sein zu wissen, welcher Anteil ihrer Leser eine Hochschulbildung hat, welcher Anteil ihrer Leser über 5000DM im Monat verdient usw.
Bei der Modellierung solcher Situationen legt man die Vorstellung zugrunde, dass aus der Grundgesamtheit zufällig eine Stichprobe gezogen wird, deren Elemente man daraufhin untersucht, ob sie das nachgefragte Merkmal besitzen oder nicht. Das Urnenmodell für das Ziehen ohne Zurücklegen ist dann eine Abstraktion der Struktur der Situation. Als stochastisches Modell ergibt sich die hypergeometrische Verteilung. Unter häufig vorliegenden Randbedingungen lässt sich aber stattdessen als Näherung die Binomialverteilung als Modell verwenden, indem man die im Experiment gewonnene relative Häufigkeit als Schätzwert für die Wahrscheinlichkeit p nimmt.
Ein Zugang zur Binomialverteilung, der keine Kombinatorik benötigt, wird von *Engel* (1976) und *Riemer* (1985) vorgeschlagen. Sie entwickeln die Binomialverteilung als Modell für die statistische Verteilung einer Irrfahrt (vgl. 1.2.4.1.2). Ein weiterer Zugang über den umgekehrten Wahrscheinlichkeitsbaum lässt sich nach *Riemer* (1985) beziehungshaltig ausbauen, wobei die „strukturellen Gemeinsamkeiten zwischen Faltungen (Spezialfall: *Pascal*sches Dreieck) und der rekursiven Berechnung beliebiger *Markoff*-ketten hervortreten." (vgl. 1.2.4.1.3).
Es empfiehlt sich, bei der Einführung der Binomialverteilung ergänzend zur Entwicklung der Formel Simulationen durchzuführen. Erfahrungen zu stochastischen Situationen sind unbedingt erforderlich, um Modelle dazu entwickeln zu können oder die Modelle zu verstehen. Solche Erfahrungen können am besten durch Simulationen gewonnen werden. Zur Durchführung von Simulationen lassen sich verschiedene Zufallgeneratoren einsetzen: Urne, Würfel verschiedener Art, das *Galton*brett, Computerprogramme, die Generatoren von Zufallszahlen verwenden, Tabellen mit Zufallszahlen. Besonders schnell lassen sich Simulationen mit Hilfe von Computerprogrammen herstellen.
Wichtige Eigenschaften von Verteilungen sind Erwartungswert und Varianz, zu ihrer Berechnung vergleiche 1.1.3.2. Für Extremwertuntersuchungen vgl. *Göbels* (1991).
Untersuchungen zur Symmetrie lassen sich am schnellsten mit dem Computer durchführen. Betrachtet man Binomialverteilungen $B(n;p;k)$ mit verschiedenen n und p, so erkennt man eine von n unabhängige Symmetrie des Graphen der Verteilung für $p=1/2$. Symmetrieachse ist die Parallele zur P-Achse durch $x=n/2$. Für $p\neq q$ sind die Graphen der Binomialverteilung unsymmetrisch. Ist etwa $p=0{,}2$, so erhält man den Graphen der Binomialverteilung mit $(1-p)=q=0{,}8$ durch Spiegelung an der Parallelen durch $x=n/2$. Diesen Sachverhalt macht man sich zunutze bei der Tabellierung der Binomialverteilung.

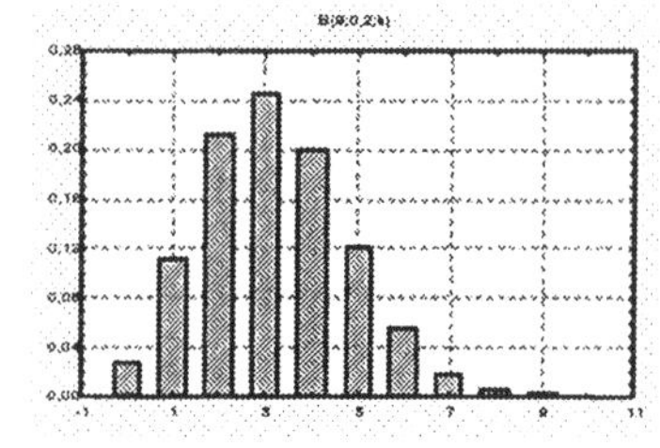

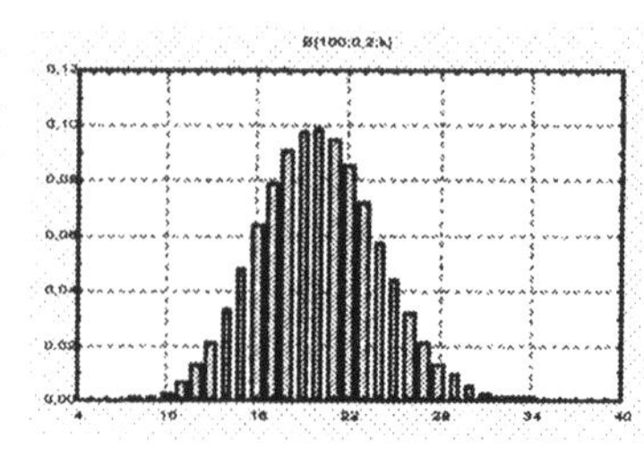

Die Abbildungen zeigen $B(9;0{,}2;k)$ und $B(100;0{,}2;k)$.

3.4.3 Behandlung der *Poisson*-Verteilung

Poisson-Verteilungen ergeben sich bei der

- Approximation von Binomialverteilungen, die bei großer Länge n der *Bernoulli*-Kette eine kleine Trefferzahl und einen kleinen Erwartungswert besitzen
- Modellierung von *Poisson*-Prozessen.

Situationen diese Art treten auf bei Bediensystemen, in den Naturwissenschaften, im Verkehrsbereich usw. Häufig werden Bediensysteme wie Post-, Bahn-, Bank- und andere Schalter dem Bedarf in der Weise angepasst, dass die Kapazität dieser Systeme auf einen Durchschnittsbedarf und nicht auf einen gelegentlichen Spitzenbedarf ausgelegt werden. Von einem solchen Konzept muss dann abgewichen werden, wenn die Nichtberücksichtigung eines nur gelegentlichen Bedarfs unverhältnismäßig große Kosten verursachen oder sogar Menschenleben gefährden würde. Deswegen werden Systeme, die z. B. der Sicherheit dienen wie die Feuerwehr, mit relativ großen Kapazitäten auch dann vorgehalten, wenn die entsprechenden Ereignisse, auf die die Systeme reagieren sollen, nur selten auftreten. Für bestimmte zeitlich ablaufende Vorgänge wie das Auftreten von Unfällen, Bränden, Defekten an Geräten oder die Nachfrage bei Bediensystemen ist die *Poisson*-Verteilung häufig ein geeignetes Modell, das die zufällige Verteilung von Zeitpunkten (von Ereignissen, Ankünften) angemessen beschreibt. Wegen ihrer Eigenschaften wird sie auch das „Gesetz seltener Ereignisse" genannt. Wesentliche Voraussetzungen, die die Modellierung durch die *Poisson*-Verteilung rechtfertigen, sind dabei

- Die Verteilung der Ereignisse ist „gleichmäßig" auf der Zeitachse, sie hängt nur von der Länge des betrachteten Zeitintervalls, aber nicht von dessen Lage auf der Zeitachse ab (z. B. keine saisonalen Schwankungen).
- Die Ereignisse in disjunkten Zeitintervallen sind unabhängig voneinander (z. B. die Kunden eines Bediensystems wissen nichts voneinander). Wenn mit $p_k(t)$ die Wahrscheinlichkeit für die Anzahl k der Ereignisse im Intervall der Länge t bezeichnet wird, so gilt $p_k(t+h)=p_k(t)\cdot p_k(h)$.
- Die Wahrscheinlichkeit für mehr als zwei Ereignisse in einem kleinen Zeitintervall ist von kleinerer Größenordnung als das Zeitintervall selbst, d. h. diese Wahrscheinlichkeit ist $o(h)$ für $h\to 0$. Zwei Ankünfte können nicht beliebig dicht (im Sinne eines mathematischen Grenzwertes 0) aufeinander folgen (vgl. *Kolonko* 1995).

Im Unterricht wird die Modellierung solcher Situationen in der Regel über eine Diskretisierung gesucht: Man beschreibt eine geeignete Situation mit einer Binomialverteilung, die man dann durch eine *Poisson*-Verteilung approximiert. *Scheid* (1986) ist der Auffassung, dass dieser Weg der Modellierung der Realsituation: „*Poisson*-Prozess in der Realität $\to$ künstliche Diskretisierung mit Beschreibung durch eine Binomialverteilung $\to$ Approximation durch eine *Poisson*verteilung" einen künstlichen Umweg darstellt und schlägt folgenden direkten Weg vor, bei dem sich auch zentrale Ideen der Analysis wie die lineare Approximation einbringen lassen.

Beispiel 5: Der radioaktive Zerfall stellt ein bekanntes Beispiel für einen solchen *Poisson*prozeß dar. Man denkt sich nun auf der Zeitachse die Zeitpunkte für das Auftreten eines bestimmten Ereignisses notiert:

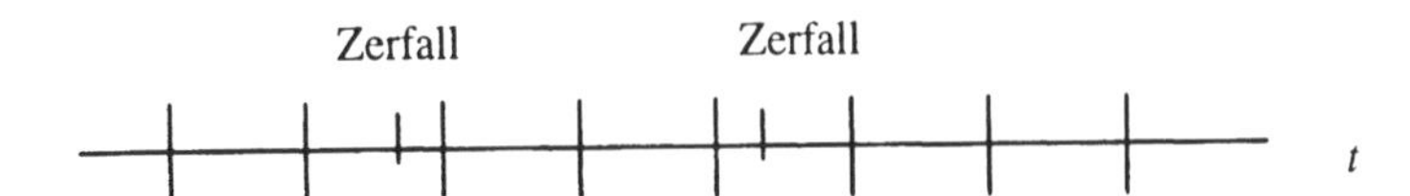

$p_k(t)$ sei die Wahrscheinlichkeit für k Zerfälle in einem Zeitintervall der Länge t. Unterstellt man die Gültigkeit der o. g. Annahmen, dann folgen zunächst $p_0(t+h)=p_0(t)\cdot p_0(h)$ für positive t, h, ferner setzt man $p_0(0)=1$. Die Funktionalgleichung wird erfüllt durch $p_o(t)=e^{-\lambda t}$ mit $\lambda>0$. Weiter gilt $p_k(t+h)=\sum_{i+j=k} p_i(t)p_j(h)$ aufgrund der Faltungsformel für unabhängige Zufallsvariablen. Für sehr kleines h mit $p_i(h)=0$ für $i>1$ folgt $p_k(t+h)=p_k(t)\cdot p_0(h)+p_{k-1}(t)\cdot p_1(h)$. Mit offenbar zu verschiedenen Schlüssen Anlass, etwa zur Frage, $p_0(h)=e^{-\lambda\Delta h}\approx 1-\lambda h$ und $p_1(h)=1-p_0(h)$ folgt die Differentialgleichung $p_k'(t)=\lambda(p_{k-1}(t)-p_k(t))$, für die man als Lösung schließlich $p_k(t)=\frac{(\lambda t)^k}{k!}e^{-\lambda t}$ erhält (für Einzelheiten vgl. *Engel* 1976, *Scheid* 1986, *Meyer* 1997). *Rutherford* und *Geiger* beobachteten bei einem Poloniumpräparat die Zeitpunkte der Zerfälle in aufeinanderfolgenden Intervallen von jeweils 7,5s Länge. Sie erhielten für n Intervalle mit k_n Zerfällen folgende Tabelle:

n	0	1	2	3	4	5	6	7	8
k_n	57	203	383	525	532	408	273	139	45
n	9	10	11	12	13	14	>14		
k_n	27	10	4	0	1	1	0		

Insgesamt wurden 2608 Intervalle mit insgesamt 10097 Zerfällen registriert. Mit $\lambda=3{,}87$ ergibt sich daraus die *Poisson*-Verteilung $P_{3,87}$.

Eine andere Form der Herleitung der *Poisson*verteilung erfolgt über die Approximation einer Binomialverteilung:

Als Modell nimmt man eine *Bernoulli*-Kette von n Intervallen mit folgenden Eigenschaften an: Die einzelnen Zerfälle verteilen sich zufällig und unabhängig auf die Intervalle. Eine wachsende Anzahl n der *Bernoulli*versuche in der Kette und eine immer kleiner werdende Erfolgswahrscheinlichkeit p kompensieren sich so, dass die zu erwartende Trefferzahl konstant bleibt. Unter der Annahme $np=\lambda$=konst folgt für $n\to\infty$: $p=\lambda/n\to 0$, $q=1-\lambda/n\to 1$, $\sigma^2=npq=$ $=\lambda(1-\lambda/n)\to\lambda$. Es ergibt sich dann zunächst $P(X=0)=B(n;\lambda/n;0)=q^n=(1-\lambda/n)^n\approx e^{-\lambda}$ als Wahrscheinlichkeit für „kein Erfolg" und dann weiter $\frac{P(X=k+1)}{P(X=k)}=\frac{n-k}{k+1}\cdot\frac{p}{q}=\frac{\lambda}{k+1}\left(1-\frac{k}{n}\right)\approx\frac{\lambda}{k+1}$, also $P(X=k+1)\approx\frac{\lambda}{k+1}P(X=k)$. Aus allem folgt $P(X=k)\approx\frac{\lambda^k}{k!}\cdot e^{-\lambda}$.

Eine mehr kalkülorientierte Herleitung ergibt sich aus $P(X=k)=B(n;\frac{\lambda}{n};k)=\binom{n}{k}\cdot\left(\frac{\lambda}{n}\right)^k\cdot\left(1-\frac{\lambda}{n}\right)^{n-k}$ durch Umformung

$P(X=k)=B(n;\frac{\lambda}{n};k)=\binom{n}{k}\cdot\left(\frac{\lambda}{n}\right)^k\cdot\left(1-\frac{\lambda}{n}\right)^{n-k}$. Daraus ergibt sich schließlich für $\lambda = n \cdot p$=konstant die Näherung $\lim_{n\to\infty} B(n;\frac{\lambda}{n};k)=\frac{\lambda^k}{k!}e^{-\lambda}$.

Für die Approximation der Binomial- durch die *Poisson*verteilung lässt sich die Faustregel $p \leq 0{,}1$ und $n \geq 100$ verwenden. Eine genauere Faustregel ist $p \leq 1/\sqrt{10n}$. Die Größe n tritt in dem definierenden Term der *Poisson*-Verteilung nicht mehr auf. Sie erfüllt hier also nur eine Hilfsfunktion zur Berechnung der in der Binomialfunktion auftretenden Terme. Dies gilt allgemein für den vorstehenden Weg der Modellierung von stochastischen Situationen mit der *Poisson*-Verteilung. Ein Diagramm zeigt für das angegebene Beispiel sehr schön die Übereinstimmung zwischen den empirisch gefundenen und den theoretisch berechneten Werten. Man sieht anhand von Abbildungen für verschiedene λ, dass für kleine Werte die Wahrscheinlichkeitsmassen in Nullpunktnähe konzentriert sind. Mit wachsendem λ wandert der Erwartungswert nach rechts, die Streuung wird größer und die Verteilung symmetrischer.

Beispiel 6 (*Hübner* 1995): Für die Zugriffe von 1000 Terminals auf einen Zentralrechner macht man folgende Annahmen: Man zerlegt ein betrachtetes Zeitintervall $[t_0,t_0+1]$ in n Teilintervalle der Länge $1/n$. Die Zugriffszeitpunkte seien zufällig verteilt und erfolgen unabhängig voneinander. Indem man n genügend groß wählt, wird erreicht, dass kein Teilintervall mehr als einen Zugriffszeitpunkt enthält. Bezeichnet $X_{i,n}$ die Anzahl der Zugriffszeitpunkte im i-ten Teilintervall, so gibt $X_n=\sum_{i=1}^{n} X_{i,n}$ die Anzahl der Zugriffe an. Nimmt man ferner (aufgrund von Erfahrungswerten) an, dass im Mittel pro Stunde λ Zugriffe erfolgen, so gilt für die Wahrscheinlichkeit eines Zugriffs in einem Teilintervall $p=\lambda/n$. Weil sich ferner die Zufallsvariablen $X_{i,n}$ als $B(1;p)$-verteilt ansehen lassen, folgt $P(X_n=k)=B(n;p;k)$. Für $n\to\infty$ folgt als Grenzfunktion: $P(X=k)=\lim_{n\to\infty} P(X_n=k)=e^{-\lambda}\frac{\lambda^k}{k!}$. Jedes Terminal greife mit einer Wahrscheinlichkeit von 0,003 pro Minute auf den Zentralrechner zu, mehrfache Zugriffe desselben Terminals pro Minute sollen vernachlässigt werden. Gefragt ist z. B. nach der Wahrscheinlichkeit dafür, dass in einer Minute höchstens fünf Zugriffe stattfinden. Für das Binomialmodell erhält man die Lösung durch $P(X\leq 5)=\sum_{k=0}^{5}\binom{1000}{k}\cdot 0{,}003^k\cdot 0{,}997^{1000-k}$ bzw. die Approximation $P(X\leq 5)=\sum_{k=0}^{5}\frac{3^k}{k!}\cdot e^{-3}$ wegen $\lambda = np = 1000 \cdot 0{,}003 = 3$. Man erkennt an diesem Beispiel den hohen rechnerischen Aufwand bei Verwendung des Binomialmodells.

Die *Poisson*-Verteilung modelliert die Anzahl der Ereignisse während einer Zeitspanne in einem *Poisson*-Prozess. Die Wartezeit zwischen zwei Ereignissen in einem *Poisson*-Prozess wird durch die Exponentialverteilung beschrieben. Beispiele sind die zufällige Dauer eines Telefongesprächs, der Ausfall eines Bauteils , einer Leistung in einem Bediensystem, der Dauer zwischen Kernzerfällen usw. *Hilsberg* (1991) stellt diese Zusammenhänge am Beispiel des Kernzerfalls dar (vgl. auch *Heller* u. a. 1979, *Gessner* 1979). Die *Poisson*-Verteilung wird auch verwendet zur Modellierung der Verteilung von Punkten im zwei- bzw. dreidimensionalen Raum wie bei Verteilungsmustern von Pflanzen und Tieren, der Verteilung von Partikeln in Flüssigkeiten oder Gasen oder der Verteilung von Sternen (vgl. *Stahel* 1995).

Beispiel 7 (*Barth/Haller* 1983): Unter der Annahme, dass die Sterne ein einem Gebiet von 5°·5° regellos verteilt sind, werden in diesem Gebiet 1000 Sterne bis zu einer bestimmten Größenklasse gezählt. Wie viele quadratische Teilgebiete von 0,5° Seitenlänge enthalten dann weniger als sieben Sterne? Auf ¼ Quadratgrad entfallen im Mittel zehn Sterne. Mit $\lambda=10$ und der Annahme, dass die Anzahl der Sterne P_λ-verteilt ist, ergibt sich für die Anzahl der Felder von ¼ Quadratgrad mit weniger als sieben Sternen $100 \cdot \sum_{i=0}^{6} P_{10}(i)$.

Beispiel 8: Die Anzahl der Gewinner im 1. Rang des Zahlenlottos ist *poisson*verteilt. Zur Modellierung dieser Situation überlegt man, dass die Anzahl der Tippreihen sehr groß ist, die Wahrscheinlichkeit dafür, dass ein bestimmter Tipp gewinnt, aber sehr klein ist: Die Anzahl der samstags getippten Reihen ist ca. n=140000000 und die Wahrscheinlichkeit für „6 Richtige" ist p=1/13983816. Hier ergibt sich $\lambda=np\approx10$. (Die Chance für einmal „6 Richtige" ist gleich der Chance, aus einer ca. 420km langen Reihe von Münzen mit einem Durchmesser von 3cm zufällig die richtige auszuwählen.) (vgl. auch *Scheid* 1986, *Bosch* 1994).

3.4.4 Behandlung der Normalverteilung

Die graphische Darstellung von Binomialverteilungen lässt erkennen, dass für große n der Graph eine Glockenform annimmt. Der Zusammenhang von Binomial- und Normalverteilung wird theoretisch begründet durch die zentralen Grenzwertsätze. Sonderfälle des zentralen Grenzwertsatzes sind die Grenzwertsätze von *Moivre-Laplace*. Diese machen die Aussage, dass die Binomialverteilung für große n durch die Normalverteilung approximiert wird. Nach einer Faustregel ist dies der Fall für npq>9. Dieser anwendungsorientierte Aspekt hat wegen der heute zur Verfügung stehenden Rechnerleistung an Bedeutung verloren. Gleichwohl wäre es wünschenswert, dass auf die theoretisch-inhaltliche Bedeutung der Grenzwertsätze eingegangen wird. Der formal-mathematischen Behandlung stehen aber mathematische Schwierigkeiten entgegen, so dass diese Sätze in den Lehrbuchwerken für den Unterricht nicht in der Regel nicht eingehend behandelt werden. Eine der Ausnahmen bildet das Lehrbuch von *Barth/Haller* (1983), in dem die Beweise zu den Grenzwertsätzen von *Moivre-Laplace* abgehandelt werden. Es fragt sich aber, ob sich der Aufwand lohnt, der dabei getrieben werden muss, zumal wenn die in diesem Zusammenhang zu betreibende Mathematik nicht weiter ausgebaut werden soll. Möglichkeiten zur Behandlung von theoretischen bzw. inhaltlichen Aspekten der zentralen Grenzwertsätze sind die folgenden:

3.4.4.1 Falten von Verteilungen

Wenn man auf die Zentralen Grenzwertsätze eingehen will, dann ist es das wichtigste Ziel, dass die inhaltliche Aussagen dieser Sätze entdeckt und verstanden werden. Dies ist möglich, wenn eigene inhaltliche Erfahrungen dazu gewonnen werden können. So lässt sich die Aussage des Zentralen Grenzwertsatzes, dass die Summe von hinreichend vielen unabhängigen Zufallsvariablen normalverteilt ist, mit Hilfe von Faltungen experimentell sehr schön demonstrieren (vgl. 1.2.4.2.1, *Beispiel 40*).

3.4.4.2 Lokaler und globaler Grenzwertsatz von *Moivre-Laplace*

Möglichkeiten zum Beweis dieser Sätze finden sich bei *Barth/Haller* (1983) und *Strehl* (1974) (vgl. 1.2.4.2.2). Diese sind so aufwendig, dass ihre Behandlung nur in seltenen Fällen lohnt. Ein Gewinn dieses oder ähnlicher Beweise könnte darin liegen, dass man in diesem Zusammenhang z. B. das Konzept der stochastischen Konvergenz (vgl. z. B. *Heller* 1979) oder das Problem der Lösung von Differentialgleichungen untersucht. Im Allgemeinen wird es aber auch im Sinne einer Verbindung mit der Analysis wohl ertragreicher sein, die Eigenschaften der Funktionen φ und Φ zu untersuchen und diese in einen Zusammenhang mit Anwendungen zu bringen. Als Eigenschaften von φ ergeben sich:

- φ ist eine positive, differenzierbare Funktion.
- φ ist symmetrisch zur y-Achse $x=0$.
- Die x-Achse $y=0$ ist Asymptote für $|x|\to\infty$.
- φ ist monoton wachsend (fallend) für $x\leq 0$ ($x\geq 0$).
- φ hat ein absolutes Maximum für $x=0$.
- φ hat Wendepunkte für $x=\pm 1$.

Eigenschaften von Φ sind:

- Φ stellt den Flächeninhalt unter dem Graphen von φ bis zum Wert x dar.
- $\int_{-\infty}^{\infty}\varphi(x)dx=1$, woraus wegen der Symmetrie von $\int_{-\infty}^{\infty}\varphi(x)dx=1$ folgt $\Phi(0)=0{,}5$.
- Φ hat bei (0;0,5) einen Wendepunkt.

3.4.4.3 Normalverteilung als Modell einer Irrfahrt

Einen ganz anderen Zugang zu den Zentralen Grenzwertsätzen schlägt *Riemer* (1985) vor. Riemer gewinnt in einem größeren Unterrichtsprojekt, das Themen der Mathematik und Physik verbindet, die Binomialverteilung und die Normalverteilung als Modell einer stationären Verteilung einer Irrfahrt, hie konkret der *Brown*schen Molekularbewegung in einem elastischen Zentralkraftfeld. Ausgangspunkt des Projekts ist die Simulation der *Brown*schen Molekularbewegung durch die Bewegung von kleinen Kugeln, die sich in einer Kugelkalotte befinden und sich durch Schütteln ständig bewegen und „Irrfahrten" ausführen. Durch Standardisieren des o. g. Binomialmodells für die Irrfahrt auf der Zahlengeraden, durch Approximation und durch den auf die erhaltene Gleichgewichtsbedingung angewandten Grenzprozess erhält man eine Differentialgleichung, deren Lösung schließlich auf die Formel von *Moivre-Laplace* führt (vgl. *Riemer* 1985).

3.5 Beurteilende Statistik

3.5.1 Das Maximum-Likelihood-Prinzip

Die *Grundidee* ist die folgende: Aus den empirischen Daten $(x_1,...,x_n)$ einer einfachen Stichprobe versucht man eine Schätzfunktion $\hat{\theta}$ für den Parameter θ einer Verteilungsfunktion durch *Optimierung* zu gewinnen. Jedem Wert des Parameters θ lässt sich für ein bestimmtes Stichprobenergebnis $\forall\vec{x}=(x_1,...,x_n)$ die Wahrscheinlichkeit dafür zuordnen, dass dieses Ergebnis auftritt. Diese Zuordnung $L: \theta \to P_\theta(X_1=x_1,...,X_n=x_n)$ bzw. $L(x_1,...,x_n,\theta)=L(\vec{x},\theta)$ heißt *Likelihoodfunktion.* Dabei gilt wegen der Unabhängigkeit der Zufallsvariablen $X_1,...,X_n$: $P_\theta(X_1=x_1,...,X_n=x_n)=P_\theta(X_1=x_1)\cdot...\cdot P_\theta(X_n=x_n)$ für diskrete Zufallsvariable und $P_\theta(X_1=x_1,...,X_n=x_n)\propto f_\theta(x_1)\cdot...\cdot f_\theta(x_n)$ für stetige zufällige Größen mit der Dichtefunktion f_θ. Man wählt, wenn dies möglich ist, als Schätzwert für den Parameter θ nun denjenigen Wert $\hat{\theta}(x_1,...,x_n)$, für den die Funktion L ein *Maximum* annimmt. Die zugehörige Schätzfunktion notieren wir als $\hat{\theta}(X_1,...,X_n)$. Die Bestimmung des Maximums von L geschieht oft mit den Mitteln der Analysis, dabei erweist es sich manchmal als günstig, die Funktion $\ln L$ statt L zu betrachten. Da der natürliche Logarithmus eine streng monoton wachsende Funktion ist, ändert sich dabei die Stelle des Maximums nicht. Es ist aber so, dass

- Maximalstellen der Funktion $L(\vec{x},\theta)$ weder existieren noch eindeutig bestimmt sein müssen.
- Maximum-Likelihood-Schätzgrößen nicht erwartungstreu (d. h. $E\left[\hat{\theta}(X_1,...,X_n)\right]=\theta$) sein müssen.
- die quadratische Abweichung der Schätzgröße vom Parameter nicht minimal sein muss.

  Man erhält z. B. folgende Likelihoodfunktionen zu Stichproben $(x_1,...,x_n)$:
- *Binomialverteilung*: $L(\vec{x},p)=\binom{n}{k}p^k q^{n-k}$ mit $q=1-p$ und $\sum_{i=1}^{n} x_i = k$. Die unabhängigen Zufallsvariablen X_i $(i=1,...,n)$ sind hier zweipunktverteilt: $P(X_i=1)=p=1-P(X_i=0)$ $\forall i=1,...,n$. Durch Nullsetzen der Ableitung von $L(\vec{x},p)$ ergibt sich $\hat{p}(\vec{x})=\bar{x}=\frac{\sum_{i=1}^{n} x_i}{n}=\frac{k}{n}$.
- *Poisson-Verteilung*: $L(\vec{x},\lambda)=\prod_{i=1}^{n}\frac{\lambda^{x_i}}{x_i!}e^{-\lambda}=\frac{1}{x_1!\cdot...\cdot x_n!}\cdot\lambda^{n\bar{x}}\cdot e^{-n\lambda}$, daraus können wir

$\hat{\lambda}(\vec{x}) = \bar{x} = \frac{\sum_{i=1}^{n} x_i}{n} = \frac{k}{n}$ ableiten.

– *Normalverteilung*: $L(\vec{x}, \mu, \sigma^2) = \frac{1}{\sqrt{2\pi}^n \sigma^n} \cdot \prod_{i=1}^{n} \exp\left[-\frac{(x_i - \mu)^2}{2\sigma^2} \right]$, das Nullsetzen der

partiellen Ableitungen nach μ bzw. σ^2 liefert $\hat{\mu}(\vec{x}) = \bar{x}$ bzw. $\hat{\sigma}^2(\vec{x}) = \frac{1}{n}\sum_{i=1}^{n}(x_i - \bar{x})^2$.

3.5.2 Eigenschaften konkreter Schätzfunktionen

3.5.2.1 Das Stichprobenmittel

Eine wichtige Rolle als Schätzfunktion spielt das Stichprobenmittel aufgrund folgender Eigenschaften: Ist $(X_1,\ldots,X_n)$ eine einfache Stichprobe mit der zugrundeliegenden Zufallsvariablen X, so ist das Stichprobenmittel $\overline{X}_n = \frac{1}{n}\sum_{i=1}^{n} X_i$ eine *erwartungstreue*, *konsistente* und *effiziente* Maximum-Likelihood-Schätzfunktion für den Erwartungswert μ der Zufallsvariable X.

Beispiel 1: Jemand behauptet, der Anteil der Gewinnlose in einer Lostrommel sei 1/4. Man zieht nun eine Stichprobe $(X_1,\ldots,X_n)$ (nach jeder Ziehung wird zurückgelegt und die Lostrommel gedreht) und verwendet zur Schätzung von p (i. e. der Gewinnlosanteil) als Stichprobenfunktion die relativen Häufigkeiten $H_n(X_1,\ldots,X_n) = \overline{X}_n = \frac{1}{n}\sum_{i=1}^{n} X_i$, bei der die X_i zweipunktverteilt sind: $P(X_i=1)=p=1-P(X_i=0)$, wobei $X_i=1$ dann der Fall ist, wenn die i-te Ziehung ein Gewinnlos liefert, $X_i=0$ sonst ($i=1,\ldots,n$). Das Schätzen eines Anteils lässt sich in eindrucksvoller Weise mit einer Simulation verbinden, indem man unter Verwendung des Zufallsgenerators eines Tabellenkalkulationsprogramms oder einer Programmiersprache unter der Annahme $p=1/4$ n-mal zieht und den Wert von H_n bestimmt. Dies wird öfters wiederholt.

Hier gilt: Die Maximum-Likelihood-Methode erfordert das Aufstellen der Likelihood-Funktion $L(\vec{x}, p) = P_p(X_1 = x_1,\ldots,X_n = x_n) = p^k(1-p)^{n-k} = L(p)$ mit $\sum_{i=1}^{n} x_i = k$. (Dies ist die Wahrscheinlichkeit dafür, k Gewinnlose in einer bestimmten Reihenfolge bei n-maligem Ziehen wie oben beschrieben zu erhalten, in Abhängigkeit vom Gewinnlosanteil p.) Das Maximum von $L(p)$ ergibt sich aus $\frac{dL(p)}{dp} = 0$ an der Stelle $\hat{p} = k/n$. Dies bedeutet aber, dass die Zufallsvariable H_n, also die *relative Häufigkeit*, die gleich dem *Stichprobenmittel* $\overline{X}_n$ ist, die Maximum-Likelihood-Schätzfunktion für p ist.

Es ist weiterhin $E(H_n)=p$, d. h. H_n ist *erwartungstreu*. Dies gilt wegen $E(H_n) = E(\overline{X}_n) = E\left(\frac{1}{n}\sum_{i=1}^{n} X_i\right) = \frac{1}{n}\sum_{i=1}^{n} E(X_i) = \frac{1}{n} np = p$.

Die Schätzfunktion H_n ist überdies *konsistent*, d. h. es gilt $\lim_{n\to\infty} P(|H_n - p| \geq \varepsilon) = 0$. Dies folgt aus der *Erwartungstreue* von H_n, aus der Tatsache, dass die *Varianz* von H_n für n gegen Unendlich gegen *Null* konvergiert:

$D^2(\bar{X}_n) = D^2\left(\frac{1}{n}\sum_{i=1}^{n} X_i\right) = \frac{1}{n^2}\left[\sum_{i=1}^{n} D^2(X_i)\right] = \frac{1}{n^2} np(1-p) = \frac{p(1-p)}{n}$, und der *Tschebyscheffschen Ungleichung* (siehe 1.1.4.1).

Schließlich ist H_n auch *effizient* (schwierig zu zeigen). Man kann relativ elementar zeigen, dass $H_n = \bar{X}_n$ in der Klasse $M=\{a_1X_1+...+a_nX_n=X | X$ ist erwartungstreuer Schätzer von $\mu=E(x_i)$, $i=1,...,n$; $X_1,...,X_n$ sind unabhängig voneinander$\}$ effizient ist (vgl. *Götz* 1990).

Es lässt sich *insgesamt* festhalten: Ist eine Zufallsvariable X mit dem Erwartungswert μ gegeben, so ist das Stichprobenmittel $\bar{X}_n = \frac{1}{n}\sum_{i=1}^{n} X_i$ zur einfachen Stichprobe $(X_1,...,X_n)$ eine erwartungstreue, konsistente und effiziente Schätzgröße für den Erwartungswert μ.

3.5.3 Spezielle Konfidenzintervalle

3.5.3.1 Konfidenzintervall für die Wahrscheinlichkeit p einer Binomialverteilung

Beispiel 2: Ein Privatsender lässt 1000 Personen der Zielgruppe befragen, ob sie sein durch Werbemaßnahmen propagiertes neues Programm eingeschaltet hatten. 200 Personen bejahen die Frage. Modell dieser Befragung ist die Zufallsvariable X als Zahl der Einschaltungen in einer Stichprobe vom Umfang $n=1000$, ihre Verteilung ist also $B(1000,p)$. Für den unbekannten Parameter p ist ein Konfidenzintervall mit dem Signifikanzniveau $\gamma=1-\alpha$ zu bestimmen.

Ist X binomialverteilt mit den Parametern n und p, so beschreiben die voneinander unabhängigen, zweipunktverteilten Zufallsvariablen X_i die i-te Stufe der *Bernoulli*-Kette und es gilt: $X=n\ \bar{X} = X_1+...+X_n$. Nun ist die Konstruktion von Konfidenzintervallen für den Parameter p von Binomialverteilungen sehr mühsam, dies liegt in der diskreten Natur der Sache. Man benutzt deshalb zur Konstruktion von Konfidenzintervallen in diesem Fall die Tatsache, dass die Zufallsvariable $V = \frac{\bar{X}-p}{\sqrt{pq/n}}$ nach dem zentralen Grenzwert asymptotisch $N(0,1)$-verteilt ist. Wegen $\Phi(c)-\Phi(-c)=P(-c\leq V\leq c)$ folgt zunächst

$c=\Phi^{-1}(1-\alpha/2)$. Durch Umformung der Ungleichung $-c \leq V = \frac{\bar{X}-p}{\sqrt{pq/n}} \leq c$ ergibt sich schließlich das approximative Konfidenzintervall für p zu

$$\left[\frac{1}{1+\frac{c^2}{n}}\left(\bar{X}+\frac{c^2}{2n}-\sqrt{\bar{X}(1-\bar{X})\frac{c^2}{n}+\frac{c^4}{4n^2}}\right), \frac{1}{1+\frac{c^2}{n}}\left(\bar{X}+\frac{c^2}{2n}+\sqrt{\bar{X}(1-\bar{X})\frac{c^2}{n}+\frac{c^4}{4n^2}}\right)\right].$$

Wird der Nenner des Ausdrucks für V durch $\sqrt{\frac{\overline{X}(1-\overline{X})}{n}}$ geschätzt, dann ergibt sich daraus die etwas einfachere (nun zweifach) approximative Darstellung $\left[\overline{X}-c\sqrt{\frac{\overline{X}(1-\overline{X})}{n}},\overline{X}+c\sqrt{\frac{\overline{X}(1-\overline{X})}{n}}\right]$.

3.5.3.2 Konfidenzintervall für den Erwartungswert μ einer Normalverteilung bei bekannter Varianz σ^2

Normalverteilungen sind durch den Parametervektor $\theta=(\mu,\sigma^2)$ festgelegt. Sehr viele stochastische Situationen in Natur, Technik und anderen Bereichen lassen sich durch eine Normalverteilung modellieren. Hat man die berechtigte Vermutung, dass eine bestimmte Situation durch das genannte Modell beschrieben werden kann, so sind häufig die beiden Parameterwerte für μ und σ^2 unbekannt.

Ein *Sonderfall* ist der, dass ein Konfidenzintervall für den *Erwartungswert* μ einer Normalverteilung bei *bekannter Varianz* σ^2 bestimmt werden soll.

Beispiel 3 (*DIFF MS 4*): Eine Maschine stellt Kreissägeblätter her. Man weiß, dass der Blattdurchmesser X normalverteilt ist mit der Standardabweichung σ=0,8mm. Aufgrund einer Stichprobe soll ein Konfidenzintervall für μ angegeben werden, folgende Werte wurden dabei erhoben (in mm): 154,7; 155,8; 155,3; 155,5; 155,0; 154,3; 156,2; 153,1; 154,2; 155,1; 153,8; 154,6; 155,5; 153,8; 155,6; 154,5; 155,8; 156,0; 155,0; 155,9; 153,6; 154,4; 154,1; 154,3; 155,3.

Soll für den Erwartungswert μ der $N(\mu,\sigma^2)$ -verteilten Zufallsvariable X bei bekannter Varianz σ^2 ein Konfidenzintervall konstruiert werden, so zieht man eine Stichprobe $X_1,\dots,X_n$ von n unabhängigen Zufallsvariablen als Kopien der Zufallsvariablen X Hier ist $\overline{X}$ Maximum-Likelihood-Schätzer für μ. Die Verteilung von $\frac{\overline{X}-\mu}{\sigma/\sqrt{n}}$ ist die $N(0,1)$ -Verteilung. Man kann nun Konstanten c_1 und c_2 angeben mit $\Phi(c_2)-\Phi(c_1)=P\left(c_1\le\frac{\overline{X}-\mu}{\sigma/\sqrt{n}}\le c_2\right)=1-\alpha$. Durch Umformung erhält man daraus $P\left(\overline{X}-c_2\frac{\sigma}{\sqrt{n}}\le\mu\le\overline{X}-c_1\frac{\sigma}{\sqrt{n}}\right)=1-\alpha$ und damit das Konfidenzintervall $\left[\overline{X}-c_2\frac{\sigma}{\sqrt{n}},\overline{X}-c_1\frac{\sigma}{\sqrt{n}}\right]$. Wählen wir $c_2=z_{1-\frac{\alpha}{2}}$ und $c_1=-c_2$, so erhalten wir *das kürzeste* Konfidenzintervall zum Konfidenzniveau $1-\alpha$.

3.5.3.3 Konfidenzintervall für den Erwartungswert μ einer Normalverteilung bei unbekannter Varianz σ^2

Beispiel 4 (*Heller* u. a. 1980): Mit zwei Gruppen von jeweils 22 Versuchspersonen wird ein Reaktionstest gemacht, wobei eine Gruppe Alkohol getrunken hat (vier Bier und zwei Schnäpse) und die andere Gruppe nüchtern ist. Es sind 95%-Intervalle für die Erwartungswerte μ_1 und μ_2 zu bestim-

men unter der Annahme, dass die Werte Realisationen von normalverteilten Zufallsvariablen X_1 und X_2 sind.
Reaktionszeiten in s (*ohne* Alkohol):
0,6; 0,5; 0,7; 0,9; 0,4; 0,5; 0,3; 0,6; 0,6; 0,7; 0,4; 0,5; 0,6; 0,7; 0,5; 0,6; 0,8; 0,4; 0,5; 0,6; 0,7;0,5.
Reaktionszeiten in s (*mit* Alkohol):
0,8; 1,2; 0,9; 1,0; 1,3; 1,5; 0,9; 0,7; 1,1; 1,0; 0,9; 0,9; 0,8; 0,5; 1,2; 1,7; 0,8; 0,9; 1,0; 0,9; 0,8; 0,9.
In diesem Fall verwendet man als Schätzer für σ^2 die erwartungstreue Schätzfunktion $S^2 = \frac{1}{n-1}\sum_{i=1}^{n}\left(X_i - \bar{X}\right)^2$. Die dann zu verwendende Zufallsvariable $V = \frac{\bar{X}-\mu}{S/\sqrt{n}}$ ist dann allerdings nicht mehr normalverteilt, sondern t-verteilt mit n-1 Freiheitsgeraden (siehe z. B. *Krickeberg/Ziezold* 1988). Mit $P\left(c_1 \leq \frac{\bar{X}-\mu}{S/\sqrt{n}} = V \leq c_2\right) = 1-\alpha$ und der Tatsache, dass hier $c_1=-c_2=-c$ gewählt werden kann (weil die *Student*sche t-Verteilung wie die Normalverteilung *symmetrisch* um Null ist), folgt dann für das $(1-\alpha)\cdot 100\%$-Konfidenzintervall $\left[\bar{X} - c\cdot\frac{S}{\sqrt{n}}, \bar{X} + c\cdot\frac{S}{\sqrt{n}}\right]$ mit $c = t_{1-\frac{\alpha}{2}}$.

3.5.4 Die Länge von Konfidenzintervallen

In 3.5.3 ging es darum, Konfidenzintervalle zu Parametern bei vorgegebenen Stichproben und Verteilungen zu ermitteln. Dabei ergab sich, dass die Längen derselben von verschiedenen Größen abhängen. Für das Konfidenzinterwall für den Erwartungswert μ einer Normalverteilung bei bekannter Varianz σ^2 ergibt sich $l = 2\cdot z_{1-\frac{\alpha}{2}}\cdot\frac{\sigma}{\sqrt{n}}$ für seine *Länge l*.
Daraus folgt also, dass diese Länge
- proportional zur Standardabweichung σ ist,
- verkehrt proportional zu $\sqrt{n}$ ist und
- mit der Höhe des Konfidenzniveaus wächst: *je größer man die Sicherheit wählt*, desto unschärfer wird die Schätzung.

Durch Umformung erhält man den *minimalen Umfang* einer Stichprobe, mit dem ein gewünschtes Konfidenzniveau bei vorgegebener Intervallänge erreicht werden kann, zu $n \geq \left(\frac{2\cdot z_{1-\frac{\alpha}{2}}\cdot\sigma}{l}\right)^2$. Aus dieser Ungleichung ergibt sich, dass bei gegebenem Konfidenzniveau und gegebener Intervalllänge der Umfang der Stichprobe proportional zur Varianz σ^2 ist. Mit σ=0,5 ergibt sich für die Intervalllängen l:

n	50	100	150	200	300	400	500
bei α=0,01	0,364	0,258	0,210	0,182	0,149	0,129	0,115
bei α=0,01	0,233	0,165	0,134	0,116	0,095	0,082	0,074

Beispiel 5: Wie oft muss man aus einer Produktion von Werkstücken, deren Länge $N(\mu;\sigma^2)$-verteilt ist mit bekannter Varianz, ein Prüfstück entnehmen, um mit einer Sicherheit von mindestens 95% zu erreichen, dass sich der Mittelwert X der Stichprobe vom Erwartungswert μ um höchstens 0,1 unterscheidet?

3.5.5 Ein Parametertest

Beispiel 6 (*Heigl/Feuerpfeil* 1981): Ein Lieferant von Saatkartoffeln teilt seinem Abnehmer mit, seine Kartoffeln seien etwa zu 10% von einem Virus befallen. Er vereinbart einen Preisnachlaß für den Fall, dass der Befall deutlich über 10% liegen würde. Wegen der hohen Laborkosten sollen nur 20 Kartoffeln aus der Sendung untersucht werden. Hier geht es also um einen Test über den Anteil befallener Kartoffeln. Das Experiment, das zur Beantwortung dieser Frage führen soll, besteht in einer Anzahl von *unabhängigen* Ziehungen aus der Kartoffelsendung und der Überprüfung der einzelnen Kartoffeln auf Befall. Es sei hier angenommen, dass die Ziehungen *mit* Zurücklegen durchgeführt werden. (Genau genommen liegt hier i. Allg. ein Ziehen *ohne* Zurücklegen vor, denn niemand wirft eine geprüfte Kartoffel zurück in die Gesamtmenge an Kartoffeln, aus der die Stichprobe gezogen wird. Bei der Entnahme von 20 Kartoffeln aus sagen wir 100 Kartoffeln bei 10% Befall hätten wir für die Wahrscheinlichkeit eines Befalls der ersten gezogenen Kartoffel 10/100 zu verzeichnen, für die zweite Kartoffel ergäbe sich 9/99 oder 10/99, je nachdem, ob die erste gezogene Kartoffel tatsächlich befallen war oder nicht. Die 20 Ziehungen wären also nicht unabhängig voneinander. Nimmt man aber an, dass die Probeentnahme aus einer Menge von insgesamt 10000 Kartoffeln erfolgt, so kann der beschriebene Effekt vernachlässigt werden: Man berechne für die angenommene Situation den Unterschied zwischen dem Ziehen mit und ohne Zurücklegen. Als Modell kann also das Ziehen mit Zurücklegen angenommen werden.) Die *Binominalverteilung* ist also die zugrundeliegende *Testverteilung*. Die zugehörige Zufallsvariable T gibt die Anzahl des Ergebnisses „Virusbefall" unter den n Ziehungen an, ihre Parameter sind daher n (bekannt) und $p \in [0,1]$. Aufgrund (des Ergebnisses) der Stichprobe soll nun eine Entscheidung darüber getroffen werden, ob man die Behauptung „Der Virusbefall der Kartoffeln beträgt anteilsmäßig p=10%" für gerechtfertigt oder nicht halten soll. Vor der Durchführung des Experiments wird die *Nullhypothese* H_0 über die Lage des Parameters p festgelegt. Hier ist dies H_0: „Der Virusbefall ist 10%". Die *(Gegen)-Hypothese* H_1 beschreibt dann die alternative(n) Lage(n) des Parameters p, also H_1: „Der Virusbefall beträgt (deutlich) mehr als 10%". (Der Fall, dass der Anteil der befallenen Kartoffeln weniger als 10% beträgt, ist aus der Sicht des Lieferanten unwichtig, weil günstig.) Kurz: H_0: p=0,1 und H_1: p>0,1. Jetzt werden 20 zufällig gezogene Kartoffeln auf Befall geprüft, dabei wird die Anzahl der befallenen Kartoffeln festgehalten. Wenn diese Zahl „zu groß" ist, wird man annehmen, dass der Befall über 10% liegt. Die ermittelte Anzahl der befallenen Kartoffeln stellt hier einen Wert der *Testgröße* $T(X_1,...,X_{20})=X_1+...+X_{20}$ dar, wobei die unabhängigen zufälligen Größen X_i den Wert 1 annehmen, wenn die i-te gezogene Kartoffel virusbefallen ist, und den Wert 0 sonst. Daher gilt $P(X_i=1)=p=1-P(X_i=0)\ \forall i=1,...,n$; dabei ist p „der wahre Anteil" an befallenen Kartoffeln. Ist nun die Realisation der Testgröße T, $T(X_1,...,X_{20})=X_1+...+X_{20}$, „zu groß", fällt sie also in den *kritischen Bereich*, so wird man H_0 ablehnen. Zur *Bestimmung* dieses kritischen Bereiches berechnen wir das kleinste $k\in\mathbb{N}$ mit $P_{0,1}[T(X_1,...,X_{20})\geq k]\leq 0{,}1=\alpha$, wenn wir das *Signifikanzniveau* α=0,1 setzen. Ausgeschrieben lautet die obige Zeile

$P_{0,1}[T(X_1,\ldots,X_{20})\in\{k,k+1,\ldots,20\}]=\sum_{i=k}^{20}\binom{20}{i}0,1^i 0,9^{20-i}\le 0,1$. Dazu erinnern wir uns, dass als Testverteilung die Binominalverteilung identifiziert worden ist und wir die Gültigkeit von H_0 voraussetzen wollen. Durch *Probieren* sieht man für $k=4$ $\sum_{i=4}^{20}\binom{20}{i}0,1^i 0,9^{20-i}=0,132\ldots>0,1$ ein, k=5 liefert dagegen

$\sum_{i=5}^{20}\binom{20}{i}0,1^i\cdot 0,9^{20-i}=0,043\ldots<0,1$, daraus ergibt sich der kritische Bereich $K=\{5,\ldots,20\}$. D. h. die Wahrscheinlichkeit, dass beim Vorliegen von H_0 von den dann 10% befallenen Kartoffeln bei 20 Ziehungen mehr als vier befallene darunter sind, ist 0,0432, also sogar noch kleiner als die vorgegebene Sicherheitswahrscheinlichkeit von 0,1. Wenn wir also die *Entscheidungsregel* aufstellen, H_0 genau dann zu verwerfen, wenn fünf oder mehr Kartoffeln aus der gezogenen Stichprobe von Virus befallen sind, dann verwerfen wir H_0 mit einer Wahrscheinlichkeit von 0,0432 zu Unrecht. Anders ausgedrückt: Ist H_0 der Fall, und ziehen wir 100 Stichproben zu je 20 Stück, so werden wir in rund vier Fällen eine Fehlentscheidung treffen, nämlich H_0 ablehnen (*Fehler 1. Art*). Die Gegenhypothese H_0 führt uns zu den Wahrscheinlichkeiten β für einen *Fehler 2. Art*, d. h. H_0 zu Unrecht beibehalten (H_1 ist also der Fall). Wir berechnen dazu $P_p(T(X_1,\ldots,X_{20})<5)=\sum_{i=0}^{4}\binom{20}{i}p^i(1-p)^{20-i}=\beta(p)$ mit $p\in(0,1;1]$ und erhalten

p	0.2	0.3	0.4	0.5
$\beta(p)$	.6296	.2375	.0510	.0059

Dies bedeutet, dass man unter Anwendung der angegebenen Entscheidungsregel im Falle eines wahren Anteils befallener Kartoffeln in der Höhe von p=0,2 H_0 mit einer Wahrscheinlichkeit $\beta(0,2)$=0,6296 (zu Unrecht) beibehält. Für die Wahrscheinlichkeiten von Fehlern 2. Art in Abhängigkeit vom wahren Anteil befallener Kartoffeln ergibt sich folgende graphische Darstellung:

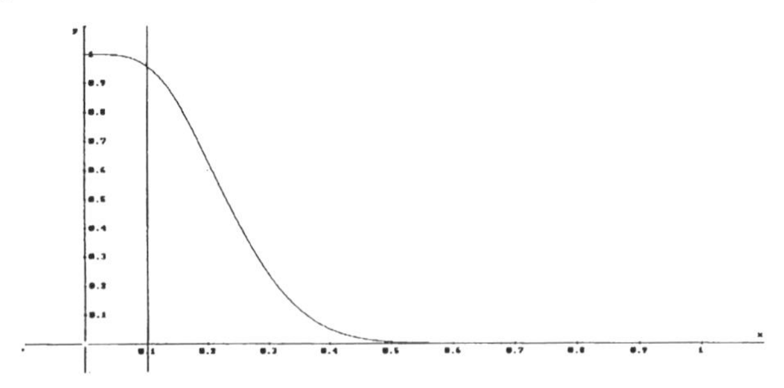

Diese Analyse zeigt also die Fehlerwahrscheinlichkeiten, werden diese als zu hoch empfunden (dies hängt wohl im Allgemeinen von der jeweiligen Situation ab), dann muss der Stichprobenumfang erhöht werden, um gleichzeitig beide Irrtumswahrscheinlichkeiten zu verringern.

Wie wirkt sich nun ein Fehler 1. bzw. 2. Art aus?

- Ein Fehler 1. Art bedeutet, dass H_0: p=0,1 zu Unrecht zugunsten von H_1: p>0,1 verworfen wird, der Käufer zahlt also (zu Unrecht) einen geringeren Preis für die Kartoffeln.
- Ein Fehler 2. Art dagegen meint, H_0 wird zu Unrecht beibehalten. Der Käufer zahlt daher (zu Unrecht) einen zu hohen Preis für die Kartoffellieferung.

Ergibt sich nun z. B. bei dem Test der Kartoffelsendung das *Ergebnis* $T(0,0,0,1,0,0,1,0,0,0,0,0,0,1,0,0,0,0,0,0)=0+0+0+1+0+0+1+0+0+0+0+0+0+1+0+0+0+0+0+0=3$, so lehnen wir gemäß der Entscheidungsregel H_0 nicht ab. Die beiden Parteien werden nach der entwickelten Testkonstruktion eine Annahme der Sendung unter der Hypothese p=0,1 vereinbaren. Allerdings wird bei dieser Testkonstruktion u. U. eine hohe Wahrscheinlichkeit für einen Fehler 2. Art in Kauf genommen.

3.5.6 Ein verteilungsfreies Testverfahren – der Vorzeichentest

Beispiel 7 (DIFF, S. 33*)*: Eine Reifenfirma testet für zwei neue Profile die Bremswege und erhält als Ergebnis folgende Tabelle, in der die Bremswege, die entsprechenden Differenzen und deren Vorzeichen aufgelistet sind.

Nr.	1	2	3	4	5	6	7	8	9	10
Bremsweg x_i	44,5	55,0	52,5	50,2	45,3	46,1	52,1	50,1	50,7	49,2
Bremsweg y_i	44,7	54,8	55,6	55,2	45,6	47,7	53,0	49,9	52,3	50,7
Differenz $d_i=x_i-y_i$	-0,2	0,2	-3,1	-5,0	-0,3	-1,6	-0,9	0,2	-1,6	-1,5
Vorzeichen	-	+	-	-	-	-	-	+	-	-

11	12	13	14	15	16	17	18	19	20
47,3	50,1	51,6	48,7	54,2	46,1	49,9	52,3	48,7	56,1
46,1	52,3	53,9	47,1	57,2	52,7	48,0	54,9	51,4	56,9
1,2	-2,2	-2,3	1,6	-3,0	-6,6	1,9	-2,6	-2,7	-0,8
+	-	-	+	-	-	+	-	-	-

Zunächst sei angenommen, dass
- jeweils die beiden i-ten Bremswege unter den gleichen Bedingungen gemessen wurden,
- die Differenzen $D_i=X_i-Y_i$ (i=1,...,20) *unabhängige* Zufallsvariablen mit der *gleichen* stetigen Verteilungsfunktion F sind und
- die Verteilungen von D_i und $-D_i$ *gleich* sind (i=1,...,20).

Dann gilt $F(x)=P(D\leq x)=P(-D\geq -x)=1-P(-D\leq -x)=1-F(-x)$ und daraus ist $F(0)=1-F(0)=1/2$. [Dabei ist D die zugrundeliegende Zufallsvariable, deren Kopien D_i (i=1,...,20) in Rede stehen.]

Als *Nullhypothese* sei angenommen, dass beide Profile *die gleiche* Bremswirkung haben: H_0: $F(0)=1/2$ (soeben) und $H_1: F(0)\neq 1/2$.

Verwendet man als *Testgröße* $T(X_1,Y_1,X_2,Y_2,\ldots,X_{20},Y_{20})$ die Anzahl der Differenzen D_i (i=1,...,20) mit *positivem* Vorzeichen, so ist unter H_0 T binomialverteilt mit dem Parametern n=20 und p=1/2. Daraus folgt für die Wahrscheinlichkeit, dass mehr als k bzw. weniger als n-k positive Vorzeichen bei den Differenzen auftreten:

$$P(T(X_1,Y_1,\ldots,X_n,Y_n)>k)=\left[\binom{n}{k+1}+\ldots+\binom{n}{n}\right]\cdot\frac{1}{2^n}=\left[\binom{n}{0}+\ldots+\binom{n}{n-k-1}\right]\cdot\frac{1}{2^n}=$$

$=P(T(X_1,Y_1,\ldots,X_n,Y_n)<n-k)$. *Bemerkung:* Der Name des hier vorgestellten Test ist nun erklärt.

Zu einem vorgegebenen α (*Wahrscheinlichkeit für einen Fehler 1. Art*) bestimmt man nun die *kleinste* natürliche Zahl $k>n/2$ so, dass $P(T(X_1,Y_1,...,X_n,Y_n)>k)<\alpha/2$. Man erhält damit die

Entscheidungsregel: H_0 ablehnen für $t>k$ oder $t<n-k$ und
H_0 nicht ablehnen für $n-k\leq t\leq k$.

Hier ergibt sich für α=0,05: k=14, denn

$$\left[\binom{20}{15}+...+\binom{20}{20}\right]\cdot\frac{1}{2^{20}}=0{,}020...<\frac{\alpha}{2}=0{,}025 \text{ und } \left[\binom{20}{14}+...+\binom{20}{20}\right]\cdot\frac{1}{2^{20}}=0{,}057...>\frac{\alpha}{2}.$$

Konkret lautet nun die Entscheidungsregel, H_0 genau dann abzulehnen, wenn $t>14$ oder $t<20-14=6$ ist. Zweiteres ist tatsächlich der Fall (siehe die Tabelle): $t=5<6$, also lehnen wir die Nullhypothose über die Gleichwertigkeit der beiden Profile auf dem Signifikanzniveau α=5% ab.

Das vorstehende Beispiel steht (in gewisser Weise) für die sog. *Rangtests* als wichtige Gruppe innerhalb der verteilungsfreien Testverfahren. Für diese Tests gilt, dass bei ihnen nicht mehr die erhobenen Daten an sich, sondern nur ihre Rangordnung (hier ist $x_i<y_i$ oder $x_i>y_i$ $\forall i=1,\dots,n$) betrachtet wird. Dies bedeutet einerseits einen *Informationsverlust* (wenn die Daten wie eben *kardinalkaliert* sind), andererseits aber können Rangtests auch angewendet werden, wenn nur ein *ordinales* Skalenniveau vorliegt. Weitere verteilungsfreie Testverfahren, Hinweise und Beispiele dazu werden in 4.6 vorgestellt sowie in *Heller* (1980).

3.6 *Bayes*-Statistik

3.6.1 Vorbemerkung

Im wesentlichen geht es bei der *Bayes*-Statistik darum, den Erkenntnisgewinn durch Datenerhebung stochastisch zu modellieren. Diesen Weg legen wir in zwei Etappen zurück: Erstens muss aus der A-priori-Einschätzung und eben einer konkret vorliegenden Stichprobe (die zugrundeliegende Versuchsverteilung fließt hier ebenfalls ein) die A-posteriori-Bewertung gewonnen werden. Dies geschieht mit Hilfe des *Bayes*schen Theorems und ist oft nicht ganz einfach bzw. ungewohnt. Daher ist an dieser Stelle durchaus das „Black Box-Prinzip" angebracht, d. h. also, dass das Ergebnis der Rechnung im Unterricht bloß mitgeteilt wird. Wir werden sehen, dass für die im Mathematikunterricht gängigen Versuchsverteilungen wie die Binomial-, die Normal- oder die *Poisson*-Verteilung die Auswertungen des *Bayes*schen Theorems nicht einfach, aber elementar sind, so dass sie sehr wohl in das Hintergrundwissen der Lehrenden aufgenommen werden sollten. („Die Güte des Unterrichts zeigt sich an dem, was bewusst weggelassen wird.")
Zweitens kann die so erhaltene A-posteriori-Einschätzung zum Bewerten von Hypothesen, zur Punkt- und Bereichsschätzung und für Prognoseverteilungen herangezogen werden. Von entscheidender Bedeutung dabei ist im Sinne der eingangs erwähnten These das Erkennen, *wie* eine Variation der A-priori-Einschätzung oder des Ergebnisses der Datenerhebung auf die A-posteriori-Bewertung Einfluß nimmt. Diese Variationen können und sollen computerunterstützt stattfinden, um den Schwerpunkt vom mechanischen Rechnen und Zeichnen (der Graphen der A-posteriori-Dichtefunktionen) hin zum Interpretieren der gewonnenen Resultate zu verschieben. Weiterhin werden wir sehen, dass auch bei geringen Stichprobenumfängen der Rechenaufwand ein beträchtlicher ist, und außerdem das rasche Plotten der A-posteriori-Dichtefunktion als eine Möglichkeit der Visualisierung der A-posteriori-Situation zur Kenntnis nehmen, beides also Indikationen für den Computereinsatz in einem zeitgemäßen Stochastikunterricht.

3.6.2 Ein erstes Beispiel

Beispiel 1 (*Götz* 2000)*:* Eine Maschine produziert Werkstücke mit einem gewissem Ausschussanteil p. A priori ist bekannt, dass diese Maschine in drei Qualitätstypen mit den jeweiligen Ausschussanteilen p_1=0,05; p_2=0,1 bzw. p_3=0,15 hergestellt wird. Wie kann eine Stichprobenentnahme von Werkstücken helfen, den Typ der in Rede stehenden Maschine festzustellen, wenn dies nicht anders möglich ist (vgl. 1.2.5.9.1)?

Gehen wir a priori mit $\Theta=\{p_1,p_2,p_3\}$ von $\pi(p_1)=1/3=\pi(p_2)=\pi(p_3)$ aus, das heißt wir haben keine zusätzlichen Informationen, die einen Typ oder zwei höher wahrscheinlich einschätzen würden (etwa die Aussage des jetzigen Besitzers der Maschine). Die *Versuchsverteilung* ist die Binomialverteilung der Zufallsvariablen X, die die Ausschussstücke in der Stichprobe zählt: $P(X=k)=\binom{n}{k}p^k(1-p)^{n-k}$, k=0,...,n. Damit erhalten wir a posteriori

$$\pi(p_i \mid D) = \frac{\binom{n}{k} p_i^{\,k} (1-p_i)^{n-k} \cdot \frac{1}{3}}{\sum_{j=1}^{3} \binom{n}{k} p_j^{\,k} (1-p_j)^{n-k} \cdot \frac{1}{3}} = \frac{p_i^{\,k} (1-p_i)^{n-k}}{\sum_{j=1}^{3} p_j^{\,k} (1-p_j)^{n-k}}$$ (i=1,2,3), wobei die *Daten D*

„k Ausschussstücke in einer Stichprobe vom Umfang n“ meinen. Es seien also konkret z. B. unter n=100 Stück k=8 Ausschussstücke. Dann ist

$$\pi(p_1 \mid D) = \frac{0{,}05^8 \cdot 0{,}95^{92}}{0{,}05^8 \cdot 0{,}95^{92} + 0{,}1^8 \cdot 0{,}9^{92} + 0{,}15^8 \cdot 0{,}85^{92}} \approx 0{,}33\,;$$

$$\pi(p_2 \mid D) = \frac{0{,}1^8 \cdot 0{,}9^{92}}{0{,}05^8 \cdot 0{,}95^{92} + 0{,}1^8 \cdot 0{,}9^{92} + 0{,}15^8 \cdot 0{,}85^{92}} \approx 0{,}59 \text{ und}$$

$$\pi(p_3 \mid D) = \frac{0{,}15^8 \cdot 0{,}85^{92}}{0{,}05^8 \cdot 0{,}95^{92} + 0{,}1^8 \cdot 0{,}9^{92} + 0{,}15^8 \cdot 0{,}85^{92}} \approx 0{,}08\,.$$

Wenn wir (als eine mögliche Interpretation) $\pi(p_1|D)+\pi(p_2|D)>0{,}9$ beachten, dann steht aufgrund des Stichprobenergebnisses mit hoher Wahrscheinlichkeit fest (quantifizierbar!), dass es sich jedenfalls um eine Maschine höherer Qualität handelt. Eine *weitere Stichprobe* (ebenfalls vom Umfang n=100) ergebe k=9 fehlerhafte Stücke. Diese zusätzliche Information kann auf zweierlei Art und Weise verarbeitet werden: Entweder können wir a priori von $\pi(p_1)=0{,}33$; $\pi(p_2)=0{,}59$ und $\pi(p_3)=0{,}08$ ausgehen und analog zu vorhin die A-posteriori-Einschätzung berechnen. Oder wir fassen die beiden erhobenen Stichproben zusammen, dann sind unter n=200 Stück k=17 fehlerhafte gewesen. Mit $\pi(p_1)=1/3=\pi(p_2)=\pi(p_3)$ a priori erhalten wir a posteriori (ebenfalls analog zu vorhin) $\pi(p_1|D)\approx 0{,}13$; $\pi(p_2|D)\approx 0{,}85$ und $\pi(p_3|D)\approx 0{,}02$ (Beide Ansätze liefern natürlich dasselbe Ergebnis.) Es scheint sich also um eine Maschine des mittleren Typs zu handeln. Die entscheidende Qualität dieser Sichtweise auf diesem Niveau besteht darin, die Punktschätzungen 8/100=0,08 bzw. 17/200=0,085, die natürlich am ehesten auf p=0,1 hindeuten, durch eine *quantitative* Bewertung der drei Möglichkeiten p_1=0,05; p_2=0,1 und p_3=0,15 zu ersetzen. Aus einer Qualität wird also eine Quantität. Rein technisch unterscheiden sich die drei A-posteriori-Wahrscheinlichkeiten nur durch die Likelihoodfunktionen bei diesem Beispiel, das heißt an sich würde es genügen, um eine Entscheidung zu treffen, nur letztere zu betrachten, aber die quantitative Untermauerung dieser Entscheidung würde so unterbleiben. Eine *Änderung* der A-priori-Wahrscheinlichkeiten, etwa $\pi(p_1)=\pi(p_2)=0{,}4$ und $\pi(p_3)=0{,}2$ (offenbar gibt es nun Gründe, das Vorliegen des qualitativ niedrigsten Typs dieser Maschine anzuzweifeln), bringt natürlich – bei denselben Daten – eine andere A-posteriori-Einschätzung mit sich:

$$\pi(p_1 \mid D) = \frac{0{,}05^8 \cdot 0{,}95^{92} . 0{,}4}{0{,}4 \cdot (0{,}05^8 \cdot 0{,}95^{92} + 0{,}1^8 \cdot 0{,}9^{92}) + 0{,}2 \cdot 0{,}15^8 \cdot 0{,}85^{92}} \approx 0{,}35\,;$$

$$\pi(p_2 \mid D) = \frac{0{,}1^8 \cdot 0{,}9^{92} \cdot 0{,}4}{0{,}4 \cdot (0{,}05^8 \cdot 0{,}95^{92} + 0{,}1^8 \cdot 0{,}9^{92}) + 0{,}2 \cdot 0{,}15^8 \cdot 0{,}85^{92}} \approx 0{,}61 \text{ und}$$

$$\pi(p_3 \mid D) = \frac{0{,}15^8 \cdot 0{,}85^{92} \cdot 0{,}2}{0{,}4 \cdot (0{,}05^8 \cdot 0{,}95^{92} + 0{,}1^8 \cdot 0{,}9^{92}) + 0{,}2 \cdot 0{,}15^8 \cdot 0{,}85^{92}} \approx 0{,}04$$

für n=100 und k=8; für n=200 und k=17 ergibt sich $\pi(p_1|D)\approx 0{,}13$; $\pi(p_2|D)\approx 0{,}86$ und $\pi(p_3|D)\approx 0{,}01$. Wir sehen, dass im Falle des größeren Stichprobenumfangs die A-posteriori-Wahrscheinlichkeiten, die aus den gleichen bzw. ungleichen A-priori-Wahrscheinlichkeiten resultieren, besser übereinstimmen als bei der kleineren Stichprobe. Dies ist in vielen Fällen so:

Der Einfluß der A-priori-Bewertung auf die A-posteriori-Einschätzung nimmt mit wachsendem Stichprobenumfang ab.

Fortsetzung von Beispiel 1: Angenommen, ein Los von 100 Werkstücken (von der in Rede stehenden Maschine produziert) wird zum Verkauf angeboten. Es kostet 1800 DM. Wir wollen weiterhin voraussetzen, dass entweder fünf, zehn oder 15 fehlerhafte Stücke in dem Los enthalten sind (entsprechend dem Qualitätstyp). Der Wert eines Werkstückes betrage 20 DM, wenn es in Ordnung ist, sonst 0 DM. „Kaufen" oder „Nicht kaufen", wie ist zu *entscheiden* (vgl. 1.2.5.9.1)? Es sei a_1 die Handlung „Kaufen", a_2 „Nicht kaufen". Dann ist a priori

$$E(g_1)=\sum_{i=1}^{3} g_1(p_i)\pi(p_i)=\frac{1}{3}\cdot\left[(95\cdot 20-1800)+(90\cdot 20-1800)+(85\cdot 20-1800)\right]=0$$

$$E(g_2)=\frac{1}{3}\left[(1800-95\cdot 20)+(1800-90\cdot 20)+(1800-85\cdot 20)\right]=0,$$ d. h. a priori kann für $\pi(p_i)=1/3\ \forall i=1,2,3$ nicht entschieden werden. A posteriori dagegen schon: Mit $\pi(p_1|D)\approx 0{,}33$; $\pi(p_2|D)\approx 0{,}59$ und $\pi(p_3|D)\approx 0{,}08$ ist

$$E(g_1)=\sum_{i=1}^{3} g_1(p_i)\pi(p_i\mid D)=100\cdot 0{,}33+0\cdot 0{,}59+(-100)\cdot 0{,}08=25>0$$ und dementsprechend $E(g_2)=-25<0$, die Entscheidung lautet also „kaufen". Im Fall von $\pi(p_1)=0{,}2=\pi(p_2)$ und $\pi(p_3)=0{,}6$ a priori lautet die Entscheidung „Nicht kaufen": $E(g_1)=100\cdot 0{,}2+0\cdot 0{,}2+(-100)\cdot 0{,}6=-40<0$ und $E(g_2)=40>0$. Eine Stichprobenerhebung ändert vielleicht die A-posteriori-Wahrscheinlichkeiten zugunsten „Kaufen": Mit n=100 und k=6 ist $\pi(p_1|D)\approx 0{,}685$; $\pi(p_2|D)\approx 0{,}272$ und $\pi(p_3|D)\approx 0{,}043$. Daraus folgt $E(g_1)=100\cdot 0{,}685+0\cdot 0{,}272+(-100)\cdot 0{,}043=64{,}2>0$ und $E(g_2)=-64{,}2<0$, also „Kaufen"!

Fortsetzung von Beispiel 1: Für die Anzahl der fehlerhaften Stücke in einem Los von n=100 Stück können wir stochastische *Prognosen* erstellen. Es ist die Prädiktivverteilung (vgl. 1.2.5.9.4) für $\pi(p_1|D)=0{,}33$; $\pi(p_2|D)=0{,}59$ und $\pi(p_3|D)=0{,}08$ a posteriori gegeben durch

$$P(X=x\mid D)=\binom{100}{x}\cdot(0{,}05^x\cdot 0{,}95^{100-x}\cdot 0{,}33+0{,}1^x\cdot 0{,}9^{100-x}\cdot 0{,}59+0{,}15^x\cdot 0{,}85^{100-x}\cdot 0{,}08)$$

($x\in\{0,1,...,100\}$), und die Zufallsvariable X beschreibt die Anzahl der fehlerhaften Stücke in dem Los. Sechs fehlerhafte Stücke erwarten wir z. B. mit der Wahrscheinlichkeit

$$P(X=6\mid D)=\binom{100}{6}\cdot\left(0{,}05^6\cdot 0{,}95^{94}\cdot 0{,}33+0{,}1^6\cdot 0{,}9^{94}\cdot 0{,}59+0{,}15^6\cdot 0{,}85^{94}\cdot 0{,}08\right)\approx 0{,}085.$$

Schon diese wenigen Rechnungen zeigen, wie vielfältig die Möglichkeiten der Variationen in den Beispielen sind und wie sehr der gezielte *Computereinsatz* die Ausführung derselben unterstützen kann.

3.6.3 Die Binomialverteilung als Versuchsverteilung

Beispiel 2 (*Götz* 2001)*:* Bei einer Meinungsumfrage unter n=100 Leuten sprechen sich k=42 für die Partei A aus. Mit welcher Wahrscheinlichkeit kann die Partei aufgrund dieses Stichprobenergebnisses mit dem Erreichen der absoluten Mehrheit bei der nächsten Wahl rechnen (vgl. 1.2.5.9.1)?

Wenn wir mit X die Zufallsvariable bezeichnen, die die A-Stimmen in der Stichprobe zählt, dann ist X (näherungsweise) binomialverteilt mit den Parametern $n=100$ und $p\in\Theta=[0,1]$. A priori drücken wir unsere Indifferenz bezüglich p durch die Dichtefunktion $\pi(p)=1\ \forall p\in[0,1]$ aus. A posteriori erhalten wir

$$\pi(p\mid D)=\frac{\binom{100}{42}p^{42}(1-p)^{58}\cdot 1}{\int_0^1\binom{100}{42}p^{42}(1-p)^{58}\cdot 1dp}=\frac{p^{42}(1-p)^{58}}{\int_0^1 p^{42}(1-p)^{58}dp}=\frac{101!}{42!58!}p^{42}(1-p)^{58},$$

wobei D „Unter 100 befragten Personen ergaben sich 42 A-Stimmen" bezeichnet. Die letzte Umformung basiert auf $\int_0^1 x^n(1-x)^m dx=\frac{n!m!}{(n+m+1)!}$ $\forall n,m\in\mathbb{N}$. Eine Begründung kann mittels partieller Integration erfolgen. Jetzt berechnen wir $P(p>0{,}5)=\int_{0,5}^1\pi(p\mid D)dp=$

$=\int_{0,5}^1\frac{101!}{42!58!}p^{42}(1-p)^{58}dp\approx 0{,}06$. Natürlich wird kein vernünftiger Mensch aufgrund der Punktschätzung 42/100=0,42, die die Stichprobe ergeben hat, auf den Gewinn der absoluten Mehrheit der Partei A tippen, dieser (qualitative) Schluss kann zusätzlich so quantifiziert werden. Weitere Beurteilungen der Aussichten für Partei A liefern Berechnungen wie z. B. $P(0{,}4\le p\le 0{,}6)=\int_{0,4}^{0,6}\pi(p\mid D)dp\approx 0{,}67$ oder $P(p<0{,}35)=\int_0^{0,35}\pi(p\mid D)dp\approx 0{,}07$. Der *Graph* der A-posteriori-Dichtefunktion sieht so aus:

Das Maximum liegt an der Stelle 42/100=0,42.

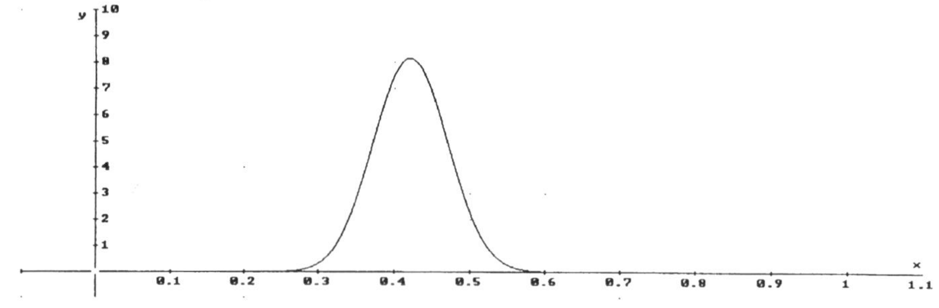

Gehen wir *allgemein* a priori von $\pi(p)=1\ \forall p\in[0,1]$ aus, und verzeichnen wir in n Durchführungen eines Bernoulli-Experiments k „Erfolge" ($k,n\in\mathbb{N}$), das sind die Daten D, dann erhalten wir a posteriori $\pi(p\mid D)=\frac{(n+1)!}{k!(n-k)!}p^k(1-p)^{n-k}$ $\forall p\in[0,1]$ als Dichtefunktion für p. Es handelt sich hierbei um die Dichtefunktion einer sogenannten *Beta-Verteilung*.

Der klassische Parameter p wird also mit Hilfe einer Dichtefunktion (also wie eine Zufallsvariable) beschrieben. Zu einer Zufallsvariable im klassischen Sinne fehlt inhaltlich das zugehörige Zufallsexperiment, technisch gesehen gar nichts. Wir können $\Theta=[0,1]$ als mögliche Zustände der Welt begreifen, einer davon ist der Fall, und unser Nichtwissen darüber, welcher das ist, kommt in der Beschreibung als Zufallsvariable zum Ausdruck.

Fortsetzung von Beispiel 2: Eine neuerliche Umfrage ergebe unter n=100 Personen k=58, die die Partei A wählen werden. A priori ist nun $\pi(p)=\frac{101!}{42!58!}p^{42}(1-p)^{58}$ $\forall p\in[0,1]$, als Vorinformation fließt eben die erste Meinungsumfrage ein, a posteriori zeigt sich damit

$$\pi(p\mid D)=\frac{\binom{100}{58}p^{58}(1-p)^{42}\frac{101!}{42!58!}p^{42}(1-p)^{58}}{\int_0^1\binom{100}{58}p^{58}(1-p)^{42}\frac{101!}{42!58!}p^{42}(1-p)^{58}\,dp}=\frac{p^{100}(1-p)^{100}}{\int_0^1 p^{100}(1-p)^{100}\,dp}=$$

$=\frac{201!}{100!100!}p^{100}(1-p)^{100}$, also wieder die Dichtefunktion einer Beta-Verteilung, nur die Parameter haben sich geändert. Wir sagen: Binomial- und Betaverteilung sind zueinander *konjugiert.* Natürlich wären wir auch auf dasselbe Ergebnis gekommen, wenn wir beide Stichproben zusammenziehen: n=200 und k=100 Befragte, die sich für Partei A aussprechen, a priori gehen wir von $\pi(p)$=1 $\forall p\in[0,1]$ aus. Wir sehen: je größer die (zweite) Stichprobe ist, desto mehr dominieren ihre Daten: $n_{ges}=n_1+n_2$ und $k_{ges}=k_1+k_2$, das ergibt a posteriori $\forall p\in[0,1]$:

$\pi(p\mid D)=\frac{(n_1+n_2+1)!}{(k_1+k_2)!(n_1+n_2-k_1-k_2)!}p^{k_1+k_2}(1-p)^{n_1+n_2-k_1-k_2}$. Nun ist

$P(p>0{,}5)=\int_{0,5}^{1}\frac{201!}{100!100!}p^{100}(1-p)^{100}\,dp=\frac{1}{2}$, das Blatt hat sich also gewendet. Der Graph der A-posteriori-Dichtefunktion ist symmetrisch um p=1/2, daher ist das obige Ergebnis nicht überraschend.

Fortsetzung von Beispiel 2: Eine erste Stichprobe vom Umfang n=50, wo sich k=21 Leute für die Partei A aussprechen, ergibt a posteriori $\pi(p\mid D)=\frac{51!}{21!29!}p^{21}(1-p)^{29}$ $\forall p\in[0,1]$, wenn wir a priori wiederum $\pi(p)$=1 $\forall p\in[0,1]$ voraussetzen.

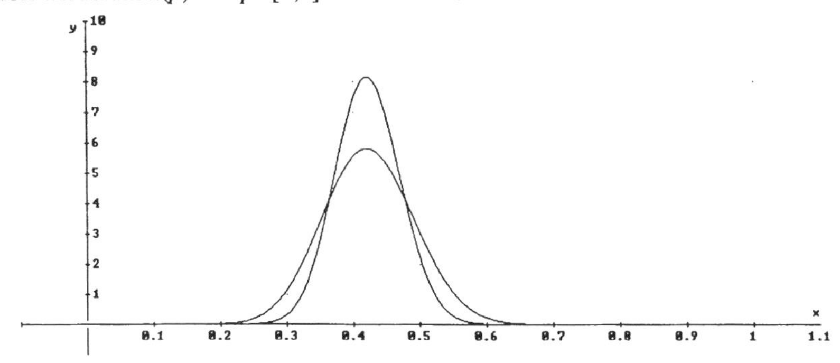

Deutlich sehen wir in der Abbildung, wie ein *geringerer Stichprobenumfang* die *Situation unschärfer* einschätzen läßt, wenn wir diesen Graphen mit dem der ursprünglichen A-posteriori-Dichtefunktion vergleichen.

Die Varianz von $\pi(p|D)$ bestätigt dies. Wegen

$$E(p)=\int_0^1 p\pi(p\mid D)dp=\int_0^1\frac{(n+1)!}{k!(n-k)!}p^{k+1}(1-p)^{n-k}dp=\frac{(n+1)!}{k!(n-k)!}\frac{(k+1)!(n-k)!}{(n+2)!}=\frac{k+1}{n+2}$$ und

$$E(p^2)=\int_0^1 p^2\pi(p\mid D)dp=\frac{(k+1)(k+2)}{(n+2)(n+3)}$$ folgt mit dem Verschiebungssatz

$D^2(p)=E(p^2)-[E(p)]^2$ $D^2(p)=\frac{(k+1)(k+2)}{(n+2)(n+3)}-\frac{(k+1)^2}{(n+2)^2}=\frac{(k+1)(n-k+1)}{(n+2)^2(n+3)}$. Halten wir uns weiter vor Augen, dass $0\leq k\leq n$ gilt, so ist $\lim\limits_{n\to\infty} D^2(p)=0$ leicht einzusehen.

Als *Punktschätzer* für p kommt die Maximumsstelle k/n in Frage oder der Erwartungswert $E(p)=(k+1)/(n+2)$ (vgl. 1.2.5.9.2). Diese beiden Werte sind nur für $k=n/2$ gleich und vice versa.

Fortsetzung von Beispiel 2: Für einen *HPD-Bereich* für p bemühen wir die erste A-posteriori-Dichte. Geben wir $\gamma=0{,}95$ vor, so erhalten wir näherungsweise $p_1^{\min}=0{,}326861$ und $p_2^{\min}=0{,}517131$ (vgl. 1.2.5.9.3).

Dabei sehen wir zunächst ein, dass die gesuchten Grenzen $\pi\left(p_1^{\min}\mid D\right)=\pi\left(p_2^{\min}\mid D\right)$ erfüllen müssen. Ansonsten finden wir durch Verschieben nach links oder rechts immer ein kürzeres Intervall mit derselben Masse γ. Dann schneiden wir $\pi(p|D)$ mit waagrechten Geraden, die Schnittpunkte sind die Näherungswerte für die gesuchten Intervallgrenzen, liefert das anschließende Integrieren einen zu großen Wert (hier: größer als 0,95), so legen wir die nächste waagrechte Gerade höher, ist der Wert des Integrals zu klein, wird die Gerade für die anschließende Iteration tiefer angesetzt.

Im Falle einer symmetrischen Dichte liegen die Grenzen natürlich auch symmetrisch um $p=1/2$, hier genügt es also, das $(1-\gamma)/2$ - Quantil zu bestimmen.

Die *Prädiktivverteilung* (vgl. 1.2.5.9.4) ist durch

$$p(x\mid D)=\int_0^1\binom{n}{x}p^x(1-p)^{n-x}\frac{101!}{42!58!}p^{42}(1-p)^{58}dp=\binom{n}{x}\frac{101!}{42!58!}\int_0^1 p^{42+x}(1-p)^{n+58-x}dp=$$

$$=\binom{n}{x}\frac{101!}{42!58!}\frac{(42+x)!(n+58-x)!}{(n+101)!}$$ für eine neuerliche Stichprobe vom Umfang n gegeben: $x\in\{0,\ldots,n\}$. Zum Beispiel erwarten wir mehr als 20, aber weniger als 25 Stimmen für die Partei A in einer Blitzumfrage vom Umfang $n=50$ mit der Wahrscheinlichkeit $p(21|D)+p(22|D)+p(23|D)+p(24|D)=$

$$=\frac{101!}{42!58!}\cdot\left[\binom{50}{21}\cdot\frac{63!87!}{151!}+\binom{50}{22}\cdot\frac{64!86!}{151!}+\binom{50}{23}\cdot\frac{65!85!}{151!}+\binom{50}{24}\cdot\frac{66!84!}{151!}\right]\approx 0{,}34\,.$$

Fortsetzung von Beispiel 2: Zur Illustration der *Entscheidungsfindung* (vgl. 1.2.5.9.1) stellen wir uns vor, eine Mei-nungsumfrage unter 1000 Personen koste der Partei A 15000 DM. Jede A-Stimme sei 35 DM im Sinne der Werbung (das Umfrageergebnis kann veröffentlicht werden) wert. Ein *Vorhebung* soll nun helfen, über eine diesbezügliche Auftragsvergabe zu befinden. Gehen wir a priori von $\pi(p)=1\ \forall p\in[0,1]$ aus, so erhalten wir a posteriori $\pi(p\,|\,D)=\frac{(n+1)!}{k!(n-k)!}p^k(1-p)^{n-k}$ $\forall p\in[0,1]$, wenn die Daten D k A-Stimmen in eine Stichprobe vom Umfang n meinen. Wenn die große Umfrage durchgeführt wird, ist der Gewinn $g(p)=35\cdot1000\cdot p-1500=35000p-15000$. Der entsprechende Erwartungswert ergibt sich zu

$E(g)=\int_0^1 g(p)\pi(p\,|\,D)dp=35000\cdot\frac{k+1}{n+2}-15000=5000\cdot\left(7\cdot\frac{k+1}{n+2}-3\right)$. Dieser Wert ist genau dann positiv, wenn $\frac{k+1}{n+2}>\frac{3}{7}$ oder $k>\frac{3}{7}n-\frac{1}{7}=\frac{1}{7}(3n-1)$. Für eine Vorhebung vom Umfang n=180 z. B. bedeutet dies, wenn mehr als 77 A-Stimmen gezählt werden, dann soll die Meinungsumfrage in Auftrag gegeben werden, andernfalls nicht:

$k>\frac{1}{7}(3\cdot180-1)=77\Leftrightarrow E(g)>0.$

3.6.4 Andere Versuchsverteilungen

Um für den Stochastikunterricht handhabbare mathematische Modelle in der *Bayes*-Statistik zu entwickeln, müssen wir A-priori-Verteilungen finden, die zu der jeweiligen Versuchsverteilung *konjugiert* sind. Denn damit ergeben sich unabhängig von den konkret vorliegenden Daten immer *dieselben* Verteilungstypen. Will man dagegen eine nicht konjugierte A-priori-Verteilung verwenden (etwa weil sie zu der zu beschreibenden Realsituation besser paßt), so treten unter Umständen Berechnungsprobleme auf, die nur mit dem Computer näherungsweise zu bewältigen sind und keine – wie z. B. in 3.6.3 skizziert – geschlossenen Lösungen erlauben.

Für die *Normalverteilung* als Versuchsverteilung kann folgendes Modell angeboten werden: Die einfache Stichprobe $(x_1,...,x_n)$ sei die n-fache Realisation einer normalverteilten Zufallsvariablen X mit dem Erwartungswert μ (unbekannt) und der bekannten Varianz σ^2. A priori ist $\pi(\mu)$=const. $\forall\mu\in\mathbb{R}$ zu sehen, a posteriori erhalten wir – nach nicht ganz einfacher Rechnung –, dass μ normalverteilt ist mit Erwartungswert $\bar{x}=\left(\sum_{i=1}^{n}x_i\right)/n$ und Varianz σ^2/n. Das heißt also, dass in diesem Falle Versuchs- und A-posteriori-Verteilung vom selben Typ sind, nur die Parameter sind andere. (Die – als bekannt vorausgesetzte – Varianz spielt überhaupt in beiden Verteilungen eine Rolle.) In gewisser Weise nimmt also auch hier – einmal mehr – die Normalverteilung eine Sonderstellung ein.

Didaktisch betrachtet brechen dadurch Begriffsverwirrungen auf, die anderswo – wegen der leichteren Unterscheidung von Versuchsverteilung und derjenigen Verteilung, die den gesuchten Parameter beschreibt – unterdrückt werden können. Die A-priori-Dichte ist an sich problematisch, wir stellen uns eine Normalverteilung mit unendlicher großer Varianz darunter vor. Gehen wir nämlich a priori von einer Normalverteilung für μ aus, erhalten wir a posteriori wieder eine. In diesem Sinne ist die Normalverteilung zu sich selbst konjugiert.

Die *Poisson-Verteilung* ist zur *Gamma-Verteilung* konjugiert. Sei wieder $D=(x_1,...,x_n)$ eine einfache Stichprobe, diesmal allerdings n-fache Realisation einer *Poisson*-verteilten Zufallsvariablen X mit dem unbekannten Parameter λ. A priori setzen wir z. B. dafür $\pi(\lambda)=e^{-\lambda}$ $\lambda\in\mathbb{R}^+$, a posteriori bekommen wir so

$\pi(\lambda \mid D) = \dfrac{e^{-\lambda(1+n)}\lambda^{\sum_{i=1}^{n} x_i}(1+n)^{(\sum_{i=1}^{n} x_i)+1}}{(\sum_{i=1}^{n} x_i)!}$. Dies ist die Dichtefunktion einer Gamma-Verteilung mit den Parametern $\sum_{i=1}^{n} x_i \in \mathbb{N}$ und $1+n\in\mathbb{N}$. Ganz allgemein ist diese Dichte gegeben durch

$$f(x) = \begin{cases} \dfrac{b^p}{\Gamma(p)} x^{p-1} e^{-bx} & \text{für } x > 0 \\ 0 \text{ für } x \le 0 \end{cases}$$

, dabei ist $b>0$ und $p>0$. Wenn wir speziell $b\in\mathbb{N}\backslash\{0\}$ und $p\in\mathbb{N}\backslash\{0\}$ voraussetzen, ist für $x>0$ $f(x) = \dfrac{b^p}{(p-1)!} x^{p-1} e^{-bx}$ bzw. $f(x) = \dfrac{b^{q+1}}{q!} x^q e^{-bx}$ mit $q=p-1\in\mathbb{N}$. [Dabei ist $\Gamma(p) := \int_0^\infty x^{p-1} e^{-x} dx$ die Gamma-Funktion für $p>0$, die für Argumente aus $\mathbb{N}$ die Fakultät liefert: $\Gamma(n)=(n-1)!$ $\forall n\in\mathbb{N}\backslash\{0\}$.]

Wenn wir $\pi(\lambda|D)$ nocheinmal betrachten, dann sehen wir, dass hier $\sum_{i=1}^{n} x_i$ eine *suffiziente* Statistik ist. Dieser Wert alleine bestimmt (neben dem Stichprobenumfang) die A-posteriori-Einschätzung, auf die Kenntnis der einzelnen Datenwerte kommt es also nicht direkt an, sondern nur auf ihre Summe (wie auch beim vorigen Beispiel der Normalverteilung). Für diese beiden angeführten Versuchsverteilungen können nun dieselben Fragen gestellt werden wie in 3.6.3, also Parameterthesen bewertet, Punkt- und Bereichsschätzungen für eben diese Parameter durchgeführt, Prädiktivverteilungen erstellt und Entscheidungen getroffen werden.

3.6.5 Didaktischer Kommentar

Anhand der Ausführungen der konkreten Beispiele in 3.6.2 bzw. 3.6.3 soll angedeutet werden, welche *Bandbreite* die vorgestellten mathematischen Modelle zulassen (vgl. auch *Meyer/Meyer* 1998). Daher sind die Textinhalte einfach gehalten, um den Blick auf die mathematischen bzw. modellbedingten Zusammenhänge nicht zu verstellen. Diese Bandbreite auch nur ansatzweise auszuschöpfen wird wohl ohne Computerunterstützung kaum gelingen.

Das *Bayes*sche Theorem verknüpft Vorwärts- und Rückwärtswahrscheinlichkeiten, die unterschiedlich interpretiert werden müssen. Die klassische Vorwärtswahrscheinlichkeit

bezieht sich auf das n-fache Wiederholen eines Zufallsexperiments, die *Bayes*ianische Rückwärtswahrscheinlichkeit beschreibt unsere Einschätzung der Lage, des Zustands der Welt. Deshalb nennen wir die erste Wahrscheinlichkeit auch eine *objektive*, die zweite dagegen eine *subjektive*.
Dieses Einfließen von Informationen (subjektiver Art) in das mathematische Modell stellt eine hervorragende Möglichkeit dar, den *Prozeß des Modellbildens* und seine Auswirkungen auf das Ergebnis in den Mittelpunkt des Mathematikunterrichts zu rücken. Zugleich relativiert es den (oftmals unterschobenen) Anspruch der Mathematik, ausschließlich „objektive Wahrheiten" zum Gegenstand ihrer Betrachtungen zu machen. Es gibt in der Bayesianischen Sichtweise eben nicht „das" Modell für eine bestimmte stochastische Situation, sondern das untersuchende Individuum kann subjektive Eindrücke in das Modell miteinfließen lassen. Diese Möglichkeit räumt der *Bayes*ianischen Sichtweise von Statistik sicher in gewisser Weise eine Sonderrolle innerhalb der Schulmathematik ein.
Die Beschreibung unserer Einschätzung der Welt (bezogen auf eine bestimmte stochastische Situation) mit Hilfe von Wahrscheinlichkeiten bzw. Dichtefunktionen läßt in der *Bereichsschätzung* folgende Interpretation zu: Der gesuchte Parameter liegt mit einer gewissen Wahrscheinlichkeit γ im HPD-Bereich (vgl. mit der Deutung des klassischen Konfidenzintervalls: das Intervall mit seinen zufälligen Grenzen umfaßt den Parameter mit der Wahrscheinlichkeit γ).
Beim *Testen von Hypothesen*, etwa das Abwägen von der Nullhypothese H_0: $\theta \leq \theta_0$ gegen die Alternativhypothese H_1: $\theta > \theta_0$, können wir einfach die Wahrscheinlichkeiten $P(\theta \leq \theta_0)$ und $P(\theta > \theta_0)$ miteinander vergleichen, so dass eine vollständige Symmetrie zwischen den beiden Hypothesen gegeben ist. In der klassischen Sichtweise spielt die Nullhypothese eine tragende Rolle (z. B. beim Berechnen des Ablehnungsbereichs), die Alternativhypothese kommt erst beim eventuellen Berechnen der Irrtumswahrscheinlichkeit β für einen Fehler 2. Art (H_0 zu Unrecht beibehalten) ins Spiel. Die Wahrscheinlichkeit α für einen Fehler 1. Art (i. e. H_0 zu Unrecht ablehnen) ist dagegen vorgegeben.
Das *Entscheiden* schließlich geschieht in der *Bayes*-Statistik wie dargelegt entweder mit Hilfe einer Gewinnfunktion, deren Erwartungswert für verschiedene mögliche Handlungen berechnet wird (basierend auf der A-posteriori-Einschätzung, die wiederum auf der A-priori-Beurteilung der Situation und auf den erhobenen Daten beruht), oder wie vorhin erwähnt durch Bildung des Quotienten $\frac{P(\theta \leq \theta_0)}{P(\theta > \theta_0)}$ a posteriori. In der klassischen Philosophie wird aufgrund des unter H_0 berechneten Ablehnungsbereiches für H_0 entschieden und dabei werden die eben ausgeführten Irrtumswahrscheinlichkeiten in Kauf genommen. Hier kommt die sogenannte „long-run-situation" zum Tragen: Von z. B. 100 Stichproben werden in $\alpha \cdot 100$ Fällen falsche Entscheidungen (1. Art) getroffen. Exakter: auf lange Sicht (d. h. bei einer wachsenden Zahl von Stichprobenerhebungen mit anschließendem Fällen von Entscheidungen) konvergiert der Prozentsatz von Fehlentscheidungen stochastisch gegen α. Salopp formuliert ist das Subjektive der A-priori-Einschätzung in

der *Bayes*ianischen Sichtweise gegen die (oft nicht gegebene) long-run-situation bei der klassischen Methode abzuwägen.
In der *Begrifflichkeit* birgt die *Bayes*-Statistik die Tatsache, dass klassische Parameter von Verteilungen wie Zufallsvariable beschrieben werden, in dem man ihnen selbst eine Verteilung zuordnet. Wir sprechen dann von möglichen Zuständen der Welt (besser: eines Ausschnitts davon), denen wir mehr oder weniger Vertrauen schenken ja nach Beschaffenheit der vorliegenden Daten.
Auf der anderen Seite spielt natürlich auch die eigentliche Versuchsverteilung eine Rolle (wie im klassischen Sinn), so dass wir vor allem als Lehrende gezwungen sind, immer wieder auf das Vorkommen und die Verschiedenheit dieser beiden Typen von Verteilungen hinzuweisen: der A-posteriori-Verteilung kann kein Zufallsexperiment zugeordnet werden.
Technisch gesehen liegt die größte Hürde sicher beim Auswerten des *Bayes*schen Theorems und – damit verbunden – beim Auswählen einer zur Versuchsverteilung „passenden" (d. h. i. Allg. konjugierten) A-priori-Verteilung. Die Berechnung der dabei auftretenden Integrale kann wohl durch den Computer erfolgen (und damit sind die angeführten Beispiele jedenfalls im Mathematikunterricht umsetzbar), dennoch sollte von Fall zu Fall überlegt werden, ob nicht doch – wenn vorhanden – eine geschlossene Lösung ausgearbeitet wird. Letztere ist als Hintergrundwissen für die Lehrenden unverzichtbar. (Im Hintergrund steht hier u. a. wissenschaftstheoretisch – spezieller: metamathematisch – die Frage, in wie weit vom Computer erzeugten Ergebnissen „geglaubt" werden kann: ein schönes Beispiel also dafür, wie in der Schulmathematik „echte", aktuelle Probleme vereinfacht, aber nicht verfälscht dargestellt werden können.)
Auf der anderen Seite ist die konkrete Herleitung eines Ergebnisses (per Hand) (oder vom Computer geliefert) *nicht* essentiell für das generelle Verständnis, wie *Bayes*-Statistik funktioniert. Vergleichen wir das mit den Grenzwertsätzen in der klassischen Statistik, auch dort ist ein Beweis derselben zum Erklären des Prinzips z. B. des Testens von Hypothesen entbehrlich.
Die in Rede stehenden Auswertungen erfordern im Detail einiges an Geschick, die Integration, welche beispielsweise bei der Binomialverteilung als Versuchsverteilung auftritt und auf die Beta-Verteilung führt, ist aber an sich *leicht* einzusehen: ein Polynom wird integriert. Wie das dann im Einzelnen vor sich geht, muss nicht unbedingt Gegenstand des Stochastikunterrichts sein.
Zur *Positionierung* der *Bayes*-Statistik in der *Schule* ist natürlich die Frage nach ihrer Wertigkeit neben dem klassischen Ansatz der beurteilenden Statistik relevant.
Darüber ist viel diskutiert worden und wird wohl noch viel diskutiert werden (vgl. *Wickmann* 1990 und die dort angeführte Literatur, *Wickmann* 1998 dito *Borovcnik/Engel/Wickmann* 2001). Es ist hier nicht der Platz, alle Argumente, die sowohl Grundsätzliches als auch konkrete stochastische Situationen betreffen, anzuführen, noch dazu, wo eben die didaktische Diskussion noch im Gange ist und an gewissen Stellen auch noch eine wissenschaftstheoretische. Zwei Namen seien hier nur genannt: *Sir Ronald A. Fisher* für die klassische Sichtweise und *Bruno de Finetti* für die *Bayes*ianische.

Stattdessen sei hier ein *„naiver" Unterrichtsvorschlag* gemacht, der aus den eben vorgestellten Beispielen in 3.6.2 und 3.6.3 folgt (siehe auch *Götz* 1997). Auf Basis eines objektivistischen Wahrscheinlichkeitsbegriffs können neben der klassischen Sichtweise auch Beispiele zur beurteilenden Statistik nach der *Bayes*ianischen Methode behandelt werden. Das Konzept der Zufallsvariablen paßt in technischer Hinsicht vollkommen zur Beschreibung der (klassischen) Parameter bzw. der Unsicherheit über sie, interpretativ können wir von (mehr oder weniger) möglichen Zuständen der Welt sprechen. Da die Begriffe aus der Wahrscheinlichkeitstheorie auch in der *Bayes*-Statistik Verwendung finden (und – auf diesem Niveau – außer dem eben angesprochenen Punkt nichts wirklich Neues dazukommt), gibt es keinen Grund, auf die Darstellung der *Bayes*ianischen Sichtweise *neben* der klassischen zu verzichten. Analog kann zusätzlich zu den (klassischen) Parametertests über verteilungsfreie Testverfahren oder sequentielles Testen (siehe 4.1) gesprochen werden. Es geht hier nicht um Verdrängung, sondern um eine Abrundung stochastischen Allgemeinwissens in der Sekundarstufe II. Besonders gehaltvoll ist das Behandeln eines Problems aus der beurteilenden Statistik auf klassische und *Bayes*ianische Art (vgl. *Götz* 2001). Das Kennenlernen der Vielfalt der Auswertungsmethoden vorliegender empirischer Daten ist wohl das Ziel einer stochastischen Grundausbildung. Wenn wir an die Akzeptanz dieser Vielfalt etwa bei der Lösung von Optimierungsaufgaben denken (mit / ohne Differentialrechnung, auf geometrischem Weg etc.) oder in der Geometrie (elementar, analytisch, projektiv etc.), so scheint dieser Vorschlag zwar naiv (weil er in der Begrifflichkeit nicht ganz in die Tiefe geht – sonst müßte schon der subjektivistische Wahrscheinlichkeitsbegriff von Anfang an zu Grunde gelegt werden, wenn an „pure" *Bayes*-Statistik im Stochastikcurriculum gedacht wird), aber realistisch, auch weil an Bekanntes anknüpfend. Ein *breites* Angebot an schulrelevanten stochastischen Methoden, die entweder nebeneinander erweiternd wirken oder ausgewählt vertiefend, kann nur die Qualität des Mathematikunterrichts auf diesem Gebiet heben, und in diesem Sinne ist dieser abschließende Vorschlag gemeint.

3.7 Aufgaben im Stochastikunterricht

3.7.1 Funktionen von Aufgaben

Im Mathematikunterricht haben Aufgaben u. a. folgende Funktionen: Mit Hilfe geeigneter Aufgaben soll

- die Entwicklung mathematischer Begriffe und Methoden motiviert, initiiert und vorangetrieben werden
- exemplarisch der Anwendungsbezug des Gebietes vorgestellt werden, indem die Leistung des Gebietes für die Modellbildung in Bezug auf wichtige Anwendungsfelder herausgearbeitet wird.

Wie die Kontroverse um die richtige Lösung des *Drei-Türen-Problems* beispielhaft zeigt, bereitet gerade das Lösen stochastischer Aufgaben häufig besondere Schwierigkeiten. Eine Besonderheit der Stochastik im Unterricht ist, dass hier nicht der Aufbau einer mathematischen Theorie im Vordergrund steht, sondern die Bildung von Modellen für vielfältige stochastische Situationen: für die Stochastik ist „das Verhältnis zu den Anwendungen konstitutiv" (*Damerow/Hentschke* 1982). In ihrer Untersuchung zur „Anwendungsorientiertheit der Stochastik" haben *Damerow/Hentschke* gefunden, dass die Aufgaben in den untersuchten Lehrbuchwerken für den Stochastikunterricht etwa zu je einem Drittel an der Mathematik, an Modellen (Münze,...) und an Anwendungen orientiert sind. Sie bemängeln insbesondere die aufgabendidaktische Grundkonzeption der Lehrbuchwerke, bei der die Aufgaben vor allem dem systematischen Aufbau der Mathematik dienen. Sie fanden in den Lehrbuchwerken vor allem Aufgaben mit unrealistischen, mit verkürzten oder auch sachneutralen Problemstellungen. Durch eine so an der Mathematik orientierte Vorgehensweise werde der Modellbildungsprozess selbst nicht thematisiert, wodurch es zu schiefen Vorstellungen über das Verhältnis von der Wirklichkeit zum Modell als einem hypothetischen Konstrukt kommen könne.

Beispiel 1: Die Wahrscheinlichkeit $P(„6")=1/6$ wird als Eigenschaft eines konkreten Würfels angesehen und nicht als Eigenschaft eines *Laplace*-Modells, das den Würfel modelliert. Während es in der Geometrie schwierig ist, den Standpunkt einer Distanz zur Realität anzunehmen (außer bei der Behandlung nichteuklidischer Geometrien), ist dies in der Stochastik einfacher möglich, weil hier geeignete Modelle nicht auf immer auf natürliche und nicht infrage zu stellende Weise naheliegen. Die „*Riemer*schen Würfel" oder Paradoxa der Stochastik ermöglichen es z. B., den Prozess der Bildung stochastischer Modelle zu thematisieren.

Die Kritik an einer unangemessenen Aufgabenorientiertheit lässt sich allerdings etwas relativieren. Erst einmal gibt es eine geschlossenen Systematik der Mathematik im Stochastikunterricht nicht so, wie dies etwa für die Analysis oder die lineare Algebra gilt. In der Stochastik werden Begriffe und Methoden aus verschiedenen Gebieten der Mathematik verwendet:

- *Mengenalgebra*, *Relationen* und *Funktionen* werden verwendet, um Wahrscheinlichkeitsräume formal darzustellen.
- Mit Mitteln der *Kombinatorik* werden Wahrscheinlichkeiten zu *Laplace*-Räumen berechnet.

- Mit Mitteln der *linearen Algebra* lassen sich Eigenschaften von Verteilungen von ein- und mehrdimensionalen Zufallsvariablen oder *Markoff*-Ketten beschreiben.
- Elemente der *Analysis* werden bei der Behandlung stetiger Verteilungen und der Grenzwertsätze benötigt.

Überdies ist es nicht so, dass die vorstehend skizzierten Elemente einen allen Lehrgängen gemeinsamen, weil sich natürlich ergebenden Kanon darstellen. Je nach Schwerpunktsetzung werden die angegebenen Elemente in unterschiedlicher Weise verwendet: in einer anwendungsorientierten Stochastik werden z. B. Begriffe und Methoden der Mengenalgebra oder der Kombinatorik nur in sehr eingeschränkter Weise eingesetzt. Zum anderen ist es in der Stochastik nicht einfach, die stochastischen Begriffe und Methoden von sehr realitätsnahen Aufgaben her zu entwickeln (vgl. *Kütting* 1990). Gleichwohl sollte der Versuch gemacht werden, Aufgaben zu behandeln, an denen sich exemplarisch zentrale Begriffe und Methoden entwickeln lassen, die zugleich die Vielfältigkeit der Anwendungen stochastischer Modelle erkennen lassen und andererseits stehen für typische, wichtige Anwendungsfelder der Stochastik. Vorschläge für entsprechende Unterrichtsprojekte finden sich in den *DIFF*-Heften *AS1 Das Aufgabenfeld Lotto* (1987) und *AS2 Qualitätskontrolle* (1989) und in den verschiedenen *ISTRON*-Bänden. Im Sinne einer gründlichen Aufarbeitung von einerseits der jeweiligen Sachproblematik und andererseits der mathematischen Modellierung lassen sich solche großen Themen allerdings nur als Projekte bearbeiten. So wenig die von *Damerow/Hentschke* kritisierte aufgabendidaktische Grundkonzeption vieler Lehrgänge der Entwicklung stochastischen Denkens dienen mag, sei nicht verschwiegen, dass eine solche Konzeption auch (scheinbare) Vorteile bietet: Der Unterricht kann zügiger voranschreiten, die erforderliche Mathematik wird konsistenter aufgebaut und nicht zuletzt lässt sich das Entschlüsseln von Aufgabentexten und das Lösen von Aufgabentypen üben, womit sich ein „sicheres Fundament" für Prüfungen legen lässt.

3.7.2 Formulierungen von Aufgaben zu Begriffen und Methoden der Stochastik

Es gibt wohl kein Gebiet der Schulmathematik, in dem die Formulierung der Aufgaben einen so großen Einfluß auf den Lösungserfolg hat wie in der Stochastik. Nicht die mathematischen Schwierigkeiten behindern hier oft das Lösen einer Aufgabe, sondern das Herausarbeiten eines geeigneten Ansatzes aus der - in der Regel textlichen - Darstellung der Aufgabe. *Fillbrunn/Lehn/Schuster* (1989) und *Lehn/Roes* (1990) haben herausgearbeitet, welche Aufgabenstellungen in der Stochastik auftreten und wie sie im Einzelnen den Lösungserfolg fördern oder auch behindern können (vgl. auch *Bentz/Borovcnik* 1991). Im Folgenden wird vor allem auf diese Arbeiten Bezug genommen. Die genannten Autoren heben hervor, dass viele Schwierigkeiten, die Schüler mit stochastischen Problemstellungen haben, ihre Ursache in dem Verhältnis von Umgangssprache zu Fachsprache haben. Während nämlich in der Umgangssprache, mit der Realsituationen beschrieben werden, die Begriffe unscharf und gelegentlich auch ambivalent sind, haben die fachsprachlichen Begriffe, mit denen mathematische Modelle beschrieben werden, im jeweiligen theoretischen Kontext eindeutige Bedeutungen. In einem Stochastikunterricht in der S II, der keinen anwendungsorientierten oder gar keinen Stochastikunterricht in der S I als Vorlauf hat, machen sich natürlich die Probleme, die sich aus einem ungeklärten Verhältnis von (stochastischer) Umgangs- zur stochastischen Fachsprache ergeben, besonders bemerkbar.

Beispiel 2: Die Begriffe „unabhängig“ und „unvereinbar“ liegen umgangssprachlich nahe beieinander, sie sind aber fachsprachlich zu unterscheiden: Für die „Unabhängigkeit“ zweier Ereignisse A und B gilt $P(A|B)=P(A)$, für die „Unvereinbarkeit“ der Ereignisse $A \cap B=\emptyset$.

Wahrscheinlichkeit: Für die Formulierung der Wahrscheinlichkeit von Ereignissen gibt es eine Reihe von Wendungen, die unmissverständlich sind. Missverständnisse treten aber auf, wenn durch eine Formulierung eine unzutreffende Wahrscheinlichkeitsverteilung – hier eine *Laplace*-Verteilung – nahegelegt wird.

Beispiel 3: „Wie viele von 3500 Neugeborenen sind Sonntagskinder?“ Die hier zugrunde liegende Annahme ist in der Regel nicht gerechtfertigt (vgl. 2.2.3.1, 2.2.4).

Wenn eine Aufgabenformulierung nicht erkennen lässt, welche Wahrscheinlichkeitsverteilung gemeint ist, dann können u. U. mehrere Modelle als Lösungen in Frage kommen. Dies herauszuarbeiten kann im Sinne der Entwicklung einer „distanzierten Rationalität“ ein wichtiges Unterrichtsziel sein. Dient eine konkrete Aufgabe nicht diesem Ziel, so sollte die Aufgabe eindeutiger formuliert sein.

Beispiel 4: Wie viele Möglichkeiten gibt es, vier Eintrittskarten an acht Personen zu verteilen? Eine eindeutige Lösung dieser Aufgabe ist nur möglich, wenn weitere Bedingungen angegeben werden, die die Verteilung bestimmen, z. B. ob eine Person mehrere Karten bekommen kann oder nicht.

Auch in der beurteilenden Statistik, bei der Punkt- und Intervallschätzung und beim Testen, treten Wahrscheinlichkeiten auf, deren Interpretation missverständlich sein kann.

Bedingte Wahrscheinlichkeit: Das Umgehenkönnen mit dem Konzept der bedingten Wahrscheinlichkeit ist wichtig, aber auch schwierig (vgl. *Bea* 1995). Auch bei diesem Konzept können (unangemessene) Formulierungen zu Missverständnissen führen. Üblich sind bei der Frage nach bedingten Wahrscheinlichkeiten Formulierungen wie: „Wie groß ist die Wahrscheinlichkeit des Ereignisses A, wenn das Ereignis B eingetreten ist?“ Formulierungen wie die vorstehende legen einen zeitlich-sukzessiven oder kausalen Zusammenhang nahe. Wie Bearbeitungen einer von *Falk* (1983) gestellten Aufgabe zeigen, entstehen durch eine solche Reduktion spezifische Schwierigkeiten im Umgang mit bedingten Wahrscheinlichkeiten (vgl. 1.1.1.3.2, *Beispiel 17*). Zur Vermeidung solcher Schwierigkeiten sind Beispiele angebracht, bei denen die umfassendere Bedeutung dieses Konzeptes deutlich wird. Ein solches Beispiel ist das *Drei-Türen-Problem* (vgl. 2.3.4.4, *Beispiel 36*), andere Beispiele haben *Bea* (1995) und *Borovcnik* (1992) diskutiert.

Unabhängigkeit: Die Unabhängigkeit von Ereignissen stellt kein Problem dar bei Vorliegen von physikalischer Unabhängigkeit von einzelnen Zufallsexperimenten in einer Kette wie dem mehrfachen Werfen eines Würfels. Fraglich ist aber schon, ob bei der Fließbandfertigung die Produktion der Einzelerzeugnisse immer unabhängig voneinander erfolgt.

Beispiel 5: Bei der automatischen Verpackung von Schokoladentafeln in 5er-Kartons geht erfahrungsgemäß 1% der Tafeln zu Bruch. Mit welcher Wahrscheinlichkeit enthält ein Karton mehrere zerbrochene Tafeln? Wenn ein Fertigungsprozess gestört ist, dann kann es sein, dass sich für aufeinanderfolgende Fertigungen die Wahrscheinlichkeit einer Störung erhöht. Bei der Behandlung entsprechender Aufgaben sollte mindestens auf diese Problematik hingewiesen werden.

Beispiel 6: Bei Flügen auf einer bestimmten Strecke erscheinen erfahrungsgemäß 5% der Fluggäste nicht. Wie viele Überbuchungen können gemacht werden damit bei einem Platzangebot von 240 Sitzen in 99% der Fälle kein Ärger entsteht? Bei dieser Aufgabe kann Unabhängigkeit nicht unterstellt werden, wenn es sich um Ferienflüge handelt, weil hier häufig Familien buchen und die Entscheidungen der Familienmitglieder nicht unabhängig voneinander erfolgen.

Erwartungswert: Für die Herleitung des Erwartungswertes sind Glücksspiele, bei denen ein Einsatz geleistet werden muss und je nach Spielglück sowohl Gewinne wie auch Verluste auftreten können, besonders gut geeignet. Hier lässt sich mit Hilfe des Erwartungswertes auch beurteilen, wie fair ein Spiel ist. Abgesehen von dem rechnerischen Problem, den Erwartungswert verschiedener Verteilungen zu berechnen, wie z. B. dem der Binomialverteilung, gibt es die Schwierigkeit zu verstehen, dass der Erwartungswert nicht selbst unbedingt ein Wert der Zufallsvariable sein muss. Deshalb sollten Formulierungen wie „Welchen Wert der Zufallsvariable kann man erwarten?“ vermieden werden.

Beispiel 7: Beim Würfeln mit einem *Laplace*-Würfel ist der Erwartungswert 3,5.

Eine weitere Schwierigkeit besteht darin, zu verstehen, dass der Erwartungswert nur wenig aussagt über die Wahrscheinlichkeit für das Auftreten eines bestimmten Wertes einer Zufallsvariable.

Varianz: Streuungen werden in Bezug auf Mittelwerte definiert und haben je nach Definition verschiedene Eigenschaften. Streuungen sind deshalb je nach Problemlage zusammen mit einem angemessenen Mittelwert zu wählen. Sie sind entsprechend nur in diesem Zusammenhang zu verstehen. In der Wahrscheinlichkeitsrechnung und in der Statistik besitzen Erwartungswert und Varianz bzw. die korrespondierenden empirischen Begriffe eine besondere Bedeutung.

Tschebyscheffsche Ungleichung: Hier ergibt sich aus der Form dieses Satzes, dass eine Frage wie „Wie groß ist die Wahrscheinlichkeit, dass ...“ missverständlich sein kann, denn die Antwort muss lauten „Die Wahrscheinlichkeit ist mindestens (höchstens) ...“.

Beispiel 8: Wie oft muss man einen *Laplace*-Würfel werfen, damit sich das aus den gefallenen Augenzahlen errechnete arithmetische Mittel vom Erwartungswert für die Augenzahl mit einer Wahrscheinlichkeit von mindestens 95% um weniger als 0,1 unterscheidet? Hier könnte der erste Teil des Satzes den Eindruck erwecken, es sei eine genaue Anzahl zu bestimmen. Nach dem Satz von *Tschebyscheff* kann aber nur eine hinreichend große Anzahl bestimmt werden.

Normalverteilung: Für stochastische Situationen, in denen eine Zufallsvariable durch das Wirken vieler unabhängig wirkenden Zufallsvariablen bestimmt wird, ist nach dem zentralen Grenzwertsatz die Normalverteilung als Modell angemessen. Die Kurzsprechweise „Die Größe von 20jährigen Männern ist normalverteilt“ steht in diesem Sinne für „Die Körpergröße von 20jährigen Männern kann als normalverteilt angesehen werden“, denn die Normalverteilung ist für eine Realsituation immer nur ein approximatives Modell. Ob die Normalverteilung im Einzelfall ein angemessenes Modell ist, muss geprüft werden. Dies gilt besonders in solchen Fällen, wo Testverfahren eingesetzt werden sollen, die die Normalverteilung voraussetzen.

Beispiel 9: Die Bewertung von (Unterrichts-)Leistungen ist aus praktischen Gründen sicher notwendig, sie ist aber aus subjektiven und objektiven Gründen nicht völlig objektiv möglich. So wird z. B. bei der Zensurengebung oft eine „Normal-"Verteilung unterstellt: sehr gute und sehr schlechte Zensuren kommen weniger häufig vor, dagegen gibt es eine Häufung um eine „mittlere" Zensur. Ob solche Modellannahmen gerechtfertigt sind, ist nicht immer einfach zu rechtfertigen (vgl. z. B. *Clauss/Ebner* 1971, *Ingenkamp* 1970, 1973).

Stichproben: Soll von einer Stichprobe auf die Grundgesamtheit geschlossen werden, dann kann dies mit vorgegebener stochastischer Sicherheit nur geschehen, wenn die Stichprobe die Grundgesamtheit repräsentiert. Bei einfachen Zufallsstichproben erreicht man dies dadurch, dass jedes Element der Grundgesamtheit die gleiche Chance hat, gezogen zu werden. Dies lässt sich mit Redewendungen wie „Es werden n Elemente der Grundgesamtheit zufällig gezogen" zum Ausdruck bringen. Bei Aufgaben zum Stichprobenumfang kann nach dem *Mindest*umfang oder nach einem *hinreichend großen* Umfang gefragt werden. Nach einem hinreichend großen Umfang ist zu fragen, wenn dieser mit Hilfe der *Tschebyscheff*schen Ungleichung berechnet werden soll. *Strick* (1998) widmet „Befragungen und Prognosen" einen eigenen Abschnitt, in dem die angesprochenen Fragen anhand vieler Beispiele untersucht werden.

Hypothesentest, Intervallschätzung: Die Schwierigkeiten in Bezug auf das Umgehen mit Test- und Schätzverfahren sind vielfältig: sie betreffen die Sachproblematik, die Struktur und Elemente dieser Verfahren und nicht zuletzt die Darstellung (vgl. 1.2.5.4, 3.5). *Fillbrunn/Lehn/Schuster* (1989) fordern bei der Behandlung der Testtheorie eine besondere sprachliche Disziplin, weil unangemessene Formulierungen wegen der „für den Schüler schwer zu durchschauenden Logik" dieses Gebietes „leicht zu falschen Vorstellungen" führen können. Dies betrifft die testtheoretischen Grundbegriffe wie Hypothesen, Signifikanzniveau, Annahme- und Ablehnungsbereich, insbesondere die Bedeutung von Fehlern 1. und 2. Art, Entscheidungsregel usw. *Stahel* (1995) skizziert an einem historischen Beispiel mögliche Fragestellungen:

Beispiel 10 Stahel (1995): „Das folgende historische Beispiel einer Studie der Wirksamkeit zweier Medikamente ist in der Statistik berühmt geworden. Bei 10 Versuchspersonen wurde die durchschnittliche Schlafverlängerung durch Medikament A gegenüber B gemessen. Die Ergebnisse waren: 1.2; 2.4; 1.3; 1.3; 0.0; 1.0; 1.8; 0.8; 4.6; 1.4 („*Student*", 1908, Biometrica 6,1). Ist das Medikament A wirksamer als B?" Nimmt man an, dass die Daten unabhängig und $N(\mu,\sigma^2)$ normalverteilt sind, so erfordert die Beantwortung dieser Frage Antworten auf folgende Fragen:

„1. Um wieviel wird der Schlaf verlängert – abgesehen von den zufälligen Unterschieden zwischen Individuen und Nächten? Wie groß ist wohl μ? Welcher Parameter *passt am besten* zu den Beobachtungen?

2. Ist es möglich, dass in Wirklichkeit Mittel A nicht wirksamer ist als B? Ist $\mu\leq 0$ mit den Beobachtungen vereinbar? Sind die Beobachtungen mit *einem bestimmten Parameterwert* vereinbar?

3. In welchen Grenzen liegen die Werte μ für die „wahre" Schlafverlängerung, die aufgrund der Daten noch plausibel erscheinen? *Welche Parameterwerte* sind mit den Beobachtungen *vereinbar*?"

Fillbrunn/Lehn/Schuster (1989) geben ein Beispiel an, dessen Text sie so variieren, dass sich Standpunktwechsel in der Problemstellung mit entsprechenden Fragestellungen ergeben.

Beispiel 11: Von einem Medikament wird gesagt, dass es einen an einer bestimmten Krankheit leidenden Patienten mit einer Wahrscheinlichkeit von $p>0{,}8$ heilt. Eine Ärztin überprüft diese Angabe auf dem 5%-Signifikanzniveau mit einer Stichprobe vom Umfang 50. Es werden 44 Patienten geheilt. Welcher Schluss ist aus dem Stichprobenergebnis zu ziehen? Als Fragen ergeben sich hier u. a.: Welches ist die Hypothese der Ärztin über die Behauptung des Herstellers? Wie geht sie bei der Überprüfung der Hypothese vor? Welchen Schluss zieht sie? Variationen dieser Aufgabe ergeben sich z. B. durch Vertauschen der Hypothesen, durch Weglassen der Hypothesen, durch Änderungen des Stichprobenumfangs usw.

Die Autoren sind der Auffassung, dass viele Aufgaben in den Lehrbuchwerken zu eng formuliert sind, so dass die Behandlung von Testproblemen „rasch im formalen Vorgehen erstarrt". Sie schlagen deshalb vor, Aufgaben offener zu stellen und geben dafür ein Beispiel an, bei dem eine Entscheidung unter Unsicherheit getroffen werden muss, wobei Kosten bei Fehlern 1. bzw. 2. Art entstehen. Der „Testturm" mit Entscheidungsregel ist dann von den Schülern zu erstellen. Ein weiteres Problem stellen auch Formulierungen dar, die den Eindruck erwecken, man könne Hypothesen und Entscheidungsregel *nach* der Stichprobennahme festlegen. Ein solcher Eindruck ist manchmal deshalb schwer zu vermeiden, weil zum Lösen von Aufgaben je nach ihrer didaktischen Zielsetzung die Hypothesen, die Entscheidungsregel und die Stichprobendaten vorgegeben werden. Um hier Missverständnisse zu vermeiden ist, es sinnvoll, die Einführung des Hypothesentests anhand einer Aufgabe vorzunehmen, bei der zur Problemstellung die Hypothesenbildung, die Entscheidungsregel, die Stichprobennahme, die Rechnung und die Entscheidungsfindung von den Schülern mit erarbeitet werden. Ein weiteres Problem stellt die Deutung der Fehler 1. und 2. Art dar. Unter der objektivistischen Auffassung vom Wahrscheinlichkeitsbegriff sind darunter nicht Wahrscheinlichkeiten von Hypothesen zu verstehen. Eine Wahrscheinlichkeit von 5% für einen Fehler 1. Art bedeutet, dass man in 5% von vielen Entscheidungssituationen der betrachteten Art die Nullhypothese fälschlicherweise verwirft. Auch Formulierung von Aufgaben und deren Lösungen zu Intervallschätzungen können Anlass zu Missverständnissen geben. Ein weiteres Missverständnis besteht in der Missdeutung der Sicherheitswahrscheinlichkeit $1-\alpha$. Sie bedeutet nicht, dass ein Parameter mit dieser Wahrscheinlichkeit in dem berechneten Intervall liegt, sondern dass bei vielen Wiederholungen des Experiments das Intervall den Parameter mit etwa dieser Wahrscheinlichkeit überdeckt. In diesem Zusammenhang wird dann auch „häufig nach *dem* Vertrauensintervall gefragt, wo es doch nur darum gehen kann, *ein* Vertrauensintervall zu finden unter vielen möglichen anderen" (*Fillbrunn/Lehn/Schuster*, vgl. auch *Kettani/Wiedling* 1994).

Schwierigkeitsgrad einer Aufgabe in Abhängigkeit von der Formulierung: *Fillbrunn/Lehn/Schuster* stellen anhand von textlichen Variationen verschiedener Aufgaben dar, wie sehr sich allein dadurch der Schwierigkeitsgrad von Aufgaben ändern kann. Möglichkeiten für Veränderungen der Darstellung einer Aufgabe bestehen z. B. in

– *der Offenheit oder Gebundenheit der Fragestellung* (Gliederung der Aufgabe in Teilaufgaben, Angabe zu verwendenden Definitionen und Sätze, Gebrauch von „Schlüsselwörtern",...)

Beispiel 12: Auf wie viele Arten könne sich zehn Personen an einen runden Tisch setzen? Zur Lösung dieser Aufgabe müssen weitere Annahmen gemacht werden, z. B. dass die Plätze nummeriert sind.

Beispiel 13: Zwei Schützen *A* und *B* treffen mit einer Wahrscheinlichkeit von 75% bzw. 85%. *A* erzielte bei zehn Schüssen sieben Treffer, *B* bei 20 Schüssen 16 Treffer. Wer war relativ zu seinen sonstigen Leistungen an diesem Tag der bessere Schütze? Bei dieser Aufgabe geht es um den Zusammenhang von relativer Häufigkeit, Wahrscheinlichkeit, Erwartungswert und Standardabweichung, der von den Schülern als Lösungsansatz gefunden und verwendet werden muss. Die genannten Autoren variieren diesen Text mehrfach so, dass die Fragestellung immer präziser und eindeutiger wird.

– *der Größe der Redundanz der Formulierung*

Beispiel 14: Die Firmen *McDonalds* und *Atari* warben in den USA mit einem Rubbelspiel, für das folgende Spielregeln galten: Unter zehn verdeckten Feldern sind zwei Gewinnfelder, zwei Nietenfelder und sechs neutrale Felder. Einen Preis erlangt man genau dann, wenn man die beiden Gewinnfelder ohne ein Nietenfeld aufrubbelt. Aufgerubbelte Neutralfelder sind nicht gewinnschädlich. Man erhält also auch dann einen Preis, wenn man außer den Gewinnfeldern auch neutrale Felder aufrubbelt. Berechne die Wahrscheinlichkeit, dass man mit einer Rubbelkarte einen Preis erhält. *Fillbrunn/Lehn/Schuster* (1989) sind der Auffassung, dass Schüler bei dieser Aufgabe Schwierigkeiten haben, relevante von nicht relevanten Informationen zu unterscheiden und sich deshalb u. U. in „fruchtlose Rechnerei stürzen". Gerade bei Aufgaben wie dieser aber kann die Entwicklung und Durchführung von Simulationen helfen, die Struktur eines Problems zu erarbeiten und eine angemessene Lösung zu finden.

– *der Wahl der Ebene, auf der die Aufgabe formuliert wird: Realsituation – konkretes Modell (Urne,...) – mathematisches Modell*

Beispiel 15: In der Urne 1 befinden sich 75% Nieten, in der Urne 2 sind 85% Nieten. *A* hat bei zehn Ziehungen sieben Nieten, *B* hat unter 20 Ziehungen 16 Nieten. Bei wem ist die Abweichung der Nietenhäufigkeit vom Erwartungswert größer? Hier ist die stochastische Situation schon als Urnenmodell gegeben, was die Lösung erheblich erleichtert. Zunächst lassen sich hier Simulationen, ggf. mit dem Computer, durchführen. Ebenfalls computergestützt lassen sich Diagramme erstellen, die bei der Entwicklung der formalen Lösung hilfreich sind.

- *einer Veranschaulichung der Situation (Diagramme,...)*

Beispiel 16 (*Diepgen* 1993): In einer Urne befinden sich drei rote und drei schwarze Kugeln. Zwei Kugeln werden der Urne nacheinander ohne Zurücklegen entnommen. Wie groß ist die Wahrscheinlichkeit dafür, dass man eine rote und eine schwarze Kugel zieht? Wie ändert sich die Wahrscheinlichkeit, wenn man die gezogene Kugel wieder zurücklegt? (Unterscheide jeweils die drei roten und die drei schwarzen Kugeln und ermittle einen Ergebnisraum, der alle Zugmöglichkeiten berücksichtigt.) Auch hier stellen die Vorstrukturierung durch das Urnenmodell und ein Diagramm Hilfen zur Lösung dar.

Althoff (1997) berichtet zu Erfahrungen mit Abituraufgaben zur Stochastik, dass die Lösungserfolge bei den Bearbeitungen von Stochastik- und Analysisaufgaben vergleichbar waren. Dies lag sicher auch an der klaren strukturierenden Darstellung der jeweiligen stochastischen Situationen. Über ähnliche Erfahrungen berichten auch *Strick* (1996) und *Krautkrämer* (1996).

3.7.3 Strategien zum Lösen von Aufgaben

Einerseits werden offene realitätsnahe Aufgaben für sinnvoll gehalten, weil man an diesen Aufgaben Begriffe und Methoden zum Modellieren am besten erlernen und den Modellierungsprozess am besten verstehen kann, andererseits sind es aber oft gerade

diese Aufgaben, die die größten Schwierigkeiten beim Lösen bereiten. Es ist deshalb sinnvoll, Strategien zum Lösen von Stochastikaufgaben so zu thematisieren, dass sie bei der Problemanalyse und –lösung gezielt ausgesucht und eingesetzt werden können. Bereichsspezifische Strategien bilden den Kern des prozessorientierten Teils beim Umgehen mit Problemen der Stochastik. Da Schüler beim Eintritt in die S II in der Regel keine oder nur geringe Erfahrungen mit der Modellierung stochastischer Situationen haben, ist es angebracht mit ihnen Werkzeuge zu entwickeln, die sie in Stand setzen, Klassen von Problemstellungen mit Erfolg zu bearbeiten. Besondere Probleme bei der Mathematisierung stochastischer Situationen treten dann auf, wenn aus der Präsentation der Situation nicht erkennbar ist, in welche Problemklasse sie gehört, oder intuitive Fehlvorstellungen den Weg zur angemessenen Lösungsstrategie blockieren. Dies gilt insbesondere dann, wenn die Situation rein textlich dargestellt wird. Hilfreiche Strategien zur Modellierung einer stochastischen Situation sind z. B. die folgenden:
Visualisierungen spielen bei der Modellbildung eine besondere Rolle. Der Weg von einer Realsituation zum Modell besitzt häufig folgende Übergänge: *Realsituation, Realanschauung → schematische Strukturierung → Anschauungsmodell → symbolische Darstellung*. Dabei spielen Visualisierungen oft eine entscheidende Rolle. Sie stellen einen Ersatz für die Realanschauung dar, dienen einer schematischen Strukturierung und liefern Anschauungsmodelle als „Denkwerkzeuge". In der Stochastik spielen folgende Visualisierungen eine besondere Rolle: *Venn-Diagramme, Tabellen, Tafeln, Graphen, Baumdiagramme* und *Diagramme der EDA*. Sie dienen u. a. der Veranschaulichung von Wahrscheinlichkeitsräumen (Darstellung von Ereignissen und ihren Verknüpfungen, insbesondere von bedingten Wahrscheinlichkeiten), der Berechnung von Wahrscheinlichkeiten, dem Erkennen von Mustern bei Verteilungen, der Generierung von Hypothesen.
Symmetrieüberlegungen spielen häufig bei Einführungen in die Stochastik eine Rolle, wo stochastische Situationen durch Anwendung des Symmetriekonzeptes, d. h. in der Regel durch die Annahme von *Laplace*-Wahrscheinlichkeiten modelliert werden. Epistemologisch begründet man die Berechtigung zur Annahme eines symmetrischen Modells, bei dem die Wahrscheinlichkeit als Gleichwahrscheinlichkeit gegeben ist, mit dem „Prinzip vom unzureichenden Grunde". Man sieht dieses Prinzip speziell als anwendbar an beim Vorliegen von physikalischer Symmetrie. *Borovcnik* (1992) macht aber darauf aufmerksam, dass die Anwendung des Symmetriekonzepts nicht immer einfach oder angemessen sein muss:

- Das Nichtwissen über eine stochastische Situation rechtfertigt nicht die Annahme des Prinzips vom unzureichenden Grund und damit die Annahme von Symmetrie.
- Eine bestimmte physikalische Situation kann durchaus mit Hilfe verschiedener Symmetrieannahmen modelliert werden (s. u.).
- Die Intuition wird häufig zunächst eine Symmetrie als Eigenschaft des realen Objekts ansehen, die Symmetrie ist aber eine Eigenschaft des Modells, das „an die Realität herangetragen" wird.

Im Einzelnen sprechen folgende Gründe für eine Einführung in die Stochastik über die Modellierung von Situationen, auf die das Symmetriekonzept anwendbar ist (vgl. auch *Herget* 1997):

- Die Modellbildung ist hier besonders einfach.
- Auf der Grundlage dieses Konzeptes lassen sich besonders einfach Grundbegriffe und Regeln der Wahrscheinlichkeitsrechnung wie Ereignis, Verknüpfung von Ereignissen, Wahrscheinlichkeit, Verknüpfung von Wahrscheinlichkeit usw. entwickeln.
- Es bieten sich Möglichkeiten, bedeutsame oder interessante Beispiele mit Mitteln der Kombinatorik zu modellieren, etwa solche mit der Binomialverteilung als Modell.
- Die Strategie der Simulation kann hier entwickelt werden, durch geeignete Experimente können Modellannahmen überprüft werden.
- Mit Hilfe von Simulationen lässt sich der wichtige Zusammenhang zwischen *Laplace*-Wahrscheinlichkeit und relativer Häufigkeit herstellen, weil bei symmetrischen Zufallsgeneratoren das Verhältnis von „günstigen" zu „möglichen" Ergebnissen erkennbar ist.

Weil die Gleichwahrscheinlichkeit die einfachste Konzeption von Wahrscheinlichkeit ist, lassen sich an entsprechenden Beispielen wichtige Begriffe und Regeln der Wahrscheinlichkeitsrechnung wie Additionssatz, Multiplikationssatz besonders einfach herleiten und begründen. Dafür, dass die Begriffsbildung anhand symmetrischer stochastischer Situationen in der Regel einfacher ist, spricht auch, dass ja die historische Entwicklung der Wahrscheinlichkeitsrechnung ihren Ausgang von der Mathematisierung von Glücksspielen her genommen hat. Geeignete Beispiele für symmetrische stochastische Situationen sind gegeben durch Zufallsgeneratoren wie verschiedene Würfel, Münze, Urne usw. Für diese Zufallsgeneratoren stellt das Symmetriekonzept einen A-priori-Ansatz dar, d. h., die Wahrscheinlichkeiten für Ereignisse sind berechenbar, bevor ein Experiment durchgeführt wird.

Baumdiagramme gehören zu den wichtigsten Arbeitsmitteln für den Stochastikunterricht. Sie dienen der Modellierung von stochastischen Situationen und zwar sowohl im Hinblick auf deren (vordergründige) Beschreibung wie auch im Hinblick auf eine tiefergehende Analyse. *Fischbein* (1975, 1977) bemerkt: „In our view, generative models (for example, tree diagrams, in the case of combinatorial operations) are the best teaching devices for the construction of secondary intuitions. ... What the diagram provided was a principle of construction which synthesized induction and deduction in a single operation - a working formula which was at the same time a conceptual, cognitive schema. Extrapolation follows naturally from such a schema, it follows from the working formula itself but not from the mathematical formula which derives from it, and which only formalizes an accepted truth." und „The model (Wahrscheinlichkeitsbaum) is actually active as an intellectual tool: it solves the problem, and not only describes the solution. With such a model we can learn to think effectively and understand actively." Das Baumdiagramm ist zunächst ein anschauliches Schema für die Beschreibung einer realen Zufallssituation. Seine wesentliche Bedeutung erhält es aber, weil es darüber hinaus generative Kraft besitzt Analysen und Explorationen in Gang zu setzen. Im Einzelnen dienen Baumdiagramme zur/als Darstellung von Produkträumen, Vermittlung zwischen relativer Häufigkeit und klassischer Wahrscheinlichkeit, Darstellung von bedingten Wahrscheinlichkeiten, Herleitung von Pfadregeln, Ermittlung des Erwartungswertes, Berechnung von Faltungen, Entscheidungsbaum, Darstellung der *Bayes*-Struktur, des induktiven Schließens, Darstellung der Idee des Hypothesentests, Zugang zum Begriff der Varianz, Vorbereitung des zentralen Grenzwertsatzes,

rekursiven Berechnung von *Markoff*-Ketten. Je nach vorliegender Problemstruktur kann das Baumdiagramm der stochastischen Situation flexibel angepasst werden. So kann man vollständige, reduzierte, rekursive, umgekehrte, „unendliche" Bäume verwenden.
Simulationen werden angewendet, um mit Hilfe geeigneter Zufallsgeneratoren die realen Zufallsprozesse „nachzuspielen". Als eine der wichtigen Strategien zur Konstruktion von Modellen sollten sie im Unterricht ausführlich thematisiert werden. Als Einstieg eignen sich Aufgaben, bei der ein mathematisches Modell gewonnen werden kann durch Simulation *und* durch kombinatorische o. a. Überlegungen. Das Planen, die Durchführung und die Bewertung von Simulationen sind im Unterricht deswegen so wichtig, weil sich durch diese Verbindungen von empirisch-konstruktiven und theoretisch-konstruktiven Momenten der Modellbildung gewinnen lassen

- Motivationen für stochastische Fragestellungen und deren Lösungsmöglichkeiten
- Einsichten in die Bedeutung, Möglichkeiten und Grenzen von Modellen für die Erkenntnis
- damit zusammenhängend Einsichten in den (objektivistischen) Wahrscheinlichkeitsbegriff
- damit zusammenhängend ein Zugang zu Fragestellungen und Verfahren der beurteilenden Statistik.

Im Folgenden seien in Anlehnung an *Kütting/Lerche* (*DIFF AS3* 1989) Strategien zur Lösung bestimmter Aufgabentypen dargestellt:
Aufgaben zum Ereignis- und zum Wahrscheinlichkeitsraum: Voraussetzung für das formale Umgehen mit dem Wahrscheinlichkeitsbegriff ist eine gewisse Vertrautheit mit der formalen Beschreibung von Ereignissen und ihren Verknüpfungen, also des Ereignisraums. Nach Einschätzung von *Maroni* (1991) besteht ja eine Hauptschwierigkeit bei der Einschätzung von Wahrscheinlichkeiten darin, dass der betreffende Wahrscheinlichkeitsraum nicht übersehen wird. Nicht zuletzt aus diesem Grund widmen fast alle Lehrgänge zur Stochastik diesem Thema einen einführenden Abschnitt.

- Eine Strategie für die Gewinnung von Übersicht besteht in der *Darstellung der Ergebnismenge*:

Beispiel 17: Wurf mit zwei Würfeln. Dieser offen gestellten Aufgabe lässt sich ein Modell nicht eindeutig zuordnen. Je nach der Angabe weiterer Bedingungen erhält man verschiedene Lösungen für die Beschreibung der Ergebnisse des Zufallsexperiments, also der Ergebnismenge und damit des jeweiligen Ereignisraums. Solche Bedingungen sind: Man betrachtet die Würfel als *Laplace*-Würfel oder nicht, als unterscheidbar oder nicht, man interessiert sich für die Augensumme, für gerade oder ungerade Augensumme, für das Produkt der Augenzahlen usw. Je nach Ereignisraum erhält man verschiedene Wahrscheinlichkeitsverteilungen.

Beispiel 18: Aus zwei Damen und zwei Herren sollen zwei Paarungen für ein Tennisdoppel gebildet werden. Wie groß ist die Wahrscheinlichkeit dafür, dass ein gemischtes Doppel gespielt wird? *Kütting/Lerche* (1989) geben für die Beschreibung der Paarungen insgesamt sechs verschiedene Ergebnismengen mit unterschiedlicher „Feinheit" an: $\Omega_1=\{(D_1,D_2),...,(H_2,H_1)\}$ mit Beachtung der Reihenfolge, $\Omega_2=\{\{D_1,D_2\},...,\{H_1,H_2\}\}$ ohne Beachtung der Reihenfolge, $\Omega_3=\{(D,D),...,(H,H)\}$, $\Omega_4=\{w,g,m\}$ (*w*eibliche, *g*emischte, *m*ännliche Paarung), $\Omega_5=\{0,1,2\}$ (Anzahl der Herren), $\Omega_6=\{D_2,H_1,H_2\}$ (D_1 wird ausgezeichnet). Die erste Ergebnismenge Ω_1 ist die mit der „größten Feinheit", d. h. die vollständigste, ihre Ergebnisse sind im Prinzip sehr einfach zu finden und zu interpretieren. Bei diesem Beispiel liegen einfache *Laplace*-Räume vor, bei anderen Problemen kann es im Einzelfall schwierig sein, die Ergebnismenge vollständig und übersichtlich zu ermitteln und darzustellen.

– Zur Bedeutung von *Urnenexperimenten* stellen *Kütting/Lerche* (1989) fest: „Jedes Zufallsexperiment mit endlich vielen Ergebnissen (Elementarereignissen), denen rationale Zahlen als Wahrscheinlichkeiten zukommen, kann gedanklich durch ein Urnenexperiment ersetzt werden.“ Insbesondere liegt es nahe, Zufallsexperimente, bei denen es um Auswahlen aus einer Menge geht, durch Urnenexperimente darzustellen.

Beispiel 19 (*Kütting/Lerche* 1989): In einem Hotel sind noch fünf Zimmer mit den Nummern 1, 2, 3, 4, 5 frei. Drei Personen *A*, *B*, *C* sollen darin untergebracht werden. Wie viele Möglichkeiten gibt es dafür? Zur Lösung braucht man noch Vorgaben wie Anzahl der Betten pro Zimmer und die Art der Verteilung der Gäste pro Zimmer (Einfach, -Mehrfachbelegungen). Gibt es z. B. nur Dreibettzimmer und jeder der Gäste kann sich ein Zimmer aussuchen, so entspricht diesen Rahmenbedingungen folgendes Urnenmodell: In der Urne befinden sich fünf nummerierte Kugeln und es wird dreimal mit Zurücklegen gezogen, wobei die Nummern notiert werden.

– Eine weitere Strategie zur Darstellung eines Ereignisraumes besteht in der Anwendung des *Baumdiagramms*. Baumdiagramme sind mit die wichtigsten Werkzeuge zur Darstellung von Ereignis- und Wahrscheinlichkeitsräumen, weil sie nicht nur der bloßen Beschreibung, sondern auch einer Exploration dienen können. Insbesondere dienen sie der Veranschaulichung von Bedingungen zwischen Ereignissen.

Beispiel 20 (*Kütting/Lerche* 1989): Bei den üblichen Tennisturnieren werden die Matches in drei Sätzen entschieden. Man veranschauliche die Fälle, in denen *A* gewinnt. Für ein Match zwischen Personen *A* und *B* gibt es die angegebene Darstellung. Bei diesem Problem soll (nicht realitätsgerecht) angenommen werden, dass sich die Spielstärken der Spieler sich in Gewinnwahrscheinlichkeiten ausdrücken lassen, die während des gesamten Matches gleich bleiben. Man erkennt die Ereignisse, in denen die Person A gewinnt. Wenn man das Baumdiagramm gezeichnet hat, dann sieht man, dass zur Lösung der Aufgabe einige Zweige weggelassen werden können.

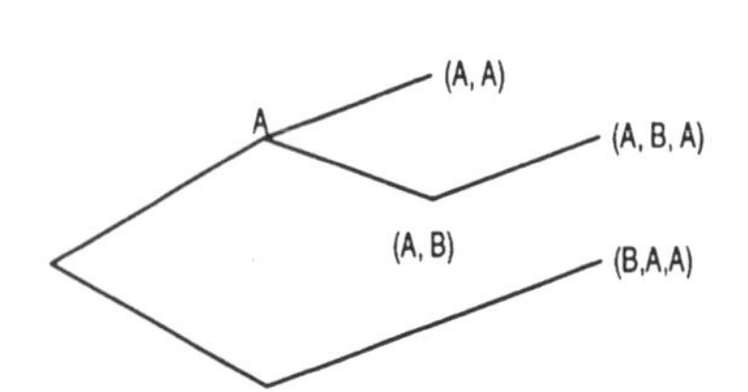

Weitere Beispiele für die Modellierung von Spielen im Sport als Zufallexperimente unter Verwendung von Baumdiagrammen stellen *Floer/Möller* (1977) vor (vgl. auch *Wirths* 1997).

– Für die Darstellung von Wahrscheinlichkeitsräumen, in denen bedingte Wahrscheinlichkeiten interessieren, eignen sich besonders auch *Venn*-Diagramme, weil sie die Teilwahrscheinlichkeitsräume sichtbar machen und so den Ansatz zur Berechnung von bedingten Wahrscheinlichkeiten nahe legen.

Beispiel 21 (*Stahel* 1995): Die Wahrscheinlichkeit, dass ein Zwillingspaar eineiig ist (Ereignis *A*), beträgt in Europa etwa ¼. Die Wahrscheinlichkeit, dass zweieiige Zwillinge ein gleiches Geschlecht besitzen, ist ½. Wie groß ist die Wahrscheinlichkeit, dass ein Zwillingspaar gleichgeschlechtlich ist (Ereignis *B*)? Auch hier eignet sich das Baumdiagramm zur Strukturierung der Situation. Man erhält $P(B) = P(B \mid A) \cdot P(A) + P(B \mid \overline{A}) \cdot P(\overline{A})$ =5/8. Mit Hilfe eines geeigneten *Venn*-Diagramms lässt sich die Größe der gesuchten Wahrscheinlichkeit abschätzen.

– Eine weitere Strategie zur Darstellung von Ereignis- und Wahrscheinlichkeitsräumen ist ihre Darstellung mit Hilfe von *Feldertafeln*. In diesen Tafeln werden die Durchschnitte von Ereignissen und deren relative Häufigkeiten bzw. Wahrscheinlichkeiten dargestellt. Sie eignen sich besonders zur Berechnung der Wahrscheinlichkeiten bestimmter Vereinigungen von Ereignissen, mittelbar zur Berechnung von bedingten und totalen Wahrscheinlichkeiten.

Beispiel 22 (*Stahel* 1995): Von *K. Pearson* stammt folgende Tabelle über die Häufigkeiten der Augenfarben von 1000 Vätern und Söhnen:

		Vater	
		hell	dunkel
Sohn	hell	471	148
	dunkel	151	230

Der Tabelle entnimmt man, dass sich die Augenfarbe vererbt. Ein *Venn*-Diagramm, in dem die angegebenen Verhältnisse dargestellt sind, führt zur Quantifizierung der Wahrscheinlichkeit für diese Vererbung für die untersuchte Population.

Berechnung von Wahrscheinlichkeiten: Hier gibt es u. a. folgende Strategien (vgl. *Kinder* 1989):

- Bei vielen Aufgaben ist es sinnvoll, die Wahrscheinlichkeit eines Ereignisses über die *Wahrscheinlichkeit des Gegenereignisses* zu berechnen. Aufgaben, bei denen diese Strategie mit Erfolg angewendet werden kann sind solche, bei denen die Wahrscheinlichkeit des Gegenereignisses gegeben ist oder einfacher berechnet werden kann. In solchen Aufgaben kommen häufig Formulierungen wie „nicht“ oder „mindestens“ bzw. „höchstens“ vor.

Beispiel 23: Wie groß ist die Wahrscheinlichkeit, dass mindestens zwei von n Personen am gleichen Tag Geburtstag haben? Die Lösung erfolgt hier über die Berechnung der Wahrscheinlichkeit des Gegenereignisses, nämlich dass alle n Personen an verschiedenen Tagen Geburtstag haben. Diese Wahrscheinlichkeit ergibt sich als Produkt von Wahrscheinlichkeiten (vgl. 2.2.1.1, *Beispiel 1*).

Beispiel 24 (*Kinder* 1989): Im Erdgeschoss besteigen m Personen einen Fahrstuhl und wählen unabhängig voneinander ein Zielstockwerk i mit der Wahrscheinlichkeit $p(i)$. Wie groß ist die Wahrscheinlichkeit, dass der Fahrstuhl im Stockwerk k anhält? Auch hier ist eine direkte Berechnung der gefragten Wahrscheinlichkeit nur schwer möglich. Einfacher ist die Berechnung der Gegenwahrscheinlichkeit „Keine der m Personen wählt das Stockwerk k“, die sich als Produkt von Wahrscheinlichkeiten ergibt.

- Bei komplexen, „zusammengesetzten“ Ereignissen treten oft zwei Fälle auf: Ein Ereignis A lässt sich als Vereinigung $A=A_1\cup...\cup A_n$ oder als Durchschnitt $A=A_1\cap...\cap A_n$ von Ereignissen $A_1,...,A_n$ darstellen. Lässt sich ein Ereignis A als Vereinigung („Summe“) von Ereignissen darstellen, dann können zwei Fälle auftreten:

1. Das Ereignis A lässt sich als *Zerlegung*, als Vereinigung paarweise disjunkter Ereignisse darstellen: $A=A_1\cup...\cup A_n$. In diesem Fall wird $P(A)$ direkt als *Summe der Einzelwahrscheinlichkeiten* $P(A)=P(A_1)+...+P(A_n)$ berechnet.

Beispiel 25: Berechnung der Wahrscheinlichkeit dafür, dass beim Werfen mit zwei Würfeln eine Augensumme <5 auftritt. Hier sind die Ereignisse Augensumme „2“, „3“, „4“ disjunkt, so dass sich ergibt P(Augensumme<5)=P(„2“)+P(„3“)+P(„4“).

Beispiel 26 (*Kinder* 1989): Man betrachte die Dreierblöcke (X,Y,Z) dezimaler Zufallsziffern aus $\{0,1,...,9\}$. Ein solcher Dreierblock heißt „Maximum“, wenn die mittlere Ziffer größer ist als die beiden anderen. Wie groß ist bei einem idealen Zufallsgenerator die Wahrscheinlichkeit für ein Maximum? Nimmt man an, dass die Zufallsvariablen X,Y,Z die Ziffern 0,...,9 unabhängig voneinander und mit gleicher Wahrscheinlichkeit auftreten, so folgt

$$P(Y > X, Y > Z) = \sum_{i=0}^{9} P(Y > X, Y > Z, Y = i) = \sum_{i=0}^{9} P(X < i) \cdot P(Y = i) \cdot P(Z < i).$$

2. Oft liegt auch der Fall vor, dass eine *Zerlegung* eines Ereignisses A über eine Zerlegung der Ergebnismenge $\Omega=B_1\cup...\cup B_n$ mit $A=(A\cap B_1)\cup...\cup(A\cap B_n)$ gegeben ist und dass bedingte Wahrscheinlichkeiten $P(A|B_i)$ hinsichtlich einer solchen Zerlegung vorliegen bzw. sich einfach berechnen lassen. In diesem Fall berechnet sich die Wahrscheinlichkeit mit Hilfe des Satzes von der totalen Wahrscheinlichkeit. Bei der Darstellung mit einem Baumdiagramm entspricht dieser Fall der *2. Pfadregel*. Fälle dieser Art treten häufig bei zweistufigen Zufallsexperimenten auf.

Beispiel 27: Zweimaliges Ziehen aus einer Urne ohne Zurücklegen. Dieser Fall lässt sich anhand eines Baumdiagramms sehr gut veranschaulichen.

Beispiel 28 (*Barth/Haller* 1983): Anteile der *FDP* bei der ersten Bundestagswahl 1949 in den einzelnen Bundesländern (Angaben in %).

	BW	*B*	*HB*	*HH*	*H*	*Nds*	*NRW*	*RP*	*SH*
Bev.	11,7	19,8	1,3	3,8	9,2	14	28,2	6,2	5,8
FDP	17,6	8,5	12,9	15,8	28,1	7,5	8,6	15,8	7,4

Als Veranschaulichung bietet sich hier ein *Venn*-Diagramm an. Zur rechnerischen Lösung verwendet man hier den Satz von der totalen Wahrscheinlichkeit.

Beispiel 29 (*Kinder* 1989): Die Anzahl der von einer bestimmten Insektenart pro Jahr gelegten Eier kann durch eine *poisson*verteilte Zufallsvariable X modelliert werden. Jedes gelegte Ei möge sich unabhängig von den anderen mit der Wahrscheinlichkeit p zu einem fortpflanzungsfähigen Insekt entwickeln. Wie groß ist die Wahrscheinlichkeit, dass das bei genau k Eiern der Fall ist? Hier wird der Wahrscheinlichkeitsraum zerlegt nach der Anzahl X der gelegten Eier. Mit X: „Anzahl der gelegten Eier“, Y: „Anzahl der Eier, die sich entwickeln“ ergeben sich $P(Y=k\mid X=n)=\binom{n}{k}p^k(1-p)^{n-k}$ und $P(Y=k)=\sum_{n=0}^{\infty}P(Y=k\mid X=n)\cdot P(X=n)$ und damit schließlich $P(Y=k)=\sum_{n=0}^{\infty}\binom{n}{k}p^k(1-p)^{n-k}\cdot e^{-\lambda}\frac{\lambda^n}{n!}=e^{-\lambda p}\frac{(\lambda p)^k}{k!}$.

– Oft lässt sich ein Ereignis A als Durchschnitt („Produkt“) $A=A_1\cap...\cap A_n$ von Ereignissen darstellen. Dieser Fall liegt häufig bei mehrstufigen Zufallsexperimenten vor. Auch hier können zwei Fälle auftreten:

1. Die Ereignisse $A_1,...,A_n$ sind unabhängig voneinander. In diesem Fall ist die Berechnung der Wahrscheinlichkeit von A einfach: $P(A)=P(A_1)\cdot...\cdot P(A_n)$.

Beispiel 30 (*Kinder* 1989): Zur Untersuchung eines synkarzinogenen Effekts sollen vier Gruppen von Mäusen untersucht werden. Die erste Gruppe erhält ein Karzinogen A, die zweite ein Karzinogen B, die dritte erhält A und B gleichzeitig, und die vierte dient als Kontrollgruppe. Wie groß sind die Tumorwahrscheinlichkeiten in den vier Gruppen, wenn man unterstellt, dass die Tumorrisiken getrennt voneinander wirken und keine Verstärkung oder Hemmung durch Interaktion stattfindet? Bezeichnet man mit S das Auftreten eines spontanen Tumors, so erhält man unter den angegebenen Voraussetzungen für das Auftreten eines Tumors bei einem Tier der ersten Gruppe $P_1=1-P$(kein Tumor)$=1-P$(kein spontaner Tumor *und* kein A-Tumor)$=1-(1-P_S)(1-P_A)$. Für die anderen Gruppen ergeben sich entsprechende Wahrscheinlichkeiten. Mit einem entsprechenden Tierversuch kann man untersuchen, ob sich signifikante Abweichungen zwischen den errechneten und den gemessenen Häufigkeiten ergeben.

2. Sind die Ereignisse $A_1,...,A_n$ nicht unabhängig voneinander, dann ergibt sich die Wahrscheinlichkeit des Ereignisses A als Produkt von bedingten Wahrscheinlichkeiten, etwa als $P(A)=P(A_1)P(A_2|A_1)P(A_3|A_1 \cap A_2)$ für ein dreistufiges Zufallsexperiment.

Beispiel 31 (*Kinder* 1989): Ein Mann hat seinen 48. Geburtstag. Wie groß ist die Wahrscheinlichkeit, dass er auch seinen 50. Geburtstag feiern kann? In einer Sterbetafel sind die bedingten Wahrscheinlichkeiten dafür angegeben, dass ein n-jähriger Mann im n+1. Jahre stirbt:

i	47	48	49	50
q_i	.00633	.00702	.00775	.00850

Die Lösung $P(A_{48} \cap A_{49} \cap A_{50})$ findet man nicht direkt als Produkt der Einzelwahrscheinlichkeiten, denn diese sind nicht unabhängig voneinander. Es muss also berechnet werden $P(A_{48} \cap A_{49} \cap A_{50})=P(A_{48})P(A_{49}|A_{48})P(A_{50}|A_{48} \cap A_{49})=(1-q_{47})(1-q_{48})(1-q_{49})$. Von *Winter* (1995) stammen für den Unterricht sehr geeignete Vorschläge zur Behandlung demographischer Zusammenhänge.

– Gelegentlich ist bei einem zweistufigen Zufallsexperiment die Reihenfolge nicht festgelegt. In diesem Fall kann der Lösungserfolg von einer geeigneten Wahl der Reihenfolge abhängen:

Beispiel 32 (*Kinder* 1989): Mit einer Umfrage unter Studenten will man ermitteln, wie hoch der Anteil derjenigen ist, die schon Rauschgift genommen haben. Zur Gewährleistung von Diskretion wählt man folgendes Befragungsverfahren: Jeder Befragte wirft verdeckt mit einem Würfel. Bei einer der Augenzahlen „1“, „2“, „3“ soll er die Frage „Haben Sie jemals Rauschgift genommen?“ ehrlich beantworten. Bei einer der Augenzahlen „4“, „5“ soll er die Frage mit JA und bei der Augenzahl „6“ mit NEIN beantworten. Wie groß ist die Wahrscheinlichkeit, dass ein befragter Student eine Antwort gibt, die nicht den Tatsachen entspricht? Bei der Lösung dieser Frage sind im Prinzip zwei Reihenfolgen für die Anlage eines Baumdiagramms möglich: „Der Student würfelt“ → „Der Student beantwortet die Frage“ und „Rauschgiftkontakt des Studenten“ → „Der Student würfelt“. Nur bei der zweiten Reihenfolge ergibt sich eine Lösung, was sich anhand von Baumdiagrammen zeigen lässt.

Verteilungen von Zufallsvariablen: ergeben sich bei empirischen Erhebungen und Modellierung von stochastischen Situationen durch Mathematisierung. Sind Verteilungen zu diskreten Wahrscheinlichkeitsräumen zu ermitteln, so lassen sich z. B. die verschiedenen Zählverfahren als kombinatorische Strategien einsetzen (vgl. 3.3).

Beispiel 33: Entwicklung der Binomialverteilung (vgl. 3.4.2).

Unterstützen lässt sich diese Entwicklung durch geeignete „Veranschaulichungen“ wie z. B. das Baumdiagramm, das Urnen- oder das Fächer-Teilchen-Modell.

Beispiel 34 (*Kinder* 1989): Das Sammlerproblem lässt sich als *Markoff*kette veranschaulichen, wodurch sich ein Lösungsansatz ergibt (vgl. 2.2.5, *Beispiel 32*). Eine andere Möglichkeit zur Veranschaulichung besteht darin, dieses Problem über das *Teilchen-Fächer-Modell* zu modellieren: Man stellt sich n leere Fächer vor, von denen fortlaufend jeweils eines zufällig ausgewählt und durch ein Teilchen besetzt wird. Ein Erfolg besteht darin, ein noch leeres Fach zu besetzen (ein noch nicht erhaltenes Sammlerbild zu bekommen). Die X Zufallsvariable, die die Besetzungen bis zum n-ten Erfolg bezeichnet, lässt sich so ausdrücken: Durch die erste Besetzung ist der erste Erfolg gegeben. Bis zum zweiten Erfolg sind X_2 Besetzungen notwendig usw. Bis zum n-ten Erfolg sind X_n Besetzungen erforderlich. Daraus folgt $X=1+X_2+...+X_n$. Die einzelnen X_i sind geometrisch verteilt, so dass sich die Wahrscheinlichkeit dafür, dass X_i den Wert j (j=1,2,...) annimmt, zu

$P(X_i = j) = \left(\frac{i-1}{n}\right)^{j-1} \cdot \frac{n-(i-1)}{n}$ ergibt. (*Henze* (1999) beschreibt die Verallgemeinerung des Sammlerproblems, s der n Fächer zufällig auszuwählen und mit einem Teilchen zu besetzen.)

Erwartungswert und Varianz von Zufallsvariablen: lassen sich über die entsprechenden Definitionsgleichungen oder über die Eigenschaften von Erwartungswert und Varianz bestimmen. Die Bestimmung dieser Parameter über die Definitionsgleichungen ist im Falle des *Laplace*-Würfels einfach, dann aber schwierig, wenn sich, wie im Falle der Binomialverteilung, die entsprechenden Summen nur mit großem Aufwand errechnen lassen. In diesem und ähnlichen Fällen ist es erheblich einfacher die Parameter über die Eigenschaften von Erwartungswert und Varianz zu bestimmen.

Beispiel 35: Erwartungswert und Varianz der Binomialverteilung (vgl. 1.2.4.1.5).

Beispiel 36: Für das *Beispiel 34* ergibt sich $E(X_i) = \frac{n}{n-(i-1)}$ und mit $E(X) = \sum_{i=1}^{n} E(X_i)$ schließlich $E(X) = n \cdot \sum_{i=1}^{n} \frac{1}{i}$. Für einen *Laplace*-Würfel ergibt sich ein Erwartungswert von 14,7. Es ist also zu erwarten, dass nach etwa 15 Würfen alle Zahlen gefallen sind.

Zur Berechnung der Varianz der Binomialverteilung verwendet man den Verschiebungssatz (vgl. 1.2.4.1.5).

Bei der Behandlung von Zufallsvariablen treten Aufgaben auf zur

– Berechnung von Verteilungen. Dies sind vor allem Aufgaben zu endlichen Wahrscheinlichkeitsräumen, die mit Mitteln der Kombinatorik gelöst werden. Rechnerische Probleme bestehen allenfalls in Bezug auf den Umfang der Rechnungen, etwa wenn Summen von Termen zu berechnen sind, in denen Binomialkoeffizienten auftreten. Diese Rechnungen lassen sich aber mit dem Computer bzw. Taschenrechner durchführen.
– Berechnung von Erwartungswerten und Varianzen von Verteilungen. Hier gibt es neben der Anwendung der entsprechenden Definitionen in manchen Fällen den einfacheren Weg, die Berechnung unter Verwendung von Sätzen über die Eigenschaften von Erwartungswert und Varianz durchzuführen. Die rechnerischen Probleme entsprechen den vorstehend genannten.
– *Tschebyscheff*schen Ungleichung und zu den Grenzwertsätzen. Hier bereiten die Herleitung der Ungleichung von *Tschebyscheff* und die Approximation der Binomial- durch die *Poisson*verteilung keine größeren Schwierigkeiten. Die Herleitung der Grenzwertsätze von *Moivre-Laplace* ist allerdings so aufwendig, dass sie nur in wenigen Lehrbuchwerken für den Stochastikunterricht durchgeführt wird.

4 Beispiele zu einem problem- und anwendungsorientierten Stochastikunterricht

4.1 Sequentielle Statistik

4.1.1 Grundlegende Idee

Abraham Wald (1902–1950) entwickelte während des zweiten Weltkriegs den sequentiellen Likelihood-Quotiententest (SLQT). Zum Testen der Qualität von Torpedos, die dabei zerstört werden, sollte ein Verfahren entwickelt werden, das möglichst früh (im Sinne der Stichprobenerhebung) zu einer Entscheidung zwischen zwei Hypothesen (H_0 und H_1) führt. Der notwendige Stichprobenumfang zu dieser Entscheidungsfindung *steht* dabei *nicht* von vornherein *fest*. Stattdessen wird nach jeder Stichprobenentnahme und Auswertung derselben entweder eine der beiden Hypothesen angenommen oder eine weitere Stichprobenentnahme durchgeführt. Der Umfang n der Stichprobe ist also eine Zufallsvariable, über deren Verteilung wir allerdings in diesem Rahmen nicht sagen werden. Unsere Aufgabe im Folgenden wird es ein, die Gesamtheit Ω aller möglichen Versuchsausgänge in drei disjunkte Bereiche aufzuteilen, deren Vereinigung wieder Ω ist. Liegt die beobachtete Stichprobe in der ersten Menge, so wird H_0 angenommen , in der zweiten Menge H_1, fällt sie jedoch in die dritte Menge, so wird ein weiteres Stichprobenelement erhoben.

4.1.2 Motivation

Wir entwickeln den Aufbau des SLQT an einem

Beispiel 1 (*Aggermann* 1991): Ein neues Medikament soll im Vergleich zu einem herkömmlichen getestet werden. Dabei gibt es zwei mögliche Wirkungen: Heilung oder keine Heilung. Sei nun p_0 die – aus Erfahrung gewonnene – Heilungswahrscheinlichkeit des herkömmlichen Medikaments, $p_1>p_0$ die erwartete Heilungswahrscheinlichkeit des neuen Medikaments und p die tatsächliche (unbekannte) Heilungswahrscheinlichkeit desselben.

Wir formulieren die folgenden Hypothesen: H_0: $p=p_0$ und H_1: $p=p_1$. Die Realisation der Stichprobe $(x_1,...,x_m)$, wobei die zugehörigen voneinander unabhängigen Zufallsvariablen X_i alle zweipunktverteilt sind $(i=1,...,m)$, $P(X_i=1)=1-P(X_i=0)=p$, „1“ steht für Heilung, „0“ sonst, nennen wir Ereignis E. Mit dem *Bayesschen Theorem* ist

$$P(H_0 \mid E)=\frac{P(E \mid H_0)\cdot P(H_0)}{P(E \mid H_0)\cdot P(H_0)+P(E \mid H_1)\cdot P(H_1)} \quad (*) \text{ und}$$

$$P(H_1 \mid E)=\frac{P(E \mid H_1)\cdot P(H_1)}{P(E \mid H_1)\cdot P(H_1)+P(E \mid H_0)\cdot P(H_0)}.$$

(In diesem – einfachen – Beispiel kann nur H_0 oder H_1 eintreffen.) Unsere *Entscheidungsregel* lautet: wenn $P(H_0|E)\geq d_0$, dann Entscheidung für H_0, wenn $P(H_1|E)\geq d_1$, dann Entscheidung für H_1 mit $½<d_0,d_1<1$. (Wegen $P(H_0|E)+P(H_1|E)=1$ können nicht beide Fälle gleichzeitig eintreten.) Wir betrachten nun den Quotienten $\frac{P(E|H_1)}{P(E|H_0)}$. Mit (*) können wir ihn in Abhängigkeit von $P(H_0|E)$ und $P(H_1|E)$ berechnen: $P(H_0|E)\cdot[P(E|H_0)\cdot P(H_0)+P(E|H_1)\cdot P(H_1)]=P(E|H_0)\cdot P(H_0)$, $P(E|H_0)\cdot[P(H_0)-P(H_0|E)\cdot P(H_0)]=P(H_0|E)\cdot P(E|H_1)\cdot P(H_1)$ und damit $P(E|H_0)=\frac{P(H_0|E)\cdot P(E|H_1)\cdot P(H_1)}{P(H_0)-P(H_0|E)\cdot P(H_0)}$. Wir finden so $\frac{P(E|H_1)}{P(E|H_0)}=\frac{P(H_0)[1-P(H_0|E)]}{P(H_0|E)\cdot P(H_1)}$.

Wenn H_0 angenommen wird, ist $\frac{P(E|H_1)}{P(E|H_0)}\leq\frac{P(H_0)}{P(H_1)}\cdot\frac{1-d_0}{d_0}$. Wir können den uns interessierenden Quotienten auch so schreiben: $\frac{P(E|H_1)}{P(E|H_0)}=\frac{P(H_0)\cdot P(H_1|E)}{P(H_1)\cdot[1-P(H_1|E)]}$. Im Falle, dass für H_1 entschieden wird, gilt $\frac{P(E|H_1)}{P(E|H_0)}\geq\frac{P(H_0)}{P(H_1)}\cdot\frac{d_1}{1-d_1}$. Daher legen wir für den SLQT Folgendes fest: Es seien A und B zwei (noch zu bestimmende) positive Zahlen, so dass der Test den Fehlerwahrscheinlichkeiten α und β genügt. H_0 wird angenommen, wenn $\frac{P(E|H_1)}{P(E|H_0)}\leq B$ ist. H_1 wird angenommen, wenn $\frac{P(E|H_1)}{P(E|H_0)}\geq A$ ist. Ist $B<\frac{P(E|H_1)}{P(E|H_0)}<A$, so wird weitergetestet.

Bemerkung: Beim SLQT werden also beide Irrtumswahrscheinlichkeiten vorgegeben.

4.1.3 Geeignete Wahl von *A* und *B*

Unter der Wahrscheinlichkeit α für einen Fehler 1. Art verstehen wir $\alpha=P(H_1|H_0)$, d. h. wir nehmen H_1 zu Unrecht an. Die Wahrscheinlichkeit β für einen Fehler 2. Art ist demnach $\beta=P(H_0|H_1)$ d. h. wir behalten H_0 zu Unrecht bei. Unsere Annahmebedingung für H_0 liefert die Ungleichung $P(H_0|H_1)\leq B\cdot P(H_0|H_0)$ oder $\beta\leq B\cdot(1-\alpha)$ bzw. $B\geq\beta/(1-\alpha)$. Analog erhalten wir aus der Bedingung für die Annahme von H_1 $P(H_1|H_1)\geq A\cdot P(H_1|H_0)$ oder $1-\beta\geq A\cdot\alpha$ bzw. $A\leq(1-\beta)/\alpha$ (**). Die Näherungslösung von Wald setzt $a(\alpha,\beta)=(1-\beta)/\alpha$ und $b(\alpha,\beta)=\beta/(1-\alpha)$. Mit diesen Grenzen sind nun Irrtumswahrscheinlichkeiten α' und β' verbunden:

$a(\alpha,\beta)=(1-\beta)/\alpha$; $b(\alpha,\beta)=\beta/(1-\alpha)$	α'; β'
$A(\alpha,\beta)=?$; $B(\alpha,\beta)=?$	α; β

Wie groß ist nun der daraus resultierende Fehler? – Selbstverständlich gilt wieder $a\leq\frac{1-\beta'}{\alpha'}\Leftrightarrow\frac{1}{a}\geq\frac{\alpha'}{1-\beta'}\Leftrightarrow\frac{\alpha}{1-\beta}\geq\frac{\alpha'}{1-\beta'}$ und analog $b\geq\frac{\beta'}{1-\alpha'}\Leftrightarrow\frac{\beta}{1-\alpha}\geq\frac{\beta'}{1-\alpha'}$. Wegen $0<1-\alpha'<1$ und $0<1-\beta'<1$ erhalten wir schließlich $\alpha'\leq\frac{\alpha(1-\beta')}{1-\beta}\leq\frac{\alpha}{1-\beta}$ und $\beta'\leq\frac{\beta(1-\alpha')}{1-\alpha}\leq\frac{\beta}{1-\alpha}$. Wenn wir weiterhin $\alpha'(1-\beta)\leq\alpha(1-\beta')$ und $\beta'(1-\alpha)\leq\beta(1-\alpha')$ addieren, bekommen wir $\alpha'+\beta'\leq\alpha+\beta$. Daher gilt entweder $\alpha'\leq\alpha$ oder (nicht im ausschließenden Sinn gemeint) $\beta' \leq \beta$. Verwenden wir also a statt A und b statt B, so wird höchstens eine der beiden Irrtumswahrscheinlichkeiten erhöht. Viel wird das i. Allg. nicht sein, denn wegen α und β nahe bei Null ist $\alpha' \leq \frac{\alpha}{1-\beta} \approx \alpha$ und $\beta' \leq \frac{\beta}{1-\alpha} \approx \beta$. *Für praktische Zwecke* sind also die *Näherungslösungen a* und *b* ausreichend. Wir setzen also $a=A$ und $b=B$. Ist $0<\alpha,\beta<0{,}5$, so erhalten wir $1-\beta > \alpha \Leftrightarrow \frac{1-\beta}{\alpha} = A > 1$ und $\beta < 1-\alpha \Leftrightarrow \frac{\beta}{1-\alpha} = B < 1$, insgesamt daher $A>1>B>0$. *Graphisch* zeichnen wir im α-β-Koordinatensystem die Geraden L_1: $A\alpha=1-\beta$ und L_2: $B(1-\alpha)=\beta$ ein:

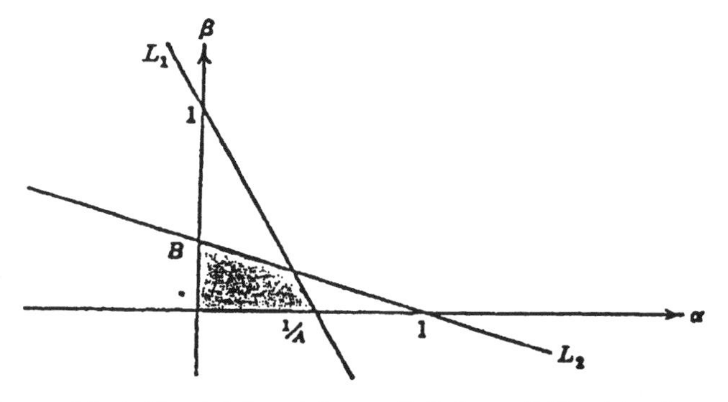

Der markierte Bereich bezeichnet mögliche α-β-Kombinationen wegen (**).

4.1.4 Der Test

Kehren wir zu *Beispiel 1* zurück. Die Wahrscheinlichkeit, die Stichprobe $(x_1,\dots,x_n)$ zu ziehen mit r-maligem Auftreten von „Heilung" $(0\leq r\leq n)$, ist unter H_1 $P(E|H_1)= p_1^r(1-p_1)^{n-r}$, unter H_0 dagegen $P(E|H_0)= p_0^r(1-p_0)^{n-r}$. Wenn H_1 nach der n-ten Stichprobenentnahme akzeptiert wird, gilt erstmalig $\frac{p_1^r(1-p_1)^{n-r}}{p_0^r(1-p_0)^{n-r}} = \frac{P(E|H_1)}{P(E|H_0)} \geq \frac{1-\beta}{\alpha} = A$. In dieser Ungleichung wird r explizit gemacht: Mit

$\log\left[p_1^r(1-p_1)^{n-r}\right] - \log\left[p_0^r(1-p_0)^{n-r}\right] \geq \log\frac{1-\beta}{\alpha}$ erhalten wir

$$r \geq \frac{\log\frac{1-\beta}{\alpha}}{\log\frac{p_1}{p_0} - \log\frac{1-p_1}{1-p_0}} + n\frac{\log\frac{1-p_0}{1-p_1}}{\log\frac{p_1}{p_0} - \log\frac{1-p_1}{1-p_0}} =: A_n .$$

Wird dagegen nach der n-ten Stichprobenentnahme H_0 angenommen, dann ist erstmalig $\frac{p_1^r(1-p_1)^{n-r}}{p_0^r(1-p_0)^{n-r}} = \frac{P(E|H_1)}{P(E|H_0)} \leq \frac{\beta}{1-\alpha} = B$. Wiederum interessieren wir uns für r:

$$r \leq \frac{\log\frac{\beta}{1-\alpha}}{\log\frac{p_1}{p_0} - \log\frac{1-p_1}{1-p_0}} + n\frac{\log\frac{1-p_0}{1-p_1}}{\log\frac{p_1}{p_0} - \log\frac{1-p_1}{1-p_0}} =: B_n .$$

Bemerkung: Ist $p_1 > p_0$, dann ist $\log\frac{p_1}{p_0} - \log\frac{1-p_1}{1-p_0} > 0$.

Zusammenfassend halten wir fest: Ist $r=r(n)=r_n \geq A_n$, dann wird H_1 angenommen, ist $r=r(n)=r_n \leq B_n$, so wird H_0 akzeptiert, ist dagegen $B_n < r = r(n) = r_n < A_n$, so wird ein weiteres Stichprobenelement erhoben. Die *graphische* Darstellung zeigt den *Prozeß* der *Entscheidungsfindung*:

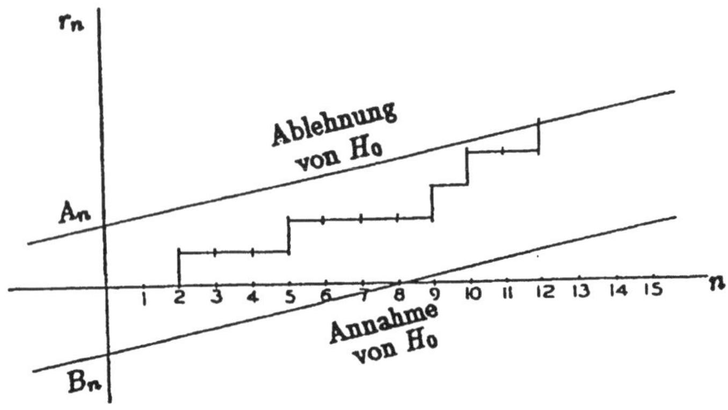

Die beiden Geraden A_n und B_n sind *parallel.* Die treppenartige Kurve dazwischen erhöht sich an der i-ten Stelle ($i \in \mathbb{N} \setminus \{0\}$) um Eins, wenn die i-te Stichprobenentnahme das interessierende Merkmal zeigt, andernfalls bleibt die Kurve jedenfalls bis zur nächsten Entnahme und Auswertung konstant.

4.1.5 Ein konkretes Beispiel

Nochmals *Beispiel 1:* Die Heilungschance des herkömmlichen Medikaments beträgt erfahrungsgemäß $p_0=0{,}5$. Die Hersteller des neuen – konkurrierenden – Medikaments geben eine Erhöhung der Wirksamkeit um 10 Prozentpunkte an: $p_1=0{,}6$. Anhand einer Reihenuntersuchung soll getestet werden, ob tatsächlich eine signifikante Erhöhung der Wahrscheinlichkeit einer Heilung vorliegt. Wir formulieren H_0: $p=p_0=0{,}5$ versus H_1: $p=p_1=0{,}6$ und setzen (*von vornherein*) $\alpha=0{,}05$ und $\beta=0{,}1$. Dann erhalten wir für A_n und B_n: $A_n \approx 7{,}1285+n \cdot 0{,}5503$ bzw. $B_n \approx -5{,}5524+n \cdot 0{,}5503$.

Die *Tabelle* spricht für sich („+“ ≙ Heilung, „-“ sonst):

n	Merkmal	r_n	A_n	B_n	Entscheidung
1	+	1	7,68	-5,00	Weiter
2	-	1	8,23	-4,45	Weiter

3	+	2	8,78	-3,90	Weiter
4	+	3	9,33	-3,35	Weiter
5	+	4	9,88	-2,80	Weiter
6	+	5	10,43	-2,25	Weiter
7	+	6	10,98	-1,70	Weiter
8	-	6	11,53	-1,15	Weiter
9	+	7	12,08	-0,60	Weiter
10	+	8	12,63	-0,05	Weiter
11	+	9	13,18	0,50	Weiter
12	-	9	13,73	1,05	Weiter
13	+	10	14,28	1,60	Weiter
14	+	11	14,83	2,15	Weiter
15	+	12	15,38	2,70	Weiter
16	+	13	15,93	3,25	Weiter
17	+	14	16,48	3,80	Weiter
18	+	15	17,03	4,35	Weiter
19	+	16	17,58	4,90	Weiter
20	+	17	18,14	5,45	Weiter
21	-	17	18,69	6,00	Weiter
22	+	18	19,24	6,56	Weiter
23	+	19	19,79	7,11	Weiter
24	+	20	20,34	7,66	Weiter
25	-	20	20,89	8,21	Weiter
26	+	21	21,44	8,76	Weiter
27	+	22	21,99	9,31	H_1

Nach 27 Erhebungen ist also erstmals $r_n \geq A_n$ (22>21,99), vorher ist immer $B_n < r_n < A_n$ zu verzeichnen gewesen. Wir entscheiden uns also für H_1 beim Ergebnis „22 von 27 Patienten wurden geheilt". Der *klassische Parametertest* liefert unter H_0 $P(X \geq 22)_{H_0} = \sum_{i=22}^{27} \binom{27}{i} \cdot 0{,}5^{27} = 0{,}0007... < \alpha = 0{,}05$, das heißt eine eindeutige Ablehnung von H_0. (Die Zufallsvariable X zählt die Geheilten unter den n Behandelten, unter H_0 ist X also binomialverteilt mit den Parametern n und p=0,5.) Wir hätten H_0 auch auf einem Signifikanzniveau von α=0,1% ablehnen können. Der *Ablehnungsbereich* $K=\{c,...,27\}$ für H_0 ergibt sich mit $P(X \geq c)_{H_0} \leq 0{,}05$ und c min., was ausgeschrieben also $f(c) := \sum_{i=c}^{27} \binom{27}{i} \cdot 0{,}5^{27} \leq 0{,}05$ bedeutet, wegen $f(18)=0{,}06...$ und $f(19)=0{,}02...$ zu $K=\{19,...,27\}$ und natürlich ist $22 \in K$. Daher ist die Wahrscheinlichkeit für einen Fehler 2. Art für p=0,6 $\beta = P(X \notin \mathrm{K})_{p=0,6} = \sum_{k=0}^{18} \binom{27}{k} \cdot 0{,}6^k \cdot 0{,}4^{27-k} \approx 0{,}82$. Im Vergleich der beiden Testverfahren können wir also salopp formulieren: Die Vorgabe von α (klein) bedingt ein relativ großes β beim klassischen Parametertest, dem der SLQT zwei mittlere Werte für α und β entgegenhält.

4.1.6. Ausblick und Resümee

Der Stichprobenumfang ist beim SLQT eine Zufallsvariable: N. Man kann nun zeigen, dass die Wahrscheinlichkeit, dass der zur Entscheidungsfindung nötige Stichprobenumfang endlich ist, gleich Eins ist: $P(N<\infty)=1$.

Neben der OC-Funktion kann in diesem Zusammenhang die *ASN-Funktion* („Average Expected Sample Number-Function“) studiert werden. Sie beschreibt den Erwartungswert von N in Abhängigkeit von den in Rede stehenden Parametern (Hypothesen!) und dem Test selbst. Daraus wiederum ergeben sich sogenannte *„Ersparnistabellen“*, die für vorgegebenes α und β den benötigten Stichprobenumfang eines klassischen Parametertests mit der *ASN*-Funktion eines SLQT vergleichen. Dabei ergeben sich im Allgemeinen geringere Stichprobenumfänge bei Letzterem.

Für *Beispiel 1* z. B. ist erst für $n=225$ der β-Fehler des klassischen Tests in der Größenordnung des Pendants beim SLQT. Es ist $P(X \geq c) = \sum_{i=c}^{225} \binom{225}{i} \cdot 0,5^{225} =: f(c) \leq 0,05$ und c min. Wegen $f(125)=0,05...$ und $f(126)=0,04$ erhalten wir für den Ablehnungsbereich $K=\{c,...,225\}$ für H_0: $K=\{126,...,225\}$. Daraus berechnen wir $\beta = \sum_{k=0}^{125} \binom{225}{k} \cdot 0,6^{k} \cdot 0,4^{225-k} = P(X\leq 125)=$ $=P(X\notin K)\approx 0,0985$. (Die Zufallsvariable X beschreibt wieder die Anzahl der Geheilten unter den n Patienten.)

Natürlich existieren sequentielle Likelihood-Quotiententests auch für *andere* Verteilungen als in *Beispiel 1* ausgeführt, z. B. für die Normalverteilung oder die Exponentialverteilung. Auch parameterfreie Testverfahren können sequentiell behandelt werden. Die *Charakteristika* des SLQT sind erstens der nicht von vornherein festgesetzte Stichprobenumfang, wohl aber die vor der Stichprobenerhebung festgelegte Entscheidungsregel. Zweitens können *gleichzeitig* die Wahrscheinlichkeiten für einen Fehler 1. Art und 2. Art vorgegeben werden. Beide Aspekte unterscheiden den SLQT grundlegend von den klassischen Parametertests. *Technisch* gesehen ist der Aufwand *nicht* sehr *hoch* (Rechenregeln für den Logarithmus), zumal ja die geeignete Wahl von A und B nicht unbedingt in der Ausführlichkeit im Unterricht begründet werden muss, wie dies eben geschehen ist. Die *graphische* Veranschaulichung durch die beiden „Grenzgeraden“ A_n und B_n unterstützt das Verständnis für die zugrundeliegende Testphilosophie. Der *Begriff* der *bedingten Wahrscheinlichkeit* nimmt naturgemäß auch hier eine zentrale Rolle ein. Zu beachten ist dabei, dass in 4.1.2 die *Bayes*ianischen Rückwärtswahrscheinlichkeiten $P(H_0|E)$ und $P(H_1|E)$ zur Entscheidungsfindung abgeschätzt werden, wenn auch in der Entscheidungsregel selbst dann nur mehr die – leichter zugänglichen – Vorwärtswahrscheinlichkeiten sichtbar sind. Hier fließt also auch *Bayes*ianisches Gedankengut mit ein. Letztlich wird die Proportionalität zwischen $P(E|H_i)$ und $P(H_i|E)$ ($i=0,1$) im *Bayes*schen Theorem ausgenützt. Ein enormer Wert liegt im Vergleich mit anderen, z. B. den klassischen, Testverfahren. Ziel eines Stochastikunterrichts in der beurteilenden Statistik muss es ja nicht sein, ein einzelnes Testverfahren ganz detailliert zu besprechen, sondern kann auch darin liegen, die den einzelnen Testverfahren zugrundeliegenden Ideen und Strategien kennenzulernen, und in diesem Sinne stellt das sequentielle Testen mit seinen typischen vorhin erwähnten Merkmalen einen wertvollen Baustein in der Erziehung zum stochastischen Denken dar.

4.2 *Markoff*-Ketten

4.2.1 Grundlegende Definitionen

Einführendes Beispiel 1: Ein Teilchen bewege sich mit der Geschwindigkeit 1 auf der Zahlengeraden. Kommt es in einen ganzzahligen Punkt, so geht es mit Wahrscheinlichkeit p nach rechts und Wahrscheinlichkeit q=1-p nach links. Das Teilchen starte zum Zeitpunkt t=0 im Nullpunkt. Wie groß ist die Wahrscheinlichkeit $p_t(k)$, dass es zur Zeit t im Punkt k ($t\in\mathbb{N}$, $k\in\mathbb{Z}$) ist? Vorerst halten wir fest, dass für $|k|>t$ $p_t(k)=0$ ist. Im Falle $k\leq|k|\leq t$ ist für gerades t k gerade und für ungerades t ist auch k ungerade, also: $k\equiv t(2)$. Geht das Teilchen r-mal nach rechts und l-mal nach links ($r,l\in\mathbb{N}$, $0\leq r,l\leq t$), so gilt $r+l=t$ und $r-l=k$. Daraus folgt $r=(t+k)/2$ und $l=(t-k)/2$, woraus wir auf $p_t(k)=p^r\cdot q^l\cdot\binom{t}{r}=p^{\frac{t+k}{2}}\cdot q^{\frac{t-k}{2}}\cdot\binom{t}{\frac{t+k}{2}}$ schließen. Beachten wir, dass wegen $\binom{t}{r}=\binom{t}{\frac{t+k}{2}}=\binom{t}{t-\frac{t+k}{2}}=\binom{t}{\frac{t-k}{2}}=\binom{t}{l}$ die Symmetrie zwischen links und rechts gewahrt bleibt. Es liegt hier also ein *Bernoulli*-Experiment vor, die zugrundeliegende Zufallsvariable X zählt, wie oft das Teilchen nach rechts geht im Zeitraum $\{0,1,2,...,t\}$.

Wir können nun einen sog. *stochastischen Prozeß* als Verallgemeinerung eines *Bernoulli*-Experiments sehen: Die Zeit laufe dabei diskret ab und wir interessieren uns für die Wahrscheinlichkeitsverteilung der zugrundeliegenden Zufallsvariablen X (Wertevorrat $\{x_1,x_2,...\}$) zum n-ten Zeitpunkt ($n\in\mathbb{N}$). Mit $X_0,X_1,...,X_n,...$ bezeichnen wir die Zufallsvariable zum Zeitpunkt $0,1,...,n,...$ Ihre Ausprägungen („Werte") nennen wir nun „Zustände", wir sprechen also vom „Zustand x_i des stochastischen Prozesses zum Zeitpunkt n", wenn X_n den Wert x_i annimmt. Der *entscheidende Unterschied* zum einführenden Beispiel ist nun der, dass die Zufallsvariablen $X_0,X_1,...,X_n,...$ *nicht* voneinander *unabhängig* sind. (In *Beispiel 1* könnte das Teilchen unabhängig vom Standort immer mit Wahrscheinlichkeit p nach rechts oder q=1-p nach links fortsetzen.) Allerdings wollen wir nur solche Prozesse betrachten, bei denen jeder Zustand nur vom vorgehenden beeinflußt wird und nicht von weiter zurückliegenden:

$P(X_n=x_i\,|\,X_{n-1}=x_j)=P(X_n=x_i\,|\,X_{n-1}=x_j,X_{n-2}=x_{k_{n-2}},...,X_0=x_{k_0})$ für beliebige $n\in\mathbb{N}\backslash\{0\}$ und $i,j,k_0,...,k_{n-2}\in\{1,2,...\}$. Ein solcher stochastischer Prozeß heißt *Markoff-Kette.* Die bedingten Wahrscheinlichkeiten $P(X_n=x_i\,|\,X_{n-1}=x_j)=p_{ji}^{(n)}$ heißen *Übergangswahrscheinlichkeiten*, hängen sie nicht vom Zeitpunkt n ab, also $p_{ji}^{(n)}=p_{ji}$ $\forall i,j,n\in\mathbb{N}\backslash\{0\}$, so heißt die *Markoff*-Kette *homogen.*

4.2.2 Ein elementares Beispiel

Beispiel 2 (Palio von Siena, vgl. *Götz/Grosser* 1999*):* Beim traditionellen Pferderennen von Siena („Palio") treten Vertreter der 17 Bezirke („Contraden") von Siena gegeneinander an. Da die Rennbahn sehr eng ist, dürfen jedoch pro Rennen nur zehn Teilnehmer an den Start. Welche von den 17 möglichen Teilnehmern das sind, wird folgendermaßen entschieden: es starten die sieben Contraden, die beim vorigen Rennen nicht gestartet sind, die restlichen drei zur Komplettierung des Starterfeldes werden aus den übrigen zehn durch Losentscheid bestimmt. Wie sieht die Teilnahmewahrscheinlichkeit einer bestimmten Contrade auf lange Sicht aus?

Bemerkung: Die Frage nach dem Langzeitverhalten eines stochastischen Prozesses ist eine typische Frage.

Die Zufallsvariable X_i (i=1,2,...) sei 1, falls diese Contrade von i-ten Rennen teilnimmt, 0 sonst. Der Wertevorrat von X_i ist also endlich: $\{0,1\}\forall i$. Damit erhalten wir folgende Übergangswahrscheinlichkeiten: $p_{00}=P(X_{i+1}=0|X_i=0)=0$, $p_{01}=P(X_{i+1}=1|X_i=0)=1$, $p_{10}=P(X_{i+1}=0|X_i=1)=7/10$ und $p_{11}=P(X_{i+1}=1|X_i=1)=3/10$. Die Teilnahmewahrscheinlichkeiten an zwei aufeinanderfolgenden Rennen für diese Contrade hängen über die Übergangswahrscheinlichkeiten zusammen:

$P(X_{n+1}=1)=P(X_{n+1}=1|X_n=1)\cdot P(X_n=1)+P(X_{n+1}=1|X_n=0)\cdot P(X_n=0)$ und

$P(X_{n+1}=0)=P(X_{n+1}=0|X_n=1)\cdot P(X_n=1)+P(X_{n+1}=0|X_n=0)\cdot P(X_n=0)$, dabei bemühten wir den Satz von der totalen Wahrscheinlichkeit. Mit $P(X_n=1)=:p_n=1-q_n$ erhalten wir kurz $p_{n+1}=\frac{3}{10}p_n+1\cdot q_n$ und $q_{n+1}=\frac{7}{10}p_n+0\cdot q_n$. Diese beiden Gleichungen können als (rekursive) Differenzengleichungen aufgefaßt werden oder mit Hilfe der Matrixschreibweise dargestellt werden: $\begin{pmatrix}3/10 & 1\\ 7/10 & 0\end{pmatrix}\cdot\begin{pmatrix}p_n\\ q_n\end{pmatrix}=\begin{pmatrix}p_{n+1}\\ q_{n+1}\end{pmatrix}$ oder kurz $A\vec{\pi}_n=\vec{\pi}_{n+1}$ mit $A=\begin{pmatrix}3/10 & 1\\ 7/10 & 0\end{pmatrix}$ und $\vec{\pi}_n=\begin{pmatrix}p_n\\ q_n\end{pmatrix}$. Die Eintragungen der Matrix $A\in\mathbb{R}^{(2,2)}$ sind gerade die Übergangswahrscheinlichkeiten $(p_{ij})_{i,j=0,1}$, sie heißt daher *Übergangsmatrix*. Der Vektor $\vec{\pi}_n\in\mathbb{R}^2$ beschreibt die Verteilung von X_n, also die Wahrscheinlichkeiten, mit denen die beiden Zustände (Teilnahme oder Nichtteilnahme) zum Zeitpunkt n (beim n-ten Rennen) angenommen werden. Wir sprechen deswegen auch vom *Zustandsvektor* $\vec{\pi}_n$.

Die Summe seiner nicht negativen Komponenten ist Eins, solche Vektoren werden „*stochastische Vektoren*" bezeichnet. Die *Matrix A* trägt ebenfalls das Attribut „*stochastisch*": Ihre Spaltensummen sind auch Eins (*Reichel/Hanisch/Müller* 1987, S. 233).

Es gilt allgemein:

- Das Produkt einer stochastischen Matrix mit einem stochastischen Vektor ergibt wieder einen stochastischen Vektor.
- Das Produkt zweier stochastischer Matrizen ist wieder eine stochastische Matrix.

Die Beweise seien dem Leser / der Leserin selbst überlassen.

Kennen wir noch die *Startverteilung* $\vec{\pi}_1=\begin{pmatrix}p_1\\ q_1\end{pmatrix}$ für das erste Rennen, dann ist die (homogene) *Markoff*-Kette festgelegt: $\vec{\pi}_2=A\cdot\vec{\pi}_1$, $\vec{\pi}_3=A\vec{\pi}_2=A^2\vec{\pi}_1,\ldots,\ \vec{\pi}_n=A^{n-1}\vec{\pi}_1,..$ Um das Langzeitverhalten dieses Prozesses zu studieren, müssen wir offenbar A^n gut kennen, analysieren wir dazu A: Die *Eigenwerte* von A sind mit $\det(\lambda\cdot I-A)=\begin{vmatrix}\lambda-3/10 & -1\\ -7/10 & \lambda\end{vmatrix}=\left(\lambda-\frac{3}{10}\right)\cdot\lambda-\frac{7}{10}=\lambda^2-\frac{3}{10}\lambda-\frac{7}{10}=0$

$\lambda_1=1$ und $\lambda_2=-7/10$. Die zugehörigen *Eigenvektoren* erhalten wir auf die übliche Weise: zu $\lambda_1=1$

sehen wir $\vec{v}_1$ zu $\begin{pmatrix} 1-3/10 & -1 \\ -7/10 & 1 \end{pmatrix} \cdot \vec{v}_1 = \begin{pmatrix} 7/10 & -1 \\ -7/10 & 1 \end{pmatrix} \cdot \begin{pmatrix} x_1 \\ y_1 \end{pmatrix} = \vec{0}$, also $\frac{7}{10}x_1 - y_1 = 0$, wir wählen $x_1=10/17$ und $y_1=7/17$, also $\vec{v}_1 = \begin{pmatrix} 10/17 \\ 7/17 \end{pmatrix}$, ein stochastischer Vektor. Für $\lambda_2=-(7/10)$ ergibt sich auf dieselbe Art $\vec{v}_2 = \begin{pmatrix} 1 \\ -1 \end{pmatrix}$. Jetzt ist alles klar: Sei $\vec{v} \in \mathbb{R}^2$ beliebig, dann ist $A^n\vec{v} = A^n(c_1\vec{v}_1 + c_2\vec{v}_2) = c_1A^n\vec{v}_1 + c_2A^n\vec{v}_2 = c_1\vec{v}_1 + c_2(-7/10)^n\vec{v}_2$, wenn wir $\{\vec{v}_1, \vec{v}_2\}$ als eine Basis des $\mathbb{R}^2$ verwenden. Im Grenzwert $n \to \infty$ sehen wir daher $\lim_{n\to\infty} A^n\vec{v} = c_1\vec{v}_1$. Setzen wir für $\vec{v}$ den Startvektor $\vec{\pi}_1$ ein, ergibt sich $\lim_{n\to\infty} A^n\vec{\pi}_1 = c_1\vec{v}_1$ mit c_1 so, dass $c_1\vec{v}_1$ ein stochastischer Vektor ist, also $c_1=1$. Das heißt unabhängig von der Startverteilung $\vec{\pi}_1$ konvergiert die Verteilung der Teilnahmen für eine bestimmte Contrade gegen $\vec{\pi}_\infty = \begin{pmatrix} 10/17 \\ 7/17 \end{pmatrix}$ (*Grenzvektor* oder *Grenzverteilung*).

Bemerkung: Der einfache Losentscheid bringt genau dieselbe Verteilung für die Teilnahmewahrscheinlichkeit einer bestimmten Contrade:

P(Teilnahme durch Losentscheid)$=\binom{16}{9} / \binom{17}{10} = \frac{10}{17}$. Allerdings ist durch das eben besprochene Verfahren im Gegensatz zum einfachen Losentscheid für jedes Rennen sichergestellt, dass jede Contrade wenigstens jedes zweite Mal am Palio teilnehmen kann.

4.2.3 Ein Grenzwertsatz

Das Beispiel in 4.2.2 hätten wir auch so angehen können, indem wir direkt die Potenzen von A numerisch berechnen (z. B. mittels *DERIVE*): $A = \begin{pmatrix} 3/10 & 1 \\ 7/10 & 0 \end{pmatrix}$, $A^{10} = \begin{pmatrix} 0{,}600 & 0{,}572 \\ 0{,}400 & 0{,}428 \end{pmatrix}$, $A^{100} = \begin{pmatrix} 0{,}588 & 0{,}588 \\ 0{,}412 & 0{,}412 \end{pmatrix} = A^{1000}$ (auf drei Stellen gerundet), die *Vermutung* ergibt sich daraus, dass $\lim_{n\to\infty} A^n =: G = \begin{pmatrix} 10/17 & 10/17 \\ 7/17 & 7/17 \end{pmatrix}$ ist. *Begründen* können wir das so: In 4.2.2 haben wir gesehen, dass $\lim_{n\to\infty} A^n\vec{\pi} = G\vec{\pi} = \vec{\pi}_\infty = \begin{pmatrix} 10/17 \\ 7/17 \end{pmatrix}$ ist für jeden beliebigen stochastischen Vektor $\vec{\pi}$. Setzen wir nun $G = \begin{pmatrix} a & b \\ c & d \end{pmatrix}$ allgemein an, so ist für $\vec{\pi} = \begin{pmatrix} 1 \\ 0 \end{pmatrix}$ (ein stochastischer Vektor) $G\vec{\pi} = \begin{pmatrix} a & b \\ c & d \end{pmatrix}\begin{pmatrix} 1 \\ 0 \end{pmatrix} = \begin{pmatrix} 10/17 \\ 7/17 \end{pmatrix}$, also $a=10/17$ und $c=7/17$. Analog sehen wir für $\vec{\pi} = \begin{pmatrix} 0 \\ 1 \end{pmatrix}$ (ebenfalls ein stochastischer Vektor) $b=10/17$ und $d=7/17$ ein.

Bemerkung: Der Vektor $\vec{\pi}_\infty = \begin{pmatrix} 10/17 \\ 7/17 \end{pmatrix}$ ist auch ein sogenannter *Fixvektor* (oder *stationäre Verteilung):* $A\vec{\pi}_\infty = \vec{\pi}_\infty$ Jeder Grenzvektor ist auch ein Fixvektor, denn $A\vec{\pi}_\infty = A(\lim_{n\to\infty} A^n\vec{\pi}) = \lim_{n\to\infty} A^{n+1}\vec{\pi} = \lim_{n\to\infty} A^n\vec{\pi} = \vec{\pi}_\infty$. In unserem Beispiel gibt es keine anderen von $\vec{\pi}_\infty$ linear unabhängigen Fixvektoren: $A\vec{s} = \vec{s}$ bedingt $\begin{pmatrix} 3/10 & 1 \\ 7/10 & 0 \end{pmatrix} \cdot \begin{pmatrix} s_1 \\ s_2 \end{pmatrix} = \begin{pmatrix} s_1 \\ s_2 \end{pmatrix}$. Daraus folgt $\frac{3}{10}s_1 + s_2 = s_1$ und $\frac{7}{10}s_1 = s_2$, also in beiden Fällen $s_2 = \frac{7}{10}s_1$, was $\vec{\pi}_\infty = \begin{pmatrix} 10/17 \\ 7/17 \end{pmatrix}$ natürlich erfüllt und damit ist $\vec{s} = \lambda \cdot \vec{\pi}_\infty$ mit $\lambda \in \mathbb{R}\setminus\{0\}$. ($\vec{\pi}_\infty$ ist der *einzige stochastische Fixvektor.*)

Diese Ergebnisse sind Ausdruck des folgenden *Satzes* (*Fisz* 1962, S. 216 ff.): Es sei A die Übergangsmatrix einer homogenen Markoffkette mit endlich vielen Zuständen. Wenn es eine natürliche Zahl k gibt, so dass die Elemente der Matrix A^k in wenigstens einer Zeile alle positiv sind, dann besitzt die Grenzmatrix $G = \lim_{n\to\infty} A^n$ lauter identische Spalten (d. h. die Zeilen bestehen aus jeweils gleichen Zahlen).

Bemerkungen:

– Im Beispiel von 4.2.2 erfüllt schon A die Bedingung: die erste Zeile hat die Eintragungen 3/10>0 und 1>0.

– Der zitierte Satz ist ein Beispiel für einen sogenannten *Ergodensatz.*

Beispiel 3 (Reichel/Hanisch/Müller 1987, S. 233 ff.*):* Drei Unternehmen (A, B, C) bieten Netze für Mobiltelefone an, die folgende Tabelle zeigt die jährliche Wechsel- bzw. Treuebereitschaft der Kunden an, wenn der jeweilige Vertrag mit einem Unternehmen ausläuft:

		vorher		
		A	B	C
nach-	A	0,6	0,4	0,2
her	B	0,2	0,6	0,5
	C	0,2	0	0,3

Zur Zeit sind die Marktanteile 50% für A, 30% für B und 20% für C. Wie ändern sich die Marktanteile in den nächsten zwei Jahren?

Die Übergangsmatrix A ist nun $A = \begin{pmatrix} 0{,}6 & 0{,}4 & 0{,}2 \\ 0{,}2 & 0{,}6 & 0{,}5 \\ 0{,}2 & 0 & 0{,}3 \end{pmatrix}$, mit $\vec{\pi}_0 = \begin{pmatrix} 0{,}5 \\ 0{,}3 \\ 0{,}2 \end{pmatrix}$ bekommen wir die Verteilung im nächsten Jahr durch $\vec{\pi}_1 = A \cdot \vec{\pi}_0 = \begin{pmatrix} 0{,}6 & 0{,}4 & 0{,}2 \\ 0{,}2 & 0{,}6 & 0{,}5 \\ 0{,}2 & 0 & 0{,}3 \end{pmatrix} \cdot \begin{pmatrix} 0{,}5 \\ 0{,}3 \\ 0{,}2 \end{pmatrix} = \begin{pmatrix} 0{,}46 \\ 0{,}38 \\ 0{,}16 \end{pmatrix}$, die im übernächsten

Jahr entweder mittels $\vec{\pi}_2 = A \cdot \vec{\pi}_1 = \begin{pmatrix} 0,6 & 0,4 & 0,2 \\ 0,2 & 0,6 & 0,5 \\ 0,2 & 0 & 0,3 \end{pmatrix} \cdot \begin{pmatrix} 0,46 \\ 0,38 \\ 0,16 \end{pmatrix} = \begin{pmatrix} 0,46 \\ 0,4 \\ 0,14 \end{pmatrix}$ oder direkt aus

$$\vec{\pi}_2 = A^2 \cdot \vec{\pi} = \begin{pmatrix} 0,6 & 0,4 & 0,2 \\ 0,2 & 0,6 & 0,5 \\ 0,2 & 0 & 0,3 \end{pmatrix}^2 \cdot \begin{pmatrix} 0,5 \\ 0,3 \\ 0,2 \end{pmatrix} = \begin{pmatrix} 0,48 & 0,48 & 0,38 \\ 0,34 & 0,44 & 0,49 \\ 0,18 & 0,08 & 0,13 \end{pmatrix} \cdot \begin{pmatrix} 0,5 \\ 0,3 \\ 0,2 \end{pmatrix} = \begin{pmatrix} 0,46 \\ 0,4 \\ 0,14 \end{pmatrix}.$$

Wie sieht nun das *Langzeitverhalten* der drei Marktanteile aus? Nach dem zitierten *Ergodensatz* gibt es eine Grenzmatrix $G = \lim_{n\to\infty} A^n$ mit lauter *gleichen Spalten:* Mittels *DERIVE* stellen wir eine Vermutung bezüglich der Werte von G auf:

$A^{100} = \begin{pmatrix} 0,46 & 0,46 & 0,46 \\ 0,4 & 0,4 & 0,4 \\ 0,13 & 0,13 & 0,13 \end{pmatrix} = A^{1000}$ (gerundet). Zur Erhärtung der Vermutung berechnen wir die *Eigenwerte* und Eigenvektoren der Matrix A: Ein Eigenwert ist reell: $\lambda_1=1$, die beiden anderen komplex: $\lambda_2 = \frac{1}{4} + \sqrt{\frac{3}{80}} i$ und $\lambda_3 = \frac{1}{4} - \sqrt{\frac{3}{80}} i$. Die drei Eigenwerte sind verschieden, daher ist A diagonalisierbar und die entsprechenden Eigenvektoren bilden eine Basis des $\mathbb{C}^3$. Wegen $|\lambda_2|<1$ und $|\lambda_3|<1$ genügt es, den Eigenvektor zu $\lambda_1=1$ auszurechnen, um das Langzeitverhalten zu studieren. Ist nämlich $\{\vec{v}_1, \vec{v}_2, \vec{v}_3\}$ eine Basis aus Eigenvektoren, so ist

$A^n\vec{\pi}_0 = A^n(c_1\vec{v}_1 + c_2\vec{v}_2 + c_3\vec{v}_3) = c_1\lambda_1{}^n\vec{v}_1 + c_2\lambda_2{}^n\vec{v}_2 + c_3\lambda_3{}^n\vec{v}_3$ und $\lim_{n\to\infty} A^n\vec{\pi}_0 = c_1\vec{v}_1$ für einen beliebigen Startvektor $\vec{\pi}_0$. Der Eigenvektor zu $\lambda_1=1$ ist $\vec{v}_1 = c \cdot \begin{pmatrix} 7/2 \\ 3 \\ 1 \end{pmatrix}$, den Koeffizienten c bestimmen wir aus der Notwendigkeit, dass $\vec{v}_1$ ein stochastischer Vektor sein soll (nur dann kann er auch Fixvektor bzw. Grenzvektor sein): c=2/15 und $\vec{v}_1 = \begin{pmatrix} 7/15 \\ 2/5 \\ 2/15 \end{pmatrix}$. Damit steht auch die Grenzverteilung fest: $\lim_{n\to\infty} A^n\vec{\pi}_0 = \vec{v}_1$ für jeden beliebigen stochastischen Startvektor. Unsere Vermutung über die Grenzmatrix G ist auch bestätigt: Es ist $G\vec{\pi}_0 = \vec{v}_1$, wir wählen $\vec{\pi}_0 = \begin{pmatrix} 1 \\ 0 \\ 0 \end{pmatrix}$:

$G\vec{\pi}_0 = \begin{pmatrix} a & b & c \\ d & e & f \\ g & h & i \end{pmatrix} \begin{pmatrix} 1 \\ 0 \\ 0 \end{pmatrix} = \begin{pmatrix} a \\ d \\ g \end{pmatrix} = \begin{pmatrix} 7/15 \\ 2/5 \\ 2/15 \end{pmatrix}$, woraus a=7/15, d=2/5 und g=2/15 folgt. Mittels $\vec{\pi}_0 = \begin{pmatrix} 0 \\ 1 \\ 0 \end{pmatrix}$

sehen wir auf analoge Weise b=7/15, e=2/5 und h=2/15 ein, schließlich liefert $\vec{\pi}_0 = \begin{pmatrix} 0 \\ 0 \\ 1 \end{pmatrix}$ die restlichen Eintragungen: c=7/15, f=2/5 und i=2/15.

Bemerkungen:

– Die Matrix A^2 gibt die Übergangswahrscheinlichkeiten an, welche zwei Jahre überbrücken: z. B. bedeutet die Eintragung 0,34 in der Matrix A^2, dass nach zwei Jahren die Wahrscheinlichkeit 0,34 beträgt, zum Netzanbieter B zu wechseln, wenn man vorher (vor zwei Jahren) bei A war.

– Nicht nur in die Zukunft, auch in die Vergangenheit können wir schauen: Wie sahen die Marktanteile ein Jahr vor $\vec{\pi}_0 = \begin{pmatrix} 0{,}5 \\ 0{,}3 \\ 0{,}2 \end{pmatrix}$ aus?

$A \cdot \vec{\pi}_{-1} = \vec{\pi}_0 \Leftrightarrow \begin{pmatrix} 0{,}6 & 0{,}4 & 0{,}2 \\ 0{,}2 & 0{,}6 & 0{,}5 \\ 0{,}2 & 0 & 0{,}3 \end{pmatrix} \cdot \begin{pmatrix} x \\ y \\ z \end{pmatrix} = \begin{pmatrix} 0{,}5 \\ 0{,}3 \\ 0{,}2 \end{pmatrix}$, der *Gauß*sche Algorithmus liefert z=1/5, y=1/10 und x=7/10.

Beispiel 4: Nicht immer muss die Grenzmatrix G identische Spalten haben, sehen wir uns z. B. $A = \begin{pmatrix} 0{,}4 & 0{,}8 & 0 \\ 0{,}6 & 0{,}2 & 0 \\ 0 & 0 & 1 \end{pmatrix}$ an. Zur Bestimmung von $\lim\limits_{n\to\infty} A^n$ berechnen wir die Eigenwerte von A: Wir erhalten λ_2=1=λ_1 und λ_3=–0,4. Wir berechnen den Rang von $A-1\cdot I_3$: $\text{rang}\begin{pmatrix} -0{,}6 & 0{,}8 & 0 \\ 0{,}6 & -0{,}8 & 0 \\ 0 & 0 & 0 \end{pmatrix} = 1 = 3-2$. Für den Rang von A+0,4$\cdot I_3$ bekommen wir $\text{rang}\begin{pmatrix} 0{,}8 & 0{,}8 & 0 \\ 0{,}6 & 0{,}6 & 0 \\ 0 & 0 & 1{,}4 \end{pmatrix} = 2 = 3-1$. In jedem Fall ist der Rang gleich der Dimension minus Vielfachheit des Eigenwerts, daher ist A diagonalisierbar: $D = \begin{pmatrix} 1 & 0 & 0 \\ 0 & 1 & 0 \\ 0 & 0 & -0{,}4 \end{pmatrix} = S^{-1} \cdot A \cdot S$. Die Spalten von S sind die Eigenvektoren von A. Für λ_1=1 (Vielfachheit 2) erhalten wir zwei linear unabhängige Eigenvektoren: z. B. $\vec{v}_1 = \begin{pmatrix} 4 \\ 3 \\ 0 \end{pmatrix}$ und $\vec{v}_2 = \begin{pmatrix} 4 \\ 3 \\ 1 \end{pmatrix}$. Für λ_3=-0,4 wählen wir $\vec{v}_3 = \begin{pmatrix} 1 \\ -1 \\ 0 \end{pmatrix}$. Die Matrix S hat dann folgende Gestalt: $S=\begin{pmatrix}4 & 4 & 1\\ 3 & 3 & -1\\ 0 & 1 & 0\end{pmatrix}$ und $S^{-1}=\begin{pmatrix}1/7 & 1/7 & -1\\ 0 & 0 & 1\\ 3/7 & -4/7 & 0\end{pmatrix}$. Für den gesuchten Grenzwert erhalten wir wegen $A=S{\cdot}D{\cdot}S^{-1}$, $A^2=(S{\cdot}D{\cdot}S^{-1}){\cdot}(S{\cdot}D{\cdot}S^{-1})=(S{\cdot}D^2{\cdot}S^{-1})$, $A^n=S{\cdot}D^n{\cdot}S^{-1}$, $\lim\limits_{n\to\infty} A^n=G=S\cdot\lim\limits_{n\to\infty} D^n\cdot S^{-1}$. Der Grenzwert von D^n ist aber leicht zu bestimmen:

$\lim\limits_{n\to\infty} D^n=\lim\limits_{n\to\infty}\begin{pmatrix}1 & 0 & 0\\ 0 & 1 & 0\\ 0 & 0 & -0{,}4\end{pmatrix}^n=\lim\limits_{n\to\infty}\begin{pmatrix}1^n & 0 & 0\\ 0 & 1^n & 0\\ 0 & 0 & (-0{,}4)^n\end{pmatrix}=\begin{pmatrix}1 & 0 & 0\\ 0 & 1 & 0\\ 0 & 0 & 0\end{pmatrix}$. Daraus folgt

$G=S\cdot\begin{pmatrix}1 & 0 & 0\\ 0 & 1 & 0\\ 0 & 0 & 0\end{pmatrix}\cdot S^{-1}=\begin{pmatrix}4/7 & 4/7 & 0\\ 3/7 & 3/7 & 0\\ 0 & 0 & 1\end{pmatrix}$. Für $\vec{\pi}_0=\begin{pmatrix}1\\ 0\\ 0\end{pmatrix}$ ergibt sich

$G\cdot\vec{\pi}_0=\frac{1}{7}\cdot\begin{pmatrix}4 & 4 & 0\\ 3 & 3 & 0\\ 0 & 0 & 7\end{pmatrix}\cdot\begin{pmatrix}1\\ 0\\ 0\end{pmatrix}=\frac{1}{7}\cdot\begin{pmatrix}4\\ 3\\ 0\end{pmatrix}=\begin{pmatrix}4/7\\ 3/7\\ 0\end{pmatrix}$ als Grenzvektor, für $\vec{\rho}_0=\begin{pmatrix}0\\ 0\\ 1\end{pmatrix}$ dagegen ist

$G\cdot\vec{\rho}_0=\frac{1}{7}\cdot\begin{pmatrix}4 & 4 & 0\\ 3 & 3 & 0\\ 0 & 0 & 7\end{pmatrix}\cdot\begin{pmatrix}0\\ 0\\ 1\end{pmatrix}=\frac{1}{7}\cdot\begin{pmatrix}0\\ 0\\ 7\end{pmatrix}=\begin{pmatrix}0\\ 0\\ 1\end{pmatrix}$ die Grenzverteilung. Letztere ist also vom Startvektor abhängig. Weder die Matrix A noch eine Potenz davon erfüllen auch die Voraussetzungen des zitierten Ergodensatzes: $A^n=S\cdot D^n\cdot S^{-1}=\frac{1}{7}\cdot\begin{pmatrix}4+3\cdot(-0{,}4)^n & 4-4\cdot(-0{,}4)^n & 0\\ 3-3\cdot(-0{,}4)^n & 3+4\cdot(-0{,}4)^n & 0\\ 0 & 0 & 7\end{pmatrix}$.

Beispiel 5: Natürlich kann es auch passieren, dass *nicht* einmal die *Grenzmatrix* $G=\lim\limits_{n\to\infty} A^n$ *existiert*, z. B. für $A=\begin{pmatrix}0 & 1 & 0\\ 1 & 0 & 0\\ 0 & 0 & 1\end{pmatrix}$. Denn wir erkennen $A^2=\begin{pmatrix}0 & 1 & 0\\ 1 & 0 & 0\\ 0 & 0 & 1\end{pmatrix}\cdot\begin{pmatrix}0 & 1 & 0\\ 1 & 0 & 0\\ 0 & 0 & 1\end{pmatrix}=\begin{pmatrix}1 & 0 & 0\\ 0 & 1 & 0\\ 0 & 0 & 1\end{pmatrix}\neq A$ und damit $A^4=A^2{\cdot}A^2=A^2$, während $A^3=A^2{\cdot}A=A$ ist. Dies lässt sich fortsetzen zu $A=A^3=A^5=\ldots$ bzw. $A^2=A^4=A^6=\ldots$ Die Nichtexistenz von G bedeutet übrigens *nicht*, dass es keinen Fixvektor gibt: Stochastische Fixvektoren sind hier von der Gestalt $\vec{s}=\begin{pmatrix}x\\ x\\ z\end{pmatrix}$ mit $2x+z=1$ und $x\geq 0$, $z\geq 0$. Ein konkretes Beispiel ist $\vec{s}=\begin{pmatrix}0{,}4\\ 0{,}4\\ 0{,}2\end{pmatrix}$. Startet man mit $\vec{\pi}_0=\vec{s}$, dann verharrt man dort, ansonsten gibt es ein oszillierendes Verhalten: $\vec{\pi}_1 = A \cdot \vec{\pi}_0 \neq \pi_0$, $\vec{\pi}_2 = A^2\vec{\pi}_0 = \vec{\pi}_0$, $\vec{\pi}_3 = A^3\vec{\pi}_0 = A\vec{\pi}_0 = \vec{\pi}_1, \ldots$, denn

$$A \cdot \vec{\pi}_0 = \begin{pmatrix} 0 & 1 & 0 \\ 1 & 0 & 0 \\ 0 & 0 & 1 \end{pmatrix} \cdot \begin{pmatrix} x \\ y \\ z \end{pmatrix} = \begin{pmatrix} y \\ x \\ z \end{pmatrix} \neq \begin{pmatrix} x \\ y \\ z \end{pmatrix} = \vec{\pi}_0 \text{, wenn wir } x \neq y \text{ voraussetzen.}$$

Bemerkung: Die Eigenwerte von A sind $\lambda_1=1=\lambda_2$ und $\lambda_3=-1$.

Insgesamt können wir Folgendes festhalten (*Lehmann* 1986, S. 85):

a) Jede stochastische Matrix $A \in \mathbb{R}^{(2,2)}$ oder $\mathbb{R}^{(3,3)}$ hat den (maximalen) Eigenwert $\lambda=1$.

b) Für stochastische (2x2)- oder (3x3)-Matrizen A, deren Eigenwerte alle von -1 verschieden sind, existiert die Grenzmatrix $G = \lim\limits_{n\to\infty} A^n$. In diesem Fall gilt weiterhin:

   i) Wenn $\lambda=1$ *mehrfacher* Eigenwert von A ist, dann sind die Spalten von G *verschieden* voneinander und die Grenzverteilung ist *abhängig* von der Startverteilung.

   ii) Wenn $\lambda=1$ *einfacher* Eigenwert von A ist, dann sind die Spalten von G *identisch* und die Grenzverteilung ist *unabhängig* von der Startverteilung. Die Grenzverteilung heißt dann auch *ergodische* Verteilung.

4.2.4 Schlussbemerkung und didaktischer Kommentar

Angesichts der in diesem Abschnitt präsentierten Beispiele (und der ebenfalls dahintersteckenden Theorie) muss natürlich angemerkt werden, dass in den seltensten Fällen die Übergangsmatrix bei der Modellierung eines realen Problems tatsächlich konstante Eintragungen hat. Da weiterhin die Grenzwertbetrachtungen keinerlei Überlegungen bezüglich der Konvergenzgeschwindigkeit enthalten, wird in der Praxis das Kennen der stationären Verteilung alleine meist von geringer Relevanz sein. Nichtsdestoweniger gilt – wie bei so vielen anderen Beispielen der Schulmathematik auch, wo der Anwendungscharakter durch Vereinfachung zwecks möglicher Bewältigung erkauft wird –, dass das Prinzip stochastischer Prozesse schon an diesen elementaren *Sonderfällen unverfälscht* gezeigt werden kann. Schließlich soll auch nicht verhehlt werden, dass eine endliche Anzahl von Zuständen durch abzählbar unendlich, aber auch überabzählbar viele Zustände ersetzt werden kann, die Theorie für letzteren Fall bringt dann Operatoren statt Matrizen mit sich, dabei kommen Maß- und Integrationstheorie und Funktionalanalysis ins Spiel.
Soweit diese zuletzt genannten Gebiete von der Schulmathematik auch entfernt sind, eines haben wir auch hier gesehen: das *Zusammenspiel zweier* scheinbar disjunkter *mathematischer Theorien*, nämlich der *elementaren Wahrscheinlichkeitstheorie* und der *Linearen Algebra* (siehe auch Band 2, 1.2.1.3), welche sogar federführend auf diesem Niveau ist. Und darin liegt der Wert dieses Themas: sicher nicht unbedingt in der schon vorher kritisierten Anwendungsorientierung, sondern im Nahelegen der Erkenntnis, dass in der Mathematik erst das Zusammenwirken mehrerer Theorien bzw. Gebiete das heute noch Lebendige dieser Wissenschaft ausmacht. *Ein adäquates Bild der Wissenschaft zu liefern, welche dem jeweiligen Fach zugrunde liegt*, ist neben den allgemeinbildenden Aspekten eines Faches (wozu auch das Aufzeigen von Anwendungsmöglichkeiten ge-

hört) *wohl der wichtigste Auftrag für uns Lehrende.* Er sichert als einziger (auch Anwendungen können außer Mode kommen) langfristig das Überleben des betreffenden Faches. *Technisch* gesehen steht die *Manipulation* von *Matrizen* im Vordergrund, die ein passendes Schema für die Anordnung der verschiedenen Übergangswahrscheinlichkeiten darstellen. Diese sind *bedingte* Wahrscheinlichkeiten, ihre Interpretation ergibt sich in der Modellierung des stochastischen Prozesses: sie geben die Wahrscheinlichkeit an, wenn der Zustand i zum Zeitpunkt t der Fall ist, in den Zustand j zum Zeitpunkt t+1 zu „wechseln" (es kann auch i=j sein).
Das vorhin angesprochene Rechnen mit Matrizen (und Vektoren) wird selbstverständlich von *Computeralgebrasystemen* i. Allg. übernommen werden, wenngleich die Thematik „homogene *Markoff*-Ketten" auch als Motivation dienen kann, das Matrixkalkül zu studieren, es liegt hier sozusagen eine innermathematische Anwendung vor. Für die Behandlungen von großen Potenzen der Übergangsmatrix A ist die Rechenhilfe unumgänglich. Nicht oft genug kann auch an dieser Stelle betont werden, dass die Berechnung von A^n für großes n zwar eine Vermutung über die Gestalt der Grenzmatrix $G = \lim_{n\to\infty} A^n$ aufstellen lässt, aber *keineswegs* gleich die Begründung dazu liefert. Auch dieser Punkt ist charakteristisch für die Wissenschaft Mathematik und ist eben als solcher herauszustreichen. Der Nachweis der Gestalt von G gelingt durch die Analyse von A: *Eigenwert-* und *Eigenvektorberechnung.* Hier liegt wohl wirklich eine gelungene Anwendung dieses mächtigen Werkzeugs der Matrizentheorie vor. Aus der *Analysis* borgen wir uns nur $\lim_{n\to\infty} q^n = 0 \; \forall q \in \mathbb{R}$ mit $|q|<1$ aus.
In wie weit diese Begründungen in den tatsächlichen Unterricht miteinfließen sollen, kann generell so nicht beantwortet werden. Aber zum Hintergrundwissen der Lehrenden gehören sie jedenfalls.
Trotz der eingangs erwähnten Einschränkungen die Realitätsnähe der vorgestellten Modelle betreffend liegt hier doch ein (Parade-)Beispiel für die oft gewünschte und propagierte Abfolge „Übersetzen *des Problems* in die Sprache der Mathematik – *Lösen des Problems* innerhalb der Mathematik – *Interpretation der Lösung* im Kontext mit dem ursprünglichen Problem" vor. Dass im zweiten (innermathematischen) Teil die Lineare Algebra dominiert, ist einmal mehr ein Beleg für die These, dass die elementare Wahrscheinlichkeitstheorie eine der wichtigsten Anwendungen von Analysis und Linearer Algebra darstellt. Dies kann auch schon im Rahmen der Schulmathematik demonstriert werden, um so die vielfältigen Verästelungen mathematischer Lösungswege einer breiten Öffentlichkeit (den Schülerinnen und Schülern) nahe bringen zu können.

4.3 Vierfeldertafeln

4.3.1 Aufbau

Wir wollen im Folgenden bei einer statistischen Erhebung zwei Merkmale A und B gleichzeitig beobachten, die jeweils zwei Ausprägungen A_1 und A_2 bzw. B_1 und B_2 mit sich bringen. Jedes erhobene Stichprobenelement kann also eindeutig genau einer Gruppe $A_1 \cap B_1$, $A_1 \cap B_2$, $A_2 \cap B_1$ oder $A_2 \cap B_2$ zugeordnet werden. Wenn dies für die gesamte Stichprobe getan ist (Stichprobenumfang n), so kann man die daraus resultierenden *absoluten Häufigkeiten* von Daten in den einzelnen Gruppen folgendermaßen übersichtlich anordnen:

		Merkmal B		
		B_1	B_2	gesamt
Merkmal A	A_1	n_{11}	n_{12}	$n_{1\cdot}$
	A_2	n_{21}	n_{22}	$n_{2\cdot}$
	gesamt	$n_{\cdot 1}$	$n_{\cdot 2}$	n

Die vier Felder mit den absoluten Häufigkeiten n_{11}, n_{12}, n_{21} und n_{22} geben der Tabelle („Tafel") ihren Namen. Es gilt weiterhin: $n_{11}+n_{12}=n_{1\cdot}$, $n_{21}+n_{22}=n_{2\cdot}$ bzw. $n_{11}+n_{21}=n_{\cdot 1}$, $n_{12}+n_{22}=n_{\cdot 2}$ und insgesamt muss natürlich $n_{1\cdot}+n_{2\cdot}=n_{\cdot 1}+n_{\cdot 2}=n$ der Fall sein. Division durch den Stichprobenumfang n bei allen neun Eintragungen liefert eine Tafel der *relativen Häufigkeiten*: $r_{ij}=n_{ij}/n\ \forall i,j \in \{1,2\}$ und $r_{i\cdot}=n_{i\cdot}/n$ bzw. $r_{\cdot j}=n_{\cdot j}/n\ \forall i,j \in \{1,2\}$. In jedem Fall ist aber durch vier Eintragungen in die neun Felder, von denen drei nicht in einer Zeile oder Spalte stehen, die Tafel zur Gänze (also auch die restlichen fünf Eintragungen) festgelegt.

4.3.2 Vierfeldertafeln und Baumdiagramme

Jede Vierfeldertafel kann in ein Baumdiagramm verwandelt werden und vice versa, welches Merkmal zu welcher Verzweigung des Baumdiagrammes beiträgt, spielt keine Rolle, daher können sogar *zwei* Baumdiagramme pro Vierfeldertafel erstellt werden.

		Merkmal B		
		B_1	B_2	gesamt
Merkmal A	A_1	r_{11}	r_{12}	$r_{1\cdot}$
	A_2	r_{21}	r_{22}	$r_{2\cdot}$
	gesamt	$r_{\cdot 1}$	$r_{\cdot 2}$	1

Erstes Baumdiagramm:

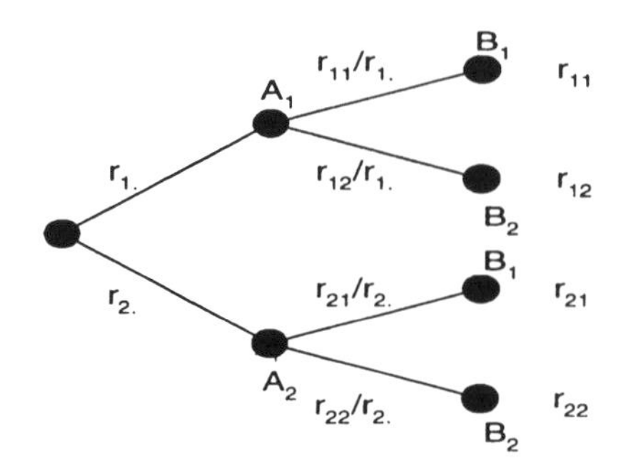

Erklärung: Die Bewertung der *ersten* Verzweigung ist klar: Die Gesamtheit wird durch die Ausprägungen A_1 und A_2 in zwei disjunkte Teile geteilt mit den relativen Häufigkeiten $r_{1.}$ bzw. $r_{2.}$, die jetzt als Wahrscheinlichkeiten verstanden werden. Die *zweite* Verzweigung ist einer Spur diffiziler: Wir suchen für den obersten Ast den Anteil der B_1-Ausprägungen unter den Daten mit Merkmalsausprägung A_1. Das ist der Quotient $n_{11}/n_{1.}$ bzw. $r_{11}/r_{1..}$ Analog geschieht die Gewichtung der übrigen drei Äste. Die Gesamtbewertung erhalten wir durch Produktbildung der Einzelbewertungen (rechte Spalte). Vertauschen wir die Reihenfolge der Merkmale (nun also *BA* statt *AB*), so gelangen wir zum *zweiten Baumdiagramm:*

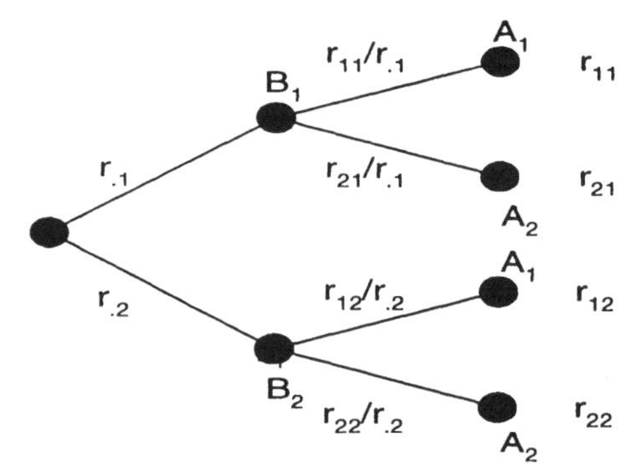

Die Gewichtung der einzelnen Äste erfolgt genauso wie beim ersten Baumdiagramm. Insgesamt entspricht also jeder *zweistufige Zufallsversuch* mit je zwei möglichen Ausgängen einer *Vierfeldertafel* und umgekehrt, dabei darf aber nicht übersehen werden, dass bei der Transformation der Darstellungsformen inhaltlich die erhobenen *relativen Häufigkeiten* zu *Wahrscheinlichkeiten* mutieren oder umgekehrt.

Das folgende Beispiel soll neben dem bisher Gesagten auch einen *Unterrichtsvorschlag* nach *Strick* (1999) illustrieren, der die eben gegebene Reihenfolge Vierfeldertafel – Baumdiagramm 1 – Baumdiagramm 2 permutiert: Baumdiagramm 1 – Vierfeldertafel – Baumdiagramm 2.

Beispiel 1 (nach Strick, 1999*):* 26,8% aller Kinder einer bestimmten Schule benutzen den Bus (B) um zur Schule zu kommen. Darunter sind 36,2% Mädchen (M). Unter den Schülern bzw. Schülerinnen, die ein anderes Verkehrsmittel (¬B) benutzen, sind 56,4% Knaben (K).

Bemerkung: Die Angabe ist schon bewusst so formuliert, dass sie ein Baumdiagramm provoziert:

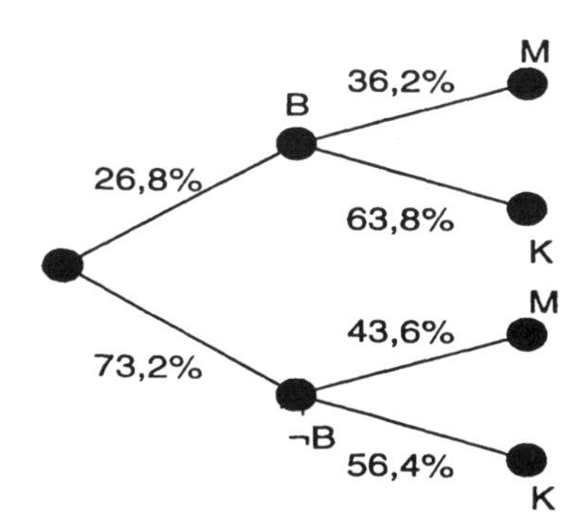

Daraus errechnen wir die folgende *Vierfeldertafel*:

		Geschlecht		
		M	K	gesamt
Verkehrsmittel	B	9,7%	17,1%	26,8%
	¬B	31,9%	41,3%	73,2%
	gesamt	41,6%	58,4%	100%

Es ist z. B. 26,8%·36,2%=9,7%.

Das *zweite* Baumdiagramm sieht dann so aus:

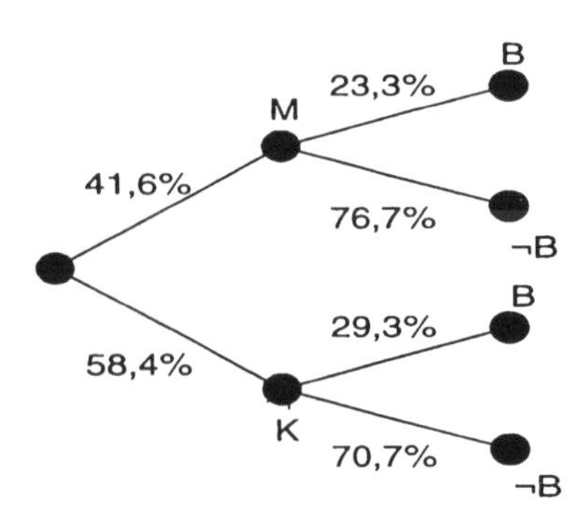

Es ist z. B. 9,7/41,6=23,3%.

In der Sprache der Wahrscheinlichkeitstheorie sehen die Strukturen der Baumdiagramme und der zugehörigen Vierfeldertafel so aus:

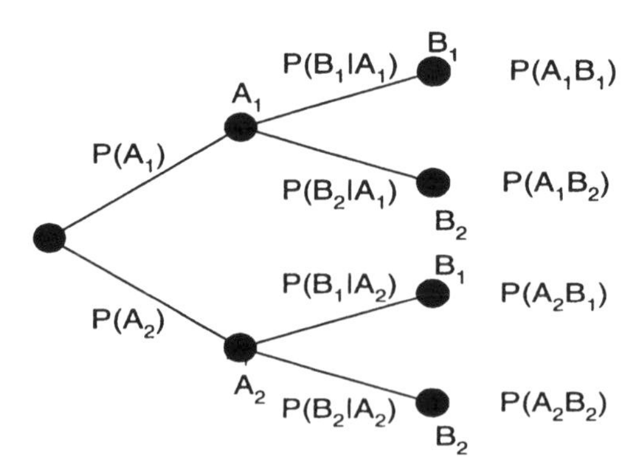

Durch Produktbildung der Einzelwahrscheinlichkeiten eines Astes entstehen die Wahrscheinlichkeiten in der rechten Spalte. Dahinter steckt einfach die *Definition* der *bedingten Wahrscheinlichkeit*:

$$P(B \mid A) = \frac{P(B \cap A)}{P(A)} \Leftrightarrow P(B \cap A) = P(B \mid A) \cdot P(A).$$

In der Vierfeldertafel finden wir die Wahrscheinlichkeiten so angeordnet:

		Merkmal B		
		B_1	B_2	gesamt
Merkmal A	A_1	$P(A_1 \cap B_1)$	$P(A_1 \cap B_2)$	$P(A_1)$
	A_2	$P(A_2 \cap B_1)$	$P(A_2 \cap B_2)$	$P(A_2)$
	gesamt	$P(B_1)$	$P(B_2)$	1

Es ist $P(A_1 \cap B_1)+P(A_2 \cap B_1)=P(B_1)$, weil $(A_1 \cap B_1) \cup (A_2 \cap B_1)=(A_1 \cup A_2) \cap B_1=\Omega \cap B_1=B_1$ und $(A_1 \cap B_1) \cap (A_2 \cap B_1)=\{\}$. Natürlich hätten wir das Baumdiagramm auch so anschreiben können:

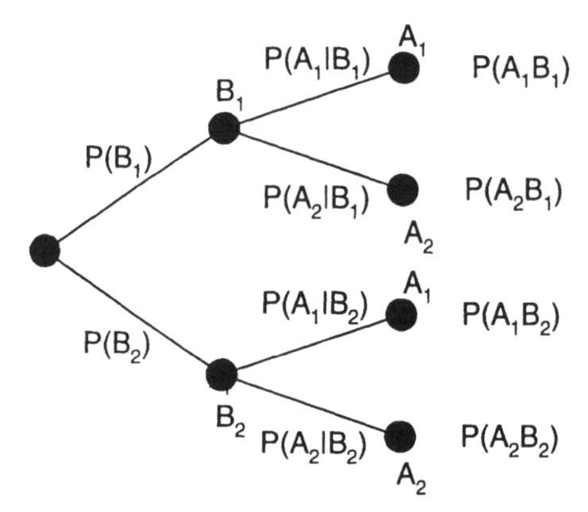

Wenn wir die rechten Spalten der beiden Baumdiagramme miteinander vergleichen, so erkennen wir z. B. aus dem obersten Ast $P(A_1) \cdot P(B_1 | A_1)=P(B_1) \cdot P(A_1 | B_1)$ bzw. $P(A_1 \mid B_1) = \frac{P(B_1 \mid A_1) \cdot P(A_1)}{P(B_1)}$, also das *einfache Bayessche Theorem.* In diesem Sinne nennen wir das zweite Baumdiagramm auch *„umgekehrtes Baumdiagramm"*.

4.3.3 Ein Medikamententest

Beispiel 2 (Strick, 1999*)*: Ein neues Medikament gegen eine bestimmte Krankheit wird auf den Markt gebracht. Der Hersteller behauptet, die Heilquote p liege bei 80%. Die herkömmlichen Medikamente helfen mit einer Wahrscheinlichkeit p von 60%. An zufällig ausgewählten Erkrankten wird das neue Medikament erprobt und der Befund „Heilung" (+) oder „keine Wirkung" (–) aufgenommen.

Wie kann aufgrund dieser einzelnen Ergebnisse die A-priori-Einschätzung $P(H_0 : p=0{,}6)=0{,}5$ und $P(H_1 : p=0{,}8)=0{,}5$ revidiert werden?

Unsere A-priori-Bewertung übersetzen wir in

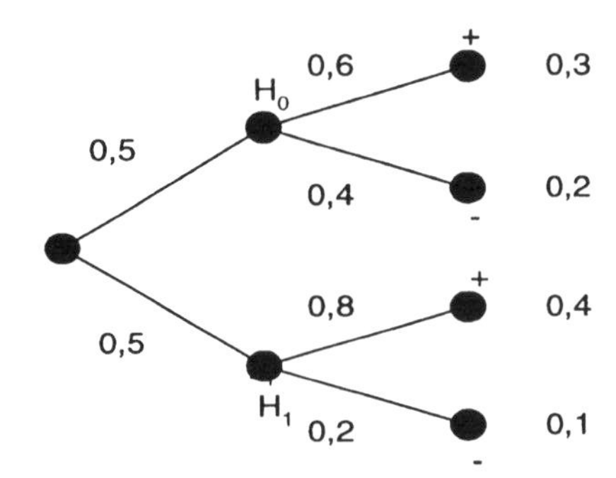

bzw.

		Reaktion		
		+	–	gesamt
Hypothese	H_0	0,3	0,2	0,5
	H_1	0,4	0,1	0,5
	gesamt	0,7	0,3	1

Und jetzt kommt es: das umgekehrte Baumdiagramm ist

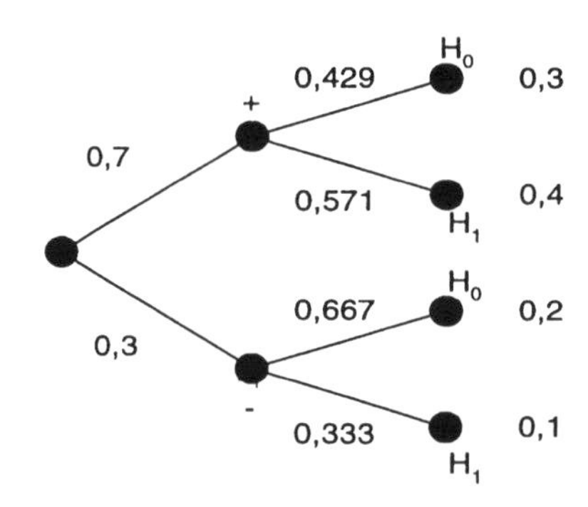

und wir schätzen im Falle von „+" bei der ersten Behandlung nun $P(H_0)$=0,429 und $P(H_1)$=0,571. Daraus basteln wir ein neues erstes Baumdiagramm:

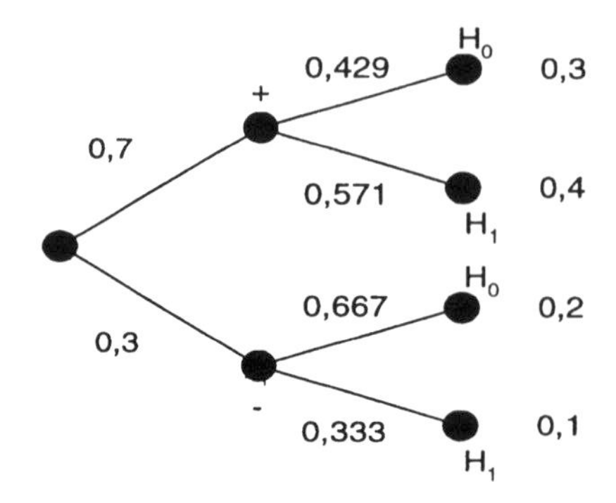

Jetzt kann daraus wieder die Vierfeldertafel und das umgekehrte Baumdiagramm errechnet werden usw. bis alle Untersuchungsergebnisse berücksichtigt worden sind. Was ist eigentlich geschehen? – Wir haben $P(H_0)=P(H_1)=0{,}5$ durch die bedingten Wahrscheinlichkeiten $P(H_0|+)$ bzw. $P(H_1|+)$ ersetzt. [Im Falle von „–" bei der ersten Behandlung wären die Wahrscheinlichkeiten $P(H_0|-)$ und $P(H_1|-)$ zum Zug gekommen.] Wegen $P(H_0\,|\,+)=\dfrac{P(+\,|\,H_0)\cdot P(H_0)}{P(+)}=\dfrac{P(H_0\cap +)}{P(+)}$ ist eine A-priori-Einschätzung notwendig: $P(H_0)$; weiterhin ist das erste Baumdiagramm notwendig: $P(+|H_0)$ und schließlich ist die Vierfeldertafel notwendig: $P(+)$. (Unter „notwendig" verstehen wir hier das möglichst einfache Ablesen der entsprechenden Wahrscheinlichkeiten.)

Bemerkung: Setzen wir den Medikamententest fort, so ergibt sich als neue Vierfeldertafel:

		Reaktion		
		+	–	gesamt
Hypothese	H_0	0,257	0,172	0,429
	H_1	0,457	0,114	0,571
	gesamt	0,714	0,286	1

Das umgekehrte Baumdiagramm ergibt sich zu

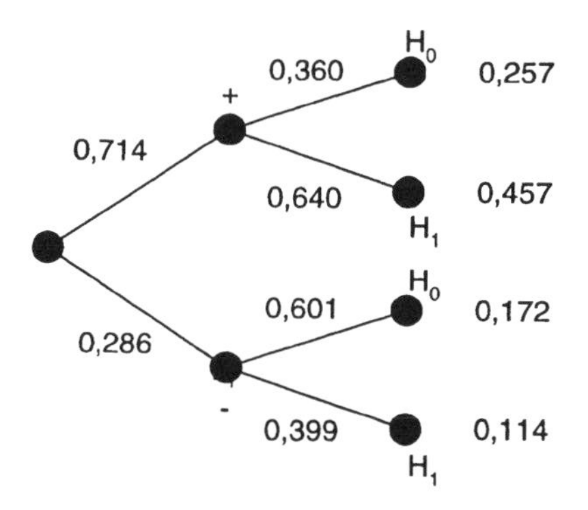

Daraus erkennen wir für „++" als Versuchsergebnis nach zwei Untersuchungen, dass $P(H_0|{++})=0{,}36$ und $P(H_1|{++})=0{,}64$ ist. Dabei ist z. B.

$$P(H_0\,|\,{++})=0{,}36=\frac{0{,}257}{0{,}714}=\frac{0{,}429\cdot 0{,}6}{0{,}257+0{,}457}=\frac{\dfrac{0{,}6\cdot 0{,}5}{(0{,}6+0{,}8)\cdot 0{,}5}\cdot 0{,}6}{\dfrac{0{,}6\cdot 0{,}5}{(0{,}6+0{,}8)\cdot 0{,}5}\cdot 0{,}6+\dfrac{0{,}8\cdot 0{,}5}{(0{,}6+0{,}8)\cdot 0{,}5}\cdot 0{,}8}=$$

$$=\frac{0{,}6\cdot 0{,}6}{0{,}6\cdot 0{,}6+0{,}8\cdot 0{,}8},$$

wie wir durch Rückeinsetzen einsehen. Denselben Ausdruck hätten wir bekommen, wenn wir die Behandlungen als *mehrstufiges Bernoulli-Experiment* ansehen: Die Zufallsvariable X zähle die Gesundenden unter den Behandelten. Dann ist X binomialverteilt mit $n=2$ und $p=0{,}6$ bzw. $p=0{,}8$. Dementsprechend ist

$$P(H_0 \mid +) = \frac{P(+ \mid H_0) \cdot P(H_0)}{P(+)} = \frac{P(H_0 \cap +)}{P(+)} \text{ und } P(X = 2 \mid p = 0{,}8) = \binom{2}{2} \cdot 0{,}8^2 \cdot 0{,}2^0 .$$

Das *Bayes*sche Theorem liefert z. B. im ersten Fall

$$P(p = 0{,}6 \mid X = 2) = \frac{P(X = 2 \mid p = 0{,}6) \cdot P(p = 0{,}6)}{P(X = 2)} = \frac{0{,}6^2 \cdot 0{,}5}{0{,}6^2 \cdot 0{,}5 + 0{,}8^2 \cdot 0{,}5} = \frac{0{,}6^2}{0{,}6^2 + 0{,}8^2} .$$

Sind *allgemein* bei *n* Behandlungen *k* Erfolge („+") zu verzeichnen, so ist

$$P(p = 0{,}6 \mid X = k) = \frac{\binom{n}{k} \cdot 0{,}6^k \cdot 0{,}4^{n-k} \cdot 0{,}5}{\binom{n}{k} \cdot 0{,}6^k \cdot 0{,}4^{n-k} \cdot 0{,}5 + \binom{n}{k} \cdot 0{,}8^k \cdot 0{,}2^{n-k} \cdot 0{,}5} =$$

$$= \frac{0{,}6^k \cdot 0{,}4^{n-k}}{0{,}6^k \cdot 0{,}4^{n-k} + 0{,}8^k \cdot 0{,}2^{n-k}} \text{ und } P(p = 0{,}8 \mid X = k) = 1 - P(p = 0{,}6 \mid X = k) .$$

4.3.4 Der Chi-Quadrat-Unabhängigkeitstest

Wie wir gesehen haben, stellen Vierfeldertafel und Baumdiagramm *bedingte Wahrscheinlichkeiten* und *Wahrscheinlichkeiten* von *Durchschnittsereignissen* dar: P(A|B) und P($A \cap B$). Neben der Definition für die bedingte Wahrscheinlichkeit (vgl. 1.1.1.3.2) ist auch die *Unabhängigkeit* zweier Ereignisse voneinander untrennbar mit diesen beiden Wahrscheinlichkeiten verbunden: vgl. 1.1.1.3.5. Daher ist es nicht verwunderlich, dass eine der erwähnten Darstellungsformen auch beim sog. Chi-Quadrat-Unabhängigkeitstest eine Rolle spielt: die Vierfeldertafel. Beginnen wir dazu mit

Beispiel 3: In den 50er Jahren wurde eine Untersuchung zum Rauchverhalten von 7456 Frauen in Abhängigkeit von ihrem Einkommen gemacht. Es ergaben sich u. a. folgende Ergebnisse:

		Rauchverhalten		
		Raucherin	Nichtraucherin	gesamt
Einkommen	≤ 2000 $	1698	4427	6125
	> 2000 $	766	565	1331
	gesamt	2464	4992	7456

Hängen Rauchverhalten und Einkommen bei der befragten Gruppe zusammen? Nun ja, es ist z. B. 1698/7456=0,228 und (6125/7456)·(2464/7456)=0,271 [wir vergleichen dabei $P(A \cap B)$ und $P(A) \cdot P(B)$, wobei A ein Einkommen von höchstens 2000 $ bedeutet und B Raucherin meint], die übrigen Werte sind 766/7456=0,103 und (2464/7456)·(1331/7456)=0,06; 4427/7456=0,594 und (6125/7456)·(4992/7456)=0,550; schließlich 565/7456=0,076 und (1331/7456)·(4992/7456)=0,120. Die Übereinstimmung der zu vergleichenden Werte ist nicht besonders groß, andererseits aber kann nicht erwartet werden, dass die Zahlen bis auf die „letzte Dezimalstelle" übereinstimmen. Wo ist nun die Grenze zu ziehen? – Eine Antwortmöglichkeit ist die folgende: Zuerst schreiben wir die gegebene Vierfeldertafel auf relative Häufigkeiten um:

		Rauchverhalten		
		Raucherin	Nichtraucherin	gesamt
Einkommen	≤ 2000 $	0,228	0,594	0,822
	> 2000 $	0,102	0,076	0,178
	gesamt	0,33	0,67	1

(Damit die Gesamtsumme Eins ergibt, wurde einmal ab- statt aufgerundet.) Nun vergleichen wir diese Vierfeldertafel mit der zugehörigen „idealen", d. h. die die Unabhängigkeit der beiden Merkmale genau wiedergibt (die Randsummen bleiben gleich):

		Rauchverhalten		
		Raucherin	Nichtraucherin	gesamt
Einkommen	≤ 2000 \$	0,271	0,551	0,822
	> 2000 \$	0,059	0,119	0,178
	gesamt	0,33	0,67	1

Die Werte der inneren vier Felder werden durch Produktbildung zwischen den entsprechenden Summen außen gewonnen (wie es der Forderung nach Unabhängigkeit eben entspricht).

Die *grundlegende Idee* ist nun die, ein Maß für die Abweichung zu definieren, welches von seiner Natur her natürlich eine Zufallsvariable sein muss, und deren Verteilung man (wenigstens näherungsweise) kennt. Es ist dies $\chi^2 = n \cdot \sum_{i=1}^{2}\sum_{j=1}^{2} \frac{(S_{ij} - r_{ij})^2}{r_{ij}}$, wobei S_{ij} die Zufallsvariable ist, deren Realisation die tatsächlich beobachtete relative Häufigkeit ist, welche in der i-ten Zeile und j-ten Spalte der Vierfeldertafel zu finden ist $(i,j \in \{1,2\})$, r_{ij} ist dagegen die theoretische relative Häufigkeit, welche aus der vorausgesetzten Unabhängigkeit der beiden Merkmale resultiert ($\forall i,j \in \{1,2\}$, die Zeilen- bzw. Spaltennummer der Vierfeldertafel), n ist der Stichprobenumfang. Man kann zeigen, dass χ^2 *näherungsweise* (d. h. im Grenzwert $n \to \infty$) *Chi-Quadrat-verteilt* ist mit *einem Freiheitsgrad* (vgl. z. B. *Fisz* 1962, S. 365 ff. und die dort angeführte Literatur). Es handelt sich hierbei um eine stetige Verteilung mit der *Dichtefunktion* $f_{\chi^2}(x) = \frac{1}{\sqrt{2\pi x}} e^{-\frac{x}{2}}$ $\forall x>0$, 0 sonst. Der eine Freiheitsgrad erklärt sich daraus, dass bei gegebenen Randsummen bereits *ein* Wert der inneren Felder die anderen drei Werte der inneren Felder festlegt. Bei Betrachtung der Testgröße χ^2 fällt auf, dass die Abweichungen quadratisch eingehen [vgl. die Definition der (empirischen) Varianz] und kleine relative Häufigkeiten stärken eingehen als große nahe bei Eins (Gewichtung).

Wir kommen zu folgender *Testentscheidung*: ist die Realisation χ^2 von χ^2 größer als ein kritischer Wert c, so entscheiden wir uns gegen die Hypothese, dass die beiden Merkmale unabhängig voneinander sind, andernfalls müssen wir die Hypothese beibehalten (vgl. auch 1.2.5.7, 3.5.5). Die Festlegung der Wahrscheinlichkeit α für einen Fehler 1. Art (vgl. 1.2.5.7.2) ergibt den *kritischen Wert c*: $P(\chi^2>c)=\alpha$, d. h. c ist das $(1-\alpha)$-Quantil der Chi-Quadrat-Verteilung mit einen Freiheitsgrad (Letztere liegt tabelliert vor, z. B. *Bosch* 1987, S. 198f.).

In *Beispiel 3* ist

$$\chi^2 = 7456 \cdot \left[\frac{(0{,}228 - 0{,}271)^2}{0{,}271} + \frac{(0{,}102 - 0{,}059)^2}{0{,}059} + \frac{(0{,}594 - 0{,}551)^2}{0{,}551} + \frac{(0{,}076 - 0{,}119)^2}{0{,}119} \right] =$$

$= 7456 \cdot \left(\frac{0{,}043^2}{0{,}271} + \frac{0{,}043^2}{0{,}059} + \frac{0{,}043^2}{0{,}551} + \frac{0{,}043^2}{0{,}119} \right) = 425{,}40...$ Natürlich ist $\chi^2 > c=3{,}84$ (α=5%) oder $\chi^2 > c=6{,}63$ (α=1%), in jedem Fall deuten die Daten also auf eine Abhängigkeit der beiden Merkmale Einkommen und Rauchverhalten hin.

Bemerkung: Es fällt der gleiche Zähler innerhalb der runden Klammer bei der Berechnung von χ^2 auf. Unter Beachtung der Konstanz der Randsummen ist z. B. $|0{,}228 - 0{,}271|$ und $|0{,}594 - 0{,}551| = |(0{,}822 - 0{,}228) - (0{,}822 - 0{,}271)|$ gleich usw.

4.3.5 Ein exakter Test

Für *kleine* Stichproben ist es meistens nicht gerechtfertigt, den in 4.3.4 vorgestellten Chi-Quadrat-Unabhängigkeitstest für Vierfeldertafeln anzuwenden, vor allem dann nicht, wenn einzelne Werte der inneren vier Felder sehr klein werden (im Falle, dass absolute Häufigkeiten ausgewiesen werden). Als Alternative bietet sich folgende Vorgangsweise an (nach *Fisher*, vgl. *Strick* 1999): Wenn wir wieder einen Medikamententest zugrunde legen, so ergibt sich folgende Vierfeldertafel:

		Behandlungsergebnis		
		Heilung	keine Heilung	gesamt
Medikament	herkömmlich	K	$n_{1.}$-k	$n_{1.}$
	neu	$n_{.1}$-k	$n_{2.}-(n_{.1}-k)=k+n_{2.}-n_{.1}$ bzw. $n_{.2}-(n_{1.}-k)=k+n_{.2}-n_{1.}$	$n_{2.}$
	gesamt	$n_{.1}$	$n_{.2}$	n

Konzentrieren wir uns auf die Heilung: Die Zufallsvariable X beschreibe die Anzahl der Geheilten, die mit dem herkömmlichen Medikament behandelt worden sind. Die Zufallsvariable Y dagegen zählt die Gesundeten unter den mit dem neuen Medikament Behandelten. Die Zufallsvariable S schließlich sei für die Gesamtzahl der positiv wirkenden Medikamentengaben zuständig: $S=X+Y$. Die Zufallsvariable X ist dann binomialverteilt mit den Parametern $n_{1.}$ und p_1; die Verteilung von Y ist dementsprechend ebenfalls eine Binomialverteilung mit den Parametern $n_{2.}$ und p_2. Wir nehmen nun an, dass das neue Medikament nicht besser ist als das alte: $p_1=p_2=p$ (Hypothese H_0). Damit finden wir $P(X=k) = \binom{n_{1.}}{k} p^k (1-p)^{n_{1.}-k}$ ($0 \le k \le n_{1.}$) und $P(Y=l) = \binom{n_{2.}}{l} p^l (1-p)^{n_{2.}-l}$ ($0 \le l \le n_{2.}$). Die Summe $S=X+Y$ ist dann auch binomialverteilt mit den Parametern $n_{1.}+n_{2.}=n$ und p (das ist ein Satz aus der Wahrscheinlichkeitstheorie): $P(S=m) = \binom{n}{m} p^m (1-p)^{n-m}$ ($0 \le m \le n$).

Die Zufallsvariablen X und Y sind dabei unabhängig voneinander. Daraus folgt weiterhin $P(Y=k \wedge S=m) = P(Y=k \wedge X=m-k) = P(Y=k) \cdot P(X=m-k) =$

$$=\binom{n_{2\cdot}}{k}p^k(1-p)^{n_{2\cdot}-k}\cdot\binom{n_{1\cdot}}{m-k}p^{m-k}(1-p)^{n_{1\cdot}-m+k}=\binom{n_{2\cdot}}{k}\binom{n_{1\cdot}}{m-k}p^m(1-p)^{n-m}.$$ Schließlich erhalten wir $P(Y=k\mid S=m)=\frac{P(Y=k\wedge S=m)}{P(S=m)}=\frac{\binom{n_{2\cdot}}{k}\cdot\binom{n_{1\cdot}}{m-k}}{\binom{n}{m}}$, dies ist eine *hypergeometrische Verteilung*, welche die Werte $k=m-n_{1\cdot},\ldots,n_{2\cdot}$ annehmen kann (dies folgt aus den Binomialkoeffizienten im Zähler). Es muss nun für die verschiedenen k diese bedingte Wahrscheinlichkeit berechnet werden, woraus sich eben eine gewisse Verteilung (abhängig von $n_{1\cdot}, n_{2\cdot}$ und m) ergibt. Zählt das beobachtete Ergebnis zu den unwahrscheinlichen Randwerten (definiert durch die Vorgabe der Wahrscheinlichkeit α für einen Fehler 1. Art), dann lehnen wir H_0 ab, andernfalls nicht.

Beispiel 4: Die folgende Vierfeldertafel gibt das Ergebnis einer Untersuchung bezüglich der Wirksamkeit eines neuen Medikaments wieder. Dazu wurde auch eine Kontrollgruppe mit einem herkömmlichen Medikament behandelt.

		Behandlungsergebnis		
		Heilung	keine Heilung	gesamt
Medikament	herkömmlich	14	8	22
	neu	12	5	17
	gesamt	26	13	39

Wir kommen damit zu dieser Verteilung: $P(Y=k\mid S=26)=\frac{\binom{17}{k}\binom{22}{26-k}}{\binom{39}{26}}$, $k=4,5,\ldots,17$. Die konkrete Auswertung stellen wir tabellarisch dar:

k	17	16	15	14	13	12	...
$P(Y=k\mid S=26)$	$6\cdot 10^{-5}$	0,001	0,01	0.05	0,15	0,24	...

Natürlich könnten wir die Tabelle vervollständigen, aber wir sehen bereits so genug: ab 14 Geheilten unter den 17 mit dem neuen Medikament Behandelten konnten wir in etwa von einer signifikanten Erhöhung der Heilungschance durch das neue Medikament sprechen, ab 15 sogar von einer hochsignifikanten. Da jedoch tatsächlich nur zwölf geheilt worden sind, und $P(Y\geq 12\mid S=26)=0{,}4567\ldots$ gilt, ist H_0 beizubehalten. [Vgl. mit $P(Y\geq 14\mid S=26)=0{,}067\ldots$ und $P(Y\geq 15\mid S=26)=0{,}013\ldots$]. Anders formuliert: Die Heilungswahrscheinlichkeit ist von der Wahl des Medikaments unabhängig.

4.3.6 Didaktischer Kommentar

Vierfeldertafeln sind vielseitig verwendbar. Von der bloßen Darstellung von Daten werden sie zum Bindeglied zweier Baumdiagramme, die gerade bedingte Wahrscheinlichkeiten bzw. ihre „Umkehrung“ darstellen. Vierfeldertafeln zeigen Wahrscheinlichkeiten von Durchschnittsmengen. Die Identifikation von relativen Häufigkeiten und zugehörigen Wahrscheinlichkeiten geschieht hier sehr rasch, daher bietet sich diese Thematik *nicht* zur Problematisierung der Beziehung dieser beiden Begriffe an. Auf der Haben-

Seite steht sicher die Fülle von *anwendungsorientierten* Beispielen, die so bearbeitet werden können. Drei Möglichkeiten unter diesen sind herausgegriffen worden:
Der erste Medikamententest in 4.3.3 stellt eine Abfolge von Baumdiagramm-Vierfeldertafel-umgekehrtes Baumdiagramm dar, um ausgehend von der A-priori-Einschätzung zweier Alternativhypothesen diese unter dem Eindruck der erhobenen Daten zu revidieren. Jedes Datum ergibt dabei eine neue Bewertung von H_0 bzw. H_1 (unter Beachtung der erwähnten Abfolge), dies erinnert an das *sequentielle Testen* (vgl. 4.1). Die Berechnung der bedingten Wahrscheinlichkeiten $P(H_0|D)$ bzw. $P(H_1|D)$ (D seien dabei die gewonnenen Daten) ist natürlich die wesentliche Idee der *Bayes-Statistik* (vgl. 1.2.5.9 und 3.6). Dass dieser Test auch durch ein mehrstufiges *Bernoulli*-Experiment beschrieben werden kann, tut diesem sehr elementaren Verfahren keinen Abbruch, sondern zeigt einmal mehr die Vielfalt der Zusammenhänge in einem mathematischen Gebiet, welches die Wissenschaft „Mathematik" u. a. ausmacht.
Der *Chi-Quadrat-Unabhängigkeitstest* ist wohl das Paradebeispiel für die Auswertung einer Vierfeldertafel. Von der Idee her leicht erklärt (die vorhin angesprochene Differenzierung zwischen Wahrscheinlichkeiten und relativen Häufigkeiten schlägt sich in der Verminderung der Anzahl der Freiheitsgrade nieder – eine Insideranmerkung), ist dementsprechend auch die Auswertung des Tests nicht schwierig, der mathematische Hintergrund muss aber i. Allg. im Dunkeln bleiben. Was für den Mathematikunterricht an Technik bleibt, kann wohl der Computer übernehmen. Wertvoll macht die Kenntnis dieses Tests seine universelle Einsetzbarkeit, also gehört er unbedingt zur stochastischen Allgemeinbildung, wenn auch nicht notwendigerweise zum üblichen Stoff eines Stochastik-Grundkurses.
Der *exakte Test nach Fisher* schließlich verquickt die beiden in den anderen Tests (4.3.3 und 4.3.4) auftauchenden Ideen des Hypothesentestens und des Prüfens auf Unabhängigkeit zweier Merkmale. Dabei treten mehrere Zufallsvariable auf, und das Herleiten der Testverteilung gestaltet sich auch nicht ganz einfach. Dieser Test ist elementar, aber schwierig zu verstehen. In die Testverteilung gehen Parameter ein, die aus dem konkret vorliegenden Experiment stammen, d. h. sie liegt nicht vor der Stichprobenerhebung vollständig fest, ein wesentlicher Unterschied zu klassischen Parametertests (vgl. 1.2.5.7 und 3.5.5). In 4.6 werden wir diesem Phänomen bei den sog. *Randomisierungstests* wieder begegnen.
Zusammenfassend kann festgestellt werden, dass Vierfeldertafeln aus einem *anwendungsorientierten* Stochastikunterricht nicht wegzudenken sind, wer großen Wert auf *theoretische* Grundlagen legt, muss diese vorher anderswoher bringen. Um aber der Forderung nach angewandter Mathematik im Unterricht nachzukommen eignen sich Vierfeldertafeln in vielfältiger Art und Weise.

4.4 Das Problem der vertauschten Briefe

4.4.1 Die Problemstellung

Ein konfuser Mensch schreibt n Briefe und beschriftet danach die entsprechenden n Kuverts. Völlig zerstreut steckt er die Briefe in die Kuverts, ohne auf die richtige Zuordnung zu achten. Wie groß ist die Wahrscheinlichkeit p_n, dass kein Brief im richtigen Kuvert steckt? Vor der – sehr ausführlichen – Beantwortung dieser Frage sei kurz auf ein *Paradoxon* hingewiesen: Intuitiv könnte man glauben, dass für eine große Anzahl von Briefen die gesuchte Wahrscheinlichkeit p_n sehr groß wird. Oder anders ausgedrückt: Je mehr Briefe im Spiel sind, desto unwahrscheinlicher ist es, dass sich wenigstens ein Brief im richtigen Kuvert befindet. Dass dies so nicht stimmt und wieso sich diese Antwort trotzdem aufdrängt, werden wir im Folgenden sehen.

4.4.2 Die Lösung

Wir übersetzen das in 4.4.1 geschilderte Problem in ein mathematisches *Modell* (vgl. auch *Engel* 1973, S. 151 f.). Sowohl die Briefe als auch die adressierten Kuverts bilden je eine n-elementige Menge. Die verschiedenen Zuordnungen Briefe–Kuverts sind bijektive Funktionen von einer Menge (Briefe) in die andere (Kuverts). Es gibt $n!$ davon. Wir interessieren uns jetzt für die Anzahl derjenigen Abbildungen, die Fixpunkte besitzen, d. h. also die (einige) Briefe den richtigen Kuverts zuordnen. (Das sind die ungünstigen Fälle, die Anzahl der günstigen ergibt sich durch Differenzbildung von $n!$.) Also: sei A_i (i=1,…,n) die Menge aller Abbildungen, die den i-ten Brief (wir denken sie uns von 1,...,n durchnummeriert) dem i-ten Kuvert (in welches der i-te Brief tatsächlich gehört) zuordnen. Wie viele gibt es davon? – Es ist $|A_i|=(n-1)!$ $\forall i=1,\dots,n$, denn um den gewählten *Fixpunkt*, *„i-ter Brief in i-tes Kuvert“* können die übrigen n-1 Briefe beliebig in die restlichen n-1 Kuverts gesteckt werden. D. h. es gibt (n-1)! Möglichkeiten von Permutationen um den Fixpunkt i. Die Anzahl der Abbildungen mit *wenigstens zwei* Fixpunkten ergibt sich aus der Berechnung von $|A_i \cap A_j|$ $(1 \le i \ne j \le n)$: $|A_i \cap A_j|=(n-2)!$, wiederum dasselbe Argument: um die zwei Fixpunkte i und j kann der Rest (das sind n-2 Briefe bzw. Kuverts) beliebig permutiert werden. Wir setzen dieses Verfahren fort, bis wir schließlich bei $|A_1 \cap A_2 \cap \dots \cap A_n|=1$, der *identischen Abbildung* (die natürlich aus n Fixpunkten besteht) landen. Um nun *alle ungünstigen Fälle* zu berücksichtigen, müssen wir $A_1 \cup A_2 \cup \dots \cup A_n$ bilden und $|A_1 \cup A_2 \cup \dots \cup A_n|$ berechnen. Dabei ergibt sich die Schwierigkeit, dass die einzelnen A_i *nicht* disjunkt sind: $A_i \cap A_j \ne \{\}$ $(i \ne j)$, denn die Abbildungen mit den Fixpunkten i und j sind sowohl in A_i als auch in A_j vorhanden. Die gesuchte Anzahl liefert die sogenannte *Einschalt-Ausschaltformel* bzw. das *Prinzip der In- und Exklusion*:

$$|A_1 \cup \dots \cup A_n| = |A_1| + \dots + |A_n| - \sum_{1 \le i < j \le n} |A_i \cap A_j| + \sum_{1 \le i < j < k \le n} |A_i \cap A_j \cap A_k| \mp \dots +$$

$$+(-1)^{n+1} |A_1 \cap \dots \cap A_n| .$$

Man überzeugt sich leicht von der Richtigkeit dieser Gleichung, wenn man die Fälle $n=1,2,3$ betrachtet. Konkret ergibt sich nun die gesuchte Anzahl der *ungünstigen* Möglichkeiten zu

$$|A_1 \cup \ldots \cup A_n| = n\cdot(n-1)! - \binom{n}{2}\cdot(n-2)! + \binom{n}{3}\cdot(n-3)! \mp \ldots + (-1)^{n+1}\cdot\binom{n}{n}\cdot 0! =$$

$= n! - \frac{n!}{2!} + \frac{n!}{3!} \mp \ldots + (-1)^{n+1}$. [Aus n Elementen kann auf $\binom{n}{k}$ verschiedene Weisen eine k-elementige Teilmenge (das sind gerade die Fixpunkte) ausgewählt werden.] Es sind daher $n! - \left[n! - \frac{n!}{2!} + \frac{n!}{3!} \mp \ldots + (-1)^{n+1}\right] = \frac{n!}{2!} - \frac{n!}{3!} + \ldots + (-1)^n$ *günstige* Möglichkeiten zu verzeichnen. Da alle Zuordnungen gleich wahrscheinlich sind, ergibt die Division günstige durch mögliche Fälle die gesuchte Wahrscheinlichkeit $p_n = \frac{1}{2!} - \frac{1}{3!} \pm \ldots + \frac{(-1)^n}{n!}$ $n\geq 2$. Wir wissen aus der *Analysis*: $\lim_{n\to\infty} p_n = \lim_{n\to\infty} \frac{1}{2!} - \frac{1}{3!} \pm \ldots + \frac{(-1)^n}{n!} = \frac{1}{e} = 0{,}3678\ldots < \frac{1}{2}$. Die Konvergenz ist sehr schnell:

n	p_n	n	p_n
1	0	6	0,36805...
2	0,5	7	0,36785...
3	0,333...	8	0,36788...
4	0,375	9	0,36787...
5	0,366...	10	0,36787...

Es ist also für $n\geq 3$ wahrscheinlicher, dass *irgendjemand* den richtigen Brief bekommt als dass dies nicht der Fall ist, d. h. dass niemand den zugehörigen Brief erhält. Wie kommt es nun zu dieser krassen Fehleinschätzung, von der in 4.4.1 die Rede war? – Der Irrtum liegt darin, dass die gesuchte Wahrscheinlichkeit mit jener verwechselt wird, dass *ein bestimmter* (und nicht irgendein) Brief richtig kuvertiert wird: diese Wahrscheinlichkeit ist $1/n$ (ein günstiger Fall und n mögliche) und sie wird tatsächlich für große n sehr klein. Dies ist die *Interpretation* des Ergebnisses des mathematischen Modells (vgl. auch das Geburtstagsparadoxon, z. B. in *Engel* 1973, S. 50 f.)

4.4.3 Eine erste Verallgemeinerung

Wir können uns nun die Frage stellen, wie groß die Wahrscheinlichkeit p_n^k ist, dass *genau k* Briefe ($0\leq k\leq n$) ins richtige Kuvert gesteckt werden. Für $k=0$ ist die Frage in 4.4.2 beantwortet. Sei nun $1\leq k\leq n$. Es gibt $\binom{n}{k}$ Möglichkeiten, die k Briefe, welche im richtigen Kuvert landen, aus den n auszuwählen. Die restlichen n-k Briefe dürfen nicht richtig zugeordnet werden, das heißt wir stehen vor demselben Problem wie in 4.4.1 geschildert:

statt n sind es jetzt eben n-k Briefe[1]. Insgesamt sind also (siehe 4.4.2) $\binom{n}{k}\cdot\left[\frac{(n-k)!}{2!}-\frac{(n-k)!}{3!}\pm\ldots+(-1)^{n-k}\right]$ günstige Möglichkeiten zu zählen, Division durch die Anzahl der möglichen Fälle $n!$ ergibt die gesuchte Wahrscheinlichkeit $p_n^k=\frac{1}{k!}\cdot\left[\frac{1}{2!}-\frac{1}{3!}\pm\ldots+\frac{(-1)^{n-k}}{(n-k)!}\right]$, im Grenzwert sehen wir $\lim\limits_{n\to\infty} p_n^k=\frac{1}{k!}e^{-1}=:p_\infty^k$ $(0\leq k\leq n)$.

Bemerkung: Selbstverständlich gilt $\sum\limits_{k=0}^{n} p_n^k=1$, denn entweder landet kein Brief im richtigen Kuvert, oder (genau) ein Brief, oder ..., oder alle n Briefe sind im richtigen Kuvert. Auch nach dem Grenzübergang $n\to\infty$ besteht die Identität weiter: $\sum\limits_{k=0}^{\infty} p_\infty^k=1$, einsetzen liefert $\sum\limits_{k=0}^{\infty}\frac{e^{-1}}{k!}=1$ bzw. $\sum\limits_{k=0}^{\infty}\frac{1}{k!}=e$, was zweifelsohne richtig ist.

4.4.4 Ein anderes Problem

Wir verlassen nun das Eingangsszenario aus 4.4.1 und wenden uns einem anderen zu: Eine Gesellschaft bestehe aus n Personen, von denen jede ein Geschenk (unterscheidbar von den anderen) mitbringt. Diese n Geschenke werden eingesammelt und jedes einzelne unter den Anwesenden (fair) verlost. Es kann also sein, dass eine Person mehrere Geschenke zugesprochen bekommt, eine andere dafür gar keines. Wie groß ist jetzt die Wahrscheinlichkeit q_n, dass eine *bestimmte* Person *kein* Geschenk zurückbekommt (siehe auch *Götz* 1993)?

Bemerkungen:

– Würden die Geschenke in der Art und Weise nach den Einsammeln zurückgegeben werden, dass jede Person wieder genau ein Geschenk bekommt, dann wäre die Situation wie in 4.4.1: Wie groß ist die Wahrscheinlichkeit, dass niemand sein/ihr eigenes Geschenk wieder erhält? (Allgemeiner wie in 4.4.3 lautet die Frage: Wie groß ist die Wahrscheinlichkeit, dass genau k Personen ihr eigenes Geschenk zurückbekommen? – Siehe auch *Székely* 1990, S. 30 ff.)

– Nun wird tatsächlich der Standpunkt eines bestimmten Objektes/Subjekts (Brief bzw. Person) eingenommen, wie es der (falschen) Intuition bei der vorigen Problemstellung entspricht. Allerdings ist die Situation nun eine andere.

Wenn eine bestimmte Person kein Geschenk erhält, heißt das, dass unter den übrigen n-1 Personen die n Geschenke verlost werden. Für jedes Geschenk gibt es also n-1 Möglichkeiten, insgesamt sind das $(n\text{-}1)^n$ *günstige* Fälle. *Möglich* sind n^n verschiedene Aufteilungen. Daher ist die gesuchte Wahrscheinlichkeit („günstige durch mögliche")

[1] Hier findet eine typische mathematische Denkweise statt: ein Problem auf ein anderes, schon bekanntes und gelöstes, zurückführen.

$q_n = \frac{(n-1)^n}{n^n} = \left(\frac{n-1}{n}\right)^n = \left(1-\frac{1}{n}\right)^n$ und $\lim_{n\to\infty} q_n = e^{-1}$. Die *Konvergenz* der Folge ist bekanntlich ungleich *langsamer* als die der vorhin erhaltenen Reihe gegen e^{-1}:

n	q_n	n	q_n
1	0	100	0,366...
2	0,25	1000	0,36769...
3	0,296...	10000	0,36786...
10	0,348...		

4.4.5 Eine zweite Verallgemeinerung

Jetzt interessieren wir uns für die Wahrscheinlichkeit q_n^k, dass eine bestimmte Person genau k Geschenke $0 \le k \le n$ durch das Los gewinnt. Für $k=0$ ist die Frage in 4.4.4 beantwortet worden. Für $1 \le k \le n$ gibt es $\binom{n}{k}$ Möglichkeiten, die k Geschenke für die bestimmte Person auszuwählen. Die restlichen n-k Geschenke werden im günstigen Fall so aufgeteilt, dass die bestimmte Person dabei leer ausgeht. (Sie hat ja schon – wie verlangt – k Geschenke bekommen.) Das ist die Situation, die wir aus 4.4.4 kennen: n-k (statt n) Geschenke für n-1 Personen. Die Anzahl der günstigen Möglichkeiten ist dann $\binom{n}{k}\cdot(n-1)^{n-k}$, die Anzahl der möglichen Aufteilungen bleibt gleich, also

$$q_n^k = \frac{\binom{n}{k}\cdot(n-1)^{n-k}}{n^n} = \binom{n}{k}\cdot\frac{1}{n^k}\cdot\frac{(n-1)^{n-k}}{n^{n-k}} =$$

$$= \frac{n\cdot(n-1)\cdot\ldots\cdot(n-k+1)}{k!\cdot n^k}\cdot\left(\frac{n-1}{n}\right)^{n-k} = \frac{1}{k!}\cdot 1\cdot\left(1-\frac{1}{n}\right)\cdot\ldots\cdot\left(1-\frac{k}{n}+\frac{1}{n}\right)\cdot\left(1-\frac{1}{n}\right)^{n-k}.$$

Daraus ersehen wir $\lim_{n\to\infty} q_n^k = \frac{1}{k!}e^{-1}$.

4.4.6 Noch ein anderes Problem

Die Situation sei wie in 4.4.4, nur bringen jetzt die n Personen m Geschenke mit, wobei auch $m \neq n$ gelten kann. Nun gibt es n^m mögliche Geschenkverteilungen. Um dieselbe Fragestellung wie in 4.4.4 beantworten zu können, ermitteln wir die Anzahl der günstigen Fällen zu $(n\text{-}1)^m$. Insgesamt ist also die gesuchte Wahrscheinlichkeit $r_{n,m} = \frac{(n-1)^m}{n^m} = \left(\frac{n-1}{n}\right)^m = \left(1-\frac{1}{n}\right)^m$ gegeben. Für den Grenzwert $n\to\infty$ lassen wir den Quotienten m/n (i. e. die Anzahl der mitgebrachten Geschenke pro Person, sozusagen der Durchschnittswert) gegen $\lambda \in \mathbb{R}^+$ gehen:

$$\lim_{\substack{n\to\infty\\ \frac{m}{n}\to\lambda}} r_{n,m} = \lim_{\substack{n\to\infty\\ \frac{m}{n}\to\lambda}}\left(1-\frac{1}{n}\right)^m = \lim_{\substack{n\to\infty\\ \frac{m}{n}\to\lambda}}\left[\left(1-\frac{1}{n}\right)^n\right]^{\frac{m}{n}} = \left(e^{-1}\right)^{\lambda} = e^{-\lambda}.$$

4.4.7 Eine letzte Verallgemeinerung

Wenn nun – wie in 4.4.5 – die bestimmte Person genau k Geschenke ($0 \le k \le m$) bekommen soll, so ist – analog zu 4.4.5 – die Wahrscheinlichkeit dafür $r_{m,n}^k = \frac{\binom{m}{k}\cdot(n-1)^{m-k}}{n^m}$. Derselbe Grenzübergang wie in 4.4.6 führt zu

$$\lim_{\substack{n\to\infty\\ \frac{m}{n}\to\lambda}} r_{m,n}^k = \lim_{\substack{n\to\infty\\ \frac{m}{n}\to\lambda}}\frac{\binom{m}{k}\cdot(n-1)^{m-k}}{n^m} = \lim_{\substack{n\to\infty\\ \frac{m}{n}\to\lambda}}\frac{m\cdot(m-1)\cdot\ldots\cdot(m-k+1)}{k!\,n^k}\frac{(n-1)^{m-k}}{n^{m-k}} =$$

$$= \frac{1}{k!}\lim_{\substack{n\to\infty\\ \frac{m}{n}\to\lambda}}\frac{m}{n}\cdot\left(\frac{m}{n}-\frac{1}{n}\right)\cdot\ldots\cdot\left(\frac{m}{n}-\frac{k}{n}+\frac{1}{n}\right)\cdot\left(\frac{n-1}{n}\right)^{m-k} =$$

$$= \frac{1}{k!}\lim_{\substack{n\to\infty\\ \frac{m}{n}\to\lambda}}\frac{m}{n}\cdot\left(\frac{m}{n}-\frac{1}{n}\right)\cdot\ldots\cdot\left(\frac{m}{n}-\frac{k}{n}+\frac{1}{n}\right)\cdot\left(1-\frac{1}{n}\right)^{m-k} =$$

$$= \frac{1}{k!}\lambda^k \lim_{\substack{n\to\infty\\ \frac{m}{n}\to\lambda}}\left(1-\frac{1}{n}\right)^m\cdot\left(1-\frac{1}{n}\right)^{-k} = \frac{1}{k!}\lambda^k e^{-\lambda} = r_\infty^k.$$

Dies ist die *Poisson-Verteilung* mit dem *Parameter* λ. Wegen $\sum_{k=0}^{m} r_{m,n}^k = 1$ (entweder bekommt diese bestimmte Person kein Geschenk zurück, oder eins, oder zwei, ..., oder alle m Geschenke) ist auch $\sum_{k=0}^{\infty} r_\infty^k = 1$, eingesetzt ergibt das $\sum_{k=0}^{\infty}\frac{1}{k!}\lambda^k e^{-\lambda} = 1$ bzw. $\sum_{k=0}^{\infty}\frac{1}{k!}\lambda^k = e^{\lambda}$ ($\lambda \in \mathbb{R}^+$), eine Verallgemeinerung des Resultates aus 4.4.3.

4.4.8 Didaktischer Kommentar

Warum wird gerade dieses Beispiel so ausführlich vorgeführt? – Zum einen zeigt es, wie sehr die Intuition vor allem dann trügen kann, wenn die Problemstellung nicht richtig erfaßt wird. Das tatsächliche Ergebnis erscheint uns dann solange paradox, bis die Fehlvorstellungen über die zugrundeliegende Situation ausgeräumt worden sind. Wir sprechen von einem *Paradoxon*. Die Stochastik ist eine reiche Quelle von Paradoxa, schon in einer ihrer Geburtsstunden befaßte man sich mit folgender (Erfahrungs-) Tatsache (*Probleme von Chevalier de Méré*, vgl. 1.1.1.1 und 1.1.1.2): Wenn man mit drei Würfeln

würfelt, dann gibt es sechs Möglichkeiten, die Augensumme 11 zu bekommen: 1+4+6=2+3+6=1+5+5=2+4+5=3+3+5=3+4+4=11. Ebensoviele Varianten sind für die Augensumme 12 zu verzeichnen: 1+5+6=2+4+6=2+5+5=3+3+6=3+4+5=4+4+4=12. Trotzdem erscheint in der Praxis (Glücksspiele erfreuten sich damals großer Beliebtheit) „11" öfter als „12". Warum? Auch hier führt die Darstellung des Problems in die Irre: die sechs Möglichkeiten sind nicht alle gleich wahrscheinlich. „4+4+4" kann z. B. nur auf eine Art realisiert werden (alle drei Würfeln zeigen „4"), dagegen gibt es für „3+4+5" sechs Möglichkeiten: 3!=6. So ergeben sich insgesamt für „11" 6+6+3+6+3+3=27 Möglichkeiten, für „12" dagegen nur 6+6+3+3+6+1=25 Realisationen. Das Problem hat übrigens *Blaise Pascal* (1623-1662) gelöst. Die genaue *Analyse* von solchen „empfindlichen" Problemen (im Gegensatz zu robusten wie „Finde das flächengrößte Rechteck bei gegebenem Umfang!") ist natürlich im Mathematikunterricht anzustreben. Auf der anderen Seite wird der didaktische Wert von Paradoxa oft *über*schätzt. Ein Paradoxon bzw. die Aufnahme und Verarbeitung desselben ist eine sehr persönliche Sache, was die einen wundert, verstehen die anderen sofort oder ein Leben lang nicht. Dementsprechend *schwierig* ist es, über *Paradoxa im Unterricht* zu sprechen. Macht man die Sache von Anfang an klar, fehlt das Überraschungsmoment („Was ist daran denn paradox?"), lässt man die Angelegenheit zu sehr im Dunkeln, stiftet die „Aufklärung" mehr Verwirrung als vorher geherrscht hat. Hier ist also an und für sich ein schmaler Weg für die Lehrenden zu beschreiten, der durch die jeweiligen individuellen Dispositionen noch verengt wird. Die häufig propagierte *Motivation* durch die Wahl eines Paradoxons als Einstieg in eine bestimmte Thematik stellt sich also nicht von allein – soll heißen: kraft des Faktischen an sich – ein, sondern muss durch sorgfältige Auswahl und adäquate Beschreibung des Paradoxons herbeigeführt werden. Die *Auflösung* bzw. *Erklärung* desselben darf das ursprünglich paradox Anmutende nicht verschütten, sondern muss im Gegenteil klar machen, was hier am Anfang nicht bedacht worden ist oder wo ein Irrtum unterlaufen ist. Nur dann ist das Paradoxon in unserem Sinne fruchtbringend. Vom vorgestellten Paradoxon meinen wir, dass es von der Art ist.
Im Gegensatz zu 4.2 ist in diesem Abschnitt die Verbindung der Wahrscheinlichkeitstheorie zur *Analysis* gegeben. Dabei darf nicht übersehen werden, dass sämtliche Berechnungen von Limiten exaktifiziert werden können, so dass ein reiches Feld von Analysis-Früchten zum Ernten bereit steht. Als Besonderheit ist sicher die Tatsache zu werten, dass zwei eigentlich nun scheinbar ähnliche Fragestellungen gleiche Ergebnisse in unterschiedlichen Form liefern:

$$\frac{1}{e}=\sum_{k=0}^{\infty}\frac{(-1)^k}{k!}=\lim_{n\to\infty}\left(1-\frac{1}{n}\right)^n.$$

Keines der Gleichheitszeichen begründet naturgemäß die Wahrscheinlichkeitstheorie, die Zusammenhänge in der Analysis zu suchen und zu finden bringt bekanntlich sehr viel an Begriffen und Ideen dieses zentralen Gebietes innerhalb der Mathematik mit sich (siehe Band 1, S. 249 f.). Hier kann also ein Ausgangspunkt zur Untersuchung von Folgen und Reihen liegen. Auf der anderen Seite wird an zwei Stellen gezeigt, wie (einfache) Überlegungen innerhalb der Wahrscheinlichkeitstheorie Vermutungen aus der Analysis liefern: $e=\sum_{k=0}^{\infty}\frac{1}{k!}$ und $e^{\lambda}=\sum_{k=0}^{\infty}\frac{\lambda^k}{k!}$ $(\lambda\in \mathbb{R}^+)$. Ein echter Beweis dafür bleibt natürlich der Analysis vorbehalten. Wie schon in 4.2 erwähnt ist auch hier das Ineinandergreifen zweier Teilgebiete der Mathematik (der Analysis und der elementaren Wahrscheinlichkeitstheorie) auf elementarem Niveau nicht hoch genug einzuschätzen, entfernen wir uns dadurch doch endgültig von der Vorstellung, Wahrscheinlichkeitstheorie ist nichts anderes als elementare Kombinatorik („günstige durch mögliche"), obwohl auch diese vorkommt.

Schließlich sei auf den ungewöhnlichen Zugang zur *Poisson-Verteilung* (4.4.7) verwiesen, der so ganz ohne Binomialverteilung auskommt. Im Gegensatz zur Normalverteilung, die neben dem Grenzwertsatz von *Moivre-Laplace* (vgl. 1.1.4.3) durchaus als eigenständige Verteilung auch in der Schulmathematik existiert, fristet die *Poisson*-Verteilung (wenn überhaupt!) ein stiefmütterliches Dasein im Stochastikunterricht, eben als Anhängsel der Binomialverteilung als deren Grenzverteilung für große n und kleine p („Verteilung der seltenen Ereignisse"). Dabei ist es die *Poisson*-Verteilung durchaus wert, ernst genommen zu werden. Als ebenfalls *diskrete* Verteilung ist der Grenzwertsatz, der sie in Zusammenhang mit der Binomialverteilung bringt, leichter zu verstehen als der eben zitierte. Der *eindimensionale* Parameterraum der *Poisson*-Verteilung verknappt die Anzahl technischer Details zusätzlich und macht somit den Blick auf das Wesentliche der Grenzwertaussage freier. Bei dem in 4.4.7 vorgestellten Grenzübergang liegt die Interpretation des Parameters λ als Grenzwert der Durchschnittswerte auf der Hand, damit ist λ als Erwartungswert der *Poisson*-Verteilung leicht zu identifizieren. Weiterhin ist der Wertvorrat einer *Poisson*-verteilten Zufallsvariablen *abzählbar unendlich*, was einen kleineren Schritt von der Binomialverteilung weg bedeutet als der Übergang von der Binomial- zur Normalverteilung: vom Endlichen ins überabzählbar Unendliche. Dort ändert sich von der Darstellung her, von den Werkzeugen der Beschreibung her einfach alles.

Zusammenfassend können drei Aspekte in diesem Abschnitt gefunden werden, die diese Problemstellung auszeichnen: Erstens ist das ihr innewohnende Paradoxon zu nennen, zweitens die vielfältigen Verweise auf Ergebnisse der Analysis und drittens der binomialverteilungsfreie Gewinn der *Poisson*-Verteilung. Diese drei Antworten können also auf die am Beginn dieses Abschnitts gestellte Frage gegeben werden.

4.5 Lotto

4.5.1 Die Spielregeln

Der Ursprung des Zahlenlottos liegt in Genua, es wird dort seit 1643 gespielt (DIFF 1987, S. 9). Am Prinzip hat sich bis heute nichts geändert: Es gilt, eine gewisse Anzahl n von Zahlen zu erraten, welche aus einer „Urne“ mit N Zahlen *ohne Zurücklegen* gezogen werden. Auf die *Reihenfolge* kommt es dabei *nicht* an. Aus dem bisher Gesagten geht klar hervor, dass $0<n<N$ gelten muss $(n,N\in\mathbb{N})$. In Deutschland ist $n=6$ und $N=49$, in Österreich dagegen ist $n=6$ und $N=45$. Wir werden im Folgenden $(n,N)=(6,49)$ voraussetzen. Es gibt fünf Möglichkeiten eines Gewinns:

i) wenn alle sechs Zahlen richtig vorausgesagt worden sind („Sechser“),

ii) wenn fünf von sechs Zahlen richtig erraten worden sind („Fünfer“),

iii) wenn fünf Zahlen und eine sogenannte Zusatzzahl am Spielschein richtig angekreuzt worden sind (die Zusatzzahl wird nach den sechs Gewinnzahlen ebenfalls durch Ziehen ohne Zurücklegen ermittelt, auf die Reihenfolge kommt es insofern an, als dass eben die letzte gezogene Zahl jedenfalls die Zusatzzahl ist und die sechs vorher gezogenen Zahlen jedenfalls die Gewinnzahlen sind, hier darf also nicht vertauscht werden) („Fünfer mit Zusatzzahl“),

iv) wenn vier von sechs getippten Zahlen mit den Gewinnzahlen übereinstimmen („Vierer“) oder

v) wenn nur drei von sechs am Gewinnschein kenntlich gemachte Zahlen mit den tatsächlichen Gewinnzahlen übereinstimmen („Dreier“).

Für jede dieser fünf Gewinnklassen wird ein bestimmter Gewinnsummenanteil (die gesamte Gewinnsumme ist wiederum ein Teil des Gesamteinsatzes) reserviert, die tatsächliche Auszahlung richtet sich nach der Zahl jener, die in dieser Gewinnklasse gewonnen haben. Der entsprechende Gewinnsummenanteil wird an sie zu gleichen Teilen ausgezahlt. Dabei ist zu beachten:

- Es wird immer die Maximalanzahl an richtigen Zahlen gewertet. (Ein Vierer ist also nicht gleichzeitig auch ein Dreier mit dem damit verbundenen Anspruch auf Gewinnauszahlung.)
- Wenn in einer Gewinnklasse keine Gewinne erzielt werden, so wird der Gewinnsummenanteil in der nächsten Runde in dieser Gewinnklasse zusätzlich ausgezahlt („Jackpot“). Das gleiche ist der Fall, wenn die Gewinnquote in einer Gewinnklasse einen bestimmen Mindestbetrag unterschreitet.
- Der Einzelgewinn in einer Gewinnklasse darf den einer „höheren“ Gewinnklasse nicht übersteigen. Das kann z. B. passieren, wenn viele Sechser und nur wenige Fünfer mit Zusatzzahl zu Stande gekommen sind. Dann werden die Gewinnsummenanteile beider Gewinnklassen zusammengelegt und gleichmäßig auf die Gewinne in beiden Klassen aufgeteilt (DIFF 1987, S. 17).

Auf weitere Einzelheiten wie z. B. Systemspiele soll in diesem Rahmen nicht eingegangen werden.

4.5.2 Probleme aus der Wahrscheinlichkeitsrechnung

4.5.2.1 Die Suche nach den Gewinnwahrscheinlichkeiten

Von zentraler Bedeutung ist natürlich die Frage nach den Wahrscheinlichkeiten, mit einer Tippreihe einen Sechser, Fünfer, ..., Dreier zu erwischen. Dazu halten wir $\binom{49}{6}$ Möglichkeiten fest, sechs Zahlen aus 49 ohne Zurücklegen und ohne Berücksichtigung der Reihenfolge zu ziehen. Um die Anzahl der günstigen Fälle jeweils zu eruieren, gehen wir von der *hypergeometrischen Verteilung* (vgl. 1.1.3.4) als mathematisches Modell aus: Die N=49 Kugeln denken wir uns aufgeteilt auf 43 weiße und sechs schwarze (Letztere entsprechen den sechs Gewinnzahlen), wir interessieren uns nur für die Wahrscheinlichkeit, r schwarze beim sechsmaligen Ziehen ohne Zurücklegen zu bekommen, die Reihenfolge des Gezogenwerdens ist dabei unerheblich: $P(X=r)=\frac{\binom{6}{r}\cdot\binom{43}{6-r}}{\binom{49}{6}}$, r=3,4,5,6; dabei zählt die Zufallsvariable X die schwarzen unter den gezogenen Kugeln. Wir bekommen so

$$P(X=6)=\frac{1}{\binom{49}{6}}=\frac{1}{13983816}=0{,}0000000715\,;\quad P(X=5)=\frac{258}{13983816}=0{,}00001845\,;$$

$$P(X=4)=\frac{13545}{13983816}=0{,}0009686 \text{ und schließlich } P(X=3)=\frac{246820}{13983816}=0{,}01765.$$

Bemerkung: Die Berechnung $P(X=5)$ unterscheidet noch nicht, ob dieser Fünfer mit oder ohne Zusatzzahl zu verstehen ist. Dies wollen wir jetzt tun: Nach den ersten sechs Ziehungen liegt mit Wahrscheinlichkeit 258/13983816 ein Fünfer vor. Von den verbleibenden 43 Kugeln wird eine als Zusatzzahl gezogen, d. h. in einer von 43 Möglichkeiten ist ein Fünfer mit Zusatzzahl zu verzeichnen. Insgesamt ist also

$$P(X=5+\text{Zusatzzahl})=\frac{\binom{6}{5}\cdot\binom{43}{1}}{\binom{49}{6}}\cdot\frac{1}{43}=\frac{6}{\binom{49}{6}}=0{,}000000429...$$

und die Gegenwahrscheinlichkeit $P(X=5$ ohne Zusatzzahl$)=P(X=5)-P(X=5+$Zusatzzahl$)$ bringt den zweiten Fall: $P(X=5$ ohne Zusatzzahl$)$ $=\frac{258-6}{\binom{49}{6}}=\frac{252}{\binom{49}{6}}=0{,}00001802...$

Für den *Erwartungswert* für die Anzahl der Richtigen, die mit einer Tippreihe erzielt werden, ziehen wir wieder die hypergeometrische Verteilung unseres Urnenmodells (sechs schwarze und 43 weiße Kugeln) heran: $E(X)=6\cdot\frac{6}{49}=\frac{36}{49}=0{,}734...$ Die *Standardabweichung* ist $D(X)=\sqrt{6\cdot\frac{6}{49}\cdot\frac{43}{49}\cdot\frac{49-6}{49-1}}=0{,}759...$

4.5.2.2 Das Auftreten bestimmter Zahlen

Wieder gehen wir von der hypergeometrischen Verteilung aus: Die Wahrscheinlichkeit dafür, dass eine bestimmte Zahl (z. B. 16) als Gewinnzahl bei *einer* Ziehung gezogen wird, ist $\frac{\binom{1}{1}\cdot\binom{48}{5}}{\binom{49}{6}}=\frac{6}{49}$.

Erklärung: Zu der einen gewünschten Zahl gibt es $\binom{48}{5}$ Möglichkeiten, aus den restlichen 48 Zahlen fünf als die anderen Gewinnzahlen zu ziehen. Das sind die günstigen Fälle.

Bemerkung: Im Mittel wartet man $\frac{1}{\frac{6}{49}}=\frac{49}{6}=8{,}16$ Ausspielungen bis eine bestimmte Zahl (wieder) gezogen wird. Denn die zugehörige Zufallsvariable, welche die Ausspielungen zählt, bis man zum ersten Mal (von einer bestimmten Ausspielung an gerechnet) die in Rede stehende Zahl gezogen wird (diese Auszählung wird mitgezählt), ist *geometrisch verteilt* mit dem Parameter p=6/49 (vgl. 1.1.3.3). Ihr Erwartungswert ist $1/p$ und ihre Standardabweichung ist $\sqrt{1-p}\,/\,p=7{,}650...$

Nun gehen wir der Frage nach, wie wahrscheinlich es ist, dass eine bestimmte Zahl (stellen wir uns wieder „16" vor) an erster, zweiter, ..., sechster oder siebenter Stelle (also als Zusatzzahl) gezogen wird. Das Ergebnis ist ein wenig überraschend, die Wahrscheinlichkeiten ändern sich nämlich nicht: P(„16" an erster Stelle)=1/49 (ohne Kommentar), P(„16" an zweiter Stelle) $=\frac{48}{49}\cdot\frac{1}{48}=\frac{1}{49}$ (zuerst darf „16" nicht gezogen werden, dann muss sie gezogen werden), P(„16" an dritter Stelle) $=\frac{48}{49}\cdot\frac{47}{48}\cdot\frac{1}{47}=\frac{1}{49}$ (zuerst nicht, dann auch nicht, schließlich schon) usw.

Bemerkung: Die beiden Wahrscheinlichkeiten 6/49 und 1/49 hängen durch den *Additionssatz* zusammen: Die Ereignisse „16 wird an erster Stelle gezogen", „16 wird an zweiter Stelle gezogen", ..., „16 wird an sechster Stelle gezogen" sind paarweise disjunkt. Also ist P(„16" wird als Gewinnzahl gezogen)=P („16" an erster Stelle) +...+P(„16" an sechster Stelle) oder kurz 6/49=1/49 +...+ 1/49.

Bleiben wir bei der *Reihenfolge:* Wie groß ist die Wahrscheinlichkeit, dass die sechs Gewinnzahlen in aufsteigender Reihenfolge (bei einer Ziehung) gezogen werden? – Die sechs Gewinnzahlen können auf 6! verschiedene Art und Weisen gezogen werden, nur eine davon ist günstig, also 1/6!=1/720.
Die Ordnung nach der Größe bringt uns zu folgender Frage: Wie groß ist die Wahrscheinlichkeit, dass $k \in \{6,...49\}$ die *größte* gezogene Zahl bei einer Ziehung ist (vgl. DIFF 1987, S. 35 ff.)? Es ist klar, dass $1 \leq k \leq 5$ mit $k \in \mathbb{N}$ nicht gelten kann, da sechs Zahlen ohne Zurücklegen gezogen werden. Für die Anzahl der günstigen Fälle haben wir $\binom{k-1}{5}$ Möglichkeiten, da aus der Menge $\{1,2,...,k-1\}$ fünf kleinere Zahlen gezogen werden müssen. Insgesamt ist also $\dfrac{\binom{k-1}{5}}{\binom{49}{6}}$ $k \in \{6,...49\}$ die gesuchte Wahrscheinlichkeit. Für $k=49$ erhalten wir $\dfrac{\binom{48}{5}}{\binom{49}{6}} = \dfrac{6}{49}$, das ist die Wahrscheinlichkeit, dass „49" überhaupt gezogen wird. (Denn dann ist sie sicher auch die größte gezogene Zahl.) Für $k=6$ ist $\dfrac{1}{\binom{49}{6}}$ zu verzeichnen, nur die Gewinnzahlenreihe 1,2,3,4,5 und 6 (natürlich inklusive Permutationen) ist der einzige günstige Fall für das Ereignis, dass „6" die größte gezogene Zahl ist. Zwischen diesen Extremwerten 6/49 und $\dfrac{1}{\binom{49}{6}} = \dfrac{1}{13983816}$ nehmen die Wahrscheinlichkeiten sukzessive ab:

$$\frac{\binom{k-1}{5}}{\binom{49}{6}} : \frac{\binom{(k-1)-1}{5}}{\binom{49}{6}} = \frac{\binom{k-1}{5}}{\binom{k-2}{5}} = \frac{(k-1)!}{5!\cdot(k-6)!} \cdot \frac{5!\cdot(k-7)!}{(k-2)!} = \frac{k-1}{k-6} > 1 \quad \forall k \in \{7,...49\}.$$

Natürlich ist $\sum_{k=6}^{49} \dfrac{\binom{k-1}{5}}{\binom{49}{6}} = \dfrac{1}{\binom{49}{6}} \cdot \left[\binom{5}{5} + \binom{6}{5} + ... \binom{48}{5}\right] = 1$, wie man leicht nachrechnen kann: es handelt sich ja um eine vollständige Wahrscheinlichkeitsverteilung. (Irgendein k aus $k \in \{6,...49\}$ muss ja die größte gezogene Zahl bei einer Ziehung sein.) Das ist die *wahrscheinlichkeitstheoretische* und *inhaltliche* Begründung. *Formal* zeigen wir dazu

$\sum_{k=j}^{n}\binom{k}{j}=\binom{n+1}{j+1}$ mittels vollständiger Induktion nach n: Für $n=j$ sehen wir $\binom{j}{j}=\binom{j+1}{j+1}=1$ ein, $n=j+1$ liefert $\binom{j}{j}+\binom{j+1}{j}=1+(j+1)=j+2=\binom{j+2}{j+1}=j+2$, in beiden Fällen ist die Aussage eine wahre. Der Induktionsschritt von n auf $n+1$ ist: $\sum_{k=j}^{n+1}\binom{k}{j}=\sum_{k=j}^{n}\binom{k}{j}+\binom{n+1}{j}=\binom{n+1}{j+1}+\binom{n+1}{j}=\binom{n+2}{j+1}$. (Die letzte Umformung ergibt sich durch Einsetzen in die Definition des Binomialkoeffizienten und anschließendes Vereinfachen.) Diese Formel dient auch zur *Erwartungswertberechnung* für die größte gezogene Zahl:

$$\sum_{k=6}^{49} k\cdot\frac{\binom{k-1}{5}}{\binom{49}{6}}=\frac{1}{\binom{49}{6}}\cdot\sum_{k=6}^{49} k\cdot\frac{(k-1)!}{5!\cdot(k-6)!}=\frac{1}{\binom{49}{6}}\cdot 6\cdot\sum_{k=6}^{49}\frac{k!}{6!\cdot(k-6)!}=\frac{6}{\binom{49}{6}}\cdot\sum_{k=6}^{49}\binom{k}{6}=$$

$$=\frac{6}{\binom{49}{6}}\cdot\binom{50}{7}=\frac{300}{7}=42{,}85\ldots$$ Zur *Varianzberechnung* ermitteln wir erst

$$\sum_{k=6}^{49} k^2\cdot\frac{\binom{k-1}{5}}{\binom{49}{6}}=\sum_{k=6}^{49} k\cdot(k+1)\cdot\frac{\binom{k-1}{5}}{\binom{49}{6}}-\sum_{k=6}^{49} k\cdot\frac{\binom{k-1}{5}}{\binom{49}{6}}.$$ Den zweiten Term kennen wir: es ist der eben berechnete Erwartungswert $\frac{300}{7}=\sum_{k=6}^{49} k\cdot\frac{\binom{k-1}{5}}{\binom{49}{6}}$. Den ersten Term können wir so vereinfachen:

$$\sum_{k=6}^{49} k\cdot(k+1)\cdot\frac{\binom{k-1}{5}}{\binom{49}{6}}=\frac{6}{\binom{49}{6}}\cdot\sum_{k=6}^{49}(k+1)\cdot\binom{k}{6}=\frac{6}{\binom{49}{6}}\cdot\sum_{k=6}^{49}\frac{(k+1)!}{6!\cdot(k-6)!}=$$

$$=\frac{6\cdot 7}{\binom{49}{6}}\cdot\sum_{k=6}^{49}\frac{(k+1)!}{7!\cdot(k-6)!}=\frac{42}{\binom{49}{6}}\cdot\sum_{k=6}^{49}\binom{k+1}{7}=\frac{42}{\binom{49}{6}}\cdot\binom{51}{8}=\frac{3825}{2}=1912{,}5.$$ *Insgesamt* ist also

$$\sum_{k=6}^{49} k^2\cdot\frac{\binom{k-1}{5}}{\binom{49}{6}}=\frac{26175}{14}=1869{,}64\ldots$$ Der *Verschiebungssatz* (vgl. 1.1.2.2.2) liefert

schließlich die Varianz: $\sum_{k=6}^{49} k^2 \frac{\binom{k-1}{5}}{\binom{49}{6}} - \left(\frac{300}{7}\right)^2 = \frac{3225}{98} = 32{,}90...$, was eine *Standardabweichung* von $\frac{5 \cdot \sqrt{258}}{14} = 5{,}73...$ zur Folge hat.

Bemerkungen: - Die analoge Fragestellung nach der *kleinsten* gezogenen Zahl $k \in \{1,...,44\}$ bei einer Ziehung kann auf ähnliche Art und Weise bearbeitet werden.
- Der Erwartungswert der eben besprochenen Verteilung liegt *nicht* an der Stelle des Maximums der Wahrscheinlichkeiten.

Schließlich sei die Verteilung der *Spannweite* k, d. h. der Differenz von größter und kleinster Gewinnzahl, diskutiert (vgl. DIFF 1987, S. 37 f.). Der Wertevorrat für k ist $\{5,...,48\}$. Als mögliche Zahlenpaare für die Spannweite k kommen $(1,k+1)$, $(2,k+2),...,(49-k,49)$ in Frage. Die restlichen vier Zahlen für jedes Paar können aus den $k-1$ Zahlen gewählt werden, welche zwischen jedem Paar liegen. Insgesamt sind das $\binom{k-1}{4} \cdot (49-k)$ günstige Fälle, so dass sich die gesuchte Wahrscheinlichkeit für das Auftreten der Spannweite k bei einer Ziehung zu $\frac{(49-k) \cdot \binom{k-1}{4}}{\binom{49}{6}}$ $k \in \{5,...,48\}$ ergibt.

Nun können wieder Fragen nach der maximalen Wahrscheinlichkeit (an welcher Stelle k tritt sie auf?), nach dem Erwartungswert und nach der Varianz (bzw. Standardabweichung) in ähnlicher Art und Weise wie eben beantwortet werden.

4.5.2.3 Wie werden aus vier Richtigen sechs Richtige?

Angenommen, eine bestimmte Ziehung der Gewinnzahlen findet gerade statt. Vier Zahlen sind schon gezogen worden, sie stimmen mit den geratenen eines Spielers überein. Wie wahrscheinlich ist es für den Spieler, dass die restlichen zwei Zahlen auch „die richtigen" sind (vgl. DIFF 1987, S. 33)? Es müssen also noch zwei Zahlen aus 45 möglichen gezogen werden, wir lehnen uns an das mathematische Modell von 4.5.2.1 an *(hypergeometrische Verteilung)*: jetzt seien in der Urne 45 Kugeln, 43 weiße und zwei schwarze (sie entsprechen wieder den noch fehlenden Gewinnzahlen). Wir ziehen zweimal ohne Zurücklegen und die Zufallsvariable X zähle die gezogenen schwarzen Kugeln. Dann ist $P(X=k) = \frac{\binom{2}{k} \cdot \binom{43}{2-k}}{\binom{45}{2}}$; $k=0,1,2$. Es bleibt also bei den vier richtigen mit Wahrscheinlichkeit $P(X{=}0)=\frac{\binom{43}{2}}{\binom{45}{2}}=\frac{301}{330}=0{,}9\overline{12}$. Sechs richtige dagegen erreicht man nur mit Wahrscheinlichkeit $P(X{=}2)=\frac{1}{\binom{45}{2}}=\frac{1}{990}=0{,}00\overline{10}$. Für $k{=}1$ erhalten wir $P(X{=}1)=\frac{\binom{2}{1}\cdot\binom{43}{1}}{\binom{45}{2}}=\frac{43}{495}$. In einem von 43 Fällen wird daraus ein Fünfer mit Zusatzzahl:

P(Fünfer mit Zusatzzahl |die ersten vier Zahlen richtig)=$\frac{1}{43}\cdot\frac{43}{495}=\frac{1}{495}$, ansonsten bleibt es bei einem „normalen" Fünfer: P(Fünfer ohne Zusatzzahl|die ersten vier Zahlen richtig)=$\frac{42}{43}\cdot\frac{43}{495}=\frac{42}{495}$.

Ändern wir nun die Situation ein wenig: Die Gewinnzahlen stehen fest und werden *der Größe nach geordnet* im Radio verlesen. Ein Spieler hört zu, und die ersten vier Zahlen hat er auch am Spielschein angekreuzt. Wie wahrscheinlich ist es jetzt, einen Vierer, Fünfer (mit/ohne Zusatzzahl) oder gar einen Sechser zu bekommen (vgl. DIFF 1987, S. 33 ff.)? Fest steht jedenfalls, dass die entsprechenden Wahrscheinlichkeiten im Vergleich zu vorhin *zunehmen*, denn durch die Zusatzinformation „der Größe nach geordnet" wird der mögliche weitere Velauf eingeschränkt. (Es kommen nur mehr größere als bisher genannte Zahlen in Frage. – Im Extremfall des Auftretens von „47" als vierte Gewinnzahl müssen die beiden letzten Gewinnzahlen „48" bzw. „49" lauten – der Spieler kann sich also sofort freuen, wenn er die beiden Zahlen auch noch gesetzt hat.)

Es sei $k\in\{4,\ldots 47\}$ die größte bekanntgegebene Zahl. Folgende *Fallunterscheidung* drängt sich dann auf: *Erstens* kann es passieren, dass keine getippte Zahl größer ist als k Dann ist P(Vierer)=1 und damit alles gesagt. *Zweitens* kann genau eine angekreuzte Zahl größer als k sein. Damit ist die Möglichkeit eines „Sechsers" gestorben. Gezogen werden können noch Zahlen aus der Menge $\{k{+}1,\ldots 49\}$, das sind $49{-}k$ Stück. Günstig sind daraus $\binom{49-k-1}{1}\cdot\binom{1}{1}=48-k$ Möglichkeiten, zu ziehen, möglich $\binom{49-k}{2}$ Varianten. Also erhalten wir $\frac{(48-k)\cdot 2}{(49-k)\cdot(48-k)}=\frac{2}{49-k}=P(\text{Fünfer})$. Die Gewichtung 1/43 bzw. 42/43 besorgt wieder die Unterteilung in „Fünfer mit bzw. ohne Zusatzzahl":

P(Fünfer mit Zusatzzahl)=$\frac{2}{49-k}\cdot\frac{1}{43}$ und P(Fünfer ohne Zusatzzahl)=$\frac{2}{49-k}\cdot\frac{42}{43}$. Bei einem „Vierer" bleibt es mit Wahrscheinlichkeit $P(\text{Vierer})=\frac{\binom{49-k-1}{2}}{\binom{49-k}{2}}=\frac{47-k}{49-k}$, denn außer der einen getippten Zahl größer als k dürfen alle gewählt werden für die restlichen zwei Gewinnzahlen. Schließlich kann es *drittens* dazu kommen, dass beide noch verbleibenden getippten Zahlen größer als k sind. Wir erkennen dann $P(\text{Vierer})=\frac{\binom{47-k}{2}}{\binom{49-k}{2}}$, P(Fünfer mit Zusatzzahl)=$\frac{\binom{2}{1}\cdot\binom{47-k}{1}}{\binom{49-k}{2}}\cdot\frac{1}{43}=\frac{2\cdot(47-k)}{\binom{49-k}{2}}\cdot\frac{1}{43}$,

P(Fünfer ohne Zusatzzahl)= $=\frac{2\cdot(47-k)}{\binom{49-k}{2}}\cdot\frac{42}{43}$ und $P(\text{Sechser})=\frac{1}{\binom{49-k}{2}}$.

Bemerkung: Die Wahrscheinlichkeit, dass beim Ziehen das Ergebnis gleich in ansteigender Reihenfolge vorliegt, ist $\frac{1}{6!}=\frac{1}{720}$ (siehe 4.5.2.2).

4.5.2.4 Mehrlingsprobleme

In diesem Abschnitt geht es um die Wahrscheinlichkeiten für das Auftreten von zwei, drei vier, fünf oder sechs aufeinanderfolgenden Zahlen in einem Ziehungsergebnis (vgl. *DIFF* 1987, S. 39 ff.). Wir sprechen von „Zwillingen", „Drillingen", „Vierlingen", „Fünflingen" und „Sechslingen", zusammenfassend „Mehrlingen". Ein *echter* Mehrling besteht aus der Maximalanzahl von aufeinanderfolgenden Zahlen. Z. B. ist in „1 2 3 14 19 31" ein echter Drilling enthalten. (Die Zwillinge „1 2" und „2 3" sind *nicht* echt.) Im Folgenden wollen wir nun die Wahrscheinlichkeiten für das Auftreten echter Mehrlinge in einem Ziehungsergebnis berechnen. Dazu unterwerfen wir den Ereignisraum $\Omega=\{(x_1,\ldots,x_6) \mid 1\le x_1<x_2<\ldots<x_6\le 49;\ x_i\in\mathbb{N}\}$ der *Transformation* φ $\Omega\to\Omega'$: $\varphi[(x_1,\ldots,x_6)]=$ $=(x_1,x_2-1,\ldots,x_6-5)$ mit $\Omega'=\{(y_1,\ldots,y_6) \mid 1\le y_1\le y_2\le\ldots\le y_6\le 44;\ y_i\in\mathbb{N}\}$. Die Transformation ψ $\Omega'\to\Omega$: $\psi[(y_1,\ldots,y_6)]=(y_1,y_2+1,\ldots,y_6+5)$ ist die *Umkehrabbildung* von φ, daher ist $|\Omega|=|\Omega'|=\binom{49}{6}$ und φ ist eine bijektive Abbildung von Ω nach Ω'. Was bewirkt nun die Transformation φ? Aus 1 2 7 9 16 32 wird 1 1 5 6 12 27, d. h. identische Komponenten eines Elements aus Ω' zeigen hier z. B. einen Zwilling, allgemein einen oder mehrere Mehrlinge an. Der Witz ist nun, dass das Zählen von möglichen Mehrlingen in Ω' wesentlich leichter ist als in Ω. Fehler machen wir dabei keinen, denn es existiert eine bijektive Abbildung zwischen den beiden endlichen Mengen. Bleiben wir zunächst bei

den *Zwillingen*. De facto interessieren wir uns für fünfelementige Teilmengen aus der Menge $\{1,...,44\}$, wenn wir zwei gleiche Komponenten nur als eine zählen. Deren gibt es $\binom{44}{5}$. Nun kann jedes Element dieser Teilmengen Anzeiger für den Zwilling sein, es gibt also $5\cdot\binom{44}{5}$ mögliche Zwillinge. Daraus ergibt sich P(genau ein echter Zwilling) $=\dfrac{5\cdot\binom{44}{5}}{\binom{49}{6}}=0{,}388...$ Für genau einen echten *Drilling* halten wir zunächst fest, dass dieser durch drei gleiche Komponenten hintereinander angezeigt wird. Das heißt wir komprimieren auf vierelementige Teilmengen aus der Menge $\{1,...,44\}$, wobei jedes Element einer solchen Teilmenge für den Drilling stehen kann. Daher bekommen wir

P(genau ein echter Drilling) $=\dfrac{4\cdot\binom{44}{4}}{\binom{49}{6}}=0{,}0388...$ Analog berechnet man

P(genau ein echter Vierling) $=\dfrac{3\cdot\binom{44}{3}}{\binom{49}{6}}=0{,}0028...$,

P(genau ein echter Fünfling)= $=\dfrac{2\cdot\binom{44}{2}}{\binom{49}{6}}=0{,}000135...$ und schließlich

P(genau ein echter Sechsling)= $=\dfrac{\binom{44}{1}}{\binom{49}{6}}=0{,}0000031...$ *Gar keinen Mehrling* erhalten wir mit der Wahrscheinlichkeit P(kein Mehrling) $=\dfrac{\binom{44}{6}}{\binom{49}{6}}=0{,}504...$ (Eine sechselementige Teilmenge aus der Menge $\{1,...,44\}$ bedeutet, dass keine Zahlen ursprünglich benachbart sind und damit nach der Transformation φ als gleiche Komponenten aufscheinen, die dann komprimiert werden könnten.) Die Gegenwahrscheinlichkeit $1-\frac{\binom{44}{6}}{\binom{49}{6}}=0{,}495\ldots$ ist ein Maß für das Auftreten von Mehrlingen in einem Ziehungsergebnis.

Mehrere Mehrlinge in einem Ziehungsergebnis sind natürlich auch möglich: genau zwei (Ereignis A) oder drei (Ereignis B) echte Zwillinge, ein echter Drilling und ein echter Zwilling (Ereignis C), zwei echte Drillinge (Ereignis D), ein echter Vierling und ein echter Zwilling (Ereignis E). Die Wahrscheinlichkeiten dafür sind

$$P(A)=\frac{\binom{4}{2}\cdot\binom{44}{4}}{\binom{49}{6}}=0{,}0582\ldots,\qquad P(B)=\frac{\binom{44}{3}}{\binom{49}{6}}=0{,}000947\ldots,\qquad P(C)=\frac{3!\cdot\binom{44}{3}}{\binom{49}{6}}=0{,}00568\ldots,$$

$$P(D)=\frac{\binom{44}{2}}{\binom{49}{6}}=0{,}0000676\ldots \text{ und } P(E)=\frac{2\cdot\binom{44}{2}}{\binom{49}{6}}=0{,}000135\ldots$$

Bemerkung: Die zusätzlichen Faktoren im Zähler bei den Wahrscheinlichkeiten für die Ereignisse A, C und E rühren daher, dass die Anordnung der verschiedenen Mehrlinge variiert werden kann. Beim Ereignis A z. B. können die zwei Zwillinge den Plätzen 1 und 3, 1 und 4, 1 und 5, 2 und 4, 2 und 5 und 3 und 5 zugeordnet werden (immer die niedrigere Zahl belege die genannten Plätze, die nachfolgende sitzt dann am rechts benachbarten Platz). Der Faktor $\binom{4}{2}$ kommt von der Auswahl der beiden Plätze für die Zwillinge nach den Komprimierung des ursprünglichen 6-Tupels auf eine vierelementige Teilmenge von der Menge $\{1,\ldots,44\}$ aus eben dieser vierelementigen Teilmenge.

4.5.3 Probleme aus der Statistik

4.5.3.1 Einleitung

Die nachfolgenden Beispiele benötigen alle – im Gegensatz zum vorigen Abschnitt – konkretes Zahlenmaterial, welches am besten aus dem Internet abgerufen wird. Hier soll nur – aus Gründen der nach kurzer Zeit fehlenden Aktualität – an ausgewählten Stellen mit konkreten Daten gearbeitet werden (die entsprechende Quelle wird ebendort angegeben), ansonsten wird das zugrundeliegende Prinzip möglicher Anwendungen statistischer Methoden vorgestellt.

4.5.3.2 Prüfung auf Gleichwahrscheinlichkeit

Die wohl am meisten diskutierte Frage ist jene, ob die Zahlen alle *„gleich oft"* gezogen worden sind. Gibt es Bevorzugungen, kommen manche Zahlen „zu selten"? – Es ist klar, dass aufgrund des Zufälligkeitscharakters der einzelnen Ziehungen nicht jede Zahl zu jedem Zeitpunkt so oft gezogen wurde wie jede andere. D. h. Abweichungen der auftretenden absoluten Häufigkeiten voneinander sind zu erwarten. Andererseits dürfen diese nicht zu groß sein, wenn z. B. eine bestimmte Zahl jedesmal gezogen wird, wird niemand mehr an die Gleichwahrscheinlichkeit der 49 Zahlen glauben. Wir müssen also eine *Grenze* finden, die es erlaubt, zwischen zufallsbedingten und systematischen Abweichungen zu unterscheiden (mit einer gewissen Irrtumswahrscheinlichkeit). Dazu benützen wir eine *Testgröße* (also eine Zufallsvariable), die die tatsächlich auftretenden absoluten Häufigkeiten mit der theoretischen (unter der Annahme der Gleichwahrscheinlichkeit der einzelnen Zahlen) vergleicht und deren Verteilung wir wenigstens näherungsweise (unter der eben angeführten Voraussetzung) kennen. Ein *Problem* ergibt sich dabei: je sechs Einzelziehungen sind *nicht* unabhängig voneinander, die Gewinnzahlenermittlungen als solche aber schon. Wir gehen wie folgt vor (nach *Morgenstern* 1979): In n Ziehungen werden jeweils aus s (=49) Zahlen genau r (=6) Zahlen ausgelost. (Wir berücksichtigen also die Zusatzzahl nicht.) Unsere *Hypothese* lautet: jede der $\binom{s}{r}$ möglichen Kombinationen tritt mit derselben Wahrscheinlichkeit auf. Die Zufallsvariablen $X_i^{(k)} = \begin{cases} 1 & \text{wenn bei der } k\text{-ten Ziehung } i \text{ gezogen wird,} \\ 0 & \text{sonst} \end{cases}$

werden aufsummiert zu $N_i = \sum_{k=1}^{n} X_i^{(k)}$, die Realisation dieser Zufallsvariable gibt also die Anzahl der Ziehungen an, in welchen die Zahl i gezogen wurde. Nun zu den *theoretischen* Vergleichsgrößen: Der *Erwartungswert* der $X_i^{(k)}$ ist $E\left(X_i^{(k)}\right) = \frac{\binom{s-1}{r-1}}{\binom{s}{r}} = \frac{r}{s}$, daraus

folgt mit dem Verschiebungssatz (vgl. 1.1.2.2.2) die *Varianz* von $X_i^{(k)}$ zu $D^2\left(X_i^{(k)}\right) = E(X_i^{(k)^2}) - \left[E(X_i^{(k)})\right]^2 = \frac{r}{s} - \frac{r^2}{s^2} = \frac{r}{s}\left(1 - \frac{r}{s}\right)$, die *Kovarianz* ist ($i \neq j$)

$$\operatorname{cov}\left(X_i^{(k)}, X_j^{(k)}\right) = E\left(X_i^{(k)} \cdot X_j^{(k)}\right) - E\left(X_i^{(k)}\right) \cdot E\left(X_j^{(k)}\right) =$$

$$= \frac{\binom{s-2}{r-2}}{\binom{s}{r}} - \left(\frac{r}{s}\right)^2 = \frac{-r(s-r)}{s^2(s-1)}.$$

Für die Zufallsvariablen N_i [beachte: die $X_i^{(k)}$ sind für verschiedene k (das sind Gewinnzahlenermittlungen) *unabhängig* voneinander] ergeben sich daraus folgende Parameter:

$E(N_i) = n\frac{r}{s}$, $D^2(N_i) = n\frac{r}{s}\left(1-\frac{r}{s}\right)$ und $\operatorname{cov}(N_i, N_j) = -\frac{nr(s-r)}{s^2(s-1)}$. Außerdem sind die N_i nach dem zentralen Grenzwertsatz *asymptotisch normalverteilt*. Die Testgröße $T = \sum_{i,j=1}^{s-1} b_{ij}\left(N_i - \frac{nr}{s}\right)\left(N_j - \frac{nr}{s}\right)$ ist dann *näherungsweise Chi-Quadrat-verteilt mit* $s-1$ *Freiheitsgraden*. (Wegen $N_s = n \cdot r - \sum_{i=1}^{s-1} N_i$ verlieren wir einen Freiheitsgrad.) Die Koeffizienten b_{ij} sind die Eintragungen der Inversen der Kovarianzmatrix: $b_{ii} = \frac{2\cdot\left(1-\frac{1}{s}\right)}{n\frac{r}{s}\left(1-\frac{r}{s}\right)}$

bzw. $b_{ij} = \frac{1-\frac{1}{s}}{n\frac{r}{s}\left(1-\frac{r}{s}\right)} = \frac{1}{2}\cdot b_{ii}$ $(i \neq j)$. Eine nicht ganz einfache Umformungskette liefert schließlich nach Wiedereinführung von N_s $T = \sum_{i=1}^{s} \frac{\left(N_i - n\frac{r}{s}\right)^2}{n\frac{r}{s}\frac{s-r}{s-1}}$.

Exkurs: Die Chi-Quadrat-Verteilung und ein Anpassungstest

Definition: Seien $X_1,...,X_n$ standardnormalverteilte stochastisch unabhängige Zufallsvariable. Dann heißt die Verteilung von $X_1^2 + ... + X_n^2$ Chi-Quadrat-Verteilung mit n Freiheitsgraden.

Satz: Die Dichte der Chi-Quadrat-Verteilung mit n Freiheitsgraden ist durch

$$g_n(x) = \begin{cases} \frac{1}{2^{\frac{n}{2}} \cdot \Gamma\left(\frac{n}{2}\right)} x^{\frac{n}{2}-1} e^{-\frac{x}{2}} & \text{für } x > 0 \\ 0 & \text{für } x \leq 0 \end{cases}$$

gegeben.

Beweis: Siehe *Krickeberg/Ziezold* 1988, S. 137.

Für das Testen einer Hypothese, die eine gewisse Verteilung einer Datenmenge zum Inhalt hat, ist der sogenannte *Chi-Quadrat-Anpassungstest* von Nutzen, der in seiner einfachsten Form wie folgt aufgebaut ist: Für die Ereignisse $A_1,...,A_n$ mit $A_i \cap A_j = \{\}$ $\forall i \neq j$ und $A_1 \cup ... \cup A_n = \Omega$ stellen wir die Nullhypothese H_0: $P(A_1)=p_1$; $P(A_2)=p_2$; ...; $P(A_n)=p_n$ mit $\sum_{i=1}^{n} p_i = 1$ und $p_i > 0$ $\forall i=1,...,n$ auf. Die Zufallsvariable Y_i zähle das Eintreten des Ergebnisses A_i, wenn ein Zufallsexperiment mit den möglichen Ausgängen $A_1,...,A_n$ r-mal durchgeführt wird ($i=1,...,n$). Unter H_0 ist Y_i binomialverteilt mit $E(Y_i)=rp_i$ und

$D^2(Y_i)=rp_i(1-p_i)$ $(i=1,...,n)$. Für große r ist Y_i und ebenso $Z_i=\frac{Y_i-rp_i}{\sqrt{rp_i}}$ $(i=1,...,n)$ näherungsweise normalverteilt. Man kann zeigen, dass $T=\sum_{i=1}^{n}Z_i^2=\sum_{i=1}^{n}\frac{(Y_i-rp_i)^2}{rp_i}$ für $n\to\infty$ Chi-Quadrat-verteilt ist mit $n-1$ Freiheitsgraden (vgl. *Fisz* 1962, S. 365 ff.).

Ende des Exkurses.

Bemerkung: Der Chi-Quadrat-Anpassungstest sieht für H_0: $p_i=1/49$ $(i=1,...,49=s)$ so aus:

Die Testvariable $T^*=\sum_{i=1}^{49}\frac{\left(N_i-nr\cdot\frac{1}{49}\right)^2}{nr\cdot\frac{1}{49}}$ ist Chi-Quadrat-verteilt mit 48 Freiheitsgraden:

$n\cdot r=6n$ ist die Gesamtanzahl die Ziehungen, in H_0 steht die Aussage über die Gleichwahrscheinlichkeit für das Auftreten der einzelnen Zahlen von 1 bis 49. Allerdings wird hier nicht berücksichtigt, dass nicht alle $n\cdot r=6n$ Ziehungen unabhängig voneinander verlaufen (nur die erste, siebente,... Einzelziehung sind unabhängig voneinander). Der *Korrekturfaktor* $\frac{s-1}{s-r}$ bei jedem Summanden in T ist Resultat dieses Sachverhalts. Konkret legen wir an Zahlenmaterial die Ergebnisse der *Staatlichen Lotterieverwaltung Bayern* von 9.10.1955 bis 19.8.2000 zu Grunde: www.staatliche-lotterieverwaltung.de

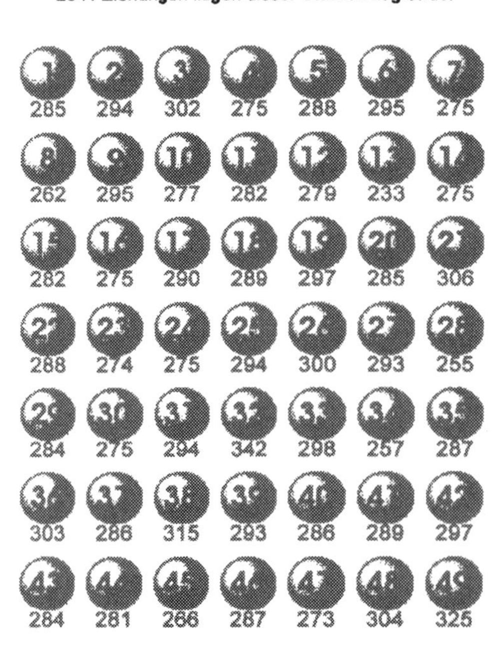

Mit $s=49$, $r=6$ und $n=2341$ ist $T=\frac{392}{100663}\cdot\sum_{i=1}^{49}\left(N_i-\frac{14046}{49}\right)^2$, die Realisation ist $t=\frac{5741664}{100663}=$ $=57{,}03847...$ Selbst wenn wir eine Irrtumswahrscheinlichkeit $\alpha=10\%$ (was sehr hoch ist) vorgeben, können wir wegen $t<x^2_{48;0,9}=60{,}907$ (nach *Bosch* 1996, S. 552) H_0 nicht verwerfen. Der große Wert für α macht die Wahrscheinlichkeit β für einen Fehler 2. Art (vgl. 1.2.5.7.2) klein. Es spricht also nichts gegen die Hypothese, dass bei der Staatlichen Lotteriegesellschaft in Bayern alles mit rechten Dingen zugeht.

4.5.3.3 Erstellen von Schätzbereichen

Die in 4.5.3.2 verwendeten Daten können auch zur Prüfung verwendet werden, ob sie alle in den 2σ- bzw. 3σ-Bereich um den Erwartungswert μ der absoluten Häufigkeit des Auftretens einer bestimmten Zahl bei n Ziehungen fallen (vgl. DIFF 1987, S. 76 f.). In 4.5.2.2 haben wir gesehen, dass mit Wahrscheinlichkeit $p=6/49$ eine bestimmte Zahl im Ergebnis einer Ziehung vorkommt. Wenn X nun das Auftreten dieser bestimmten Zahl in n (voneinander unabhängigen) Ziehungen zählt, dann ist X binominalverteilt mit den Parametern n und p. Ihr Erwartungswert ist $\mu=np$, ihre Streuung $\sigma=\sqrt{np(1-p)}$. Damit ist der 2σ-Bereich $\left[np-2\sqrt{np(1-p)}, np+2\sqrt{np(1-p)}\right]$=[254;319] und der 3σ-Bereich $\left[np-3\sqrt{np(1-p)}, np+3\sqrt{np(1-p)}\right]$=[239;335]. (Alle vier Grenzen sind „nach außen" gerundet.) Es fällt auf, dass die absoluten Häufigkeiten von „13" und „32" nicht einmal im 3σ-Bereich liegen, die Häufigkeit von „49" liegt nicht im 2σ-Bereich. Alle anderen Häufigkeiten liegen im 2σ-Bereich. Das Vorhandensein dieser zwei Ausreißer (einer nach oben, einer nach unten) spiegelt auch die Tatsache wider, die in 4.5.3.2 aufgetreten ist: Das 0,9-Quantil der Chi-Quadrat-Verteilung mit 48 Freiheitsgraden ist nicht viel größer als die Realisation der Testvariablen T. Auf die Abhängigkeit der absoluten Häufigkeiten voneinander gehen wir hier nicht ein.

4.5.3.4 Parametertests und Konfidenzintervalle

Das Auftreten von Ausreißern in 4.5.3.3 motiviert uns zur Konstruktion eines *Parametertests*: Wir testen die Nullhypothese H_0: $p=6/49$ gegen H_1: $p\neq 6/49$. (Die Bezeichnungen sind wie in 4.5.3.3 gewählt.) Die Zufallsvariable X ist näherungsweise normalverteilt mit den Parametern $\mu=np$ und $\sigma^2=np(1-p)$ (unter H_0). Wir testen zweiseitig, der Ablehnungsbereich K für H_0 hat also die Gestalt $(-\infty,c_1)\cup(c_2,\infty)$ (vgl. 1.2.5.7.3). Zur Berechnung des kritischen Wertes c_2 betrachten wir die Gleichung $P(X\leq c_2)=1-\alpha/2$ für ein vorgegebenes Signifikanzniveau α, z. B. $\alpha=0{,}05$ (vgl. 1.2.5.7.2). Es folgt weiterhin $P\left(\frac{X-\mu}{\sigma}\leq\frac{c_2-\mu}{\sigma}\right)=0{,}975$ und damit aus *Bosch* 1987, S. 196: $\frac{c_2-\mu}{\sigma}=1{,}96$, also $c_2=317,\ldots$ Der zweite kritische Wert c_1 liegt symmetrisch um μ auf der anderen Seite als c_2: $c_1=\mu-1{,}96\cdot\sigma=255,\ldots$ Der Ablehnungsbereich K für H_0 ist also konkret $K=\{0,\ldots,255\}\cup\{318,\ldots,2341\}$. Die absoluten Häufigkeiten von „13", „32" und „49" fallen hier herein, alle anderen nicht. Für $\alpha=0{,}01$ ist $K=\{0,\ldots,245\}\cup\{328,\ldots,2341\}$, die absolute Häufigkeit von 49 ist nun nicht mehr Element aus K.

Die Erstellung eines *Konfidenzintervalls* für p folgt aus der Beziehung $P(|X-np|\leq z\sigma)\approx 2\Phi(z)-1$. Division durch n liefert $P\left(\left|\frac{X}{n}-p\right|\leq z\frac{\sigma}{n}\right)\approx 2\Phi(z)-1=\gamma$, wählen wir $\gamma=0{,}99$, also ist $z=z_{0,995}=2{,}576$ (*Bosch* 1987, S. 196). Nähern wir $\sigma=\sqrt{np(1-p)}$ durch $\sqrt{nr_n(1-r_n)}$ an, so ist das approximative Konfidenzintervall für p fertig:

$\left(\frac{x}{n} - z \cdot \sqrt{\frac{r_n(1-r_n)}{n}}, \frac{x}{n} + z\sqrt{\frac{r_n(1-r_n)}{n}}\right)$. (Dabei ist $r_n = \frac{x}{n}$ die beobachte relative Häufigkeit des Auftretens einer bestimmten Zahl bei n Ziehungen.) Konkret ist das 99% - Konfidenzintervall für p durch [0,104;0,140] gegeben, wenn wir die relative Häufigkeit des Auftretens der Zahl „1“ bei den n=2341 Ziehungen zugrunde legen (r_{2341}=285/2341). Auf Basis des Datenmaterials für die Zahl „49“ erhalten wir [0,120;0,158] als Realisation des Konfidenzintervalls für p. In beiden Fällen ist „nach außen“ gerundet worden. Zum Vergleich ist 6/49=0,122... Das Konfidenzintervall, welches sich auf die relative Häufigkeit des Auftretens der Zahl „13“ stützt, enthält 6/49 nicht mehr: [0,08;0,116] („nach außen“ gerundet). Hier kann also sehr schön die Bedeutung des Konfidenzniveaus γ demonstriert werden: auf lange Sicht enthalten γ100% der Realisationen von Konfidenzintervallen den gesuchten Parameter (hier bekannt: p=6/49). Ein kleiner Schönheitsfehler dabei ist nur die Abhängigkeit der relativen Häufigkeiten verschiedener Zahlen voneinander. Eigentlich müßte man also lege artis für eine bestimmte Zahl n Ziehungen beobachten, das Konfidenzintervall bilden, dann weitere n Ziehungen abwarten, wieder das Konfidenzintervall berechnen usw. Dennoch hat man hier – unter Vernachlässigung des eben erwähnten Einwandes – eine reiche Quelle für die Erstellung von Realisationen von Konfidenzintervallen für p zur Verfügung.

4.5.4 Schlussbemerkung und didaktischer Kommentar

Es ist ein Faktum, dass unter dem Titel „Stochastik in der Schule“ lange Zeit zu einem nicht geringen Teil *Kombinatorik* (im Zuge der Erstellung von *Laplace*-Wahrscheinlichkeiten, vgl. 1.1.1.2) unterrichtet worden ist. Wesentliche Elemente der Wahrscheinlichkeitstheorie wie der Begriff der „Zufallsvariablen“ und ihre Beschreibungsmöglichkeiten oder Kennzeichen gehen so verloren. Die zahlreichen Querverbindungen der Stochastik zu anderen zentralen Gebieten der Mathematik (wie u. a. in diesem Kapitel dargestellt) finden ebenfalls in dieser Sichtweise keinen Platz. Will man diese Aspekte auch im Stochastikunterricht unterbringen, so bleibt andererseits wenig Zeit für die zum Teil sehr raffiniert zu lösenden Abzählprobleme. Die Stochastik auf „günstige durch mögliche“ zu reduzieren geht genauso an der Sache vorbei wie die völlige Negation der Kombinatorik im Mathematikunterricht. Mannigfache Kompromißangebote zwischen diesen beiden Extremen bietet das Aufgabenfeld „Lotto“. Die grobe Aufteilung in *„wahrscheinlichkeitstheoretische“* und *„statistische“* Fragestellungen kann weiter verzweigt werden, kombinatorische Denkweisen finden vor allem Eingang in den erstgenannten Bereich. Dabei liegt sicher das Hauptgewicht auf diesem Niveau auf der genauen *sprachlichen Formulierung des Problems* („genau eine“, „mindestens ein“, ...) und dem *Aufstellen* des *passenden mathematischen Modells*. Der Analyse muss also ein kreativer Akt folgen. Dies wird deswegen an dieser Stelle so hervorgehoben, da die Abzählprobleme in keine umfassende Theorie eingebettet werden, sondern jedes für sich eine neue Herausforderung darstellt. Auf kaum einem anderen Gebiet der Schulmathematik der Sekundarstufe II liegt selbst bei konservativster Auffassung von Mathematikunterricht die Betonung so stark auf den beiden genannten Aspekten. Die eigentliche Berechnung

tritt völlig in den Hintergrund. Auf einer nächsten Stufe kommt das Konzept der Zufallsvariablen ins Spiel, es können Erwartungswerte und Varianzen bestimmt werden. Aufgrund der Endlichkeit des Ereignisraumes können – computerunterstützt – diese Parameter aus ihren Definition heraus gewonnen werden *oder* durch geschlossene Formeln für die dabei auftretenden Summen. Diese wiederum können bewiesen werden, so dass das ganze Spektrum von Problemlösungsstrategien exemplarisch durchwandert werden kann. Hat man einen entsprechenden Vorrat an (diskreten) Verteilungen zur Verfügung, dann kann eine bestimmte Situation oft direkt durch eine solche beschrieben werden, darin liegt der Wert von *Theorien.* („Es gibt nichts Praktischeres als eine Theorie!"). Auf der anderen Seite ist es aber auch oft möglich, auf Basis ganz elementarer Konzepte die gesuchte Wahrscheinlichkeit zu finden.
Insgesamt kann also das Themenfeld „Lotto" aufgrund seines großen Bekanntheitsgrades eine Motivation darstellen, die sicher nicht ganz einfache Welt der Abzählproblematik (elementare Kombinatorik) zu betreten. (Wie schwierig die Sache gleich werden kann, zeigt z. B. die Mehrlingsthematik, zu deren Bewältigung ein neuer Ereignisraum kreiert wird.)
Im konkreten Unterricht kann es passieren, dass viele (scheinbar) *verschiedene* Lösungswege für ein bestimmtes Abzählproblem präsentiert werden, eine Kunst ist es dann, den Spreu vom Weizen zu trennen und dies *auch* zu *begründen.* Hier ist einerseits ein großer Überblick, andererseits aber auch Detailwissen gefragt. Die *statistischen* Fragestellungen erfordern vor allem eines: *aktuelles* Datenmaterial. Hier ist das Internet wohl wirklich die geeignete Quelle dafür. Die in der Sekundarstufe II üblicherweise angebotenen Thematiken der beurteilenden Statistik (vgl. auch 1.2.5 und 3.5) können in diesem Themenfeld ihre Anwendungen finden. Die Faszination liegt dabei im Hantieren mit Daten, die *tatsächlich* passiert sind. Interessante Fragestellungen ergeben sich auch aus den Thematiken „Spielverhalten" und „Gewinnausschüttung", also Fragen wie „Werden bestimmte Zahlen bevorzugt angekreuzt?" oder „Wie sind die starken Schwankungen der Gewinnanzahlen in den einzelnen Gewinnklassen zu bewerten?".
Zusammenfassend kann also gesagt werden, dass das Themenfeld „Lotto" sowohl für wahrscheinlichkeitstheoretische als auch für statistische Fragestellungen eine ergiebige Quelle anwendungsorientierten Stochastikunterrichts sein kann.

4.6 Verteilungsfreie Testverfahren

4.6.1 Vorbemerkung

Wie in 1.2.3.8 dargelegt kann aus verschiedenen Gründen der Fall eintreten, dass sogenannte *Parametertests* (siehe 1.2.3.7 und 3.5.5) oder *Hypothesentests* für eine bestimmte stochastische Situation *nicht* eingesetzt werden können. Als Alternative bieten sich *verteilungsfreie* oder auch *nichtparametrische* Testverfahren an, ein Beispiel hierfür haben wir schon kennengelernt: den *Vorzeichentest* (siehe 3.5.6). Im Folgenden sollen nun einige weitere Tests dieser Art vorgestellt werden.

4.6.2 Der Binomialtest

Hierbei handelt es sich um einen Test für *nominalskalierte* Daten. Ein typisches Anwendungsbeispiel ist der *Medikamententest.*

Beispiel 1 (*Götz*, 1993) : Eine bestimmte Behandlungsmethode A gegen Rheuma hat eine Erfolgswahrscheinlichkeit p_0, wie man aus langjähriger Erfahrung weiß. Ein neues Medikament B gegen Rheuma wird an n Patienten verabreicht. Ab wie vielen Heilungen unter den n Probanden kann von einer signifikanten Erhöhung der Erfolgswahrscheinlichkeit von B gegenüber A gesprochen werden?

Hier liegt also ein *dichotomes* nominales Merkmal („Ausgang der Behandlung") vor, die Ausprägungen desselben sind „Heilung" und „keine Heilung", es kann daher vorerst keine Verteilung direkt zugrunde gelegt werden. Stattdessen führen wir die Zufallsvariable X ein, welche die Geheilten in der Stichprobe vom Umfang n, zählt. Wenn wir die *Nullhypothese* H_0: $p \leq p_0$ aufstellen, so ist X unter H_0 binomialverteilt mit den Parametern p_0 und n. Mit der *Gegenhypothese* H_1: $p>p_0$ sind wir im Stande, den *Ablehnungsbereich* $K=\{c,c+1,...,n\}$ für H_0 zu berechnen (mit p bezeichnen wir die Heilungswahrscheinlichkeit des Medikamentes B): $P(X \geq c)_{H_0} \leq \alpha$ und c minimal sind die Bedingungen für den *kritischen Wert c*. Ausgeschrieben lautet die Ungleichung $\sum_{i=c}^{n} \binom{n}{i} p_0^i (1-p_0)^{n-i} \leq \alpha$, wir lösen sie durch Probieren*. Für $n=12$ und $p_0=0{,}4$ ergibt sich beispielsweise $P(X \geq 8)_{H_0} = \sum_{i=8}^{12} \binom{12}{i} 0{,}4^i \cdot 0{,}6^{12-i} > 0{,}05$ und $P(X \geq 9)_{H_0} < 0{,}05$, daher ist $K=\{9,10,11,12\}$. Unsere *Entscheidungsregel* lautet: Wenn von zwölf mit Medikament B behandelten Patienten wenigstens neun (oder mehr) geheilt werden, dann ist B signifikant besser als A, andernfalls nicht.

Bemerkungen:

– Natürlich können wir diesen Test auch als Parametertest mit der Binomialverteilung als Testverteilung sehen, die Sichtweise des Zählens des Auftretens von Ausprägungen nominalskalierter Daten trägt aber dem Charakter der Binomialverteilung mehr Rechnung.

– Warum wird bei der Berechnung von c eigentlich $p_0=0{,}4$ eingesetzt? –

---

* Hier ist der Einsatz eines CAS angebracht.

Die – vorausgesetzte (Gültigkeit der) – Nullhypothese H_0: $p \leq p_0$ würde auch andere Parameterwerte zulassen. Wenn wir $P(X \geq c) =: f(p)$ auf $[0, p_0]$ betrachten, so ist f streng monoton wachsend: je größer die Heilungswahrscheinlichkeit p ist, desto wahrscheinlicher wird es, dass wenigstens c Patienten geheilt werden. Das heißt also, für $0<p<p_0$ ist $P(X \geq c)_p < P(X \geq c)_{p_0}$, und der Ablehnungsbereich K für p enthält jenen für p_0. Der von uns berechnete Ablehnungsbereich für H_0 ist also der kleinste und hat daher auch für p-Werte kleiner als p_0 Gültigkeit. Die Umkehrung stimmt im Allgemeinen nicht.

4.6.3 Der Iterationstest

Dies ist ein Verfahren zur Überprüfung der „*Zufälligkeit*" einer Stichprobe, welcher (wie in 4.6.2) ein dichotomes Merkmal zugrunde liegt. Als Maß für den Zufallscharakter einer solchen Stichprobe dient die Anzahl von sogenannten *Iterationen*, welche in derselben vorkommen. Unter einer „Iteration" verstehen wir eine Abfolge von gleichen Merkmalsausprägungen, deren Enden entweder beide von der alternativen Merkmalsausprägung begrenzt wird oder deren eines Ende den Anfang und/oder Abschluss der Stichprobe bildet. *Zum Beispiel* wird ein physikalischer Versuch zehnmal durchgeführt, wir notieren Erfolg (E) im Falle des Gelingens der Versuchsdurchführung, andernfalls M für Mißerfolg: $\underbrace{\text{M}}_{1}\ \underbrace{\text{EEE}}_{2}\ \underbrace{\text{MM}}_{3}\ \underbrace{\text{E}}_{4}\ \underbrace{\text{M}}_{5}\ \underbrace{\text{EE}}_{6}$. Wir zählen also sechs Iterationen. Zwei *Extremfälle* können wir anführen: MEMEMEMEME bzw. EMEMEMEMEM oder MMMMMEEEEE bzw. EEEEEMMMMM, im ersten Fall sind zehn Iterationen zu verzeichnen, im zweiten zwei. In beiden Fällen werden wir nicht an die Zufälligkeit des Zustandekommens der Stichprobe glauben. Liegen also zu viele oder zu wenige Iterationen vor, dann lehnen wir H_0 „Die Stichprobe ist zufällig entstanden" ab. Um dies zu quantifizieren, benötigen wir folgenden

Satz. Es liege eine Stichprobe vom Umfang n vor, wobei die Ausprägungen A und B eines dichotomen Merkmals festgestellt wurden: n_1-mal wurde A gezählt, n_2-mal B $(n_1+n_2=n)$. Dann besitzt unter H_0 die Anzahl R der Iterationen die Verteilung ($r \in \mathbb{N}$)

$$P(R=2r)=\frac{2\cdot\binom{n_1-1}{r-1}\cdot\binom{n_2-1}{r-1}}{\binom{n}{n_1}},\quad P(R=2r+1)=\frac{\binom{n_1-1}{r-1}\cdot\binom{n_2-1}{r}+\binom{n_1-1}{r}\cdot\binom{n_2-1}{r-1}}{\binom{n}{n_1}}.$$

Wir wollen den *Beweis* nur für eine gerade Anzahl von Iterationen führen, der Fall $R=2r+1$ findet sich z. B. in *Götz* 1993, S. 57 f. Die Anzahl der *möglichen* Fälle ist $\frac{n!}{n_1!n_2!}=\frac{n!}{n_1!(n-n_1)!}=\binom{n}{n_1}$, die linke Seite der Gleichung stellt eine *Permutation mit Wiederholung* (mögliche Anordnungen von n_1 A-Zeichen und n_2 B-Zeichen) dar, die rechte ist eine *Kombination ohne Wiederholung*: suche aus n Plätzen n_1 Platznummern für die A-Zeichen heraus. Für die *günstigen* Fälle $R=2r$ stellen wir zunächst fest, dass r A-

Iterationen und r B-Iterationen vorliegen, da jede A-Iteration von einer B-Iteration begrenzt wird und umgekehrt. Fassen wir nun jede der r A-Iterationen als ein Kästchen auf und belegen jedes Kästchen mit einem A. Dann bleiben n_1-r A-Zeichen übrig, die noch aufgeteilt werden müssen: Für jedes der n_1-r A-Zeichen kommt eines der r Kästchen in Frage. Wie viele Möglichkeiten der Zuteilung gibt es nun? – Denken wir uns die r Kästchennummern in eine Urne gelegt, wir ziehen (n_1-r)-mal daraus mit Zurücklegen und auf die Reihenfolge kommt es nicht an (welche A-Zeichen ein Kästchen belegen, ist gleichgültig): das ist eine *Kombination mit Wiederholung*, daraus ergeben sich $\binom{r+(n_1-r)-1}{n_1-r}=\binom{n_1-1}{n_1-r}=\binom{n_1-1}{r-1}$ Möglichkeiten. Analog gibt es $\binom{n_2-1}{r-1}$ Möglichkeiten für die B-Zeichen. *Insgesamt* erhalten wir $2\cdot\binom{n_1-1}{r-1}\cdot\binom{n_2-1}{r-1}$ günstige Möglichkeiten, der Faktor 2 rührt daher, dass jede Anordnung von vorne oder hinten gelesen werden kann, d. h. mit einem A- oder B-Zeichen beginnend.

Wenngleich der Iterationstest schon für *nominalskalierte* Daten eingesetzt werden kann (wenn ein dichotomes Merkmal vorliegt), demonstrieren wir seine Anwendung an ursprünglich *kardinalskalierten* Daten, deren *Ordnungseigenschaft* zu einer Dichotomisierung derselben führt.

Beispiel 2 (nach *Götz*, 1993): Bei einer Verkehrszählung ergeben sich in gleichen Zeitabständen folgende Anzahlen von vorbeifahrenden Autos: 171, 184, 149, 199, 201, 193, 180, 175, 219, 223, 232, 237, 246, 248. Ist diese Reihenfolge zufällig (Hypothese H_0) oder gibt es Tendenzen (α=10%)? Zur Dichotomisierung setzen wir ein „+“, wenn ein Wert kleiner ist als sein unmittelbarer Nachfolger , ein „–“ im umgekehrten Fall (gleiche Daten treten hier nicht auf):

$\underbrace{+}_{1}\ \underbrace{-}_{2}\ \underbrace{++}_{3}\ \underbrace{---}_{4}\ \underbrace{++++++}_{5}$. Wir zählen nur fünf Iterationen, mit $2r+1=5$, also $r=2$, $n_1=4$ und $n_2=9$ berechnen wir laut dem vorigen Satz

$$P(R=5)=\frac{\binom{3}{1}\cdot\binom{8}{2}+\binom{3}{2}\cdot\binom{8}{1}}{\binom{13}{4}}=0{,}1510\ \ldots$$, d. h. wir behalten H_0 (knapp) bei.

4.6.4 Der Median-Test

Für eine stetige Zufallsvariable X mit der Verteilungsfunktion F definieren wir jede reelle Zahl M mit $F(M)=1/2$ als *Median* von X. (Ist F streng monoton wachsend, dann gibt es nur einen Median.) Daraus folgt $P(X<M)=P(X>M)=1/2$. Die Stichprobe $x=(x_1,...,x_n)$ vom Umfang n habe *kardinales* Meßniveau, die zugrundeliegenden Zufallsvariablen X_i $(i=1,...,n)$ seien voneinander unabhängig und unterliegen derselben Verteilungsfunktion. Die *Hypothesen* lauten im *zweiseitigen* Fall H_0: $M=M_0$ und H_1: $M\neq M_0$, der *einseitige* Test bringt entweder

$\begin{array}{l} H_0: M \geq M_0 \\ H_1: M < M_0 \end{array}$ oder $\begin{array}{l} H_0: M \leq M_0 \\ H_1: M > M_0 \end{array}$ mit sich. Eine Transformation der Stichprobe x zu $y=(x_1-M_0,\dots,x_n-M_0)$ lässt den Einsatz des *Vorzeichentests* (vgl. 3.5.6) zu: Die Zufallsvariable (Testvariable) Z zähle die positiven Werte in Y. Dann ist Z unter H_0 binomialverteilt mit den Parametern n und 1/2.

4.6.5 Der Randomisierungstest

Wir greifen die Idee von 4.6.4 nochmals auf, diesmal seien die Stichprobenvariablen X_i $(i=1,\dots,n)$ *symmetrisch* um ihren Erwartungswert μ verteilt: $E(X_i)=\mu\ \forall i=1,\dots,n$. Wiederum setzen wir darüberhinaus voraus, dass die X_i alle voneinander unabhängig sind und dieselbe Verteilungsfunktion besitzen. Die *Hypothesen* lauten (*zweiseitig*) H_0: $\mu=\mu_0$ und H_1: $\mu\neq\mu_0$ und (*einseitig*) H_0: $\mu=\mu_0$ und H_1: $\mu<\mu_0$ oder H_1: $\mu>\mu_0$. Nun bilden wir analog zu 4.6.4 die Differenzen $D_i=X_i-\mu_0$ $(i=1,\dots,n)$, diese Zufallsvariablen nehmen unter H_0 *mit gleicher Wahrscheinlichkeit positive oder negative Werte* an. Insgesamt ergeben sich daher 2^n gleichwahrscheinliche Vorzeichenbelegungen der n Differenzen $|d_i|$. Als *Testvariable* legen wir $D=\sum_{i=1}^{n} D_i$ fest. Wenn $|d|$ zu groß wird, muss H_0 verworfen werden. Die *quantitative Auswertung* dieser Strategie erfordert – ausgehend von der vorliegenden Stichprobe – die Berechnung der (extremen) Werte d von D durch Belegung der einzelnen d_i mit den entsprechenden Vorzeichen. Zum Beispiel wird der *größte* Wert von D durch lauter *positive* Vorzeichen der d_i zu Stande kommen, der *kleinste* dagegen durch ausschließlich *negative*. Schrittweise geht man dann über, durch Austausch eines Vorzeichens einer Differenz d_i den zweitgrößten (zweitkleinsten) Wert von d zu bestimmen usw. *Jeder* Wert d von D hat unter H_0 die Wahrscheinlichkeit $1/2^n$ (wenn er nur einmal in der Verteilung von D vorkommt, ansonsten ist die zugehörige Wahrscheinlichkeit von $D=d$ ein entsprechendes Vielfaches). Die *Testverteilung* wird also erst *nach* der Stichprobenerhebung festgelegt.

Beispiel 3 (*Götz*, 1993): Das Füllgewicht bestimmter Lebensmitteldosen soll 280g betragen. Eine Konsumentenschutzorganisation zieht zur Überprüfung eine Stichprobe vom Umfang $n=10$ und erhält folgendes Ergebnis (in g): 262, 275, 279, 281, 269, 273, 278, 287, 259, 277. Ist dies mit dem geforderten Füllgewicht von 280 g verträglich ($\alpha=1\%$)? Das arithmetische Mittel dieser Stichprobe ist $\overline{x}=274\text{g}$, wir formulieren also einseitig H_0: $\mu=280$g und H_1: $\mu<280$g. Die *realisierten Differenzen* sind in folgender Tabelle zusammengefaßt:

x_i	262	275	279	281	269	273	278	287	259	277
d_i	−18	−5	−1	1	−11	−7	−2	7	−21	−3

Daraus lesen wir $d=\sum_{i=1}^{10} d_i=-60$ ab. Der *Wertebereich* von D besteht aus $2^n=2^{10}=1024$ Elementen (eventuell mehrfach auftretende Werte werden dabei mit ihrer Vielfachheit gezählt). Wegen $[2^n\cdot\alpha]=[2^{10}\cdot 0{,}01]=[10{,}24]=10$ müssen wir die *zehn kleinsten* Werte (siehe H_1) von D berechnen, um den *Ablehnungsbereich K von* H_0 zu konstruieren (die *Gauß-Klammer* $[x]$ für $x\in\mathbb{R}$ ist definiert als die nächst kleinere ganze Zahl zu $x\in\mathbb{R}\setminus\mathbb{Z}$ und gleich x für $x\in\mathbb{Z}$):

$\|d_i\|$	18	5	1	1	11	7	2	7	21	3	$d=\sum_{i=1}^{10} d_i$
1.	–	–	–	–	–	–	–	–	–	–	–76
2.	–	–	+	–	–	–	–	–	–	–	–74
3.	–	–	–	+	–	–	–	–	–	–	–74
4.	–	–	–	–	–	–	+	–	–	–	–72
5.	–	–	+	+	–	–	–	–	–	–	–72
6.	–	–	+	–	–	–	+	–	–	–	–70
7.	–	–	–	+	–	–	+	–	–	–	–70
8.	–	–	–	–	–	–	–	–	–	+	–70
9.	–	–	+	–	–	–	–	–	–	+	–68
10.	–	–	–	+	–	–	–	–	–	+	–68

Daher ist $K=\{-76,-74,-72,-70,-68\}$ und $d=-60\notin K$, also wird H_0 nicht verworfen.

Bemerkungen:

- Der *Ablehnungsbereich* K für H_0 muss nicht aus $[2^n\cdot\alpha]$ verschiedenen Werten bestehen, in unserem Beispiel etwa sind statt zehn nur fünf Elemente in K, da eben die entsprechenden Vielfachheiten berücksichtigt werden müssen.
- Tatsächlich ist in Beispiel 3 die *(Irrtums-)Wahrscheinlichkeit für einen Fehler 1. Art* $\alpha=\frac{10}{2^{10}}<0{,}01$, dies hängt natürlich mit der diskreten Natur die Zufallsvariablen D zusammen.
- *Nulldifferenzen* werden *nicht berücksichtigt*, der Stichprobenumfang wird gegebenenfalls eben kleiner.
- Der *Name* des Tests kommt von der Berechnung der extremen (Rand-)Werte der Testvariablen D her.

Nochmals Beispiel 3: Wie ändert sich das Testdesign, wenn wir zusätzlich davon ausgehen, dass das Füllgewicht der Dose normalverteilt ist? Diese neue Voraussetzung gibt den eigentlichen Daten eine konkrete Verteilung, so dass wir zurück auf das Gebiet der Parametertests kommen (vgl. 1.2.5.7 und 3.5.5). Die Testverteilung ist eine t-Verteilung, weil wir die unbekannte Varianz σ^2 durch die empirische $s^2=\frac{1}{n-1}\sum_{i=1}^{n}(x_i-\bar{x})^2$ schätzen müssen (vgl. auch 1.2.5.5 und 3.5.2). Die Entscheidungsregel lautet in unserem Fall: H_0 ablehnen $\Leftrightarrow$ $\bar{x}\le\mu_0-t_{n-1,1-\alpha}\frac{s}{\sqrt{n}}$, wobei $t_{n,\alpha}$ das α-Quantil der t-Verteilung (oder Student-Verteilung) mit n Freiheitsgraden bedeutet. Das Einsetzen der entsprechenden Werte ergibt $280-2{,}82\cdot\frac{8{,}59}{\sqrt{10}}=272{,}34\text{g}$, wir behalten also wegen $\bar{x}=274\text{g}$ H_0 bei, allerdings fällt die Entscheidung knapper aus als beim Randomisierungstest.

Wir sehen: Ein Mehr an Information lässt eher eine Ablehnung von H_0 zu, weniger Information lässt das Verfahren konservativ (im Sinne der Beibehaltung von H_0) werden!

4.6.6 Ausblick und didaktisches Resümee

Natürlich gibt es noch eine Fülle anderer verteilungsfreier Testverfahren, als Beispiel sei nur der *Mann-Whitney-U-Test* für wenigstens ordinalskalierte Daten oder der *Wilcoxon-*

Test für kardinalskalierte Daten angeführt (vgl. z. B. *Götz* 1993 oder *Heller* 1980). Hier ist eine kleine Auswahl von Tests, deren zugrundeliegende Verteilung elementar berechnet werden kann. Dies trifft natürlich auch für die eben genannten Verfahren zu, der Aufwand ist lediglich ein höherer, so dass die tatsächlich verwendeten Tabellen der kritischen Werte leicht als Black Box im Mathematikunterricht eingesetzt werden könnten. Wenn es also nur darum geht, das Prinzip verteilungsfreier Testverfahren vorzustellen, dann genügt i. Allg. eines (hier werden mehrere vorgestellt), welches möglichst durchschaubar (hierzu gehört auch die Berechenbarkeit zum Beispiel des kritischen Werts) ist. Es sei weiterhin nicht verschwiegen, dass auch die Idee des Randomisierungstests auf *Zweistichprobenprobleme* (abhängiger oder unabhängiger Natur) ausgedehnt werden kann, vgl. dazu wieder *Heller* 1980 oder *Götz* 1993. Geht man alleine von einem gegebenen Problem aus, so kann selbstverständlich ein spezielles – passendes – Testverfahren im Unterricht besprochen werden, dies ist dann eben ein anderer Ansatz.
Der *Vergleich* mit den *Parametertests* – wie in 4.6.5 exemplarisch gezeigt – kann durchaus reizvoll sein, geht doch die Interpretation der jeweiligen Ergebnisse – hier des verteilungsfreien Testverfahrens, dort des Parametertests – weit über die konkrete stochastische Situation hinaus: es wird schlicht demonstriert, wie sich verschiedene mathematische Modelle bei Anwendung auf ein bestimmtes Problem verhalten, welche Resultate sie liefern. Der Rückschluss daraus kann nur sein, bei jeder statistischen Analyse, mit der man konfrontiert wird (unsere Umgebung ist reich davon), sofort zu fragen, welche Voraussetzungen wurden getroffen und welche Annahmen in das Auswertungsdesign gesteckt – ein echter Beitrag zur Allgemeinbildung!
Doch auch ein mathematischer Aspekt dieser Vergleiche sei erwähnt. Die *Güte* eines Tests kann durch die Operationscharakteristik beschrieben werden (vgl. 1.2.5.7.4). Eine Erhöhung der *Trennschärfe* eines Tests (im Wesentlichen geht es dabei darum, die Wahrscheinlichkeit für einen Fehler 2. Art möglichst rasch gegen Null gehen zu lassen) gelingt i. Allg. – bei gegebenem Problem und Testverfahren – nur durch eine *Erhöhung des Stichprobenumfangs.* Ein Test *A* größter Güte in einer bestimmten stochastischen Situation benötige den Stichprobenumfang n_A. Ein konkurrierendes Testverfahren *B* geringerer Güte verlangt dann für dieselbe Trennschärfe wie *A* einen *größeren* Stichprobenumfang n_B ($>n_A$). Der Quotient $\frac{n_A}{n_B}$ heißt *relative Effizienz* des Tests *B*. Es zeigt sich, dass verteilungsfreie Testverfahren eine *hohe* Effizienz bei *kleinen* Stichprobenumfängen besitzen, daher liegt hier ein Hauptanwendungsgebiet derselben.
Auch *verteilungsfreie* Testverfahren können *miteinander verglichen* werden, etwa bei kardinalskalierten Daten kann auch der Vorzeichentest (dem ja an sich ordinales Meßniveau genügt) verwendet werden – neben den eigentlich dafür vorgesehenen Tests –, hier gilt in der didaktischen und mathematischen Analyse sinngemäß dasselbe wie eben.
Ihre *universelle Anwendbarkeit* ist ein weiteres Argument für die Aufnahme verteilungsfreier Testverfahren in den Stochastikunterricht, vor allem dann, wenn man von einem *problemorientierten* Standpunkt ausgeht.

Berechnungsprobleme, die bei der Erstellung der Testverteilung oder wenigstens bei der Bestimmung des kritischen Werts auftreten, führen unweigerlich – und in natürlicher Weise – auf den *Computer(einsatz)* im Mathematikunterricht. Einmal mehr ist hier die Verwendung moderner Technologien *nicht Selbstzweck*, sondern ein *notwendiges Werkzeug* zur Bewältigung gewisser numerischer Aufgaben, die sich aus der konkreten Problematik und dem damit verbundenen Lösungsansatz ergeben.
Auf der *Schattenseite* der verteilungsfreien Testverfahren steht sicher die *Fülle von Zahlen*, sei es in Tabellen von kritischen Werten oder in selbst berechneten Verteilungen, die die dahintersteckende Idee des (klassischen) Testens von Hypothesen leicht untergehen lässt. Es ist einfach didaktisch sinnvoller, die Testphilosophie das erste Mal anhand einer Zeichnung (z. B. der *Gauß*schen Glockenkurve) vorzustellen als nur mit einer Tabelle von kritischen Werten. Auch hier liegt ein glänzendes Beispiel für die These vor, dass die *kontinuierliche* Welt i. Allg. *leichter* beherrschbar oder wenigstens durchschaubar ist als die *diskrete*.
Aus all dem geht hervor, dass verteilungsfreie Testverfahren die Parametertests im Stochastikcurriculum *nicht ersetzen* können, eine *wertvolle Ergänzung*, die noch dazu relativ wenig zusätzliche Begriffsklärungen oder gar andere Sichtweisen von beurteilender Statistik im Vergleich zu den klassischen Parametertests einfordert, stellen sie allenfalls dar.

Literaturverzeichnis

Aggermann U., Einführung in die sequentielle Statistik an Hand von konkreten Beispielen der Testtheorie, Diplomarbeit an der Universität Wien 1991

Althoff H., Erfahrungen mit zwei Leistungskurs-Abituraufgaben, in: Stoch. i. d. Sch. 3/1996

Althoff H., Erfahrungen mit zwei GK-Abituraufgaben aus der Stochastik, in: Stoch. i. d. Sch. 3/1997

Andelfinger B., Proportion, Neuss 1982

Athen H. u. a., Mathematik heute, Hannover 1979

Athen H., Regression und Korrelation in der S II, in: Praxis d. Math. 4/1981

Athen H. u. a., Leistungskurs Stochastik, Hannover 1984

Baczkowski A./Krug K., Seuchenausbreitungsmodell und Bernoullikette, in: Stoch. i. d. Sch. 12/1992

Bammert J., Wahrscheinlichkeitsrechnung, DIFF Tübingen 1976

Bandt C., Behutsam zur Stochastik, in: Math. i. d. Sch. 4/1995

Bar-Hillel M., On the Subjective Probability of Compound Events, in: Organizational Behavior and Human Performance 9/1973

Barth F./Haller R., Stochastik, München 1983

Batanero C. u. a., Heuristics and biasesin sec. school student's reasoning about probability, in: 20th Conf. of the Int. Group for the Psych. of Math. Educ. Proceedings Vol 2, Valencia 1996

Batanero C. u. a., Intuitive strategies and preconceptions about association in contengency tables, in: Journ. For Research in Math. Educ. 3/1996

Bauer H., Wahrscheinlichkeitstheorie, Berlin 1991

Bauer P. u. a., Sequentielle statistische Verfahren, Stuttgart-New York 1986

Bea W., Stochastisches Denken, Frankfurt 1995

Bea W./Scholz R. W., Graphische Modelle bedingter Wahrscheinlichkeiten im empirisch – didaktischen Vergleich, in: JMD 3,4/1995

Beattie K., Training in the law of large numbers and everyday inductive reasoning: a replication, with implications for statistics course design, in: Int. Journal of Math. Educ. in Sci. And Techn. Nov/1995

Bender P., Grundvorstellungen und Grundverständnisse für den Stochastikunterricht, in: Stoch. i. d. Sch. 1/1997

Bentz H. J./Palm G., Wahrscheinlichkeitstheorie ohne Mengenlehre, in: math. didact. 3/1980

Bentz H. J./Borovcnik M., Probleme bei empirischen Untersuchungen zum Wahrscheinlichkeitsbegriff, in: JMD 6/1985

Bentz H. J., Über den didaktischen Wert stochastischer Paradoxa, in: ÖMG-Didaktik-Reihe 13/1985

Bentz H. J./Borovcnik M., Zur Repräsentationsheuristik – eine fundamentale statistische Strategie, in: MNU 39/1986

Bentz H. J./Borovcnik M., Empirische Untersuchungen zum Wahrscheinlichkeitsbegriff, in: PM 1/1991

Bethge K., Probleme der Aneignung von Begriffen unter lernpsychologischem Aspekt - untersucht am Beispiel der Grundbegriffe der Wahrscheinlichkeitsrechnung, Leipzig 1978

Bewersdorff J., Glück, Logik und Bluff, Braunschweig 1998

Biehler R., Explorative Datenanalyse – Eine Untersuchung aus der Perspektive einer deskriptiv-empirischen Wissenschaftstheorie, Bielefeld 1982

Biehler R., Zur Einführung, in: MU 6/1990

Biehler R./Rach W., Softwaretools zur Statistik und Datenanalyse, Soest 1990

Biehler R./Steinbring H., Entdeckende Statistik, Stengel und Blätter, Boxplots, in: MU 11/1991

Billeter E., Grundlagen der erforschenden Statistik: statistische Testtheorie, Wien-New York 1972

Birkhahn G./Schulmeister R., Kognitive Operationen und Denkniveaus beim Lernen der Statistik, in: Schulmeister R. (Hg.), Angst vor Statistik, Hamburg 1983
Blum W. u. a. (Hg.), Mathematisches Modellbilden, Anwendungen und angewandtes Problemlösen: Mathematikunterricht in einem realen Kontext, Kassel 1989
Boer H., Das Risiko von Atomkraftwerken, in: math. lehren 76/1987
Bogun M. u. a., Begleitbuch zur Einführung in die Statistik, Weinheim 1983
Bohne P., Zur Didaktik der Stochastik auf der gymnasialen Oberstufe, in: PM Mar/1980
Borovcnik M., Was bedeuten statistische Aussagen, Wien 1984
Borovcnik M., Visualisierung als Leitmotiv in der beschreibenden Statistik, in: Kautschitsch H./Metzler W. (Hg.), Anschauung als Anregung zum mathematischen Tun, Wien 1984
Borovcnik M., Zur Rolle der beschreibenden Statistik, Klagenfurt 1985
Borovcnik M., Zur Rolle der beschreibenden Statistik, in: math. didact. 1987
Borovcnik M., Verschiedene Visualisierungsformen in der beschreibenden Statistik, in: PM 29/1987
Borovcnik M./Ossimitz G., Materialien zur Beschreibenden Statistik und Explorativen Datenanalyse, Wien 1987
Borovcnik M., Wahrscheinlichkeitsrechnung und Statistik für Bildungsanstalten, Klagenfurt 1988
Borovcnik M., Explorative Datenanalyse – Techniken und Leitideen, in: DdM 18/1990
Borovcnik M., Stochastik im Wechselspiel von Intuition und Mathematik, Mannheim 1992
Borovcnik M., Analogien zum besseren Verständnis von Stochastik, in: DdM 1/1992
Borovcnik M., Statistische Analyse von Zusammenhängen, in: PM 2/1994
Borovcnik M., Fundamentale Ideen als Organisationsprinzip der Mathematikdidaktik, Vortragsmanuskript 1996
Borovcnik M./Engel J./Wickmann D. (Hg.), Anregungen zum Stochastikunterricht. Die NCTM-Standards 2000. Klassische und Bayessche Sichtweise im Vergleich, Hildesheim 2001
Bosch K./Wittmann E., Automobilkrise: Strukturkrise oder Konjunkturkrise? In: DdM 3/1976
Bosch K., Elementare Einführung in die Wahrscheinlichkeitsrechnung, Braunschweig 1987
Bosch K., Lotto und andere Zufälle, Braunschweig 1994
Bosch K., Großes Lehrbuch der Statistik, Braunschweig 1996
Bosch K., Elementare Einführung in die angewandte Statistik, Braunschweig 1997
Brieskorn E., Über die Dialektik in der Mathematik, in: M. Otte (Hg.), Mathematiker über Mathematik, Berlin 1974
Brown D. R., Der Hauptfachstudent im Grundstudium, in: H. Laucken/R. Schick (Hg.), Did. d. Psychologie, Stuttgart 1977
Büning H./Trenkler G., Nichtparametrische statistische Methoden, Berlin-New York 1978
Buth M., Die Behinderung des gesunden Menschenverstandes durch Stochastik, in: Stoch. i. d. Sch. 11/1991
Chu D./Chu J., A „Simple" Probability Problem, in: The Math. Teacher 3/1992
Chung K. L., Elementare Wahrscheinlichkeitstheorie und stochastische Prozesse, Berlin 1978
Clauss G./Ebner H., Grundlagen der Statistik für Psychologen, Pädagogen und Soziologen, Frankfurt 1971
Coes L., What is the r For? In: The Math. Teacher 12/1995
Cohen J./Hansel M., Risk and Gambling, New York 1956
Damerow P./Hentschke G., Anwendungsorientiertheit in der Stochastik – die Rolle der Verwendungssituationen, in: ZDM 2/1982
Diepgen R., Objektivistische oder subjektivistische Statistik? Zur Überfälligkeit einer Grundsatzdiskussion, in: Stoch. i. d. Sch. 12/1992
Diepgen R., Wahrscheinlichkeit und Rationalität, in: Stochastik i. d. Sch. 2/1993
Diepgen R. u. a., Stochastik, Berlin 1993
Diepgen R., Inferenzstatistische Sprachspiele in den Humanwissenschaften: Eine kleine Fallstudie, in: Stoch. i. d. Sch. 1/1994

Diepgen R., Ein alternder Playboy, die Medien und eine fragwürdige Statistik: eine kleine Anregung für den Unterricht, in Stoch. i. d. Sch. 2/1998
Diepgen R., Begründungsprobleme im Statistikunterricht, in: Stoch. i. d. Sch. 3/1999
DIFF, Grundkurs Mathematik Bd. I, 1, Tübingen 1970
DIFF, Grundkurs Mathematik Bd. V, 2, Tübingen 1976
DIFF, Stochastik MS 1–4, Tübingen 1980
DIFF, Wahrscheinlichkeitsrechnung und Statistik unter Einbeziehung von elektronischen Rechnern SR 1–4, Tübingen 1982
DIFF, Aufgabenstellen im Stochastikunterricht AS 1–4, Tübingen 1987
DIFF, Computer im Mathematikunterricht CM 1–4, Tübingen 1988
Dinges H., Zum Unterricht der Wahrscheinlichkeitsrechnung, in: MPS 1/1976
Dinges H., Schwierigkeiten mit der Bayes-Regel, in: MPS 1/1978
Dinges H., Zum Wahrscheinlichkeitsbegriff für die Schule, in: Dörfler W./Fischer R. (Hg), Stochastik im Schulunterricht, Wien 1981
Dinges H./Rost H., Prinzipien der Stochastik, Stuttgart 1982
Dittmann H., Simulation von Zufall, Manuskript 1978
Dreetz W., Eine Einführung in die Statistik und Wahrscheinlichkeitsrechnung für die Schule, in: MU 3/1960
Drew D./Steyne D., Die 100 größten Städte der Welt. Eine Fallstudie über Ungleichheit, in: Stoch. i. d. Sch. 1/1996
Engel A., Wahrscheinlichkeitsrechnung und Statistik Bd. 1, Stuttgart 1973
Engel A., Wahrscheinlichkeitsrechnung und Statistik Bd. 2, Stuttgart 1976
Engel A., Stochastik, Stuttgart 1987
Engel A., Mathematisches Experimentieren mit dem PC, Stuttgart 1991
Engel J., Stochastische Modellierung funktionaler Abhängigkeiten, Stuttgart 1999
Engel J., Wie lassen sich Muster und Strukturen in empirischen Daten erkennnen? In: MU 2/1999
Engel J., Statistik und Modellbildung mit dem Computer, in: H. Hischer (Hg.), Modellbildung, Computer und Mathematikunterricht, Hildesheim, 2000
Falk R., Probabilistic Reasoning as an Extension of Common Sense Thinking, in: Proc. Fourth Int. Congress Math. Educ., Boston 1983
Falk R., Experimental Models for Resolving Probabilistic Ambiguities, in: Proc. Seventh Int. Conf. Psychology of Math. Educ., Rehovot 1983
Falk R., Inference under uncertainty via conditional probabilities, in: R. Morries (Ed.), The teaching of statistics, UNESCO 1989
Feller W., An Introduction to Probability Theory and its Applications, New York 1968
Ferschl F., Rationales Verhalten bei Unsicherheit, in: MNU 4/1973
Fillbrunn G./Lehn J./Schuster W., Über das Formulieren von Aufgaben im Stochastikunterricht, in: DIFF AS3, Aufgabenstellen im Stochastikunterricht, Tübingen 1989
deFinetti B., Bayesianism: Its Unifying for both the Foundations and Applications of Statistics, in: Intern. Statistical Review 4/1974
Fischbein E., The Intuitive Sources of Probabilistic Thinking in Children, Dordrecht 1975
Fischbein E., Intuition in Science and Mathematics: An Educational Approach, Dordrecht 1987
Fischbein E. e. a., Factors affecting probabilistic judgements in children and adolecents, in: Ed. Stud. in Math. 12/1991
Fischer R./Malle G./Bürger H., Mensch und Mathematik, Zürich 1985
Fisher R. A., Statistische Methoden für die Wissenschaft, London 1956
Fisz M., Wahrscheinlichkeitsrechnung und mathematische Statistik, Berlin 1962
Floer J./Möller M., Mathematik und Sport – Spiele als Zufallsexperimente, in: PM 3/1977
Förster F. u. a. (Hg.), Materialien für einen realitätsbezogenen Mathematikunterricht Bd. 6, Hildesheim 2000
Freudenthal H., Wahrscheinlichkeit und Statistik, München 1963

Freudenthal H., Mathematik als pädagogische Aufgabe, Stuttgart 1973

Freudenthal H., Die Crux im Lehrplanentwurf zur Wahrscheinlichkeitstheorie, in: Steiner H. G. (Hg): Didaktik der Mathematik, Darmstadt 1978

Fuller M., Statistik im Internet, in: Stoch. i. d. Sch. 2/1997

Geschwind R., Gott würfelt nicht, in: math. lehren 62/1994

Gessner W., Stochastik anhand des radioaktiven Zerfalls, in: Didakt. d. Math 1/1979

Getrost G., Zum Problem der Mehrdeutigkeit von Kombinatorik-Aufgaben, in: Stoch. i. d. Sch. 3/1993

Getrost G./Stein G., Fehler und Fallen der Statistik im Stochastikunterricht, in: PM 12/1994

Glaser H. u. a., Grundkurs Stochastik, Stuttgart 1982

Goebels W., Extremwertuntersuchungen bei der Binomialverteilung, in: Stoch. i. d. Sch. 11/1991

Goebels W., Optimierung von Gerätezuverlässigkeiten, in: PM 4/1997

Goldberg S., Probability judgements by preschool; task conditions and performance, in: Child Development 37/1966

Götz S., Einführung in die Schätz- und Testtheorie und Gedanken über den Einsatz im Mathematikunterricht, Diplomarbeit an der Universität Wien 1990

Götz S., Eine mögliche Verbindung von Analysis und Wahrscheinlichkeitsrechnung im Mathematikunterricht und ein alternativer Zugang zur *Poisson*-Verteilung mit Hilfe eines Paradoxons, in: DdM 3/1993

Götz S., Verteilungsfreie Testverfahren, in: ÖMG-Didaktikreihe 21/1993

Götz S., Bayes-Statistik – ein alternativer Zugang zur beurteilenden Statistik in der 7. und 8. Klasse AHS, Dissertation an der Universität Wien 1997

Götz S./Grosser M., Über das Pferderennen in Siena, in: Math. Sem.-Berichte 1999

Götz S., Bayes-Statistik mit *DERIVE*, in: Stoch. i. d. Sch. 3/2000

Götz S., Klassische und Bayesianische Behandlung von Stochastikaufgaben aus österreichischen Schulbüchern, in: Borovcnik M./Engel J./Wickmann D. (Hg.), Anregungen zum Stochastikunterricht, Hildesheim 2001

Grabinger B., Stochastik mit *DERIVE*, Bonn 1994

Grabinger B., De Moivre, Laplace und *DERIVE*, in: PM 2/1994

Green D., School pupils understanding of randomness, in: Morris R. (Ed), The teaching of statistics, UNESCO 1989

Gundel H. u. a., Wahrscheinlichkeitsrechnung und Statistik unter Einbeziehung von elektronischen Rechnern SR1 – SR4, DIFF Tübingen 1982

v. Harten G./Steinbring H., Stochastik in der S I, Köln 1984

v. Harten G./Steinbring H. u. a., Stochastik in den Klassenstufen 5/6, Soest 1986

v. Harten G./Steinbring H. u. a., Stochastik in den Klassenstufen 7/8, Soest 1986

v. Harten G./Steinbring H. u. a., Stochastik in den Klassenstufen 9/10, Soest 1986

Hauptfleisch K., Wie zufällig sind Zufallszahlen? In: MU 3/1999

Heigl F./Feuerpfeil J., Stochastik, München 1981

Heilmann W. R., Regression und Korrelation im Schulunterricht? In: PM 1982

Heinrich R., Zur Behandlung der Simulation mit Hilfe von Zufallszahlen in der SI, in: Math. i. d. Sch. 3/1994

Heisenberg W., Der Teil und das Ganze, München 1969

Heitele D., An Epistemological View on Fundamental Stochastic Ideas, in: Ed. Stud. in Math. 6/1975

Heitele D., Fragmente zu einer Geschichte der Wahrscheinlichkeitsdidaktik, in: DdM 5/1977

Heller W. D. u. a., Wahrscheinlichkeitsrechnung 1, Basel 1979

Heller W. D. u. a., Wahrscheinlichkeitsrechnung 2, Basel 1979

Heller W. D. u. a., Beschreibende Statistik, Basel 1979

Heller W. D. u. a., Schließende Statistik, Basel 1980

Henn H. W./Jock W., Gruppen-Screening, in: F. Förster u. a. (Hg.), Materialien für einen realitätsbezogenen Mathematikunterricht Bd. 6, Hildesheim 2000
Henning H./Janka R., Stochastisches Denken im mathematisch-naturwissenschaftlichen Unterricht, in: PM 4/1993
Henze N., Stochastik für Einsteiger, Braunschweig 1999
Henze N., Stochastische Modellbildung zwischen Glücksspiel-Mathematik und wirklichem (?) Anwendungsbezug – eine kritische Bestandsaufnahme, in: H. Hischer (Hg.), Modellbildung, Computer und Mathematikunterricht, Hildesheim 2000
Herget W., Mathematik, Computer und Allgemeinbildung. Bericht aus dem Arbeitskreis Mathematik und Informatik der GdM, Clausthal–Zellerfeld 1990
Herget W., Mobilität, Modellbildung – Mathematik, in: math. lehren 69/1995
Herget W./Richter K., Zufallszahlen, in: Math. Lehren 85/1997
Herget W., Wahrscheinlich? Zufall? Wahrscheinlich Zufall..., in: math. lehren 85/1997
Herget W./Scholz D., Die etwas andere Aufgabe, Seelze 1998
Hessenfeld E., Monte-Carlo-Simulation im Mathematikunterricht der Oberstufe, in: PM 12/1978
Heymann H. W., Allgemeinbildung und Mathematik, Weinheim 1996
Hilsberg I., Der Kernzerfall – ein Beispiel für die fachübergreifende Behandlung stochastischer Vorgänge, in: DdM 3/1991
Hilsberg I., Für die Jahreszeit zu warm? In: Math. i. d. Sch. 9/1991
Hischer H. (Hg.), Modellbildung, Computer und Mathematikunterricht, Hildesheim 2000
Hübner G., Stochastik, Braunschweig 1996
Hughes-Hallet D. u. a., Calculus, New York 1998
Humenberger J./Reichel H.- Chr., Fundamentale Ideen der Angewandten Mathematik und ihre Umsetzung im Unterricht, Mannheim 1995
Hunt D. N., Common-Sense zum Ziehen von Stichproben, in: Stoch. i. d. Sch. 2/1996
Ilbertz B., Junge/Mädchen-Runs, in: math. lehren 70/1995
Ineichen R., Über die Behandlung der Normalverteilung, in: MU 4/1966
Ineichen R., Über den Unterricht in Wahrscheinlichkeitsrechnung und Statistik – Erfahrungen und Anregungen, in: DdM 2/1980
Ineichen R., Modellbildung von Zufallsphänomenen im Laufe der Geschichte, in: MU 6/1990
Ineichen R., Zur Geschichte einiger grundlegender Begriffe in der Stochastik, in: DdM 1/1995
Ingenkamp K. u. a., Schätzen und Messen in der Unterrichtsforschung, Weinheim 1973
Ingenkamp K. (Hg.), Die Fragwürdigkeit der Zensurengebung, Weinheim 1976
Jäger J., Stochastik in der Arbeitswelt, Zwischenbericht über eine empirische Untersuchung, in: Beiträge zum Mathematikunterricht 1979
Jäger J., Abfüllen von Fertigpackungen, ein Thema für den anwendungsorientierten Stochastikunterricht, in: DdM 3/1979
Jäger J./Schupp H., Stochastik in der Hauptschule, Paderborn 1983
Jahnke H. N./Seeger F., Proportionalität, in: v. Harten u. a., Funktionsbegriff und funktionales Denken, Köln 1986
Jahnke T., Drei Türen, zwei Ziegen und eine Frau, in: math. lehren 85/1998
Jeger M., Einführung in die Kombinatorik, Stuttgart 1973
Jepson C. e. a., Inductive Reasoning: Competence or Skill? In: The Behavioral and Brain Science 6/1983
Joliffe F./Sharpless F., Proportionen und Produkte – Was können Studenten? In: Stoch. i. d. Sch. 2/1994
Kahle D./Lörcher G. A., Querschnitt Bd. 10, Braunschweig 1996
Kahneman D./Slovic P./Tversky A., Judgement under Uncertainty: Heuristics and Biases, Cambridge 1982
Kahneman D./Tversky A., On the Study of Statistical Intuitions, Cognition 11/1982

Kaiser-Messmer G., Realitätsbezüge im Mathemtikunterricht, in: W. Blum u. a. (Hg.), Materialien für einen realitätsbezogenen Mathematikunterricht, Hildesheim 1995
Kapadia R., Developments in Statistical Education, in: Ed. Stud. in Math. 11/1980
Kapur J. N., Combinatorical analysis and school mathematics, in: Ed. Stud. in Math. 3/1970
Karigel G. u. a., Drei Fallstudien aus der Genetik, in: DdM 4/1980
Kayser H. J., Geburtstagsprobleme mit *DERIVE*, in: PM 2/1994
Kettani S./Wiedling H., Zulässige und unzulässige Schlußweisen bei Intervallschätzungen, in: PM 4/1994
Kinder H. P., Berechnung von Wahrscheinlichkeiten, Erwartungswerten und Varianzen, in: AS3, DIFF Tübingen 1989
Klingen L. H., Experimentieren in stochastischen Situationen mit *DERIVE*, in: MU 4/1995
Kolonko M., Angewandte Statistik, Hildesheim 1995
Kolonko M., Angewandte stochastische Prozesse, Hildesheim 1995
Kolonko M., Stochastische Grundlagen der Simulation, Hildesheim 1995
Kolonko M., Stochastik, Hildesheim 1996
Kosswig F. W., Anwendungen der Wahrscheinlichkeitsrechnung auf wirtschaftswissenschaftliche Fragestellungen, in: MU 5/77
Kosswig F. W., Beschreibende Statistik als Anwendung und Motivation von Begriffen der Stochastik, in MNU 3/1980
Kosswig F. W., Beschreibende Statistik als Vorkurs zur Wahrscheinlichkeitsrechnung, in: Beiträge zum Mathematikunterricht 1982
Kosswig F. W., Elementare Regressions- und Korrelationsrechnung, in: PM 4/1983
Kosswig F. W., Ein Beispiel zum Mathematisierung im Stochastik-Unterricht: Anmerkungen zur Einführung der „Unabhängigkeit zweier Ereignisse“, in: PM 9/1983
Krämer W., Wie lügt man mit Statistik? In: Stoch. i. d. Sch. 1/1991
Krautkrämer K. H., Erfahrungen mit einer Leistungskurs-Abituraufgabe, in: Stoch. i. d. Sch. 3/1996
Krengel U., Einführung in die Wahrscheinlichkeitsrechnung und Statistik, Braunschweig 1991
Krickeberg K./Ziezold H., Stochastische Methoden, Berlin 1988
Kröpfl B., Unterrichtseinheit „Wir lesen Zeitung“, in: Borovcnik M./Ossimitz G., Materialien zur Beschreibenden Statistik und Explorativen Datenanalyse, Wien 1987
Kröpfl B. u. a., Eine Einführung für Wirtschaftswissenschaftler und Informatiker, München 1994
Künzel E., Über Simpsons Paradoxon, in: Stoch. i. d. Sch. 1/1991
Kütting H., Didaktik der Wahrscheinlichkeitsrechnung, Freiburg 1981
Kütting H., Stochastisches Denken in der Schule – Grundlegende Ideen und Methoden, in: MU 4/1985
Kütting H./Lerche H., Über das Lösen von Aufgaben im Stochastikunterricht, in: AS3, DIFF Tübingen 1989
Kütting H., Stochastik im Mathematikunterricht – Herausforderung oder Überforderung? In: MU 6/1990
Kütting H., Didaktik der Stochastik, Mannheim 1994
Kütting H., Elementare Stochastik, Heidelberg 1999
Lehmann E., Markoff-Ketten, in: MU 5/1986
Lehn J./Roes H., Probleme beim Aufgabenstellen in der Stochastik, in: MU 6/1990
Leinfellner W., Einführung in die Erkenntnis- und Wissenschaftstheorie, Mannheim 1965
Lenne H., Analyse der Mathematikdidaktik in Deutschland, Stuttgart 1969
v. d. Lippe P., Deskriptive Statistik, Stuttgart 1993
Madsen R. W., Vorstellungen von Wahrscheinlichkeit bei Schülern der Sekundarstufen, in: Stoch. i. d. Sch. 2/1996
Malitte E., Zufall mit dem Computer – geht das überhaupt? In: H. Hischer (Hg.), Modellbildung, Computer und Mathematikunterricht, Hildesheim 2000

Marino M. S., Factors affecting probabilistic judgements in children and adolescens, in: Ed. Stud. in Math. 22/1991
Meadows D. u. a., Die neuen Grenzen des Wachstums, Stuttgart 1992
Meyer D., Stochastische Prozesse (Poisson-Prozesse), in: Math. i. d. Sch. 9/1997
Meyer D., Hypothesentests – klassisch oder mit Bayes? In: math. lehren 63/1997
Meyer D., Risiko bekannt? In: Math. i. d. Sch. 6/1998
Meyer D., Markoff-Ketten, in: Math. i. d. Schule 12/1998
Meyer J., Einfache stochastische Paradoxien, Manuskript 1993
Meyer M./Meyer D., Hypothesentest nach Bayes. Entscheidungen für Hypothesen mit der Bayes-Formel, in: MU 1/1998
v. Mises R., Wahrscheinlichkeit, Statistik und Wahrheit, Wien 1972
Monka M./Voss W., Statistik am PC, München 1996
Monnerjahn R., Modellbildung und Simulation – durch Nachahmung zum Verständnis? In: Hischer H. (Hg.), Modellbildung, Computer und Mathematikunterricht, Hildesheim 2000
Morgenstern D., Der Chi-Quadrat-Test für Prüfung der Gleichwahrscheinlichkeit der Lotto-Zahlen, in: MPS 1/1979
Müller A., Eine Aufgabe zur Stochastik der S II, in: Stoch. i. d. Sch. 1/1985
Müller A., Beurteilung von zwei unabhängigen Stichproben im Unterricht, in: Stoch. i. d. Sch. 1/1987
Müller U., Bevölkerungsdynamik. Methoden und Modelle der Demographie für Wirtschafts-, Sozial-, Biowissenschaftler und Mediziner, Berlin 1993
Noether G. E., Gedachte Zufallszahlen: Empfundene und wirkliche Zufälligkeit, in: Stoch. i. d. Sch. 2/1996
Noll G., Computereinsatz bei der Behandlung stochastischer Prozesse mit dem Wahrscheinlichkeitsabakus, in: MU 4/1989
Nordmeier G., Erstfrühling und Aprilwetter – Projekte in der explorativen Datenanalyse, in: Stoch. i. d. Sch. 3/1989
Nordmeier G., Beiträge zur elementaren Zeitreihenanalyse Teil 1, Teil 2, in: Stoch. i. d. Sch. 3/1993 und 1/1994
Nordmeier G., Wetter, Klima und Statistik, Braunschweig 1994
Oerter R., Kognitive Sozialisation und mathematisches Denken, Augsburg 1976
Oerter R., Psychologie des Denkens, Donauwörth 1977
Palm G., Wo kommen die Wahrscheinlichkeiten eigentlich her? In: MU 1/1983
v. Pape B./Wirths H., Stochastik in der gymnasialen Oberstufe, Hildesheim 1993
Pfeifer D., Unabhängige Ereignisse in diskreten Wahrscheinlichkeitsmodellen, in: Stoch. i. d. Sch. 12/1992
Pfeifer D., Kommentar zu den Beiträgen von R. Diepgen in Heft 3/1992 und Heft 1/1994, in: Stoch. i. d. Sch. 1/1994
Piaget J./Inhelder B., The Origin of the Idea of Chance in Children, London 1975
Polasek W., Explorative Datenanalyse, Berlin 1994
Rade L., Simulationen, Bonn 1993
v. Randow G., Das Ziegenproblem, Hamburg 1992
v. Randow G., Mathe 5, setzen! In: FAZ 39/2001
Reichel H.-Chr. u. a., Wahrscheinlichkeitsrechnung und Statistik, Wien 1987
Renyi A., Wahrscheinlichkeitsrechnung, Berlin 1971
Richter G., Stochastik. Hinweise zum Unterricht, Stuttgart 1994
Richter H., Wahrscheinlichkeitstheorie, Berlin 1966
Richter K., Zur Modellierung eines medizinischen Diagnose-Problems im Stochastikunterricht, in: Hischer H. (Hg.), Modellbildung, Computer und Mathematikunterricht, Hildesheim 2000
Riemer W., Neue Ideen zur Stochastik, Mannheim 1985

Riemer W., Neue Aspekte in der beurteilenden Statistik mit dem Computer und der Regel von Bayes, in: MU 4/1989
Riemer W., Das Arc-Sin-Gesetz in der Wahrscheinlichkeitsrechnung, in: MU 4/1989
Riemer W., Stochastische Probleme aus elementarer Sicht, Mannheim 1991
Riemer W., Geschmackstests: Spannende und verbindende Experimente, in: math. lehren 12/1997
Ruprecht G./Schupp H., Empfehlungen zum Computereinsatz im Stochastikunterricht, in: Math. i. d. Sch. 12/1994
Sachs L., Angewandte Statistik, Berlin 1983, 1992
Sahai H./Reesal M., Teaching Elementary Probability and Statistics: Some Applications in Epidemology, in: School Science and Math. 3/1992
Savage L. J., The Foundation of Statistics, New York 1954
Schaefer G. u. a., Wachsende Systeme, Braunschweig 1976
Scheid H., Stochastik in der Kollegstufe, Mannheim 1986
Schmidt W., Die Boltzmannverteilung und der statistische Zugang zur Wärmelehre, in: MNU 3/1977
Schmidt W., Anwendungen aus der modernen Arbeitswelt und Technik, Bd. 1, 2, Stuttgart 1984, 1986
Schmidt G., Schwächen im gegenwärtigen Stochastikunterricht und Ansätze zu ihrer Behebung, in: MU 6/1990
Schneider H./Stein G., Didaktische Probleme von Stochastik-Grundkursen in der Sekundarstufe II – am Beispiel der hessischen Kursstrukturpläne Mathematik, Manuskript 1980
Schnorr C., Zufälligkeit und Wahrscheinlichkeit, Berlin 1971
Scholz R. W., Cognitive Strategies in Stochastic Thinking, Dordrecht 1987
Scholz R. W., Evaluation der Nutzung und Akzeptanz von STATBIL – Projektbericht, Bielefeld 1990
Scholz R. W., Inferentielle und konzeptuelle Schnittstellenprobleme bei der Nutzung rechnergestützter Entscheidungshilfeverfahren, in: Montana L. (Hg.), Bericht über den 38. Kongreß der Deutschen Gesellschaft für Psychologie, Göttingen 1992
Scholz R. W./Weber O., Wahrscheinlichkeitswissen und Expertensystem-Nutzung, in: math. did. 1/1995
Schrage G., Schwierigkeiten mit stochastischer Modellbildung – zwei Beispiele aus der Praxis, in: JMD 1, 2/1980
Schrage G., Stochastische Trugschlüsse, in: math. did. 1/1984
Schrage G., Ein stochastisches Entscheidungsproblem, in: PM 1/1991
Schreiber A., Probleme bei der Einführung des Wahrscheinlichkeitsbegriffs, in: math. did. 4/1979
Schreiber A., Subjektive Wahrscheinlichkeit und Gesetze der großen Zahlen, in: DörflerW. /Fischer R. (Hg.), Stochastik im Schulunterricht, Wien 1981
Schreiber A., Wahrscheinlichkeitstheorie und Metawissen, in: ZDM 2/82
Schupp H., Zum Verhältnis statistischer und wahrscheinlichkeitstheoretischer Komponenten im Stochastik-Unterricht der Sekundarstufe I, in: JMD 3/1982
Schupp H. u. a., Programme für den Stochastik-Unterricht, Bonn 1992
Schütze C., Kendall's τ - Ein alternativer Korrelationskoeffizient, in: Stoch. i. d. Sch. 3/1993
Schwier M., Zum Arbeiten mit Zufallszahlen im Stochastikunterricht, in: Math. i. d. Sch. 12/1995
Seiler T., Die Bereichspezifität formaler Denkstrukturen – Konsequenzen für den pädagogischen Prozeß, in: Frey K./Lang M., Kognitionspsychologie und naturwissenschaftlicher Unterricht, Bern 1973
Shafer G., A Mathematical Theory of Evidence, Princeton 1976
Shaughnessy J. M., Misconceptions of probability: An experiment with a small-group, activity based, model building approach to introductory probability at the college level, in: Ed. Stud. in Math. 8/1977
Sill H. D., Zum Zufallsbegriff in der stochastischen Allgemeinbildung, in: ZDM 2/93

Stahel W., Statistische Datenanalyse, Braunschweig 1995
Stein G., Schwierigkeiten mit der Nullhypothese, in: PM 2/1994
Steinbring H., Dimensionen des Verhältnisbegriffs im Stochastikunterricht, Manuskript 1985
Strehl R., Wahrscheinlichkeitsrechnung, Freiburg 1974
Strehl R., Grundprobleme des Sachrechnens, Freiburg 1979
Strick H. K., Einführung in die Beurteilende Statistik, Hannover 1986, 1998
Strick H. K., Welcher Fehler steckt in der Grafik? In: Stoch. i. d. Sch. 2/1994
Strick H. K., Manipulation, Information, Sensation, in: math. lehren 74/1996
Strick H. K., Erfahrungen mit einer Leistungskurs-Abituraufgabe, in: Stoch. i. d. Sch. 3/1996
Strick H. K., Vorstellungen von Schülerinnen und Schülern über Zufallsvorgänge, in: math. did. 2/1997
Strick H. K., Wie viele Zahlen sind teilerfremd zu einer natürlichen Zahl n? In: Math. i. d. Sch. 7, 8/1997
Strick H. K., Simulationen von Zufallsversuchen als Übungen zur Modellbildung, in: PM 2/1998
Strick H. K., Vierfeldertafeln im Stochastikunterricht der S I und S II, in: PM 2/1999
Strick H. K., Das Wetter am Wochenende, in: PM 4/1999
Strick H. K., Stochastik aus der Zeitung, in: MNU 1/1999
Strick H. K., Über die Schwierigkeiten, verständlich über Vorsorgemaßnahmen zur Krebsfrüherkennung zu informieren, in: PM 6/2000
Szekely G., Paradoxa. Klassische und neue Überraschungen aus Wahrscheinlichkeitsrechnung und matematischer Statistik, Budapest 1990
Timischl W., Von der Beobachtung zum Modell: Die Anfänge der mathematischen Genetik, in: ZDM 6/91
Tomlinson S./Quinn R., Bedingte Wahrscheinlichkeiten verstehen, in: Stoch. i. d. Sch. 3/1998
Trauerstein H., Daten erheben, bearbeiten und auswerten – Erfahrungen mit einem Reaktionstest bei Schülern und Studenten, in: Stoch. i. d. Sch. 1/1995
Trommer G./Wenk K., Leben in Ökosystemen, Braunschweig 1978
Tukey J. W., Exploratory Data Analysis, Reading 1977
Ulmer F., Der Orakelspruch mit dem repräsentativen Querschnitt: Wahlprognosen und Meinungsumfragen, in: Bild der Wissenschaft 1/1987
Vansco Ö., Schwierigkeiten mit dem Stabilwerden der relativen Häufigkeiten – das $1/\sqrt{n}$ -Gesetz, in: Stoch. i. d. Sch. 2/1998
Warmuth E., Wahrscheinlich ein Junge, in: Math. i. d. Sch. 1/1991
Warmuth E., Ein stochastischer Zugang zur Exponentialfunktion, in: Math. i. d. Sch. 11/1996
Wendt P., Stochastik, Bonn 1991
Wickmann D., Bayes-Statistik, Mannheim 1990
Wiedling H., Konsequenzen des Satzes von Bayes bei der Interpretation von Stichprobenergebnissen, in: MNU 6/1979
Wiedling, Beschreibende Statistik, in: MNU 7/1980
Wiedling H., Statistische Qualitätskontrolle. Ein einfacher Einstieg in das Gebiet des Hypothesentests, in: PM 1/1981
Winter H., Erfahrungen zur Stochastik in der Grundschule (Klasse 1–6), in: DdM 1/1976
Winter H., Zur Beschreibenden Statistik in der Sekundarstufe I, in: Dörfler W./Fischer R., Stochastik im Schulunterricht, Wien 1981
Winter H., Entdeckendes Lernen, Braunschweig, 1989
Winter H., Leben und Sterben – mathematisch gesehen, in: math. lehren 70/1995
Winter H., Zwischen Lebenden und Toten – die Sterbekurve, in: math. lehren 70/1995
Wirths H., Beziehungshaltige Mathematik in Regression und Korrelation, in: Stoch. i. d. Sch. 1/1991
Wirths H., Der Erwartungswert, in: Math. i. d. Sch. 6/1995
Wirths H., Hypothesen und der gesunde Menschenverstand, in: Math. i. d. Sch. 4/1996

Wirths H., Das abgebrochene Endspiel, in: Math. i. d. Sch. 7, 8/1997
Wirths H., Berechnung von Binomialwahrscheinlichkeiten mit Hilfe des Computers, in: Stoch. i. d. Sch. 1/1998
Witting H./Nölle G., Angewandte Statistik: Optimale finite und asymptotische Verfahren, Stuttgart 1970
Wurm C., Stochastikexperimente mit einem Tabellenkalkulationsprogramm, in: Math. i. d. Sch. 4/1996
Ziemer A., Statistik für Biologen und Geologen, Göttingen 1994
Ziezold H., Die formale Beschreibung von Zufallsexperimenten durch mengentheoretische Begriffe als Vorstadium stochastischen Denkens, in: MNU 6/1982

Stichwortverzeichnis